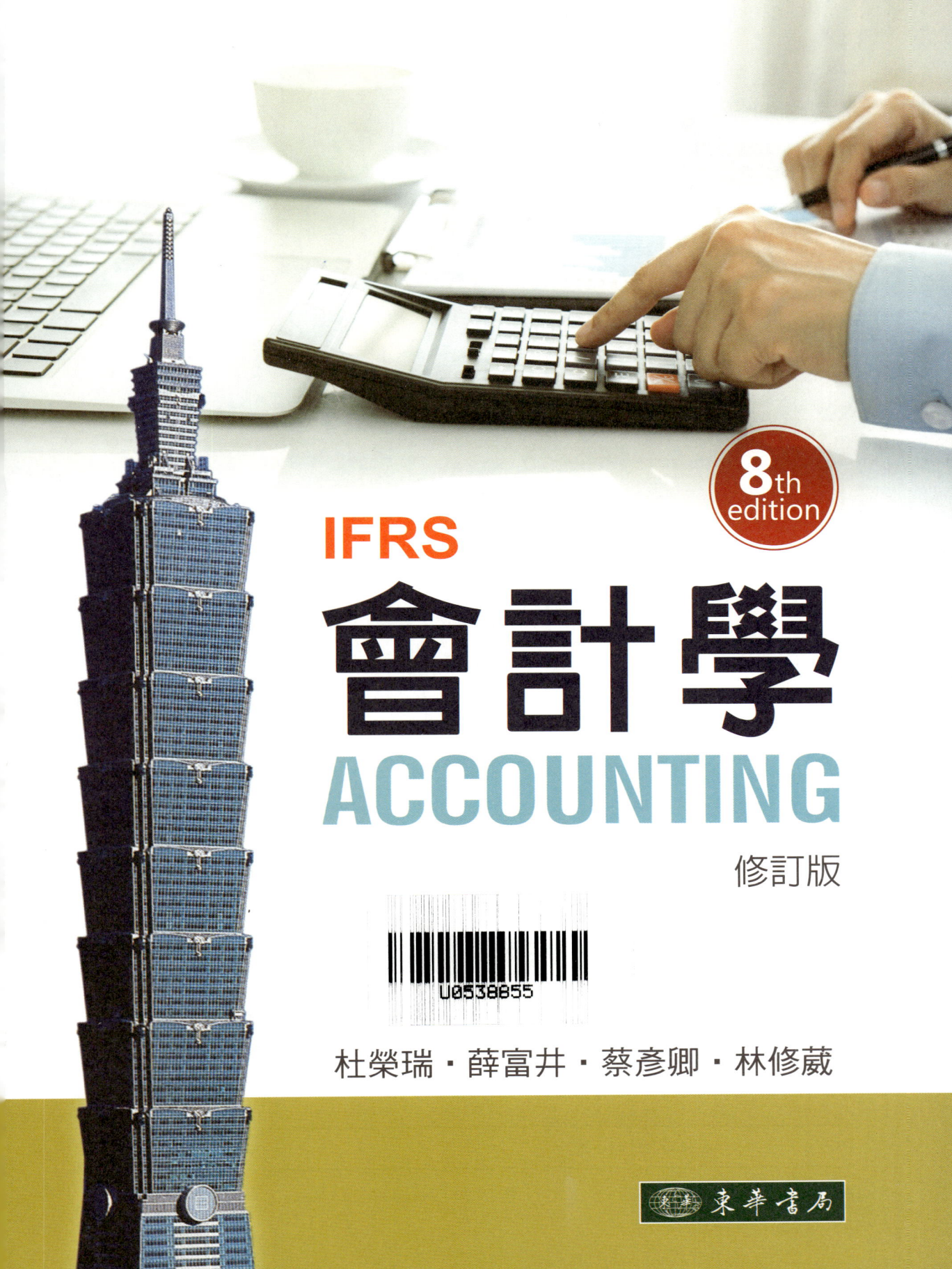

國家圖書館出版品預行編目資料

會計學 / 杜榮瑞, 薛富井, 蔡彥卿, 林修葳著. -- 8版修訂版. -- 臺北市：臺灣東華書局股份有限公司, 2022.08

728 面 ; 19x26 公分

ISBN 978-626-7130-14-8（平裝）

1. CST: 會計學

495.1022　　　　　　　　　　111010417

會計學　第8版修訂版

著　　者	杜榮瑞・薛富井・蔡彥卿・林修葳
特約編輯	鄧秀琴
發 行 人	蔡彥卿
出 版 者	臺灣東華書局股份有限公司
地　　址	臺北市重慶南路一段一四七號四樓
電　　話	(02) 2311-4027
傳　　眞	(02) 2311-6615
劃撥帳號	00064813
網　　址	www.tunghua.com.tw
讀者服務	service@tunghua.com.tw
出版日期	2022 年 8 月 8 版修訂版 1 刷
	2025 年 8 月 8 版修訂版 3 刷

ISBN　　978-626-7130-14-8

版權所有 ・ 翻印必究　　　　　圖片來源：www.shutterstock.com

作者簡介

- **杜榮瑞**
  美國明尼蘇達大學博士，主修會計
  國立台灣大學名譽教授
  現任東海大學會計學系教授

- **薛富井**
  美國喬治華盛頓大學博士，主修會計
  現任國立臺北大學會計學系教授

- **蔡彥卿**
  美國加州大學（洛杉磯校區）博士，主修會計
  現任國立臺灣大學會計學系教授

- **林修葳**
  美國史丹佛大學博士，主修會計
  現任國立臺灣大學國際企業學系教授

八版序

　　《會計學》一書自出版至今，已進入第八版，承蒙許多學界與實務界先進及讀者的支持與愛護，採用作為教科書或自修讀本，也提供許多寶貴意見，讓這本書更加趨近完美。

　　自第七版出版以後，持續有新的 IFRS 生效適用，由於我國已改為採用「逐號生效」的作法，而 IFRS 9 與 IFRS 15 自 2018 年開始適用，雖然在第七版已作相因應的觀念解說，為使讀者能學習具體的處理方式，我們進一步修改本書，這部分的習題也加以更新。

　　除此之外，一如過去的改版，我們盡可能將公司實例更新到最近的年度，對於部分受新冠肺炎疫情影響顯著之企業，則提供其 2021 年上半年之資料。在改版過程中也對內文編輯錯誤作了更正，增加習題，以及對「章首故事」作了大幅度的更新。

　　茲將我們在第八版所作的主要變動與更新，簡要說明如下：

一、第一章至第三章的內容中關於公司治理的法令修改，例如審計委員會的設置以及金融監督管理委員會因應新冠肺炎疫情而針對股東年會召開日期的行政命令，我們均加以納入。也對內文編輯錯誤作了更正。

二、第六章（買賣業會計與存貨會計處理——永續盤存制）
　　有關大潤發及內文沃爾瑪（Walmart）兩案例內容修改至最新發展。

三、第九章（應收款項）
　　應收帳款之減損評估，依 IFRS 9「金融工具」採用「預期信用損失模式」重新撰寫，且特別提到變動對價，例如銷貨退回與折讓，以及退貨權等，說明其對於企業預期可收取對價之影響。

四、第十章（不動產、廠房及設備與遞耗資產）
　　不動產、廠房及設備的後續資本支出，特別是部分重置的概念，有更詳細的說明與釋例之解析。

五、第十一章（無形資產、投資性不動產、生物資產與農產品）
　　修正內文編輯錯誤及習題解答、增加習題及題庫之題目
六、第十二章（流動負債與負債準備）
　　負債準備衡量之說明，以更詳盡之釋例，說明有關大量母體或單一義務之最佳估計概念，同時也提及負債準備若有歸墊時之會計處理。
七、第十四章（投資）
　　「未實現評價損益」均改為「評價損益」，因為評價金融資產造成之損益必定是在該資產處分之前，無須強調「未實現評價損益」、修正內文編輯錯誤及習題解答、增加習題及題庫之題目。
八、第十六章（權益：保留盈餘、股利與其他權益）
　　納入新興或近日開始流行的半導體業重要的留才措施，如限制員工權利新股。

與上一版相同，第八版有許多習題，亦附有解答，另亦備有題庫與教學投影片等配件。對於畫有星號之章節可視學習狀況與進度，減少講授與討論之深度。

這些更新及變動的原由均與我們寫這本書的初衷一致，希望本書有助於讓會計更生活化，讓學習會計更有親切感，也了解會計的動態變化。本書能夠如期出版，首先應感謝東華書局的同仁之支持與鼓勵，尤其是編輯部同仁的配合與幫忙，發揮高度的專業精神。最後要感謝我們的家人，他們的支持讓我們能放心投入。尚祈讀者先進不吝賜教，以匡不逮。

杜榮瑞　薛富井
蔡彥卿　林修葳　謹識
2021 年 8 月

初版序

　　有人說:「學術研究之深層境界,皆以數學相通。」我們想加兩句:「一切著述,其最高境界,在能與讀者心靈相通。」少年時愛看的舊小說、外文小說,今天我們所閱讀的一流期刊學術論文、以至於所使用的教科書,其勝出之處不在五味雜陳,而在能與讀者心靈相通。這是我們的衷心期望。

　　年輕會計老師常說:「我竭盡腦汁想教好這科,但不知道學生能否體會我的心?」要回答這問題,或許只有引用腓特烈大帝的話:「我為人民所做的一切、我抱持的耐心、細心,不需要眾人知道。」畢竟,沒有接觸過企業環境的年輕朋友,是否能夠體會甚麼是備抵呆帳、應付公司債、普通股票呢?會計老師所需要的耐心與細心,不是言語所能形容。希望這本書既能幫忙年輕朋友學習會計學,也能幫忙老師教授會計學。

　　會計學真的是一門有用、有意思的課程。作老師的,總迫不及待要把知識、經驗傳給學生,會計像是商業概論,是中世紀以來錘鍊再三的寶貴學問,希望同學有看武俠小說那樣的堅實豪情,像讀言情作品所保有「然後呢?」的好奇與期盼。

　　我們密集討論怎樣的情節、編排能夠讓同學感覺興趣?怎樣能夠諧而不謔、輕鬆而不失格?怎樣的安排,能夠鼓勵邊學邊做?我們試著以「國際瞭望台」、「給我報報」等方塊,補充會計領域的新發展、會計與財經小常識。我們也經常斟酌:怎麼樣安排段落文字,讓會計學輕鬆些。年輕時很佩服翻譯家能夠想出像多瑙河、翡冷翠等引人入勝的文字,一旦自己有機會讓文字在筆下轉動,我們也不讓釋例裡的公司名稱,局限於忠孝公司、仁愛企業,不讓各個篇章,淪為講義。

　　我們也試著以「動動腦」、「中場練功」與「大功告成」等專欄,鼓勵初學者勇敢嘗試解決問題,從中鍛鍊實作能力。我們在書的邊欄彙總名詞與觀念,

提醒初學者隨時整理思緒，作為繼續閱讀的良好基礎。

　　四個人合寫的書，規模雖不如管弦樂團的演出，但組成與歷程上，極為相似；培養默契，更不可缺。我們努力讓不同樂器發揮特色，花費功夫整合成一體。為了默契，我們在週四的夜晚聚會，背景音樂有時是德布西的月光，有時是貝多芬的英雄。

　　本書能順利付梓，首先要感謝東華書局董事長卓鑫淼先生的全力支持；李潤之與金再興二位先生的殷切催促，他們未列名作者，但實為本書的策畫人，與他們每週四的腦力激盪，至今難忘。感謝養育我們的父母，他們的辛苦使我們有接受更進階教育的機會，也要感謝家人對我們的寬容與支持，使我們能放心投入而無後顧之憂。同時要感謝在我們成長與學習階段，給予我們啟蒙與鼓勵的師長。我們選擇教育與研究的生涯，乃至如今仍能保有最初的熱情與真誠，受他們的影響甚深。我們也很慶幸得到許多同事的協助與關照，啟發了不少寫作的靈感。最後我們感謝劉雅芳、林千惠、譚傳庚以及東華編審部同仁，尤其是劉玉梅與周曉慧的鼎力協助，讓本書生色不少。尚祈讀者先進賜教，以匡不逮。

杜榮瑞　薛富井
蔡彥卿　林修葳　謹識
2003 年 8 月

目次

八版序 　　　　　　　　　　　　　　　　　　　　　　　　　　IV
初版序 　　　　　　　　　　　　　　　　　　　　　　　　　　VI

Chapter 01　企業與會計　　　　　　　　　　　　　　　　　2
1.1　企業之利害關係人　　　　　　　　　　　　　　　　　　4
1.2　利害關係人與企業間以及利害關係人之間的關係　　　　　6
1.3　會計與企業之關係　　　　　　　　　　　　　　　　　　11
1.4　會計之角色：從「家管」到「評價」　　　　　　　　　　13
1.5　會計與倫理　　　　　　　　　　　　　　　　　　　　　14
摘要　　　　　　　　　　　　　　　　　　　　　　　　　　　16
本章習題　　　　　　　　　　　　　　　　　　　　　　　　　16

Chapter 02　財務報表的基本認識　　　　　　　　　　　　22
2.1　財務報表　　　　　　　　　　　　　　　　　　　　　　24
2.2　一般公認會計原則　　　　　　　　　　　　　　　　　　29
2.3　相關的會計權威團體　　　　　　　　　　　　　　　　　35
2.4　國際財務報導準則：從接軌到採用　　　　　　　　　　　40
摘要　　　　　　　　　　　　　　　　　　　　　　　　　　　44
本章習題　　　　　　　　　　　　　　　　　　　　　　　　　45

Chapter 03　從會計恆等式到財務報表　　　　　　　　　　52
3.1　以會計恆等式記錄交易以及編製資產負債表　　　　　　　54
3.2　以會計恆等式記錄收入與費用相關事件以及編製綜合損益表　60
3.3　權益變動表　　　　　　　　　　　　　　　　　　　　　66

3.4	彙總會計恆等式記帳並編製財務報表的程序	73
摘要		78
本章習題		79

Chapter 04　借貸法則、分錄與過帳　88

4.1	會計項目與借貸法則	90
4.2	會計分錄與過帳：日記簿與分類帳	96
4.3	試算表	105
4.4	會計項目表	107
摘要		114
本章習題		115

Chapter 05　調整分錄、結帳分錄與會計循環　130

5.1	會計期間假設與收入認列條件	132
5.2	調整分錄	135
5.3	結帳分錄	160
5.4	會計循環	170
摘要		177
附錄	工作底稿	178
本章習題		181

Chapter 06　買賣業會計與存貨會計處理-永續盤存制　198

6.1	服務業與買賣業之營業週期	200
6.2	買賣業商品的買賣程序	201
6.3	商品買賣的會計處理——永續盤存制	202
6.4	買賣業之會計循環	216
6.5	分類式資產負債表以及單站式與多站式綜合損益表	222
摘要		236
本章習題		237

Chapter 07 存 貨 — 250

7.1	存貨之意義	252
7.2	存貨制度的會計處理	254
7.3	存貨之成本公式	260
7.4	存貨之後續評價——成本與淨變現價值孰低	268
7.5	存貨評價錯誤的影響	271
7.6	以毛利率法估計期末存貨	273
7.7	存貨與財務報表分析	275
摘要		280
本章習題		280

Chapter 08 現金及內部控制 — 292

8.1	現金之內容與重要性	294
8.2	現金之管理與內部控制	297
8.3	零用金制度	301
8.4	銀行存款調節表	304
摘要		311
本章習題		312

Chapter 09 應收款項 — 322

9.1	應收款項之意義及產生	324
9.2	應收帳款之認列	325
9.3	應收帳款之評價——預期損失模式	328
9.4	應收帳款之評價——變動對價	336
9.5	應收票據之會計處理	339
9.6	應收款項之融資	342
9.7	應收帳款與財務報表分析	346
摘要		352
本章習題		353

Chapter 10 不動產、廠房及設備與遞耗資產　364

- 10.1　不動產、廠房及設備之定義　366
- 10.2　不動產、廠房及設備之特性與成本之決定　367
- 10.3　不動產、廠房及設備成本的分攤　372
- 10.4　不動產、廠房及設備的後續支出　385
- 10.5　不動產、廠房及設備的處分　387
- 10.6　遞耗資產的會計處理　390
- 10.7　資產減損的會計處理　391
- 摘要　397
- 附錄 10-1　不動產、廠房及設備除役成本之會計處理　397
- 附錄 10-2　不動產、廠房及設備之重估價模式　399
- 本章習題　409

Chapter 11 無形資產、投資性不動產、生物資產與農產品　418

- 11.1　無形資產的會計處理　420
- 11.2　投資性不動產　427
- 11.3　生物資產與農產品之定義　432
- 摘要　453
- 本章習題　454

Chapter 12 流動負債與負債準備　462

- 12.1　負債與流動負債之意義　464
- 12.2　確定性的流動負債　466
- 12.3　負債準備與或有負債　476
- 摘要　483
- 本章習題　483

Chapter 13 非流動負債 492

- 13.1 企業長期融資的理由 494
- 13.2 非流動負債的內容 495
- 13.3 非流動負債之衡量：現值與未來值 498
- 13.4 應付公司債之會計處理 506
- 13.5 長期抵押借款 518
- 13.6 長期信用風險指標 521
- 摘要 524
- 附錄 13-1 折溢價發行公司債之「總額法」會計記錄 524
- 附錄 13-2 可轉換公司債 528
- 本章習題 530

Chapter 14 投　資 540

- 14.1 貨幣市場及資本市場的投資標的 542
- 14.2 金融資產在會計上的分類 544
- 14.3 債務工具之投資 545
- 14.4 權益工具（股票）投資 558
- 14.5 債務工具投資之減損 563
- 14.6 權益法評價之長期股權投資 572
- 14.7 合併財務報表 575
- 摘要 576
- 附錄 A 溢折價購入「按攤銷後成本衡量之金融資產」 577
- 附錄 B 溢折價購入「透過其他綜合損益按公允價值衡量之債務工具投資」 582
- 附錄 C 在兩個付息日間購入債券 584
- 本章習題 586

Chapter 15 權益：股本、資本公積與庫藏股票 598

- 15.1 公司概念與公司組織的權益 600

15.2	普通股與特別股之權利	602
15.3	股本	607
15.4	資本公積	612
15.5	庫藏股票	613
摘要		619
本章習題		620

Chapter 16　權益：保留盈餘、股利與其他權益　628

16.1	盈餘與保留盈餘	630
16.2	現金股利、股票股利、財產股利與股票分割	633
16.3	前期損益調整	638
16.4	其他權益項目	641
16.5	每股盈餘	642
16.6	投資報酬率指標	645
摘要		650
本章習題		650

Chapter 17　現金流量表　660

17.1	現金流量表的功能與約當現金的意義	662
17.2	營業活動之現金流量	665
17.3	投資活動之現金流量	678
17.4	籌資活動之現金流量	682
17.5	與現金流量有關的財務比率	684
摘要		688
附錄：推算各項營業活動之現金收付金額		688
本章習題		691

中英索引　704

Chapter 01

企業與會計

objectives

研讀本章後,預期可以了解:

- 企業的組織型態為何?
- 企業的利害關係人為何?
- 上述利害關係人與企業之關係為何?利害關係人彼此間之關係又為何?
- 會計在企業與上述利害關係人之間,以及利害關係人彼此之間的交易活動中,所扮演的功能為何?
- 會計的定義為何?
- 會計人員應持的倫理價值為何?

新冠病毒疾病（Coronavirus disease 2019, COVID-19，即新冠肺炎）自 2019 年爆發以來，截至 2021 年 6 月 6 日，已造成全球一億七千三百多人感染，三百七十多萬人死亡，帶給人類極大的威脅，而且仍不知何時可以遏止。COVID-19 的特色，也是造成威脅的原因之一，乃是無症狀感染，使得已感染者仍不自知，而依照其原有生活方式持續與他人接觸往來，透過不自知的飛沫傳染或接觸傳染，將病毒傳染給別人，被傳染者若無症狀，又依類似方式傳染給另外的人，如此的傳播鏈造成滾雪球般地蔓延擴散。

COVID-19 不僅對生命造成威脅，也影響每一個人的生活以及企業的營運。為了減少人際接觸造成的感染，企業的絕大數員工不是分流上班就是居家工作，學校也不例外，以遠距或視訊教學取代實體教學。有人預測，一旦人們習慣這種工作方式，未來對實體環境的需求將降低，可是若人際互動僅止於螢幕上的「接觸」，工作效率是否受到影響，1920 年代的霍桑實驗似乎早已給了答案。

除了人群關係外，不同產業受到的影響也不同，「宅經濟」相關的產業受惠，航空客運業與觀光業等則受害。財務報表反映一個企業的經營績效、財務狀況及財務狀況的變動情形，在編製財務報表的過程是否也受到疫情的影響？例如，若工廠所在碰巧為大量感染或是受到封城而無法移動的地區，如何盤點存貨與廠房設備？再如，在疫情未來發展充滿不確定性下，如何預測未來現金流量以評價資產（特別是無形資產），均是對於企業經理人以及會計人員很大的挑戰，同樣地，審計人員在時間壓力以及外在環境的嚴苛條件下，如何進行財務報表的查核，所面臨的審計風險也許較以往更高。危機即轉機，希望科技的應用可以緩解這些問題。

本章架構

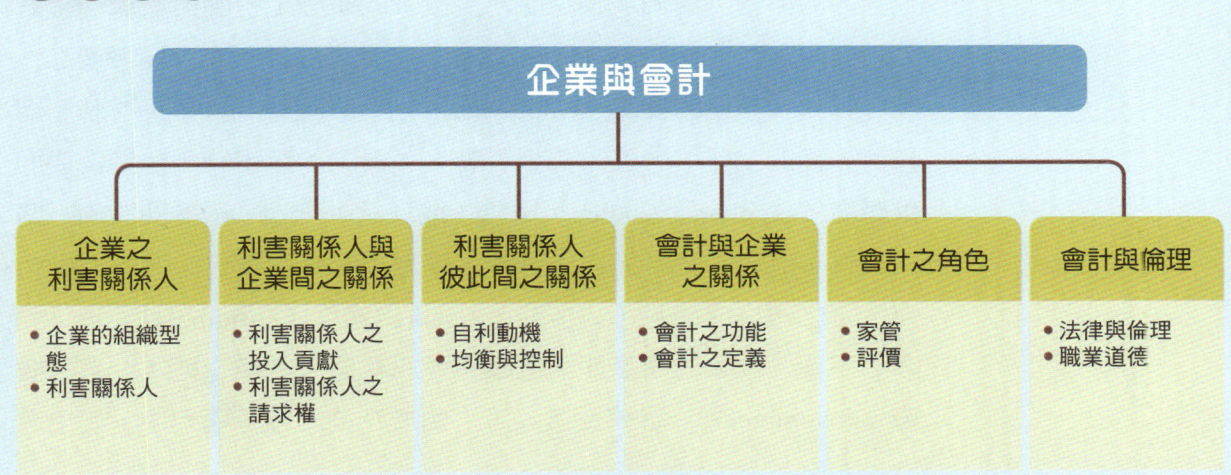

> **學習目標 1**
> 了解企業的組織型態以及與企業往來之利害關係人
>
> 企業組織型態包括：
> 1. 獨資；2. 合夥；
> 3. 公司。

1.1 企業之利害關係人

與企業最直接的利害關係人當屬業主，業主如果只有一人，這個企業即屬**獨資**（proprietorship），兩人以上出資，即屬**合夥**（partnership），如果是一人以上的業主，並依公司法規定成立的企業，則屬**公司**（corporation; company）組織，其業主就是**股東**（shareholders; stockholders）。這些股東出資，交由**經理人**（managers）經營。企業成立初期可能由股東親自經營，此時即為**業主兼經理人**（owner-manager）的情形，**蘋果電腦**、**微軟**（Microsoft Corporation）與**鴻海**初期皆屬此一情形。但是，隨著企業業務的成長，所需資金便不是少數股東可以支應，因此，企業開始向更多的人籌措資金，這些人認購股份，繳付股款，從潛在投資人的身分，成為這個企業的**投資人**（investors），亦即新的股東。由於股東人數眾多，也可能分散全球各地，且多數各有其本身職業，無法親自經營，需委由專業經理人代為經營。企業除了長期發展需要資金外，為應付短期週轉，也需資金支應。資金籌措來源除前面提到的投資人（股東）外，也可以向銀行貸款，獲取資金，此時銀行成為這家企業的**債權人**（creditors）。

經理人利用股東與債權人提供之資金，購買或使用其他資源，包括人力與物力資源或各種服務。蘋果的研發工程師與微軟的程式設計師即為其主要的人力資源（員工），他們發揮創意、開發產品、設計程式，其他的**員工**（employees）則負責行銷、人事、財務、總務等方面的工作。有錢（資金）有人（員工）還不夠，企業需要向**供應商**（suppliers; vendors）購置（或租用）土地、廠房與設備，購入材料、原料、消耗品或服務等。經理人統籌配置資金、人力與物力，將之轉換成商品（或勞務），出售給**顧客**（customers），滿足顧客的需要。**微軟**的商品即為電腦與通訊軟體，其顧客則為企業、**政府**（government）、學校及個人等。由於企業的經營過程中，使用政

府提供的服務,包括國防、交通與安全設施及保護,因此,政府也是企業的利害關係人。

至此,我們討論的企業利害關係人,包括投資人(股東)、債權人、經理人、員工、供應商、顧客及政府。大家也許會感到好奇,為什麼投資人與債權人提供資金給企業,而他們本身又不親自經營該企業,他們為什麼放心?他們當初又如何決定提供資金?決定提供資金後,又如何獲知企業的一切狀況?這就牽涉到會計的角色。投資人與經理人間存在**資訊不對稱**(information asymmetry),經理人對於企業的現況與前景通常比投資人有較多的訊息與知識,因此,透過**財務報表**(financial statements),可將經理人所了解的情況告知投資人與債權人。一般而言,資金提供者會要求企業提供財務報表,以供他們評估企業某一時點的財務狀況、某一期間的經營績效,以及財務狀況變動情形。企業經理人基於籌資之需要,編製財務報表予以潛在投資人或債權人,若這些資金提供者評估可行,便會認購企業發行的股票或是貸放資金給企業,成為企業股東或債權人。之後,企業依當初協議,定期提供財務報表,若投資人覺得情況不如預期,可以在資本市場將所持有股票出售;若債權人覺得企業信用惡化,也可以依約做必要處理,包括要求提高借款利率或提前清償債務等。當然,若情況與預期類似,投資人或債權人繼續與這家企業往來。

因此,不論事前決策或事後控制,財務報表扮演極為重要的角色。但是,投資人或債權人可能還不放心,因為編製財務報表的人不是他們,而是經理人,經理人是否會忠實地將經營成果及財務狀況反映在財務報表上呢?降低這層疑慮的方式之一,乃是聘請獨立而稱職的第三者,針對經理人編製的財務報表加以查核,這個第三者乃是**外部審計人員**(external auditors)。外部審計人員經過一定的程序加以查核後,出具審計報告表示專業意見,如果所出具的意見為投資人或債權人所接受,上述疑慮將會降低。上述企業的利害關係人可用圖 1-1 表示。

6 會計學 Accounting

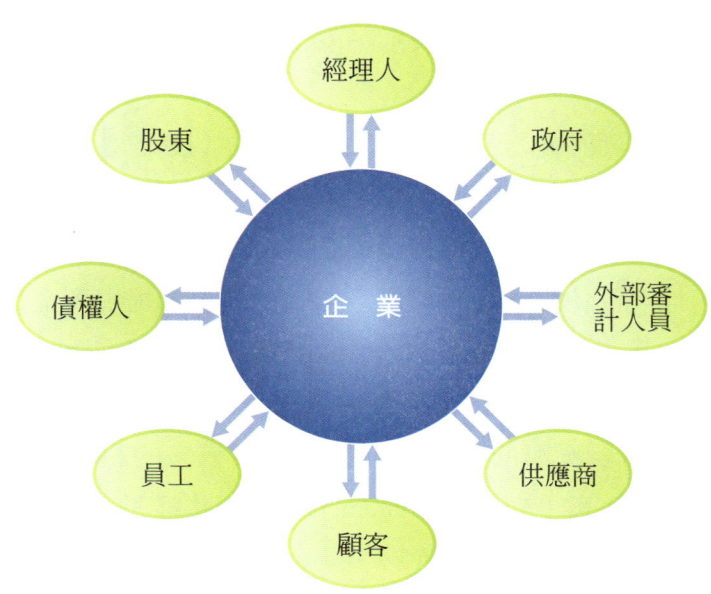

資料來源：S. Sunder 著，杜榮瑞、姜家訓、顏信輝譯，會計與控制系統，台北：遠流出版事業股份有限公司，2000年，頁 28。

圖 1-1　企業及其利害關係人

動動腦

圖 1-1 裡的每位利害關係人與企業間的關係均以雙向箭頭表示，為什麼？

解析

因為每位利害關係人既對企業有貢獻，也有請求權。請參閱下一節的討論。

> **學習目標 2**
> 了解利害關係人與企業的關係，以及利害關係人彼此間之關係

1.2　利害關係人與企業間以及利害關係人之間的關係

從上面所述可知，債權人貸放資金供企業經營與週轉之需，他們固然提供資金，他們的預期是什麼呢？他們向企業要求定期繳付**利息**（interest），作為回報。此外，債期屆滿，也向企業要回**本金**（principal）。例如：**台灣積體電路**製造股份有限公司於民國 109 年 3 月發行**公司債**（corporate bonds），在資本市場向債權人募得新台

幣 240 億元，年**利率**（interest rate）0.58%，5 年到期。就這筆債務而言，每一年要支付現金新台幣 1.392 億元之利息，到了民國 114 年 3 月還要將新台幣 240 億元的本金還給這些債權人。

　　經理人為企業業主（即股東）經營，付出時間與心力，除了追求成就感外，期待收到薪資與獲得獎酬。獎酬高低往往視經理人是否達到預定目標而定，而且形式不一，有的企業除了給現金外，還給股票或**認股選擇權**（stock options）。微軟及一些科技業者即是利用認股選擇權激勵並留住好的經理人，言明在一定時間（如 3 年）後，經理人可以按事先約定的價格認購企業的股票。基於追求自利的動機，經理人會努力拚業績，並希望 3 年後股價還在該約定的價格之上，此時行使該股票選擇權對他們而言，有很大的利益，同時，企業的股東也因所持有的股票價格上漲而享受企業業績蒸蒸日上之好處。台灣的高科技產業為了吸引經理人，甚至是員工，發放股票給經理人或員工，由經理人或員工無償取得。員工受僱於企業，付出時間，提供心力或勞力，他們期待收到薪資與獎酬，有時薪資係按工作時間給付，大部分則是按月給一定金額，至於獎酬則看企業經營成果與員工表現而定。對高科技產業言，人力資源極為重要，因此為使員工的利益與股東的利益一致，會給予重要的員工認股選擇權作為獎酬，如**微軟**即是；或是藉由員工分紅給予員工股票，如設廠於台灣新竹科學園區的公司，包括**聯華電子**股份有限公司、台灣積體電路製造股份有限公司（以下簡稱**聯電**、**台積電**）等。

　　供應商提供原（物）料、零組件、商品、機器、設備、廠房、土地、消耗用品或服務給予企業，供應商期待的是收到帳款，企業必須依約繳付給供應商。顧客支付帳款給企業，期待企業提供商品或勞務，企業提供商品外，尚負擔潛在的責任，例如 2003 年 7 月，美國加州舊金山高等法院判決台灣某食品公司須賠償 5,000 萬美元，因為顧客控告該公司未標示警告而不慎吞食商品導致意外。又如家電業者或自行車業者提供顧客免費的保固服務，此時企業不僅須支付商品給顧客，而且在售後一定期間內甚至終身對顧客負有依約保固的責任。政府提供國防、安全與交通等設施，使企業可以順

利經營，因此政府向企業徵收營利事業所得稅等稅捐。會計師或外部審計人員提供審計服務予企業，因此向企業收取審計公費。

　　從上面說明可知，債權人、經理人、員工、供應商、政府、外部審計人員提供人力、物力或財力，有權獲得企業的回報，而股東或投資人不也是提供財力（資金），為什麼沒有提到他們該有的回報呢？是不是作為股東就沒有回報？當然不是。一般而言，股東的回報是上述利害關係人應得的回報均計算完後，若有剩餘，再將剩餘的利益分配給股東，因此股東是企業剩餘利益的請求者，企業通常透過**股利**（dividends）分配的形式回應股東之請求。例如：**統一超**

給我報報

代理理論、「肥貓」與經理人薪酬揭露

　　投資人購買企業的股票，成為其股東，卻又無法親自經營，而委由經理人代為經營，這種股東－經理人關係乃是經濟學**代理理論**（agency theory）的代理關係之一。在代理關係中，股東為**主理人**（principal），經理人為**代理人**（agent），二者均追求自身利益，可是代理人對企業的了解多於主理人，主理人儘管花費一些監視成本，也無法百分之百監視代理人，為使代理人的決策能顧及主理人的利益，最好讓二者的利害關係一致。因此企業為了激勵經理人，給予經理人的激勵獎酬除了現金外，另給予股票或認股選擇權，言明在一定時間（如 3 年後），經理人可以按事先約定的價格認購該企業的股票，經理人基於追求自利的動機，會全力以赴，希望 3 年後的股價上漲至約定的行使價格之上，此時行使該認股選擇權對他們自然會有很大的利益。對股東而言，他們的利益也因所持有的股票價格上漲而增加。此種制度可留住優秀經理人或重要員工（以此例而言，至少 3 年），使經理人（員工）之利益與股東之利益趨於一致。依照這種設計，高階經理人的薪酬應與企業績效有正向關係，然而實證研究並未有一致的發現，甚至在 2007 年爆發金融海嘯以來，美國一些申請紓困的企業，其高階經理人依然坐領巨額薪資，而有「肥貓」之譏；**美國財政部**的紓困計畫中，強烈要求申請紓困的企業必須「瘦貓」——消除過高的薪酬。

　　我國**金融監督管理委員會**（簡稱「金管會」）則要求上市、上櫃等公開發行公司於**年報**（annual report）揭露支付給經理人（含總經理與副總經理）、董事及監察人之薪酬，揭露方式可採：(1) 彙總配合級距，或 (2) 個別揭露姓名及酬金方式為之；但在某些情況下（如：最近年度虧損仍支付酬金者）應揭露個別董事及監察人之酬金。

商股份有限公司在民國 109 年分配的現金股利為每股新台幣 9 元。如果您當時持有 1,000 股，您有權獲得 9,000 元的股利。

由上面的討論可以知道，為什麼圖 1-1 裡的每一位利害關係人與企業間的關係均以雙向箭頭表示。值得注意的是，在圖 1-1 裡的利害關係人還可以再擴充。由於大多數的股東將經營權交給經理人，對日常營運乃至重大決策，並未親自處理，亦無法直接監督經理人，為了增進對股東權益之保障，我國公司法規定公司必須設置董事與監察人，前者成立董事會，依法令及股東會決議監督公司營運以及決定重大事項；後者則單獨行使職權，監督公司業務之執行及調查業務與財務狀況，包括董事會提出之各種表冊等。因此，在圖 1-1 中還可加入董事與監察人，作為企業的利害關係人。董事與監察人付出時間與心力，代替股東監督經理人，亦有其預期獲得的回報。雖然股東委由董事與監察人代為監督，但董事與監察人均是於股東會內由股東選任，且持有股份較多的股東擁有較多的選舉權，因此，一般而言，獲得持股較多的股東（俗稱「大股東」）支持的人選越容易當選為董事或監察人。相對而言，持股較少的股東（俗稱「小股東」）所偏好的人選則不易擔任董事或監察人，於是可能形成大股東支配董事會，而疏於照顧甚至侵犯小股東的利益。另

e 網情深

請上**統一超商**網站（http://www.7-11.com.tw/）或公開資訊觀測站（http://mops.twse.com.tw/），查詢該公司民國 109 年分配的每股股利為多少？

解析

由於盈餘分配在股東大會決議，而年度財務報表編製並經會計師查核後，已是下一年度了，因此在民國 109 年召開股東大會所決議者為 108 年度的盈餘分配。請上公開資訊觀測站（http://mops.twse.com.tw/）。在公司簡稱欄位內輸入統一超商（或股票代號：2912）。點選「股東會及股利」下的「股利分配情形」，並鍵入年度（本例為 109），可獲得民國 109 年分配民國 108 年的每股股利的資訊。根據該份報告，統一超商於民國 109 年 6 月 17 日，經股東常會決議通過，民國 109 年度分配現金股利每股 $9。

外，如果董事本身又兼經理人，也容易產生「球員兼裁判」而無法獨立行使董事職權，失去監督經理人的意義。近若干年來，由於國內外的企業弊案時有所聞，使得**公司治理**（corporate governance）的問題益受重視，對於設置獨立董事與獨立監察人的要求也日漸增加。公司的「獨立董事」或「獨立監察人」必須具備一定商業、法律與財務方面經驗與專門知識，而且不能為受僱於公司之員工，以及不能持股高於一定比例等。雖然我國企業設置監察人的制度行之已久，受到英、美公司治理實務的影響，我國證券交易法規定公開發行公司應擇一設置審計委員會或監察人，審計委員會成員必須為獨立董事，且人數不得少於三人，至少其中一人應具會計或財務專長。證券交易法並授權金融監督管理委員會依企業規模與性質規定應設置審計委員會的企業；經多年之推動後，自民國 109 年 1 月 1 日起，所有上市（櫃）公司應設置審計委員會替代監察人。

給我報報

年度財務報表出爐、股東會開會旺季與撞期及新冠肺炎之影響

依據證券交易法第 36 條第 1 項規定，公開發行公司必須於會計年度結束後 3 個月以內，公告上年度經會計師查核簽證、董事會通過及監察人承認的年度財務報告。由於我國公開發行公司大多採「**曆年制**」（calendar year）（每年 1 月 1 日為會計年度開始日，同年 12 月 31 日為結束日），故公開發行公司至遲需於 3 月 31 日公告並向主管機關申報。若未及時公告並申報，會受主管機關或台灣證券交易所或櫃檯買賣中心的處分。這些財務報表必須經股東大會承認，而公司法第 170 條第 2 項規定股東大會應於會計年度結束後 6 個月內召開，故每年的 5、6 月便成了股東會開會的「旺季」，且發生數家公司在同一天召開股東會的「撞期」現象。為了緩和撞期的問題，公司法第 177 條之 1 於民國 101 年 1 月 4 日公布修正，規定公司召開股東會時，得以書面或電子方式為行使表決權的方式，並授權證券主管機關依公司規模、股東人數等條件，強制上市、上櫃公司應將電子投票列為表決權行使方式之一。民國 110 年 5 月 20 日金融監督管理委員會因應新冠肺炎（原稱武漢肺炎）的嚴峻疫情，緊急宣布在 6 月 30 日前，上市櫃及興櫃公司停止召開股東會，但應於 8 月 31 日前召開完畢，受此影響的上類公司達 1,931 家。

曆年制 企業或其他組織為求及時了解其財務狀況與經營績效，必須劃分會計期間（通常以 1 年為一個會計年度），並編製財務報表。曆年制係指企業組織會計期間始於 1 月 1 日，終於 12 月 31 日。

除了企業之利害關係人與企業之間的關係外，各利害關係人之間也有相互之關係，絕大多數的情況下，彼此之間各依約定行事，但有時其中一方未按另一方的預期行事，而損及另一方利益。例如，股東聘請專業經理人，預期經理人會為股東謀求最大福利，若經理人未妥善經營管理甚至掏空企業的資產，固然短期而言使自己的經濟利益增加，卻犧牲了股東的福利，也毀了自己的聲譽，以及受到法律制裁。又如，外部審計人員為求自利，未獨立執行審計程序，出具不當的審計報告，誤導債權人的信用評估，致使貸放之本金與利息無法回收。著名的例子為美國**安隆事件**（Enron scandal），此案至少牽涉到經理人、股東、債權人、董事以及外部審計人員等利害關係人。

給我報報

安隆事件

安隆事件乃是二十一世紀初所爆發的企業醜聞。**安隆公司**為一能源商，總部設於美國德州，為一家具有創意的公司，其企業**執行長**（chief executive officer, CEO）及**財務長**（chief financial officer, CFO）公布不實的財務報表，而負責查核簽證財務報表的會計師事務所——**安達信**（Arthur Anderson LLP）竟出具無保留意見的審計報告，事件爆發前，企業的執行長出售所持有的股份，而有內線交易之嫌。爆發後，股價大跌，使投資人、債權人與員工遭受極大損害，安隆公司的董事長、執行長與財務長被控以詐欺等多項罪名，前二者於 2006 年受審，而財務長則已於 2004 年承認有罪；安達信會計師事務所也因此遭法院起訴，而結束業務，使美國五大會計師事務所變為四大。有興趣之讀者可以參考：(1) Shyam Sunder 著，杜榮瑞、吳婉婷譯，「會計之崩潰：起因與對策」，會計研究月刊，2002 年，第 204 期，頁 32-42；(2) 薛富井與林千惠，「美國沙氏法案對會計師事務所與發行公司影響之探討」，會計研究月刊，2003 年，第 209 期，頁 102-130。

1.3 會計與企業之關係

> **學習目標 3**
> 了解會計與企業之關係，以及會計之功能與定義

在第 1.1 節曾提到，企業為了籌措資金而提供經會計師查核簽證的財務報表，供潛在投資人或債權人評估，作成決定。投資人

（股東）或債權人為了確保權益，也要求企業提供財務報表，使狀況獲得控制。易言之，會計對資金的流動，提供了協助利害關係人事前決策與事後控制的功能。事實上，生產要素不僅限於資金，尚包括勞力與土地（物力），均可做如是觀。

在第 1.2 節也提到每位利害關係人與企業間的相對關係，提供生產要素者，有權自企業獲得該有的回報，而使用企業提供的商品或勞務者，有義務付予企業現金或帳款。會計的功能之一乃是將生產要素提供者所提供的資源，以及他們應獲得的回報，加以認列、衡量與記錄。同樣地，對於企業提供予顧客的商品或勞務，以及應自顧客獲得之帳款，也加以認列、衡量與記錄。

上述的功能進一步促使生產要素的流通更為順暢。舉例言之，有了會計記錄及財務報表後，投資人或債權人明確知曉自己對某一企業的投入與請求權，例如：債權人可以知曉企業應付的利息有多少。投資大眾藉由評估企業所提供的資料，也可以決定是否成為它的股東。現有的股東也可決定是否繼續持有股票，繼續當它的股東。易言之，藉由會計，這些個人或組織可決定何時進入，何時退出股東或債權人行列，也促成資金在市場上的流動。經理人明瞭自己投入於企業之勞力外，會計記錄也計算經理人的業績及該有之薪資與獎酬，勞動市場的經理人也較易決定何時擇木而棲，何時離職他就，也促成勞力（經營才能）在市場的流動。另外，企業的經理人也藉由會計記錄與財務報表更易了解自己的經營績效，以及整個企業的財務狀況，作出較佳的資源配置決策，也可透過會計報表，了解部屬的投入與貢獻，給予相對的獎勵或處罰，甚至調整人力的配置。

綜上所述，會計所提供的功能包括：

1. 衡量與記錄每位利害關係人對企業的投入或貢獻。
2. 衡量與記錄每位利害關係人對企業的請求權。
3. 協助企業經理人從事各生產要素的配置決策與控制。
4. 溝通上述資訊，促進各生產要素在市場的流動。
5. 協助維持各利害關係人間的平衡或控制狀態。

會計之功能包括：
1. 衡量與記錄每位利害關係人對企業的投入或貢獻。
2. 衡量與記錄每位利害關係人對企業的請求權。
3. 協助企業經理人從事各生產要素的配置決策與控制。
4. 溝通上述資訊，促進各生產要素在市場的流動。
5. 協助維持各利害關係人間的平衡或控制狀態。

美國會計學會（American Accounting Association, 1966）對會計所做的定義如下：

> 「會計乃是對經濟資料的辨認、衡量與溝通之過程，以協助資訊使用者作審慎的判斷與決策。」(註1)

上述定義強調會計為一過程，在這個過程中，會計人員對經濟交易的結果，加以分析、辨識，進而認列、衡量，並且還要將這些資訊加以表達與揭露，讓人知曉並使用之，以使資訊使用者作出審慎的判斷與決策。從分析、辨識、認列、衡量、表達、揭露乃至讓人知曉與使用的過程中，每一個步驟均有可能影響資訊使用者的決策，從而影響他們的利益。例如延遲公布財務報表可能使投資人無法及時反應，錯失進場或退場時機，又如不按一定的規範編製財務報表，可能使債權人受到誤導而將資金貸借出去，乃至本金的收回遙遙無期。企業若能提供及時且可靠的資訊，有助於資訊使用者作成審慎決策，也有助於他們與企業之間的往來關係更加順暢。

> **會計的定義** 會計乃是對經濟資料的辨認、衡量與溝通之過程，以協助資訊使用者作審慎的判斷與決策。

1.4 會計之角色：從「家管」到「評價」

> **▶學習目標 4**
> 了解會計扮演的「家管」與「評價」角色

上一節所提到的會計功能，可以從另外的角度觀察。例如，第 1. 項與第 2. 項會計功能注重每位利害關係人的盡責程度及請求權。由於經理人對於企業的經營負有責任，透過財務報表，其他的利害關係人，尤其是股東，得以評估與監視經理人的績效，這種財務報表的功能或角色，稱之為「**家管**」（stewardship）。一旦監視與評估後，經理人以外的利害關係人（尤其是股東）得以作出決策，包括經理人的獎酬，甚至經理人的去留。至於第 4. 項與第 5. 項功能則注重既有的利害關係人與潛在的利害關係人藉由財務報表評估企業的價值，進一步作成決策，包括新增對企業的投資或貸款、繼續持有或出售原有投資或債權。這種財務報表的功能或角色稱為**評價**（valuation），財務報表使用者利用會計資訊預測企業未來可能產生

1　Committee to Prepare a Statement of Basic Accounting Theory, *A Statement of Basic Accounting Theory* (Evanston, III: AAA, 1966), p. 1.

的**現金流量**（cash flows），並經一定程序後評估企業的價值。不論是家管或評價的角色，會計的最終目的均是提供決策有用（decision usefulness）的資訊。

雖然「家管」與「評價」均是促成會計資訊決策有用性的功能，但會計思潮與實務，則越來越重視資產與負債的評價，而且幾乎所有的資產與負債均是按**公允價值**（fair value）評價。例如，若甲公司期初以每股 $4,000 買入**大立光**股份 1,000 股，持續持有且期末收盤價漲到每股 $4,300，則在期末當天應以每股 $4,300 評價，而不是依期初購入的成本 $4,000 評價。因為每股 $4,000 為歷史成本（historical cost），而非期末那一天的公允價值。反之，若期末收盤價下跌到每股 $3,800，則期末應以 $3,800 作為該日之公允價值。至於期末將股票投資的金額調到期末的公允價值所發生的價差，該如何處理，在以後的章節會進一步說明。初學者可能不易領略，請不必氣餒，讀完本書後再回過來閱讀本節，當更可體會。

> **學習目標 5**
> 了解會計人員的道德價值對經濟社會的重要性

1.5　會計與倫理

會計人員能否促成上述的會計功能，取決的因素很多，但會計人員的操守、知識與技能無疑是非常重要的因素，另外，企業經理人與外部審計人員的操守與能力，以及會計資訊使用者的素質也會影響上述功能的達成。2001 年的安隆事件乃至 2007 年爆發的全球金融危機，一再測試法令與管制的極限，這些事件都起源於立法與司法堪稱完備的國家，然而過度強調法令與管制的同時，倫理與道德卻被忽略，甚至被認為空談。殊不知在欠缺道德或倫理意識的社會裡，法令與管制並無法確保個人的自由與社會的秩序。由於會計在經濟社會所扮演的角色極為重要，會計人員以及外部審計人員的道德與操守不容忽視。有鑑於此，會計或審計專業團體，如美國的**管理會計人員協會**（Institute of Management Accountants, IMA），以及**美國會計師協會**（American Institute of Certified Public Accountants, AICPA），甚至**國際會計師聯盟**（International Federation of Accountants, IFAC），均訂有職業道德規範，約束其會員，以免玷辱專業，而危害社會。例如，IMA 對於「倫理」的定義為：廣義而言，倫理涉及個人行為中，道德上的好壞與對錯；倫理乃是將誠實、公正、負責、敬業與同理心等價值應用於日常決策上。IMA 的最高倫理原則包括：誠實、公正、客觀及負責，而其倫理準則包括：稱職、守密、正直與可信。這些原則與準則可以幫忙會計人員面對公事與私誼，以及公司與社會等衝突時，作出合宜的決定。尤其在評價的角色越受重視的今天，企業價值的評估往往繫乎一心。在第 2 章會進一步討論財務報表並介紹這些專業團體。

大功告成

請上台灣積體電路製造股份有限公司（以下簡稱台積電；股票代號 2330）網址（http://www.tsmc.com/chinese/default.htm），蒐集民國 108 年發布的相關資訊，針對本章第 1.3 節所述之會計第 2. 項功能，以股東、政府、會計師與經理人為例，說明之。

解析

- **當利害關係人為股東時**

    股東對於企業的期待是股利。就本例言，民國 108 年度，該公司決議針對 107 年度盈餘發放每股 $8 的現金股利。（有關現金股利與股票股利將於第 16 章討論。）

- **當利害關係人為政府時**

    政府對於企業的期待，最廣為人知的即是「稅收」。在本例中，財務報告書「合併綜合損益表」顯示民國 107 年的所得稅費用為 $46,325,857（千元）。

- **當利害關係人為外部審計人員（會計師）時**

    會計師對於企業的期待乃是公費的支付。該部分資訊（如公費的金額與每年的支付情形）記載於股東會年報第 54 頁，民國 107 年度共有審計公費 $55,323（千元）。當年度並無非審計公費。

- **當利害關係人為經理人時**

    對經理人而言，除了追求成就感之外，還期待收到薪資與獲得獎酬。本例中，在股東會年報的第 30 至 31 頁可看出台積電給予經理人之薪資、退職退休金、獎金及紅利等。另依據金管會於民國 97 年 10 月發布之行政命令，為強化資訊揭露，公開發行公司應於年度財務報告附註關係人交易項下揭露給付董事、監察人、總經理及副總經理等主要管理階層薪酬總額相關資訊，故自民國 97 年財報有相關記載。

本題在研習第 2 章後練習，效果更佳。

摘要

本章討論企業的利害關係人，包括投資人（股東）、債權人、經理人、員工、供應商、顧客、政府及外部審計人員（會計師）。這些個體與企業的關係均是雙向的，一方面投入，另一方面則有請求回報的權利。企業的利害關係人彼此之間也可能直接或間接存在這種雙向關係。本章也討論會計在各個利害關係人追求自己利益的過程中所提供的功能，並強調在追求自利過程中應保有道德的心。

本書第 2 章介紹財務報表的基本概念；自第 3 章至第 5 章討論**會計循環**（accounting cycle），亦即日常與期末的會計作業程序，並討論企業的會計制度；第 6 章以買賣業為例，說明上述三章的會計作業程序；自第 7 章至第 11 章，則討論與資產有關的會計處理，包括存貨、現金、應收款項、不動產、廠房及設備、投資性不動產、無形資產、生物資產與農產品；第 12 章討論與流動負債及負債準備有關之會計處理；第 13 章與第 14 章討論非流動負債與投資；第 15 章與第 16 章討論與權益有關的會計處理；第 17 章說明現金流量表的編製。

本章習題

問答題

1. 一般而言，企業的利害關係人包括哪些？
2. 企業經理人為何聘請會計師查核財務報表？
3. 有些人為何將其積蓄不用，而將之投資在股票上，他們有何期待？
4. 會計的功能有哪些？
5. 美國會計學會對會計之定義為何？
6. 何謂會計的「家管」角色？
7. 何謂會計的「評價」角色？
8. 美國管理會計人員協會所訂的最高倫理原則為何？
9. 為何在「評價」角色日益重要的情形下，職業道德更為重要？

選擇題

1. 企業組織通常可分為哪三種型態？

(A) 獨資、合夥及公司　　　(B) 獨資、合夥及製造業
(C) 合夥、小型企業及服務業　(D) 獨資、買賣業及大型企業

2. 下列有關企業利害關係人之敘述何者為非？
   (A) 經理人與投資者的資訊往往不對稱
   (B) 債權人是企業很重要的利害關係人
   (C) 政府是企業之外部利害關係人
   (D) 審計人員為內部利害關係人

3. 下列何者非為會計之功能？
   (A) 衡量與記錄每位利害關係人對企業的貢獻
   (B) 衡量與記錄每位利害關係人對企業的請求權
   (C) 協助維持各利害關係人間的平衡或控制狀態
   (D) 協助政府追緝經濟犯

4. 布希的媽媽投資安隆公司的股票，一般情況下，她期待的報酬為何？
   (A) 安隆公司定期支付利息給她
   (B) 安隆公司按月支付薪資給她
   (C) 安隆公司獲利並分配股利給她
   (D) 安隆公司提供政治獻金

5. 根據公務人員財產申報資料，萬貫才在×9年8月31日持有上市與上櫃公司股票共計800萬股，若按面額計算，其上市、上櫃股票之財產共值多少？
   (A) 800萬元　　　(B) 8,000萬元
   (C) 1,600萬元　　(D) 16,000萬元

6. 郝克漚向銀行貸借1,000萬元，利率5%，5年到期，銀行對他的期待為何？
   (A) 每年付息50萬元　　(B) 每月付息50萬元
   (C) 每年還款200萬元　　(D) 每年還款1,000萬元

7. 下列敘述何者不正確？
   (A) 藉由財務報表以評估與監視經理人的績效是指會計扮演著「家管」的角色
   (B) 藉由財務報表以評估企業的價值是指會計扮演著「評價」的角色
   (C) 不管會計扮演著「家管」或「評價」的角色，其最終目的均是提供決策有用資訊
   (D) 現行會計思潮與實務越來越重視「家管」的角色

8. 劉備三顧茅廬，禮聘諸葛亮輔佐國政，為歷史美談。若將國政比喻為今天的企業經營，則欲讓諸葛亮的深謀遠慮與經營長才能為人所知，最有可能自何管道讓遠在美國的投資人知道？

(A) 財務報表的公開　　　　　(B) 小道消息的走漏
(C) 蘋果日報的報導　　　　　(D) 國語日報的報導

9. 根據研究（見 Chan, K. H., A. Y. Lew, and M. Y. J. W. Tong. 2001. Accounting and management controls in the classical Chinese novel: A Dream of the Red Mansions. *The International Journal of Accounting* 36: 311-327），《紅樓夢》裡的大戶人家在清朝當時已體認會計與控制的重要，並建立良好的制度，依此研究，這些大戶人家的會計與控制制度為何？
　　(A) 應有良好的會計記錄　　(B) 對現金的收支應有控制制度
　　(C) 僕人要上下其手應該不易　(D) 以上皆是

10. 世界級品牌的蘋果公司向台灣的製造廠商下單採購，蘋果公司對其製造商的期待為何？
　　(A) 能在極短的指定期間內如期交貨
　　(B) 委製的產品品質佳
　　(C) 製造廠商的財務健全，資訊透明
　　(D) 以上皆是

11. 益群企業想去美國紐約證券交易所掛牌上市，募集資金，下列何者不是該企業最為重要的事情？
　　(A) 提供允當表達的財務報表　(B) 委任聲譽佳的會計師對其財務報表簽證
　　(C) 委任公關高手　　　　　　(D) 提供透明可靠之會計資訊

12. 下列敘述何者正確？
　　(A) 只要有法律與管制，便不需提醒倫理與道德
　　(B) 只要有法律與管制，利害關係人與企業之間自然會維持均衡與控制的狀態
　　(C) 許多企業的弊案及全球金融危機均在挑戰法律與管制的極限
　　(D) 以上皆非

應用問題

1. 請上統一超商網站（http://www.7-11.com.tw/）或公開資訊觀測站（http://mops.twse.com.tw/）。請試著找出其關係企業與其民國 108 年度的財務報告；再試著上全家便利商店的網站（http://www.family.com.tw/），試比較這兩家便利超商民國 108 年的營業額。

2. 請上證期局網站（http://www.sfb.gov.tw 或 http://www.selaw.com.tw），查詢證券交易法，了解公開發行公司董事長、總經理以及財務報表簽證會計師，對於公布之財務報表不實所應負的法律責任。

3. 【利害關係人－顧客與企業的關係】喬治向台新銀行申請現金卡，請問：
　(1) 喬治期待自台新銀行得到什麼？

(2) 台新銀行期待自喬治得到什麼？

(3) 什麼情況下，喬治與台新銀行的關係失去「控制」？

4. **【利害關係人－顧客與企業的關係－觀念之應用】** 中國信託銀行與其持卡人約定每刷卡消費 30 元，持卡人可獲紅利 1 點，並可依點數兌換物品。卡神刷卡消費共 60 萬元，在卡神尚未兌換物品前，中國信託的會計人員已依刷卡消費數及過去經驗估列物品的費用，請問會計人員這麼做與會計的功能有何關係？（請參考本章第 1.2 節）

5. **【利害關係人－顧客與企業的關係－觀念之應用】** 連發公司是近年來表現出色的 IC 設計公司。該公司員工分紅金額往往羨煞他人。假設 ×8 年該公司每位經理人可分得該公司 30 張股票，已知該公司分配股票給經理人時之收盤價為每股 180 元，試問：該公司在 ×8 年可獲配股的經理人共 30 名，這些經理人的員工分紅金額共為多少？（一張股票為 1,000 股）

6. **【利息之計算】** 林志伶於 ×6 年 3 月 1 日購買赤壁公司發行之普通公司債（面額為 70 萬元，年利率為 5%）。已知該公司於每年的 1 月 1 日與 7 月 1 日會定期支付債權人半年期的利息。試問：於 ×6 年 7 月 1 日，林志伶可領取之利息金額為多少？實際的利息收入又為何？

7. **【定期存款或股票投資】** 劉得華將其積蓄 100 萬元，存入銀行 1 年，獲得利息 8,000 元；如果將這筆錢投資某上市公司的股票，1 年後可獲得股利 4 萬元，則何者有利？利率與殖利率（股利占投資成本的比率）各為何？

會計達人

1. **【利害關係人－股東與債權人與企業的關係－觀念之應用】** 股東與債權人對於公司的請求權相異，自然關注的焦點也不同。試就您的觀點，陳述兩者對於公司的期望為何？是否兩者之利益彼此有矛盾之處？

2. **【企業組織型態與利害關係人觀念之應用】** 選擇一個您最熟悉的組織，列出此組織中三類最重要的當事人，界定其投入於組織的資源以及他們自組織所收受的資源。

【改編自《會計與控制系統》，頁 23】

3. **【上網找尋相關答案與會計功能觀念之應用】** 民國 93 年 6 月間，博達科技股份有限公司負責人等涉嫌違反證券交易法之規定，使公司股票遭到下市的命運。請蒐集報章雜誌與網路上主管機關所公布的資訊，說明圖 1-1 上的利害關係人在此事件中的處境。又，會計所扮演的功能何以無法發揮？

4. **【代理理論】** 企業經理人運用股東所投入之資金，從事決策與營運，為了向股東表示其負責之程度，編製財務報表並定期提供給股東，請問：

(1) 大多數的股東均未參與企業經營,有何機制使股東相信這些財務報表?
(2) 接洽聘任會計師以及洽談查帳公費的人往往是企業經理人,即使財務報表經過會計師查核,如何取信於股東?有何機制可增進信任?

Chapter 02

財務報表的基本認識

objectives

研讀本章後,預期可以了解:

- 如何進一步闡釋會計恆等式之意義?
- 財務報表的內容包括哪些?
- 何謂會計恆等式?
- 何謂一般公認會計原則?
- 與會計有關的學術或專業團體有哪些?
- 全世界朝向單套會計準則的努力為何?
- 國際財務報導準則(IFRS)的特色為何?

近10年來，人工智慧（Artificial Intelligence; AI）再度引起大家的關注與興趣，如同任何新科技的興起，各行各業也對人工智慧充滿期待，希望能幫忙解決問題，預測未知，甚至利用人工智慧帶來商機。

人工智慧的發展不是一蹴而就，而是經歷大約60年的跌跌撞撞，前仆後繼，纔有現在的樣貌，如今雖有很大的進展，仍不斷的精進中。第一波的人工智慧，可以回溯至1950年代，當時的電腦科學家、腦神經科學家，及語言學家等學者滿懷願景，思考用什麼方法，使電腦模擬人類的思考，讓電腦像人類的大腦一樣能與人溝通，能做判斷，這麼高的期待，後來落空。原因之一，連人類都還沒辦法清晰理解自己的思考過程，如何能將人類的語言脈絡與思考過程，用具體的電腦程式表達出來呢？

儘管面對第一波的挫敗，仍有一羣勇於逐夢，鍥而不捨的學者不願放棄，於是在1970年代開始，並在1980年代流行的專家系統（Expert Systems）的出現，代表了第二波的人工智慧。相較於第一波，第二波的野心變小了，只想讓電腦學會按照人類定義好的規則來做決策，這一波的人工智慧，也就是說專家系統，也曾經商業化；但自1990年代起，逐漸失去產業界，乃至學術界的興趣，因有些問題，連人類都無法處理，即使能夠處理，也無法字正腔圓的說出決策的規則，也就是說，人們會做卻說不出所以然來。第一波與第二波的人工智慧共同處，在於依賴領域專家，但這種取向的人工智慧，似乎行不通。

第三波的人工智慧，可以追溯至2010年甚至更早。利用深度學習，配合圖形處理器的運算速度，藉由大量數據（例如上萬甚至更多張的不同類別的照片）的訓練，讓機器學會分類，而深度學習（Deep Learning）竟可快速分類且錯誤率低，讓人驚豔，也重啟人們對人工智慧的熱潮，更使得人工智慧的發展，不僅止於學術界，產業界紛紛投入深度學習的研究與應用。

如今我們的生活經驗中，潛藏許多人工智慧的應用，當你回家時，有人幫你打開家門，輕聲細語的向你問候時，不必驚訝；無人車更是已在路上行駛；歌唱演藝的真假成分也變得模糊；在醫療診斷中，判讀X光片以分辨是否患肺結核，判讀心電圖以分辨是否心律不整的案例中，也都發現，利用深度學習的技術，獲得頗佳的正確率。

每一次的科技突破之際，都會出現預言家，彷彿是某些產業的末日博士，預測哪些產業或行業將因而蕭條或被取代。想當年電腦興起時，有人預言即將進入無紙張的時代，暗示與紙張有關的產業會走入末日，但這些產業，如今依然存在。人工智慧的再度興起，也開始有人預測，諸如會計，法律，甚至某些醫療人員將被取代，這些預言不一定成真，但提醒一件事，重複性高，可藉由大量數據分析與深度學習代勞的工作，將被取代，相反的，需要專業判斷的工作，將不易被取代，在會計學的學習過程中，不免遇到一些規則，但切記，絕大多數的規則或準則之背後，均有立論與邏輯，這正是專業判斷的重要基礎。

＊本文部分內容取材自陳昇瑋、溫怡玲著，2019，人工智慧在臺灣——產業轉型的契機與挑戰，臺北：天下雜誌股份有限公司。

本章架構

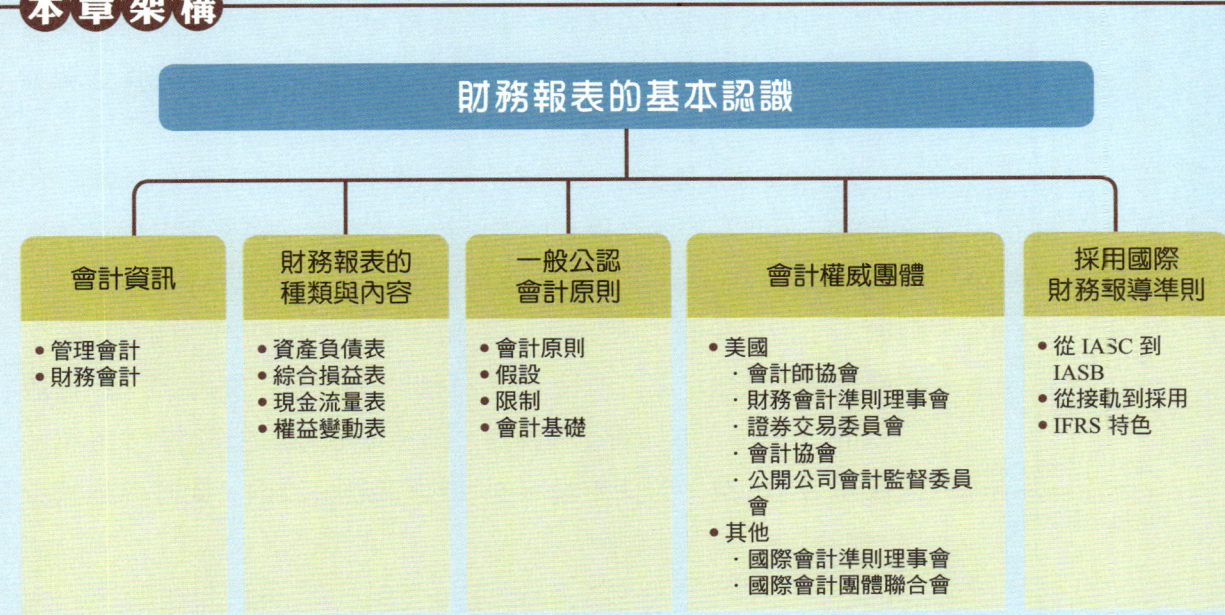

2.1 財務報表

> **學習目標 1**
> 了解財務報表之種類與內容

企業經理人為了便於經營，建立各種制度，其中包括會計制度，用以規範企業的會計處理方式與程序，會計人員基於會計制度及所建置的**會計資訊系統**（accounting information systems），將企業的交易事項，加以衡量與記錄。由於日常交易繁多，序時記錄如同流水帳，不易查詢資料，為了方便立即查詢，再將序時記錄加以分類，乃至彙總成**財務報表**（financial statements）或**管理報表**（managerial accounting reports）。一般而言，財務報表除了提供給經理人外，也提供給其他利害關係人如債權人或投資人等，作為他們決定進入或離開企業利害關係人行列的依據，這種資訊稱之為**財務會計**（financial accounting）資訊。而管理報表僅提供給企業經理人作為決策與控制之用，這種資訊稱之為**管理會計**（management accounting; managerial accounting）資訊。

> **財務報表** 包括資產負債表、綜合損益表、現金流量表、權益變動表以及它們的附表與附註揭露。

財務報表一般包括**資產負債表**（balance sheet）、**綜合損益表**（statement of comprehensive income）、**現金流量表**（statement of cash flows），以及**權益變動表**（statement of equity），這些報表的附表及附註揭露均是財務報表的一部分。其中資產負債表又稱**財務狀況表**（statement of financial position），我國翻譯之正體中文版國際財務報導準則係翻譯為財務狀況表，而金管會公布之財務報告編製準則中，則仍稱為資產負債表。本書後續均以金管會規定為準，使用資產負債表一詞，因為公司公告之財務報表均須遵循財務報告編製準則之規定。

> **資產負債表** 係表達一個企業在某一時點的財務狀況，包括有多少資產、負債及權益。

> **綜合損益表** 報導一個企業在某一段期間內的當期損益以及當期的其他綜合損益，並將二者之合計數（即以綜合損益）加以表達。

知名的**鴻海精密**股份有限公司一開始由創辦人郭台銘籌資 10 萬元成立，此時的鴻海擁有創辦人投入之現金，這些現金就是鴻海的一項**資產**（assets），它代表鴻海可以控制的資源，這項資源係由創辦人所投入（過去的交易），且預期鴻海可因利用這個資源產生經濟效益。既然是業主所投入的，因此它屬於業主的權益，以**權益**（equity）稱之。亦即資產＝權益，因為此時鴻海的資產有 $10 萬，權益亦為 $10 萬。若使用現金 $9 萬購置辦公設備，此時現金減少

> **資產** 係企業所控制之資源，該資源係過去交易事項所產生，且預期未來可為企業產生經濟效益的流入。

> **權益** 係指企業之資產扣除其所有負債後之剩餘權益。

財務報表的基本認識　02

$9 萬，辦公設備增加 $9 萬，但資產總額不變，因為這些現金與辦公設備均是這個企業可控制且對企業未來具有經濟效益。資產總額與權益總額均未改變，只是資產內容或結構改變。隨著業務的需要，若鴻海向銀行貸款 $20 萬，此時現金會增加 $20 萬，但同時也增加了**負債**（liabilities）$20 萬，代表鴻海之既有義務，這個義務係由於向銀行貸借（過去交易）而來，且預期將來清償時將產生現金（經濟資源）的流出，因為鴻海未來有義務依約清償 $20 萬。於是，資產總額變為 $30（即 $10 + $20）萬元，負債變為 $20 萬，權益為 $10 萬，可知：

> **負債** 係指企業之既有義務，該義務係由過去交易事項所產生，且預期未來清償時將產生經濟資源之流出。

$$資產 = 負債 + 權益$$

此一方程式稱之**會計恆等式**或**會計方程式**（accounting equation）。它代表企業的資產來自業主（股東）的貢獻，以及來自債權人的資金融通，由於業主乃企業之所有主，因此來自業主（股東）的資金一般稱為**自有資金**，而來自債權人的資金，則稱為**外來資金**。自有資金與外來資金的相對比例，代表一個企業的財務結構。例如**台積電**民國 108 年 12 月 31 日資產總額為 $22,648 億，負債總額為 $6,427 億，負債占資產的 28%；同日，**中鋼**資產總額為 $6,666 億，負債總額為 $3,344 億，負債占資產的 50%。由會計恆等式也可得知：

> **會計恆等式或會計方程式**
> 資產＝負債＋權益

$$資產 - 負債 = 權益$$

上式代表業主（股東）乃是企業剩餘資產之分配者，另外，資產

動動腦

聯發科公司民國 108 年底的資產負債表顯示資產總額為 $4,587 億，負債總額為 $1,443 億，則聯發科民國 108 年底的權益為多少？

解析

$$資產 = 負債 + 權益$$
$$權益 = 資產 \$4,587 億 - 負債 \$1,443 億$$
$$= \$3,144 億$$

減負債的差額也代表企業的淨資產（net assets）或稱**淨值**（net worth）。例如，台積電 108 年 12 月 31 日淨值為 $16,221 億（即 $22,648 億 － $6,427 億）。資產負債表之內容即反映會計恆等式的意涵，該報表表達一個企業在某一時點的財務狀況，包括有多少資產、負債及權益。

企業將其商品出售並交付予顧客，以產生**收入**（revenue），然而在產生收入的過程中，企業也發生許多**費用**（expenses），包括原先自供應商購入而後再銷售出去的商品之成本（一般稱為**銷貨成本**，cost of goods sold）、薪資、廣告費、水費、電費、電話費與政府的各項稅捐等。有時候，企業會處理一些廠房及設備，若出售所得的價款高過帳面上的價值時，便產生了**利益**（gain），例如**長榮海運**公司民國 108 年度處分不動產、廠房及設備的利益約為 $4 億。反之，則有**損失**（loss），例如**遠傳**公司民國 108 年度發生處分不動產、廠房及設備損失約 $8 億。**收益**包括收入與利益，代表在某一期間內企業所增加的經濟效益。費用與損失合稱**費損**，代表在某一期間內企業所減少的經濟效益。收益總額與費損總額二者之差額代表經理人的經營成果或績效，若所有收益大於所有費損，代表**淨利**（net income）或稱**純益**或**盈餘**。反之為**淨損**（net loss），或稱**純損**或**虧損**。例如，**華碩**民國 108 年的收益總額為 $359,184 百萬，費損總額為 $346,169 百萬，因此當年度淨利為 $13,015 百萬。

> **收益**與**費損**之差額為淨利（純益）或淨損（純損）。代表企業在某一期間之經營績效。

動動腦

以生產捷安特（GIANT）腳踏車聞名國際的國內上市公司**巨大機械**，民國 108 年度之收益總額為 $63,527 百萬，費損總額為 $59,932 百萬，則該年度巨大機械之淨利為何？

解析

淨利 ＝ 收益總額 － 費損總額
　　 ＝ $63,527 百萬 － $59,932 百萬
　　 ＝ $3,595 百萬

綜合損益表所包括的要素為收入、利益、費用與損失，這些要素的金額相加、減後，即為淨利（或淨損），代表某段期間的經營績效。有時候，企業在某一期間購買其他上市或上櫃公司的股票，作為投資，並打算短線進出，作為交易目的用（trading），冀能賺取價差。例如，企業在期末前數日以 $100 萬的成本購買宸鴻股票，在期末尚未賣出，但股價已漲到 $105 萬，此時 $105 萬為這些股票在期末當天的**公允價值**（fair value），應將之調整到 $105 萬；雖然股票尚未賣出，但應承認 $5 萬的利益；反之，當跌到 $95 萬，則應調到當天的公允價值 $95 萬並承認 $5 萬的損失。無論利益與損失均應承認，因為這項投資係交易目的用，即使期末當天尚未賣出，很有可能在極短期間內就會出售，只差執行交易的動作。但是若企業購買這些股票並不作為交易目的，並不積極短線進出，在期末當天仍須將這些投資的金額調到 $105 萬（或 $95 萬）的公允價值，但這個價差不得承認為當期利益（或損失），而應作為**其他綜合損益**（other comprehensive income）的一部分（屬於「權益」）。除了上述由於期末按公允價值評價造成之價差作為其他綜合損益外，尚有其他項目亦應作為其他綜合損益，在以後相關章節會逐一討論。

損益表只包含當期損益；綜合損益表則尚須包含當期的其他綜合損益。將當期損益（可能為淨利，也可能為淨損）與當期的其他綜合損益合計，即為當期的**綜合損益**（comprehensive income）。我國自 2013 年開始，所有上市、上櫃與興櫃公司應依國際財務報導準則編製財務報表（詳見第 2.3 與 2.4 節說明），依照國際財報導準則之規定，企業應編製綜合損益表。編製綜合損益表時，可將損益表的全部內容包括在內，再加上當期的其他綜合損益之內容，加以併列表達。另一種方式則僅包括損益表的「本期淨利」（或「本期淨損」），再加上當期的其他綜合損益之內容，加以表達；但必須另外編製損益表。我國的實務採用第一種方式，亦即，不另外單獨編製損益表。

現金流量表則將企業的活動分為三大類：**營業活動**、**投資活動**

現金流量表 報導一個企業在某一段期間內因為營業活動、投資活動與籌資活動所造成的現金餘額變化情形，亦即報導現金流量的情形。

與**籌資活動**。由於這三大類活動的進行會使用或產生現金，因此造成現金餘額的改變。現金餘額的改變，可能是增加，也可能是減少現金餘額，稱為**現金流量**（cash flows），好比高速公路上來回穿梭的車輛變化一般。將某一期間內每一類活動的現金流量加總，即為該期間內的淨現金流量。若為正數，代表期末現金餘額較期初現金餘額為多；若為負數，則期末現金餘額較期初現金餘額為少。

就製造業言，其營業活動包括購料、僱用員工、加工為製成品，以及出售製成品，在從事這些活動時，會有現金的收入與支付，收支相抵，若為正數，代表營業活動帶來現金餘額之增加，反之則為減少。投資活動包括購置土地、不動產、廠房及設備，以及將以前的投資出售，前者會用掉現金，後者則流入現金，兩者之差額代表投資活動帶來的現金餘額變化。籌資活動包括向銀行借款、透過發行公司債籌措資金，或透過發行新股份籌措資金（現金增資），這些均使現金餘額增加，另外，在同一期間內也可能清償債務或發放現金股利，造成現金餘額減少，一增一減之淨額代表籌資活動之現金流量。現金流量表即是彙總表示三大活動所帶來的現金餘額變化情形。

動動腦

以 iPod 及之後的 iPhone 再度聞名於世的**蘋果公司**（Apple Inc.）2020年度的現金流量表顯示：( ) 代表淨流出。

營業活動現金流量為 80,674 百萬美元
投資活動現金流量為 (4,289) 百萬美元
籌資活動現金流量為 (86,820) 百萬美元

則該年度蘋果公司的現金流量淨額為多少？

解析

現金流量淨額＝營業活動現金流量＋投資活動現金流量＋籌資活動現金流量
　　　　　＝ 80,674 百萬 － 4,289 百萬 － 86,820 百萬
　　　　　＝ (10,435) 百萬（美元）

除了資產負債表、綜合損益表與現金流量表外，另有權益變動表。若企業為股份制的公司，權益變動表表達該企業股東的權益在某一段期間內的變化情形。如果企業在該期間內發行股票，進行現金增資，權益即會增加，代表股東投入於企業的資源增加。另外，如果企業在該段期間的經營成果，獲有淨利，但未分配股利給股東，這些未分配的盈餘當然也是權益的一部分，也因此，某一段期間獲有淨利，會增加權益，因為本應由股東分享的資源，繼續保留於企業內，甚至累積至以後期間。但若將累積的盈餘以股利的形式，分配給股東，則該部分的股利分配金額，使得權益變少。身為一個企業的股東，會關心自己的權益變化，因此可以透過權益變動表了解變化的詳細情形。

2.2　一般公認會計原則

> **學習目標 2**
> 了解何謂一般公認會計原則，以及會計原則、假設與限制

由於財務會計資訊提供給各種利害關係人，而各利害關係人中除企業經理人外，大都不親自經營企業，且這些利害關係人可能也想成為或退出另一個企業之利害關係人行列，因此，他們也會分析該另一企業的財務報表。若這兩家企業在編製財務報表的過程中對相同的交易，所使用的會計方法及依據不同，這些利害關係人即使有這兩家企業的財務報表，也無從分析與比較。試想，若您有一筆錢，本想投資三家企業的股票，受限於資金，您僅能投資其中一家企業的股票，您如何自這三家企業中擇一投資呢？若每一家企業編製財務報表的方法不同，您如何分析、比較並作出選擇呢？

財務報表使用者
包括內部使用者，通常為企業經理人；以及外部使用者包括：投資人（股東）、債權人、供應商、顧客及政府等。

為了方便經理人以外的利害關係人（一般稱為「外部使用者」，而經理人稱之為「內部使用者」）作分析與比較，會計專業界發展出一套規則體系，這一套體系通稱**一般公認會計原則**（Generally Accepted Accounting Principles, GAAP）。狹義的一般公認會計原則係指由權威團體所訂定發布而為大家遵守的會計處理方式，包括認列、衡量、表達以及揭露方式之規定。這些規定或由於實務界的認同而共同遵守，但更重要的是必須獲得法律或經法律授權的行政命

一般公認會計原則
係指由權威團體所訂定發布而為大家遵守的會計處理方式，包括認列、衡量、表達以及揭露方式之規定。

企業個體假設 企業是一個單獨的個體，而企業的業主則是另外的個體，兩者應予區分。因此，企業的所有交易均應有單獨的會計記錄與報告。

令之支持，方具公權力。在極少數情況下，權威機構的規定與政府機關的偏好不一致。儘管如此，權威機構仍應秉持獨立與中立的專業精神，訂定一般公認會計原則。各國基於法律制度、經濟發展、資本市場結構以及文化等因素，形成與發布各國的一般公認原則。

廣義的一般公認會計原則則包括一套觀念、假設、原則與程序，使財務報表所包含的資訊既可靠，且與決策者的決策攸關。本章就常見的會計假設加以說明。所謂**假設**（assumptions），乃是針對企業所處的環境所做的前提，因為這些前提的存在，才使得目前我們所依循的會計原則與程序顯得合理。首先乃是**企業個體假設**（separate entity assumption），這個假設認為企業是一個單獨的個體，而企業的業主則是另外的個體，兩者應予區分。在這個前提下，企業的所有交易均應有單獨的會計記錄與報告，不應與企業的業主混淆一起。例如張小開自他爸爸張大發所開的甜心商店拿了一顆糖果吃，從甜心商店的角度言，應該將此交易記錄清楚，載明銷售一顆糖果，而且也要記錄業主提取一顆糖果 $20。如果甜心商店會計人員要討好張小開而沒有記錄，則不合乎企業個體假設，當然也就違背一般公認會計原則。若張大發自己擁有一部跑車，這部跑車乃其個人財產，不應將它列為甜心商店的資產，儘管張大發擁有這個商店。在企業個體假設下，企業與其業主應予區分，不論企業為獨資、合夥或公司組織皆然。

動動腦

阿嘉與友子合夥開設海角七號唱片行。有一天阿嘉自唱片行拿一片中孝介的 CD 專輯回家珍藏，唱片行會計小姐記載「阿嘉自唱片行提取 CD 一片，金額 $350」，阿嘉不僅沒有不高興，反而稱讚她懂會計，為什麼？

解析

因為這正是企業個體假設的應用。

繼續經營假設 企業會永續經營，不會於近日內結束業務並清算其財產。

第二個假設乃是**繼續經營假設**（going-concern assumption），依此假設，企業會持續經營下去，而不會在近日內被清算而結束業

務。繼續經營假設非常重要，因為許多目前的會計原則與程序乃依附在此一假設上，若脫離這個假設則會計人員將惶惶終日，因為企業隨時可能會被清算，帳列的資產與負債到底要按照什麼金額入帳列表無法拿準。例如日商英英公司於年初依當時市價$300萬購入一部機器設備，但會計人員美黛子不敢按照這個歷史成本入帳，因為她不知道這個企業何時要結束，如果結束業務而隨即清算的話，該部機器設備說不定只值$180萬，而非$300萬。但是繼續經營假設告訴她一個前提，那就是不要擔心企業何時被清算，企業會繼續經營下去的，因此，像其他的企業一般，她在這個假設的支撐下，列帳$300萬的機器設備。除此之外，繼續經營假設也使得區分短期與長期的債權（或負債）更有意義，如果沒有這個假設，所有債權與債務均可能隨時到期，而無所謂短期或長期。

動動腦

郭董與周董合資設立滿地黃金電影公司，有一天滿地黃金電影公司的會計主任佳玲將公司所購置的製作影片器材未按成本$8,000萬入帳，而依她所估計的清算價值$5,000萬入帳，因此遭到郭董指正。請問佳玲做錯了什麼事？

解析

佳玲以為滿地黃金電影公司只拍一部電影就會解散，而無法繼續經營。但是會計的環境假設之一乃是繼續經營，佳玲應按成本$8,000萬入帳才是，除非她有很大的疑慮。

第三個假設為**貨幣單位衡量假設**（unit-of-measure assumption），這個假設言明企業所有交易的結果均可以按貨幣單位衡量。按照這個假設，不論所交易的標的物是用噸（如煤）、公升（如汽油）、克拉（如鑽石）或張（如桌子）衡量，均可將之轉換為貨幣金額，而彙總成單一的衡量。例如：遠西百貨於今天上午出售10件襯衫、5雙皮鞋與2條領帶，這麼多不同種類的衡量單位，該如何作會計處理呢？在貨幣單位衡量假設下，我們按一件襯衫

> **貨幣單位衡量假設**
> 此一假設言明企業所有交易的結果均可以按貨幣單位衡量。

售價 $2,000、一雙皮鞋售價 $3,000、一條領帶售價 $4,000 加以統一衡量單位，加總成銷貨金額共計 $43,000〔即（$2,000×10）＋（$3,000×5）＋（$4,000×2）〕。

> **動動腦**
>
> 溫實初中藥行昨天出售當歸 10 兩、四物湯 5 帖以及養生食譜 5 本，這麼多不同種類的衡量單位，該如何做會計處理？有何依據？
>
> **解析**
>
> 應依每一種商品的單價，分別乘上銷售的數量，再加總成銷貨金額，記錄於會計帳冊上。這個作法的依據為「貨幣單位衡量假設」。

第四個假設為**幣值不變假設**（stable monetary unit assumption）。此一假設乃是自貨幣單位衡量延伸而來，它言明幣值不會隨著時間的經過而改變，這個假設使會計處理程序變得簡單易行，否則會計人員要隨時依物價變動程度重新衡量資產與負債及因而可能引起的收益或費損。這個假設也使會計人員將資產或負債按歷史成本列帳而無須擔心物價變動。例如：曼波公司 3 年前購買辦公桌椅一套共支付成本 2 萬元，至今仍按 2 萬元列於帳上，此乃基於幣值不變假設。當然，幣值不變假設有點不切實際，因此當物價變化較大時，補充揭露其影響，可彌補這方面的限制。另外，隨著公允價值會計

幣值不變假設
此一假設乃是延伸自貨幣單位衡量假設，言明幣值不會隨著時間的經過而改變。

> **動動腦**
>
> 田喬剛服完兵役後就繼承他父親的事業，上班第一天他發現資產負債表上列有土地 $2,000 萬。他知道那塊土地約 200 坪，是他父親好幾十年前買的，位於台北市仁愛路，不應只值 $2,000 萬。試問：為何資產負債表的土地只有 $2,000 萬？
>
> **解析**
>
> 因為按照歷史成本該土地金額為 $2,000 萬，在幣值不變假設下，一直按 $2,000 萬列帳。有關土地重估價的議題，在第 10 章有進一步的討論。

的興起，企業於會計期間終了日應按市價將某些資產評價，使得這些資產的價值係按市價或公允價值衡量。在第 10 章開始會討論這個議題。

第五個會計假設為**會計期間假設**（time-period assumption）。理論上來說，一個企業的財務狀況為何、財務狀況變動為何，以及經營成果為何，只有等到該企業結束業務那一天才能論定。可是如果財務報表在那一天才出爐，會計所提供之功能便會變成相當有限（回想第 1 章的討論），其供決策與控制的角色無法及時到位，只能成為明日黃花。會計期間假設言明在企業的全部壽命中，用人為的方式將之劃分為若干較短的期間，每個期間稱之為**會計期間**（accounting period）。典型的會計期間為 1 年。有的企業採曆年制決定會計期間，有的企業則採 4 月制，自 4 月 1 日開始至次年 3 月 31 日結束，如日本的企業；也有的企業則依其業務特性，以 2 月 1 日開始至次年 1 月 31 日結束，如美國的百貨業者。**蘋果公司**的會計年度則更特別，其會計年度結束日為 9 月的最後一個星期六，因此其會計年度有時包括 52 週（例如 2010、2011 年度），有時則為 53 週（例如 2012 年度）。

除了上述會計上的環境假設外，一般公認會計原則的體系尚包括觀念架構，除了可協助會計準則的制定外，尚可協助財務報表編製者、查核人員與使用者應用與解釋會計準則。國際會計準則理事會（詳後說明）於 2010 年 9 月發布的「財務報導之觀念架構」中，除了說明一般用途財務報表之目的外，並說明有用的財務資訊應具有的品質特性，包括兩項必須同時具備的**基本品質特性**（fundamental qualitative characteristics）：**攸關性**（relevance）與**忠實表述**（faithful representation）。具攸關性的財務資訊，其提供與否會使財務報表使用者（如：投資人與債權人）的決策有所差異。所謂忠實表述，則指財務資訊能忠實表述其所意圖表述的經濟現象，必須具備完整（complete）、中立（neutral）與免於錯誤（free from error）三特性。

如果兩種會計處理方法所提供的財務資訊均同時具備攸

會計期間假設 用人為的方式，將企業的全部壽命劃分為若干較短的期間，並將每個期間稱之為會計期間。典型的會計期間為 1 年。

基本品質特性 有用的財務資訊應兼具兩項品質特性：攸關性及忠實表述。

攸關性 具攸關性的財務資訊，其提供與否會使財務報表使用者的決策有所差異。

忠實表述 指財務資訊能忠實表述其所意圖表述的經濟現象；必須具備完整、中立與免於錯誤三特性。

強化性品質特性 包括可比性、可驗證性、時效性，及可了解性。若兩種會計方法均可提供具備基本品質特性的財務資訊時，可應用強化性品質特性協助選擇。

現金基礎 所有營業活動的收入與費用認列與否，端視企業是否收付現金而定。

應計基礎 交易及其他事項之影響應於發生時予以辨認、記錄與報導。

關性與忠實表述兩項基本品質特性，該決定採用哪一種方法呢？國際會計準則理事會另提出**強化性品質特性**（enhancing qualitative characteristics），以協助選擇。這些特性包括**可比性**（comparability）、**可驗證性**（verifiability）、**時效性**（timeliness），以及**可了解性**（understandability）。必須注意的是，若財務資訊不具攸關性與忠實表述兩項基本品質特性，即使具備強化性品質特性，仍無法使此資訊成為有用的財務資訊。最後，提供與使用財務資訊均有其成本，因此財務資訊的有用性受到成本限制，在制定會計準則時應考量成本與效益。

最後，必須提到會計基礎。一般而言，會計基礎有**現金基礎**（cash basis）與**應計**（或稱**權責發生**）**基礎**（accrual basis）兩種。若會計處理係依現金基礎，則所有營業活動的收入與費用認列與否，端視企業是否收付現金而定。如果沒有現金的收入，即使已完成商品的提供，仍不應認列銷貨收入；反之，如果沒有現金的流出，即使已享受完供應商的服務，仍不應認列為費用。應計（權責發生）基礎則主張交易及其他事項之影響應於發生時予以辨認、記錄與報導。一般企業的會計處理採用應計基礎。在應計基礎下，交易之影響應於發生時，而非於現金或約當現金收付時予以辨認、記

動動腦

法拉第電器行賣給一位顧客一部冷氣機，連安裝售價 $20,000，因為是老顧客，過去信用良好，因此電器行雖然已幫顧客安裝好，仍等到下月初才收款。試問：(1) 若按現金基礎，法拉第電器行應做何會計處理？(2) 若按應計基礎，法拉第電器行應做何會計處理？

解析

(1) 在現金基礎下，不作任何記錄。因為沒有現金的收取或支付，因此法拉第電器行不認列銷貨收入。

(2) 在應計基礎下，因為已提供商品給這位顧客，對這位顧客擁有未來（下月初）收取現金的權利，因此法拉第電器行應認列銷貨收入，同時也應認列這項權利（用「應收帳款」表示）。

錄與報導。採用應計基礎編製之財務報表，不僅可讓報表使用者知道企業過去收付現金之交易，並且可讓使用者了解企業未來支付現金（或提供商品或服務）之義務及收取現金（或商品或服務）之權利；反之，若採現金基礎，則企業的營業活動所產生之未來收取現金權利與支付現金的義務，無從得知。一般家庭使用自來水都是2個月繳費一次，若收到的帳單金額為 $1,000，表示2個月合計水費為 $1,000，而非付水費當月份的水費為 $1,000。按照現金基礎，企業在第一個月的月底不作會計記錄，因為沒有現金的支付，但是在第二個月支付水費時則記載該月份的水費為 $1,000。很明顯地，現金基礎下的資訊與實際交易沒有配合，造成低列第一個月的水費，及高列第二個月的水費。按照應計基礎，既然在第一個月使用自來水，自應認列水費，而且因為尚未支付，也必須記載未來有支付現金的義務（負債），等到下月份收到帳單並支付時，當月份所認列的水費只包括第二個月的部分，而支付的現金則包括上個月積欠部分以及當月份認列的部分。在應計基礎下，不僅權責記錄清楚，且交易時間與認列時間較為配合。

動動腦

惜福雜誌社今天收到訂戶劃撥的預約款 $2,400，預約未來 12 期的惜福雜誌。試問：(1) 若按現金基礎，惜福雜誌社應做何會計處理？(2) 若按應計基礎，惜福雜誌社應做何會計處理？

解析

(1) 按照現金基礎，惜福雜誌社於收到現金時，除了記錄現金增加 $2,400 外，也認列銷貨收入 $2,400，儘管並未寄送任何一期的雜誌。
(2) 按照應計基礎，惜福雜誌社所收到的 $2,400 為預約款，表示惜福雜誌社於未來有交付 12 期雜誌之義務，因此，除記載現金增加 $2,400，也應認列一筆負債（用「預收貨款」表示）$2,400。

2.3　相關的會計權威團體

> **學習目標 3**
> 了解與一般公認會計原則之發展有關之會計權威團體

美國由於資本市場的發展較其他國家更快更完備，對一般公

認會計原則的發展也較其他國家更早更重視，因此，美國的一般公認會計原則常成為其他國家仿效的對象。每個國家基於法律、經濟發展（特別是資本市場）與文化的不同，各自發展各國的一般公認會計原則。各國各訂其一般公認會計原則固然將各國的國情反映於會計處理方式上，但對於跨國籌資與投資言，則造成不便，因為會計處理方式可能存在跨國差異，使得相同的交易卻有不同的會計處理，致使財務報表可比較性較不易達成。因此在二十世紀末期，出現一種主張，要求各國的一般公認會計原則朝向**聚合**（convergence）（即俗稱「接軌」），而不再各行其是。以下先將相關的權威團體加以說明，在下一節再說明各國在朝向單套會計準則所作的努力。

1. 美國會計師協會

美國會計師協會（American Institute of Certified Public Accountants, AICPA）的**會計程序委員會**（Committee on Accounting Procedures, CAP），對許多會計理論及實務的處理提出建議，自 1938 年成立到 1959 年間，共發布 51 號**會計研究公報**（Accounting Research Bulletins, ARB）。從 1959 年至 1973 年，**會計原則委員會**（Accounting Principles Board, APB）承續了會計程序委員會的任務，並發布了 31 號**意見書**（Opinion），這些意見書對美國會計師協會的會員在執行審計工作時，具有強制力。這也是將百花齊放的會計處理方式，邁向統一的開端。會計程序委員會的會計研究公報，及會計原則委員會的意見書，都已成為具有權威性的一般公認會計原則。

2. 美國財務會計準則理事會

會計原則委員會（APB）在 1973 年被另一個獨立於美國會計師協會的「**財務會計準則理事會**」（Financial Accounting Standards Board, FASB）所取代，這個理事會隸屬於非營利性質的**財務會計基金會**（Financial Accounting Foundation, FAF），該基金會下包括兩個委

員會：其一為**財務會計準則理事會**；另一則為**政府會計準則理事會**，自成立以來一直設址於美國康乃迪克州。財務會計準則理事會的委員有 7 名，均為專職；成立後即不斷地發布**財務會計準則公報**（Statement of Financial Accounting Standards）及公報的**解釋**（Interpretations），它所規定的會計處理方法，多年來已經廣為企業界所採用，這是美國目前一般公認會計原則的主要來源。

3. 國際會計準則理事會

國際會計準則理事會（International Accounting Standards Board, IASB）的前身為**國際會計準則委員會**（International Accounting Standards Committee, IASC），係 1973 年由澳洲、加拿大、法國、德國、日本、墨西哥、荷蘭、英國／愛爾蘭及美國等 9 國的會計專業團體代表所組成，至今已有 130 餘個會計專業團體代表。IASC 發布的**國際會計準則公報**（Statements of International Accounting Standards, IAS），以促進各國會計準則之調和，及提升各國企業財務報表的比較性及有用性為主要目標。IASC 董事會後來改採美國 FASB 的架構，使委員會包括 12 個全職委員及 2 名兼職委員，並於 2001 年宣布更名為**國際會計準則理事會**，其發布的準則也改稱為**國際財務報導準則**（International Financial Reporting Standards, IFRS），積極為世界各國財務報導準則的聚合而努力，並以全世界只有一套高品質、易懂且可執行的財務報導準則為目標。

4. 美國證券交易委員會

美國證券交易委員會（U.S. Securities and Exchange Commission, SEC）是依照 1934 年所頒布的**證券交易法**（Securities and Exchange Act）所成立的政府機關，這個組織負責證券發行市場與流通市場的監管工作。SEC 有權規定股票上市公司所應該遵循的會計原則，以及應該發布的財務報表的種類、頻率及內容，同時對企業應該報導的財務資料等也都有規定。只是許多年來，SEC 都委由民間會計專業團體（如財務會計準則理事會）訂立，並支持民間會計專業團體所發布的會計準則，很少自行發布與會計原則有關的規定。

5. **美國會計學會**

　　美國會計學會（American Accounting Association, AAA）的主要成員為大學會計學教師，其宗旨在鼓勵及支持會計理論的研究，促進會計實務合理化及改進會計教育。AAA 不定期發布有關會計理論的研究報告，包括對美國財務會計準則理事會所草擬或發布之準則以及美國證券交易委員會的管制措施或政策，表達學術界的意見，並且發行**《會計評論》**（*The Accounting Review*）與**《會計地平線》**（*Accounting Horizons*）。為增加學術界發表研究成果的管道，AAA 另外發行**《審計學刊》**（*Auditing: A Journal of Practice & Theory*），以及**《管理會計學刊》**（*Journal of Management Accounting Research*）與**《行為會計研究》**（*Behavioral Research in Accounting*）等，對會計理論與實務的發展有重大貢獻。

6. **國際會計團體聯合會**

　　國際會計團體聯合會（International Federation of Accountants, IFAC）成立於 1977 年，它的宗旨是在凝聚各國對會計問題的共識，主要的目的包括：(1) 協助發展有關審計、職業道德、會計教育及管理會計的國際性指引；(2) 提升所有會計人員之研究與聯繫。IFAC 所發布的**國際審計準則**（International Standards on Auditing, ISAs）於 1992 年為**國際證券管理機構組織**（International Organization of Securities Commission, IOSCO）所接受。IFAC 每 4 年召開一次**世界會計師大會**（World Congress of Accountants），其第二十次大會於 2018 年在雪梨舉行。

7. **公開公司會計監督委員會**

　　安隆事件發生前，美國審計及相關簽證準則、審計品質管制準則與會計師職業道德規範主要由美國會計師協會制定，並以同業評鑑等自律方式進行審計品質之控制。安隆事件發生後，投資人開始對會計師的可信賴度與獨立性產生質疑，美國國會於 2002 年 7 月通過的**沙賓法案**（Sarbanes-Oxley Act）中，除了加重企業主管責任外，亦強化對會計師的管理。沙賓法案的第 1 條明定設立**公開

公司會計監督委員會（Public Company Accounting Oversight Board, PCAOB），其設立宗旨為：透過有效監督公開公司的外部審計人員，確保審計報告之公正與獨立，保障投資人與一般大眾之權益。因此，該法案授予 PCAOB 定期檢查及調查、懲處會計師事務所的權力，同時也改由公開公司會計監督委員會制定用以查核公開公司財務報表的審計準則。

依據沙賓法案第 101 條之規定，PCAOB 之委員共有 5 人；第 102 條規定，會計師事務所非向 PCAOB 完成註冊，不得出具公開發行公司之審計報告。

8. 證券期貨局與金融監督管理委員會

我國的證券期貨局，成立於民國 49 年，成立當時稱證券管理委員會，原來隸屬於經濟部，自民國 70 年 7 月改隸財政部。證券管理委員會主管證券發行及交易事項，在政府成立期貨市場後，使投資人增加了投資及避險的工具，而有關期貨的管理也由這個單位負責，並更改為證券暨期貨管理委員會，後來金融監督管理委員會（金管會）成立，再自財政部改隸金管會，名稱改為證券期貨局（證期局），金管會成立後，「證券發行人財務報告編製準則」、「證券商財務報告編製準則」及「公司制證券交易所財務報告編製準則」等，均改由金管會發布。這些準則對於證券公開發行及上市、上櫃公司，受委託買賣證券之證券商及以服務證券交易為業之台灣證券交易所與櫃檯買賣中心之財務報告的編製方法等均有詳細的規定。

9. 會計研究發展基金會

為加強會計研究，提升會計實務水準，國內會計界人士於民國 72 年積極籌措基金，經多方努力募集後，於民國 73 年 4 月成立「財團法人中華民國會計研究發展基金會」，至今基金會內設有五個委員會，其中之一乃財務會計準則委員會。自民國 73 年 10 月起，這個委員會接辦原會計師公會財務會計委員會的工作，財務會計準則委員會的成員來自學術機構、政府單位、會計師界及工商團體

等,均為無給職,負責會計準則的訂定及實務問題的研究。委員會自成立以後,訂定「財務會計準則公報」及公報的解釋函,它所規定的會計處理方法,已為證期局所發布的「證券發行人財務報告編製準則」等規定認同,並且被企業界遵循,自 2013 年後,會計研究發展基金會不再自行訂定財務會計準則公報,而直接翻譯 IFRS 為中文,經金管會認可後成為我國一般公認會計原則的主要來源。

10. 中華會計教育學會

中華會計教育學會成立於民國 84 年,會員主要來自國內大專院校的會計教師,並有來自會計師界、政府機關及企業界的會員,以促進會計學術與實務界的知識創造與分享為宗旨,設有教育、學術研究、學術交流及會計實務等委員會,除了舉辦學術或實務的研討會外,並發行「中華會計學刊」作為發表與交流學術研究心得的平台。

11. 會計師公會

台灣省、台北市及高雄市會計師公會為國內專業會計師分別組成的地方性團體,三個公會早期曾成立會計原則的專業研究單位——會計問題評議委員會,民國 70 年 4 月另成立財務會計委員會取代了原評議委員會的工作,並公布財務會計準則公報 1 號。民國 71 年 12 月,原來的省、市三公會合組的財務會計委員會改隸中華民國會計師公會全國聯合會,到民國 73 年 10 月止,一共發布財務會計準則公報 5 號及會計準則解釋 1 號。

▶ 學習目標 4
了解全世界朝向單套會計準則之努力,以及 IFRS 之特性

2.4 國際財務報導準則:從接軌到採用

由於資本市場的全球化,企業可以在不同國家的證券交易所掛牌上市以便籌資,投資人的投資對象也不再僅限於本國的企業。企業籌資過程中必須依一般公認會計原則編製並提供財務報表以便投資人評估;由於各國訂有各自的一般公認會計原則,如果需要跨國籌資,勢必要依另一國家的一般公認會計原則編製財務報表,或編

製比較調節表，對於籌資的企業言，增加了會計成本，而投資人也必須了解另一套一般公認會計原則，因此，有人倡議朝向全世界只有一套高品質的會計準則而努力，而當時的國際會計準則委員會所訂定的國際會計準則，被認為是可以改進而成為全世界單套高品質會計準則的標的。

　　國際會計準則理事會（IASB）之前身為國際會計準則委員會（IASC），成立於1973年，後經改組，並自2001年起以IASB稱之。IASC初期（1973年至1980年代末期）所訂定的國際會計準則（IAS）有一特點，也是招致批評的地方，那就是容許針對相同的交易事項自數個會計衡量方式中，擇一使用，所要求揭露之事項也不多。面臨批評，IASC自1989年開始推動比較性／改善計畫，以增進國際會計準則之品質及增進國際間的財務報表比較性，並與IOSCO密切合作。

　　IOSCO為世界上80餘個國家的證券主管機關所組織的聯合會，我國證期局亦為其會員。IOSCO鼓勵IASC刪除既有準則中的會計衡量備案選擇空間，並增加揭露事項的規定。IOSCO並要求IASC完成24個「核心準則」後，可考慮認同並推動國際會計準則為國際通用的會計準則，而適用於跨國股票上市。IASC在1998年12月完成核心準則，並在2001年完成改組後，改稱IASB，嗣後訂定的會計準則改稱為國際財務報導準則（IFRS），但原已訂定的IAS及相關的解釋仍然適用，除非被取代。

　　在IASC努力提高其會計準則的品質，增進國際比較性的同時，美國財務會計準則理事會也採取積極主動的作法，包括在IASC發展每一個核心準則的過程中，以觀察員身分參與討論並提供建議。FASB也自1995年開始進行一項計畫：「國際會計準則與美國一般公認會計原則（GAAP）之比較」，將IASC所完成的準則與美國的GAAP比較，以決定美國是否容許以IAS（IFRS）編製財務報表的企業，不需重編或另編調節比較文件即可在美國申請上市籌資。美國證管會於2007年12月決定外國公司在美國的證券交易所掛牌上市或發行存託憑證者，只要其財務報表依據IASB的IFRS編

製，可以免編比較調節表，並進一步考慮本國的公司也比照辦理，惟何時實現似乎遙遙無期。歐盟則已於 2000 年決議，所有的歐盟與即將成為歐盟的會員國，其企業之合併報表自 2005 年開始必須依照 IFRS 編製。

我國的財務會計準則委員會自 1984 年成立以來，訂定財務會計準則的主要依據為美國的 GAAP，包括 FASB 的準則公報及 APB 的意見書，其次才參考 IASC 的 IAS，並考慮國情，包括法律、經濟與文化因素。大約自 1999 年，我國財務會計準則委員會開始檢討我國準則與 IAS 的異同點，並將有重要差異的準則公報修訂之，對於新訂的準則公報也以 IAS 或 IFRS 為主要參考依據。鑑於當時美國的發展趨勢，我國金管會於 2008 年成立推動小組，並於 2009 年 5 月公布，上市、上櫃與興櫃公司自 2013 年開始必須按照 IFRS 編製財務報表，但得提早於 2012 年採用之。在採用 IFRS 作為我國的 GAAP 之後，忠實又快速地將 IFRS 譯為中文而為 IASB 認可、法規及時地因應修改，以及企業資訊系統之更新等均將成為持續的工作，另外，報表編製者與使用者在心態上亦應調整。

IFRS 與美國的 GAAP 的早期差異雖然已因 IASB 與 FASB 不斷地相互靠攏而縮小，但是，IFRS 被認為是傾向**原則式準則**（principles-based standards），而美國的 GAAP 則為**規則式準則**（rules-based standards）。相對於原則式準則，規則式準則較多細節規定、較為繁複、較多釋例與指引，也較多「界線」規定以及例外規定，它的好處是明確以及裁決空間較小，但它的缺點則是複雜，而且可能引導企業經理人規避對企業「不利」的會計處理。我國的會計準則不再以美國 GAAP 為參考架構，直接採用翻譯後的 IFRS 之後，將不再有那麼多的釋例以及界線規定，因此善用專業判斷成為不可避免的要求，充實專業知識以及謹守職業道德亦愈形重要。

大功告成

夢蝶咖啡為一家加工銷售咖啡豆之公司，並附設咖啡屋，其 9 月 1 日的資產負債表顯示當日資產總額 $3,000 萬，負債總額 $1,000 萬，9 月份發生下列事項，相關資訊如下：

9/10　購買機器一部，依公允市價支付 $100 萬。某一同業於同日結束業務，該同業亦有一部相同機器，清算價值為 $60 萬。

9/20　依主計處公布的物價指數估計，5 年前買入之辦公設備不再只值 $150 萬，而是 $160 萬。

9/28　收到顧客款項 $3 萬，係購買夢蝶咖啡禮券用。持有該禮券一張可以品嚐咖啡一杯。

9/30　成立 10 週年，總經理認為一定存在商譽，否則無法如此迅速成長。可是會計師堅持不讓他於帳上認列，並告訴他這是一般公認會計原則，係為會計權威團體所規定的。

試問：

(1) 9 月 30 日夢蝶咖啡之資產總額、負債總額與權益總數各為何？
(2) 在算得上列金額的過程中，您依據的會計假設為何？
(3) 9 月 30 日發生的事項中提到的會計權威團體有哪些？

解析

(1)、(2)

9/10　依公允市價 $100 萬，取得機器一部，並當場支付現金成交，因此，現金減少 $100 萬，機器設備增加 $100 萬。此係依繼續經營假設與貨幣單位衡量假設。

9/20　雖然物價上漲，但依幣值不變假設，仍依 5 年前之成本 $150 萬認列辦公設備。此外，繼續經營假設也主張應依 $150 萬，而非清算價值認列。

9/28　依應計基礎，夢蝶咖啡除了應記錄收到現金 $3 萬（現金增加 $3 萬），也應記錄未來有義務提供咖啡給持咖啡禮券的顧客，此一義務為夢蝶咖啡之負債，因此，同時也產生負債 $3 萬。

9/30　不能因成長快速就自認存在商譽而認列於帳上。一般公認會計原則認為商譽應該經由交易而產生，不能一廂情願主觀認定。

綜上：

資產	=	負債	+	權益
$3,000 萬		$1,000 萬		$2,000 萬
+100 萬				
−100 萬				
+3 萬		+3 萬		
$3,003 萬	=	$1,003 萬	+	$2,000 萬

(3) 會計權威團體包括國際會計準則理事會、美國財務會計準則理事會，以及我國會計研究發展基金會的財務會計準則委員會。

摘要

　　財務會計資訊除提供給企業經理人外，通常也應利害關係人之要求，提供給投資人、債權人或政府等。管理會計資訊則通常僅提供給企業經理人。不論何種資訊，均幫助各利害關係人從事決策與控制。但是，財務會計資訊的編製必須依據一般公認會計原則，管理會計資訊的編製則不一定依照一般公認會計原則。財務報表包括資產負債表、綜合損益表、現金流量表、權益變動表，以及上列各表之附表與附註揭露。資產負債表代表一個企業在某一時點的財務狀況，包括有多少資產、負債及權益，其編製方式反映會計恆等式的關係，亦即資產＝負債＋權益。損益表表達一個企業在某一期間的經營績效（或成果），包括產出多少收益，發生多少費損，以及兩者的差額，若差額為正數，代表有純益或淨利；若為負數，代表有純損或淨損。綜合損益表則報導企業在某一段期間之綜合損益，包括當期的損益以及當期的其他綜合損益，其中，當期損益代表某一期間的經營績效。現金流量表則代表一個企業在某一期間因營業活動、投資活動與籌資活動所產生的現金餘額變化，亦即該期間的現金流量。權益變動表則代表一個企業在某一期間內股東的權益之變化情形。必須注意的是，這些報表的附表與附註揭露均為財務報表整體的一部分。

　　一般公認會計原則乃是依權威團體所制定的會計處理方式，包括認列、衡量、表達與揭露的規定。廣義而言則，包括一套觀念、假設、原則與程序。會計環境假設包括企業個體假設、繼續經營假設、貨幣單位衡量假設、幣值不變假設以及會計期間假設。會計原則包括收益認列原則及充分揭露原則（將於以後章節討論）。在應用一般公認會計原則時，存在一些例外或限制，包括重大性、審慎原則、成本與效益考量原則以及行業特性。會計基礎有現金基礎與應計基礎（權責發生基礎）兩種。一般而言，企業應採應計基礎。各國因法律、經濟與文化因素而訂定其一般公認會計原則。有的國家則採國際會計準則理事會的國際財務報導準則作為一般公認會計原則，例如比利時、丹麥及香港等。鑑於國際資金流動的頻繁與重要性，國際會計準則委員會自1990年代中期開始檢討並改善其訂定之準則，在2001年完成改組，改稱國際會計準則理事會，並努力使其訂定之國際財務報導準則成為全世界所接受的單套高品質會計準則。至目前為止，已有超過100個國家宣布將與國際財務報導準則接軌，甚或直接採用之。我國經過十餘年與國際財務報導準則接軌後，金管會宣布自2013年開始，所有上市、上櫃與興櫃公司的財務報表應依照國際財務報導準則編製。

本章習題

問答題

1. 實務上常提到的財務報表為何？
2. 會計假設有哪些？
3. 企業使用之會計基礎為應計基礎，它與現金基礎有何不同？
4. 何謂一般公認會計原則？
5. 原則式準則（principles-based）與規則式準則（rules-based）之差異為何？
6. 哪一個會計權威團體所訂定的會計準則為全世界大多數國家與之接軌或採用之？
7. 何謂綜合損益表？
8. 損益表與綜合損益表有何不同？

選擇題

1. 下列何者為資產負債表之組成項目？
   (A) 收入　　(B) 現金　　(C) 淨利　　(D) 成本

2. 嫦娥得知明月企業去年的淨利為 1,500 萬元，請問她直接自何處得知這項資訊？
   (A) 股市行情表　　　　(B)《詩經・小雅篇》
   (C) 綜合損益表　　　　(D) 資產負債表

3. 金標公司以銷售自行車為業務，去年度的收益總額為 $9,000 萬，費損總額為 $6,000 萬，則去年度的經營績效為何？
   (A) 去年度的淨利為 $3,000 萬
   (B) 去年底的現金餘額為 $3,000 萬
   (C) 去年底的現金餘額為 $9,000 萬
   (D) 以上皆非

4. 梅姬影視公司 ×7 年 12 月 31 日的資產總額為 $400 萬，負債總額為 $150 萬，則當天的財務狀況為何？
   (A) 權益為 $550 萬　　　(B) 權益為 $250 萬
   (C) 淨利為 $400 萬　　　(D) 淨利為 $250 萬

5. 庫克自蘋果公司拿取一支 iPhone 回家使用，蘋果公司記錄為銷貨收入，並認列對庫克

的現金請求權，此乃基於哪一個會計假設？
(A) 企業個體假設　　　　(B) 審慎
(C) 重大性　　　　　　　(D) 行業特性

6. 雖然物價微幅波動，台積電的機器設備仍依購置當時的成本認列，此乃基於哪一個會計慣例或假設？
(A) 成本與效益之考量　　(B) 會計期間
(C) 幣值不變假設　　　　(D) 行業特性

7. 電視遊樂器 Wii 未上市先轟動，若任天堂採先收現再交貨的政策，則任天堂收到貨款時，應如何記錄？
(A) 依現金基礎，不作任何記錄
(B) 依現金基礎，認列為預收貨款
(C) 依應計（權責發生）基礎，不作任何記錄
(D) 依應計（權責發生）基礎，認列為預收貨款

8. 誠品書店既賣書也賣咖啡，但它的財務報表均以新台幣表達，此乃基於哪一個會計假設？
(A) 行業特性　　　　　　(B) 繼續經營假設
(C) 成本與效益之考量　　(D) 貨幣單位衡量假設

9. 快樂公司以 30,000 元購入個人電腦一部，會計人員張純真依 30,000 元入帳，作為辦公設備，此乃基於哪一個會計原則？
(A) 審慎　　　　　　　　(B) 重大性
(C) 成本原則　　　　　　(D) 行業特性

10. 下列敘述何者為真？
(A) 現金流量表告知閱表者一個企業在某一時點的現金變化情形
(B) 銀行業的資產負債表之表達方式與其他產業不同乃基於行業特性之限制
(C) 若一筆支出 $400 本應認列為資產，但將之認列為費用乃基於會計期間假設
(D) 企業採用的會計基礎通常為現金基礎

11. 下列何者非發布財務會計準則公報的單位？
(A) 美國財務會計準則理事會
(B) 財團法人中華民國會計研究發展基金會
(C) 美國會計學會
(D) 國際會計準則理事會

12. 穩賺公司 ×8 年 6 月 30 日現金流量淨額增加 $400 萬，營業活動現金流量淨增加 $800

萬，投資活動現金流量淨減少 $1,000 萬，請問公司籌資活動現金流量淨增加多少金額？

(A) $200 萬　　　　　　　　(B) $600 萬
(C) $1,400 萬　　　　　　　(D) $2,200 萬

13. 殺很大電器行雖然於經營不善但並不預期將於年底結束營業，會計搖搖擅自將當年度購入的電腦設備帳面金額 50 萬元調降至二手市場公平價值 20 萬元，請問她違反了下列哪項會計假設？

(A) 審慎原則　　　　　　　(B) 繼續經營假設
(C) 行業特性　　　　　　　(D) 重大性

14. 黑面張滷肉飯有員工 4 人，每月薪資於次月 5 日發放。假設每位員工薪資為 $25,000，則下列何者正確紀錄上述交易？

(A) 每月月底會計記錄會記載支付員工薪資 $75,000
(B) 每月月底會計記錄會記載支付現金 $100,000，供作員工薪資
(C) 每月月底會計記錄會記載尚欠當月份員工薪資 $100,000
(D) 每月月底會計記錄會記載尚欠當月份員工薪資 $75,000

15. 紐約時報社收到川樸公司訂閱未來一年的報費，依應計基礎，該報社應如何記錄？

(A) 增加資產，且增加收入　　(B) 增加資產，且增加負債
(C) 增加資產，且減少收入　　(D) 增加資產，且減少負債

16. 財務分析師王牌先生從哪一財務報表直接獲知鴻海公司在民國 99 年的投資活動對現金餘額之影響？

(A) 民國 105 年度資產負債表　(B) 民國 105 年底資產負債表
(C) 民國 105 年度現金流量表　(D) 民國 105 年底現金流量表

17. 紅海 ×6 年度的淨現金流量為 277 億元，×6 年初的現金及約當現金餘額為 1,001 億元，則該公司 ×6 年底的現金及約當現金餘額為何？

(A) 1,278 億元　　　　　　(B) 723 億元
(C) 277 億元　　　　　　　(D) 554 億元

18. 鄧不利多雖年屆 80，仍於尼泊爾開設魔法研究中心，對外營業，開幕第一天，該中心購置道具設備共 14 萬元，妙麗隨即依成本 14 萬元入帳，請問下列何者不是妙麗所依據的會計假設？

(A) 繼續經營　　　　　　　(B) 審慎原則
(C) 貨幣單位衡量　　　　　(D) 企業個體

19. 金橋咖啡屋今天出售咖啡 1,000 杯、三明治 400 份、貝果 150 個以及簡餐 400 套，請問應依哪一個會計假設彙整不同單位的交易？

(A) 繼續經營　　　　　(B) 貨幣單位衡量
(C) 會計期間　　　　　(D) 行業特性

20. 下列何者為有用的財務資訊應具備的基本品質特性？
    (A) 攸關性　　　　　(B) 可驗證性
    (C) 可比性　　　　　(D) 時效性

應用問題

1. 【財務報表】×1 年初，大 S 與康永各出資現金 $1,500,000 成立大康網路科技股份有限公司，公司主要營業項目係在網路拍賣二手書刊。成立初期購買相關電腦辦公設備共支付現金 $650,000，並花費 $800,000 收購二手書報雜誌，同時在各大雜誌、書刊與網站刊登廣告以招攬顧客，此一行銷費用約計 $120,000，均以現金支付之。×1 年底，大 S 有感於公司規模日漸擴大，所需人力資源不足，欲再招募員工。因此，除與康永各再出資 $200,000 之外，並向偉中銀行借款 $1,500,000，約定 2 年之後還款。根據上述資料，試問：

    (1) 假設大康網路科技股份有限公司會計記帳採用曆年制（即自 1 月 1 日開始至 12 月 31 日止，為一個會計年度），至 ×1 年底，大康網路科技股份有限公司現金以外資產之總金額為何？
    (2) 承上，大康網路科技股份有限公司的現金金額為何？
    (3) 承 (1)，大康網路科技股份有限公司的權益金額為何？

2. 【會計基礎】鑫月刊社今天收到訂戶劃撥預約款 $2,200，預約未來 12 期的鑫月刊，試問：(1) 若按現金基礎，鑫月刊社應做何會計處理？(2) 若按應計基礎，則又該如何做會計處理？

3. 【財務報表】創建 ×6 年度的現金流量表顯示：〔( ) 代表淨流出。〕

    營業活動現金流量為 $6,084,785（千元）
    投資活動現金流量為 ($5,937,151)（千元）
    籌資活動現金流量為 $2,492,643（千元）

    則該年度創建的現金流量淨額為多少？

4. 【財務報表】弘基公司 ×3 年度的綜合損益表顯示收益總額為 $324,649,378（千元），費損總額為 $311,690,445（千元），則 ×3 年度弘基公司的淨利為何？

5. 【財務報表】Facebook, Inc. 在 2012 年 5 月 18 日上市時，每股股價 38 美元，之後並曾漲至 133.2 美元，請上網 http://investor.fb.com/ 查詢 2020 年 12 月 31 日 Facebook 之資產總額及權益總額有多少？

6. 【會計恆等式】承上題，請問 2020 年 12 月 31 日 Facebook, Inc. 的負債為何？

7. 【財務報表】大立光研發生產光學產品，供應蘋果電腦生產手機之用，大立光的股價高達每股新台幣 $4,800 以上，請上網 http://www.largan.com.tw/html/about/invest.php，查詢 2020 年 12 月 31 日該公司的資產、負債與權益總數各為多少？2020 年度該公司的淨利為何？營業活動現金流量又為何？

8. 【會計恆等式】依會計恆等式填答下列的未知數。

    資產＝負債＋權益

    (1) $8,000 ＝ ? ＋ $5,000
    (2) $9,000 ＝ $3,000 ＋ ?
    (3) ? ＝ $6,000 ＋ $1,000

9. 【會計假設】傅裕仁剛服完兵役後就繼承他父親的事業，上班第一天他發現資產負債表上列有土地 1,000 萬元。他知道那塊土地約 100 坪，是他父親好幾十年前買的，位於台北市信義路，不應只值 1,000 萬元。試問：為何資產負債表的土地只有 1,000 萬元？

10. 【會計假設】美玲今年雖已 75 歲，但仍滿懷夢想與數位身體勇健的好友們合組長春食堂股份有限公司，準備將各自之絕活與好菜上市。有一天長春食堂的會計小姐小丸子以美玲已 75 歲為理由，認為長春食堂無法繼續經營而將其所購置的廚具未按成本 210 萬元入帳，而依她所估計的清算價值 150 萬元入帳，因此遭到美玲指正。請問小丸子做錯了什麼事？

會計達人

1. 【會計權威團體與財務報表】到國外募集資金是目前籌資的方法之一。若凌雲公司欲在民國 100 年於那斯達克（NASDAQ）市場掛牌，則凌雲公司可否直接將民國 99 年之財務報表提供該主管機關作為審核之依據，無須重編或調整？請依據我國一般公認會計原則編製及依國際財務報導準則編製財報，解釋您的看法與理由。

2. 【綜合應用】中華開發金融控股公司（以下簡稱開發金控）在民國 92 年 12 月 31 日，其股票之收盤價格為每股 $16.6。中國信託金融控股公司（以下簡稱中信金）宣稱持有開發金控之股權比重達 6%。已知開發金控民國 92 年底流通在外的普通股數約為 11,214,247,000 股，試問中信金為了取得開發金控的經營權，約投資了多少金額？但根據公開資訊觀測站上，開發金控業經會計師查核簽證之財務報表卻揭示，該公司每股淨值為 $10.22。試說明何以該公司股票市值不等於淨值，並解釋可能產生差異的原因。

3. 【綜合應用】開卷書店慘澹經營 12 年，10 月 1 日的報表顯示資產總額 $600,000，負債

總額 $400,000，10 月份發生下列事項，相關資訊如下：

10/7　購置書架一批，依公允價值支付現金 $300,000。某一同業於當日結束業務，該同業亦有相同規模之書架一批，清算價值 $150,000。

10/18　依主計處公布之物價指數估計，3 年前依 $100,000 購入之辦公設備，應值 $110,000。

10/28　收到老主顧款項 $50,000，係購買開卷圖書禮券用。

試問：

(1) 題目中的資產、負債金額係由何財務報表得知？
(2) 開卷書店 10 月 31 日之資產總額、負債總額與權益總額各為何？
(3) 在算得上列金額的過程中，您依據的會計假設為何？使用之會計基礎為何？

4.【綜合應用】以下財務資料取自台積電的財務報表：

	108 年度	107 年度
綜合損益表：		
銷貨淨額	$10,700 億	$10,315 億
銷貨成本	5,773 億	5,335 億
銷貨毛利	4,927 億	4,980 億
收益總額	10,915 億	10,519 億
費損總額	7,462 億	7,005 億
淨利	? 億	? 億
現金流量表：		
來自營業活動之現金流量	6,151 億	5,740 億
來自投資活動之現金流量	(4,588) 億	(3,143) 億
來自籌資活動之現金流量	(2,696) 億	(2,451) 億
淨現金流量	? 億	? 億
資產負債表：		
資產總額	22,648 億	20,901 億
負債總額	6,427 億	4,126 億
權益	? 億	? 億

試求：

(1) 填入問號上的數字。
(2) 民國 108 年度的收益總額較民國 107 年度成長或衰退？
(3) 民國 108 年底的負債占資產比率較民國 107 年底之比率提高或下降？

Chapter 03

從會計恆等式到財務報表

objectives

研讀本章後，預期可以了解：

- 如何進一步闡釋會計恆等式之意義？
- 資產、負債與權益之定義為何？
- 如何以會計恆等式記錄企業發生之交易？
- 如何以會計恆等式編製資產負債表、綜合損益表與權益變動表？

「台灣黑狗兄」這部紀錄片記錄李東林（綽號黑狗）之理想、困境與突破，以及社頭鄉居民的遭遇。李東林原來夢想成為排球國手，雖然勤勞苦練卻因車禍受傷，乃至不能美夢成真。他所居住的社頭鄉本以代工製襪出名，李東林於是加入這個行列。在那麼多的家庭式代工廠中，他的加入並不顯眼，連經營模式也一樣：因為利薄必須量多才能打平。李東林在妻子劉瑕的同心協力下維持一個小康家庭，同時也提供工作機會給附近居民。生意最好的時候一天三班仍忙不過來。哪知在全球化的浪潮下，必須面對全球的競爭。而韓國與其他國家簽訂自由貿易協定後，由於關稅待遇的優勢，使台灣廠商在立足點上便處於劣勢。於是社頭鄉的襪子廠一家家淹沒在全球化的浪潮下，李東林本來的訂單也一夜之間流失了。

但上帝關了一扇門，也開啟另一扇窗。李東林想到自己對排球的熱愛，深想若能設計製造運動襪保護足部，可使運動傷害的機會與程度降低，甚至想到設計一種運動襪能使賽跑速度加快，於是他拜訪運動專家向他們請益，並以所設計的運動襪供運動員試穿，從中獲得意見。但設計生產是一回事，行銷卻是另一回事，於是他開車到台北請教專家，才知從社頭看天下大異於從台北看天下，他的運動襪不是只能賣一雙 50 元，而是有 400 元的市場價值。於是他帶著具有不同功能、繡著黑狗品牌的襪子再出發……。

在這部電影裡，李東林的會計紀錄似乎不是用複式簿記，也不應用會計恆等式，而是使用更原始的工具，他將女工的工時與工資手寫在一張紙上，一個女工一張，從月初到月底一連串的累加便成為一個月的總工資，沒有看到女工要打卡，只要雙方合意就對。在互信的氛圍下，內部控制似乎多餘，或者應該說最好的內部控制就是互信。這當然是理想的境界，在真實世界中不僅要提倡互信，也要建立制度，使交易的一方在受到另一方欺騙時，降低損失。會計制度乃是這些制度中的一環，從本章開始，我們討論如何用較有系統的方法記錄交易。

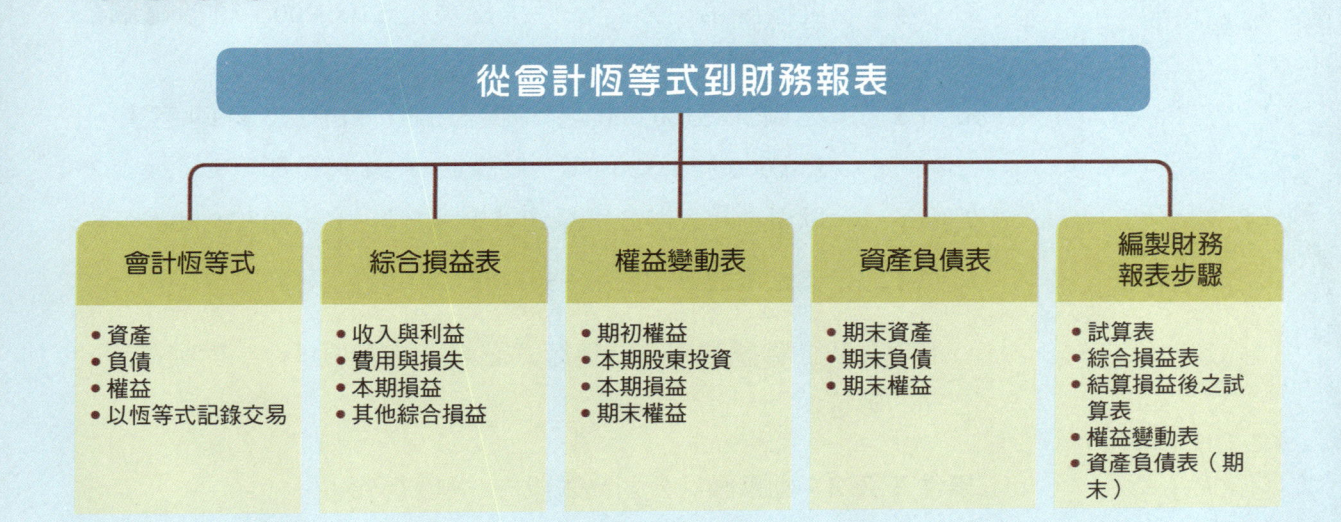

本章架構

從會計恆等式到財務報表

會計恆等式	綜合損益表	權益變動表	資產負債表	編製財務報表步驟
• 資產 • 負債 • 權益 • 以恆等式記錄交易	• 收入與利益 • 費用與損失 • 本期損益 • 其他綜合損益	• 期初權益 • 本期股東投資 • 本期損益 • 期末權益	• 期末資產 • 期末負債 • 期末權益	• 試算表 • 綜合損益表 • 結算損益後之試算表 • 權益變動表 • 資產負債表（期末）

3.1 以會計恆等式記錄交易以及編製資產負債表

> **學習目標 1**
> 學習如何利用會計恆等式記錄交易並編製資產負債表
>
> 公司組織下會計恆等式為：
>
> 資產＝負債＋權益

本章將以章首故事中的會計恆等式「資產＝負債＋權益」的架構，詳細說明如何記錄公司發生的交易，以及如何從此一架構編製財務報表，第一節先討論資產負債表之編製，綜合損益表與權益變動表則在其餘兩節繼續討論。

假設阿嘉想開一家動畫設計公司，他必定會像領主們一樣，希望隨時知道他經營的公司（領地）到底擁有多少有價值之資產，扣除負債後屬於他（業主或股東）的部分又有多少。我們利用會計恆等式說明如何記錄動畫設計公司的交易事項。首先，他可能要想一下，如何開設動畫設計公司。假設發生之相關**事件**如下：

1. 12/25　阿嘉向開動畫設計公司的前輩請教所需資金，得知約需 $1,000,000。
2. 12/26　阿嘉郵局存款僅有 $500,000，邀好友茂柏與瑪拉桑各出資 $250,000，籌劃設立動畫設計公司。
3. 1/1　登記設立動畫設計公司，將三人合資之 $1,000,000 以動畫設計公司名義轉存恆春第一銀行。
4. 1/3　承租海角路 7 號為營業場所，並聘請甜中千繪小姐管理營業場所。
5. 1/4　自恆春第一銀行帳戶提出現金 $100,000，付給電腦公司，購置電腦設備。
6. 1/5　另購入 $100,000 之電腦設備，電腦公司同意其中 $30,000 於 1/12 付現，其餘款項 2/1 再付即可。
7. 1/6　以現金購入辦公用品（紙筆等文具），金額 $20,000。
8. 1/12　支付電腦公司現金 $30,000（1/5 所欠帳款之一部分）。

現在我們嘗試利用會計恆等式記錄上述各項事件，對動畫設計公司的影響：

事件 1 與 2：動畫設計公司尚未成立，無須記錄。

事件 3：（股東原始投資）阿嘉出資 $500,000，茂柏出資 $250,000，瑪拉桑出資 $250,000，合計三人投入現金入股動畫設計公司共 $1,000,000。會計記錄之標的為動畫設計公司擁有的經濟資源（資產），以及這些資源的來源（負債及權益）。阿嘉等三人以現金 $1,000,000 投資動畫設計公司，在會計恆等式左邊應記錄動畫設計公司擁有之經濟資源（資產）＝現金 $1,000,000；會計恆等式右邊應記錄這些經濟資源的來源＝（阿嘉、茂柏與瑪拉桑三位股東之）權益。更確切地說，阿嘉和他的朋友因為提供資金給動畫設計公司而取得股東的身分，因此為了表示動畫設計公司來自股東的投資而籌到的資本，我們用**股本**（Capital Stock）項目代表這一個性質的權益。透過會計恆等式以下列表列方式呈現股東原始投資之交易：

	資產	=	負債	+	權益
	現金	=			股本
(3)	+$1,000,000	=		+	+$1,000,000

記錄任何交易之後，資產還是等於負債加上權益（左方等於右方）。

事件 4：動畫設計公司的經濟資源並無變動，不予記錄。

事件 5：動畫設計公司擁有的現金（銀行存款）減少 $100,000，其他經濟資源則多了電腦設備 $100,000，總共的經濟資源仍為 $1,000,000。

	資產			=	負債	+	權益
	現金	+	電腦設備	=			股本
餘額	$1,000,000			=			$1,000,000
(5)	−100,000		+$100,000	=			
餘額	$900,000	+	$100,000	=			$1,000,000

$1,000,000　　　　　　　　　　　$1,000,000

動動腦

如果事件 5 改為以現金 $200,000 購買電腦設備，則資產、負債與權益的餘額變為多少？

解析

仍然是資產 $1,000,000、負債 $0 以及權益 $1,000,000。但是資產中的現金變為 $800,000，電腦設備則有 $200,000，所以資產總額仍然是 $1,000,000。易言之，資產總額不變，但資產的內容改變了。

事件 6：增購電腦設備 $100,000，但同時欠電腦公司 $100,000。這個事件中的電腦公司（供應商）把一些資源（電腦設備）移轉給動畫設計公司，同時取得要求動畫設計公司未來支付現金的權利。對動畫設計公司而言，電腦設備這項經濟資源的來源是電腦公司，未來必須償還電腦公司該項欠款（負債）。此時，電腦公司既是動畫設計公司的供應商，也是債權人。為了能將負債做恰當歸類，將此一負債稱為應付帳款（應該付給電腦公司的帳款）。所以動畫設計公司的資產與負債（應付帳款）同時增加：

資產與負債各增加 $100,000 後，會計恆等式左邊仍然等於右邊。

	資產			=	負債	+	權益
	現金	+	電腦設備	=	應付帳款	+	股本
餘額	$900,000		$100,000	=			$1,000,000
(6)			+100,000	=	+$100,000		
餘額	$900,000	+	$200,000	=	$100,000	+	$1,000,000

$1,100,000　　　　　　　　　　　$1,100,000

事件 7：與事件 5 類似，現金減少 $20,000，資產中的辦公用品增加 $20,000。

	資產					=	負債	+	權益
	現金	+	辦公用品	+	電腦設備	=	應付帳款	+	股本
餘額	$900,000				$200,000	=	$100,000		$1,000,000
(7)	−20,000		+$20,000			=			
餘額	$880,000	+	$20,000	+	$200,000	=	$100,000	+	$1,000,000

資產合計 $1,100,000　　負債+權益合計 $1,100,000

事件 8：原欠電腦公司 $100,000 中，還款 $30,000，表示動畫設計公司資產中現金減少 $30,000，但同時負債（欠電腦公司的錢）也減少 $30,000：

	資產					=	負債	+	權益
	現金	+	辦公用品	+	電腦設備	=	應付帳款	+	股本
餘額	$880,000		$20,000		$200,000	=	$100,000		$1,000,000
(8)	−30,000					=	−30,000		
餘額	$850,000	+	$20,000	+	$200,000	=	$ 70,000	+	$1,000,000

資產合計 $1,070,000　　負債+權益合計 $1,070,000

> 以資產償付負債之後，資產減少，負債也等額減少，因此會計恆等式的左邊與右邊仍然相等。

將所有相關記錄彙總於表 3-1。

表 3-1　動畫設計公司之交易與會計恆等式

	資產			=	負債	+	權益
	現金	+ 辦公用品	+ 電腦設備	=	應付帳款	+	股本
1/1餘額	$ 0	$ 0	$ 0	=	$ 0		$ 0
(3)	+1,000,000			=			+1,000,000
(5)	−100,000		+100,000	=			
(6)			+100,000	=	+100,000		
(7)	−20,000	+20,000		=			
(8)	−30,000			=	−30,000		
1/12餘額	$850,000	+ $20,000	+ $200,000	=	$70,000	+	$1,000,000
	$1,070,000				$1,070,000		

任何一個事件記錄後，動畫設計公司均可將各項資產、負債與權益計算清楚，大股東阿嘉可以迅速了解動畫設計公司所有資產狀況以及負債的多寡，其差額自然是屬於所有股東的權益。前述列表方式可以改變為下列正式之資產負債表。

動畫設計公司
資產負債表
××年1月12日

現金	$ 850,000	應付帳款	$ 70,000
辦公用品	20,000	股本	1,000,000
電腦設備	200,000		
資產總額	$1,070,000	**負債及權益總額**	$1,070,000

事實上，只要把前述會計恆等式的左邊與右邊以由上至下的排列方式，重新列表，就成為會計上正式的「資產負債表」。這個表很簡要地列出動畫設計公司擁有的經濟資源（資產）、所欠負債與剩餘的權益，使阿嘉、茂柏與瑪拉桑三個股東能對企業現況（財務狀況）一目了然。

動動腦

請以會計恆等式記錄下列五項交易,並編製資產負債表:

1. 登記設立 KTV 公司,股東投資 $800,000。
2. 購置設備,支付現金 $80,000。
3. 購入另一批設備 $150,000,其中 $50,000 付現,餘款半個月後支付即可。
4. 以現金購入辦公用品,金額 $15,000。
5. 支付現金 $100,000 以償還事件 3 所欠款項。

解析

(1) 以會計恆等式記錄交易:

	資產					=	負債	+	權益
	現金	+	辦公用品	+	電腦設備	=	應付帳款	+	股本
期初餘額	$ 0		$ 0		$ 0		$ 0		$ 0
(1)	+800,000					=			+800,000
(2)	−80,000				+80,000	=			
(3)	−50,000				+150,000	=	+100,000		
(4)	−15,000		+15,000			=			
(5)	−100,000					=	−100,000		
期末餘額	$555,000	+	$15,000	+	$230,000	=	$ 0	+	$800,000

$800,000 = $800,000

(2) 編製資產負債表:

KTV 公司
資產負債表
××年××月××日

現金	$555,000	負債	$ 0
辦公用品	15,000	股本	800,000
電腦設備	230,000		
資產總額	$800,000	**負債及權益總額**	$800,000

給我報報

會計恆等式的起源

我們在這一章學習以會計恆等式記錄企業交易的方法，是文藝復興時代的義大利人發展出來的。其中的代表人物是帕西歐里（Pacioli），他在西元 1445 年生於義大利的圖斯坎尼（Tuscany），並於 1494 年出版的數學著作中，很清楚地交代了以基本會計方程式記錄交易的方法。但這個記帳的觀念是義大利人學習中古世紀領地會計，並以阿拉伯數字記錄他們商業交易而發明的方法。其實柯儲格里（Cotrugli）在 1458 年就出版了一本書，其中一部分簡要介紹基本會計恆等式的觀念，帕西歐里在出版他的書之前，就讀過柯儲格里的書。因此，帕西歐里將這個會計恆等式的記帳方式之重大發展歸功給柯儲格里。

學習目標 2
以會計恆等式格式記錄收入與費用，並編製綜合損益表

3.2 以會計恆等式記錄收入與費用相關事件以及編製綜合損益表

上一節中我們以會計恆等式記錄一些交易（事件），並利用記錄結果編製資產負債表。本節進一步以交易例子導出並說明收益與費損的觀念，並解釋如何編製「綜合損益表」。雖然綜合損益表報導某一期間之淨利（或淨損）以及其他綜合損益，但其他綜合損益在性質上屬「權益」，非屬收益或費損，因此在本章僅討論綜合損益表中決定淨利（或淨損）的部分，而所舉例的綜合損益表均假設沒有「其他綜合損益」。由於沒有「其他綜合損益」，因此討論權益變動表時，也略過這個項目。在以後章節再逐漸導入「其他綜合損益」的相關說明。在第 2 章提到，收益乃收入與利益之合稱，費損為費用與損失之合稱。本章的例子均是與「收入」及「費用」有關之交易，因此，逕以收入及費用表示。假設動畫設計公司在 1 月中繼續發生下列事件：

9. 1/13 完成顧客要求之動畫設計，收到現金 $100,000。
10. 1/15 阿嘉自郵局個人帳戶再轉帳至動畫設計公司的恆春第一銀行帳戶，金額 $100,000，以增加他對動畫設計公司之投資。
11. 1/20 完成顧客委託設計動畫，阿嘉讓客戶簽帳 $50,000，下月5日再付款即可。
12. 1/31 以現金支付1月份房租費用 $40,000，以及甜中千繪小姐1月份薪資 $30,000。

這四項事件可以用類似的列表方式記錄如下：

事件 9：完成動畫設計服務後，公司收到現金，現金餘額增加 $100,000，這項資產增加的來源為何？讀者可能認為應該是顧客。這樣回答並非錯誤，但是顧客購買動畫設計公司服務，付出的代價應該屬於阿嘉及其二位股東好友賺得的，因為他們籌辦動畫設計公司，目的即是提供服務，由顧客身上賺取收入，收入增加會增加淨利（盈餘），而盈餘就是給股東的剩餘權益，因此這個現金（資產）的增加，應該屬於這三位股東的，權益相對地增加 $100,000（帳上多認列的現金，其來源是屬於股東的）。為了與來自股東的投資而增加的權益（股本）區分，我們用**保留盈餘**（Retained Earnings）項目代表，因為在沒有分配給股東之前，這些盈餘保留在動畫設計公司。

	資產			=	負債	+	權益	
	現金 +	辦公用品 +	電腦設備	=	應付帳款 +		股本 +	保留盈餘
餘額	$850,000	$20,000	$200,000	=	$70,000		$1,000,000	
(9)	+100,000			=				+$100,000
餘額	$950,000 +	$20,000 +	$200,000	=	$70,000	+	$1,000,000 +	$100,000
		$1,170,000				$1,170,000		

事件 10：（股東再投資）動畫帳戶內現金增加 $100,000，其來源為股東阿嘉，因此以「股本」代表權益同時增加 $100,000。

	資產			=	負債	+	權益	
	現金 +	辦公用品 +	電腦設備	=	應付帳款 +		股本 +	保留盈餘
餘額	$950,000	$20,000	$200,000	=	$70,000		$1,000,000	$100,000
(10)	+100,000			=			+100,000	
餘額	$1,050,000 +	$20,000 +	$200,000	=	$70,000 +		$1,100,000 +	$100,000

$1,270,000 = $1,270,000

事件 11：顧客獲得服務後，簽帳 $50,000，下月再付款，應如何處理呢？動畫設計公司提供服務後，顧客答應下月付款，對動畫設計公司而言，是取得一個權利——下個月向顧客收錢的權利。權利是否為有價值的經濟資源（資產）？現金是有價值的經濟資源，那麼向其他人收取現金的權利也是有價值的。所以這個收錢的權利在會計上也歸類為資產。為了將資產的項目區分清楚，將這項下個月收取現金的權利稱為應收帳款（應該向客戶收取的款項），所以應收帳款增加 $50,000。這個資產增加的來源就如同事件 9，應該是屬於出資的股東，因此用「保留盈餘」代表權益同時增加 $50,000。

	資產				=	負債	+	權益	
	現金 +	應收帳款 +	辦公用品 +	電腦設備	=	應付帳款 +		股本 +	保留盈餘
餘額	$1,050,000		$20,000	$200,000	=	$70,000		$1,100,000	$100,000
(11)		+$50,000			=				+50,000
餘額	$1,050,000 +	$50,000 +	$20,000 +	$200,000	=	$70,000 +		$1,100,000 +	$150,000

$1,320,000 = $1,320,000

事件 12：房租與薪資等兩項共支付現金 $70,000（即 $40,000 + $30,000），因此現金減少 $70,000。事件 9 與 11 中向顧客收取的現金使資產增加，因為產生收入，增加盈餘，是屬於權益的增加。那麼為了提供顧客服務，動畫設計公司所發生的費用是否也應該由股東來承擔呢？答案是肯定的，因為費用的增加，使淨利減少，股東可以享受的剩餘權益減少了，因此他們的權益減少，記錄為「保留盈餘」減少 $70,000。

	資產				=	負債	+	權益	
	現金	+ 應收帳款	+ 辦公用品	+ 電腦設備	=	應付帳款	+	股本	+ 保留盈餘
餘額	$1,050,000	$50,000	$20,000	$200,000	=	$70,000		$1,100,000	$150,000
(12)	−70,000				=				−70,000
餘額	$980,000	+ $50,000	+ $20,000	+ $200,000	=	$70,000	+ $1,100,000	+	$80,000

資產合計 $1,250,000　　　　負債+權益合計 $1,250,000

茲將所有相關記錄彙總於表 3-2。

表 3-2　動畫設計公司有關收入、費用交易之會計恆等式

	資產				=	負債	+	權益	
	現金	+ 應收帳款	+ 辦公用品	+ 電腦設備	=	應付帳款 +	股本	+	保留盈餘
1/12 餘額	$850,000		$20,000	$200,000	=	$70,000	$1,000,000（本期股東投資）		
(9)	+100,000				=				+$100,000（收入）
(10)	+100,000				=	+100,000（本期股東投資）			
(11)		+$50,000			=				+50,000（收入）
(12)	−70,000				=				−70,000（費用）
1/31 餘額	$980,000	+ $50,000	+ $20,000	+ $200,000	=	$70,000 +	$1,100,000	+	$80,000

資產合計 $1,250,000　　　　負債+權益合計 $1,250,000

權益的變化包括：
1. 本期股東投資（增加權益）。
2. 收入（權益增加）與費用（權益減少）。

　　顯然，動畫設計公司有價值的經濟資源（資產）由 1/1 企業設立時的餘額 $0，增加至 1/31 的 $1,250,000。這樣的資產負債表可以顯示任何一個時點（例如 1 月 31 日時），動畫設計公司有多少總資產，負債有多少，其差額即是阿嘉與二位好友的權益。這個表相當簡要地報告三位股東有多少權益在動畫設計公司中，但是動畫設計公司究竟在開業 1 個月中，賺取多少收入？發生多少費用？並為他們賺了多少淨利呢？從資產負債表不容易回答這個問題，我們必須將記錄方式再改進。

　　阿嘉與好友出資成立動畫設計公司的目的是為了賺錢，前述 1/31 資產負債表的權益 $1,180,000 其實包含了阿嘉以及二位好友的投資金額及 1 月份動畫設計公司為他們賺得的淨利。這些影響股東權益的交易，分類如下（請注意表 3-2 最右一欄保留盈餘項下的括弧註解）：

1. 事件 3 與 10 是阿嘉等三位股東這個期間對動畫設計公司的投資，使權益增加 $1,100,000（事件 3 係反映在 1/12 餘額的資訊內），這類由股東直接投入現金使權益增加的交易造成動畫設計公司的「股本」增加。

2. 事件 9 與 11 是動畫設計公司提供顧客服務賺取經濟資源，而使權益增加。這類提供服務賺取經濟資源而使權益增加的交易產生了「本期收入」或簡稱「收入」；而事件 12 則是提供服務用掉了經濟資源，使權益減少。這類為提供服務而耗掉資源致使權益減少的交易造成「本期費用」或簡稱「費用」。收入減除費用即是動畫設計公司 1 月份的經營績效，稱之為「本期損益」。若收入大於費用，以「本期淨利」表示；反之，以「本期淨損」表示。以恆等式表示如下：

收入 − 費用 = 本期損益

　　為了回答動畫設計公司在 1 月中賺了多少利潤，方程式中保留盈餘項下的收入與費用可用以編製綜合損益表（利潤表）如下：

動畫設計公司
綜合損益表
××年1月1日至1月31日

收入	$150,000
薪資費用	(30,000)
房租費用	(40,000)
本期損益	$ 80,000
其他綜合損益	0
綜合損益	$ 80,000

1. 注意綜合損益表中的本期損益代表一段期間之經營成果，以動畫設計公司為例，綜合損益表中的數字代表1月份整個期間的收入、費用及當期（1月）損益各有多少。因此綜合損益表表頭日期是一個期間：1月1日至1月31日。
2. 會計慣例上減號或負數是以括弧的形式表示。執行計算時數字下畫一條橫線，計算結果的數字下則畫上雙橫線。

這個綜合損益表事實上表示「收入$150,000－費用$70,000＝本期損益$80,000」的數學恆等式。這筆賺得的盈餘並未分配給阿嘉及其好友，因此為權益的一部分，以「保留盈餘」表示之。經過這四個事件後，到1月31日，動畫設計公司的資產、負債與權益如下表（利用表3-2最後一列數字編製）：

動畫設計公司
資產負債表
××年1月31日

現金	$ 980,000	應付帳款	$ 70,000
應收帳款	50,000		
辦公用品	20,000	股本	1,100,000
電腦設備	200,000	保留盈餘	80,000
資產總額	$1,250,000	負債及權益總額	$1,250,000

資產負債表的開始，一定會先註明是哪一家企業的報表。同時請注意在本例中，資產負債表的日期是1月31日，表示報表上的數字代表1月31日當天企業的資產、負債與權益各有多少。

e網情深

請同學進入公開資訊觀測站（http://mops.twse.com.tw），查詢**台灣塑膠公司**（簡稱**台塑**）（股票代號：1301）民國108年12月31日的資產負債表資料（查詢民國108年第4季資料），並檢驗資產總額是否等於負債總額加上權益總額。

解析

首先進入http://mops.twse.com.tw，找到「公開資訊觀測站」，選「新版」，再搜尋公司代號「1301」、年度「108年」，即可找到**台塑公司**資料。再選擇基本資料下的電子書中之財務報告書。該表顯示**台塑**108年12月31日資產（$4,971億）＝負債（$1,479億）＋權益（$3,492億）。

3.3 權益變動表

> **學習目標 3**
> 了解如何擴展會計恆等式，以涵蓋五大類會計項目，及編製權益變動表

阿嘉從小學起就有在郵局存款儲蓄的好習慣，每一個月月底，他會去郵局刷一下存摺，看看還有多少錢。好奇心很重的他，還會分析一下，自上次刷存摺到這次的 1 個月期間內，郵局存款是如何變化的，他利用下列數學式協助分析（假設他並未提款花用）：

$$\text{上期累積存入金額} + \text{上期期末累積利息} + \text{本期存入} + \text{本期利息} = \text{本期期末結存}$$

假設他在 ×1 年 1 月 1 日開始存款，至 3 月 31 日時根據他的存摺，連續 3 個月的存款與利息收入情形如下：

日期	摘要	支出	存入	餘額
×1/01/01	存款		4,000	4,000
×1/01/31	利息		20	4,020
×1/02/03	存款		1,000	5,020
×1/02/28	利息		10	5,030
×1/03/09	存款		2,000	7,030
×1/03/31	利息		15	7,045

1 至 3 月底時根據他的數學式，將會有如下資訊：

	上期期末累積存入金額	+	上期期末累積利息	+	本期存入	+	本期利息收入	=	本期期末結存
（1月底）	$0	+	$0	+	$4,000	+	$20	=	$4,020
（2月底）	$4,000	+	$20	+	$1,000	+	$10	=	$5,030
（3月底）	$5,000	+	$30	+	$2,000	+	$15	=	$7,045

> 想像 168 個月後，似乎很難利用銀行存摺資訊，迅速了解總共存入多少金額與銀行總共給你多少利息。但阿嘉的數學式仍然迅速告知我們所有重要資訊。

由每個月月底的數學式，他可以清楚知道，自他開始存款後，總共累積存入金額多少、總共累積利息收入多少、當月存入金額以及當月利息收入。例如 3 月底的數學式中，至前一月總共累積存入與累積利息收入金額分別是 $5,000 與 $30；當月的存入與當月利息收入則為 $2,000 與 $15；3 月底時的總餘額則為 $7,045。如此一來，不論經過多少個月，他總是可以利用這個式子很迅速地掌握所有重要資訊。

從會計恆等式到財務報表

再回到動畫設計公司的會計問題上，阿嘉及其好友在動畫設計公司的權益好比他在郵局的存款一樣，代表他在企業的財富有多少。前一節所說的動畫設計公司之損益就像郵局存款的利息，前者代表企業在這個期間幫股東賺到的利潤，後者則是郵局在這個期間內幫他們賺到的利息；累積利息則像是動畫設計公司在過去經營中累積賺到的損益（稱之為保留盈餘）；而每個月的存款則像是動畫設計公司中股東當期的投資。由存款的例子他想通了下式：

損益也可以稱為盈餘，保留盈餘的意思是公司過去累積賺得的損益（盈餘），還保留在公司的總金額。

上期期末股本 + 上期期末保留盈餘 + 本期股東投資 + 本期損益 = 本期期末權益

（上期期末股本 + 上期期末保留盈餘 = 上期期末權益）

以動畫設計公司1月份的數字代入：

上期期末股本 + 上期期末保留盈餘 + 本期股東投資 + 本期損益 = 本期期末權益
$0 + $0 + $1,100,000 + $80,000 = $1,180,000

這個式子主要說明權益可能因股東再投入資金至企業（「股本」會增加），或因每月損益之多寡（「保留盈餘」之變化），造成權益之增減。這個式子為分析權益增減原因的重要工具，也是「權益變動表」的原理，動畫設計公司1月的權益變動表如下：

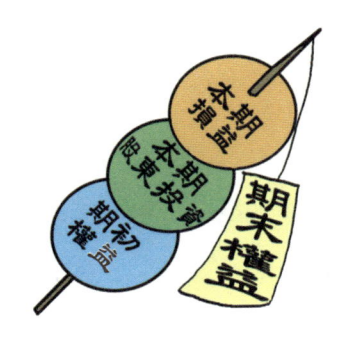

動畫設計公司
權益變動表
××年1月1日至1月31日

	股本	保留盈餘	權益合計
上期期末餘額	$ 0	$ 0	$ 0
＋本期股東投資	1,100,000	-	1,100,000
＋本期損益（收入減費用）	-	80,000	80,000
本期期末餘額	$1,100,000	$ 80,000	$1,180,000

注意：權益變動表也和綜合損益表一樣，是涵蓋一個期間的報表，表示股東的權益如何由期初的總額變動至期末的總額。

這張權益變動表可做如下之解析：

1. 會計恆等式告訴我們 1 月 31 日時：

$$\underbrace{（期末）資產 = （期末）負債 + （期末）權益}_{\text{資產負債表 (1/31)}} \quad （式 3\text{-}1）$$

即 $1,250,000 = $70,000 + $1,180,000

2. 這一節的權益變動表可以用來將期末權益進一步拆解：

$$（期末）資產 = （期末）負債 + 上期期末股本 + 上期期末保留盈餘 + 本期股東投資 + 本期損益 \quad （式 3\text{-}2）$$

即
$1,250,000 = $70,000 + $0 + $0 + $1,100,000 + $80,000

3. 上一節的綜合損益表說明了本期損益可以表示為收入減除費用，因此可再繼續拆解成：

$$（期末）資產 = （期末）負債 + \underbrace{上期期末股本 + 上期期末保留盈餘 + 本期股東投資 + \underbrace{（收入 - 費用）}_{\text{綜合損益表}}}_{\text{權益變動表}} \quad （式 3\text{-}3）$$

即
$1,250,000 = $70,000 + $0 + $0 + $1,100,000 + ($150,000 − $70,000)

　　現在以動畫設計公司 1 月份所有交易為例，利用式 3-3 重新記錄所有交易如表 3-3。請仔細對照表 3-2 與表 3-3：它們的差異只出現在權益，表 3-3 的記錄與表 3-2 實質上完全相同，差異僅在於表 3-3 將權益按變動的原因，分別記錄，如此就可以輕易地彙總所有綜合損益表與權益變動表所需資訊。

　　再考慮另外一種表達方式，式 3-3 也可以將費用移至左邊，恆等式的關係依然維持（請注意：式 3-3 的上期期末股本和上期期末保留盈餘在式 3-4 改為本期的期初股本和期初保留盈餘，二者完全相等）。

表 3-3　以完整會計恆等式記錄動畫設計公司 1 月份所有交易

	資產					=	負債	+	權益					
	現金	+	應收帳款	+	辦公用品	+	電腦設備	=	應付帳款	+	期初權益 上期期末股本 + 上期期末保留盈餘	+	本期股東投資	+	收入	−	費用 薪資費用 − 房租費用
1/1 餘額	$0		$0		$0		$0	=	$0	+	$0	+	$0	+	$0	−	$0 − $0
(3)	+1,000,000							=							+1,000,000		
(5)	−100,000						+100,000	=									
(6)							+100,000	=	+100,000								
(7)	−20,000				+20,000			=									
(8)	−30,000							=	−30,000								
(9)	+100,000							=							+100,000		
(10)			+50,000					=							+50,000		
(11)	+100,000							=						+100,000			
(12)	−30,000							=									−30,000 −
(12)	−40,000							=									− −40,000
1/31 餘額	$980,000	+	$50,000	+	$20,000	+	$200,000	=	$70,000	+	$0	+	$1,100,000	+	$150,000	−	$30,000 − $40,000
	$1,250,000								$70,000				$1,180,000				
												$1,250,000				

$$資產 + 費用 = 負債 + \frac{期初}{股本} + \frac{期初}{保留盈餘} + \frac{本期}{股東投資} + 收入 \quad (式\ 3\text{-}4)$$

　　表 3-4 依式 3-4 再將所有交易重新表達一次。讀者可以再一次仔細比對表 3-3 與表 3-4；其實新的表（表 3-4）只是把費用放到恆等式左邊記錄，所有的資訊仍然是相同的。

　　企業利用表 3-4 最底下一列的數字（資訊），將等式左邊的項目寫入表 3-5 的左邊，等式右邊的項目寫入表 3-5 的右邊，左邊加總等於右邊加總，表 3-5 的形式即是試算表的形式。試算表並非正式的財務報表，只是在企業日常記錄交易乃至編製財務報表的過程中，為了驗證帳務處理是否有誤，利用試算表檢查該表左邊的金額合計數與右邊的合計數是否相等。

給我報報

會計恆等式觀念之擴充

　　表 3-3 的權益分為四個項目記錄當然比較麻煩，可是一個大型公司如果只用表 3-2 記錄權益的變化，這個公司是否能順利的將綜合損益表與權益變動表編製出來呢？

　　台灣電力公司（簡稱**台電**）民國 109 年總發電與購電量為 2,389.3 億度。抽蓄水力發電量為 31.47 億度，占 1.3%；火力發電與購電量為 1916.22 億度，占 80.2%；核能發電量為 303.42 億度，占 12.7%；再生能源發電與購電量為 138.58 億度，占 5.8%；其中購自託營水力、汽電共生、民營電廠等電量為 549.5 億度，占 23%。

　　台電民國 109 年底的資產總額為 2 兆 756 億元，其規模相當大。上述是 109 年度之資訊，但是即使是在民國 96 年度，該公司 1 個月份的交易便約有 400 多萬筆，想像 400 多萬筆中有 300 萬筆與權益增減有關，而其中收入有 200 萬筆。如果台電用類似表 3-2 的觀念，把 200 萬筆收入夾雜在 300 萬筆與權益有關的交易中，若該公司在沒有電腦的時代，要算出 1 月份的收入是如何困難！但若能將收入（費用）單獨列為一欄，這一欄數字加總即為當期收入（費用）！

　　所以實際上企業在記帳時所用的觀念是如表 3-4 所示：

$$資產 + 費用 = 負債 + \frac{期初}{股本} + \frac{期初}{保留盈餘} + \frac{本期}{股東投資} + 收入$$

表 3-4　以現代化公司所使用的會計恆等式觀念記錄動畫設計公司 1 月份所有交易（試算表的觀念）

	資產							=	負債	+	權益			+	費用			+	收入
	現金	+	應收帳款	+	辦公用品	+	電腦設備	=	應付帳款	+	期初股本	+	期初保留盈餘	+	本期股東投資	+	薪資費用	+	房租費用	+	收入
1/1 餘額	$ 0		$ 0		$ 0		$ 0	=	$ 0		$0		$0		$ 0		$ 0		$ 0		$ 0
(3)	+1,000,000														+1,000,000						
(5)	−100,000						+100,000														
(6)							+100,000	=	+100,000												
(7)	−20,000					+20,000															
(8)	−30,000							=	−30,000												
(9)	+100,000														+100,000						
(10)	+100,000		+50,000																		+100,000
(11)																					+50,000
(12)	−30,000																+30,000			
(12)	−40,000																		+40,000	
1/31 餘額	$ 980,000	+	$50,000	+	$20,000	+	$200,000	=	$ 70,000	+	$0	+	$0	+	$1,100,000	+	$30,000	+	$40,000	+	$150,000

$1,320,000　　　　　　　　　　$70,000　　　$1,250,000

　　　　　　　　　　　　　　　　　　$1,320,000

表 3-5 的試算表事實上就是表 3-4 最後的恆等式以直列的方式寫下來，所以表 3-5 的結構與表 3-4 一模一樣。這個試算表看似簡單，但是**台塑**或**裕隆**公司，它們的試算表也是這樣的結構，如果這個試算表上的所有數字都是正確的，那麼會計人員就能輕易地將大型上市公司所需要的主要財務報表正確地編製出來。所以主要的問題在於：我們是否有能力以表 3-4 這種方式記錄所有交易，再將表 3-4 中最底下一列數字編製成表 3-5 中的試算表格式。下一節我們將針對財務報表編製程序再簡要而完整的彙總一次。

表 3-5　動畫設計公司試算表

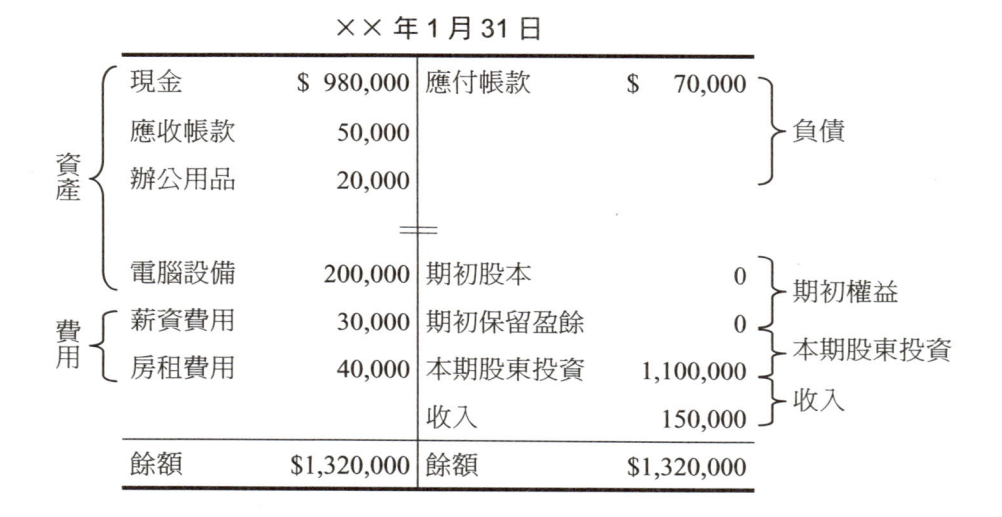

××年1月31日

資產 {	現金	$980,000	應付帳款	$ 70,000 } 負債
	應收帳款	50,000		
	辦公用品	20,000		
	電腦設備	200,000	期初股本	0 } 期初權益
費用 {	薪資費用	30,000	期初保留盈餘	0
	房租費用	40,000	本期股東投資	1,100,000 } 本期股東投資
			收入	150,000 } 收入
	餘額	$1,320,000	餘額	$1,320,000

表 3-6　試算表結構圖

表 3-6 將表 3-5 所有項目分類為六大類，左邊二類（資產與費用）加總等於右邊四類（負債、期初權益、本期股東投資與收入）加總。

資產	負債
	期初權益
	本期股東投資
費用	收入

3.4 彙總會計恆等式記帳並編製財務報表的程序

▶學習目標 4
了解自記錄交易至編製財務報表之步驟

我們利用表 3-6 的結構說明現代化的公司整個記帳與編表的程序。所有編製報表的程序如下（請參見圖 3-1）：

步驟零 利用表 3-4 記錄 1 月份所有交易。

步驟一 以表 3-4 中最底下的會計恆等式編製「試算表」，其形式如表 3-5。

步驟二 試算表中之收入與費用的金額可用以編製綜合損益表。這個表讓我們計算出 1 月 1 日至 1 月 31 日的本期損益（收入－費用）。此一金額若大於零，稱為「本期淨利」；若小於零，稱為「本期淨損」。

步驟三 綜合損益表計算而得的本期損益可將試算表改編為「結算損益後試算表」。

步驟四 利用結算損益後試算表中的期初權益、本期股東投資與本期損益等三個數字，編製「權益變動表」。這個表最後的計算結果即為期末（1 月底）的權益。即權益＝股本（期末）＋保留盈餘（期末）。

步驟五 以期末資產等於期末負債加期末權益的方式，編製 1 月 31 日的「資產負債表」。

現在以動畫設計公司 1 月底的試算表資料，依照上述程序，編製該公司的三個重要財務報表：1 月份之綜合損益表、1 月份之權益變動表與 1 月 31 日之資產負債表（見第 74~75 頁）。

大股東阿嘉看了綜合損益表就知道動畫設計公司 1 個月內產生多少收入，發生多少費用，幫所有股東賺了多少淨利。再看過權益變動表，就會了解股東們在動畫設計公司由本月初的權益為零，期間股東投資了多少，再加上本月的淨利，累積到 1 月底的股東的權益剩多少以及增減的原因為何。最後再檢視資產負債表，就可以知道 1 月 31 日時，動畫設計公司擁有多少資產，扣除必須償還的負債後，期末（1 月 31 日）的權益又有多少。

會計學 Accounting

步驟一

試算表 *****

資產（期末）	負債（期末）
	期初權益
	本期股東投資
費用 *	收入 *

步驟二

綜合損益表

　　收入 *
　－費用 *
　　本期淨利 **

步驟三

結算損益後試算表 *****

資產（期末）	負債（期末）
	期初權益
	本期股東投資
	本期淨利 ****

步驟四

權益變動表

　　期初權益
　＋本期股東投資
　＋本期損益
　　期末權益 ****

步驟五

計算權益後試算表
（資產負債表）

資產（期末）	負債（期末）
	期末權益

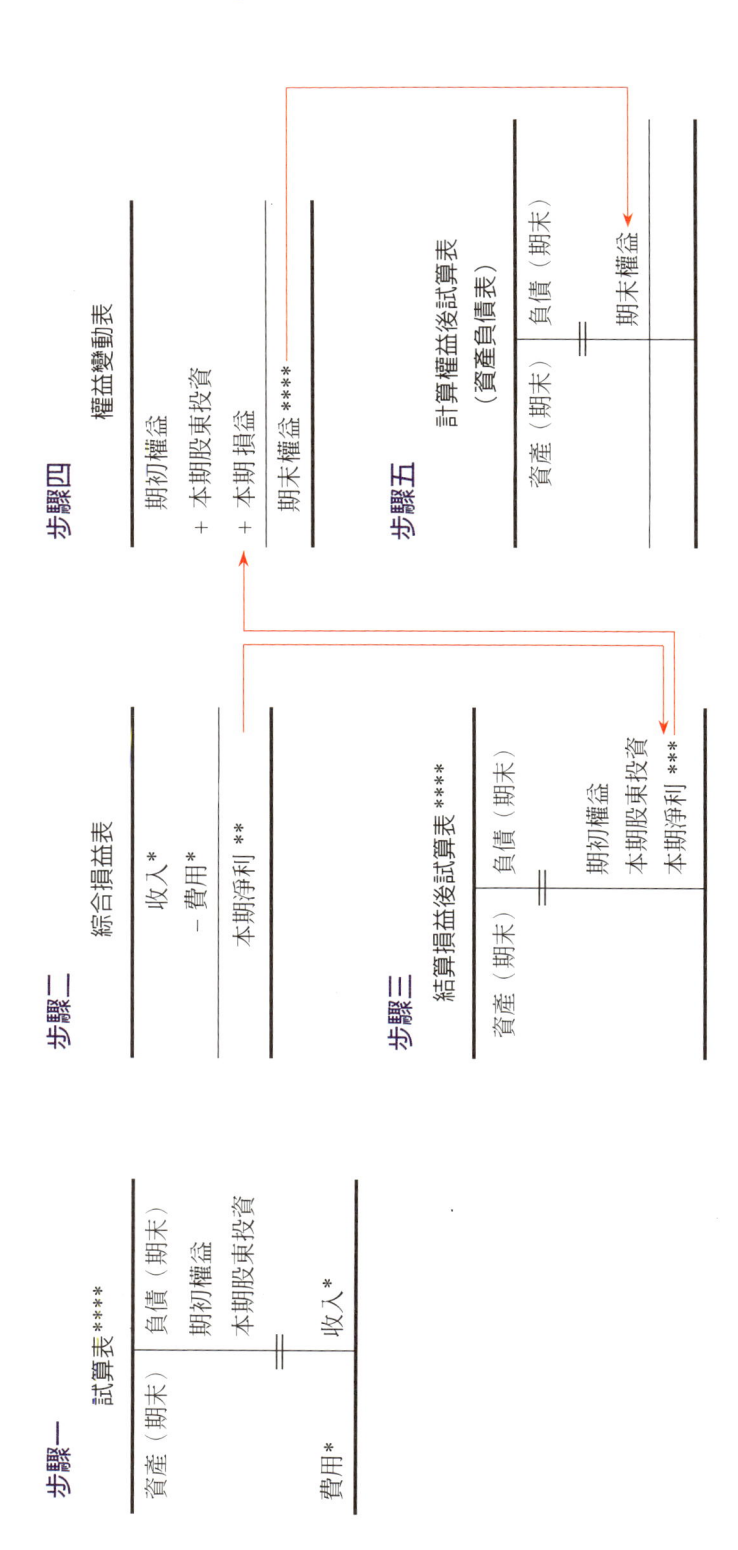

* 嚴格地說，應為收益（含收入及利益）與費損（含費用及損失）；本章所舉的例子沒有涉及利益與損失，因此以收入和費用表達；也假設沒有「其他綜合損益」發生。

** 若收入小於費用，二者之差為本期淨損。

*** 若為本期淨損，則該金額應放在左邊。

**** 如有分配股利給股東，應於試算表左上方，列示股利金額；計算期末權益時，也應減除該金額。

圖 3-1　編製財務報表的五個步驟

從會計恆等式到財務報表　chapter 03

步驟一　動畫設計公司 1 月份試算表
（以表 3-5 最後一列數字編製）

現金	$ 980,000	應付帳款	$ 70,000
應收帳款	50,000	期初權益	0
辦公用品	20,000	本期股東投資	1,100,000
電腦設備	200,000	收入	150,000
薪資費用	30,000		
房租費用	40,000		
餘額	$1,320,000	餘額	$1,320,000

步驟二　綜合損益表（以試算表之收入和費用項目編製）

動畫設計公司
綜合損益表
××年 1 月 1 日至 1 月 31 日

收入	$150,000
− 薪資費用	(30,000)
− 房租費用	(40,000)
本期淨利	$ 80,000
其他綜合損益	0
綜合損益總額	$ 80,000

若「本期損益」大於零，稱之為「本期淨利」；小於零則稱為「本期淨損」。

損益表編製後試算表可以表示為：

步驟三　結算損益後試算表
（以本期損益取代收入與費用編製）

動畫設計公司 1 月份結算損益後試算表

現金	$ 980,000	應付帳款	$ 70,000
應收帳款	50,000	期初權益	0
辦公用品	20,000	本期股東投資	1,100,000
電腦設備	200,000	本期淨利	80,000
餘額	$1,250,000	餘額	$1,250,000

步驟四　權益變動表（以結算損益後試算表中的數字編製）

動畫設計公司
權益變動表
××年 1 月 1 日至 1 月 31 日

	股本	保留盈餘	權益合計
上期期末餘額	$ 0	$ 0	$ 0
＋ 本期股東投資	1,100,000	−	1,100,000
＋ 本期損益（收入減費用）	−	80,000	80,000
本期期末餘額	$1,100,000	$80,000	$1,180,000

步驟五　資產負債表（以期末權益取代相關數字後編製）

動畫設計公司
資產負債表
××年 1 月 31 日

現金	$ 980,000	應付帳款	$ 70,000
應收帳款	50,000	股本	1,100,000
辦公用品	20,000	保留盈餘	80,000
電腦設備	200,000		
資產總額	$1,250,000	負債及權益總額	$1,250,000

注意 1 月底的**資產負債表**，其中的權益包括本期淨利 $80,000。另外注意這個表中的所有數字都是 1 月底的金額，即所謂「期末」的金額。

值得注意的是，若動畫設計公司將賺得的盈餘發放現金給股東（稱為發放現金股利），將使保留盈餘減少，連帶影響期末權益，亦即：

$$\text{期末權益} = \text{上期期末權益} + \text{本期股東投資} + \text{本期損益} - \text{本期現金股利}$$

大功告成

請以表 3-3 與表 3-4 等兩個會計恆等式方式記錄發生於本月份之下列各項交易，並編製本月份之綜合損益表、權益變動表與資產負債表：

1. 登記設立 KTV 公司，股東投資 $800,000。
2. 購置設備，支付現金 $80,000。
3. 購入另一批設備 $150,000，其中 $50,000 付現，餘款半個月後支付即可。
4. 以現金購入辦公用品，金額 $15,000。
5. 支付現金 $100,000，以償還事件 3 所欠款項。
6. 顧客至 KTV 消費，收現金 $150,000。
7. 股東再投資 KTV，匯入現金 $200,000 至 KTV 的銀行帳戶。
8. 顧客來 KTV 消費，KTV 讓客戶簽帳 $50,000，下月 10 日再付款即可。
9. 以現金支付本月份 KTV 店面租金費用 $100,000。
10. 顧客至 KTV 消費，收現金 $120,000。
11. 以現金支付職員本月薪資 $110,000。

解析

(1) 以表 3-3 的會計恆等式記錄交易：

	資產				=	負債	+			權益			
	現金	+ 應收帳款	+ 辦公用品	+ KTV 設備	=	應付帳款	+	期初股本	+ 期初保留盈餘	+ 本期股東投資	+ 收入	− 房租費用	− 薪資費用
期初餘額	$ 0	$ 0	$ 0	$ 0	=	$ 0		$0	$0	$ 0	$ 0	$ 0	$ 0
(1)	+800,000				=					+800,000			
(2)	−80,000			+80,000	=								
(3)	−50,000			+150,000	=	+100,000							
(4)	−15,000		+15,000		=								
(5)	−100,000				=	−100,000							
(6)	+150,000				=						+150,000		
(7)	+200,000				=					+200,000			
(8)		+50,000			=						+50,000		
(9)	−100,000				=							−100,000	
(10)	+120,000				=						+120,000		
(11)	−110,000				=								−110,000
期末餘額	$815,000	+ $50,000	+ $15,000	+ $230,000	=	$ 0	+	$0	$0	+ $1,000,000	+ $320,000	− $100,000	− $110,000

$1,110,000　　　　　　　　　$0　　　　　　　　　　　　　　　$1,110,000

$1,110,000

(2) 以表 3-4 的會計恆等式記錄交易：

	資產				+	費用		=	負債	+	權益			+	收入
	現金	+ 應收帳款	+ 辦公用品	+ KTV 設備		房租費用	+ 薪資費用	=	應付帳款		期初股本	+ 期初保留盈餘	+ 本期股東投資	+	收入
1/1 餘額	$ 0	$ 0	$ 0	$ 0		$ 0	$ 0	=	$ 0		$0	$0	$ 0		$ 0
(1)	+800,000							=					+800,000		
(2)	−80,000			+80,000				=							
(3)	−50,000			+150,000				=	+100,000						
(4)	−15,000		+15,000					=							
(5)	−100,000							=	−100,000						
(6)	+150,000							=							+150,000
(7)	+200,000							=					+200,000		
(8)		+50,000						=							+50,000
(9)	−100,000						+100,000	=							
(10)	+120,000							=							+120,000
(11)	−110,000						+110,000	=							
期末餘額	$815,000	+ $50,000	+ $15,000	+ $230,000	+ $100,000	+ $110,000	=	$ 0	+ $0	+ $0	+ $1,000,000	+ $320,000

$1,320,000　　　　　$0　　　$1,320,000

$1,320,000

(3) 編製本月份之綜合損益表、權益變動表與資產負債表：

KTV 公司
綜合損益表
××年×月

收入	$320,000
減：房租費用	(100,000)
薪資費用	(110,000)
本期淨利	$110,000
其他綜合損益	0
綜合損益總額	$110,000

KTV 公司
權益變動表
××年×月

	股本	保留盈餘	權益合計
上期期末餘額	$ 0	$ 0	$ 0
本期股東投資	1,000,000	-	1,000,000
本期淨利	-	110,000	110,000
期末權益	$1,000,000	$110,000	$1,110,000

<table>
<tr><td colspan="4" align="center">KTV 公司
資產負債表
×× 年 × 月 ×× 日</td></tr>
<tr><td>現金</td><td>$ 815,000</td><td>負債</td><td>$ 0</td></tr>
<tr><td>應收帳款</td><td>50,000</td><td>股本</td><td>1,000,000</td></tr>
<tr><td>辦公用品</td><td>15,000</td><td>保留盈餘</td><td>110,000</td></tr>
<tr><td>KTV 設備</td><td>230,000</td><td></td><td></td></tr>
<tr><td>資產總額</td><td>$1,110,000</td><td>負債及權益總額</td><td>$1,110,000</td></tr>
</table>

摘要

「資產 = 負債 + 權益」的關係稱之為會計恆等式。

本章應用這個基本會計恆等式解釋財務報表的編製方式與包含要素。資產負債表即是呈現「期末資產 = 期末負債 + 期末權益」的關係。本章以股份有限公司的組織型態為例，說明會計恆等式，亦即：

$$期末資產 = 期末負債 + 期末權益$$

股東對企業的投資會使得股東的權益增加，以「股本」項目代表這種性質的權益；企業賺得的淨利應分配給股東享受，在未分配前仍留在企業，因此，為權益的一部分，用「保留盈餘」項目代表之。因此權益包括股本與保留盈餘。將上一恆等式拆解，可知：

$$期末資產 = 期末負債 + (期初股本 + 期初保留盈餘 + 本期股東投資 + 本期損益)$$

其中括弧內的加減運算代表企業的股東，其權益如何從期初餘額演變成期末餘額。權益變動表即是呈現這個變化的財務報表。進一步將括弧內的本期損益加以拆解，可知：

$$期末資產 = 期末負債 + [期初股本 + 期初保留盈餘 + 本期股東投資 + (收益 - 費損)]$$

其中小括弧內的減式代表企業在一段期間的經營績效，包括在該期間產生多少收入與利益，以及發生多少費用與損失。綜合損益表告知企業經營績效的訊息。再將上一式子作移項的動

作，可知：

$$\text{期末資產} + \text{費損} = \text{期末負債} + \text{期初股本} + \text{期初保留盈餘} + \text{本期股東投資} + \text{收益}$$

上式中的左邊金額合計數等於右邊金額合計數。試算表的結構即是反映這種關係，它不是正式的財務報表，但是在企業平常記錄交易乃至期末編製財務報表的過程中，為了驗證帳務處理是否有誤，檢查試算表左邊的金額合計數是否等於右邊金額的合計數，若二者不相等，表示在這個過程中出了差錯。

企業的會計處理程序正好體現這些恆等式所代表的關係與意義。從平常記錄交易開始到試算表、綜合損益表、結算後試算表、權益變動表乃至資產負債表。我們在下一章將繼續討論整個循環是如何落實的。

本章習題

問答題

1. 資產、負債與權益等三個項目的基本會計恆等式有哪兩種表示方法？
2. 本章中本期損益是哪兩個項目相減？
3. 期初權益與期末權益中間之差異原因，是哪些項目造成的？（假設在本期內沒有發放股利給股東。）
4. 期末編製財務報表時的順序為何？（回答中無須包括現金流量表。）
5. 就會計處理程序而言，綜合損益表與資產負債表的關聯為何？
6. 哪些交易或事項影響保留盈餘的餘額？

選擇題

1. 統一食品企業以現金購買載貨車時，對該企業有何影響？
   (A) 現金減少　　　　　　　　(B) 運輸設備（載貨車）增加
   (C) 選項 (A) 與 (B) 皆正確　　(D) 選項 (A) 與 (B) 皆不正確

2. 承上題，若統一食品借款購買載貨車時，則對該企業有何影響？
   (A) 負債減少　　　　　　　　(B) 資產減少

(C) 選項 (A) 與 (B) 皆正確　　(D) 選項 (A) 與 (B) 皆不正確

3. 承上題，當統一以現金償還買載貨車時的借款，此一交易對該公司有何影響？
   (A) 負債減少，資產減少　　(B) 負債減少，資產增加
   (C) 負債增加，資產增加　　(D) 負債增加，資產減少

4. 中油公司向沙烏地阿拉伯購買石油時，中油公司資產（石油存貨）增加，同時下列何者可能發生？
   (A) 另一項資產同時增加　　(B) 另一項負債同時增加
   (C) 另一項負債同時減少　　(D) 權益同時減少

5. 永慶先生投資現金於企業時，下列有關該企業之敘述何者正確？
   (A) 權益增加，現金減少　　(B) 權益增加，現金增加
   (C) 權益減少，現金增加　　(D) 權益減少，現金減少

6. 齊美企業員工本月薪水 $1,000 於下月 1 日公司才以現金支付，則本月底的財務報表上有關員工本月薪資的敘述何者正確？
   (A) 使權益增加 $1,000，負債減少 $1,000
   (B) 使權益減少 $1,000，負債增加 $1,000
   (C) 使權益增加 $1,000，現金增加 $1,000
   (D) 使權益減少 $1,000，現金減少 $1,000

7. 顧客至好樂笛唱歌，結帳時好樂笛收取現金 $1,000，對於好樂笛企業財務報表的影響而言，下述何者正確？
   (A) 現金減少 $1,000　　(B) 權益增加 $1,000
   (C) 權益減少 $1,000　　(D) 現金餘額不變

8. 前櫃公司的股東自個人帳戶轉帳 $10,000 以增加對公司之投資，對於前櫃公司財務報表的影響而言，下述何者正確？
   (A) 現金增加 $10,000　　(B) 本期收入增加 $10,000
   (C) 本期費用增加 $10,000　　(D) 現金餘額不變

9. 當中華電信為大同公司提供電信服務一個月後，寄出帳單時，下列有關中華電信的敘述何者正確？（提示：這個情形與企業提供服務，顧客沒有付現金，答應未來付現金一樣）
   (A) 應收帳款增加　　(B) 權益增加
   (C) 選項 A 與 B 皆正確　　(D) 選項 A 與 B 皆不正確

10. 承上題，大同公司以現金償還上 1 月份欠中華電信的應付帳款時，下列有關大同公司的敘述何者正確？

(A) 負債減少 (B) 權益減少
(C) 資產增加 (D) 收入減少

11. 谷歌公司提供雲端服務，同時收取現金。此一交易對谷歌公司的影響為何？
    (A) 資產增加 (B) 資產與收入同時增加
    (C) 資產增加，收入減少 (D) 資產增加，收入不變

12. 微軟公司發放現金股利給股東。此一交易對該公司影響為何？
    (A) 現金減少 (B) 現金餘額不變
    (C) 現金減少，權益減少 (D) 現金減少，權益增加

練習題

1. 【購買資產】阿嘉的動畫設計公司若以所擁有的現金購買價值 $100,000 電腦設備，何以此公司看似有付款之義務，卻於記錄交易時不用記錄負債增加？

2. 【購買資產】若阿嘉的動畫設計公司購入辦公用品 $20,000 時，並非以現金購入而係以賒帳方式（答應未來支付）購入，則對於公司之資產及負債有何影響？

3. 【清償負債】假如阿嘉的動畫設計公司原積欠電腦公司 $100,000，若償還 $70,000 對於動畫設計公司之資產及負債有何影響？

4. 【收入】假如阿嘉的動畫設計公司完成顧客要求之動畫設計後，阿嘉同意讓客戶當場先支付現金 $10,000，餘款 $40,000 待下月 5 日再支付，則在會計恆等式上應該如何記錄？

5. 【編製財務報表的步驟】請問本章介紹編製三個主要財務報表的過程，包含哪些步驟？

6. 【基本會計恆等式】

    下表為五個不同企業之財務資訊：

	甲企業	乙企業	丙企業	丁企業	戊企業
×1/12/31					
資產	$ 98,000	$ 50,000	$ 72,000	$ 131,000	$ 109,000
負債	27,000	11,500	21,000	75,000	?
×2/12/31					
資產	101,000	65,000	?	145,000	120,000
負債	?	16,500	33,000	34,000	60,000
×2年發生之事件：					
本期股東投資	11,000	4,500	5,000	?	6,500
本期損益	9,500	?	11,750	17,000	20,000

    試問：

(1) 請回答下列有關甲企業之問題：
　　◆×1/12/31 之權益金額。
　　◆×2/12/31 之權益金額。
　　◆×2/12/31 之負債金額。
(2) 請回答下列有關乙企業之問題：
　　◆×1/12/31 之權益金額。
　　◆×2/12/31 之權益金額。
　　◆×2 年度之淨利金額。
(3) 請計算丙企業於 ×2/12/31 之資產金額。
(4) 請計算丁企業於 ×2 年中之股東投資金額。
(5) 請計算戊企業於 ×1/12/31 之負債金額。

應用問題

1.【會計恆等式觀念的應用】
(1) 長紅企業 ×1 年初的資產總額為 $64,000，權益為 $42,000。年底負債總額為 $30,000。在 ×1 年中資產總額增加了 $250,000，請問年初的負債總額與年底的權益各為多少？
(2) 壬寶企業 ×1 年底的負債總額 $42,000，權益總額 $38,000。×1 年中負債減少 $9,000，資產增加 $7,000。請問年底資產總額及年初的資產總額、權益各為多少？
(3) 開洋企業 ×1 年底有負債 $200,000、資產 $680,000。年初有負債 $70,000。×1 年中股東投入 $200,000；×1 年度總收入為 $720,000，總費用為 $640,000。請問 ×1 年初資產總額為多少？

2.【交易對各帳戶之影響】 分析下列各項交易對資產、負債、權益、收益與費用之影響。
例如：資產增加，收益增加。
(1) 股東投入資金。
(2) 現金購入設備。
(3) 購買房屋，付現一部分，其餘簽發票據。
(4) 向銀行簽發票據借款。
(5) 為客戶服務，訂於 10 日後收款。
(6) 償還購買房屋欠款之一部分。
(7) 客戶償還所欠貨款。
(8) 以現金支付員工薪資。
(9) 股東提出現金作私人用途。
(10) 收到電費帳單，尚未支付。
(11) 支付上個月購買文具之欠款。
(12) 股東將所擁有之土地投入企業。

3. 【影響帳戶之各類交易】試按下列帳戶變動的狀況舉一交易實例：
   (1) 資產增加，負債增加。
   (2) 資產減少，負債減少。
   (3) 負債增加，費用增加。
   (4) 資產減少，費用增加。
   (5) 資產增加，收益增加。
   (6) 現金增加，非現金資產減少。
   (7) 負債減少，權益增加。
   (8) 資產增加，權益增加。

4. 【由會計恆等式（如表 3-1）之記錄說明交易內容】華達公司 ×1 年 3 月份的交易如下請說明可能的交易內容為何：

	資產				=	負債	+	權益
	現金 +	應收帳款 +	土地 +	電腦設備	=	應付帳款	+	權益
3/1 餘額	$10,000	$12,000	$15,000	$8,000		$20,000		$25,000
(1)	+3,000	−3,000			=			
(2)	−2,000			+5,000	=	+3,000		
(3)	+500	+2,000						+2,500
(4)	−1,500				=	−1,500		
(5)	−6,000		+6,000		=			
(6)	+3,000	+2,000	−5,000					
(7)	+5,000				=			+5,000
(8)		+4,000			=			+4,000
3/31 餘額	$12,000	$17,000 +	$16,000 +	$13,000	=	$21,500	+	$36,500

5. 【權益之變動】愛華香水公司 ×1 年期初總資產為 $1,920,000，總負債為 $1,200,000；期末總資產為 $2,480,000，總負債為 $1,400,000。請計算下列各獨立假設情況下 ×1 年度之淨利或淨損：
   (1) 年度中股東未增資，也未分配現金股利給股東。
   (2) 曾分配現金股利 $100,000 給股東。
   (3) 年度中股東增資 $300,000。
   (4) 年度中股東增資 $240,000，並曾分配現金股利 $38,000 給股東。

6. 【試算表與編製財務報表】嬌生企業於 ×1 年 1 月 1 日至 ×1 年 3 月 31 日各帳戶餘額如下表所示，請依該表資料編製試算表，以及三個主要財務報表（綜合損益表、權益變動表與資產負債表）。

廠房及設備	$41,500
期初權益（股本 $30,000，保留盈餘 $3,800）	33,800
服務收入	9,650
現金	4,000
薪資費用	4,500
應收帳款	1,500
應付帳款	11,000
水電費用	1,250
辦公用品	1,700

7. 【綜合損益表、權益變動表】下表為地瓜藤 ×1 年 12 月 31 日之資產、負債、權益、收入、費用帳戶之餘額資訊，本年度股東再投資現金 $33,000。

辦公設備	$ 78,000	應付票據	$30,000
水電費用	88,000	房租費用	24,000
應付帳款	3,300	現金	36,000
期初權益	27,100	辦公用品	17,240
服務收入	274,040	薪資費用	94,000
應收帳款	49,000	應付薪資	30,000
雜項費用	7,600	土地稅費用	3,600

試作：

編製地瓜藤 ×1 年的綜合損益表。假設其他綜合損益之金額為零。（**提示**：應付薪資類似應付帳款，是一項負債，應付帳款是應該付給其他廠商的欠款，應付薪資是應該付給員工的薪資，此兩者都是未來應該支付現金的負債。應付票據則是過去向其他公司或銀行借錢，將來需要償還現金的負債）

8. 【上網練習】請進入中華電信網站（www.cht.com.tw/ir），查詢中華電信 108 年度的財務報表，可知該年度及 107 年度的財務概況。試問 107 與 108 年底的資產、負債及權益各為何？又，兩個年度的淨利與綜合損益各為何？

會計達人

1. 【以基本會計恆等式編製財務報表】林靚云自台大醫學院畢業後自行開業，而於 ×1 年 3 月 1 日成立美容醫療事業。以下為 3 月份林靚云美容醫療事業已完成的交易事項：

   1. 3/1　投資 $105,000，並將 $105,000 存入為此美容醫療中心新開立的銀行帳戶中。
   2. 3/3　花費 $75,000 購置美容醫療設備，其中 $15,000 支付現金，剩餘 $60,000 未來再支付。
   3. 3/5　花費 $13,500 購置美容醫療用品。

4. 3/8 提供病患美容醫療服務，讓其賒帳 $54,000。
5. 3/20 提供病患美容醫療服務而收到現金 $13,000（並非先前所開立帳單之部分）。
6. 3/25 因先前對病患服務開立帳單，而收到現金 $9,000。

試作：

(1) 將下列帳戶以表 3-2 的會計恆等式之方式表達，並留摘要欄以說明權益之變動（股東投資、收入或費用），帳戶包括：美容醫療設備、美容醫療用品、應付帳款與權益（股本及保留盈餘）。並以表 3-2 的會計恆等式記錄所有交易之影響，對於權益之變動請說明是由股東投資及收入所致。
(2) 請依上表編製出本月綜合損益表、本月權益變動表以及月底之資產負債表。假設並無其他綜合損益發生。

2. **【以基本會計恆等式編製財務報表】** 丹丹開設了一家寵物美容公司，他將此店命名為丹丹寵物美容公司。經過了 1 個月的營業已完成下列交易事項：

 1. 丹丹自個人儲蓄中領取 $13,000，並投入於丹丹寵物美容公司成立的帳戶之中。
 2. 花費 $4,500 購買美容設備，其中 $1,000 付現，另外 $3,500 賒帳。
 3. 支付本月店租 $1,100。
 4. 因提供寵物美容服務而收現 $1,300。
 5. 提供寵物美容服務，客戶賒帳 $2,000 而對客戶寄出帳單。
 6. 購買美容用具而付現 $600。
 7. 支付本月水電費用 $750。
 8. 收到先前客戶賒帳部分 $1,000。
 9. 支付 $3,500 之美容設備賒帳。
 10. 支付 $500 之薪資費用。

試作：

(1) 將下列帳戶以表 3-2 的會計恆等式之方式表達，並留摘要欄以說明權益之變動（股東投資、收入或費用），帳戶包括：現金、應收帳款、美容用具與設備、應付帳款與權益。
(2) 以表 3-2 的會計恆等式記錄所有交易事項對丹丹寵物美容公司之影響，另外對於權益之變動請說明是由投資、收入或是費用所致。
(3) 請依上表編製出本月綜合損益表、本月權益變動表以及月底之資產負債表。其他綜合損益之金額為零。

3. **【以基本會計恆等式編製財務報表】** 金鋒創業成立一新企業，並於 ×1 年 8 月完成下列交易事項：

 1. 8/1 金鋒自個人儲蓄中領取 $715,000，並投入於金鋒電子企業的帳戶之中。
 2. 8/2 租用辦公室並支付 8 月份之租金 $13,000。

3. 8/4　花費 $195,000 購買電子設備，其中 $72,000 付現而剩餘金額則承諾於 6 個月後付清。
4. 8/5　完成電子工程並立即收現 $18,000。
5. 8/7　花費 $12,500 現金購買辦公用品。
6. 8/8　賒帳 $50,300 購買辦公設備。
7. 8/15　完成電子工程且客戶賒帳 $90,000。
8. 8/18　完成電子工程並對客戶開立 30 天期之帳單 $14,400。
9. 8/20　以現金付清 8/8 賒帳購買之辦公設備。
10. 8/24　賒帳 $4,500 購買辦公用品。
11. 8/28　收到 8/15 之帳款 $51,000。
12. 8/29　現金支付本月助理薪資 $19,000。
13. 8/31　現金支付本月水電費用 $6,600。

試作：

(1) 將下列帳戶以表 3-2 的會計恆等式之方式表達，並留摘要欄以說明權益之變動（股東投資、收入或費用），帳戶包括：現金、應收帳款、辦公用品、辦公設備、電子設備、應付帳款與股本及保留盈餘。並以表 3-2 的會計恆等式說明是由股東投資、收入或是費用等相關交易之影響。

(2) 請依上表編製出本月份綜合損益表、本月份權益變動表以及月底之資產負債表。

(3) 計算出本月份之權益報酬率，並假設期初資本額為 $715,000。

$$\text{權益報酬率} = \text{本期損益} \div \text{平均權益} = \text{本期損益} \div \left(\frac{\text{期初權益} + \text{期末權益}}{2}\right)$$

4.【以表 3-4 之完整會計恆等式編製財務報表】茂貴成立一工程企業於 10 月份開業，並於 10 月份完成下列交易：

1. 10/1　茂貴投資 $208,000 現金於此工程企業。
2. 10/2　租一辦公室並繳納現金 $2,300 之租金。
3. 10/4　花費 $1,200 現金購買辦公用品。
4. 10/6　花費 $30,000 購買工程設備，其中 $5,000 付現而剩餘金額則承諾於 6 個月後付清。
5. 10/10　完成工程並立即收現 $178,000。
6. 10/10　賒帳 $6,400 購買辦公設備。
7. 10/15　完成工程並被客戶賒帳 $19,800。
8. 10/20　以現金付清 10/10 賒帳購買之辦公設備。
9. 10/23　賒帳 $6,200 購買辦公用品。
10. 10/25　完成工程並對客戶開立 30 天期之帳單 $14,500。
11. 10/29　收到 10/15 之帳款 $19,800。

12. 10/31　現金支付本月份助理薪資 $9,500。
13. 10/31　現金支付本月份水電費用 $1,200。

試作：

(1) 將下列帳戶以表 3-3 的會計恆等式之方式表達，帳戶包括：現金、應收帳款、辦公用品、辦公設備、電子設備、應付帳款、期初權益、本期股東投資、收入與費用。
(2) 將 (1) 中最後的會計恆等式再以表 3-4 的會計恆等式之方式列示。是否所有項目的總金額均不變？假設其他綜合損益之金額為零。
(3) 請以 (2) 中之資訊編製試算表、綜合損益表、結算損益後試算表、權益變動表以及月底之資產負債表。

5. 【試算表、綜合損益表、結算損益後試算表、權益變動表、資產負債表】全家便利快捷企業在 ×1 年 12 月 31 日剛結束今年的營運，身為股東的你想知道企業今年的營運狀況如何，×1 年底會計資訊系統顯示下列資訊：

薪資費用	$32,000	保險費用	$ 3,500
應付帳款	8,000	服務收入	181,000
期初權益（×1/1/1）	13,000	應收帳款	30,000
辦公用品	12,000	水電費用	1,000
現金	93,500	租金費用	12,000
燃料費用	18,000		

假設期初權益中的股本 $10,000，保留盈餘 $3,000，×1 年並無其他綜合損益發生。

(1) 編製全家便利快捷企業 ×1 年試算表。
(2) 編製全家便利快捷企業 ×1 年的綜合損益表。
(3) 編製全家便利快捷企業 ×1 年的結算損益後試算表。
(4) 編製全家便利快捷企業 ×1 年的權益變動表。
(5) 編製全家便利快捷企業 ×1 年 12 月 31 日的資產負債表（即為結算權益後之試算表）。

Chapter 04

借貸法則、
分錄與過帳

objectives

研讀本章後,預期可以了解:

- 帳戶的基本結構
- 借貸法則
- 如何於日記簿記錄發生的交易
- 如何將日記簿分錄過帳至分類帳
- 如何以分類帳期末的餘額編製試算表,並編製三種主要財務報表
- 會計項目的編碼原則

「KANO」這部電影描述日治時期，台灣嘉義農林野球隊（即嘉農棒球隊）的成長與奮鬥故事。電影一開始的場景為1944年，當時日本軍官錠者博美在隨軍隊經過台灣前往南洋征戰途中，亟欲一償宿願，親睹嘉農棒球隊的訓練「基地」。透過倒述手法，導演馬志翔將時間回溯到1929年這支球隊的起源。

　　嘉農「KANO」原本是一群喜愛棒球的少年自發組成的球隊，沒有隊長也無教練，更無獲勝的比賽記錄，甚至因從未上壘，而不知如何跑壘，直到近藤兵太郎決定帶領這群孩子，透過斯巴達式的訓練，以及心理建設（「球者魂也」）的激勵，以進軍甲子園為目標，這支結合漢人、原住民與日本人的球隊，宛如脫胎換骨，征戰全台，在1931年獲得冠軍，為來自台灣南部的棒球隊首度獲此佳績者，也得以參加日本甲子園的棒球比賽，並打入冠亞軍決賽。在打入決賽前，曾將強隊「札幌商業野球隊」打敗，當時的敗戰投手正是錠者博美。嘉農主力投手吳明捷的球技優秀，手指卻因在冠亞軍決賽中流血，仍忍痛出賽，還以球場的黑土止血，但頻投壞球保送對方球員，近藤教練本想更換投手，但吳明捷請求讓他投完，教練為他的決心感動，隊友也支持讓他投完，並用守備幫忙他，雖無緣奪冠，吳明捷及整支球隊奮戰不懈的表現，深深地感動觀眾，錠者更高喊：「英雄戰場，天下嘉農。」

　　嘉農的教練近藤在日本曾為棒球隊員，但他在台灣的專職工作恰巧為會計。棒球與會計有幾分相似，例如，即使揮出全壘打，仍需從一壘開始，跑完所有壘包，會計工作亦然，從分錄、過帳、試算、調整、結帳、至財務報表，均須循序進行。其次，棒球與會計均須決心與勤練。切實了解觀念與有系統地勤練習題，距離會計的甲子園不遠矣！

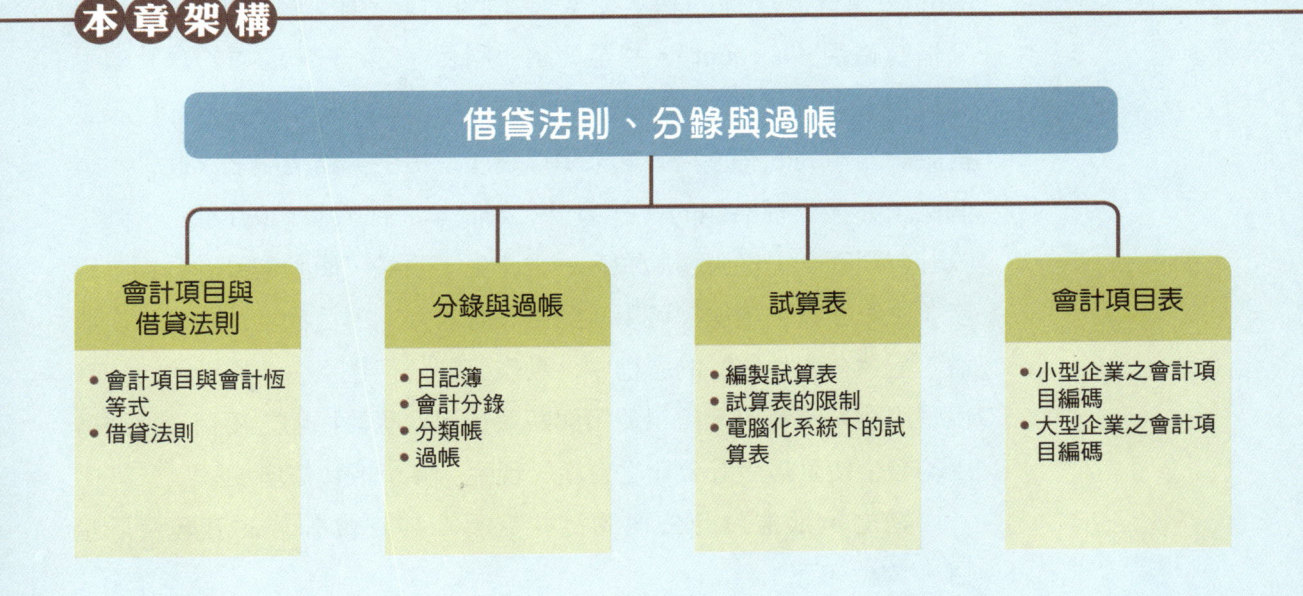

本章架構

借貸法則、分錄與過帳

- **會計項目與借貸法則**
  - 會計項目與會計恆等式
  - 借貸法則

- **分錄與過帳**
  - 日記簿
  - 會計分錄
  - 分類帳
  - 過帳

- **試算表**
  - 編製試算表
  - 試算表的限制
  - 電腦化系統下的試算表

- **會計項目表**
  - 小型企業之會計項目編碼
  - 大型企業之會計項目編碼

學習目標 1
了解會計項目與熟悉借貸法則

4.1　會計項目與借貸法則

在第 3 章中，我們應用會計恆等式討論資產負債表、綜合損益表與權益變動表的結構與邏輯，也將會計恆等式「資產＝負債＋權益」的基本關係演化為：

$$資產 + 費用 = 負債 + 期初股本 + 期初保留盈餘 + 本期股東投資 + 收入$$

並解釋試算表的作用乃在於體現此一方程式之關係。如果我們將「期初股本」與「本期股東投資」加總在一起，即代表過去與本期所有股東之投資總和。所以上述恆等式也可以寫為：

$$資產 + 費用 = 負債 + 股本（包括期初股本與本期股東投資）+ 期初保留盈餘 + 收入$$

第 3 章中，我們並以動畫設計公司的例子，說明如何應用會計恆等式記錄交易事項。在例子中所牽涉到的資產有現金、應收帳款、辦公用品與電腦設備等，這些項目均為動畫設計公司可控制之經濟資源，且其未來經濟效益會流向動畫設計公司。從事會計記錄時也使用這些項目，因此它們都是**會計項目**（accounting item），為會計記錄的基本要素。會計項目俗稱「會計科目」，有時又稱為**帳戶**（account），甚至簡稱「科目」。除了資產類的會計項目（科目）外，也牽涉到負債類的會計項目，如應付帳款，它代表動畫設計公司的既有義務，未來須以資產或提供勞務清償之。此外，這個例子亦涉及權益類的會計項目，如股本（代表股東的投資）。動畫設計公司因為提供服務給顧客，也產生了收益，使動畫設計公司之資產（應收帳款）增加，可用「動畫設計收入」項目代表此一產生之收益。當然在產生收益的過程中，動畫設計公司也發生一些費用，如房租費用與薪資費用。房租費用與薪資費用均屬費損類之項目，這些費用的發生使動畫設計公司之資產（現金）減少或負債增加。

總之，動畫設計公司的這些交易牽涉到會計上的五類會計項目，彙總如下：

資產類：現金、應收帳款、辦公用品、電腦設備
負債類：應付帳款
權益類：股本、保留盈餘
收益類：動畫設計收入
費損類：房租費用、薪資費用

一個真實企業的交易所涉及的會計項目，當然不僅止於此，但不論多麼複雜的交易，不論再增加多少其他的會計項目，均不會超過這五類，而且

$$資產 = 負債 + 權益 \quad (式 4\text{-}1)$$

以及

$$資產 + 費用 = 負債 + 股本 + 期初保留盈餘 + 收入 \quad (式 4\text{-}2)$$

的關係永遠成立。

雖然上述關係可用以說明財務報表之結構與邏輯，但是在會計處理程序中，財務報表不是一蹴可幾的。企業平日將所發生之交易，以**會計分錄**（journal entry）的形式，記載於**日記簿**（journal），再**過帳**（posting）至**分類帳**（ledger），經**試算**以及期末的**調整**後，才能編製財務報表。究竟會計分錄是什麼？又是如何編製的？這就牽涉到剛才提到的會計項目，我們知道每個會計項目的金額均可能增加，也可能減少，但增加時應記在哪裡？減少時又應記在哪裡？這又涉及**借貸法則**（rules of debit and credit）。為了說明借貸法則，我們必須回到式 4-1 與式 4-2。

先將式 4-1 的等號兩邊分別稱為左方與右方，在式 4-1 中，資產在左方，負債與權益在右方。因此，當資產增加時，我們將所增加之金額記在左方，減少時記在右方。會計上以**借方**（debit）代表左方，以**貸方**（credit）代表右方（**左借右貸**）。由於負債與權益均在資產之相反方向，因此，增加負債或權益時，將所增加金額記在右方（即貸方），將所減少金額記在左方（即借方）。茲以動畫設計公司中的「現金」（資產類項目）為例，說明「現金」項目的增減及應記錄在哪一方位。

將第 3 章中動畫設計公司 1 月份的現金增減金額重複列在表 4-1 的左半邊，這些資料顯示共有七個交易使現金增減：其中有三項交易使現金增加，四項交易使現金減少，最後現金餘額為 $980,000。這種累積現金餘額的方法也可以用表 4-1 右半邊的帳戶方式記錄：其中現金的增加都記錄在現金帳戶的左方（借方），有三項交易使現金增加；現金的減少都記錄在現金帳戶的右方（貸方），有四項交易使現金減少。最後再計算左方總共 $1,200,000 扣除右方 $220,000，就知道現金在 1 月底時餘額 $980,000，這個餘額寫在現金帳戶的左方。這種帳戶式的記帳方法與恆等式方法的最後結果一樣，但是過程中有兩個好處；首先，帳戶方式避免加減混在一起計算，比較不容易算錯，其次，現金增加記在左方（借方），減少記在右方（貸方）；很容易就計算出動畫設計公司 1 月份總共收到多少現金（$1,200,000）與總共支付多少現金（$220,000）。

表 4-1　比較恆等式方式與帳戶方式記錄現金增減

帳戶左方：
　　帳戶借方

帳戶右方：
　　帳戶貸方

恆等式方式：

現金	
(3)	+1,000,000
(5)	−100,000
(7)	−20,000
(8)	−30,000
(9)	+100,000
(10)	+100,000
(12)	−70,000
期末餘額	980,000

帳戶方式：

現金			
(3)	1,000,000	(5)	100,000
(9)	100,000	(7)	20,000
(10)	100,000	(8)	30,000
		(12)	70,000
	980,000		
帳戶左方（借方）		帳戶右方（貸方）	

我們再以動畫設計公司 1 月份的應付帳款增減為例，說明負債類項目之增減及應記載在帳戶的哪一方位。由表 4-2 可知，該企業 1 月份有一個交易使應付帳款這項負債增加 $100,000，另有一筆交易使其減少 $30,000，最後餘額為 $70,000。參見表 4-2，細心的讀者可能發現這個負債增加時記入應付帳款的貸方（右方），減少則記錄在

借方（左方），最後餘額則寫在貸方（右方）；這與記錄現金（資產）增減的方位與餘額方位均相反。

表 4-2　比較恆等式方式與帳戶方式記錄應付帳款增減

恆等式方式：

應付帳款	
(6)	100,000
(8)	−30,000
期末餘額	70,000

帳戶方式：

應付帳款			
(8)	30,000	(6)	100,000
			70,000
帳戶左方（借方）		帳戶右方（貸方）	

　　所有資產的增加都與現金的增加一樣，記入資產帳戶的借方；所有負債的增加都與應付帳款這個負債一樣，記入該帳戶的貸方。繼續以動畫設計公司的「股本」項目為例，說明權益類的項目之變化及應記載在何方位。該企業1月份的股本這個權益項目因為二項交易均使其金額增加，而記載在該帳戶的貸方（右方）。在1月份若有交易使其餘額減少，則應記在該帳戶的借方（左方）。這與負債類項目之增加記在貸方、減少記在借方，完全一致。

　　以上所說明的乃是以式4-1說明資產、負債與權益項目之增減時，應將增減金額記載在各該項目之左方或右方。至於收益、費損類的項目，可能因企業的交易事項而使其餘額有所變化。由式4-2可以得知，費損類項目餘額增加時應將該金額記在借方，減少時記在貸方。收益類項目增加時，應將該金額記在貸方，減少時記在借方。我們另外也可以利用收益、費損與權益的關係，推論上述記帳方位。當收益增加時，則當期的淨利（純益）增加，由於淨利乃是企業用以回報股東的報酬，因此淨利增加，權益也增加。既然權益增加時，記在貸方，使得權益增加的收益增加，自然也記在貸方。同理，當收益減少時，應記在借方。當費損增加時時，則當期的淨利（純益）減少，企業回報股東的報酬也減少，既然權益減少，記在借方，使得權益減少的費損增加時，自然也記在借方。同理，當費損減少時，應記在貸方。

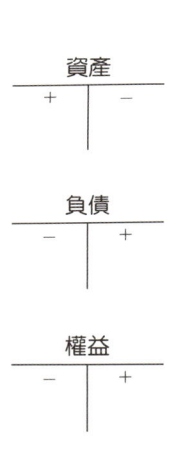

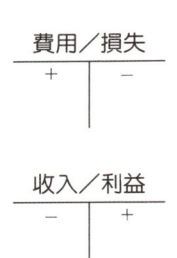

資產
+ | −

負債
− | +

權益
− | +

費用／損失
+ | −

收入／利益
− | +

收益指收入與利益，費損指費用與損失。

至此，我們將五類會計項目在何時應記在會計分錄借方，何時應記在貸方，作了討論。為了加深印象，再以式 4-2 作一整理。

資產　＋　費損　＝　負債＋股本＋(期初)保留盈餘＋收益

借方帳戶	貸方帳戶
＋　　－	－　　＋
＋　　－	－　　＋
＋	＋
餘額	餘額

總而言之，在恆等式左方（借方）的兩個項目——資產與費損，增加時記錄在借方；在恆等式右方（貸方）的四個項目——負債、股本、(期初)保留盈餘與收益，增加時則記錄在貸方。這樣的規則使我們在確定所有借方帳戶的加總（資產＋費損）等於所有貸方帳戶的加總〔負債＋股本＋(期初)保留盈餘＋收益〕時比較不會犯錯。表 4-3 將這個「借貸法則」彙總在一個表內。注意這個表事實上就是將式 4-2 這種恆等式的寫法，改為帳戶式的記錄方式。表中等號左方的項目「正常餘額」在借方，而等號右方的項目「正常餘額」在貸方。

我們現在以第 3 章表 3-4 中動畫設計公司 1 月份所有交易的「恆等式記錄」，改為以表 4-4 的帳戶式記錄。比較表 3-4 與表 4-4，其中的資訊是完全一樣的，最後結果當然也相同，所有表 4-4 中借方帳戶的餘額（寫在個別帳戶的借方）等於所有貸方帳戶的餘額（寫在個別帳戶的貸方）。在表 4-4 中，因為本期股東投資使得動畫設計公司的股本增加，因此，將期初股本及本期股東投資的金額，均記錄在「股本」項目中。公司如何在會計帳簿中，將所有交

1. 仔細比對表 4-4 與表 3-4 所有資產、費損、負債、本期期初權益、股東投資與收益項下的所有增減，就可以知道這兩個表事實上是一樣的。
2. 原來在恆等式左邊的帳戶增加時記入借方。
3. 原來在恆等式右邊的帳戶增加時記入貸方。

表 4-3　借貸法則

資產		＋	費損		＝	負債		＋	股本		＋	保留盈餘		＋	收益	
借方	貸方		借方	貸方		借方	貸方		借方	貸方		借方	貸方		借方	貸方
＋	－		＋	－		－	＋		－	＋		－	＋		－	＋
正常餘額			正常餘額				正常餘額			正常餘額			正常餘額			正常餘額

表 4-4　以帳戶方式記錄動畫設計公司 1 月份所有交易

借方（左方）　　　　　　　　　　　　　　　　　　　　　　　**貸方（右方）**

資產　＋　費損　＝　負債　＋　（期初）股本　＋　（期初）保留盈餘　＋　本期股東投資　＋　收益

現金			薪資費用		應付帳款		股本		動畫設計收入	
(3) 1,000,000		(12) 30,000		(8) 30,000	(6) 100,000		期初餘額	0	(9) 100,000	
(9) 100,000	(5) 100,000		30,000			70,000		(3) 1,000,000	(11) 50,000	
(10) 100,000	(7) 20,000							(10) 100,000		150,000
	(8) 30,000		房租費用					1,100,000		
	(12) 70,000		(12) 40,000							
980,000			40,000				保留盈餘			
							期初餘額	0		

應收帳款	
(11) 50,000	
50,000	

辦公用品	
(7) 20,000	
20,000	

電腦設備	
(5) 100,000	
(6) 100,000	
200,000	

$1,250,000　＋　$70,000　＝　$70,000　＋　$1,100,000　＋　　　　　＋　$150,000

　　　$1,320,000　　　　　　　　　　　　　　　　　$1,320,000

易作完整的記錄，而得以輕易彙總表 4-4 具試算功能的資訊呢？這個正式的記帳方式將在下一節討論。

> **學習目標 2**
> 認識日記簿與分類帳，並學習編製會計分錄以及過帳的程序

4.2 會計分錄與過帳：日記簿與分類帳

在編製公司的財務報表前，所有的交易是以下列兩個步驟記錄：

1. 將交易事項記錄在日記簿上。
2. 將日記簿的會計資訊過帳到（抄到）分類帳中。

經過這兩個步驟後，即可利用分類帳中餘額編製類似表 4-4 的試算表，最後再以試算表編製財務報表。

我們以剛剛討論過的會計項目（帳戶）與借貸法則說明如何將企業發生的交易，記錄在日記簿上。企業的日記簿，就像私人的日記一樣，記載每天發生的事項，只不過私人的日記，可依個人偏好用不同形式記載，而企業的日記則需依一定的格式，記載在日記簿上。這些依一定格式記載的會計記錄，稱為「會計分錄」，日記簿乃是依交易發生之先後順序存放這些會計分錄的一種帳簿。通常一筆會計分錄包括**交易日期、借方項目、借方金額、貸方項目、貸方金額**以及**簡要說明**，至於哪些項目應記在借方，哪些項目應記在貸方，則應先行分析交易之本質，辨認所影響的會計項目為何，金額又有多少，再依借貸法則，記載於適當的方位（借方、貸方）。

表 4-5 為日記簿的格式，其格式與會計分錄之格式相同。在「日期欄」記錄交易日期，在「項目及摘要欄」記錄影響到的借方

表 4-5　日記簿的格式

| 日期 || 會計項目及摘要 | 索引 | 借方金額 | 貸方金額 |
月	日
1	1	現金		1,000,000	
		股本			1,000,000
		股東出資成立動畫設計公司			

項目、貸方項目及簡要說明。請注意：借方項目寫在左上方，貸方項目寫在右下方（還記得嗎？借方即左方，貸方即右方；左借右貸）。在「借方金額」欄寫下所影響到的項目之金額變化，在「貸方金額」欄寫下所影響到的項目之金額變化。至於「索引」欄是為了與過帳作交叉索引用，容後解釋。茲以第 3 章動畫設計公司 1 月份的事件 3 事件（投入股本 $1,000,000）為例，說明如何將會計分錄記載於日記簿上。

這筆分錄反映動畫設計公司的現金增加 $1,000,000，其來源乃是股東的投資，因此股本增加 $1,000,000，符合會計恆等式「資產＝負債＋權益」的關係（此時動畫設計公司尚未舉債，因此負債金額為零）。由於現金乃一資產類項目，因此依借貸法則，當它增加時，記在借方（左方），股本為權益類項目，因此當它增加時，記在貸方（右方）。

資產＝負債＋權益
$1,000,000
= $0 + $1,000,000

上述分錄只反映某一天的某一項交易，企業每天的交易不只一筆，所牽涉到的會計項目不僅限於一、二個。依據**長榮航空**的網站資料，該公司民國 105 年有 78 架飛機服務顧客，這麼多的飛機每日載客或載貨，可以想像每天的交易當然是數以萬計。該公司不僅於日記簿，以分錄的形式序時記載交易，而且經營階層也想隨時獲知每個會計項目餘額為何，例如：總經理必須隨時知道現金、應收帳款以及應付帳款的餘額，此時，若想了解現金餘額，必須從日記簿中逐筆分錄搜尋「現金」之借方與貸方金額，再將借方金額合計減除貸方金額，兩者相減後才知道截至某日之現金餘額有多少。雖然會計人員可以用逐筆搜索方式提供這個資訊，但得到這個資訊時已太遲了。為了更能適時提供每個會計項目（帳戶）餘額的資訊，會計實務上，另外要求會計人員將會計分錄，依項目分門別類，針對每個項目（帳戶）所受到交易的影響，單獨記載。如果每一個項目（帳戶）為一個檔案，則分類帳就是彙集這些個別檔案的一

種帳簿，於彙集時尚須依資產、負債、權益、收益與費損類項目順序為之，每一項目預留若干頁，備供記錄，這好比去百貨公司購物時，分門別類得越清楚，越容易找到所要的商品一般。

表 4-6　分類帳的格式

會計項目					頁
日期	摘要	索引	借方	貸方	餘額

表 4-6 為分類帳的格式。分類帳中最重要的資訊是借方與貸方的數字，這兩欄及前一節中介紹的帳戶之借方與貸方是完全相同的記錄方式。只不過正式的分類帳增加了日期、摘要以及計算餘額的欄位。將日記簿上的會計分錄所牽涉到的會計項目及其金額，依項目別一一「抄到」分類帳的程序，稱為**過帳**。再以動畫設計公司第三個事件為例說明之。在日記簿中的會計分錄借方項目為現金，金額 100 萬元，貸方項目為股本，金額 100 萬元，將此一分錄過帳至（抄到）分類帳的「現金」與「股本」後如下：

現金

日期		摘要	索引	借方金額	貸方金額	餘額
月	日					
1	1			1,000,000		1,000,000

這兩個分類帳的數字意義如下：

現金
1,000,000

股本
1,000,000

股本

日期		摘要	索引	借方金額	貸方金額	餘額
月	日					
1	1				1,000,000	1,000,000

借貸法則、分錄與過帳 chapter 04

日記簿					J1
日期		會計項目及摘要	索引	借方	貸方
1	1	現金	1	1,000,000	
		股本	51		1,000,000
		記錄股東阿嘉等人對動畫設計公司之原始投資			

現金　　　　　　　　　　　　　　　　　　　　　　　　　　1

日期		摘要	索引	借方	貸方	餘額
1	1		J1	1,000,000		1,000,000

股本　　　　　　　　　　　　　　　　　　　　　　　　　　51

日期		摘要	索引	借方	貸方	餘額
1	1		J1		1,000,000	1,000,000

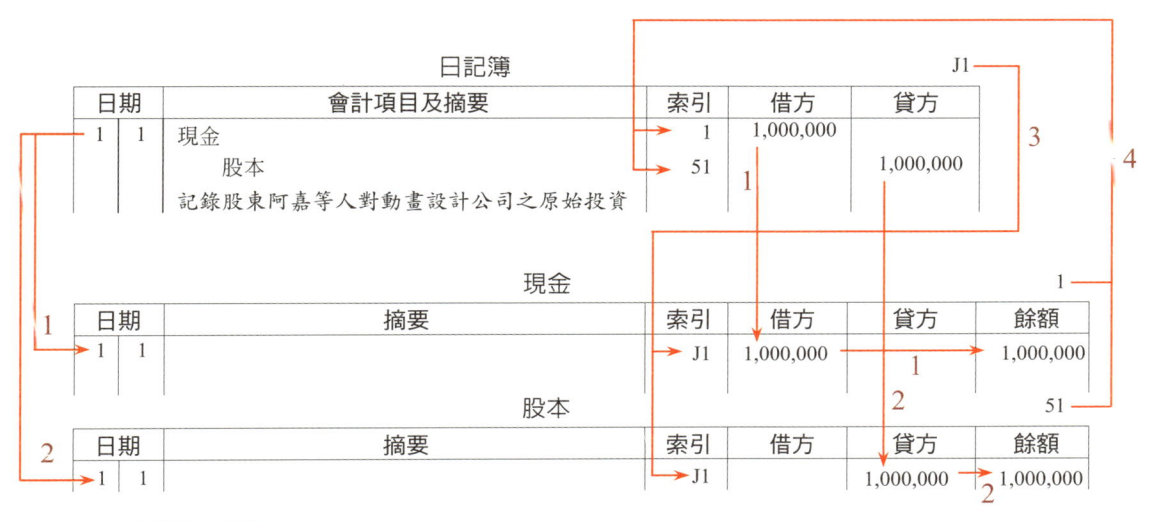

圖 4-1　過帳過程圖

　　茲再以圖 4-1 描述會計分錄（記於日記簿）與過帳（記於分類帳）之程序及彼此的關聯。

　　圖 4-1 中最上面部分是日記簿的記錄，在日記簿上作會計分錄，完整之分錄分為下列步驟：

a. 寫入日期。

b. 在會計項目及摘要欄項下，借方的會計項目（事件 3 中的「現金」）寫在第一列靠左；貸方的會計項目（事件 3 中的「股本」）寫在第二列略靠右兩格，藉以區別借方及貸方的會計項目（左「借」右「貸」），而後將借方金額寫入借方欄，貸方金額寫入貸方欄。

c. 會計項目及摘要欄項下，在貸方會計項目下寫入這個事件的簡要解釋。

d. 索引欄此時先空白（等過帳時再填入）。

　　這樣的一個日記簿分錄在恆等式中的意義為「現金增加 $1,000,000，股本增加 $1,000,000；所以恆等式仍然左方等於右方」。

　　圖 4-1 中下半部分兩個表是分類帳，圖中紅線與 1 至 4 的步驟為過帳程序，先在分類帳中，找出與事件 3 有關的會計項目，分類帳的右上角標明頁碼（例如：現金 1，股本 51），過帳程序如下：

1. 先將日記簿事件 3 的日期及借方金額寫入「現金」項目的日期欄

> 日記簿右上角的 J1 為普通日記簿的頁碼，表示這個分錄是記錄在第 J1 頁。

及借方金額欄，並且計算餘額欄的數字。

2. 再將日記簿事件 3 的日期及貸方金額寫入「股本」項目的日期欄及貸方金額欄，並且計算餘額欄的數字。

3. 最後在分類帳索引欄寫入日記簿的頁碼，例如事件 3 在日記簿的第 J1 頁，在索引欄就寫入 J1，表示這個數字是由日記簿第 J1 頁過帳來的。

4. 再回到日記簿的索引欄，將借方索引欄寫入頁碼 1，代表過到分類帳第 1 頁的「現金」帳戶，在貸方索引欄寫入頁碼 51，代表過到分類帳第 51 頁的「股本」帳戶。

　　過帳事實上就是將日記簿中的資產、負債與權益項目的增減變化由日記簿抄到分類帳中，過完帳就可以知道每一個會計項目（例如現金）餘額是多少。此外因為企業每天可能有數萬筆日記簿上的記錄需要過帳，如果有任何錯誤，如何查詢是哪一個交易記錄有誤？這個程序中留下的索引欄即是方便追蹤交易記錄的來源與去處。

　　T 字帳（T account）是分類帳格式的簡化，這種 T 字帳扼要地表示分類帳的資訊，在分析交易，編製分錄的過程中相當有用，同學在以後各章的練習時可多加嘗試。前述過帳的程序，可以用 T 字帳取代分類帳如下：

> 帳戶形狀為 T 字型，因此稱之為 T 字帳。

	現金	1		股本	51
(3)	1,000,000			(3)	1,000,000

e 網情深

　　請同學進入**奇摩股市**（http://tw.stock.yahoo.com/），查詢**長榮航空**在民國 110 年 1 月及 2 月之每月營收。

解析

　　同學進入奇摩股市（http://tw.stock.yahoo.com/），在股票代號欄輸入「長榮航」(股票代號：2618) 並按查詢。長榮航空股價資訊出現後，在個股資料中找到「基本」，進入基本資料後可以找到營收盈餘，網頁即顯

示長榮航空在近兩年度每月之營收。例如：民國 110 年度 1 月之營收為 $6,698,039，與民國 109 年度 1 月相比之年增率為 –54.10%；民國 110 年度 2 月之營收為 $5,804,301，與民國 109 年度 2 月相比之年增率為 –34.44%。同時也可以觀察 1 至 2 月累積之營收為 $12,502,340，與民國 109 年度 1 至 2 月相比之年增率為 –46.68%。這些資料顯示，受疫情之影響，長榮航空的業績比民國 109 年度衰退許多。

上市公司正式的財務報告包括季報表，每一季公布一份報表。月營收的資訊並非正式之財務報告，但金融監督管理委員會要求上市、上櫃公司每月 10 日前必須公告上月營業收入資訊，因為收入是綜合損益表中非常重要的資訊，所以股市投資人也很重視比季報表還早公布的每月營收數字。如果公告的每月營收比去年同月大幅增加，則公司股價通常會有反應。

釋例 4-1

(1) 易 PC 科技在 3 月份發生下列交易，應如何記錄於日記簿？
 a. 4/3 股東投資 $1,500,000。
 b. 4/15 購買電腦設備，支付現金 $200,000。
 c. 4/21 購買電腦設備，欠款 $150,000，下個月支付。

(2) 將以上的三個分錄過帳至分類帳。

解析

(1)

日記簿 J1

日期	會計項目及摘要	索引	借方	貸方
4/3	現金	1*	1,500,000	
	股本	51		1,500,000
	記錄股東對易 PC 之原始投資			
4/15	電腦設備	15	200,000	
	現金	1		200,000
	以現金購買電腦設備			
4/21	電腦設備	15	150,000	
	應付帳款	25		150,000
	賒購電腦設備			

*注意：索引欄的數字在過帳時才能填入。

(2) 現金、電腦設備、應付帳款與股本的項目頁碼假設為 1、15、25 與 51，這些項目頁碼過帳時必須記入日記簿的索引欄。

現金　　　　　　　　　　　　　　　　　　　　　　　　　　1

日期	摘要	索引	借方	貸方	餘額
4/3		J1	1,500,000		1,500,000
4/15		J1		200,000	1,300,000

電腦設備　　　　　　　　　　　　　　　　　　　　　　　15

日期	摘要	索引	借方	貸方	餘額
4/15		J1	200,000		200,000
4/21		J1	150,000		350,000

應付帳款　　　　　　　　　　　　　　　　　　　　　　　25

日期	摘要	索引	借方	貸方	餘額
4/21		J1		150,000	150,000

股本　　　　　　　　　　　　　　　　　　　　　　　　　51

日期	摘要	索引	借方	貸方	餘額
4/3		J1		1,500,000	1,500,000

釋例 4-2

根據第 3 章動畫設計公司 1 月份所有交易，試作：(1) 在日記簿作成會計分錄；(2) 自日記簿過帳到分類帳；(3) 自日記簿過帳至 T 字帳。

解析

(1) 將 1 月份事件記在日記簿：

日記簿　　　　　　　　　　　　　　　　　　　　　　　　J1

日期	會計項目及摘要	索引	借方	貸方
1/1	現金	1	1,000,000	
	股本	51		1,000,000
	股東阿嘉等人對動畫設計公司之原始投資			
1/4	電腦設備	15	100,000	
	現金	1		100,000
	以現金購入電腦設備			

1/1 日記簿索引欄的 1 與 51 表示借方與貸方 $1,000,000 金額被過帳至分類帳第 1 頁的現金與第 51 頁的股本。

1/5	電腦設備	15	100,000	
	應付帳款	25		100,000
	賒購電腦設備			
1/6	辦公用品	12	20,000	
	現金	1		20,000
	以現金購入辦公用品			
1/12	應付帳款	25	30,000	
	現金	1		30,000
	支付電腦公司貨款			
1/13	現金	1	100,000	
	動畫設計收入	61		100,000
	提供顧客動畫設計服務，收取現金			
1/15	現金	1	100,000	
	股本	51		100,000
	股東阿嘉對動畫設計公司之再投資			
1/20	應收帳款	10	50,000	
	動畫設計收入	61		50,000
	提供顧客動畫設計服務，於未來收取現金			
1/31	薪資費用	81	30,000	
	房租費用	82	40,000	
	現金	1		70,000
	支付1月份薪資及房租			

(2) 將1月份的日記簿記錄過入分類帳：

現金　　　　　　　　　　　　　　　　　　1

日期	摘要	索引	借方	貸方	餘額
1/1		J1	1,000,000		1,000,000
1/4		J1		100,000	900,000
1/6		J1		20,000	880,000

1/1 分類帳索引欄的 J1 表示借方 $1,000,000 金額是由日記簿第 J1 頁抄過來的數字。

日期	摘要	索引	借方	貸方	餘額
1/12		J1		30,000	850,000
1/13		J1	100,000		950,000
1/15		J1	100,000		1,050,000
1/31		J1		70,000	980,000

應收帳款   10

日期	摘要	索引	借方	貸方	餘額
1/20		J1	50,000		50,000

辦公用品   12

日期	摘要	索引	借方	貸方	餘額
1/6		J1	20,000		20,000

電腦設備   15

日期	摘要	索引	借方	貸方	餘額
1/4		J1	100,000		100,000
1/5		J1	100,000		200,000

應付帳款   25

日期	摘要	索引	借方	貸方	餘額
1/5		J1		100,000	100,000
1/12		J1	30,000		70,000

股本   51

日期	摘要	索引	借方	貸方	餘額
1/1		J1		1,000,000	1,000,000
1/15		J1		100,000	1,100,000

動畫設計收入   61

日期	摘要	索引	借方	貸方	餘額
1/13		J1		100,000	100,000
1/20		J1		50,000	150,000

薪資費用   81

日期	摘要	索引	借方	貸方	餘額
1/31		J1	30,000		30,000

房租費用					82
日期	摘要	索引	借方	貸方	餘額
1/31		J1	40,000		40,000

(3) 自日記簿過帳至 T 字帳的結果：

```
         現金              1              應付帳款           25
1/1  1,000,000 | 1/4   100,000    1/12  30,000 | 1/5  100,000
1/13   100,000 | 1/6    20,000                              70,000
1/15   100,000 | 1/12   30,000
               | 1/31   70,000           股本              51
       980,000                                  | 1/1  1,000,000
                                                | 1/15   100,000
                                                       1,100,000

        應收帳款           10            動畫設計收入         61
1/20    50,000                                  | 1/13  100,000
        50,000                                  | 1/20   50,000
                                                        150,000

        辦公用品           12             薪資費用           81
1/6     20,000                     1/31  30,000
        20,000                           30,000

        電腦設備           15             房租費用           82
1/4    100,000                     1/31  40,000
1/5    100,000                           40,000
       200,000
```

4.3 試算表

過完帳後，為了驗證在會計分錄或過帳程序上是否發生錯誤，進一步將分類帳上每個項目（帳戶）的餘額分別加總，有借方餘額的帳戶與金額列入借方，貸方餘額的帳戶與金額列在貸方，即可

▶ **學習目標 3**
試算表的編製及其限制與電腦化系統下的試算表

編製成試算表。表 4-7 為沿用前例，為動畫設計公司所編製的試算表。讀者可以比較，這個試算表與第 3 章表 3-5 一模一樣。利用這個試算表編製 1 月份綜合損益表、1 月份權益變動表及 1 月 31 日資產負債表的過程與第 3 章介紹的過程完全重複，不再贅述。所以**於日記簿記錄會計分錄**、**過帳於分類帳**與利用所有過帳後的帳戶餘額**編製試算表**是編製財務報表的三項重要基礎工作。

在編製試算表時，試算表最終借方餘額的加總必須等於貸方餘額的加總。當借方餘額的加總不等於貸方餘額的加總時，一定有錯誤發生；但是當借方餘額的加總等於貸方餘額的加總時，並不能保證在會計記錄的過程沒有任何的錯誤發生。試算表的借方餘額的加總不等於貸方餘額加總時，有可能是單純的加總錯誤，也可能是金額寫錯，或是在寫入試算表時借方（貸方）寫成貸方（借方），或是在會計記錄的過程中（記錄或過帳）出錯，此時必須找出錯誤加以更正。試算表的借方餘額的加總等於貸方餘額加總時，仍然可能存在許多的錯誤，例如：有一個事件完全沒有被記錄、一個事件被記錄了兩次、一個日記簿分錄的會計項目記錄正確但金額寫錯（例如：365 寫成 356）、一個日記簿分錄的金額正確但寫入不對的會計

1. 在日記簿記錄所有交易。
2. 將日記簿所有會計分錄過帳至分類帳。
3. 將過帳後的所有借方餘額帳戶數字寫在試算表借方，貸方餘額帳戶數字寫在試算表貸方，即可完成試算表。

表 4-7　動畫設計公司 ×× 年 1 月 31 日之試算表

動畫設計公司
試算表
×× 年 1 月 31 日

		借方	貸方
101	現金	$ 980,000	
105	應收帳款	50,000	
120	辦公用品	20,000	
150	電腦設備	200,000	
201	應付帳款		$ 70,000
301	股本		1,100,000
305	保留盈餘（期初）		0
401	動畫設計收入		150,000
501	薪資費用	30,000	
502	房租費用	40,000	
	合計	$1,320,000	$1,320,000

項目（例如：借方應該是應收帳款卻寫成現金）、一個事件正確地記入日記簿分錄但忘了過帳或是同一筆日記簿分錄被過帳兩次。這些錯誤會造成財務報告不正確，但是試算表的借方合計數依然等於貸方合計數。

如果企業使用比較進步的電腦化系統處理會計程序，則所有過帳、編製試算表與財務報表都是電腦化作業，如果帳務出現錯誤則一定是一開始輸入日記簿的時候出現錯誤，因為後續的所有動作是全自動的電腦作業。

4.4 會計項目表

> **學習目標 4**
> 企業設計會計項目表的一般原則

為了方便查詢，以及為了設計電腦化的會計資訊系統，在企業的會計制度裡，對每一個會計項目給一個數字代碼，例如：現金 101，101 就是「現金」會計項目的代碼，企業將所有可能會用到的會計項目都給一個代碼，而且將所有的會計項目都集合在一個表，就稱為「會計項目表」。當任何一個人想了解公司交易記錄可能用到的會計項目時，就可查看會計項目表。表 4-8 是動畫設計公司的會計項目表，100-199 代表資產項目，200-299 代表負債項目，300-399 代表權益項目，400-499 代表收益（含收入與利益）項目，500-599 代表費損（含費用與損失）項目。兩會計項目間有一些空號，是為將來加入新的會計項目預留準備。

分類帳是依照會計項目出現在資產負債表（資產、負債及權益）及綜合損益表（收入及費用）的順序歸檔，而會計項目表也是依照資產負債表（資產、負債及權益）及綜合損益表（收入及費用）的順序編碼。公司會因為規模大小及交易的複雜程度決定所需要的會計項目的數量，像動畫設計公司這樣的小企業會計項目只需要數十個就足夠，但像**台積電**這樣的大公司所需要的會計項目可能就有好幾百個，才足以記錄公司日常所發生的交易。

關於會計項目的編碼可能是三位數或三位數以上，這也是依照公司內部控制的需求而決定，如果公司採用六位數編碼（例如：表 4-9

表 4-8　會計項目表

動畫設計公司
會計項目表

資產負債表會計項目

資產
- 101　現金
- 105　應收帳款
- 120　辦公用品
- 150　電腦設備

負債
- 201　應付帳款

權益
- 301　股本
- 305　保留盈餘

綜合損益表會計項目

收入
- 401　動畫設計收入

費用
- 501　薪資費用
- 502　房租費用
- 503　廣告費用

表 4-9　大型公司會計項目編碼說明──以應收帳款為例

超級公司
應收帳款明細
×1 年 12 月 31 日

會計項目代碼	說明	金額
應收帳款－關係人		
105101	應收帳款－甲客戶	$ 200
105102	應收帳款－乙客戶	400
1051		$ 600
應收帳款－非關係人		
105203	應收帳款－丙客戶	$ 800
105204	應收帳款－丁客戶	900
1052		$1,700
105		$2,300

中的應收帳款），在對公司外部報導的財務報告中的應收帳款金額，取前三位數編碼 105 即可；若想知道「應收帳款－關係人」的金額，則取會計項目代碼 1051 即可得（若想知道「應收帳款－非關係人」的金額，則取會計項目代碼 1052 即可）；若想了解哪一位客戶的應收帳款的餘額，則取應收帳款六位數字的代碼（例如：105101 代表「應收帳款－甲客戶」）。在今天 e 化的時代，透過電腦的輔助，資料處理成本大大的降低，企業可得到更詳細的資料協助分析與控制。

大功告成

建民王企業成立於 ×1 年 5 月 1 日。5 月 31 日資產負債表上顯示有現金 $260,000、應收帳款 $50,000、辦公用品 $9,500、辦公設備 $200,000、應付票據 $81,000、應付帳款 $88,000、股本 $350,500 與保留盈餘 $0。6 月份發生下列交易事項。

1. 6/1　賺得服務收入 $188,000，其中 $75,000 收現，剩餘部分於 7 月份到期收帳。
2. 6/1　付現償還應付帳款 $53,000。
3. 6/8　以 $25,000 購入辦公設備，其中 $9,000 付現，剩餘部分為應付帳款。
4. 6/15　支付員工薪資 $33,000、辦公室租金 $42,000，以及刊登廣告費用 $3,000。
5. 6/16　應收帳款收現 $29,000。
6. 6/25　向中國信託銀行借款，公司收到現金 $35,000，並開立一張支票給銀行（屬於公司之應付票據）。
7. 6/28　以現金支付本月之電話費用為 $4,500 及水電費用 $3,000。

建民王企業的會計項目表及各會計項目在分類帳中記錄之頁碼如下：

會計項目代碼	會計項目	頁碼	會計項目代碼	會計項目	頁碼
資產			負債		
101	現金	1	201	應付票據	70
105	應收帳款	10	202	應付帳款	80
120	辦公用品	20	權益		
155	辦公設備	50	301	股本	100
			305	保留盈餘	101
收入及費用					
401	服務收入	150			
501	薪資費用	180			

502	水電費用	190		
503	租金費用	200		
506	廣告費用	210		
509	電話費用	220		

此外,日記簿頁碼均假設為 J1。

試作:

(1) 請記錄建民王企業 6 月份的日記簿分錄。
(2) 將日記簿分錄過帳至分類帳(交叉索引需填妥)。
(3) 編製 6 月底的試算表。
(4) 編製 6/1 至 6/30 之綜合損益表及權益變動表及 6 月底之資產負債表。

解析

(1)

日記簿　　　　　　　　　　　　　　　　　　　J1

日期	會計項目及摘要	索引	借方	貸方
6/1	現金	1	75,000	
	應收帳款	10	113,000	
	服務收入	150		188,000
	賺得服務收入,其中部分收取現金,部分於未來收現			
6/1	應付帳款	80	53,000	
	現金	1		53,000
	記錄償還應付帳款			
6/8	辦公設備	50	25,000	
	現金	1		9,000
	應付帳款	80		16,000
	記錄購置辦公設備,其中部分付現,部分於未來付現			
6/15	薪資費用	180	33,000	
	租金費用	200	42,000	
	廣告費用	210	3,000	
	現金	1		78,000
	記錄支付員工薪資、租金支出及廣告支出			
6/16	現金	1	29,000	
	應收帳款	10		29,000
	記錄應收帳款收現			

6/25	現金	1	35,000	
	應付票據	70		35,000
	記錄向銀行借款並開立票據			
6/28	電話費用	220	4,500	
	水電費用	190	3,000	
	現金	1		7,500
	記錄現金支付本月電話費用及水電費用			

(2)

現金　　　　　　　　　　　　　　　　　　　　　　　　　　　1

日期	摘要	索引	借方	貸方	餘額
5/31		J1			260,000
6/1		J1	75,000		335,000
6/1		J1		53,000	282,000
6/8		J1		9,000	273,000
6/15		J1		78,000	195,000
6/16		J1	29,000		224,000
6/25		J1	35,000		259,000
6/28		J1		7,500	251,500

應收帳款　　　　　　　　　　　　　　　　　　　　　　　　　10

日期	摘要	索引	借方	貸方	餘額
5/31		J1			50,000
6/1		J1	113,000		163,000
6/16		J1		29,000	134,000

辦公用品　　　　　　　　　　　　　　　　　　　　　　　　　20

日期	摘要	索引	借方	貸方	餘額
5/31		J1			9,500

辦公設備　　　　　　　　　　　　　　　　　　　　　　　　　50

日期	摘要	索引	借方	貸方	餘額
5/31		J1			200,000
6/8		J1	25,000		225,000

應付票據　　　　　　　　　　　　　　　　　　　　　　　　　70

日期	摘要	索引	借方	貸方	餘額
5/31		J1			81,000
6/25		J1		35,000	116,000

應付帳款　　　　　　　　　　　　　　　　　80

日期	摘要	索引	借方	貸方	餘額
5/31		J1			88,000
6/1		J1	53,000		35,000
6/8		J1		16,000	51,000

股本　　　　　　　　　　　　　　　　　100

日期	摘要	索引	借方	貸方	餘額
5/31		J1			350,500

服務收入　　　　　　　　　　　　　　　　　150

日期	摘要	索引	借方	貸方	餘額
6/1		J1		188,000	188,000

薪資費用　　　　　　　　　　　　　　　　　180

日期	摘要	索引	借方	貸方	餘額
6/15		J1	33,000		33,000

水電費用　　　　　　　　　　　　　　　　　190

日期	摘要	索引	借方	貸方	餘額
6/28		J1	3,000		3,000

租金費用　　　　　　　　　　　　　　　　　200

日期	摘要	索引	借方	貸方	餘額
6/15		J1	42,000		42,000

廣告費用　　　　　　　　　　　　　　　　　210

日期	摘要	索引	借方	貸方	餘額
6/15		J1	3,000		3,000

電話費用　　　　　　　　　　　　　　　　　220

日期	摘要	索引	借方	貸方	餘額
6/28		J1	4,500		4,500

(3)

		建民王企業 試算表 ×1年6月30日	
		借方	貸方
101	現金	$251,500	
105	應收帳款	134,000	
120	辦公用品	9,500	
155	辦公設備	225,000	
201	應付票據		$116,000
202	應付帳款		51,000
301	股本		350,500
305	保留盈餘		0
401	服務收入		188,000
501	薪資費用	33,000	
502	水電費用	3,000	
503	租金費用	42,000	
506	廣告費用	3,000	
509	電話費用	4,500	
	餘額	$705,500	$705,500

(4)

建民王企業 綜合損益表 ×1年6月1日至6月30日		
服務收入		$188,000
減：薪資費用	$33,000	
水電費用	3,000	
租金費用	42,000	
廣告費用	3,000	
電話費用	4,500	
費用總額		(85,500)
本期淨利		$102,500
其他綜合損益		0
綜合損益總額		$102,500

建民王企業
權益變動表
×1年6月1日至6月30日

	股本	保留盈餘	權益合計
期初權益	$350,500	$ 0	$350,500
加：本期淨利	-	102,500	102,500
期末權益	$350,500	$102,500	$453,000

建民王企業
資產負債表
×1年6月30日

現金	$251,500	應付票據	$116,000
應收帳款	134,000	應付帳款	51,000
辦公用品	9,500	股本	350,500
辦公設備	225,000	保留盈餘	102,500
資產總額	$620,000	負債及權益總額	$620,000

摘要

本章首先介紹會計項目，會計項目俗稱「會計科目」有時又稱「科目」或「帳戶」，在會計學上稱帳戶的左方為借方，右方為貸方（「左借右貸」）。前一章的會計恆等式也可以改為以帳戶形式記錄：資產與費用增加時記錄在帳戶的借方，減少時記錄於貸方；負債、權益與收入增加時記錄在帳戶的貸方，減少時記錄於借方。

會計處理的第一步驟為編製會計分錄，按交易發生之順序，於日記簿上記錄日期、借方項目與金額、貸方項目與金額以及交易的解釋，索引欄則在過帳時再記錄即可。會計記錄的第二個步驟則是過帳：將日記簿借貸兩方之金額分別過帳至相關分類帳的借方與貸方，並應在日記簿索引欄記錄該分錄過至哪些帳戶（項目在分類帳上的頁碼），且在分類帳索引欄記錄該筆金額是由日記簿第幾頁過帳的結果。

所有日記簿分錄過帳至分類帳後，即可編製試算表。編製試算表時將所有借方餘額之分類帳金額寫在試算表借方，貸方餘額之分類帳金額寫在試算表貸方，並確認借方總額等於貸方總額。如此編製的試算表與第3章的試算表一模一樣，後續編製主要財務報表之程序也完

全一樣。

本章並說明會計項目編碼的原則，大致上係以資產、負債、權益、收益與費損的順序編號，例如資產1××××、負債2××××、權益3××××、收益4×××× 與費損5××××，企業需要幾個位數編碼端視其業務之複雜度而定。

本章習題

問答題

1. 什麼是會計項目（帳戶）的正常餘額？在借方還是在貸方？
2. 請說明日記簿中會計分錄有哪些重要內容需要記錄清楚？
3. 請說明何謂過帳？及過帳的程序為何？
4. 何以日記簿與分類帳需留有索引欄？
5. 會計項目編碼的原則通常為何？

選擇題

1. 大能公司期末資產 $650,000，期末負債 $380,000，本期收入 $213,000，費用 $153,000，則期初權益為何？
   (A) $270,000　　　　　　　(B) $330,000
   (C) $398,000　　　　　　　(D) $210,000

2. 會計的借貸法則，下列何者正確？
   (A) 負債增加記入貸方　　　(B) 資產增加記入貸方
   (C) 收入增加記入借方　　　(D) 費用增加記入貸方

3. 下列何帳戶正常餘額在貸方？
   (A) 資產類帳戶　　　　　　(B) 電腦設備類帳戶
   (C) 負債類帳戶　　　　　　(D) 費用類帳戶

4. 貸方可用來記錄哪一類的會計項目之變動？
   (A) 權益之減少　　　　　　(B) 資產之增加
   (C) 負債之減少　　　　　　(D) 收入之增加

5. 企業支付已到期之應付帳款時，以下敘述何者正確？
   (A) 負債借方增加，資產貸方增加
   (B) 負債借方增加，資產借方增加
   (C) 負債借方增加，權益貸方增加
   (D) 負債借方增加，權益借方增加

6. 將日記簿的會計資訊轉載至分類帳的程序稱為什麼？
   (A) 編製財務報表　　　(B) 過帳
   (C) 借貸法則　　　　　(D) 編試算表

7. 分類帳的主要功用為何？
   (A) 表示各項收入的來源
   (B) 表示各項費用的去路
   (C) 明瞭各項目的內容
   (D) 明瞭各交易的整體情形

8. 協助公司組織及編排分類帳中所有會計帳戶之系統稱為什麼？
   (A) 會計項目表　　　　(B) 總分類帳
   (C) 日記簿　　　　　　(D) 試算表

9. 下列何者不是企業的正式財務報表？
   (A) 現金流量表　　　　(B) 資產負債表
   (C) 權益變動表　　　　(D) 試算表

10. 以下有關試算表的敘述，哪一項是錯誤的？
    (A) 試算表借方餘額的加總等於貸方餘額的加總時，就表示會計記錄的過程是正確的
    (B) 試算表借方餘額的加總必須等於貸方餘額的加總
    (C) 同一筆日記簿分錄被過帳兩次，會造成錯誤的試算表餘額
    (D) 試算表的主要目的是協助編製財務報表

11. 下列敘述何者正確？
    (A) 試算表的借方總額等於貸方總額，代表會計記錄正確
    (B) 試算表的借方總額等於貸方總額，不一定代表會計記錄正確
    (C) 試算表的借方總額不等於貸方總額，不代表代表會計記錄有誤
    (D) 以上皆非

練習題

1.【會計項目的五大類別與正常餘額】 針對下列 (1) 至 (10) 之會計帳戶，請依照下列 (一) 及 (二) 兩項說明作答：

(一) 請於第一欄指明各帳戶所屬之分類，並以下述縮寫代號表示：

　　　　資產 – A　　　負債 – L　　　權益 – E
　　　　收入 – R　　　費用 – E

(二) 請於第二欄指明各帳戶正常之餘額屬於借方或貸方，並以 Dr. 代表借方，而以 Cr. 代表貸方。

		帳戶分類	正常餘額
(1)	辦公用品		
(2)	應付票據		
(3)	服務收入		
(4)	股本		
(5)	應付帳款		
(6)	薪資費用		
(7)	設備		
(8)	應收帳款		
(9)	預付保險費		
(10)	應收票據		

2.【借貸法則】 請依複式簿記，將下列敘述以借方或貸方來表示其帳戶之增加或減少。

	敘述	借方或貸方
(1)	薪資費用之增加	
(2)	應付帳款之減少	
(3)	本期股本之增加	
(4)	預付保險費之增加	
(5)	辦公用品之減少	
(6)	電腦設備之增加	
(7)	服務收入之增加	
(8)	應收帳款之減少	
(9)	租金費用之增加	
(10)	儲藏設備之減少	

3.【借貸法則】將下述交易表示於下表之中，並以「借」代表借記，以「貸」代表貸記，以反映資產項目、負債項目以及權益項目之增減。某些情況可能同時出現「借」與「貸」於同一項目中。

交易事項：

(1)	股東投資現金於企業中。	(6)	向銀行借款。
(2)	預付 6 個月之保險金。	(7)	支付現金償還應付之帳款。
(3)	支付秘書薪資。	(8)	收到來自客戶到期帳款之現金。
(4)	賒帳購入辦公用品。	(9)	已完成服務，客戶賒帳。
(5)	支付電費。	(10)	已完成服務，客戶支付現金。

交易事項

	(1)	(2)	(3)	(4)	(5)	(6)	(7)	(8)	(9)	(10)
資產	借									
負債										
權益	貸									
收入										
費用										

4.【會計分錄】請對下列交易事項作會計分錄。

11/1　投入現金 $390,000 成立管理顧問企業。
11/6　購買辦公用品，共支付 $67,200。
11/18　提供客戶服務，並自客戶收取現金 $63,750。
11/29　支付員工薪資 $18,000。

5.【從日記簿至 T 字帳】將第 4 題中之會計分錄過帳至 T 字帳。

6.【會計分錄】以下為九龍房地產經紀公司之 8 月份相關交易資訊：

8/1　投入現金 $1,000,000 成立九龍房地產經紀公司。
8/2　僱用二位業務員及二位總務人員。
8/5　賒帳購入辦公設備 $250,000。
8/8　成功仲介出售房屋一棟，客戶應該支付的經紀費為 $54,600（賒帳）。
8/15　支付現金 $100,000，償付部分 8 月 5 日購入辦公設備之應付帳款。
8/27　因幫某位股東仲介房屋出租，自該股東收到現金 $11,000。
8/31　支付 8 月份之薪資 $64,000 給行政助理。

請對每一交易事項作會計分錄。

借貸法則、分錄與過帳　chapter 04

7. 【從日記簿至 T 字帳】將第 6 題中之會計分錄過帳至 T 字帳。

8. 【利用分類帳資訊寫出原先日記簿的會計分錄】下列 T 字帳為九龍房地產經紀公司於第一個月（×1 年 7 月）營運之分類帳彙總（省略日記簿之索引欄記錄）：

現金					應付帳款		
7/1	220,000	7/18	9,900	7/22	9,300	7/5	15,500
7/7	6,000	7/22	9,300				
7/29	16,800	7/31	12,000		應付票據		
7/31	5,500					7/31	5,500

應收帳款					股本		
7/14	32,000	7/29	16,800			7/1	220,000

辦公用品					服務收入		
7/5	15,500					7/7	6,000
						7/14	32,000

預付保險費					薪資費用		
7/31	12,000			7/18	9,900		

試利用分類帳資訊完整地表達出日記簿上的原始分錄。（**提示**：一般企業至銀行借錢，必須開立一張票據，證明企業欠銀行多少錢，將來如何償還。此時企業現金增加，同時負債增加，此類負債稱為「應付票據」。）

9. 【以分類帳餘額編製試算表】承第 8 題，編製 ×1 年 7 月之試算表。

10. 【編製財務報表】利用第 9 題之試算表編製九龍房地產經紀公司 ×1 年 7 月份的三個主要財務報表（現金流量表除外）。

應用問題

1. 【記錄日記簿分錄；延續第 3 章會計達人第 1 題】林靚云自台大醫學院畢業後自行開業，而於 ×1 年 3 月 1 日成立美容醫療事業。以下為 3 月份林靚云美容醫療事業已完成的交易事項：
   1. 3/1　投資 $105,000，並將 $105,000 存入為此美容醫療中心新開立的銀行帳戶中。
   2. 3/3　花費 $75,000 購置美容醫療設備，其中 $15,000 支付現金，剩餘 $60,000 未來再支付。

3. 3/5　花費 $13,500 購置美容醫療用品。
4. 3/8　提供病患美容醫療服務，讓其賒帳 $54,000。
5. 3/20　提供病患美容醫療服務而收到現金 $13,000（並非先前所開立帳單之部分）。
6. 3/25　因先前對病患服務開立帳單，而收到現金 $9,000。

試作：請記錄林靚云美容醫療事業 3 月份的日記簿分錄。

2. 【記錄日記簿分錄、過帳至分類帳及編製試算表；延續第 3 章會計達人第 2 題】丹丹開設了一家寵物美容公司，他將此店命名為丹丹寵物美容公司。經過了 1 個月的營業已完成下列交易事項：

1. 丹丹自個人儲蓄中領取 $13,000，並投入於丹丹寵物美容公司成立的帳戶之中。
2. 花費 $4,500 購買美容設備，其中 $1,000 付現，另外 $3,500 賒帳。
3. 支付本月店租 $1,100。
4. 因提供寵物美容服務而收現 $1,300。
5. 提供寵物美容服務，客戶賒帳 $2,000 而對客戶發出帳單。
6. 購買美容用具而付現 $600。
7. 支付本月水電費用 $750。
8. 收到先前客戶賒帳部分 $1,000。
9. 支付 $3,500 之美容設備賒帳。
10. 支付 $500 之薪資費用。

丹丹寵物美容公司的會計項目表如下（括號內數字為分類帳之頁碼）：

資產			負債		
101	(1)	現金	201	(25)	應付帳款
105	(10)	應收帳款			
120	(12)	美容用具	權益		
150	(15)	美容設備	310	(51)	股本
			320	(55)	保留盈餘
收入及費用					
501	(81)	薪資費用	401	(61)	美容服務收入
502	(82)	水電費用			
503	(83)	租金費用			

試作：

(1) 請記錄丹丹寵物美容公司這個月份的日記簿分錄。
(2) 將日記簿分錄過帳至分類帳。
(3) 編製月底的試算表。

3. 【記錄日記簿分錄、過帳至分類帳及編製試算表；延續第 3 章會計達人第 3 題】金鋒創業成立一新企業，並於 ×1 年 8 月完成下列交易事項：

　　1. 8/1　　金鋒自個人儲蓄中領取 $715,000，並投入於金鋒電子企業的帳戶之中。
　　2. 8/2　　租用辦公室並支付 8 月份之租金 $13,000。
　　3. 8/4　　花費 $195,000 購買電子設備，其中 $72,000 付現而剩餘金額則承諾於 5 個月後付清。
　　4. 8/5　　完成電子工程並立即收現 $18,000。
　　5. 8/7　　花費 $12,500 現金購買辦公用品。
　　6. 8/8　　賒帳 $50,300 購買辦公設備。
　　7. 8/15　　完成電子工程且客戶賒帳 $90,000。
　　8. 8/18　　完成電子工程並對客戶開立 30 天期之帳單 $14,400。
　　9. 8/20　　以現金付清 8/8 賒帳購買之辦公設備。
　　10. 8/24　　賒帳 $4,500 購買辦公用品。
　　11. 8/28　　收到 8/15 之帳款 $51,000。
　　12. 8/29　　現金支付本月助理薪資 $19,000。
　　13. 8/31　　現金支付本月水電費用 $6,600。

金鋒電子企業的會計項目表如下（括號內數字為分類帳之頁碼）：

資產			負債		
101	(1)	現金	201	(25)	應付帳款
105	(10)	應收帳款			
120	(12)	辦公用品	權益		
150	(15)	電子設備	310	(51)	股本
155	(18)	辦公設備	320	(55)	保留盈餘
收入及費用					
501	(81)	薪資費用	401	(61)	電子工程收入
502	(82)	水電費用			
503	(83)	租金費用			

試作：

(1) 請記錄金鋒電子企業 8 月份的日記簿分錄。
(2) 將日記簿分錄過帳至分類帳。
(3) 編製 8 月底的試算表。

4. 【記錄日記簿分錄、過帳至分類帳、編製試算表及編製財務報表；延續第 3 章會計達人第 4 題】茂貴成立一工程企業於 10 月份開業，並於 10 月份完成下列交易：

1. 10/1　　茂貴投資 $208,000 現金於此工程企業。
2. 10/2　　租一辦公室並繳納現金 $2,300 之租金。
3. 10/4　　花費 $1,200 現金購買辦公用品。
4. 10/6　　花費 $30,000 購買工程設備，其中 $5,000 付現而剩餘金額則承諾於 6 個月後付清。
5. 10/10　 完成工程並立即收現 $178,000。
6. 10/10　 賒帳 $6,400 購買辦公設備。
7. 10/15　 完成工程並被客戶賒帳 $19,800。
8. 10/20　 以現金付清 10/10 賒帳購買之辦公設備。
9. 10/23　 賒帳 $6,200 購買辦公用品。
10. 10/25　完成工程並對客戶開立 30 天期之帳單 $14,500。
11. 10/29　收到 10/15 之帳款 $19,800。
12. 10/31　現金支付本月份助理薪資 $9,500。
13. 10/31　現金支付本月份水電費用 $1,200。

茂貴工程企業的會計項目表如下（括號內數字為分類帳之頁碼）：

資產			負債		
101	(1)	現金	201	(25)	應付帳款
105	(10)	應收帳款			
120	(12)	辦公用品	權益		
150	(15)	工程設備	305	(51)	股本
155	(18)	辦公設備	310	(55)	保留盈餘
收入及費用					
501	(81)	薪資費用	401	(61)	工程收入
502	(82)	水電費用			
503	(83)	租金費用			

試作：

(1) 請記錄茂貴工程企業 10 月份的日記簿分錄。
(2) 將日記簿分錄過帳至分類帳。
(3) 編製 10 月底的試算表。
(4) 編製 10 月份之損益表及權益變動表及 10 月底之資產負債表。

5. 【記錄日記簿分錄、過帳至分類帳、編製試算表及編製財務報表】淑君企業成立於 ×1 年 3 月 1 日，3 月 31 日資產負債表上顯示有現金 $300,000，應收帳款 $75,000，辦公用品 $12,000，辦公設備 $350,000，應付票據 $100,000，應付帳款 $85,000，股本 $552,000。4 月份發生下列交易事項。

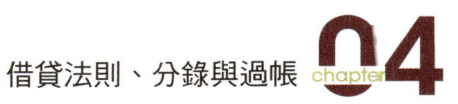

1. 4/1　賺得服務收入 $200,000，其中 $75,000 收現，剩餘部分於 5 月份到期。
2. 4/1　付現償還應付帳款 $60,000。
3. 4/8　以 $60,000 購入辦公設備，其中 $30,000 付現，剩餘部分為應付帳款。
4. 4/15　支付員工薪資 $25,000，辦公室租金 $45,000，以及刊登廣告費用 $5,000。
5. 4/16　應收帳款收現 $20,000。
6. 4/25　向國泰世華銀行借款，公司收到現金 $100,000，並開立一張支票給銀行（屬於公司之應付票據）。
7. 4/28　以現金支付本月之電話費用為 $7,000 及水電費用 $4,000。

淑君企業的會計項目表及各會計項目在分類帳中記錄之頁碼如下：

會計項目代碼		頁碼	會計項目代碼		頁碼
	資產			負債	
101	現金	1	201	應付票據	70
105	應收帳款	10	202	應付帳款	80
120	辦公用品	20		權益	
155	辦公設備	50	302	股本	100
			305	保留盈餘	101
	收入及費用				
501	薪資費用	180	401	服務收入	150
502	水電費用	190			
503	租金費用	200			
506	廣告費用	210			
509	電話費用	220			

此外，日記簿頁碼均假設為 J1。

試作：

(1) 請記錄淑君企業 4 月份的日記簿分錄。
(2) 將日記簿分錄過帳至分類帳（交叉索引需填妥）。
(3) 編製 4 月底的試算表。
(4) 編製 4/1 至 4/30 之綜合損益表及權益變動表及 4 月底之資產負債表。

6. 【記錄日記簿分錄、過帳至分類帳、編製試算表及編製財務報表】張嘉圓於 ×1 年 11 月 1 日成立國民經紀企業。下列為 11 月份之交易事項。

11/1　張嘉圓投入現金 $225,000，設立國民經紀企業。
11/2　支付廣告費用 $2,200。
11/4　賒帳購入辦公用品 $15,000。
11/7　支付本月辦公室租金 $9,000。

11/10　向紐約銀行借款 $155,000，並開立票據給銀行。
11/16　提供經紀服務而收現 $18,000。
11/17　賒帳購入辦公設備 $80,000。
11/22　為客戶建民王提供經紀服務，客戶賒帳 $120,000。
11/25　支付 11/4 賒帳購入辦公用品之部分帳款 $9,000。
11/26　由客戶處收到現金 $54,000，是來自 11/22 提供服務之客戶賒帳。
11/29　支付本月份之水電費用 $5,000。
11/30　提供客戶服務而收現 $12,000。
11/30　支付員工薪資 $35,000。

國民經紀企業的會計項目表如下（括號內數字為分類帳之頁碼）：

資產			負債		
101	(1)	現金	201	(25)	應付票據
105	(10)	應收帳款	202	(27)	應付帳款
120	(12)	辦公用品			
150	(15)	辦公設備	權益		
			301	(51)	股本
			305	(55)	保留盈餘
收入及費用					
501	(81)	薪資費用	401	(61)	服務收入
502	(82)	水電費用			
503	(83)	租金費用			
506	(84)	廣告費用			

試作：

(1) 請記錄國民經紀企業 11 月份的日記簿分錄。
(2) 將日記簿分錄過帳至分類帳。
(3) 編製 11 月底的試算表。
(4) 編製 11 月份之綜合損益表及權益變動表及 11 月底之資產負債表。

7. 【記錄日記簿分錄、過帳至分類帳、編製試算表及編製財務報表】亞妮企業 ×1 年 3 月 1 日成立，3 月 31 日資產負債表上顯示有現金 $200,000，應收帳款 $55,000，辦公用品 $15,000，預付保險費 $10,000，辦公設備 $200,000，應付票據 $60,000，應付帳款 $68,000，股本 $352,000。4 月份發生下列交易事項。

1. 4/2　以 $90,000 購入辦公設備，其中 $20,000 付現，剩餘部分下個月支付。
2. 4/5　賺得服務收入 $234,000，其中 $100,000 收現，剩餘部分於 5 月份到期。
3. 4/12　應收帳款收現 $30,000。
4. 4/17　自台北銀行收到現金 $180,000，此為向銀行之借款，亞妮企業開立一張支票

給銀行。

5. 4/22 現金支付本月發生之水電費用為 $5,000。
6. 4/26 付現償還應付帳款 $61,000。
7. 4/30 支付助理薪資 $16,000，4月份辦公室租金 $14,000。

亞妮企業的會計項目表如下（括號內數字為分類帳之頁碼）：

		資產			負債
101	(1)	現金	201	(25)	應付票據
105	(10)	應收帳款	202	(27)	應付帳款
120	(12)	辦公用品			
130	(15)	預付保險費			權益
155	(18)	辦公設備	301	(51)	股本
			305	(55)	保留盈餘
		收入及費用			
501	(81)	薪資費用	401	(61)	服務收入
502	(82)	水電費用			
503	(83)	租金費用			

試作：

(1) 請記錄亞妮企業 4 月份的日記簿分錄。
(2) 將日記簿分錄過帳至分類帳。
(3) 編製 4 月底的試算表。
(4) 編製 4/1 至 4/30 之綜合損益表及權益變動表及 4 月底之資產負債表。

8. 【分錄、過帳及試算】大新公司 ×1 年 1 月 1 日各帳戶餘額如下：

現金	$18,000	應收帳款	$5,370	辦公用品	$600
預付租金	$660	土地	$24,000	建築物	$30,000
汽車	$0	應付帳款	$ 2,240	應付票據	$4,100
預收服務收入	$0	股本	$58,000	保留盈餘（貸餘）	$14,290
服務收入	$0	薪資費用	$0	水電費用	$0

×1 年全年之交易彙總如下：

1. 提供並完成服務，開出帳單 $18,200。
2. 現購辦公用品 $1,750。
3. 年初購入汽車一輛，成本 $25,000，付現 $5,000，餘開 3 個月期票支付。
4. 收回應收帳款 $4,000。
5. 支付應付帳款 $1,000。
6. 本期再預付租金 $2,080。
7. 提供並完成服務，收現 48,000。

8. 支付到期之應付票據 20,000。
9. 預收服務收入 $8,000。
10. 支付薪津 $5,000。
11. 支付水電費 $850。

試作：

(1) 分錄。
(2) 過入分類帳（以 T 字帳表示）。
(3) 編製試算表。

9.【試算表錯誤更正】下列不平衡公司之試算表除借貸方不對外，借方與貸方的總額亦不相等：

不平衡公司
試算表
×1 年 5 月 31 日

	借方	貸方
現金	$162,000	
應收票據	20,000	
應收帳款		$ 64,000
預付保險費	14,000	
辦公用品		47,000
設備	208,500	
應付帳款		90,000
應付不動產稅	5,000	
股本		331,000
保留盈餘		0
服務收入	188,000	
薪資費用	60,825	
廣告費用		20,225
不動產稅費用	7,000	
	$665,325	$552,225

從分類帳中可發現每一個會計帳戶的餘額皆為正常餘額。除此之外，你尚發現有下列錯誤：

1. 應收帳款及服務收入過帳時數字發生錯誤，應收帳款應為 $66,200，服務收入應為 $177,500。
2. 借方薪資費用 $10,000 之分錄忘記過帳。
3. 賒帳購入 $12,000 價值之設備，其分錄被記為借記辦公用品 $12,000，貸記應收帳款 $12,000。

4. 現金支付廣告費用 $15,000，其分錄被記為借記廣告費用 $1,500，貸記現金 $1,500。
5. 支付水電費用 $10,500 之分錄被記錄為借記股本 $10,500，貸記現金 $10,500。
6. 自原賒銷之客戶處收現 $11,000，其分錄被記為借記現金 $11,000，貸記應付帳款 $11,000。
7. 除前述錯誤外，尚發現預付保險費高估 $3,000，應付帳款低估 $33,300 及不動產稅費用低估 $24,050。

試作：編製正確之試算表。

會計達人

1. 【選擇題】
   (1) 根據蘋果公司下列交易資料，該公司「現金」的餘額應為：
      a. 股東以現金 $1,000 投資蘋果公司。
      b. 股東以私人存款購買電腦設備。
      c. 公司賒購辦公用品 $300。
      d. 公司支付薪資費用 $200。
      e. 公司提供客戶服務，客戶賒帳 $2,000。
      (A) $2,800　　　　　　　　　　(B) $2,500
      (C) $800　　　　　　　　　　　(D) $500

   (2) 公司支付員工薪資，對會計帳上的影響為：
      (A) 貸記權益和借記負債
      (B) 借記淨利和貸記資產
      (C) 貸記資產和借記權益
      (D) 借記資產和貸記權益

   (3) 下列敘述何者正確：
      (A) 貸記會減少資產及增加負債
      (B) 借記會增加資產及增加負債
      (C) 貸記會減少資產及減少負債
      (D) 借記會減少負債及減少資產

2. 【借貸法則】根據下列表格中的交易資料判斷表中的會計項目應該是記錄在借方還是貸方，並判斷在正常的情況下，此會計項目的餘額應該是在借方還是貸方。

會計項目	記在借方／貸方	會計項目餘額（借方／貸方）
例：(1) 應收帳款增加	借方	借方
(2) 薪資費用增加		
(3) 預付保險費減少		
(4) 股本增加		
(5) 辦公用品減少		
(6) 應收帳款減少		
(7) 應付帳款減少		
(8) 應收票據減少		
(9) 水電費用增加		
(10) 廠房及設備減少		

3. 【利用會計分錄寫出可能的會計交易】根據下面的分錄，寫下可能發生的交易。

日期	會計項目	借方	貸方
3/1	現金	12,000	
	股本		12,000
3/5	應付帳款	5,000	
	現金		5,000
3/8	辦公用品	1,600	
	現金		1,600
3/20	應收帳款	3,400	
	現金	2,600	
	服務收入		6,000
3/31	機器設備	5,800	
	現金		2,300
	應付票據		3,500

4. 【編製試算表】以下的會計項目餘額皆為正常餘額，請將下列的資料適當地加以排序，編製 ×1 年 12 月 31 日的試算表。

股本	$45,000	土地	$85,000	保留盈餘	$0
機器設備	$18,000	建築物	$35,000	薪資費用	$3,600
應收帳款	$5,000	應付帳款	$22,000	應付票據	$58,000

租金費用	$1,800	銷售收入	$50,000	水電費用	$4,500
辦公用品	$2,800	現金	?	廣告費用	$1,600

5. **【分錄、過帳及試算】** 大仁公司 ×1 年 1 月 1 日各帳戶餘額如下：

現金	$28,900	應收帳款	$ 4,650	辦公用品	$1,000
預付租金	$1,260	土地	$20,000	建築物	$30,000
辦公設備	$0	應付帳款	$12,340	應付票據	$13,100
預收服務收入	$0	股本	$45,000	保留盈餘（貸餘）	$15,370
服務收入	$0	薪資費用	$0	電話費用	$0

×1 年全年之交易彙總如下：

1. 收回應收帳款 $3,200。
2. 提供並完成服務，開出帳單 $14,000。
3. 賒購辦公用品 $1,800。
4. 年初購辦公設備成本 $20,000，付現 $8,000，餘開 1 個月期票支付。
5. 支付應付帳款 $8,100。
6. 本期再預付租金 $1,500。
7. 提供並完成服務，收現 $43,000。
8. 支付到期之應付票據 $15,000。
9. 預收 ×2 年服務費收入 $9,000。
10. 支付薪津 $10,000。
11. 支付電話費 $900。

試作：

(1) 分錄。
(2) 過入分類帳（以 T 字帳表示）。
(3) 編製試算表。

Chapter 05

調整分錄、結帳分錄與會計循環

objectives

研讀本章後,預期可以了解:

- 收入認列條件
- 調整分錄的類型與記錄方式
- 結帳分錄的目的與記錄方式
- 會計循環包含的步驟
- 如何利用工作底稿編製財務報表

在美國加州洛杉磯城的兩條主要高速公路第 10 號與第 405 號公路的交叉口附近，有一個舉世聞名的蓋堤中心（Getty Center）。這座新的博物館建築花費超過新台幣 500 億元，於 1997 年落成使用。蓋堤中心創辦人是美國石油大亨保羅‧蓋堤，主要收藏的藝術作品為畫作、照片與雕像等與視覺表現有關的藝術品。

　　蓋堤先生在一次演講中，一位大學生向他提了一個問題：「蓋堤先生，你的薪水是多少錢？」美國人提到薪水時，通常意思是年薪，當時的美國大學生畢業時年薪大約 2 萬美元。這位 1957 年美國《商業週刊》報導的世界首富保羅‧蓋堤想了一下，說：「2 萬美元。」聽眾發出一陣陣懷疑的噪音。停了一下，他又說：「每一小時。」

　　每一小時賺 2 萬美元，每年大約賺 1.5 億美元。要說明賺多少錢，很重要的是必須說清楚在多久期間內賺得的。我們討論的綜合損益表，其目的在於將公司在某一段期間經營的成果，很精簡地以必要的數字完整表現，其中的「淨利」數字就是公司賺了多少錢，所以在這個表的表頭必須說明，這是 3 個月還是 1 年賺得的。一般的寫法是在綜合損益表表頭寫下這個表涵蓋的期間，例如「109 年 1 月 1 日至 109 年 12 月 31 日」的年度綜合損益表，或如「110 年 1 月 1 日至 110 年 6 月 30 日」的半年度綜合損益表。

　　財務報表是分期報告的，通常是以 1 季、半年或 1 年為一個報告期間。區分報告期間後，收入或費用是屬於這一期間或下一期間對報表的準確性非常重要，因為不論是收入或費用，若歸屬於錯誤的期間，則公司報告的損益就不正確了。本章的重點在說明如何編製期末的「調整分錄」，其目的主要就是將本期的收入與費用記錄正確。

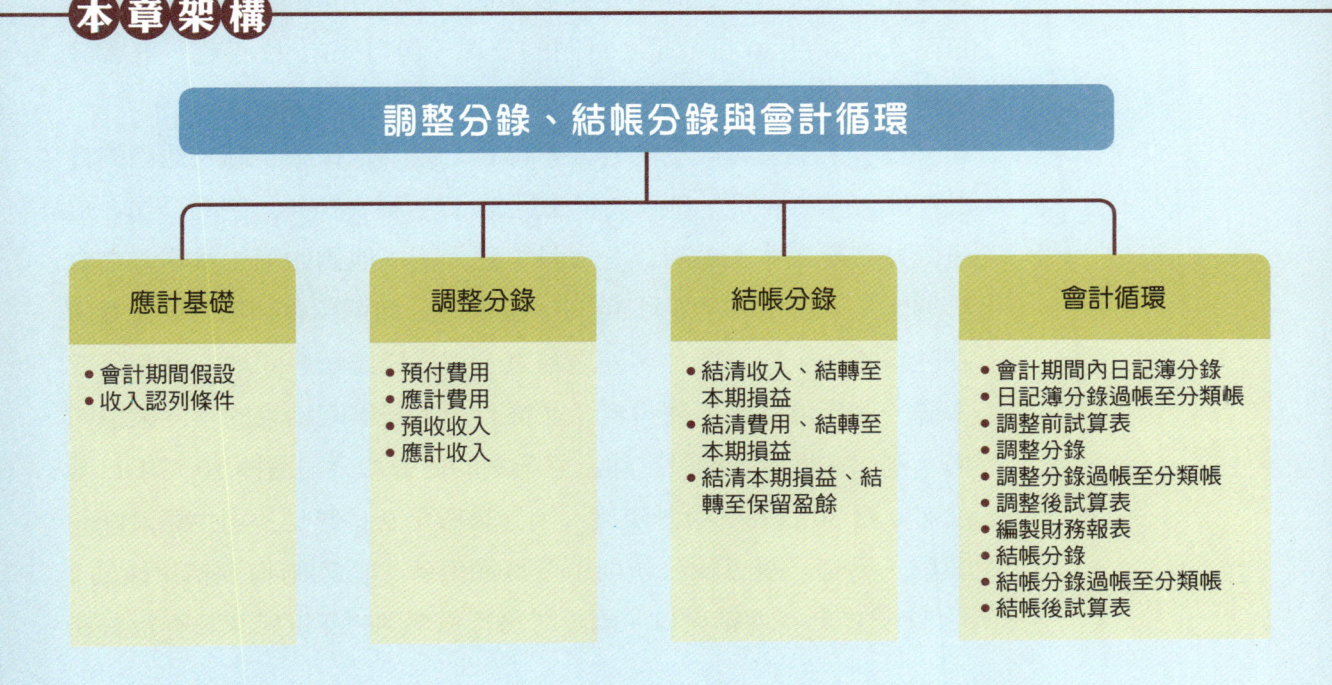

本章架構

調整分錄、結帳分錄與會計循環

應計基礎
- 會計期間假設
- 收入認列條件

調整分錄
- 預付費用
- 應計費用
- 預收收入
- 應計收入

結帳分錄
- 結清收入、結轉至本期損益
- 結清費用、結轉至本期損益
- 結清本期損益、結轉至保留盈餘

會計循環
- 會計期間內日記簿分錄
- 日記簿分錄過帳至分類帳
- 調整前試算表
- 調整分錄
- 調整分錄過帳至分類帳
- 調整後試算表
- 編製財務報表
- 結帳分錄
- 結帳分錄過帳至分類帳
- 結帳後試算表

5.1 會計期間假設與收入認列條件

> **學習目標 1**
> 了解國內外公司會計期間的選擇以及收入認列條件

依據會計期間假設，公司要定期報告經營績效，但許多交易影響公司經營績效超過一個會計期間。例如，**中華航空**公司於民國 105 年 10 月起引進 AIRBUS A350-900 XWB 型新機，這架飛機將為中華航空服務乘客至少 20 年以上。這架飛機相關的購買成本、營運成本與營運收入必須合理的認列在每一個會計期間，才能使定期的財務報表有意義，這就牽涉到收入認列條件。本節將依次討論會計期間的選擇，以及收入認列條件的意義。

5.1.1 會計期間之選擇

會計期間通常為 1 個月、1 季或 1 年，會計期間小於 1 年的財務報表稱為期中財務報表，會計期間等於 1 年的財務報表稱為年度財務報表。台灣絕大部分的公司其會計年度是每年 1 月 1 日到 12 月 31 日，稱為曆年制。採曆年制的公司，其第 1 季季報係指 1 月 1 日至 3 月 31 日止的財務報表，半年報的報告期間則為 1 月 1 日至 6 月 30 日。因此半年報的損益表所報告的是上半年之損益；第 3 季季報以及年度財報則依此類推。在台灣證券交易所掛牌上市的公司中，**佳格食品**股份有限公司不是採曆年制，該公司的會計年度為 7 月 1 日至次年 6 月 30 日，是 7 月制的公司，但自民國 95 年起，其會計年度已改為曆年制。

日本人在台灣成立的分公司也有一些不是採曆年制，他們的會計年度大多為 4 月 1 日到次年 3 月 31 日，稱為採 4 月制的公司，這是因為傳統日本人的新年是 4 月 1 日。所以他們的第 1 季季報之會計期間是 4 月 1 日至 6 月 30 日。美國的公司選擇會計年度可能考慮在旺季過後，作為會計年度之結束，正好能比較悠閒地清點存貨或準備一些年度報表所需資料，並檢討一下旺季剛結束的年度業績如何。例如在世界各地設立迪士尼樂園的**迪士尼**公司選擇 10 月 1 日至次年 9 月 30 日為其會計年度，因為暑假至 9 月底是公司生意最好的旺季。另有一些百貨公司則以聖誕節與新年假期購物潮結束後的 1 月 31 日作為年度結束日。國際財務報導準則將年度結束日稱為財務

05 調整分錄、結帳分錄與會計循環

> **給我報報**
>
> **上市櫃公司須定期公告經營績效**
>
> 　　上市、上櫃公司必須要每季報告其經營績效，例如民國 109 年 4 月 28 日，**聯發科**（股票代號：2454）公告：該公司民國 109 年第 1 季營收 608 億元，較民國 108 年同期大幅成長 115%，第 1 季稅前淨利達 67.3 億元，稅後淨利 58 億元，每股稅後盈餘 3.64 元。相較於民國 108 年同期稅前淨利 40 億元，稅後淨利 34.2 億元，獲利增加約 70%。這些按季公告的資訊使股票投資人能更及時地掌握公司經營狀況，以決定是否購買或處置該公司股票。

報導期間結束日，因為 IFRS 允許企業選擇大約一個年度的期間為報導期間，例如以 52 個完整的週為財務報表之報導期間，這類企業的報表涵蓋期間即非一個年度，無法稱之為年度結束日，例如**蘋果**公司 2011 年會計期間涵蓋 52 週，但 2012 年則涵蓋 53 週。

5.1.2　收入認列條件

　　第 2 章中提及，在應計基礎下，企業應於交易發生時，而非僅於收到現金或支付現金時才作會計記錄。但是應計基礎僅告訴我們，收到現金或支付現金不是承認收入或費用的唯一標準，甚至有時企業收到現金或支付現金卻不應承認收入或費用，如預收貨款或預付租金。因此我們必須進一步了解**收入認列**（revenue recognition）的條件。像動畫設計公司這一類的服務業，什麼時候可以認列服務收入於帳上呢？以第二章與第三章動畫設計公司 1/20 的交易為例，動畫設計公司與其客戶之服務合約，已由雙方承諾各自應履行的義務，動畫設計公司可以辨認每一方對於將移轉的服務之權利，也可辨認付款條件，並且很有可能收取價款，也將帶來動畫設計公司未來的現金流量的改變。因此，一旦履約義務滿足時（而非收取價款時），動畫設計公司可以認列收入。動畫設計公司已在 1/20 滿足履約義務，而不再控制該項服務的產出（亦即：控制已移轉給客戶），因此這 $50,000 的對價必須認列為 1 月份的收入，而非收列現金的 2 月份。這種以合約（contract）為基礎的收入認列架

給我報報

　　由於交易種類與交易條件日益複雜，提供商品或勞務者（即賣方）何時可以認列收入，以及認列的金額為何，一直為美國財務準則理事會與國際財務報導準則理事會訂定準則時，相對棘手的問題。例如，3C家電業者收取 $33,000，除了提供3C產品給客戶外，附上三年的保固期。這個合約保固期比慣例上賣方用以保證產品品質的保固期一年為長，且價格較高，究竟這筆交易僅包括3C產品呢？或者包括3C產品以及額外期間的保固服務呢？亦即，賣方的履約義務為一項或二項呢？再如，賣方與客戶的合約中載明，當客戶購買量達一定水準後，可依較低的單價採購。在這個客戶合約中，交易價格不是固定，而是變動的。該如何認列金額呢？又如，電信業者與客戶簽訂合約，將手機與電信服務搭配銷售，又該如何認列收入？

　　雖然企業經常發生的交易比上述例子簡單，但上述交易已發生在不同的產業，儘管FASB為不同產業訂定詳細的規範，但有時造成類似交易的會計處理卻不同之窘境，儘管在IFRS準則中已有IAS 18（收入）與IAS 11（工程合約）加以規範，但仍無法涵蓋重要的交易層面。因此FASB與IASB決定合作，發起聯合研究計畫（joint project），IFRS 15（客戶合約之收入）乃是這個合作案的產出。我國金管會決議自2018年開始上市、上櫃及興櫃公司應適用之。

動動腦

(1) 全國電子出售一項家電用品給客戶，並附上標準保固期一年，作為保證產品品質之用，收取合約價款 $10,000，請問此依合約包括多少項履約義務？

(2) 全國電子出售一項家電用品給客戶，並包含保固期二年，收取合約價款為 $12,000（較保固期僅為一年時高），請問此一合約包括多少項履約義務？

解析

(1) 此一合約包括一項履約義務，因提供之保固期為一年，屬於保證型之保固，係與家電用品無法分離。

(2) 此一合約包括二項履約義務，因提供之保固，非屬保證型之保固，所多出一年之保固期，係另行提供保固勞務，可與家電用品分離。

（此一練習題的目的僅在凸顯IFRS 15的特色之一：辨認合約中的履約責任。若初學者無法領略，待全書讀完後當更易理解。）

構，以及以「控制的移轉」為認列要件的會計處理，乃是 IFRS 15 採取的方式，在第 6 章會再說明認列收入的五項步驟。

5.2 調整分錄

> **學習目標 2**
> 了解四類調整分錄並熟悉記錄方式

每個會計期間結束時，公司必須利用調整分錄，使所有收入在賺得的期間認列，而且使所有已發生的費用亦於當期認列，如此才能忠實報告每個會計期間的經營成果，以及期末的財務狀況。換句話說，經由編製**調整分錄**（adjusting entry）的程序，公司才能報告正確的綜合損益表、權益變動表與資產負債表。

公司日常的帳務利用日記簿記錄，並將其過帳至分類帳，日復一日，至會計期間終了時，利用各項目餘額即可產生試算表。但這個試算表仍然需要經過調整的程序，才能據以編製正確的財務報表。為何公司平常謹慎的帳務處理結果，試算表仍然不正確呢？通常由於下列四種狀況的發生，使試算表上的項目與餘額可能不夠及時或不夠完整，因此需要以調整分錄更正之。

> 通常在會計期間終了，因為下列四種狀況而須編製調整分錄：
> 1. 預付費用
> 2. 應計費用
> 3. 預收收入
> 4. 應計收入

1. **預付費用**（prepaid expenses）：公司預先支付房租或廣告費等均屬預付費用。預付費用為公司的資產，這些有價值的資產消耗掉的部分，就會轉變為公司的費用。這些費用通常在平時不詳細記錄，等到期末以調整的方式一次記錄清楚較為省事。這些費用是預先支付現金，所以稱為預付費用，其意義為預先支付現金所購買的資產，將來耗用掉時才會發生費用。由於已耗用一部分，但尚未記錄，因此需要於期末以調整分錄正確反映已發生之費用，同時反映所耗減的資產。

> 公司的費用可以預先付現金（預付費用），也可以在費用發生後才付現金（應計費用）。

2. **應計費用**（accrued expenses）：已經發生之費用，至會計期間終了仍然沒有支付。例如本月的員工薪資與電話費通常下個月才會支付，又如利息費用可能在會計期間終了時尚未支付。所以應計費用也需要藉由調整分錄，以正確反映應該認列之費用及負債。

3. **預收收入**（unearned revenue）：顧客或房客先支付現金給公司，

公司先收現金，未來再為顧客或房客提供服務或商品。在會計期間終了時，某些商品或服務可能已經提供，因此需要以調整分錄，反映應該認列的收入，同時反映所減少的「預收收入」。

> 公司可能在提供商品或勞務前先收現金（預收收入），也可能在提供後才收現金（應計收入）。

4. **應計收入**（accrued revenue）：某些服務已經提供，但尚未收到現金，也未記錄，因此，在會計期間終了時，應以調整分錄以正確反映已該認列之收入及所增加之資產。

平時之會計分錄、過帳、試算表與調整分錄

前一章說明如何以正式會計記錄，在會計期間結束時編製公司的試算表，然後再編製財務報表。但在每一次要編製財務報表時，企業必須做必要的調整分錄，使試算表的所有項目與金額都是正確的，公司才能編製正確的財務報表。以下的釋例說明公司在會計期間的帳務處理，同時並說明會計期間終了時，如何做調整分錄以獲得正確的財務報表。

假設威保電信公司提供寬頻上網的服務，該公司如果每1個月都必須提供財務報表，則每個月月底都要做調整分錄。該公司10月份的所有交易如下：

1. 10/1　威保電信公司正式成立，股東出資 $1,000,000 存入威保電信公司帳戶。

2. 10/1　開立威保電信公司的票據，向銀行借款 $1,000,000，借款期間1年，年利率12%，翌年9月30日償還利息與本金。

3. 10/1　由公司銀行帳戶提出現金 $1,200,000，購置所需之網路設備。

4. 10/1　承租內湖路168號為營業場所，租金1年 $120,000，每3個月付現金 $30,000，今天支付第一筆 $30,000。

5. 10/1　購買營業場所意外災害保險，保險期間1年（至明年9月30日），以現金繳交一年份之保險費 $12,000。

6. 10/1　威保電信公司承租的營業場所有多餘之空間，在10月1

日與 ABC 公司簽約將多餘空間分租出去，威保電信公司預收 10 月、11 月及 12 月等 3 個月房租收入 $6,000。

7. 10/2　與客戶簽約，由威保電信公司提供無限上網服務 3 個月，顧客立刻支付現金 $60,000。
8. 10/3　以現金購入辦公用品（紙筆等文具），金額 $30,000。
9. 10/6　與客戶簽約，由威保電信公司提供無限上網服務，客戶每月 5 日支付上 1 個月的上網費用。
10. 10/25　已提供客戶網路服務，收取現金 $200,000。
11. 10/31　以現金支付 10 月份臨時工薪資 $20,000 以及 10 月份的廣告費 $30,000。

將 10 月份事件記入日記簿：

日記簿　　　　　　　　　　　　　　　　　　J1

日期	會計項目及摘要	索引	借方	貸方
10/1	現金	101	1,000,000	
	股本	301		1,000,000
	威保電信公司之股東原始投資			
10/1	現金	101	1,000,000	
	應付票據	201		1,000,000
	向銀行貸借款項，並開立票據一紙給銀行，1 年到期。			
10/1	網路設備	150	1,200,000	
	現金	101		1,200,000
	以現金購入網路設備			
10/1	預付房租	115	30,000	
	現金	101		30,000
	預付 3 個月的房租			
10/1	預付保險費	117	12,000	
	現金	101		12,000
	預付 1 年的保險費			
10/1	現金	101	6,000	
	預收房租收入	223		6,000
	預收 ABC 公司 3 個月的房租			

10/2	現金	101	60,000	
	預收網路服務收入	221		60,000
	預收客戶 3 個月之上網服務費			
10/3	辦公用品	113	30,000	
	現金	101		30,000
	以現金購入辦公用品			
10/6	（無須分錄）			
10/25	現金	101	200,000	
	網路服務收入	401		200,000
	提供客戶網路服務並收取現金			
10/31	薪資費用	605	20,000	
	廣告費用	608	30,000	
	現金	101		50,000
	以現金支付薪資及廣告費用			

將 10 月份的日記簿分錄過帳至分類帳：

現金　　　　　　　　　　　　　101

日期	摘要	索引	借方	貸方	餘額
10/1		J1	1,000,000		1,000,000
10/1		J1	1,000,000		2,000,000
10/1		J1		1,200,000	800,000
10/1		J1		30,000	770,000
10/1		J1		12,000	758,000
10/1		J1	6,000		764,000
10/2		J1	60,000		824,000
10/3		J1		30,000	794,000
10/25		J1	200,000		994,000
10/31		J1		50,000	944,000

辦公用品　　　　　　　　　　　113

日期	摘要	索引	借方	貸方	餘額
10/3		J1	30,000		30,000

預付房租　　　　　　　　　　　115

日期	摘要	索引	借方	貸方	餘額
10/1		J1	30,000		30,000

預付保險費　　　　　　　　　　　　117

日期	摘要	索引	借方	貸方	餘額
10/1		J1	12,000		12,000

網路設備　　　　　　　　　　　　150

日期	摘要	索引	借方	貸方	餘額
10/1		J1	1,200,000		1,200,000

應付票據　　　　　　　　　　　　201

日期	摘要	索引	借方	貸方	餘額
10/1		J1		1,000,000	1,000,000

預收網路服務收入　　　　　　　　221

日期	摘要	索引	借方	貸方	餘額
10/2		J1		60,000	60,000

預收房租收入　　　　　　　　　　223

日期	摘要	索引	借方	貸方	餘額
10/1		J1		6,000	6,000

股本　　　　　　　　　　　　　　301

日期	摘要	索引	借方	貸方	餘額
10/1		J1		1,000,000	1,000,000

保留盈餘　　　　　　　　　　　　305

日期	摘要	索引	借方	貸方	餘額
10/1					0

網路服務收入　　　　　　　　　　401

日期	摘要	索引	借方	貸方	餘額
10/25		J1		200,000	200,000

薪資費用　　　　　　　　　　　　605

日期	摘要	索引	借方	貸方	餘額
10/31		J1	20,000		20,000

廣告費用　　　　　　　　　　　　608

日期	摘要	索引	借方	貸方	餘額
10/31		J1	30,000		30,000

編製威保電信公司××年10月31日的（調整前）試算表：

表 5-1　威保電信公司調整前試算表

威保電信公司
調整前試算表
××年10月31日

	借方	貸方
現金	$ 944,000	
辦公用品	30,000	
預付房租	30,000	
預付保險費	12,000	
網路設備	1,200,000	
應付票據		$1,000,000
預收網路服務收入		60,000
預收房租收入		6,000
股本		1,000,000
保留盈餘		0
網路服務收入		200,000
薪資費用	20,000	
廣告費用	30,000	
合計	$2,266,000	$2,266,000

表 5-1 的試算表彙總××年10月初至10月底，威保電信公司會計部門記錄該公司在10月份之交易情形。但是如前所述，有些交易或事項不必每日記錄，只要在會計期間終了，編製財務報表時，才利用調整分錄加以調整，使每一個項目餘額都是正確的期末餘額。以下分別討論常見的調整分錄類別。

5.2.1　第一類調整分錄：預付費用

辦公用品　威保電信公司10月3日購入辦公用品 $30,000。期末試算表上顯示公司擁有價值 $30,000 的辦公用品不正確，因為公司在此會計期間已經用掉一部分。若已使用的部分為 $10,000，則只剩下價值 $20,000 的辦公用品。

10/31 調整分錄分析：

◆ 原有辦公用品資產應減少 $10,000，使其餘額變為 $20,000，同時應認列辦公用品費用 $10,000 以反映所消耗的資產。

以 T 字帳記錄調整分錄如下：

辦公用品				辦公用品費用		
10/3	30,000	10/31 調整	10,000	10/31 調整	10,000	
10/31 餘額	20,000					

在日記簿記錄如下：

10/31	辦公用品費用	10,000	
	辦公用品		10,000
	記錄已經消耗掉的辦公用品		

由這個例子可以推論一般規則：這類的調整都是借記費用項目，貸記資產項目。由這個調整分錄也可以將 10 月份的費用正確認列為 $10,000，並且將 10 月底的辦公用品剩餘的價值正確記錄為 $20,000。

預付房租　威保電信公司 10 月 1 日支付現金，預付 3 個月租金 $30,000 租借辦公場所，當時的記錄顯示「預付房租」，代表使用房屋權利的資產價值為 $30,000。到了 10 月 31 日，公司使用房子的權利已經消耗了 1 個月，剩下 2 個月的使用價值只有 $20,000；而這個消耗掉的 1 個月之資產價值，應該認列為費用，因此房租費用增加 $10,000。

10/31 調整分錄分析：

◆ 原有預付房租資產減少 $10,000，使其餘額變為 $20,000。

◆ 「預付房租」之資產消耗部分應認列為費用，記錄為房租費用增加 $10,000。

以 T 字帳記錄調整分錄如下：

	預付房租			房租費用	
10/1	30,000	10/31 調整 10,000	10/31 調整	10,000	
10/31 餘額	20,000				

在日記簿記錄如下：

10/31	房租費用	10,000	
	預付房租		10,000
	記錄已經消耗掉的預付房租		

讀者可以比較這兩個例子的會計處理事實上一模一樣，只是會計項目不同。透過這兩個例子更可以理解這類的調整都是借記費用，貸記資產。

動動腦

民國 93 年 10 月許多報紙刊載廣播界名人余美人在台北東區租賃房屋，預付房租 2 年，總房租 240 萬元。如果余美人想要以我們的會計原則記帳，當她支付現金的時候，她的日記簿應該如何記錄？如果余美人 93 年 9 月 1 日付出現金 240 萬元，9 月至 12 月均未作會計記錄，則至年底應作何調整分錄，才能正確記錄當年度的房租費用以及預付房租？

解析

民國 93 年 9 月 1 日預付房租時，取得未來 2 年之房屋使用權利，一方面以增加「預付房租」代表資產（權利）之增加，另一方面以減少「現金」代表支付之資源。分錄如下：

93/9/1	預付房租	2,400,000	
	現金		2,400,000

到了年底，已使用房屋 4 個月，但一直未作任何記錄反映這些事實，因此應於 12 月 31 日作調整分錄，減少「預付租金」$400,000（即 $2,400,000÷24 個月×4 個月），而且認列「房租費用」$400,000 以反映所消耗的資產。

余美人之調整分錄：

預付房租			
9/1	2,400,000	12/31 調整	400,000
12/31 餘額	2,000,000		

房租費用	
12/31 調整	400,000

年底調整分錄：

93/12/31　房租費用　　　　400,000
　　　　　　預付房租　　　　　　　　400,000

預付保險費　威保電信公司於 10 月 1 日，支付現金 $12,000 購買 1 年的意外險，做調整分錄前的記錄為「預付保險費」$12,000。這個資產也與「預付房租」一樣，經過了 1 個月，消耗了 1 個月的價值為 $1,000。

10/31 調整分錄分析：

◆ 原有「預付保險費」之資產價值減少 $1,000（即 $12,000 ÷ 12 月），使其餘額變為 $11,000。

◆「預付保險費」資產消耗的部分應以「保險費用」反映，記錄保險費用增加 $1,000。

> 預付保險費是一個資產項目。

　　以 T 字帳記錄調整分錄如下：

10 月 31 日的調整分錄 T 字帳記錄如下：

預付保險費		保險費用	
10/1　12,000	10/31 調整　1,000	10/31 調整　1,000	
10/31 餘額　11,000			

在日記簿記錄如下：

10/31　保險費用　　　　　　1,000
　　　　　預付保險費　　　　　　　1,000
　　　記錄已經消耗掉的預付保險費

預付費用之調整：

**費用	
××	

	預付**
	××

　　由這個例子可以再次確認，預付費用的調整相當簡單，都是借記費用（如：保險費用），貸記資產（如：預付保險費）。

動動腦

好樂迪公司為了保障客戶安全與權益，顧客到好樂迪唱歌時，每人都有 1,000 萬元上限的意外險。當然好樂迪公司必須支付保險費用，而且通常保險費用必須預先支付。假設 10 月 1 日，好樂迪支付現金 $6,000,000 購買 1 年的意外險，若 1 年內有顧客在店內消費時發生意外，可獲得特定賠償。10 月 1 日支付保險費用時好樂迪之會計分錄為何？若 12 月底之前公司並未調整「預付保險費」，則 12 月 31 日之調整分錄為何？

解析

10 月 1 日與預付房租的情形一樣，好樂迪應記錄保險權利的增加（稱之為預付保險費）與現金之減少：

10/1	預付保險費	6,000,000	
	現金		6,000,000

在 12 月 31 日之調整分錄必須反映「預付保險費」這個資產消耗掉 3 個月的價值 ($6,000,000 ÷ 12) × 3 = $1,500,000，這個資產的消耗部分認列為費用：

12/31	保險費用	1,500,000	
	預付保險費		1,500,000

折舊 網路設備這個資產經過了 1 個月，消耗了 1 個月的價值。這個情形與前面三個預付費用的例子觀念類似，過了 1 個月，資產價值減少，費用增加。但是前三個例子中辦公用品消耗了多少價值很容易計算，只要請工作人員去盤點辦公用品剩下多少，就知道耗用掉多少。另外兩個預付房租與保險的權利期間是買賣雙方約定的，所以 1 個月價值多少，也是清清楚楚的。但是花了 $1,200,000 買入網路設備，可以用多久呢？如果你剛買電腦的時候，有人問你，這個電腦確定可以用幾年？恐怕很難回答。所以機器設備總共可以用幾年都必須**估計**，因此 1 個月消耗掉多少價值也是估計的金額。假設威保電信公司估計該網路設備可以使用 10 年（亦即 120 個月），用完後就沒有任何價值，那麼 1 個月估計消耗的價值應該是 $10,000（即 $1,200,000 ÷ 120 個月）。這狀況與價值 $12,000 的預付保險費

價值減少 $1,000 其實是一樣的，所以似乎只要借記費用，貸記資產就可以了。

10/31 折舊調整分錄**初步分析**：

◆ 原有網路設備資產價值減少 $10,000，使其餘額變為 $1,190,000。
◆ 網路設備資產消耗的部分乃是企業為了產生收入而發生之費用，記錄為**折舊費用**（Depreciation Expense）增加 $10,000。

　　所以根據初步分析，公司可能以 T 字帳記錄調整分錄如下：

10 月 31 日的調整分錄 T 字帳記錄如下：

網路設備				折舊費用	
10/1　1,200,000	10/31 調整	10,000	10/31 調整　10,000		
10/31 餘額　1,190,000					

在日記簿記錄如下：

10/31	折舊費用	10,000	
	網路設備		10,000
	記錄已經消耗掉的網路設備		

折舊費用之調整：

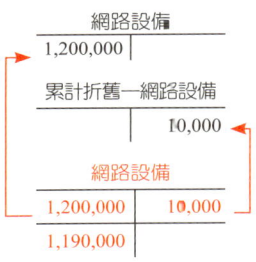

網路設備
1,200,000 |

累計折舊—網路設備
　　　　　| 10,000

網路設備
1,200,000 | 10,000
1,190,000

將網路設備已折舊的部分另立一個項目記錄的優點：
1. 保留網路設備原始成本資料。
2. 將網路設備減除累計折舊仍然可以知道網路設備的帳面金額。

　　公司隨著繼續經營，一定會增添許多設備，在此同時也一直提列折舊，時間久了，這個「網路設備」顯示出來的只是許多次添置設備的總成本減掉許多次提列折舊後的數字，到底公司總共花了多少原始成本與至今折舊了多少帳面金額，都無法得知。例如帳上設備顯示帳面金額 $60,000，但我們不知道這個資產是原購入成本 $1,000,000 扣掉已經折舊的部分 $940,000，或者是設備原始成本就是 $60,000，但尚未折舊。為了保留購入成本的資訊，上面這種作法必須修改一下：網路設備的價值減少，不要直接記錄在網路設備這個帳戶中，另外貸記**累計折舊**（Accumulated Depreciation）的項目，這樣原始成本資料就得以保存，而且機器消耗掉的價值也會在「累計折舊」中顯示出來。所以折舊之調整分錄應為：

```
        網路設備（原始成本）
10/1      1,200,000


     累計折舊－網路設備              折舊費用
                10/31   10,000   10/31   10,000
                調整              調整
```

這個 T 字帳記錄方法之下，網路設備真正的帳面金額為網路設備借方餘額 $1,200,000 減除累計折舊貸方餘額 $10,000，其**帳面金額**（carrying amount）為 $1,190,000。「累計折舊」將減少設備的帳面金額，所以「累計折舊－網路設備」被稱為「網路設備」之抵銷帳戶。

因此，應在日記簿記為：

10/31   折舊費用   10,000
            累計折舊－網路設備   10,000
         記錄已經消耗掉的網路設備

5.2.2 第二類調整分錄：應計費用

應計利息費用　威保電信公司 10/1 開立應付票據借入現金 $1,000,000，借款利率 12%，雙方約定明年 9 月 30 日才支付本金與利息共 $1,120,000〔即 $1,000,000 本金加利息 $120,000（= $1,000,000×12%×1 年）〕。利息的負擔對公司而言是借款的代價，這與租借辦公室需要支付代價是一樣的，支付辦公室的租金時，公司發生租金費用，借款則使公司發生利息費用。但利息的支付通常是定期支付，例如這個例子中在明年 9 月底才支付，所以今年 10 月 1 日至 10 月 31 日的 1 個月的利息費用 $10,000（即 $1,000,000×12%×$\frac{1}{12}$ 年）已經發生，可是 1 整年的利息費用 $120,000 支付的時點是明年 9 月 30 日。如果我們等到明年支付的時候再記錄費用（借記利息費用 $120,000，貸記現金 $120,000），則整個利息費用 $120,000 會出現在明年的綜合損益表中，而事實上 $120,000 的利息費用中有 $10,000 是屬於今年 10 月的費用。所以這

類調整分錄是對已經於本會計期間發生但於未來會計期間才須支付的費用，應在本會計期間認列之，稱之為**應計費用**。

10/31 調整分錄分析：

◆ 10/1 至 10/31 的 1 個月借款利息費用 $10,000，應於本會計期間認列。

◆ 這 $10,000 費用明年 9/30 必須支付現金，是公司未來應該付的義務（負債），稱之為**應付利息**（Interest Payable）。

10 月 31 日的調整分錄 T 字帳記錄如下：

應付利息		利息費用	
	10/31 調整　10,000	10/31 調整　10,000	

在日記簿的記錄如下：

10/31	利息費用	10,000	
	應付利息		10,000
	記錄已經發生且應支付的利息費用		

應計薪資　假設威保電信公司另有一管理網路的技術人員，他每個月 5 日領取上個月薪水（月薪 $60,000）。如果不在 10 月 31 日記錄 10 月發生的薪資費用 $60,000，則下個月（11 月份）的費用中會有 $60,000 薪資費用是屬於這個月（10 月份）的部分，那麼這個月與下個月的損益表就不正確了。

10/31 調整分錄分析：

◆ 10/1 至 10/31 的 1 個月薪資費用 $60,000，應於本會計期間認列。

◆ $60,000 薪資費用雖然在下個月支付，但就 10 月 31 日而言，是公司應該付的義務（負債），稱之為**應付薪資**（Salaries Payable）。

10 月 31 日的調整分錄 T 字帳記錄如下：

應付薪資		薪資費用	
	10/31 調整 60,000	10/31 調整 60,000	

在日記簿記錄如下：

應計費用之調整：

**費用
　××
　　應付**
　　　××

10/31	薪資費用	60,000	
	應付薪資		60,000
	記錄已經發生且應支付薪資費用		

由這兩個例子可以看出來，應計費用的調整相當簡單，都是借記費用（薪資費用、利息費用等），貸記負債（應付薪資、應付利息等）。

5.2.3　第三類調整分錄：預收收入

預收房租收入　第一類預付費用調整中，一家公司的預付費用就是另一家公司的預收收入。所以，某一公司的預付房租，就是另一家公司的預收房租收入。假設威保電信公司承租的營業場所有多餘的空間，在 10 月 1 日與 ABC 公司簽約將多餘空間分租出去，威保電信公司預收 3 個月房租 $6,000（對 ABC 公司而言是預付房租）。收現金當日威保電信公司借記現金，表示現金資產增加 $6,000，同時威保電信公司產生一項義務，應該於未來提供房屋供人使用，因此貸記負債 $6,000，此一負債稱之為**預收房租收入**（Unearned Rent）。到了 10 月 31 日，威保電信公司已經提供 1 個月的房屋給 ABC 使用，因此威保電信公司僅剩兩個月的義務，所以威保電信公司應該記錄該負債已經減少 $2,000（即 $6,000÷3），剩下 2 個月的負債價值 $4,000；另一方面，威保電信公司已經提供了 1 個月的住房服務，已經賺到 $2,000 的房租收入。

10/31 調整分錄分析：

◆ 原有「預收房租收入」負債減少 $2,000，使其餘額變為 $4,000，才能忠實記錄 10/31 剩餘的義務。

◆ 已經賺得 $2,000 房租收入,記錄為收入增加 $2,000。

以 T 字帳記錄調整分錄如下:

預收房租收入				房租收入			
10/31 調整	2,000	10/1	6,000			10/31 調整	2,000
		10/31 餘額	4,000				

在日記簿記錄如下:

10/31	預收房租收入	2,000	
	房租收入		2,000
	記錄已經賺得的房租收入		

預收網路服務收入　威保電信公司 10 月 2 日向客戶收取現金 $60,000,顧客可以無限上網 3 個月,記錄為預收網路服務收入。到了 10 月 31 日,公司已經提供 1 個月的網路服務,因此威保電信公司已經賺到 1 個月的網路服務收入 $20,000(即 $60,000÷3),僅剩提供 2 個月服務的義務。

10/31 調整分錄分析:

◆ 原有「預收網路服務收入」負債減少 $20,000,使其餘額變為 $40,000,才能反映威保電信公司只剩 2 個月義務。

◆ 已經賺得 1 個月份的收入 $20,000,記錄為網路服務收入增加 $20,000。

以 T 字帳記錄調整分錄如下:

預收網路服務收入				網路服務收入			
10/31 調整	20,000	10/2	60,000			10/25	200,000
						10/31 調整	20,000
		10/31 餘額	40,000			10/31 餘額	220,000

預收收入之調整：

```
      預收**收入
  ××  |
          **收入
              | ××
```

在日記簿記錄如下：

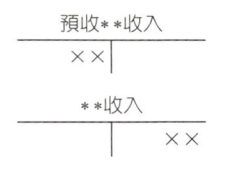

10/31	預收網路服務收入	20,000	
	網路服務收入		20,000
	記錄已經賺得的網路服務收入		

由這兩個例子可以看出來，預收收入的調整都是借記預收××收入，貸記××收入。

5.2.4　第四類調整分錄：應計收入

應計網路服務收入　威保電信公司 10 月 6 日另外也提供顧客先享受後付款的網路服務，每個月 5 日收取上個月的上網費用，假設至 10 月 31 日為止，該顧客 10 月之上網費用為 $30,000。那麼到了 10 月 31 日，公司已經提供價值 $30,000 的服務，如果不做調整分錄，則 11/5 收到現金時，會記錄為下個月的收入，那麼這個月努力提供網路服務所賺得的收入就會認列為下個月的收入。所以這個月必須做調整分錄。

◆ 記錄 10 月已經賺得 $30,000 網路服務收入。
◆ 這價值 $30,000 的服務在 11 月 5 日才能拿到現金，但威保電信公司已經提供了服務，所以已經有權利收取 $30,000，只是雙方事先約定下個月收錢，為了記錄這個未來收錢的權利（資產）增加 $30,000，使用**應收帳款**（Accounts Receivable）項目記錄之。

以 T 字帳記錄調整分錄如下：

應計收入之調整：

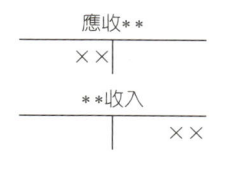

```
      應收**
  ××  |
          **收入
              | ××
```

應收帳款			
10/31 調整	30,000		
10/31 餘額	30,000		

網路服務收入			
		10/25	200,000
		10/31 調整	20,000
		10/31 調整	30,000
		10/31 餘額	250,000

在日記簿記錄如下：

10/31	應收帳款	30,000	
	網路服務收入		30,000
	記錄已經賺得但未收帳的網路服務收入		

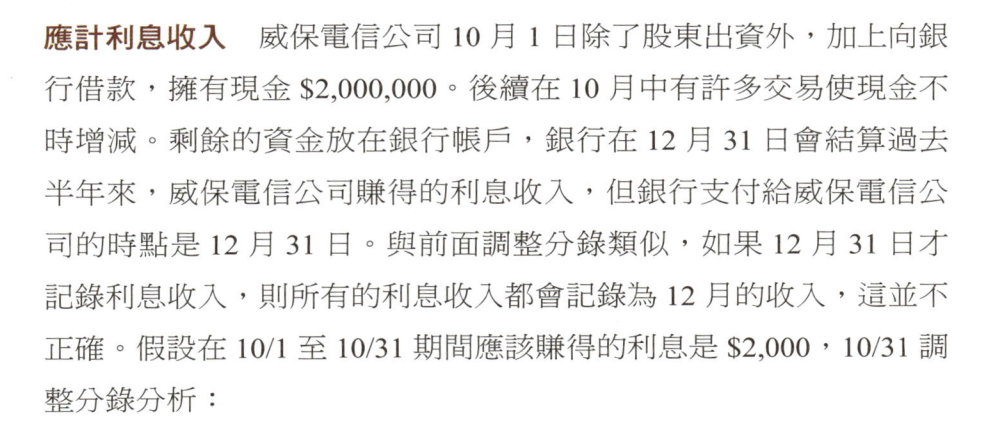

應計利息收入　威保電信公司 10 月 1 日除了股東出資外，加上向銀行借款，擁有現金 $2,000,000。後續在 10 月中有許多交易使現金不時增減。剩餘的資金放在銀行帳戶，銀行在 12 月 31 日會結算過去半年來，威保電信公司賺得的利息收入，但銀行支付給威保電信公司的時點是 12 月 31 日。與前面調整分錄類似，如果 12 月 31 日才記錄利息收入，則所有的利息收入都會記錄為 12 月的收入，這並不正確。假設在 10/1 至 10/31 期間應該賺得的利息是 $2,000，10/31 調整分錄分析：

◆ 10/1 至 10/31 的利息收入 $2,000，應於本會計期間（10 月）認列。

◆ 這 $2,000 收入年底可以收取現金，是公司收現金的權利（資產），稱之為**應收利息**（Interest Receivable）。

以 T 字帳記錄調整分錄如下：

應收利息		利息收入	
10/31 調整　2,000			10/31 調整　2,000

在日記簿記錄如下：

10/31	應收利息	2,000	
	利息收入		2,000
	記錄已經賺得的利息收入		

注意期末調整分錄至調整後試算表的程序，與會計期間內的日常會計分錄至調整前試算表的程序類似。

5.2.5　威保電信公司的完整調整與編表程序

本小節將威保電信公司 10 月底的調整與編製財務報表程序完整列示。其主要步驟如下：

1. 在日記簿記錄所有調整分錄。

2. 將調整分錄過帳至分類帳。

3. 將分類帳餘額列入「調整後試算表」。

4. 利用「調整後試算表」編製 10 月份財務報表。

威保電信公司首先將調整分錄記入日記簿：

日記簿　　　　　　　　　　　　　　　　　J2

日期	會計項目及摘要	索引	借方	貸方
	調整分錄			
10/31	辦公用品費用	609	10,000	
	辦公用品	113		10,000
	記錄已經消耗掉的辦公用品			
10/31	房租費用	610	10,000	
	預付房租	115		10,000
	記錄已經消耗掉的預付房租			
10/31	保險費	615	1,000	
	預付保險費	117		1,000
	記錄已經消耗掉的預付保險費			
10/31	折舊費用	620	10,000	
	累計折舊－網路設備	151		10,000
	記錄已經消耗掉的網路設備			
10/31	利息費用	618	10,000	
	應付利息	215		10,000
	記錄已經發生且應支付的利息費用			
10/31	薪資費用	605	60,000	
	應付薪資	210		60,000
	記錄已經發生且應支付薪資費用			

10/31	預收房租收入		223	2,000	
	房租收入		410		2,000
	記錄已經賺得的房租收入				
10/31	預收網路服務收入		221	20,000	
	網路服務收入		401		20,000
	記錄已經賺得的網路服務收入				
10/31	應收帳款		103	30,000	
	網路服務收入		401		30,000
	記錄已經賺得的網路服務收入				
10/31	應收利息		105	2,000	
	利息收入		405		2,000
	記錄已經賺得的利息收入				

將調整分錄過帳至分類帳：

現金　　　　　　　　　　　　　　　　101

日期	摘要	索引	借方	貸方	餘額
10/1		J1	1,000,000		1,000,000
10/1		J1	1,000,000		2,000,000
10/1		J1		1,200,000	800,000
10/1		J1		30,000	770,000
10/1		J1		12,000	758,000
10/1		J1	6,000		764,000
10/2		J1	60,000		824,000
10/3		J1		30,000	794,000
10/25		J1	200,000		994,000
10/31		J1		50,000	944,000

應收帳款　　　　　　　　　　　　　103

日期	摘要	索引	借方	貸方	餘額
10/31	調整分錄	J2	30,000		30,000

應收利息　　　　　　　　　　　　　　105

日期	摘要	索引	借方	貸方	餘額
10/31	調整分錄	J2	2,000		2,000

辦公用品　　　　　　　　　　　　　　113

日期	摘要	索引	借方	貸方	餘額
10/03		J1	30,000		30,000
10/31	調整分錄	J2		10,000	20,000

預付房租　　　　　　　　　　　　　　115

日期	摘要	索引	借方	貸方	餘額
10/1		J1	30,000		30,000
10/31	調整分錄	J2		10,000	20,000

預付保險費　　　　　　　　　　　　　117

日期	摘要	索引	借方	貸方	餘額
10/1		J1	12,000		12,000
10/31	調整分錄	J2		1,000	11,000

網路設備　　　　　　　　　　　　　　150

日期	摘要	索引	借方	貸方	餘額
10/1		J1	1,200,000		1,200,000

累計折舊－網路設備　　　　　　　　　151

日期	摘要	索引	借方	貸方	餘額
10/31	調整分錄	J2		10,000	10,000

應付票據　　　　　　　　　　　　　　201

日期	摘要	索引	借方	貸方	餘額
10/1		J1		1,000,000	1,000,000

應付薪資　　　　　　　　　　　　　　210

日期	摘要	索引	借方	貸方	餘額
10/31	調整分錄	J2		60,000	60,000

應付利息　　　　　　　　　　　　　　215

日期	摘要	索引	借方	貸方	餘額
10/31	調整分錄	J2		10,000	10,000

調整分錄、結帳分錄與會計循環

預收網路服務收入　　　　　　　　　　221

日期	摘要	索引	借方	貸方	餘額
10/2		J1		60,000	60,000
10/31	調整分錄	J2	20,000		40,000

預收房租收入　　　　　　　　　　223

日期	摘要	索引	借方	貸方	餘額
10/1		J1		6,000	6,000
10/31	調整分錄	J2	2,000		4,000

股本　　　　　　　　　　301

日期	摘要	索引	借方	貸方	餘額
10/1		J1		1,000,000	1,000,000

保留盈餘　　　　　　　　　　305

日期	摘要	索引	借方	貸方	餘額
10/1					0

網路服務收入　　　　　　　　　　401

日期	摘要	索引	借方	貸方	餘額
10/25		J1		200,000	200,000
10/31	調整分錄	J2		20,000	220,000
10/31	調整分錄	J2		30,000	250,000

利息收入　　　　　　　　　　405

日期	摘要	索引	借方	貸方	餘額
10/31	調整分錄	J2		2,000	2,000

房租收入　　　　　　　　　　410

日期	摘要	索引	借方	貸方	餘額
10/31	調整分錄	J2		2,000	2,000

薪資費用　　　　　　　　　　605

日期	摘要	索引	借方	貸方	餘額
10/31		J1	20,000		20,000
10/31	調整分錄	J2	60,000		80,000

廣告費用　　　　　　　　　　608

日期	摘要	索引	借方	貸方	餘額
10/31		J1	30,000		30,000

辦公用品費用　　　　609

日期	摘要	索引	借方	貸方	餘額
10/31	調整分錄	J2	10,000		10,000

房租費用　　　　610

日期	摘要	索引	借方	貸方	餘額
10/31	調整分錄	J2	10,000		10,000

保險費用　　　　615

日期	摘要	索引	借方	貸方	餘額
10/31	調整分錄	J2	1,000		1,000

利息費用　　　　618

日期	摘要	索引	借方	貸方	餘額
10/31	調整分錄	J2	10,000		10,000

折舊費用　　　　620

日期	摘要	索引	借方	貸方	餘額
10/31	調整分錄	J2	10,000		10,000

完成調整分錄的過帳程序後，威保電信公司編製調整後試算表：

表 5-2　威保電信公司調整後試算表

威保電信公司
調整後試算表
××年 10 月 31 日

	借方	貸方
現金	$ 944,000	
應收帳款	30,000	
應收利息	2,000	
辦公用品	20,000	
預付房租	20,000	
預付保險費	11,000	
網路設備	1,200,000	
累計折舊－網路設備		$ 10,000
應付票據		1,000,000
應付薪資		60,000
應付利息		10,000
預收網路服務收入		40,000
預收房租收入		4,000
股本		1,000,000
保留盈餘		0
網路服務收入		250,000
利息收入		2,000
房租收入		2,000
薪資費用	80,000	
廣告費用	30,000	
辦公用品費用	10,000	
房租費用	10,000	
保險費用	1,000	
利息費用	10,000	
折舊費用	10,000	
合計	$2,378,000	$2,378,000

表 5-2 的調整後試算表與表 5-1 的調整前試算表格式完全一樣，只是調整後試算表的項目餘額因為調整分錄的關係，現在是完全正確了，據以編製的財務報表才會正確。

最後，威保電信公司以調整後試算表編製財務報表：

表 5-3　威保電信公司 ×× 年 10 月份綜合損益表

<table>
<tr><td colspan="3" align="center">威保電信公司
綜合損益表
×× 年 10 月 1 日至 10 月 31 日</td></tr>
<tr><td>收入</td><td></td><td></td></tr>
<tr><td>　網路服務收入</td><td>$250,000</td><td></td></tr>
<tr><td>　利息收入</td><td>2,000</td><td></td></tr>
<tr><td>　房租收入</td><td>2,000</td><td></td></tr>
<tr><td>　收入總額</td><td></td><td>$254,000</td></tr>
<tr><td>費用</td><td></td><td></td></tr>
<tr><td>　薪資費用</td><td>$ 80,000</td><td></td></tr>
<tr><td>　廣告費用</td><td>30,000</td><td></td></tr>
<tr><td>　辦公用品費用</td><td>10,000</td><td></td></tr>
<tr><td>　房租費用</td><td>10,000</td><td></td></tr>
<tr><td>　保險費用</td><td>1,000</td><td></td></tr>
<tr><td>　利息費用</td><td>10,000</td><td></td></tr>
<tr><td>　折舊費用</td><td>10,000</td><td></td></tr>
<tr><td>　費用總額</td><td></td><td>(151,000)</td></tr>
<tr><td>本期淨利</td><td></td><td>$103,000</td></tr>
<tr><td>其他綜合損益</td><td></td><td>0</td></tr>
<tr><td>綜合損益總數</td><td></td><td>$103,000</td></tr>
</table>

　　由綜合損益表可知，威保電信公司在 ×× 年 10 月份的盈餘（淨利）為 $103,000，盈餘本應由股東分享，作為股東投資的回報，但公司算得盈餘數字時，通常來不及決定分配多少給股東，即使分配，也不會全數分配，因此保留在公司，成為**保留盈餘**（Retained Earnings）。保留盈餘乃是權益（公司制組織下為股東的權益）類的一個項目。公司年度盈餘越多，保留盈餘也越多，股東的權益隨之愈多。既然綜合損益表告知股東這個「利多」，我們應該再編製一個財務報表專門表達他們的權益變化情形，這個財務報表乃是權益變動表。權益的內容通常包括股本（股東的投資）與保留盈餘（公司的盈餘但未分配給股東而保留於公司的部分）。當股東投

資額增加時，股本增加，權益隨之增加。當公司的盈餘增加時，保留盈餘增加，權益也隨之增加。當然，若公司分配盈餘給股東（即分配股利）時，保留盈餘減少，權益隨之減少。

編製了權益變動表（如表 5-4）後，自調整後之試算表，擷取資產、負債項目及其餘額，並擷取權益變動表中的期末股本與期末保留盈餘之餘額，即可編製 ×× 年 10 月底之資產負債表，如表 5-5。

表 5-4　威保電信公司 ×× 年 10 月份權益變動表

威保電信公司
權益變動表
×× 年 10 月 1 日至 10 月 31 日

	股本	保留盈餘	權益合計
期初餘額	$ 0	$ 0	$ 0
本期股東投資	1,000,000	-	1,000,000
本期損益	-	103,000	103,000
本期期末餘額	$1,000,000	$103,000	$1,103,000

表 5-5　威保電信公司 ×× 年 10 月 31 日資產負債表

威保電信公司
資產負債表
×× 年 10 月 31 日

資產			負債	
現金		$ 944,000	應付票據	$1,000,000
應收帳款		30,000	應付薪資	60,000
應收利息		2,000	應付利息	10,000
辦公用品		20,000	預收網路服務收入	40,000
預付房租		20,000	預收房租收入	4,000
預付保險費		11,000	負債合計	$1,114,000
網路設備	$1,200,000		權益	
減：累計折舊－網路設備	(10,000)	1,190,000	股本	$1,000,000
			保留盈餘	103,000
			權益合計	$1,103,000
資產合計		$2,217,000	負債及權益合計	$2,217,000

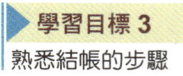

5.3 結帳分錄

5.3.1 完成整個會計循環——結帳分錄

所有企業都希望能永續經營，威保電信公司 10 月份綜合損益表中顯示 10 月份總共賺了 $103,000。公司 11 月份當然會持續經營，如果威保電信公司希望看到 11 月份當月賺了多少錢，則不能把 10 月份的收入及費用金額，與 11 月份的收入及費用金額混在一起，因此必須將 10 月底的所有收入與費用帳戶一一結束歸零，以便 11 月初從零開始重新累計 11 月份所產生的收入及所發生的費用。將收入帳戶與費用帳戶結束歸零的程序稱為「結帳」，為了結帳必須編製會計分錄，這些會計分錄與平日分錄及期末編製調整分錄的編製原理相同，只是為了凸顯作為結帳用，因此稱為**結帳分錄**（closing entry）。

一般公司是以 1 年為一個會計期間，所以公司在年度終了時結帳，為明年度的帳務預作準備。本章（威保電信公司）以 1 個月為一個會計期間為例，目的是使讀者能在最簡單的狀況下，熟悉結帳的程序；原理與年度的結帳是完全一樣的。

5.3.2 以簡單釋例說明結帳

在說明威保電信公司的結帳分錄前，先以另一簡單例子解釋結帳程序。冬森公司於 ×1 年 1 月 1 日成立，×1 年 12 月 31 日調整後試算表如下：

冬森公司
調整後試算表
×1 年 12 月 31 日

	借方	貸方
現金	$100,000	
應收帳款	3,000	
應付薪資		$ 1,000
股本		95,000
服務收入		14,000
薪資費用	6,000	
租金費用	1,000	
合計	$110,000	$110,000

在 ×2 年度尚未開始營運前,必須將 ×1 年底的各個收入與費用項目結束歸零或結清,以免與 ×2 年度之收入及費用混淆一起。在冬森公司的例子中,應予以結清之帳戶有服務收入、薪資費用與租金費用。「服務收入」有貸方餘額 $14,000,「薪資費用」與「租金費用」均有借方餘額,分別為 $6,000 與 $1,000。因此,若要將「服務收入」項目結清,可編製一個分錄使其借方項目為「服務收入」,金額為 $14,000,如此一來,相同項目(服務收入)且相同金額($14,000),在一借一貸之間便互相抵銷,使得「服務收入」之餘額為零。問題是貸方項目為何?同理,若要將薪資費用(借方餘額 $6,000)結清,亦可在另一個分錄上將「薪資費用」置於貸方,金額為 $6,000,即可將「薪資費用」項目結清。另外,再編製一個分錄,將「租金費用」置於貸方,金額為 $1,000,亦可將「租金費用」結清。問題是借方項目為何?

為了解決這個問題,我們新設一個項目「本期損益」,當需要結清收入項目時,「本期損益」置於貸方,當需結清費用項目時,「本期損益」置於借方,這樣就可使分錄的借貸平衡,且將各收入或費用項目結清。不僅如此,「本期損益」項目由於彙總了所有收入與費用之金額,這個項目之餘額實乃某一會計期間的「本期淨利」(或本期純損)。茲按上述原理,編製結帳分錄如下:

12/31	服務收入	14,000	
	本期損益		14,000
12/31	本期損益	6,000	
	薪資費用		6,000
12/31	本期損益	1,000	
	租金費用		1,000

將上述結帳分錄過帳至分類帳得知服務收入、薪資費用與租金費用三個項目之餘額變為零,亦即這三個項目被結清了;另外可知「本期損益」之貸方累積收入金額,借方累積費用金額,且餘額為貸方餘額 $7,000,代表收入總額大於費用總額,亦即冬森公司本期

營運產生盈餘（淨利）。

服務收入			
		調整後餘額	14,000
12/31 結帳	14,000		
（帳戶結清）	0		

薪資費用			
調整後餘額	6,000		
		12/31 結帳	6,000
		（帳戶結清）	0

租金費用			
調整後餘額	1,000		
		12/31 結帳	1,000
（帳戶結清）	0		

本期損益			
		12/31 結帳	14,000
12/31 結帳	6,000		
12/31 結帳	1,000		
		（淨利）	7,000

　　由此可知，所有收入與費用項目都被結清而轉列至本期損益項目。此時其餘額為貸方 $7,000（本期損益）。本期損益項目是結帳過程中的過渡性項目，在結帳過程中也必須被結清，故按照前述相同的原理，只要再編製一個結帳分錄，將「本期損益」置於借方，金額為 $7,000，即可將它結清；問題是貸方項目為何？

　　我們知道企業的盈餘（淨利）由股東享受，虧損（淨損）由股東承擔。冬森公司 ×1 年度的盈餘為 $7,000，且並未將任何盈餘分配給股東，而由公司保留，這些保留的盈餘是股東的權益之一部分，會計上以「保留盈餘」項目表示，因此，前述結清「本期損益」項目，即是將「本期損益」結清而轉列（結轉）至「保留盈餘」項目：

　　　　12/31　　本期損益　　　　7,000
　　　　　　　　　　保留盈餘　　　　　　　7,000

　　再過帳後可知「本期損益」餘額為零，亦即該一項目被結清了。而保留盈餘項目餘額由期初餘額為零（因 ×1 年 1 月 1 日才開業），增至期末餘額 $7,000，代表公司賺錢，權益增加（還記得嗎？

調整分錄、結帳分錄與會計循環　chapter 05

權益增加時，記在貸方；減少時，記在借方）。

本期損益			
		結帳	14,000
結帳	6,000		
結帳	1,000		
結帳	7,000		
		（帳戶結清）	0

保留盈餘			
		期初	0
		結帳	7,000
			7,000

綜上所述，公司結帳程序的三個步驟如下：

1. （結帳步驟一）將本會計期間公司的收入帳戶結清（餘額變為零），並將這個金額記入「本期損益」項目之貸方。
2. （結帳步驟二）將本會計期間公司的費用帳戶結清（餘額變為零），並將這個金額記入「本期損益」項目之借方。
3. （結帳步驟三）將本期損益結清，並將餘額結轉至保留盈餘。

茲以黑色字體代表結帳前餘額，紅色字體代表結帳分錄的金額，用圖 5-1 解說結帳程序。

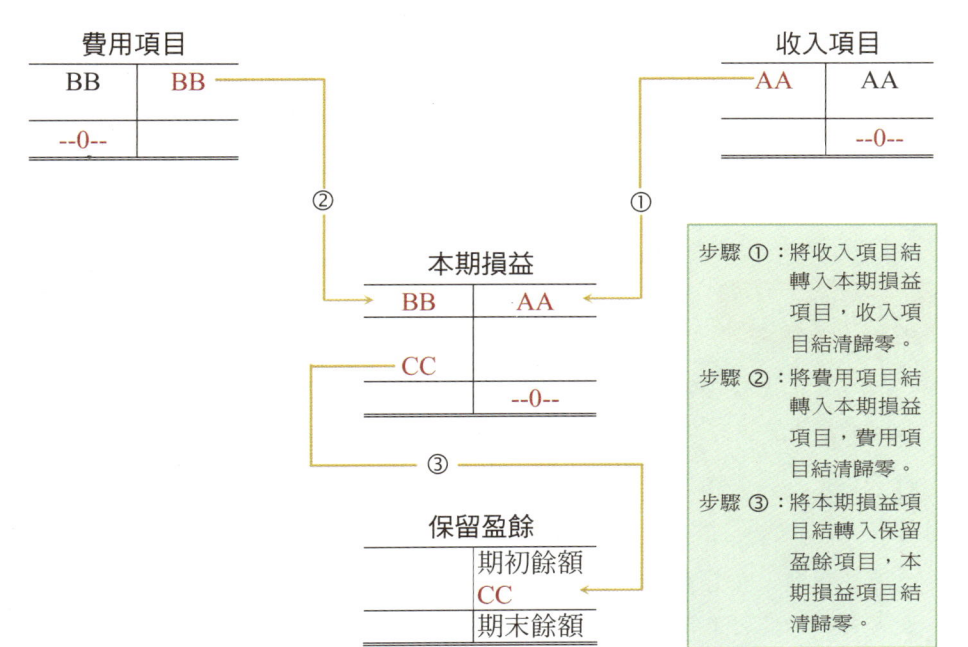

結帳步驟一：

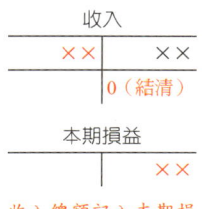

收入	
××	××
	0（結清）

本期損益	
	××

收入總額記入本期損益貸方

結帳步驟二：

費用	
××	××
0（結清）	

本期損益	
××	

費用總額記入本期損益借方

結帳步驟三：
收入大於費用，當期損益大於零，則本期損益結清前為貸方餘額。

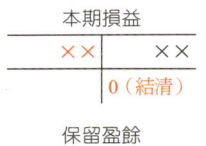

本期損益	
××	××
	0（結清）

保留盈餘	
	××

當期淨利記入保留盈餘貸方

費用大於收入，當期損益小於零，則本期損益結清前為借方餘額。

本期損益	
××	××
0（結清）	

保留盈餘	
××	

費用項目

BB	BB
--0--	

收入項目

AA	AA
	--0--

本期損益

BB	AA
CC	
	--0--

保留盈餘

	期初餘額
	CC
	期末餘額

步驟①：將收入項目結轉入本期損益項目，收入項目結清歸零。

步驟②：將費用項目結轉入本期損益項目，費用項目結清歸零。

步驟③：將本期損益項目結轉入保留盈餘項目，本期損益項目結清歸零。

圖 5-1　結帳程序圖

5.3.3　永久性帳戶及暫時性帳戶

在結帳後，收入（廣義言之，應為收益，包括收入與利益）與費用（廣義言之，應為費損，包括費用與損失）項目都被結清，因此這二類項目被稱為「暫時性項目」。這二類項目為何要結清呢？如果不結清就繼續記錄明年的收入與費用，則今年的收入與費用將會與明年度的金額一起累計，分不清楚各年度分別的經營績效。這與我們的會計期間假設有關，我們通常以 1 年為一個會計期間，稱為「會計年度」，所以我們想知道一個會計年度的收入、費用與盈餘。為了這個目的必須編製結帳分錄，將這些綜合損益表的會計項目結帳後餘額變為零，所以稱之為**暫時性帳戶**（temporary account）。

其他沒有結清的項目就被稱為**永久性帳戶**（permanent account），它們是資產負債表項目，即資產、負債與權益等三類項目。結帳後資產負債表項目餘額會留在帳上，成為下一年度之期初金額，並繼續累積下去。由於這些不會被結清歸零的會計項目繼續在未來會計年度中繼續使用，所以就稱為「永久性帳戶」。暫時性帳戶在會計上又稱**虛帳戶**（nominal account），永久性帳戶則又稱為**實帳戶**（real account）。

在實務上，公司只會在一個會計年度結束時才做結帳的程序，威保電信公司的例子中，在 10 月 31 日進行結帳程序，是為了說明的目的，實際上應該等到 12 月 31 日才進行結帳程序。

動動腦

「應收帳款」與「應付帳款」各屬於哪一類項目？為什麼它們在結帳後，餘額不會被結清且會存續累積下去？

解析

「應收帳款」為資產項目，「應付帳款」為負債項目。前者為對他人之收款權利，在對方未付款前這個權利持續存在，不因過個年而消失；後者為對他人之付款義務，在未支付予對方前，這個義務持續存在，不因過個年而取消，這二類項目均屬「永久性帳戶」或「實帳戶」。

5.3.4 威保電信公司結帳分錄

在第 5.2.5 節中,將威保電信公司 10 月 31 日調整後試算表列示於表 5-2,茲以該表的資訊為起點,以上一小節的結帳三步驟為威保電信公司 10 月份做結帳分錄。首先在日記簿記錄結帳分錄如下:

日記簿　　　　　　　　　　　　　　　　J3

日期	會計項目及摘要	索引	借方	貸方
	結帳分錄			
	結帳步驟一:將所有收入結清,並結轉至本期損益,過程中並計算出總收入金額			
10/31	網路服務收入	401	250,000	
	利息收入	405	2,000	
	房租收入	410	2,000	
	本期損益	310		254,000
	結清所有收入項目			
	結帳步驟二:將所有費用結清,並結轉至本期損益,過程中並計算出總費用金額			
10/31	本期損益	310	151,000	
	薪資費用	605		80,000
	廣告費用	608		30,000
	辦公用品費用	609		10,000
	房租費用	610		10,000
	保險費用	615		1,000
	利息費用	618		10,000
	折舊費用	620		10,000
	結清所有費用項目			
	第一與第二步驟之後,本期損益餘額即是當期損益;收入大於費用時,本期損益為貸方餘額,代表當期有淨利;費用大於收入時,本期損益為借方餘額,代表當期為淨損。			
	結帳步驟三:將本期損益結轉至保留盈餘,若為淨利,借記本期損益,貸記保留盈餘;若為淨損,則借記保留盈餘,貸記本期損益			

10/31	本期損益		310	103,000	
	保留盈餘		305		103,000
	將損益結轉至保留盈餘				

將這三個結帳分錄過帳至分類帳：

永久性帳戶（實帳戶）

現金　　　　　　　　　　　　　　　　　　　　　101

日期	摘要	索引	借方	貸方	餘額
10/1		J1	1,000,000		1,000,000
10/1		J1	1,000,000		2,000,000
10/1		J1		1,200,000	800,000
10/1		J1		30,000	770,000
10/1		J1		12,000	758,000
10/1		J1	6,000		764,000
10/2		J1	60,000		824,000
10/3		J1		30,000	794,000
10/25		J1	200,000		994,000
10/31		J1		50,000	944,000

應收帳款　　　　　　　　　　　　　　　　　　103

日期	摘要	索引	借方	貸方	餘額
10/31	調整分錄	J2	30,000		30,000

應收利息　　　　　　　　　　　　　　　　　　105

日期	摘要	索引	借方	貸方	餘額
10/31	調整分錄	J2	2,000		2,000

辦公用品　　　　　　　　　　　　　　　　　　113

日期	摘要	索引	借方	貸方	餘額
10/3		J1	30,000		30,000
10/31	調整分錄	J2		10,000	20,000

預付房租　　　　　　　　　　　　　　　　　　115

日期	摘要	索引	借方	貸方	餘額
10/1		J1	30,000		30,000
10/31	調整分錄	J2		10,000	20,000

預付保險費　　　　　　　　　　　117

日期	摘要	索引	借方	貸方	餘額
10/1		J1	12,000		12,000
10/31	調整分錄	J2		1,000	11,000

網路設備　　　　　　　　　　　150

日期	摘要	索引	借方	貸方	餘額
10/1		J1	1,200,000		1,200,000

累計折舊－網路設備　　　　　　　　　151

日期	摘要	索引	借方	貸方	餘額
10/31	調整分錄	J2		10,000	10,000

應付票據　　　　　　　　　　　201

日期	摘要	索引	借方	貸方	餘額
10/1		J1		1,000,000	1,000,000

應付薪資　　　　　　　　　　　210

日期	摘要	索引	借方	貸方	餘額
10/31	調整分錄	J2		60,000	60,000

應付利息　　　　　　　　　　　215

日期	摘要	索引	借方	貸方	餘額
10/31	調整分錄	J2		10,000	10,000

預收網路服務收入　　　　　　　　　221

日期	摘要	索引	借方	貸方	餘額
10/2		J1		60,000	60,000
10/31	調整分錄	J2	20,000		40,000

預收房租收入　　　　　　　　　　223

日期	摘要	索引	借方	貸方	餘額
10/1		J1		6,000	6,000
10/31	調整分錄	J2	2,000		4,000

股本　　　　　　　　　　　301

日期	摘要	索引	借方	貸方	餘額
10/1		J1		1,000,000	1,000,000

保留盈餘　　　　　　　　　　　305

日期	摘要	索引	借方	貸方	餘額
10/1					0
10/31	結帳分錄	J3		103,000	103,000

暫時性帳戶（虛帳戶）

本期損益 310

日期	摘要	索引	借方	貸方	餘額
10/31	結帳分錄	J3		254,000	254,000
10/31	結帳分錄	J3	151,000		103,000
10/31	結帳分錄	J3	103,000		-0-

網路服務收入 401

日期	摘要	索引	借方	貸方	餘額
10/25		J1		200,000	200,000
10/31	調整分錄	J2		20,000	220,000
10/31	調整分錄	J2		30,000	250,000
10/31	結帳分錄	J3	250,000		-0-

利息收入 405

日期	摘要	索引	借方	貸方	餘額
10/31	調整分錄	J2		2,000	2,000
10/31	結帳分錄	J3	2,000		-0-

房租收入 410

日期	摘要	索引	借方	貸方	餘額
10/31	調整分錄	J2		2,000	2,000
10/31	結帳分錄	J3	2,000		-0-

薪資費用 605

日期	摘要	索引	借方	貸方	餘額
10/31		J1	20,000		20,000
10/31	調整分錄	J2	60,000		80,000
10/31	結帳分錄	J3		80,000	-0-

廣告費用 608

日期	摘要	索引	借方	貸方	餘額
10/31		J1	30,000		30,000
10/31	結帳分錄	J3		30,000	-0-

辦公用品費用　　　　　　　　　　　　　　609

日期	摘要	索引	借方	貸方	餘額
10/31	調整分錄	J2	10,000		10,000
10/31	結帳分錄	J3		10,000	-0-

房租費用　　　　　　　　　　　　　　610

日期	摘要	索引	借方	貸方	餘額
10/31	調整分錄	J2	10,000		10,000
10/31	結帳分錄	J3		10,000	-0-

保險費用　　　　　　　　　　　　　　615

日期	摘要	索引	借方	貸方	餘額
10/31	調整分錄	J2	1,000		1,000
10/31	結帳分錄	J3		1,000	-0-

利息費用　　　　　　　　　　　　　　618

日期	摘要	索引	借方	貸方	餘額
10/31	調整分錄	J2	10,000		10,000
10/31	結帳分錄	J3		10,000	-0-

折舊費用　　　　　　　　　　　　　　620

日期	摘要	索引	借方	貸方	餘額
10/31	調整分錄	J2	10,000		10,000
10/31	結帳分錄	J3		10,000	-0-

　　結帳完成後，即可立刻知道10月份的經營績效（淨利或淨損），也可在這個時候才編製10月份的綜合損益表如表5-3。

　　結帳完成後，由分類帳中可看出暫時性帳戶的餘額都已結清歸零，在下一個會計年度開始這些暫時性帳戶將從零開始重新累積；只有永久性帳戶的餘額延續到下一個會計年度開始繼續累積。結帳步驟都完成後，即可編製結帳後試算表，結帳後的試算表應該只包含永久性帳戶的餘額，如表5-6所示。

　　編製完結帳後試算表即可輕易編製期末資產負債表。以威保電信公司為例，讀者可以嘗試比較表5-5資產負債表與表5-6結帳後試算表。二者之差異只在於：資產負債表中設備是以減除累計折舊後的帳面金額列示，而試算表中設備原始成本在借方，累計折舊在貸方。

> 結帳後所有收益與費損項目餘額均為零，表示帳戶結清。下一個期間可使用相同項目累積下一期間之收益與費損。

表 5-6　威保電信公司 ×× 年 10 月 31 日結帳後試算表

威保電信公司
結帳後試算表
×× 年 10 月 31 日

	借方	貸方
現金	$ 944,000	
應收帳款	30,000	
應收利息	2,000	
辦公用品	20,000	
預付房租	20,000	
預付保險費	11,000	
網路設備	1,200,000	
累計折舊－網路設備		$ 10,000
應付票據		1,000,000
應付薪資		60,000
應付利息		10,000
預收網路服務收入		40,000
預收房租收入		4,000
股本		1,000,000
保留盈餘		103,000
合計	$2,227,000	$2,227,000

5.4 會計循環

在一個會計期間中，一個公司的會計循環包含九步驟（如圖 5-2），依照發生的時間將九步驟區分為三類，說明如下：

第一類　會計期間開始：

步驟一：各個會計項目在分類帳的期初餘額

第二類　會計期間中：

步驟二：分析企業交易及將企業交易記入日記簿

步驟三：將日記簿分錄過帳至分類帳

步驟四：編製調整前試算表

> **學習目標 4**
> 學習將第 3 章與第 4 章的所有個別會計程序彙總為會計循環的步驟

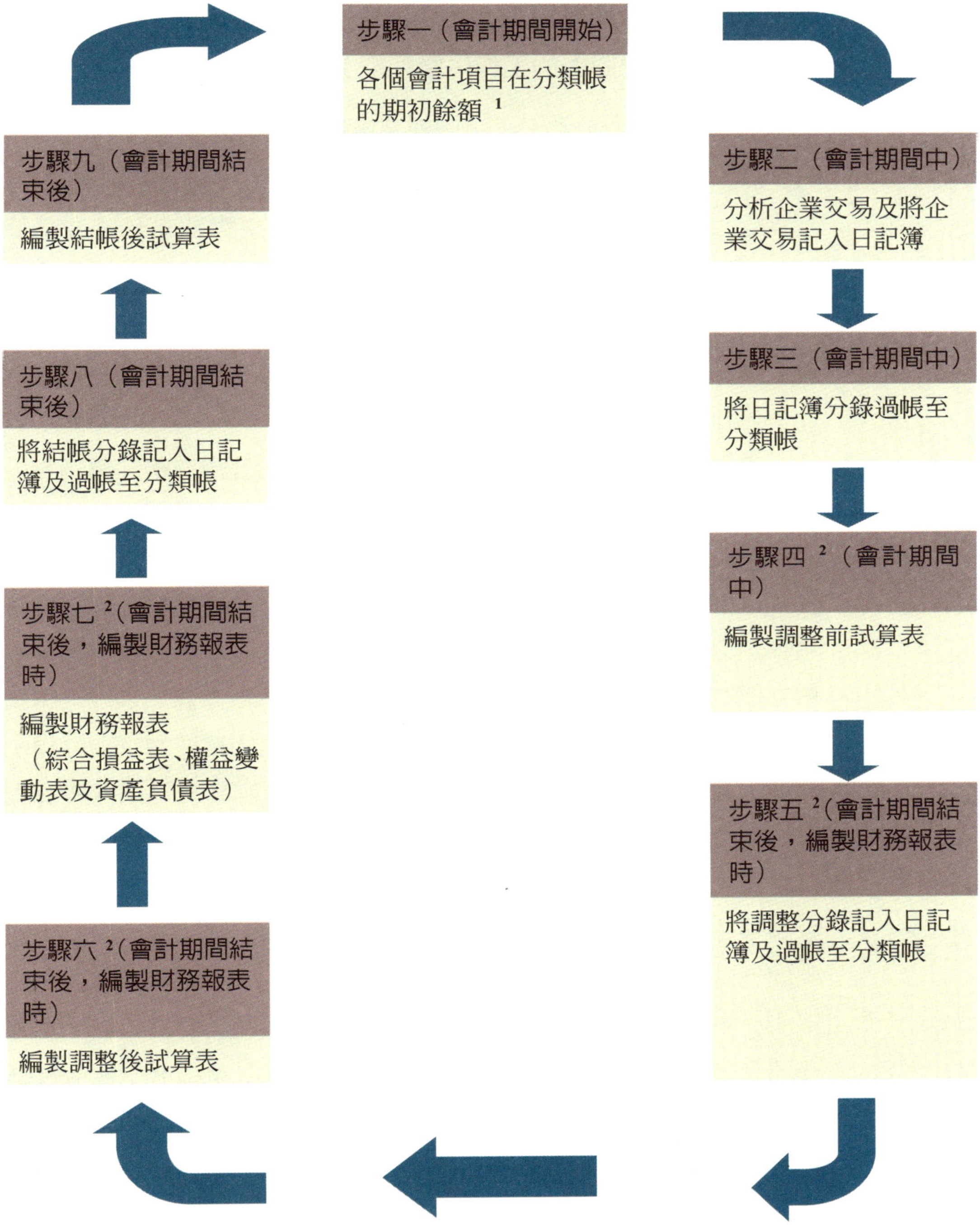

調整分錄、結帳分錄與會計循環

步驟一（會計期間開始）
各個會計項目在分類帳的期初餘額 [1]

步驟二（會計期間中）
分析企業交易及將企業交易記入日記簿

步驟三（會計期間中）
將日記簿分錄過帳至分類帳

步驟四 [2]（會計期間中）
編製調整前試算表

步驟五 [2]（會計期間結束後，編製財務報表時）
將調整分錄記入日記簿及過帳至分類帳

步驟六 [2]（會計期間結束後，編製財務報表時）
編製調整後試算表

步驟七 [2]（會計期間結束後，編製財務報表時）
編製財務報表（綜合損益表、權益變動表及資產負債表）

步驟八（會計期間結束後）
將結帳分錄記入日記簿及過帳至分類帳

步驟九（會計期間結束後）
編製結帳後試算表

---

[1] 新成立公司的期初餘額為零，非新成立的公司上一會計期間的實帳戶期末餘額就是本期的期初餘額；虛帳戶則因上期作結帳分錄將餘額歸零，所以本期期初餘額為零。

[2] 也可以透過工作底稿程序完成步驟四至七。

圖 5-2　會計循環的步驟

第三類　會計期間結束後，編製財務報表時（這個步驟可透過本章後面附錄的工作底稿完成）：

步驟五：將調整分錄記入日記簿及過帳至分類帳
步驟六：編製調整後試算表
步驟七：編製財務報表（綜合損益表、權益變動表及資產負債表）
步驟八：將結帳分錄記入日記簿及過帳至分類帳
步驟九：編製結帳後試算表

步驟一是會計期間的開始，對於新成立的公司期初餘額為零，不是新成立的公司，則上一期的期末餘額就是本期的期初餘額（虛帳戶除外）。步驟二至步驟四發生在會計期間中，當企業有交易發生，只要對會計恆等式的項目與金額有影響，就應該記入日記簿及過帳至分類帳，並編製調整前試算表。步驟五至步驟六是「調整程序」，調整程序發生在會計期間期末，特別是編製財務報表時，將調整前試算餘額經過調整程序轉換為編製財務報表需要的正確餘額，編製調整後試算表，確認無誤後，才能編製財務報表，這些步驟也可以透過工作底稿的程序完成。其中，步驟五是「將調整分錄記入日記簿及過帳至分類帳」，公司在編製財務報表前，各個會計項目的分類帳餘額必須是正確的，因此，公司在編製財務報表前必須透過步驟五將調整分錄記入日記簿及過帳至分類帳，並試算以確定借貸平衡。步驟六為編製調整後試算表。步驟七為編製財務報表。步驟八及步驟九是「結帳程序」，公司只會在會計期間結束才會執行結帳程序，結帳程序完成後，暫時性帳戶（虛帳戶）餘額為零，永久性帳戶（實帳戶）餘額結轉到下一會計期間為下一會計期間的期初餘額，下一個會計期間，又從步驟一到步驟九，完成下一個會計循環，如此不斷地周而復始。

大功告成

翰神企業成立於 ×× 年 7 月 1 日，下表為其 ×× 年 9 月底之調整前試算表：

翰神企業
調整前試算表
×× 年 9 月 30 日

	借方	貸方
現金	$ 400,000	
應收帳款	5,000	
辦公用品	33,000	
預付保險費	180,000	
房屋	1,440,000	
家具	300,000	
應付帳款		$ 118,000
預收租金		134,000
應付抵押借款		800,000
股本		1,000,000
保留盈餘		0
租金收入		1,020,000
維修費用	110,000	
薪資費用	510,000	
電信費用	94,000	
合計	$3,072,000	$3,072,000

調整分錄所需資料：

1. 辦公用品 9 月底盤存剩下 $10,000。
2. 保險費用每個月攤銷 $3,000。
3. 房屋之每年折舊為 $36,000，家具之每年折舊為 $20,000。
4. 應付抵押借款之利息為 12.5%（年利率），應付抵押借款於 9 月 1 日產生。
5. 薪資有 $7,500 於 9 月底尚未支付。
6. 於 9 月底房客租金 $9,000 已賺得，但尚未收取（請使用應收帳款帳戶）。
7. 預收租金 $51,000 於 9 月底前已經賺得。
8. 屬於 7 月至 9 月（3 個月）之水電費 $6,000 尚未收到帳單。
9. 並無任何交易事項產生「其他綜合損益」。

試作：

(1) 編製 9 月底之調整分錄，會計期間為 7 月 1 日至 9 月 30 日。
(2) 編製該企業 7 月 1 日至 9 月 30 日會計期間之綜合損益表、權益變動表與 9 月 30 日之資產負債表。
(3) 編製該企業 9 月 30 日之結帳分錄（假設該企業當日結清暫時性帳戶）。

解析

(1)

調整分錄

日期	會計項目及摘要	借方	貸方
9/30	辦公用品費用	23,000	
	辦公用品		23,000
9/30	保險費用	9,000	
	預付保險費		9,000
9/30	折舊費用	9,000	
	累計折舊－房屋		9,000
9/30	折舊費用	5,000	
	累計折舊－家具		5,000
9/30	利息費用	8,333	
	應付利息		8,333
	（$800,000×12.5%×1/12＝8,333）		
9/30	薪資費用	7,500	
	應付薪資		7,500
9/30	應收帳款	9,000	
	租金收入		9,000
9/30	預收租金	51,000	
	租金收入		51,000
9/30	水電費用	6,000	
	應付水電費		6,000

(2)

翰神企業
綜合損益表
××年7月1日至9月30日

收入		
租金收入		$1,080,000
費用		
薪資費用	$517,500	
電信費用	94,000	
水電費用	6,000	
維修費用	110,000	
保險費用	9,000	
辦公用品費用	23,000	
折舊費用－房屋	9,000	
折舊費用－家具	5,000	
利息費用	8,333	(781,833)
本期損益		$ 298,167
其他綜合損益		0
綜合損益總額		$ 298,167

翰神企業
權益變動表
××年7月1日至9月30日

	股本	保留盈餘	權益合計
期初餘額	$　　　0	$　　　0	$　　　0
本期股東投資	1,000,000	－	1,000,000
本期損益	－	298,167	298,167
本期期末餘額	$1,000,000	$298,167	$1,298,167

<table>
<tr><th colspan="4">翰神企業
資產負債表
××年9月30日</th></tr>
</table>

資產			負債	
現金		$ 400,000	應付帳款	$ 118,000
應收帳款		14,000	預收租金	83,000
辦公用品		10,000	應付薪資	7,500
預付保險費		171,000	應付利息	8,333
房屋	$1,440,000		應付水電費	6,000
累計折舊－房屋	(9,000)	1,431,000	應付抵押借款	800,000
家具	$ 300,000		負債合計	$1,022,833
累計折舊－家具	(5,000)	295,000	權益	
			股本	$1,000,000
			保留盈餘	298,167
			權益合計	$1,298,167
資產合計		$2,321,000	負債與權益合計	$2,321,000

(3)

日期	會計項目及摘要	借方	貸方
	結帳分錄		
9/30	租金收入	1,080,000	
	本期損益		1,080,000
	結清收入項目		
9/30	本期損益	781,833	
	薪資費用		517,500
	電信費用		94,000
	水電費用		6,000
	維修費用		110,000
	保險費用		9,000
	辦公用品費用		23,000
	折舊費用－房屋		9,000
	折舊費用－家具		5,000
	利息費用		8,333
	結清費用項目		
9/30	本期損益	298,167	
	保留盈餘		298,167
	將本期損益結轉至保留盈餘		

調整分錄、結帳分錄與會計循環

摘要

本章的兩個重點為調整分錄與結帳分錄。會計期間結束時，公司必須利用調整分錄，認列收入，且認列所有已發生費用，如此才能合乎一般公認會計原則；調整分錄同時也使公司能忠實表達綜合損益表、資產負債表與權益變動表。結帳分錄則將公司的收入、費用等暫時性帳戶的餘額結清，如此下一個會計期間的收入與費用才不會被繼續累加，與本期收入與費用混淆在一起。

調整分錄分為預付費用、應計費用、預收收入與應計收入等四大類型，其調整分錄列表如下：

預付費用
借記　　××費用
　　貸記　　資產

應計費用
借記　　××費用
　　貸記　　應付××

預收收入
借記　　預收××收入
　　貸記　　××收入

應計收入
借記　　應收××
　　貸記　　××收入

至於機器設備之類的資產，其折舊費用調整分錄是屬於預付費用類，但這些使用期間較長的不動產、廠房及設備，為了在帳上保留原始購入之成本數字，記錄折舊費用時並不貸記原資產項目，而是貸記累計折舊：

借記　　折舊費用
　　貸記　　累計折舊

結帳的程序大致上公司先結清所有收入項目，其次再結清費用項目。這兩個步驟中，我們利用「本期損益」這個暫時性項目，將收入總額結清並結轉至本期損益的貸方，再將費用總額結清並結轉至本期損益的借方。這兩個步驟後，本期損益項目之餘額即是本期損益的金額。最後再將本期損益結轉至保留盈餘。

保留盈餘是權益的項目,它的意義是股東賺得的利益,保留在公司內部並未提取的權益。期初保留盈餘加上本期損益減去已分配給股東的部分(即股利,以後章節再行討論),即是期末保留盈餘。

附錄　工作底稿

> **學習目標**
> 練習以工作底稿做調整分錄,並在工作底稿上完成綜合損益表與資產負債表

公司平時依照每日發生的事件正確記錄會計記錄,在會計期間結束時編製試算表(調整前試算表),因為調整前試算表的金額不完整也不正確,所以,不可以依據調整前試算表直接編製財務報表。在編製財務報表前,必須記錄調整分錄,使試算表上的數字都是正確的(調整後試算表),公司才可以依照調整後試算表編製財務報表。也就是將調整前試算表加入調整分錄的金額後,得到調整後試算表,再依照調整後試算表編製公司的財務報表。這個程序也可以透過**工作底稿**(work sheet)的方式完成,尤其是當公司規模大,公司的會計項目眾多,需要的調整項目也非常多時,運用工作底稿的程序較方便也較有效率。工作底稿格式如表 5-7,工作底稿可以協助記錄調整分錄的過程,幫助編製公司財務報表。

表 5-7　工作底稿格式表

××公司
工作底稿
××年××月××日至××年××月××日

會計項目	調整前試算餘額		調整分錄		調整後試算餘額		綜合損益表		資產負債表	
	借方	貸方	借方	貸方	借方	貸方	借方	貸方	借方	貸方
說明編製工作底稿的步驟:	**步驟一:**將分類帳的餘額寫入工作底稿調整前的試算餘額欄		**步驟二:**在工作底稿調整欄寫入調整分錄的金額		**步驟三:**試算餘額欄的金額加減調整欄的餘額得調整後試算餘額		**步驟四:** (1) 將調整後試算餘額寫入綜合損益表及資產負債表的適當欄位 (2) 寫入本期損益的金額,完成工作底稿			

利用工作底稿完成調整程序的四步驟：

步驟一：將分類帳的餘額寫入工作底稿調整前的試算餘額欄

步驟二：在工作底稿調整分錄欄寫入調整分錄的金額

步驟三：試算餘額欄的金額加減調整欄的餘額得調整後試算餘額

步驟四：(1) 將調整後試算餘額寫入綜合損益表及資產負債表的適當欄位

(2) 寫入本期損益的金額，完成工作底稿

以下就以威保電信公司的例子說明編製工作底稿的步驟如表5-8。請注意其中第一、二欄的調整前試算表，即是表5-1威保電信公司的試算表資料。至於調整欄的調整分錄即為威保電信公司10月份的調整分錄。

在工作底稿中每一欄（試算餘額欄、調整欄、調整後試算餘額欄、綜合損益表欄及資產負債表欄）項下的借方加總等於貸方加總。在綜合損益表欄項下的借方金額 $103,000 為本期淨利金額，這個金額也被寫入資產負債表欄項下的貸方，因此，綜合損益表欄及資產負債表欄項下的借方加總就等於貸方加總。依照這個完成後的試算表就可以編製威保電信公司的財務報表。

工作底稿的程序，並不是絕對必須的程序，它是選擇性的程序；也可以不採用工作底稿程序，直接將調整分錄寫入日記簿及過帳，得調整後試算表，再編製財務報表（如正文的調整程序）。工作底稿只是一個工具，它不是正式的會計記錄，也不能取代正式的財務報表。工作底稿不能取代調整分錄的日記簿記錄，所以也不可以依據工作底稿的調整欄直接過帳至分類帳。

既然工作底稿是一個選擇性的程序，那我們為什麼要學習它？運用工作底稿有什麼優點呢？公司總經理可能在一個會計年度中，隨時都想要知道公司的財務狀況，因此，當公司會計人員在需要編製財務報表時，運用工作底稿的程序，就可編製正式的財務報表。這個過程不必正式記錄調整分錄及過帳；這是工作底稿的最大用處及優點。例如我們需要報告1/1至3/31的第1季季報時，就可以

表 5-8　威保電信公司工作底稿

威保電信公司
工作底稿
××年10月1日至××年10月31日

會計項目	調整前試算餘額欄 借方	調整前試算餘額欄 貸方	調整欄 借方	調整欄 貸方	調整後試算餘額欄 借方	調整後試算餘額欄 貸方	綜合損益表欄 借方	綜合損益表欄 貸方	資產負債表欄 借方	資產負債表欄 貸方
現金	944,000				944,000				944,000	
辦公用品	30,000			(A) 10,000	20,000				20,000	
預付房租	30,000			(B) 10,000	20,000				20,000	
預付保險費	12,000			(C) 1,000	11,000				11,000	
網路設備	1,200,000				1,200,000				1,200,000	
應付票據		1,000,000				1,000,000				1,000,000
預收網路服務收入		60,000	(H) 20,000			40,000				40,000
預收房租收入		6,000	(G) 2,000			4,000				4,000
股本		1,000,000				1,000,000				1,000,000
保留盈餘		0				0				0
網路服務收入		200,000		(H) 30,000		250,000		250,000		
合計	2,266,000	2,266,000								
薪資費用	20,000		(F) 60,000		80,000		80,000			
廣告費用	30,000				30,000		30,000			
辦公用品費用			(A) 10,000		10,000		10,000			
房租費用			(B) 10,000		10,000		10,000			
保險費用			(C) 1,000		1,000		1,000			
折舊費用			(D) 10,000		10,000		10,000			
累計折舊—網路設備				(D) 10,000		10,000				10,000
利息費用			(E) 10,000		10,000		10,000			
應付利息				(E) 10,000		10,000				10,000
應付薪資				(F) 60,000		60,000				60,000
房租收入				(G) 2,000		2,000		2,000		
應收帳款			(I) 30,000		30,000				30,000	
應收利息			(J) 2,000		2,000				2,000	
利息收入				(J) 2,000		2,000		2,000		
合計			155,000	155,000	2,378,000	2,378,000	151,000	254,000	2,227,000	2,124,000
本期淨利							103,000			103,000
餘額							254,000	254,000	2,227,000	2,227,000

請注意：本例沒有任何交易與「其他綜合損益」有關，因此「綜合損益表欄」未列示其他綜合損益及綜合損益總額。

(A) 已耗用辦公用品　(B) 已消耗預付房租　(C) 已消耗預付保險費用　(D) 應計折舊費用　(E) 應計利息費用
(F) 應計薪資費用　(G) 認列房屋出租收入　(H) 認列服務收入　(I) 應計服務收入　(J) 應計利息收入

用工作底稿的方式編製財務報表；1/1 至 6/30 的半年報（第 2 季季報）與 1/1 至 9/30 第 3 季季報也可以相同的方法編製。最後只要在 1/1 至 12/31 的年度報告時正式記錄調整分錄與結帳分錄即可。

本章習題

問答題

1. 應計基礎（accrual-basis accounting）與現金基礎（cash-basis accounting）之差異為何？
2. 滿足哪些條件時，方可認列勞務收入？
3. 調整分錄有哪些類型？其調整分錄大致上借記與貸記何種類型項目？
4. 結帳分錄的目的何在？有哪些主要步驟？分錄大致上如何記錄？
5. 請概述「會計循環」。
6. 調整後試算表與結帳後試算表的差異為何？

選擇題

1. 下列有關調整分錄的敘述何者為真？
   (A) 編製財務報表前，必須先編製調整分錄
   (B) 編製調整分錄的目的乃是為了美化經營績效
   (C) 調整後試算表僅包含資產、負債與權益三大類的會計項目
   (D) 編製調整分錄與會計期間假設無關

2. 「無論現金已否收付，只要交易已存在，而有義務或權利發生，就必須記錄」，描述的是哪一種會計基礎？
   (A) 現金基礎　　　　　　(B) 應計基礎
   (C) 混合基礎　　　　　　(D) 修正現金基礎

3. 下列何者為滿足收入認列的要件？
   (A) 交易的金額無法可靠衡量
   (B) 收到現金且金額明確，但來自銀行貸款
   (C) 金額明確，雖未立即收現但很有可能於以後收到，且滿足履約義務
   (D) 以上皆是

4. 保時捷公司於 7 月 31 日為客戶車輛完成維修服務並於當天取車，客戶於 8 月 1 日郵寄支票與公司，公司於 8 月 5 日收到此支票，8 月 6 日支票兌現，請問公司應何時認列收入？
   (A) 7 月 31 日
   (B) 8 月 1 日
   (C) 8 月 5 日
   (D) 8 月 6 日

5. 一個調整分錄對於會計項目有何影響？
   (A) 會影響兩個資產負債表項目
   (B) 會影響兩個綜合損益表項目
   (C) 會影響一個資產負債表項目，與一個綜合損益表項目
   (D) 其格式與平日記錄交易的分錄格式不同

6. 預收收益中，已實現之部分屬於什麼性質的會計項目？
   (A) 費用性質
   (B) 收益性質
   (C) 資產性質
   (D) 負債性質

7. 工作底稿中調整前試算表欄的資訊可由何處取得？
   (A) 財務報表
   (B) 總分類帳
   (C) 總日記帳
   (D) 交易憑證

8. 結帳後費損帳戶的餘額為何？
   (A) 貸方餘額
   (B) 借方餘額
   (C) 借方或貸方餘額
   (D) 沒有餘額

9. 借記服務收入，貸記本期損益是屬於何種分錄？
   (A) 開帳分錄
   (B) 混合分錄
   (C) 調整分錄
   (D) 結帳分錄

10. 期末調整前預收收入為 $45,000，預付費用為 $8,000，經調整後，預收收入為 $30,000，預付費用為 $3,000，此兩個調整事項，對淨利的影響何？
    (A) 淨利增加 $10,000
    (B) 淨利減少 $10,000
    (C) 淨利增加 $20,000
    (D) 淨利減少 $20,000

11. 華航依正常票價出售一張機票給客戶，這個合約包括多少項履約義務？
    (A) 一項（因所有提供之運送、機上餐飲、機上電影節目均不可區分）
    (B) 二項（因運送與機上服務為兩項可區分之勞務）
    (C) 三項（因運送、機上餐飲及機上電影節目均可區分）
    (D) 以上皆非

練習題

1.【調整分錄的類型】 Mini 公司於 20×1 年 12 月 31 日計有下列調整分錄：
  (1) 尚未支付電信費 $13,000。
  (2) 已使用先前購入之辦公用品 $30,000。
  (3) 已提供客戶服務但尚未記帳之金額有 $174,000。
  (4) 預收收入中有 $38,000 可認列為收入。
  (5) 預付保險費中有 $24,000 已到期。
  (6) 尚未支付薪資 $90,000。
  (7) 辦公設備今年度折舊金額 $18,000。

試作：

請說明上述調整分錄所屬之類型（屬於預付費用、預收收入、應計收入或是應計費用）並做有關調整分錄。

2.【調整分錄】 試依下列情況做 ×1 年底調整分錄：
  (1) ×1 年 5 月 1 日預付一年房租 $36,000。
  (2) ×1 年初辦公用品的餘額為 $1,000，同年又購入 $6,000（以辦公用品項目入帳），期末尚餘 $2,000。
  (3) ×1 年 12 月 1 日收到客戶支付的 12 月份到 ×2 年 3 月份的管理費 $20,000，當時以預收管理費收入入帳。
  (4) 應收未收的利息收入為 $1,000。
  (5) ×1 年 12 月 1 日向銀行借款 $100,000，開給一張期間 3 個月，附息 6% 的票據。
  (6) ×1 年年初購機器一部，成本 $100,000，估計可用 8 年，殘值 $10,000，依直線法提折舊。

3.【記錄調整分錄】 試依下列情況做 ×1 年底調整分錄：
  (1) ×1 年 8 月 1 日預付一年保險費用 $18,000，當時以預付保險費入帳。
  (2) ×1 年初辦公用品的餘額為 $1,800，同年又購入 $4,000（以辦公用品項目入帳），期末尚餘 $3,000 未耗用。
  (3) ×1 年 10 月 1 日預收 1 年的客戶電腦維護費用 $9,000（預收電腦維護收入）。
  (4) 對張三的服務已完成，金額為 $6,000，但尚未收到錢也未入帳。
  (5) ×1 年年底收到水電費用帳單 $800，但尚未入帳亦未支付。
  (6) ×1 年年初購機器一部，成本 $150,000，估計可用 10 年，殘值 $12,000，依直線法提折舊。

4.【調整分錄、過帳及調整後試算表】 大正公司 ×1 年 12 月 31 日的調整前試算表資料如下頁試算表。

×1 年底調整事項：

1. 辦公用品尚有 $300 未消耗。
2. 預付保險費尚有五分之三未過期。
3. 建築物估計可用 20 年，殘值 $2,000，以直線法提折舊。
4. 辦公設備可用 10 年，無殘值，以直線法提折舊。
5. 期末有應付未付薪資 $400。
6. 預收服務收入中有五分之二已完成服務（收入已實現之部分）
7. 服務已提供，但帳款尚未收到且未入帳之服務收入為 $1,000。

大正公司
試算表
×1 年 12 月 31 日

	借方	貸方
現金	$15,000	
應收帳款	8,000	
辦公用品	1,200	
預付保險費	2,500	
建築物	20,000	
累計折舊－建築物		8,000
辦公設備	18,000	
累計折舊－辦公設備		3,600
應付帳款		5,500
應付薪資		0
預收服務收入		2,000
普通股		32,000
保留盈餘 20×1/1/1		3,000
服務收入		13,000
廣告費用	1,300	
折舊費用	0	
薪資費用	1,100	
辦公用品費用	0	
保險費用	0	
總額	$67,100	$67,100

試作：

(1) 調整分錄。
(2) 調整分錄過帳。
(3) 編調整後試算表。

5. 【考慮調整分錄後，計算正確的淨利】記錄調整分錄前，從大安企業 2 月份之試算表可得收入餘額 $256,000 與費用餘額 $116,000，下列乃必要之調整分錄事項：

　1. 屬於 2 月份但尚未支付之水電費用 $6,600。
　2. 2 月份之折舊金額為 $26,000。
　3. 已經可以認列但尚未入帳之服務收入 $88,000。
　4. 應計利息費用 $16,667。
　5. 由顧客處預收收入金額為 $70,000，但尚未提供服務。
　6. 已到期之預付保險費為 $5,000。

　試作：請計算大安企業 2 月份正確之淨利金額。

6. 【編製結帳分錄】下表為結運工程事務所 ×1 年底之會計帳戶餘額，其中僅收入與費用類的帳戶列示完整。

應付帳款	$ 54,400	保險費用	$ 2,500
應收帳款	105,400	應付利息	600
累計折舊－辦公大樓	94,600	應收利息	1,800
累計折舊－設備	15,400	應付票據（長期）	6,400
廣告費用	5,300	應收票據（長期）	13,800
辦公大樓	111,800	預付保險費	1,200
設備	132,400	預付租金	9,400
現金	106,800	薪資費用	40,800
折舊費用	3,800	應付薪資	4,800
股本	230,400	服務收入	278,200
保留盈餘	40,000	辦公用品	7,600
其他資產	4,600	辦公用品費用	9,200
其他流動負債	2,200	預收服務收入	3,400

　試作：記錄 ×1 年底結運工程事務所之結帳分錄。

7. 【記錄調整分錄、結帳分錄以及計算年底權益的餘額】宜宜公司之會計人員已經於 ×1 年底將下列調整分錄過帳，如下 T 字帳所示（以下為公司之部分會計項目之 T 字帳）。

應收帳款			累計折舊－設備		
	392,000				10,000
調整	16,800			調整	2,200

辦公用品				累計折舊－辦公大樓		
	8,000	調整	3,900			66,000
					調整	12,000

應付薪資			股本	
	調整	1,400		244,800

服務收入				折舊費用－設備		
			568,200	調整	2,200	
		調整	16,800			

薪資費用				折舊費用－辦公大樓	
	48,000			調整	12,000
調整	1,400				

保留盈餘			辦公用品費用	
		33,000	調整	3,900

試作：

(1) 記錄宜宜公司 ×1 年底之調整分錄。
(2) 記錄宜宜公司 ×1 年底之結帳分錄。
(3) 計算宜宜公司 ×1 年底之權益的餘額。

8. 【完成工作底稿】歐盟公司 ×1 年 12 月 31 日之工作底稿如下：

<table>
<tr><td colspan="7" align="center">歐盟公司
工作底稿（部分）
×1 年 12 月 31 日</td></tr>
<tr><td rowspan="2">會計項目</td><td colspan="2">調整後試算表</td><td colspan="2">綜合損益表</td><td colspan="2">資產負債表</td></tr>
<tr><td>借方</td><td>貸方</td><td>借方</td><td>貸方</td><td>借方</td><td>貸方</td></tr>
<tr><td>現金</td><td>641,040</td><td></td><td></td><td></td><td></td><td></td></tr>
<tr><td>應收帳款</td><td>414,800</td><td></td><td></td><td></td><td></td><td></td></tr>
<tr><td>預付租金</td><td>68,600</td><td></td><td></td><td></td><td></td><td></td></tr>
<tr><td>設備</td><td>461,000</td><td></td><td></td><td></td><td></td><td></td></tr>
<tr><td>累計折舊</td><td></td><td>98,420</td><td></td><td></td><td></td><td></td></tr>
<tr><td>應付票據</td><td></td><td>364,000</td><td></td><td></td><td></td><td></td></tr>
<tr><td>應付帳款</td><td></td><td>319,440</td><td></td><td></td><td></td><td></td></tr>
<tr><td>應付薪資</td><td></td><td>12,000</td><td></td><td></td><td></td><td></td></tr>
<tr><td>股本</td><td></td><td>600,000</td><td></td><td></td><td></td><td></td></tr>
<tr><td>保留盈餘</td><td></td><td>82,200</td><td></td><td></td><td></td><td></td></tr>
<tr><td>服務收入</td><td></td><td>338,800</td><td></td><td></td><td></td><td></td></tr>
<tr><td>薪資費用</td><td>117,800</td><td></td><td></td><td></td><td></td><td></td></tr>
<tr><td>租金費用</td><td>98,200</td><td></td><td></td><td></td><td></td><td></td></tr>
<tr><td>折舊費用</td><td>13,420</td><td></td><td></td><td></td><td></td><td></td></tr>
<tr><td>利息費用</td><td>51,140</td><td></td><td></td><td></td><td></td><td></td></tr>
<tr><td>應付利息</td><td></td><td>51,140</td><td></td><td></td><td></td><td></td></tr>
<tr><td>總額</td><td>1,866,000</td><td>1,866,000</td><td></td><td></td><td></td><td></td></tr>
<tr><td>淨利</td><td></td><td></td><td></td><td></td><td></td><td></td></tr>
<tr><td>總額</td><td></td><td></td><td></td><td></td><td></td><td></td></tr>
</table>

試作：試完成上述工作底稿。

9. 【由工作底稿資訊編製財務報表】請根據第 8 題歐盟公司之工作底稿編製其綜合損益表、權益變動表以及資產負債表。歐盟公司於 ×1 年並未發行普通股。

10. 【結帳分錄、過帳及編製過帳後試算表】請根據第 8 題歐盟公司之工作底稿回答以下問題：
    (1) 請作 ×1 年 12 月 31 日之結帳分錄。
    (2) 請將上述結帳分錄過帳至本期損益與保留盈餘項目中（請使用 T 字帳）。
    (3) 請編製 ×1 年 12 月 31 日之結帳後試算表。

應用問題

1.【記錄調整分錄】 信義房屋仲介公司於 5 月底有下列部分會計帳戶之餘額，這些帳戶餘額為記錄調整分錄前之餘額。分別如下：

	借方	貸方
預付保險費	$72,000	
辦公用品	38,000	
設備	250,000	
累計折舊－設備		$75,000
應付票據		400,000
預收租金收入		99,000
租金收入		780,000
利息費用	0	
薪資費用	227,000	

對會計帳戶進行分析：

1. 已成功仲介客戶出租房屋，應收取之房屋仲介收入 $90,000，尚未對客戶開帳單。
2. 設備每月提列折舊 $2,500。
3. 保險費用每月應攤提 $7,200。
4. 應付票據應有應計利息 $3,333。
5. 盤點辦公用品發現還剩餘 $13,880。
6. 帳上預收租金收入餘額之六分之一，已提供客戶相關之服務。

試作：

請為信義房屋仲介公司作 5 月底之調整分錄。

2.【完成部分之會計循環──記錄交易與過帳、編製調整分錄與過帳以及編製調整後試算表】 成太公司於 ×× 年 8 月 1 日有下列帳戶餘額。

會計項目代碼		借方	會計項目代碼		貸方
101	現金	$ 78,600	154	累計折舊	$ 5,000
111	應收票據	40,000	201	應付帳款	71,000
112	應收帳款	67,660	209	預收服務收入	25,260
126	辦公用品	68,000	212	應付薪資	5,000
153	設備	100,000	311	股本	220,000
			320	保留盈餘	28,000
		$354,260			$354,260

成太公司 8 月中完成下列交易事項：

8/5　支付薪資 $21,000 給員工，其中 $5,000 屬於 7 月份薪資。
8/7　來自客戶之應收帳款收現 $40,500。
8/9　於 8 月提供服務且收現 $95,000。
8/12　賒帳購入設備 $90,000。
8/17　賒帳購入辦公用品 $19,000。
8/19　支付應付帳款 $25,000。
8/22　支付 8 月份租金 $6,500。
8/26　支付薪資 $10,000。
8/27　於 8 月提供服務而尚未收現，寄發帳單 $14,000 給客戶。
8/30　預收客戶現金 $3,500，且將於未來提供服務。

調整事項：

a. 8 月份之水電費用 $1,800 尚未支付。
b. 8 月底辦公用品盤存剩下 $22,000。
c. 應計薪資金額為 $6,600。
d. 每月折舊 $1,200。
e. 預收服務收入中，有 $14,500 已經可以認列，卻仍未入帳。

試作：

(1) 記錄成太公司 ×× 年 8 月份之交易分錄。
(2) 過帳成太公司 ×× 年 8 月份之交易分錄（省略日記簿與分類帳間之交叉索引）（先建立各分類帳，並寫入 8 月 1 日總分類帳之帳戶餘額），新增之會計項目如下：

220	應付費用	726	薪資費用
407	服務收入	729	租金費用
615	折舊費用	735	水電費用
631	辦公用品費用		

(3) 記錄成太公司 ×× 年 8 月底之調整分錄。
(4) 將成太公司 ×× 年 8 月底之調整分錄過帳至分類帳。
(5) 編製成太公司 ×× 年 8 月底之調整後試算表。

3. 【完成部分之會計循環──編製財務報表、結帳分錄、過帳以及編製結帳後試算表】請根據第 2 題的資料，回答下列問題：

(1) 編製 ×× 年 8 月底之財務報表。
(2) 記錄成太公司 ×× 年 8 月底之結帳分錄。
(3) 將成太公司 ×× 年 8 月底之結帳分錄過帳（省略日記帳與分類帳間的交叉索引）。

(4) 編製成太公司 ×× 年 8 月底之結帳後試算表。

4.【結帳分錄、過帳以及編製過帳後試算表】下表為全家服務公司於 ×1 年 6 月底之調整後試算表（全家服務公司之會計期間結束於 6 月底）。

全家服務公司
調整後試算表
×1 年 6 月 30 日

	借方	貸方
現金	$ 286,300	
應收帳款	820,000	
辦公用品	106,900	
預付保險費	22,900	
設備	958,950	
累計折舊－設備		$ 372,450
辦公大樓	1,486,600	
累計折舊－辦公大樓		365,200
土地	1,100,000	
應付帳款		195,500
應付利息		22,800
應付薪資		12,300
預收服務收入		36,600
應付票據（長期）		699,000
股本		2,272,000
保留盈餘		0
服務收入		1,585,500
折舊費用－設備	69,000	
折舊費用－辦公大樓	37,100	
薪資費用	355,000	
保險費用	99,100	
利息費用	81,700	
水電費用	69,000	
辦公用品費用	68,800	
總額	$5,561,350	$5,561,350

試作：

(1) 記錄全家服務公司 ×1 年 6 月底之結帳分錄。
(2) 將全家服務公司 ×1 年 6 月底之結帳分錄過帳（以 T 字帳的方式過帳）。
(3) 編製全家服務公司 ×1 年 6 月底之結帳後試算表。

5. 【考慮調整事項及計算正確的淨利】橋登保險公司每月編製財務報表。下表為公司××年 8 月份之綜合損益表。

	橋登保險公司 綜合損益表 ××年 8 月份	
收入		
保險金收入		$988,000
費用		
薪資費用	$130,000	
廣告費用	30,000	
租金費用	94,000	
折舊費用	36,000	
利息費用	10,000	
總費用		(300,000)
本期淨利		$688,000
其他綜合損益		0
綜合損益		$688,000

額外資訊：

當編製上述綜合損益表時，公司並未考量下列資訊：

1. 於月底收到電信費帳單 $35,000。
2. 上個月預收之保險金於本月已可認列收入 $100,000 但迄未認列。
3. 辦公用品月初之金額為 $90,000，公司於月中購入 $20,000 之辦公用品，而辦公用品月底之金額為 $15,000。
4. 公司於月初以現金購入一部新車價值 $584,000，此新車每年折舊 $116,800。
5. 公司於月底有應付薪資 $138,000，而這些薪資將於 9 月 10 日支付給員工。

試作：

請編製橋登保險公司××年 8 月正確之綜合損益表。

6. 【由工作底稿資料編製財務報表、結帳分錄、過帳以及編製結帳後試算表】碼雅公司××年 12 月 31 日有如下之部分工作底稿。

		碼雅公司 工作底稿（部分） ××年12月31日			
會計項目編碼	會計項目	綜合損益表		資產負債表	
		借方	貸方	借方	貸方
101	現金			$ 25,110	
112	應收帳款			21,000	
130	預付保險金			3,600	
157	設備			56,800	
167	累計折舊				$ 17,800
201	應付帳款				17,600
212	應付薪資				9,000
311	股本				60,000
320	保留盈餘				30,000
400	服務收入		$ 78,800		
622	維修費用	$ 6,000			
711	折舊費用	5,600			
722	保險費用	3,100			
726	薪資費用	72,000			
732	水電費用	9,990			
750	利息費用	10,000			
	合計	$106,690	$ 78,800	$106,510	$134,400
	淨損		27,890	27,890	
	餘額	$106,690	$106,690	$134,400	$134,400

試作：

(1) 試編製××年公司之綜合損益表、權益變動表與資產負債表。
(2) 試記錄××年12月31日公司之結帳分錄。
(3) 過帳結帳分錄（以T字帳方式過帳，本期損益項目代碼為350）。
(4) 請編製××年12月31日結帳後試算表。

7. 【調整分錄、過帳、編製調整後試算表以及財務報表】典晶品企業成立於×1年10月1日，而下表為典晶品企業12月底之試算表。

典晶品企業
試算表
×1 年 12 月 31 日

		借方	貸方
101	現金	$ 946,000	
126	辦公用品	63,000	
130	預付保險費	60,000	
143	房屋	1,270,000	
149	家具	380,800	
201	應付帳款		$ 133,000
208	預收租金收入		74,000
275	應付抵押款		1,000,000
311	股本		1,500,000
320	保留盈餘		0
429	租金收入		681,800
622	維修費用	44,000	
726	薪資費用	510,000	
732	水電費用	115,000	
	餘額	$3,388,800	$3,388,800

除了上述會計項目外，典晶品企業還有如下之會計帳戶與編碼：

112	應收帳款	620	折舊費用－房屋
144	累計折舊－房屋	621	折舊費用－家具
150	累計折舊－家具	631	辦公用具費用
212	應付薪資	718	利息費用
230	應付利息	722	保險費用

其他資料：

a. 房屋之每年折舊為 $48,000，家具之每年折舊為 $38,400。
b. 辦公用品 12 月底盤存剩下 $20,000。
c. 保險費用每個月攤銷 $5,500。
d. 預收租金 $48,000 於 12 月底前已經可認列但迄未認列。
e. 於 12 月底房客租金 $2,800 已經到期（請使用應收帳款帳戶）。
f. 薪資有 $7,000 於 12 月底尚未支付。
g. 應付抵押款之利息為 10%（年利率），應付抵押款於 12 月 1 日產生。

試作：

(1) 記錄自 10 月 1 日至 12 月 31 日之調整分錄。
(2) 將調整分錄過帳（請列出各項目之分類帳，將試算表餘額寫入分類帳）。
(3) 請編製 12 月底之調整後試算表。
(4) 請編製此 3 個月之綜合損益表、資產負債表與權益變動表。假設無其他綜合損益。

8. 【結帳分錄、過帳以及編製結帳後試算表】請根據第 7 題典晶品企業的資料，回答以下問題：

(1) 記錄 12 月底之結帳分錄。
(2) 將結帳分錄過帳。
(3) 請編製 12 月底之結帳後試算表。

9. 【工作底稿──編製調整分錄、結帳分錄、過帳及編製過帳後試算表】下列為科男公司於 ×1 年底之試算表與調整後試算表。

科男公司
試算表
×1 年 12 月 31 日

會計項目	調整前 借方	調整前 貸方	調整後 借方	調整後 貸方
現金	$ 72,000		$ 72,000	
應收帳款	39,000		49,000	
預付租金	21,000		12,000	
辦公用品	12,000		8,000	
設備	270,000		270,000	
累計折舊－設備		$ 19,500		$ 27,000
應付帳款		27,000		32,000
應付票據		150,000		150,000
應付利息				2,100
應付薪資				7,000
預收服務收入		44,600		43,600
股本		132,000		132,000
保留盈餘		0		0
服務收入		83,500		94,500
薪資費用	18,600		25,600	
水電費用	18,000		23,000	
租金費用	6,000		15,000	
辦公用品費用			4,000	
折舊費用			7,500	
利息費用			2,100	
合計	$456,600	$456,600	$488,200	$488,200

試作：

(1) 請記錄必須的調整分錄，以表示上述調整前試算表如何調整為調整後試算表。
(2) 試做 ×1 年 12 月 31 日之結帳分錄。
(3) 將 ×1 年 12 月 31 日之結帳分錄過帳至 T 字帳。
(4) 編製 ×1 年 12 月 31 日結帳後試算表。

會計達人

1.【收入認列的觀念】請對以下兩個有關收入認列的敘述，註明「正確」或「錯誤」：

(1) 應計基礎下對淨利的衡量比現金基礎下的衡量更正確且對未來預測更能提供有意義的分析。

(2) 在應計基礎下，服務業的公司在收到客戶之現金，即可認列服務收入。

2.【選擇題】

(1) 下列何項是正確的？
   (A) 已經提供服務給客戶後，即可認列服務收入
   (B) 在應計基礎下衡量的淨利，費用不需與相關的收入認列在同一個會計期間
   (C) 支付現金時，即應認列費用
   (D) 預先收取客戶的現金時，認列預收收入

(2) 以下的情形中，何者在應計基礎下將造成收入的增加，但是在現金基礎下不會造成收入的增加？
   (A) 賒購設備
   (B) 預付保險費
   (C) 客戶賒帳
   (D) 賒購郵票

(3) 應計收入較符合下列哪一項解釋？
   (A) 某些服務已經提供且已經收到現金
   (B) 某些服務已經提供，但尚未收到現金
   (C) 某些服務尚未提供且尚未收到現金
   (D) 某些服務尚未提供，但已收到現金

(4) 期末忘記調整機器設備的折舊費用將使：
   (A) 資產低估、淨利高估及權益高估
   (B) 資產高估，淨利高估及權益低估
   (C) 資產低估，淨利低估及權益低估
   (D) 資產高估，淨利高估及權益高估

(5) 凱蒂貓動物美容院於 5 月 31 日為顧客龐德的小貓咪完成美容服務並由龐德當日領回，龐德在 6 月 1 日寄出 $1,000 支票，美容院則於 6 月 5 日接獲支票，支票於 6 月 7 日兌現。根據收入認列條件，凱蒂貓在什麼時候應該認列服務收入？
   (A) 5 月 31 日
   (B) 6 月 1 日
   (C) 6 月 5 日
   (D) 6 月 7 日

(6) 會計項目中的「累計折舊」性質為？
   (A) 負債項目
   (B) 費用項目
   (C) 權益項目
   (D) 資產項目的減項

3. 【利用調整前及調整後試算表編製調整分錄】以下是東櫻公司 ×1 年 12 月 31 日部分的調整前及調整後試算表，請將 ? 的金額填入，並記錄 12 月 31 日應有的調整分錄。

會計項目	調整前試算表 借方	調整前試算表 貸方	調整後試算表 借方	調整後試算表 貸方
應收帳款	$ 2,500		$ 6,530	
辦公用品	4,800		2,000	
預付保險費	8,800		4,500	
累計折舊－設備		$ 5,500		$6,700
應付薪資				6,000
預收收入		12,800		3,800
服務收入		208,950		?
薪資費用	27,000		?	
保險費			?	
辦公用品費用			?	
折舊費用			?	
水電費用			1,200	
現金				?

4.【編製財務報表及結帳】 大欣公司 ×1 年 12 月 31 日的調整後試算表資料如下：

大欣公司
調整後試算表
×1 年 12 月 31 日

	借方	貸方
現金	$ 20,000	
應收帳款	15,000	
應收票據	9,000	
辦公用品	600	
預付保險費	4,500	
土地	30,000	
建築物	46,000	
累積折舊－建築物		$7,000
辦公設備	8,000	
累積折舊－辦公設備		2,500
應付帳款		12,000
應付票據		6,000
應付薪資		1,500
長期應付票據		40,000
普通股		50,000
保留盈餘 ×1/1/1		6,000
服務收入		19,300
租金費用	2,500	
旅費	1,200	
折舊費用	2,600	
薪資費用	4,200	
辦公用品費用	200	
保險費用	500	
合計	$144,300	$144,300

試作：

(1) 編製綜合損益表（假設其他綜合損益之金額為零）。
(2) 編製權益變動表。
(3) 編製資產負債表。
(4) 作結帳分錄。

Chapter 06

買賣業會計與存貨會計處理 - 永續盤存制

objectives

研讀本章後，預期可以了解：

- 收入認列條件
- 服務業與買賣業營業循環的差異
- 買賣業進貨與銷貨之會計處理
- 買賣業之會計循環與工作底稿
- 分類式資產負債表
- 單站式與多站式綜合損益表

務「完物」、「無息幣」及「知豐缺、料貴賤、及時買賣」這三項是中國商人始祖陶朱公范蠡能夠「商以致富、成名天下」最重要的三原則。其意義為商品品質要好，不存腐貨、不囤積；資金貨物周轉要快；知商品的豐缺，就能料物價的漲跌貴賤，在商品價高時迅速拋出，商品價跌時則儘快收購，就能賺大利。陶朱公的好友子貢也是經商而富甲一方，《史記》記載：「子貢好廢舉，與時轉貨貲（資）……家累千金」。「廢舉」的意思是賤買貴賣，「轉貨」是指「隨時轉貨以殖其資」。看起來，兩位中國最早期、最成功的商人即使活在兩千多年後的今天，也應該是買賣業的高手。

　　1998年潤泰集團在上海開設大陸大潤發的第一家量販店；2009年，大潤發已經是大陸最大的量販通路。2014年，為拉大與競爭者的距離，保持龍頭地位，該公司擴增了40多家門市，店數衝到近500家，並將戰線延長到五級城市。潤泰集團旗下的兩家上市公司潤泰全與潤泰新及尹衍樑先生家族基金是透過香港上市公司高鑫零售公司間接投資大陸的大潤發。

　　大潤發成功的因素非常多，舉例而言，其蘇州物流中心收到的貨物，除了三成要留做存貨，其餘七成是廠商一送到，馬上就配送到全國各地，幾乎沒有停留，這就是做到范蠡與子貢說的「及時買賣」以及「與時轉貨資」；又如大潤發架上的綠色蔬菜，每隔幾分鐘灑水一次，保持鮮度，這又做到後人整理陶朱公商訓中的「能整頓：貨物整齊，奪人心目」。當然，最重要的因素可能是，尹衍樑先生當年對創立中國大潤發關鍵人物黃明端先生的知人善用與充分授權，這又做到陶朱公商訓中的「能用人：因才施用，任事有賴」。

　　在網路電商崛起下，潤泰集團決定退出實體商場的經營，2017年阿里巴巴以港幣280億（台幣1,058億）的代價，取得中國的「大潤發」及「歐尚」兩個品牌的控制權。這筆股權交易使阿里巴巴迅速整合虛擬線上與實體零售兩大龍頭體系，對阿里巴巴是一筆成功的交易，而對潤泰集團而言，也得以在與網路電商愈來愈激烈的競爭中順利獲利了結。

　　阿里巴巴與亞馬遜兩大世界龍頭各採取何種生意模式呢？阿里巴巴主要是所謂的business-to-business (B2B)，公司盡量吸引零售商到公司平台銷售，消費者透過阿里巴巴的平台交易，公司可以抽取佣金；而亞馬遜主要是所謂的business-to-custom (B2C)，公司盡量吸引消費者來公司網站購買公司的商品。當然，阿里巴巴亦有B2C，而亞馬遜亦有B2B。進入電商戰國時代，未來是持續百家爭鳴或少數商業模式存活，這是未來30年零售市場的大戲！

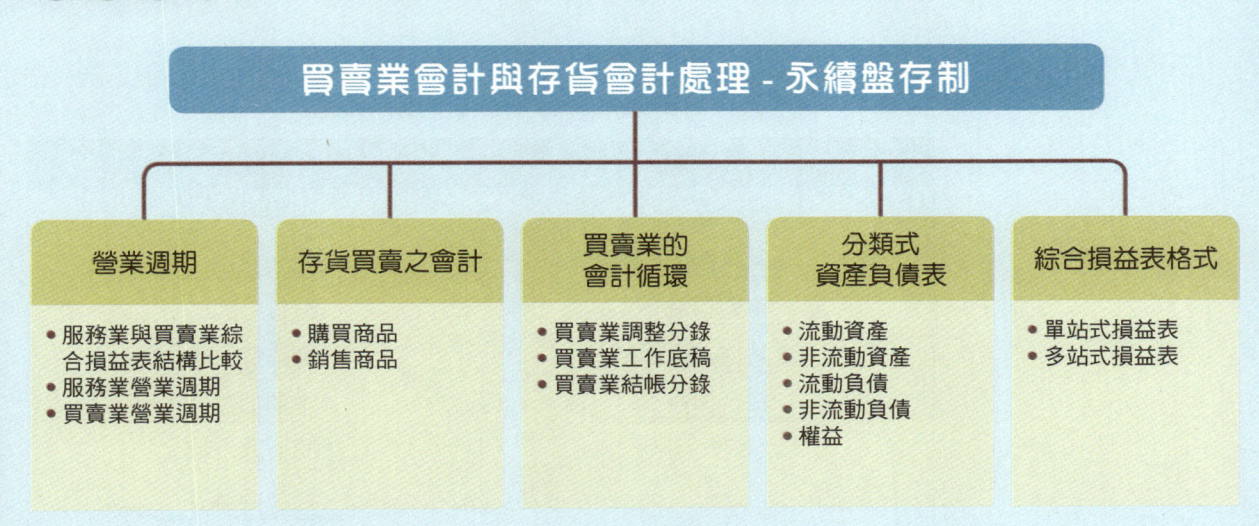

本章架構

買賣業會計與存貨會計處理－永續盤存制

營業週期	存貨買賣之會計	買賣業的會計循環	分類式資產負債表	綜合損益表格式
• 服務業與買賣業綜合損益表結構比較 • 服務業營業週期 • 買賣業營業週期	• 購買商品 • 銷售商品	• 買賣業調整分錄 • 買賣業工作底稿 • 買賣業結帳分錄	• 流動資產 • 非流動資產 • 流動負債 • 非流動負債 • 權益	• 單站式損益表 • 多站式損益表

學習目標 1
了解服務業與買賣業綜合損益表結構之差異

6.1 服務業與買賣業之營業週期

本章的買賣業會計比第 3 與第 4 章的服務業會計稍微複雜一些（請參考表 6-1）：服務業顧名思義是為客戶服務賺取收入，將服務收入減去各項營業費用即可得出本期損益；買賣業賣貨品給客戶，買賣業本身需要購買這些貨品，這是一項重大的成本，另外公司也需要購買或租用辦公大樓、辦公設備等與服務業一樣的資產才能營業。因此買賣業的本期損益是分為兩階段計算：先將銷貨收入（亦可簡稱銷貨）減去銷貨成本得出銷貨毛利，再減去與服務業類似的各類營業費用，即為本期損益。銷貨成本指的是那些被賣出去的商品，當初購進時的成本。所以買賣業會計中，我們必須額外處理銷貨成本的部分，其他部分則與服務業非常類似。

服務業與買賣業的基本營業步驟如圖 6-1 所示，因為這些步驟在公司經營的過程中一再重複，我們將這些步驟循環一次所需的時間稱為**營業週期**（operating cycle）。服務業的營業週期只有兩個步驟，首先支出現金購買各種資源，以便提供服務給顧客並獲得收入，其次是向顧客收帳獲得現金。買賣業則多了一個步驟，首先必須以現金支付商品存貨的購買，其次將存貨賣給顧客並獲得銷貨收入，最後則向顧客收得現金。每完成一組的步驟，即構成一個週期，日復一日，年復一年，希望在付現金與收現金的重複循環中，業務逐漸成長，獲利逐年上升。

營業週期 企業在正常營業活動中，自取得商品至其賣出商品並收取現金所需之平均時間。

表 6-1 服務業與買賣業之綜合損益表的結構比較

服務業	買賣業
服務收入	銷貨收入
－營業費用	－銷貨成本
本期損益	銷貨毛利
±其他綜合損益	－營業費用
綜合損益	本期損益
	±其他綜合損益
	綜合損益

買賣業會計與存貨會計處理 - 永續盤存制

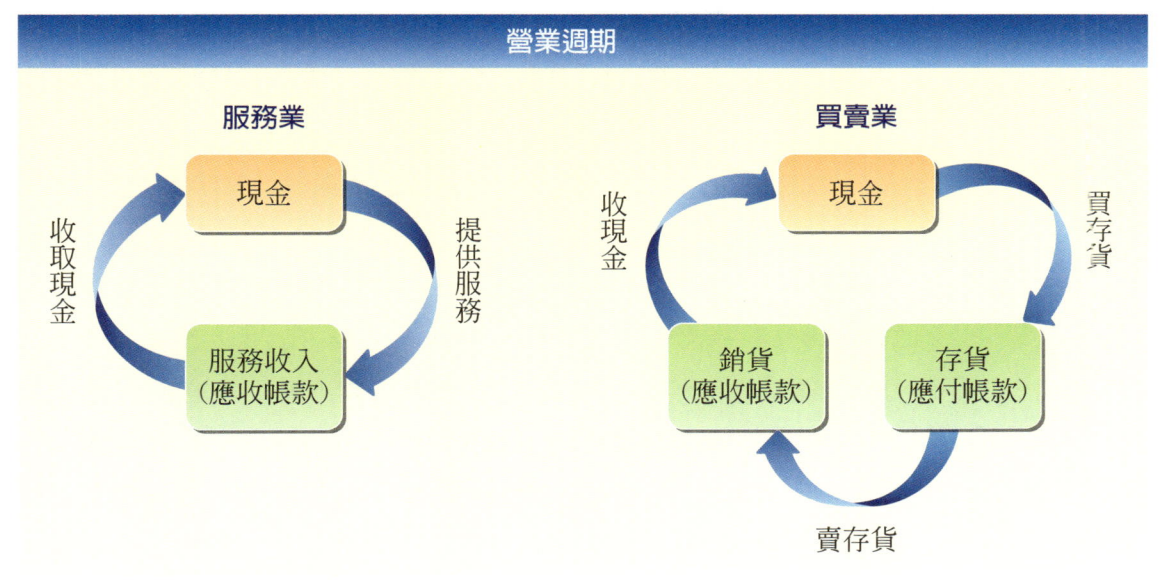

營業週期

服務業：現金 → 提供服務 → 服務收入（應收帳款）→ 收取現金 → 現金

買賣業：現金 → 買存貨 → 存貨（應付帳款）→ 賣存貨 → 銷貨（應收帳款）→ 收現金 → 現金

圖 6-1 服務業與買賣業營業週期圖

　　買賣業的存貨管理及帳務處理包含兩大系統：本章下一節主要介紹**永續盤存制**（perpetual inventory system），於第 7 章再介紹另一種盤存制度：**定期盤存制**（periodic inventory system）。在永續盤存制下，公司購買商品時記錄存貨的增加；銷售商品時記錄存貨的減少。這種制度使得存貨的金額，隨時可自帳上追蹤盤點，雖然帳務成本較高，但同時亦提供較及時完整的資訊。

6.2 買賣業商品的買賣程序

▶ 學習目標 2
了解商品買賣程序

　　公司購買商品存貨，即所謂進貨或購貨，其程序包含：訂購程序、驗收程序及付款程序等；而供應商（賣方）銷售商品存貨，即所謂銷貨，其程序則包含：客戶下訂單的程序、運送程序、請款程序及收款程序等。公司購買商品時，採購部門填製訂購單向供應商下訂單，賣方（供應商）收到訂單後，將商品運送到公司。公司驗收部門進行驗收，如果發現商品與訂單不符，會通知供應商將商品退回，這種情況稱為**進貨退回**（Purchase Return）；另外一種情況是驗收時發現商品有瑕疵，這種情況下一般有兩種處理方式：(1) 如果

瑕疵品無法繼續使用，公司將商品退回（即**進貨退回**）；(2) 如果瑕疵品可繼續使用，且供應商願意給予降價折讓作為補償，公司就收下商品，這種情況稱為**進貨折讓**（Purchase Allowance）。公司的進貨退回與進貨折讓，就是供應商的**銷貨退回與銷貨折讓**。

供應商在運送商品時，會將訂購商品及購貨憑證〔即**發票**（Invoice）〕交給公司。發票是一種有序號的交易憑證，由供應商填寫，發票包含二聯式（給個人消費者）或三聯式：供應商利用其中一聯申報營業稅，另一聯由供應商自存（即供應商的「銷貨憑證」），最後一聯給訂購公司（即買方的「購貨憑證」）。在發票上一般會寫明訂購商品的種類、數量、金額、支付條件以及運費是由買方或賣方負擔等等條款。訂購公司在收到商品後，依約定的期間付現。一般而言，買方購買商品存貨可能馬上付現金（現購）或未來才需要付款（賒購），故在收到商品時記錄購買商品的會計分錄為：借記存貨；貸記現金（現購）或應付帳款（賒購）。相對地，對賣方而言，銷貨亦可能以一手交錢、一手交貨方式（現銷）或先交貨、再於未來期間收現（賒銷）方式進行，賣方在送出商品後已賺得收益時，就須記錄銷貨有關的會計分錄。

動動腦

商業實務中，是否針對銷貨及進貨分別開立不同的憑證？

解析

否。發票由賣方公司開立，其中一聯送交買方公司作為其進貨憑證；另一聯賣方公司自存作為銷貨憑證。

> **學習目標 3**
> 熟悉購買與銷售商品之會計處理

6.3 商品買賣的會計處理——永續盤存制

本節分為兩個部分，第一部分敘述公司購買商品存貨時相關的會計分錄；第二部分則是有關銷售商品存貨的會計處理。這兩部分事實上是同一項交易，因為對交易兩方公司而言，一方為銷貨，另一方為進貨。

6.3.1 購買商品的會計處理（買方公司會計記錄）

愛買賣公司是一家大型的買賣業公司，銷售的商品包含日常用品、食物及家電用品等。該公司向供應商購貨，再將商品賣出至消費者。以下即以愛買賣公司的例子，說明進貨公司的會計處理。

1. 進　貨

4月1日愛買賣公司向山瑞歐公司購買 Hello Kitty 鬧鐘 11個，發票金額 $11,000，雙方言明下個月 5 日前付現金即可（賒購）。公司買入的商品是一項有價值的資產，將來賣出給顧客，賺取收入，這類「以正常營業中賣出為目的之商品」稱為**商品存貨**（Merchandise Inventory）或簡稱**存貨**（Inventory）。愛買賣公司賒帳購買商品，故在帳上應該記錄該公司的存貨（資產）增加，應付帳款（負債）也同時增加：

4/1	存貨	11,000
	應付帳款	11,000
	記錄向山瑞歐公司進貨	

2. 進貨退回與折讓

當發生產品規格不符或產品有瑕疵而退回給供應商時，通常是以進貨退回處理，即公司填製「退貨單」並將貨品退回給賣方。但在進貨折讓的情況下，公司並不退貨而是買賣雙方會先敲定降價折讓的價格後，賣方按雙方敲定的價格重開發票，此一發票價格即為買方的進貨成本。

給我報報

借項通知單

美國的公司發生進貨退回與折讓的情況時，買方一般會填寫**借項通知單**（debit memorandum），正本給賣方公司，副本由買方自存。借項通知單告知賣方將有商品退貨或折讓的情況發生，因為買方將在其會計記錄中減少對賣方的應付帳款，應付帳款的減少記錄在借方，因此稱為借項通知單。

(1) 商品與訂單規格不符或有瑕疵導致進貨退回的情況

　　愛買賣公司在 4 月 1 日所購商品存貨,因為山瑞歐公司運送的商品中有一個鬧鐘與訂單規格不符或有瑕疵情形,4 月 8 日愛買賣公司填寫退貨單並連同 Hello Kitty 鬧鐘一個退回給山瑞歐公司,因此在 4 月 8 日之會計分錄應該記錄存貨的減少,以及應付帳款減少:

4/8	應付帳款	1,000	
	存貨		1,000

　　記錄向山瑞歐公司購買的商品因與
　　訂單規格不符或有瑕疵而退回

(2) 商品與訂單規格不符或有瑕疵導致進貨折讓的情況

　　若愛買賣公司其他所購商品雖與訂單規格不符或有瑕疵但同意並不退回,而是山瑞歐公司給予折讓 $200,表示該商品降價 $200。此時愛買賣公司的資產(存貨)之數量雖未減少,但取得成本減少 $200,所以存貨金額減少同時應付帳款減少。愛買賣公司在 4 月 8 日之分錄如下:

4/8	應付帳款	200	
	存貨		200

　　記錄向山瑞歐公司購買的商品與訂
　　單規格不符而發生折讓

截至 4/8,相關資料如下:

存貨
4/1	11,000	4/8	1,000
		4/8	200
4/8	9,800		

應付帳款
4/8	1,000	4/1	11,000
4/8	200		
		4/8	9,800

3. 進貨運費

　　運費可能內含於商品成本中或外加於商品成本之外,銷售合約中通常會說明運費是由買方或由賣方支付。在商業實務中,有關運費的條件有兩種情況:一是**起運點交貨**(FOB shipping point),另一個是**目的地交貨**(FOB destination)[1]。起運點交貨是指在起運地就算賣方將貨品交給買方,此時商品的所有權已由賣方移轉至買方,因此起運點之後的運費(或其他費用,如運送途中的保險費用)由買方負擔;相反地,目的地交貨是指到達目的地後,賣方才算將貨

---

[1] FOB 是 free on board 的簡稱。

品交給買方，此後的商品所有權才由賣方移轉至買方，因此到達目的地之前的運費由賣方負擔。

(1) 起運點交貨的情況

在起運點交貨的情況，由買方支付必要的運費，由於運費是取得商品存貨，使它達到可銷售狀態的必要直接成本，因此應計入存貨成本。愛買賣公司有關 4 月 1 日向山瑞歐公司進貨的運費條件是**起運點交貨**，因此，愛買賣公司在 4 月 8 日支付貨運公司運費現金 $500，有關的會計分錄如下：

起運點交貨之存貨餘額：

存貨			
4/1	11,000	4/8	1,000
4/8	500	4/8	200
4/8	10,300		

4/8	存貨	500	
	現金		500
	記錄支付購買商品存貨之相關運費		

(2) 目的地交貨的情況

若愛買賣公司有關 4 月 1 日向山瑞歐公司進貨的運費條件是**目的地交貨**，表示將由山瑞歐公司支付 $500 的銷貨運費，愛買賣公司在 4 月 8 日並不需要有任何的會計記錄。

目的地交貨之存貨餘額：

存貨			
4/1	11,000	4/8	1,000
		4/8	200
4/8	9,800		

動動腦

公司賒購存貨時約定於起運點交貨，進貨價格 $100，並以現金支付運費 $10，則存貨的帳面金額（成本）為多少？相關分錄為何？

解析

進貨運費也是購買存貨的必要成本，所以存貨帳面金額是 $110，分錄

如下：

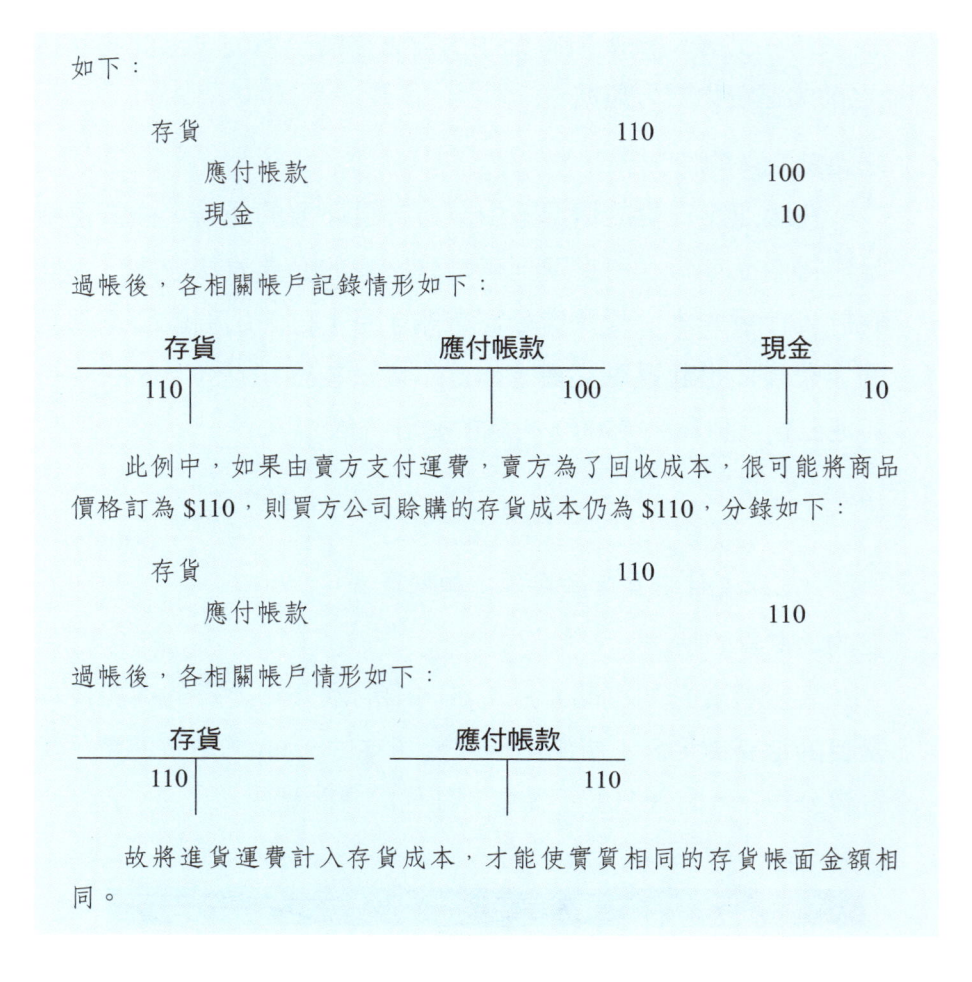

存貨	110	
應付帳款		100
現金		10

過帳後，各相關帳戶記錄情形如下：

存貨	應付帳款	現金
110	100	10

此例中，如果由賣方支付運費，賣方為了回收成本，很可能將商品價格訂為 $110，則買方公司賒購的存貨成本仍為 $110，分錄如下：

存貨	110	
應付帳款		110

過帳後，各相關帳戶情形如下：

存貨	應付帳款
110	110

故將進貨運費計入存貨成本，才能使實質相同的存貨帳面金額相同。

4. 進貨折扣

當交易是以非現金交易形式買賣時（也就是賒購與賒銷交易），銷售合約中須約定的除了運費由誰負擔外，也可能會談妥「現金折扣」的條件。賣方為了鼓勵買方早一點付清帳款，雙方同意：如果買方在折扣期間內付款，賣方會給予買方「現金折扣」，亦即買方僅須支付低於原欠帳款之現金，即可結清所有欠款債務。現金折扣對買方而言稱為**進貨折扣**（Purchase Discount）；相對地，就是賣方公司的**銷貨折扣**（Sales Discount）。如果買方付款的日期超過折扣期間，則不能享受現金折扣，但最遲仍須在約定的最後期限內付款。

現金折扣條件的表達舉例如下：**2/10, n/30**，這表示折扣期間是發票開立後的 10 日，在 10 日內付款，買方將可享有 2% 的進貨折

> 2/10, n/30 表示在 10 日內付款，買方將可享有 2% 的進貨折扣，超過 10 日付款則無任何進貨折扣，且買方最遲須於發票開立後的 30 日內付款。

扣（進貨折扣的計算基礎是以發票價格扣除進貨退回與折讓後的金額乘以 2%），超過 10 日付款則無任何進貨折扣，且買方最遲須於發票開立後的 30 日內付款。另一種現金折扣條件的表達方式例如 **2/10, EOM**（end of month，月底）, **n/60**，則代表發票日次月 10 日以前付款者，可享有 2% 的進貨折扣，發票日後 60 天內必須付清全部貨款。

(1) 於折扣期間付款，取得現金折扣

　　獨立於前述愛買賣公司之情況，若愛買賣公司在 4 月 1 日向山瑞歐公司購貨，金額 $11,000，授信條件是 2/10, n/30，運費條件是起運點交貨。愛買賣公司於 4 月 8 日退貨一批，金額 $1,000。並於 4 月 11 日支付山瑞歐公司貨款。發票金額 $11,000 扣除 4 月 8 日進貨退回 $1,000 後，取得的進貨折扣金額為 $200（即 $10,000×2%），愛買賣公司實際需支付的金額為 $9,800（即 $10,000 － $200）。交易分析如下：

　a. 此次付現金是為了結清尚欠的應付帳款 $10,000，所以應借記應付帳款 $10,000。
　b. 現金僅支付 $9,800，因此貸記現金 $9,800。
　c. 借方與貸方差額 $200，表示存貨之購買成本是 $9,800，並非 $10,000，應該減少存貨 $200。

4/11	應付帳款	10,000	
	現金		9,800
	存貨		200

　　　記錄在折扣期間內支付貨款

(2) 未於折扣期間付款，未取得現金折扣

　　若愛買賣公司在 4 月 30 日才付款，則並未取得進貨折扣，必須支付全額貨款 $10,000，有關的會計分錄如下：

4/30	應付帳款	10,000	
	現金		10,000

　　　記錄貨款支付且未在折扣期間內付款

截至目前為止，愛買賣公司存貨與應付帳款分類帳資料如下：

存貨

4/1	11,000	4/8	1,000
		4/11	200
4/11	9,800		

應付帳款

4/8	1,000	4/1	11,000
4/11	10,000		
		4/11	0

現金

		4/11	9,800

存貨

4/1	11,000	4/8	1,000
4/30	10,000		

應付帳款

4/1	1,000	4/1	11,000
4/30	10,000		
		4/30	0

現金

		4/30	10,000

進貨折扣其實是利息的概念，未取得的進貨折扣，實際上是折扣期間後至最終支付日間的利息負擔。若以愛買賣公司 2/10, n/30 為例說明：表示 20 天的利息負擔為 $200，化為年利率達 37.24%（參見第 209 頁動動腦），一般銀行借款利率通常遠低於此數，即使公司向銀行借款來支付貨款，在扣除借款成本後仍是有利的。所以在正常情況下，買方都會取得進貨折扣。

釋例 6-1

PChouse 公司以永續盤存制記錄存貨之買賣交易，該公司 12 月份向 Asas 之進貨交易如下：

12/6　賒購存貨 $25,000，運費條件為起運點交貨，付款條件為 2/10, n/30。
12/10　發現 12/6 賒購的部分存貨有瑕疵，將 $5,000 存貨退回。
12/12　支付 12/6 賒購存貨之運費 $100。
12/15　支付 12/6 賒購存貨之貨款。

試作 PChouse 12 月份之分錄。

解析

日期	科目	借方	貸方
12/6	存貨	25,000	
	應付帳款		25,000
12/10	應付帳款	5,000	
	存貨		5,000
12/12	存貨	100	
	現金		100
12/15	應付帳款	20,000	
	存貨		400
	現金		19,600

說明：因為 12 月 10 日退回一批貨，金額 $5,000，因此在 12 月 15 日帳款只餘 $20,000（即 $25,000 – $5,000），又因在折扣期間付款，少付 $400（即 $20,000×2%），使存貨購買成本減少 $400，再加上運費 $100，使此批存貨總成本為 $19,700。

動動腦

續釋例 6-1，PChouse 的進貨交易，相對於 Asas 而言，是何種交易？2/10, n/30 的授信條件，為何其有效利率為 37.24%？

解析

(1) 是交易對手 Asas 的銷貨交易。
(2) 以 $100 的總發票金額為例，第 30 天才付款等於第 10 天時沒有 $98 可以付款，向賣方借 $98，20 天後加計利息 $2，所以付款 $100。利用利息公式如下：

假設借款年利率為 r%，一年以 365 天計
本金 ×（1 + 年利率 × 計息期間）= 本利和
$$\$98 \times (1 + r\% \times \frac{20}{365}) = \$100$$
r% = 37.24%

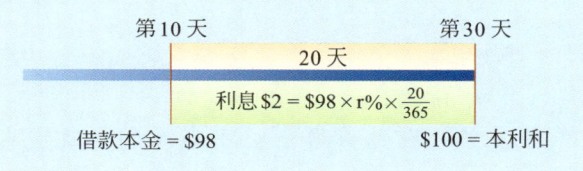

```
         第10天                  第30天
          ┌──────── 20 天 ────────┐
          │ 利息 $2 = $98×r%×20/365│
       借款本金 = $98          $100 = 本利和
```

6.3.2 銷售商品的會計處理（賣方公司會計記錄）

一家公司的進貨就是對方公司的銷貨。以下就愛買賣公司購買 Hello Kitty 鬧鐘的例子，說明山瑞歐公司（賣方）相關的會計記錄。在說明這些交易的會計處理前，有必要提醒讀者，自 2018 年開始，我國的上市、上櫃與興櫃公司適用 IFRS 15 之收入認列規定。雖然在初級會計所討論的買賣例子相對簡單，會計處理方式不受影響，但除了已於第五章稍作說明外，於本節之末的「IFRS 一點就亮」與「給我報報」專欄，扼要解釋 IFRS 15 之原則及其與以前的認列條件相異之處。

1. 銷　貨

4 月 1 日山瑞歐公司賒銷 Hello Kitty 鬧鐘 11 個給愛買賣公司，發票金額 $11,000，假設每一個鬧鐘的成本是 $600。交易分析如下：

服務業中，為賺取服務收入所發生的各項費用，記入各類營業費用項目。

買賣業中，為賺取銷貨收入所發生的各項費用，其中有關商品存貨的費用記入銷貨成本項目，其他各項費用記入各類營業費用項目。

(1) 銷售價格代表公司將來對客戶（愛買賣公司）可以收取現金的金額，因為已提供商品予顧客，由顧客管理使用，即商品的控制已移轉給客戶，因此認列**銷貨收入**（Sales Revenue），金額為 $11,000。

(2) 為了獲取這項收入，公司的存貨資產減少，即存貨已依其使用目的被使用——賣出，所以由資產轉列成費用，以**銷貨成本**（Cost of Goods Sold）這個費損項目記錄。存貨減少的金額（成本）為 $6,600，應借記銷貨成本，貸記存貨。

有關的會計分錄：

4/1	應收帳款	11,000	
	銷貨收入		11,000
	記錄出售商品給愛買賣公司		

4/1	銷貨成本	6,600	
	存貨		6,600
	記錄出售給愛買賣公司商品的存貨成本		

到目前為止，我們所介紹的商品買賣業會計處理，當購買商品時存貨增加，因此借記存貨；在銷貨時也立刻記錄存貨的減少，即貸記存貨。這種作法是隨時在帳上追蹤記錄存貨剩下多少，稱為存貨的「永續盤存制」。

2. 銷貨退回與折讓

當賣方收到買方的借項通知單時，表示買方發生進貨退回或進貨折讓的情況。此時對賣方而言，是賣方的**銷貨退回與銷貨折讓**（Sales Return and Allowance）。賣方在收到買方的借項通知單後，會填寫**貸項通知單**（credit memorandum），正本給買方，副本由賣方自存。賣方使用貸項通知單與買方確認發生商品退貨或折讓的情況，因此時賣方將在其會計記錄中減少（貸記）對買方的應收帳款，而應收帳款的減少在貸方，所以稱為貸項通知單。在台灣的商業實務中，發生退回或折讓時，是由買方填製「退貨折讓單」，賣方

使用折讓單的正本入帳,並不另外再開立其他單據(例如:貸項通知單)。銷貨退回與折讓發生時應如何記錄呢?初步分析如下:

(1) 若對方退貨或雙方同意降價折讓,則向對方收取帳款的權利減少,應貸記「應收帳款」;同時公司的銷貨收入應該減少(借記銷貨收入)。

(2) 對方退貨,賣方收回貨品,使其商品存貨增加,應借記存貨,同時銷貨成本也減少,應貸記銷貨成本。但若為銷貨折讓時無收回的貨品,則無此部分記錄。

以 T 字帳表現這個記錄方式如下:

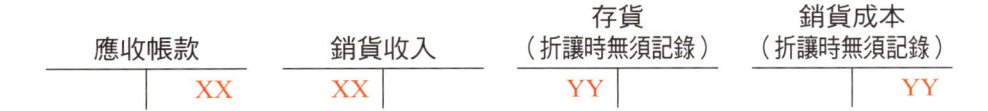

應收帳款	銷貨收入	存貨 (折讓時無須記錄)	銷貨成本 (折讓時無須記錄)
| XX	XX |	YY |	| YY

這種會計處理將銷貨收入與銷貨成本同時減少的記錄方式,可以得到正確的銷貨收入與存貨的資訊。但是公司為了管理上的目的,如評估不同工作員工的績效,可能總經理想分別知道公司當期原始銷貨金額、被顧客退回多少金額及最後淨銷貨收入(真正的銷貨收入)金額各是多少。因此我們的會計記錄要修正一下:銷貨收入減少時,不要直接借記銷貨收入,我們另借記銷貨退回與折讓,其 T 字帳記錄如下:

應收帳款	銷貨退回與折讓	存貨 (折讓時無須記錄)	銷貨成本 (折讓時無須記錄)
| XX	XX |	YY |	| YY

讀者可以對照兩組 T 字帳,就可以明瞭銷貨退回與折讓是代表銷貨收入的減項,所以我們稱它為銷貨收入的**抵銷帳戶**(contra account)。公司將銷貨收入減去銷貨退回與折讓,就可得出淨銷貨收入(真正的銷貨收入)。

(1) 商品與訂單規格不符導致銷貨退回的情況

以山瑞歐公司 4 月 8 日收到愛買賣公司的借項通知單(折讓單)並退回與訂單規格不符的 Hello Kitty 鬧鐘 1 個為例,山

瑞歐公司記錄有關銷貨退回的會計分錄如下（退回貨品的售價即銷貨金額為 $1,000，該商品原本係以 $600 購入，即該商品存貨成本為 $600）：

4/8	銷貨退回與折讓	1,000	
	應收帳款		1,000
	記錄出售給愛買賣公司商品之退回		

4/8	存貨	600	
	銷貨成本		600
	記錄出售給愛買賣公司商品退回的成本		

應收帳款
4/1　11,000　｜　4/8　1,000

銷貨收入
　　　　　　｜　4/1　11,000

銷貨退回與折讓
4/8　1,000　｜

存貨
××　4/1　6,600
4/8　600　｜

銷貨成本
4/1　6,600　｜　4/8　600

(2) 瑕疵商品導致銷貨退回的情況

　　獨立於前述 (1) 之情況，若山瑞歐公司收到愛買賣公司借項通知單及瑕疵商品，估計該退回瑕疵品 Hello Kitty 鬧鐘 1 個的淨變現價值是 $400（而不是原始存貨成本 $600）。所謂淨變現價值，是指企業預期在正常營業狀況下，出售存貨能取得的淨金額（參見本書第 7 章第 4 節），則山瑞歐公司的會計分錄如下：（與前述因運送商品和訂單規格不符而發生銷貨退回狀況的會計項目相同，但記錄退回商品的成本不是原始成本，而是瑕疵品的淨變現價值）

發現瑕疵後被退回存貨價值 $400，與原始成本 $600 之差額 $200，其性質類似存貨跌價損失，根據國際財務報導準則之規定，應列入銷貨成本。

4/8	銷貨退回與折讓	1,000	
	應收帳款		1,000
	記錄出售給愛買賣公司商品之退回		

4/8	存貨	400	
	銷貨成本		400
	記錄出售給愛買賣公司商品退回的成本淨變現價值		

(3) 與訂單規格不符或有瑕疵導致銷貨折讓的情況

　　延續前述 (1) 之情況，若山瑞歐公司出售給愛買賣公司之其他商品係因規格不符或有瑕疵而折讓 $200（愛買賣公司不退回

該商品),因此這些鬧鐘的銷貨價格實際為 $9,800(即 $10,000 – $200)而不是 $10,000,此時有關的會計分錄如下:

4/8	銷貨退回與折讓	200
	應收帳款	200
	記錄愛買賣公司商品折讓	

應收帳款			
4/1	11,000	4/8	1,000
		4/8	200

銷貨收入			
		4/1	11,000

銷貨退回與折讓		
4/8	1,000	
4/8	200	

銷貨成本			
4/1	6,600	4/8	600

3. 銷貨運費

(1) 起運點交貨的情況

　　有關 4 月 1 日山瑞歐公司銷售商品給愛買賣公司的運費條件是**起運點交貨**,因此,愛買賣公司必須負擔運費,山瑞歐公司的會計帳上不需要記錄任何分錄。

(2) 目的地交貨的情況

　　若 4 月 1 日山瑞歐公司銷售商品給愛買賣公司的運費條件是**目的地交貨**,則山瑞歐公司將支付 $500 的銷貨運費,因此,山瑞歐公司的會計記錄如下:

4/6	銷貨運費(屬銷售費用)	500
	現金	500
	記錄支付銷售商品之相關運費	

　　賣方所承擔的銷貨運費是因為銷售所發生的直接成本,因此運費項目金額將出現於其綜合損益表的營業費用中的銷售費用項下。

4. 銷貨折扣

　　賣方給顧客的銷貨折扣將使銷貨收入減少,但是和銷貨退回與折讓相同,這種因為折扣而減少的銷貨收入,並不直接記入銷貨收入借方,而是另立一個抵銷帳戶:**銷貨折扣**。公司計算淨銷貨收入時,除將原始銷貨收入減去銷貨退回與折讓外,也必須減去這個銷貨折扣金額。

(1) 於折扣期間內收到顧客付款,發生銷貨折扣的情況

　　延續前述討論愛買賣公司之銷貨退回與折讓之 (1) 情況,

若山瑞歐公司在 4 月 1 日銷貨給愛買賣公司的授信條件是 2/10, n/30，4 月 8 日發生銷貨退回 $1,000，愛買賣公司在折扣期間內 4 月 11 日支付山瑞歐公司貨款，則山瑞歐公司的會計分錄如下：

4/11	現金	9,800	
	銷貨折扣	200	
	應收帳款		10,000

記錄收取愛買賣公司在折扣期間內所支付貨款

應收帳款
| 4/1 | 11,000 | 4/8 | 1,000 |
| | | 4/11 | 10,000 |

現金
| 4/11 | 9,800 | | |

銷貨收入
| | | 4/1 | 11,000 |

銷貨退回與折讓
| 4/8 | 1,000 | | |

銷貨折扣
| 4/11 | 200 | | |

則銷貨淨額為：銷貨收入 − 銷貨退回與折讓 − 銷貨折扣 = $11,000 − $1,000 − $200 = $9,800

(2) 顧客未在折扣期間付款，未發生銷貨折扣的情況

若愛買賣公司未在折扣期間內付款，而在 4 月 30 日支付全額貨款給山瑞歐公司，山瑞歐公司的會計分錄如下：

4/30	現金	10,000	
	應收帳款		10,000

記錄收取愛買賣公司未在折扣期間支付之貨款

☞ IFRS 一點就亮

IFRS 15 下收入認列之核心原則──控制移轉

有別於先前 IAS 18 以「商品風險及報酬已移轉給客戶」作為收入的認列條件，2018 年開始適用的 IFRS 15「客戶合約之收入」係以「客戶取得對商品之控制」作為收入的認列條件。

為何做此改變呢？舉例而言，電視機製造商之電視機銷售交易中，客戶抬走電視機時，電視機之控制權已經完全移轉給客戶，此一時點認列收入應該是適當的。但電視機持有之風險及報酬是否已完全移轉就有很大的爭議，因為電器商品通常附有 1 年標準保固，若該電視機在 1 年內壞掉了，很可能製造商必須負責保修，則持有風險是否已經大部分移轉是個高度爭議的問題。此外，根據 IFRS 觀念架構，資產之認列或除列是以控制是否移轉判斷，因此新的 IFRS 15 改採控制移轉作為收入認列的核心原則，也和其他資產的除列原則一致。

給我報報

IFRS 15 收入認列的五個步驟

商業交易日趨複雜，例如手機搭配門號銷售的合約越來越多樣化，電信公司與客戶間合約顯然包括至少兩項組成部分：手機和電信服務，有時亦會有未來新手機或服務的選擇權。

在 IFRS 15 下，企業對一個包含多項組成部分（即多項履約義務）合約，應以下列五個步驟認列收入：

步驟 1：辨認客戶合約。
步驟 2：辨認合約中之履約義務。
步驟 3：決定交易價格。
步驟 4：分攤交易價格 —— 將交易價格分攤至合約中之履約義務（如將電信合約總對價分攤至手機及電信服務）。
步驟 5：決定收入認列時點 —— (1) 於企業滿足履約義務時（如手機控制移轉時）認列收入；或 (2) 隨企業滿足履約義務時（如提供電信服務時）認列收入。

若對客戶合約僅有一項履約義務，則企業直接進入步驟 5，判斷企業應該在一個時點認列收入，或隨著履約義務的進度認列收入（如完工比例法）。

釋例 6-2

釋例 6-1 中 Asas 公司也是採永續盤存制，其 12 月份對 PChouse 之銷貨交易如下：

12/6　賒銷貨品 $25,000，運費條件為起運點交貨，付款條件為 2/10, n/30。該批貨品成本 $10,000。

12/10　12/6 對 PChouse 賒銷貨品中，部分瑕疵品 $5,000 遭退貨。被退回瑕疵品之銷售價格為 $5,000，原始成本為 $1,000，估計淨變現價值為 $200。

12/15　收到 12/6 賒銷貨品之貨款。

試作 Asas 12 月份之分錄。並請讀者比較釋例 6-1 與釋例 6-2，注意雙方對同一個交易所作分錄的差異。

解析

	Asas（賣方）		PChouse（買方)	
12/6	應收帳款 25,000		存貨 25,000	
	銷貨收入	25,000	應付帳款	25,000
	銷貨成本 10,000			
	存貨	10,000		
12/10	銷貨退回與折讓 5,000		應付帳款 5,000	
	應收帳款	5,000	存貨	5,000
	存貨 200			
	銷貨成本	200		
12/12	無分錄		存貨 100	
			現金	100
12/15	現金 19,600		應付帳款 20,000	
	銷貨折扣 400		存貨	400
	應收帳款	20,000	現金	19,600

說明：

12/6 因為 Asas 採永續盤存制，因此銷貨時，除借記應收帳款，貸記銷貨收入，金額 $25,000 外；另須依成本金額借記銷貨成本，貸記存貨，金額 $10,000。

12/10 PChouse 12 月 10 日退回一批貨，銷售金額 $5,000，因此 Asas 借記銷貨退回與折讓，貸記應收帳款，金額 $5,000；另外 Asas 也收回該批貨，但因有瑕疵品，估計淨變現價值僅為 $200，因此借記存貨，貸記銷貨成本，金額 $200。

12/15 PChouse 12 月 10 日退回一批貨，銷售金額 $5,000，因此在 12 月 15 日 PChouse 只須付 $20,000（即 $25,000 − $5,000），又因在折扣期間付款，PChouse 有權少付 $400（即 $20,000 × 2%），使 Asas 只能收取現金 $19,600，並記錄銷貨折扣 $400。

> **學習目標 4**
> 了解完成買賣業會計循環中特殊之議題

6.4　買賣業之會計循環

第 5 章中以服務業的例子說明會計循環的九個步驟，買賣業的會計循環之步驟完全相同。以下僅就有關調整分錄及結帳分錄中買賣業與服務業有差異的部分說明。

6.4.1　調整分錄

第 5 章中針對服務業公司在編製財務報表前所做的調整分錄，

買賣業的公司在編製財務報表前依然要做這些調整分錄。但在買賣業公司中，必須增加一類調整分錄：調整存貨實際庫存的餘額與會計記錄餘額間的差異。在永續盤存制度之下，當公司購買商品時增加存貨的金額，在銷售商品時減少存貨的金額，因此可由公司的分類帳中隨時知道存貨及銷貨成本的餘額。但可能因為會計記錄錯誤、庫存商品被偷，或是某些商品會隨時間經過自然蒸發損耗等原因，使得會計記錄的存貨餘額與倉庫實際盤點的餘額很可能不相同。所以即使是採用永續盤存制度的公司，在會計期間結束或要編製報表前，依然要執行存貨的實地盤點。當存貨實際庫存金額與會計記錄金額不符時，公司必須做一項與存貨有關的調整分錄，即以實際盤點庫存金額為主，將會計記錄的帳面金額調至庫存金額。如果實際盤點的金額大於（小於）會計記錄帳面金額，則發生**存貨盤盈（存貨盤損）**，此時將調整存貨帳面金額至實際盤點金額：若有盤盈，則貸記「銷貨成本」，銷貨成本因而減少，若有盤損，則借記「銷貨成本」，銷貨成本因而增加。

存貨盤損的情況

假設山瑞歐公司在 12 月 31 日執行實際存貨盤點，實際盤點的商品金額是 $45,000，而存貨的帳面金額為 $45,500，則發生存貨盤損的情況，此時山瑞歐公司的會計分錄如下：

12/31	銷貨成本	500	
	存貨		500
	記錄存貨盤損		

存貨盤盈的情況

假設山瑞歐公司在 12 月 31 日執行實際存貨盤點，實際盤點的商品金額是 $45,500，而存貨的帳面金額為 $45,000，發生存貨盤盈的情況，此時山瑞歐公司的會計分錄如下：

12/31	存貨	500	
	銷貨成本		500
	記錄存貨盤盈		

IFRS 一點就亮

　　民國 97 年以前我國原有之財務會計準則，將「存貨盤損」或「存貨盤盈」列為營業外的費損（收益）項目，但國際會計準則理事會規定將存貨盤盈或盤虧以及後續第 7 章第 4 節介紹的存貨跌價損失均列入銷貨成本，使得處理存貨的所有相關成本均在同一綜合損益表項目表達。我國於民國 98 年以後至 102 年開始採用 IFRS 後，均將存貨盤損與盤盈列入銷貨成本。

給我報報

沃爾瑪（Walmart）

　　網路電商崛起的時代裡，2020 年傳統零售商**沃爾瑪**仍然是全球銷貨收入最多的買賣業者，銷貨收入達 5,592 億美元，亞馬遜收入為 3,891 億美元，而阿里巴巴則為 1,080 億美元。沃爾瑪這麼大的銷貨額，可以想見如果沒有很好的電腦化存貨管理系統，恐怕公司剩下多少存貨都無法統計。曾列名 *Fortune* 雜誌年度全世界最有影響力 50 個女人的琳達・笛爾曼在 2000 年初期負責建立的「感應式存貨盤點系統（RFID）」，工作人員只要在百貨公司走道上走動，透過無線感應的系統，電腦就可以自動計算清楚剩

下多少存貨，不需要動手數存貨！

　　2017 年沃爾瑪在 AI 和機器人的助攻下，正面迎戰網路電商。該公司設計的機器人 Bossa Nova 機器人大軍，身上配備 14 個鏡頭和 RFID 及一個強大的機器腦。這批人工智慧機器人能盤點存貨、檢查商品是否放錯地方、標價錯誤、即將售完，甚至會和顧客打招呼。看起來虛擬電商與傳統零售商間的大戰要進入第二回合了！

6.4.2　以工作底稿完成部分會計循環程序

　　第 5 章曾經說明工作底稿是選擇性的程序，以下部分是山瑞歐公司 ×× 年全年度營業結果的資料，以表 6-2 為例，說明利用工作底稿程序完成買賣業公司的部分會計循環程序。相較於服務業，買賣業的工作底稿在資產負債表中，只多了存貨一項，它的處理與其他資產相同。另外在綜合損益表項目中，有關貨品銷售交易的項目計有：銷貨收入、銷貨退回與折讓、銷貨折扣、銷貨成本及銷貨運費，再加上服務業也有的綜合損益表項目，就可以編製買賣業的綜合損益表，這些過程實質上與服務業都是一樣的。

6.4.3　結帳分錄

　　買賣業公司的結帳程序與服務業公司相同。在會計年度結束時，所有的暫時性帳戶必須結清歸零，所有與綜合損益表（除了其他綜合損益項目）有關的會計項目先結轉至本期損益項目，再將本期損益項目結轉至保留盈餘項目，完成結帳程序。在結帳程序完成後，所有的暫時性帳戶歸零，等到下一個會計期間開始重新累積，結帳程序完成後，整個會計循環亦完成。

表 6-2 買賣業工作底稿

山瑞歐公司
工作底稿
××年1月1日至12月31日

會計項目	調整前試算餘額欄 借方	調整前試算餘額欄 貸方	調整欄 借方	調整欄 貸方	調整後試算餘額欄 借方	調整後試算餘額欄 貸方	綜合損益表欄 借方	綜合損益表欄 貸方	資產負債表欄 借方	資產負債表欄 貸方
現金	150,000				150,000				150,000	
應收帳款	150,000				150,000				150,000	
商品存貨	45,500			(A) 500	45,000				45,000	
辦公用品	21,000			(C) 3,000	18,000				18,000	
預付保險費	23,000			(B) 12,000	11,000				11,000	
辦公設備	360,000				360,000				360,000	
累計折舊-辦公設備		48,000		(E) 12,000		60,000				60,000
應付帳款		48,600				48,600				48,600
應付票據		200,000				200,000				200,000
股本		200,000				200,000				200,000
保留盈餘		33,400				33,400				33,400
銷貨收入		725,000				725,000		725,000		
銷貨退回與折讓	18,000				18,000		18,000			
銷貨折扣	7,000				7,000		7,000			
銷貨成本	384,500		(A) 500		385,000		385,000			
銷貨運費	70,000				70,000		70,000			
辦公用品費用	7,000		(C) 3,000		10,000		10,000			
薪資費用	9,000		(D) 1,000		10,000		10,000			
房租費用	10,000				10,000		10,000			
合計	1,255,000	1,255,000								
保險費用			(B) 12,000		12,000		12,000			
折舊費用			(E) 12,000		12,000		12,000			
應付薪資				(D) 1,000		1,000				1,000
合計			28,500	28,500	1,268,000	1,268,000	534,000	725,000	734,000	543,000
本期損益							191,000			191,000
餘額							725,000	725,000	734,000	734,000

(A) 調整存貨盤損　(B) 已消耗預付保費　(C) 已耗用辦公用品　(D) 應計薪資費用　(E) 計提折舊費用

註：假設無其他綜合損益項目。

釋例 6-3

博朗先生咖啡專賣公司 ×× 年底調整後試算表如下：

博朗先生咖啡專賣公司
調整後試算表
×× 年 12 月 31 日

	借方	貸方
現金	$ 20,000	
應收帳款	20,000	
存貨	30,000	
辦公用品	20,000	
設備	400,000	
累計折舊-設備		$100,000
應付帳款		20,000
應付票據		200,000
股本		100,000
保留盈餘		30,000
銷貨收入		300,000
銷貨成本	100,000	
薪資費用	60,000	
租金費用	40,000	
水電費用	10,000	
折舊費用	30,000	
辦公用品費用	10,000	
利息費用	10,000	
合計	$750,000	$750,000

試作該公司 ×× 年底的結帳分錄。

解析

12/31	銷貨收入	300,000	
	本期損益		300,000
12/31	本期損益	260,000	
	銷貨成本		100,000
	薪資費用		60,000
	租金費用		40,000
	水電費用		10,000
	折舊費用		30,000
	辦公用品費用		10,000
	利息費用		10,000

12/31	本期損益	40,000	
	保留盈餘		40,000

說明：(1) 分別將收入與費用類項目結清，彙總於本期損益。
　　　(2) 將本期損益結清，轉至保留盈餘。

以下是以山瑞歐公司××年度的例子說明買賣業的結帳分錄（分錄中的項目與餘額為表 6-2 之假設全年度的資料）：

12/31	銷貨收入	725,000	
	本期損益		725,000
	結清所有收入項目		
12/31	本期損益	534,000	
	銷貨退回與折讓		18,000
	銷貨折扣		7,000
	銷貨成本		385,000
	銷貨運費		70,000
	辦公用品費用		10,000
	薪資費用		10,000
	房租費用		10,000
	保險費用		12,000
	折舊費用		12,000
	結清所有費用項目		
12/31	本期損益	191,000	
	保留盈餘		191,000
	將本期損益結轉至保留盈餘		

學習目標 5
如何編製分類式資產負債表以及單站式與多站式綜合損益表

6.5　分類式資產負債表以及單站式與多站式綜合損益表

實務上資產負債表與綜合損益表的項目都非常多，如果能將這兩個報表的主要項目做適當歸類，對於報表使用者而言，能使資訊更為有用。所以本節說明如何將資產負債表與綜合損益表的主要項目歸類。

6.5.1 分類式資產負債表

分類式資產負債表（classified balance sheet）將資產負債表中有關的會計項目分類，對於公司的管理階層、債權人及投資人可以得到更有用的資訊。一般的分類方式如下表：

資產	負債及權益
流動資產 非流動資產	流動負債 非流動負債 權益

企業將資產與負債分類為流動資產及非流動資產前，應先將資產與負債區分為因營業產生者，以及其他非因營業產生之資產與負債。流動資產或負債主要區分原則如下：

1. 因主要營業而產生之資產與負債如預期在營業週期內變現或清償者，應歸類為流動資產或負債。
2. 非主要營業產生之資產與負債如預期於報導期間結束日（即資產負債表日）後 12 個月內將變現或清償者，亦應歸類為流動資產或負債。

營業週期是公司在正常營業活動中，從取得商品至將其賣出並取得現金所需要的平均時間。買賣業的營業活動是指公司取得商品、支付貨款、再出售商品給客戶，而後收取貨款等活動。應收帳款、存貨、辦公用品、預付房租、預付保險費等資產均係主要營業活動使用之資產，所以這些資產只要能在營業週期或報導期間結束日後 12 個月內銷售、消耗及變現者，均應歸類為流動資產。大部分的公司營業週期都短於 1 年；但某些行業（例如：營建業）營業週期可能超過 1 年以上，所以營建業的存貨（房地產）可能要超過 1 年以上才能完工並出售，但因為它是「因主要營業所產生之資產」，若可在營業週期中變現，就可以歸類為流動資產。非主要營業使用的資產，例如透過其他綜合損益按公允價值衡量之債務工具投資（參見第 14 章），如預期於報導期間結束日後 12 個月內變現者，應

流動資產（負債）須符合以下任一條件：
1. 在營業週期內變現（清償）。
2. 在報導期間結束日後 12 個月內變現（清償）。

列為流動資產。非主要營業相關之資產主要為金融資產，例如股票與債券之投資，這些資產並無「營業週期」之觀念，因此其流動與非流動分類之標準為 12 個月。此外，現金以及交易目的之金融資產也應歸類為流動資產（本章部分會計項目將在後續的章節中介紹）。

表 6-3 是一般公司的分類式資產負債表，流動資產項下包含：現金、應收帳款、應收利息、辦公用品、預付房租及預付保險費。注意買賣業特有的項目是以紅字標示的項目：存貨。

流動資產在資產負債表上出現的順序是以「流動性」來劃分，流動性就是指資產預期被轉換為現金的速度。現金不需要轉換就是現金，所以現金放第一位，現金是流動性最強的資產，在現金之後有應收票據、應收帳款、存貨及預付費用等。

非流動資產是不包含在流動資產中的有價值經濟資源。非流動

> 國際財務報導準則並未強制規定須將流動資產以「流動性」排序，但我國證券主管機關提供之財務報表參考格式採此方式。

表 6-3　分類式資產負債表（帳戶式）

×× 公司
資產負債表
×× 年 12 月 31 日

資產			負債		
流動資產			流動負債		
現金	$ 30,000		應付票據	$ 500,000	
應收帳款	400,000		應付薪資	70,000	
應收利息	10,000		應付利息	10,000	
存貨	470,000		預收收入	40,000	
辦公用品	40,000		預收房租收入	1,000	
預付房租	20,000		流動負債合計		$ 621,000
預付保險費	11,000		非流動負債		
流動資產合計		$ 981,000	應付票據	$ 500,000	
不動產、廠房及設備			非流動負債合計		500,000
設備	$ 400,000		負債合計		$1,121,000
減：累計折舊-設備	(1,000)		**權益**		
建築物	1,000,000		股本	$1,000,000	
減：累計折舊-建築物	(200,000)		保留盈餘	59,000	
不動產、廠房及設備淨額		1,199,000	權益合計		1,059,000
資產總額		$2,180,000	**負債及權益總額**		$2,180,000

資產包含長期投資、不動產、廠房及設備及無形資產等。長期投資包含股票與債券之投資、採用權益法之投資、投資性不動產等。不動產、廠房及設備通常包括土地、土地改良物、房屋及建築、機器設備與運輸設備等供營業上長期使用之資產。無形資產一般包含專利權、版權及商標等，這些非流動資產將在後續章節陸續討論。

流動負債一般包含兩類：一類為因主要營業而發生（例如：應付票據、應付帳款、應付薪資及預收收入等），這類負債如預期將於企業之營業週期中或報導期間結束日後 12 個月內清償者，應分類為流動負債；另一類則是其他短期性融資負債（例如：應付銀行借款、應付利息及長期負債 1 年內到期的部分）。一般而言，流動負債在資產負債表上出現的順序沒有特定的規則。例如：表 6-3 分類式資產負債表流動負債項下包含應付票據、應付薪資、應付利息及預收收入。該表中係假設公司應付票據總計 $1,000,000，其中 1 年內到期需償還的為 $500,000（流動負債），另外 $500,000 為 1 年後才需償還（非流動負債）。

流動負債以外的負債為非流動負債，非流動負債一般包含長期應付票據、應付公司債等；其他負債則包括負債準備及應計退休金負債等。

權益項下的組成部分因企業的組織結構不同而有差別，在獨資

給我報報

流動資產

符合下列條件之一的資產，應列為流動資產：

(1) 企業因營業所產生之資產，預期將於企業之正常營業週期中變現、消耗或意圖出售者。
(2) 主要為交易目的而持有者。
(3) 預期於資產負債表日後 12 個月內將變現者。
(4) 現金或約當現金，但於資產負債表日後逾 12 個月用以交換、清償負債或受有其他限制者除外。

不屬於流動資產之資產為非流動資產。

及合夥時，為獨資業主或每位合夥人單獨設立個別的資本帳戶；在公司組織下，由於股東人數眾多，為每位股東設立個別的資本帳戶並不可行，因此使用彙總式的項目代表所有股東的權益，包含股本及保留盈餘等，此時業主權益即為股東權益，但均以「權益」稱之。

分類式資產負債表依照報導的方式分兩類：一是帳戶式；另一類是報告式。帳戶式的資產負債表是將資產列示在左邊，負債及權益列示在右邊，報表陳列的方式像會計恆等式，等式左邊為資產，等式右邊為負債及權益，所以稱為帳戶式，表 6-3 即為帳戶式的表達。報告式的資產負債表（請參見表 6-4）是將資產列在上方，而後依序為負債及權益，但資產總數仍然等於負債與權益之合計數。

> 帳戶式的資產負債表是將資產列示在左邊，負債及權益列示在右邊。報告式的資產負債表是將資產列在上方，而後依序為負債及權益。

6.5.2 單站式與多站式綜合損益表

綜合損益表的內容包括某一會計期間的收益、費損、淨利與其他綜合損益。淨利與其他綜合損益合計為綜合損益。淨利則為收益與費損之差。我國證券發行人財務報告準則採取這種格式；但 IFRS 允許將綜合損益表的上半單獨出來（包含收益、費損與淨利），為損益表，而下半部分亦稱綜合損益表，但內容僅包含淨利與其他綜合損益，可稱為簡要之綜合損益表，因為不包括收益與費損的內容，僅由淨利彙總二者之差。不論哪種格式，淨利（而非綜合損益）仍為最常用的企業營運績效指標。綜合損益表的表達方式有兩種：一是單站式綜合損益表；另一類是多站式綜合損益表。

單站式綜合損益表

> 單站式綜合損益表是將損益表中所有的項目簡單分為兩類：收益項目與費損項目。

單站式綜合損益表（single-step statement of comprehensive income）是將綜合損益表中所有的項目簡單分為兩類：收益項目與費損項目，將所有增加淨利的項目都列入收益項下，所有減少淨利的項目都列入費損項目。因此，對買賣業而言，收益項目包含：銷貨收入及其他非因銷貨產生的收入或利益（例如：利息收入、房租收入、股利收入及處分設備利益等），費損項目包含：銷貨成本、營業費用及其他的費用或損失（例如：利息費用及處分設備損失等），表 6-5 是山瑞歐公司 ×× 年度的單站式綜合損益表，其中銷貨收入以

表 6-4　分類式資產負債表（報告式）

×× 公司 資產負債表 ×× 年 12 月 31 日		
資產		
流動資產		
現金	$ 30,000	
應收帳款	400,000	
存貨	470,000	
應收利息	10,000	
辦公用品	40,000	
預付房租	20,000	
預付保險費	11,000	
流動資產合計		$ 981,000
不動產、廠房及設備		
設備	$ 400,000	
減：累計折舊-設備	(1,000)	
建築物	1,000,000	
減：累計折舊-建築物	(200,000)	
不動產、廠房及設備淨額		1,199,000
資產總計		$2,180,000
負債及權益		
負債		
流動負債		
應付票據	$ 500,000	
應付薪資	70,000	
應付利息	10,000	
預收收入	40,000	
預收房租收入	1,000	
流動負債合計		$ 621,000
非流動負債		
應付票據	$ 500,000	
非流動負債合計		500,000
負債合計		$1,121,000
權益		
股本	$1,000,000	
保留盈餘	59,000	
權益合計		1,059,000
負債及權益總計		$2,180,000

淨額（淨銷貨）表達（即銷貨收入減去銷貨退回與折讓、銷貨折扣後之餘額）。

表 6-5 單站式綜合損益表

山瑞歐公司
綜合損益表
×× 年度

收益		
銷貨收入淨額	$700,000	
收益總額		$700,000
費損		
銷貨成本	$385,000	
運費	70,000	
薪資費用	10,000	
辦公用品費用	10,000	
房租費用	10,000	
保險費用	12,000	
折舊費用	12,000	
費損總額		(509,000)
本期淨利		$191,000
其他綜合損益		0
本期綜合損益		$191,000

多站式綜合損益表

多站式綜合損益表（multiple-step statement of comprehensive income）區分損益組成部分為：主要營業活動有關之損益及非主要營業活動有關之損益。而主要營業活動有關之損益再區分兩階段：(1) 銷貨毛利：銷貨收入扣除銷貨成本；(2) 營業利益：銷貨毛利扣除營業費用。多站式綜合損益表將損益表中的項目加以區分，相較於單站式綜合損益表，多站式綜合損益表的表達方式可提供報表使用者更多有用的資訊。

營業費用再細分為銷售費用與管理費用（但依照我國財務報表編製準則提供之附表格式，公司應將研究發展費用單獨列示，因此，營業費用被區分為三項：銷售費用、管理費用與研究發展費用），銷售費用是與銷售商品直接有關的費用，例如：運費、廣告

> 多站式綜合損益表區分損益組成部分為：主要營業活動有關之損益及非主要營業活動有關之損益。而主要營業活動有關之損益再區分兩階段：(1) 銷貨毛利；(2) 營業利益。多站式綜合損益表的表達方式可提供報表使用者更多有用的資訊。

費、行銷部門的薪資費用、水電費用及折舊費用等，管理費用是與公司整體經營有關的費用，例如：人事部門或會計部門的薪資費用、水電費用及折舊費用等。一些共同費用（例如：水電費用及折舊費用等）會依照一些分攤基礎（例如：部門人員數及坪數等）分攤於銷售費用與管理費用項下，表 6-6 是山瑞歐公司 ×× 年度的多站式綜合損益表，其中營業費用顯示假設分攤後的數字。

非主要營業活動有關的損益，也就是非公司所經營的本業範圍所賺得的收益（例如：利息收入、房租收入、股利收入及處分設備的利益等）或發生的損失（例如：利息費用及處分設備損失等），將

國際財務報導準則並未要求將本期損益區分為營業內與營業外，但我國證券主管機關仍要求此一區分。

表 6-6　多站式綜合損益表

山瑞歐公司
綜合損益表
×× 年度

銷貨收入		
銷貨收入總額		$725,000
銷貨退回與折讓	$18,000	
銷貨折扣	7,000	(25,000)
銷貨收入淨額		$700,000
銷貨成本		(385,000)
銷貨毛利		$315,000
營業費用		
銷售費用		
運費	$70,000	
薪資費用	3,000	
房租費用	3,000	
折舊費用	3,600	
銷售費用總額	$79,600	
管理費用		
薪資費用	$ 7,000	
辦公用品費用	10,000	
房租費用	7,000	
保險費用	12,000	
折舊費用	8,400	
管理費用總額	$44,400	
營業費用總額		(124,000)
本期淨利		$191,000
其他綜合損益		0
本期綜合損益		$191,000

分別列入**營業外收益**或**營業外費損**，有關**營業外收益**及**營業外費損**在綜合損益表中的表達，是介於營業利益與本期淨利（本期損益）之間，為了避免釋例過於複雜，山瑞歐公司的例子，並沒有包含這兩類項目。另外，山瑞歐公司的例子，亦未包含本期其他綜合損益。

給我報報

百貨公司與便利商店銷貨收入的認定

本節討論的綜合損益表中第一個數字——銷貨收入可能不是很容易認定的。百貨公司出售商品給消費者大概分為兩種經營模式：百貨公司先買入貨品，再將貨品賣給消費者；或是百貨公司將營業場所一部分，租給供應商經營專櫃，百貨公司在商品出售時抽取某一成數的利潤，百貨公司不直接買賣。

我們去百貨公司的專櫃買東西時，拿到的發票是百貨公司開的發票，但是這筆交易是百貨公司的銷貨收入嗎？還是屬於供應商的銷貨收入？百貨公司只抽利潤，並未「先買再賣」，所以似乎不是它的銷貨，但是發票是以百貨公司的名義開出，所以似乎是它的銷貨？

7-11 便利商店在銷售各項商品時，常常附贈一些點券，顧客累積一定點數後，可兌換商品。所以 7-11 賣出一杯咖啡收入現金 $45 時，銷貨收入是 $45？還是更少呢？收入其實少於 $45，因部分收入必須在未來顧客兌換免費咖啡才能認列呢？

在進階的會計課程中，將會討論到這些實務上發生的有趣又複雜的交易應該如何處理。

大功告成

加樂福公司於 ×9 年底會計年度結束時之試算表（見第 231 頁）。

公司並有其他調整事項：

1. 辦公大樓以及設備之折舊費用分別為 $40,000、$20,000（皆屬於管理費用）。
2. 由應付票據產生之應付利息為 $20,000。
3. 期末存貨實際盤存金額為 $460,000。
4. 今年的保險費用總計 $40,500。

加樂福公司
試算表
×9 年 12 月 31 日

	借方	貸方
現金	$ 177,000	
應收帳款	188,000	
存貨	450,000	
預付保險費	78,000	
土地	382,000	
辦公大樓	985,000	
累計折舊-辦公大樓		$ 270,000
設備	417,500	
累計折舊-設備		212,000
應付票據		250,000
應付帳款		187,500
股本		1,000,000
保留盈餘		339,000
銷貨收入		5,370,500
銷貨退回與折讓	88,000	
銷貨折扣	23,000	
銷貨成本	3,999,500	
薪資費用	349,000	
水電費用	227,000	
維修費用	29,500	
廣告費用	218,000	
保險費用	17,500	
總額	$7,629,000	$7,629,000

其他資訊：

1. 薪資費用 60% 屬於行銷費用，而另外 40% 屬於管理費用。
2. 水電費用、維修費用、保險費用皆屬管理費用。
3. 應付票據中 $100,000 為 1 年內到期之金額。
4. 廣告費用屬於行銷費用。
5. 利息費用屬於營業外費損。

試作：

(1) 將上述試算表編製於工作底稿中，並完成此工作底稿。
(2) 編製加樂福公司 ×9 年度之多站式綜合損益表、權益變動表以及 ×9 年底之資產負債表。
(3) 編製年底調整分錄。
(4) 編製年底結帳分錄。
(5) 編製結帳後試算表。

解析

(1) 工作底稿

加樂福公司
工作底稿
×9年12月31日

會計項目	調整前試算餘額欄 借方	調整前試算餘額欄 貸方	調整欄 借方	調整欄 貸方	調整後試算餘額欄 借方	調整後試算餘額欄 貸方	綜合損益表欄 借方	綜合損益表欄 貸方	資產負債表欄 借方	資產負債表欄 貸方
現金	177,000				177,000				177,000	
應收帳款	188,000				188,000				188,000	
存貨	450,000		(3) 10,000		460,000				460,000	
預付保險費	78,000			(4) 23,000	55,000				55,000	
土地	382,000				382,000				382,000	
辦公大樓	985,000				985,000				985,000	
累計折舊-辦公大樓		270,000		(1) 40,000		310,000				310,000
設備	417,500				417,500				417,500	
累計折舊-設備		212,000		(1) 20,000		232,000				232,000
應付票據		250,000				250,000					250,000
應付帳款		187,500				187,500					187,500
股本		1,000,000				1,000,000					1,000,000
保留盈餘		339,000				339,000					339,000
銷貨收入		5,370,500				5,370,500		5,370,500		
銷貨退回與折讓	88,000				88,000		88,000			
銷貨折扣	23,000				23,000		23,000			
銷貨成本	3,999,500			(3) 10,000	3,989,500		3,989,500			
薪資費用	349,000				349,000		349,000			
水電費用	227,000				227,000		227,000			
維修費用	29,500				29,500		29,500			
廣告費用	218,000				218,000		218,000			
保險費用	17,500		(4) 23,000		40,500		40,500			
合計	7,629,000	7,629,000								
折舊費用			(1) 60,000		60,000		60,000			
利息費用			(2) 20,000		20,000		20,000			
應付利息				(2) 20,000		20,000				20,000
合計			113,000	113,000	7,709,000	7,709,000	5,044,500	5,370,500	2,664,500	2,338,500
本期損益							326,000			326,000
							5,370,500	5,370,500	2,664,500	2,664,500

(1) 計提折舊費用 (2) 應計利息費用 (3) 調整存貨盤盈 (4) 已消耗預付保險費
註：假設無其他綜合損益項目。

(2) 多站式綜合損益表、權益變動表及資產負債表

加樂福公司
多站式綜合損益表
×9年度

銷貨收入			
銷貨收入總額		$5,370,500	
銷貨退回與折讓	$ 88,000		
銷貨折扣	23,000	(111,000)	
銷貨收入淨額			$5,259,500
銷貨成本			(3,989,500)
銷貨毛利			$1,270,000
營業費用			
銷售費用			
薪資費用	$209,400		
廣告費用	218,000		
總銷售費用		$ 427,400	
管理費用			
薪資費用	$139,600		
水電費用	227,000		
維修費用	29,500		
保險費用	40,500		
折舊費用-辦公大樓	40,000		
折舊費用-設備	20,000		
總管理費用		496,600	
總營業費用			(924,000)
營業淨利			$ 346,000
營業外費損			
利息費用			(20,000)
本期淨利			$ 326,000
其他綜合損益			0
本期綜合損益			$ 326,000

加樂福公司
權益變動表
×9年度

	股本	保留盈餘	權益合計
期初餘額	$1,000,000	$339,000	$1,339,000
本期損益	-	326,000	326,000
本期期末餘額	$1,000,000	$665,000	$1,665,000

<table>
<tr><td colspan="4" align="center">加樂福公司
資產負債表
×9 年 12 月 31 日</td></tr>
<tr><td colspan="2">**資產**</td><td colspan="2">**負債**</td></tr>
<tr><td colspan="2">流動資產</td><td colspan="2">流動負債</td></tr>
<tr><td>　　現金</td><td>$ 177,000</td><td>　　應付帳款</td><td>$ 187,500</td></tr>
<tr><td>　　應收帳款</td><td>188,000</td><td>　　應付票據，1年到期</td><td>100,000</td></tr>
<tr><td>　　存貨</td><td>460,000</td><td>　　應付利息</td><td>20,000</td></tr>
<tr><td>　　預付保險費</td><td>55,000</td><td>　　流動負債總額</td><td>$ 307,500</td></tr>
<tr><td>　　流動資產總額</td><td>$ 880,000</td><td></td><td></td></tr>
<tr><td>不動產、廠房及設備</td><td></td><td>非流動負債</td><td></td></tr>
<tr><td>　　土地</td><td>$ 382,000</td><td>　　應付票據</td><td>150,000</td></tr>
<tr><td>　　辦公大樓　　　$985,000</td><td></td><td>　　負債總額</td><td>$ 457,500</td></tr>
<tr><td>　　累計折舊-辦公大樓　(310,000)</td><td></td><td>**權益**</td><td></td></tr>
<tr><td>　　辦公大樓淨額</td><td>675,000</td><td>　　股本</td><td>1,000,000</td></tr>
<tr><td>　　設備　　　　　$417,500</td><td></td><td>　　保留盈餘</td><td>665,000</td></tr>
<tr><td>　　累計折舊-設備　(232,000)</td><td></td><td>　　權益總額</td><td>$1,665,000</td></tr>
<tr><td>　　設備淨額</td><td>185,500</td><td></td><td></td></tr>
<tr><td>　　不動產、廠房及設備總額</td><td>$1,242,500</td><td></td><td></td></tr>
<tr><td>資產總額</td><td>$2,122,500</td><td>負債及權益總額</td><td>$2,122,500</td></tr>
</table>

(3) 調整分錄

12/31	折舊費用		40,000	
	累計折舊 - 辦公大樓			40,000
12/31	折舊費用		20,000	
	累計折舊 - 設備			20,000
12/31	利息費用		20,000	
	應付利息			20,000
12/31	存貨		10,000	
	銷貨成本			10,000
12/31	保險費用		23,000	
	預付保險費			23,000

(4) 結帳分錄

12/31	銷貨收入		5,370,500	
	本期損益			5,370,500

12/31	本期損益		5,044,500	
	銷貨退回與折讓			88,000
	銷貨折扣			23,000
	銷貨成本			3,989,500
	薪資費用			349,000
	水電費用			227,000
	維修費用			29,500
	廣告費用			218,000
	保險費用			40,500
	折舊費用			60,000
	利息費用			20,000
12/31	本期損益		326,000	
	保留盈餘			326,000

(5) 結帳後試算表

加樂福公司
結帳後試算表
×9 年 12 月 31 日

	借方	貸方
現金	$ 177,000	
應收帳款	188,000	
存貨	460,000	
預付保險費	55,000	
土地	382,000	
辦公大樓	985,000	
累計折舊-辦公大樓		$ 310,000
設備	417,500	
累計折舊-設備		232,000
應付票據		250,000
應付帳款		187,500
應付利息		20,000
股本		1,000,000
保留盈餘		665,000
合計	$2,664,500	$2,664,500

摘要

買賣業的營業週期比服務業多了一項商品存貨的購買與銷售，因此買賣業的綜合損益表也多了「銷貨成本」項目，及銷貨收入減去銷貨成本之差額「銷貨毛利」。其餘項目與服務業相同。

公司買入商品時，存貨增加；進貨退回時，則存貨減少。商品銷售時，一方面要記錄銷貨收入的增加，同時在永續盤存制之下，也要記錄銷貨成本的增加，以及存貨的減少。銷貨退回或折讓時，並不直接減少銷貨收入，而是以抵銷帳戶的方式處理：借記銷貨退回與折讓，貸記應收帳款。另外，公司購買商品存貨時，若必須負擔交易中的運費，公司將這進貨運費加入存貨的成本；但是若賣方必須負擔銷貨運費則賣方將之計入營業費用項下的銷售費用。

買賣業的會計循環所需步驟與服務業完全相同，但做調整分錄時須對存貨盤盈或盤損做處理：盤損時，借記銷貨成本，貸記存貨；盤盈時，借記存貨，貸記銷貨成本。

分類式資產負債表的分類原則如下：

(1) 因主要營業產生之資產或負債，預期將於營業週期或報導期間結束日後 12 個月內變現或清償者，應分類為流動資產與負債。

(2) 非主要營業產生之資產或負債，預期於報導期間結束日後 12 個月內變現或清償者，應分類為流動資產與負債。不屬於流動者均為非流動資產或負債。

流動資產包含現金、應收帳款、應收票據、存貨及預付費用等。非流動資產通常包含長期性投資、不動產、廠房及設備及無形資產等。流動負債通常包括應付帳款、應付票據（在一個營業週期內清償）、應付薪資、預收收入等等項目。非流動負債則通常包括應付票據（在 1 年或一個營業週期後清償）、應付公司債及其他負債如租賃負債及應計退休金負債等。

多站式綜合損益表區分損益組成部分為：銷貨收入、銷貨成本、銷貨毛利、營業費用、本期損益與本期其他綜合損益。單站式綜合損益表只將當期收入與利益項目相加，再扣除當期費用與損失的項目總金額，其餘額即是本期綜合損益，但這種呈現方式比較不容易讓報表使用者了解公司營運成果。

本章習題

問答題

1. 服務業與買賣業的綜合損益表重大差異何在?
2. 何謂存貨的永續盤存制?
3. 何謂起運點交貨與目的地交貨?
4. 銷貨的抵銷帳戶有哪些?為何會出現這些項目?
5. 買賣業會計循環與服務業有何不同之處?

選擇題

1. 在永續盤存制下,銷貨成本決定的基礎為下列何者:
   (A) 每日之基礎　　　　　(B) 每月之基礎
   (C) 每年之基礎　　　　　(D) 每一筆銷貨時

2. 永續盤存制中,記錄賒帳購入商品之退回將貸記:
   (A) 應付帳款　　　　　　(B) 進貨退回與折讓
   (C) 存貨　　　　　　　　(D) 銷貨

3. 銷貨收入減去銷貨成本稱為:
   (A) 毛利　　　　　　　　(B) 純益
   (C) 淨利　　　　　　　　(D) 邊際貢獻

4. 銷貨退回與折讓帳戶被歸類為:
   (A) 資產帳戶　　　　　　(B) 資產抵銷帳戶
   (C) 費用帳戶　　　　　　(D) 收入抵銷帳戶

5. 下列哪一個會計項目正常餘額在貸方?
   (A) 銷貨退回與折讓　　　(B) 銷貨折扣
   (C) 銷貨　　　　　　　　(D) 銷售費用

6. 貸項通知單一般在下列何種情況發出:
   (A) 員工表現良好　　　　(B) 賒銷貨物
   (C) 賒銷之貨物被退回　　(D) 客戶拒絕付款

7. 中興百貨公司（買方）向太陽公司（賣方）訂購貨品，並簽訂起運點交貨條款，則此運費將由哪一方負擔？
   (A) 賣方
   (B) 買方
   (C) 貨運公司
   (D) 賣方或買方均可

8. 路特單公司以發票價 $600,000 購入貨物，付款條件為 1/10, n/30。假定超過 10 天後方付現金，則此交易應支付金額為多少？
   (A) $594,000
   (B) $600,000
   (C) $606,000
   (D) $6,000

9. 在分類式資產負債表中，存貨被歸類為：
   (A) 無形資產
   (B) 不動產、廠房及設備
   (C) 流動資產
   (D) 長期性投資

10. 賒銷商品 $100,000，銷貨退回 $8,000，給予銷貨折扣 $1,840，則銷貨折扣率為：
    (A) 1%
    (B) 2%
    (C) 3%
    (D) 1.84%

11. 下列是甲公司的財務報表資訊：

銷貨收入	?	銷貨成本	$470,000
銷貨退貨與折讓	$20,000	銷貨毛利	?
銷貨淨額	$750,000		

    以上的缺失值為：

	銷貨收入	銷貨毛利
(A)	$770,000	$330,000
(B)	$760,000	$300,000
(C)	$770,000	$280,000
(B)	$730,000	$280,000

12. 如果甲公司的銷貨淨額為 $720,000、銷貨成本為 $460,800，請問甲公司銷貨毛利率為多少？
    (A) 24%
    (B) 36%
    (C) 40%
    (D) 64%

13. 以下為乙公司的財務報表資訊：

營業費用	$ 30,000
銷貨淨額	240,000
銷貨成本	192,000

請問乙公司毛利率為多少？
(A) 7.5% (B) 15%
(C) 20%   (D) 30%

14. 以下為丙公司財務報表資訊：

營業費用	$ 240,000
銷貨退回與折讓	56,000
銷貨折扣	37,000
銷貨收入	840,000
銷貨成本	430,000

丙公司的銷貨毛利為何？

(A) $410,000 (B) $317,000
(C) $177,000 (D) $70,000

練習題

1. 【買賣業會計觀念】以下三小題的每一敘述，正確者請填入「○」，錯誤者請填入「×」：

    (1) a. 日記簿－總帳－試算表－財務報表皆屬於會計循環的一部分
        b. 分類式資產負債表將資產帳戶分類為流動資產、非流動資產
        c. 營業週期乃指償還流動負債所需之時間
        d. 流動資產是以資產之流動性分類
        e. 流動負債乃指未來超過 1 年才需償還之義務
    (2) a. 服務業之綜合損益表有三大項目：銷貨、銷貨成本、營業費用
        b. 營業費用分為兩大類：銷售與管理費用
        c. 銷貨退回與折讓通常有貸方餘額
        d. 銷貨退回與折讓為一資產抵銷帳戶
        e. 銷貨折扣為一收入抵銷帳戶，通常有借方餘額
    (3) a. 付款條件 3/10, n/30 指買方有 3 天之優惠期可以 10% 之折扣付款，否則帳款必須於 30 天內付清

b. 起運點交貨是指賣方必須承擔運費
c. 目的地交貨是指賣方必須承擔運費
d. 目的地交貨是指買方必須借記「運費」之會計項目
e. 銷貨毛利 = 銷貨淨額 – 銷貨成本

2. 【永續盤存制——記錄日記簿分錄】大津公司採永續盤存制，下列是大津公司 ×1 年 10 月份的交易事項：

10/1　向中平公司賒購商品 $20,000，交易條件為起運點交貨，付款條件為 2/10, n/30。
10/3　賒銷商品給小金公司，售價 $15,000，成本為 $8,000，交貨條件是目的地，付款條件為 1/10, n/30。
10/5　支付 10/3 之銷貨運費 $500。
10/7　退貨 $1,000 給中平公司，抵銷欠帳。
10/9　支付中平公司的所有欠款。
10/11　小金公司退回顏色不符需求之貨品一批，依售價計為 $2,000，依成本計為 $1,200。
10/13　收清小金公司的所有貨款。
10/17　向中天公司賒購商品 $30,000，交貨條件是 FOB 起運點，付款條件為 3/10, n/60。
10/20　支付 10/17 之購貨運費 $800。
10/25　賒銷商品給小銅公司 $25,000，成本 $13,000（3/10, n/30）。
10/28　小銅公司退回商品，售價 $3,000，成本 $1,600。
10/31　付清欠中天公司之貨款。

試作：

大津公司之有關分錄。

3. 【永續盤存制——記錄日記簿分錄】三商禮品店 6 月份發生的交易如下：

6/2　賒購存貨 $43,000，購買條款為起運點交貨條款（FOB shipping point），付款條件為 1/10, n/eom（eom：end of month：月底）。
6/7　退還 6/2 賒購之存貨瑕疵品 $5,000。
6/8　現金支付 6/2 賒購存貨之運費 $600。
6/9　賒銷商品 $78,000，付款條件為 2/15, n/30，有關之商品成本為 $44,000。
6/11　支付 6/2 賒購存貨之所有貨款。
6/16　針對 6/9 賒銷商品給予銷貨折讓 $16,000。
6/23　收到 6/9 賒銷商品之所有貨款。

試作：

記錄三商禮品店 6 月份之交易分錄。

4.【永續盤存制──買賣業的會計處理程序】大穎公司 ×1 年 1 月 1 日期初餘額如下：

現金	$200	股本	$510
應收帳款	$150	保留盈餘（貸餘）	$82
存貨（共 60 件）	$72	本期損益	$0
用品	$10	銷貨	$0
預付租金	$60	銷貨退回與折讓	$0
土地	$400	銷貨折扣	$0
設備	$250	銷貨成本	$0
累計折舊-設備	$100	租金費用	$0
應付帳款	$140	薪資費用	$0
應付票據	$110	用品費用	$0
長期抵押應付款	$200	折舊費用	$0

×1 年中之交易彙總如下：

1. 購買商品 150 件，成本 $150，付現 $10 並開一張一個月期票 $30，餘欠。
2. 進貨退出 15 件，抵銷欠帳 $15。
3. 支付進貨運費 $29.7。
4. 支付本年中購貨產生的應付帳款 $135，取得 2% 現金折扣。
5. 銷貨 150 件，共 $900，收現 $200，餘欠。該批貨品的成本為 $180。
6. 銷貨退回 5 件，抵銷欠帳 $30。該批退回商品之成本為 $6。
7. 現購用品 $15。
8. 收回賒銷產生的應收帳款 $400，給予 3% 現金折扣。
9. 賒購商品 100 件，共 $120，交易條件為目的地交貨。
10. 支付薪資 $40。
11. 現銷商品 100 件售價 $600，該批商品的成本為 $120。
12. 支付期初的應付帳款 $150。

年終調整事項：

1. 用品尚有 $10 未消耗。
2. 預付租金尚有三分之一未過期。
3. 辦公設備可用 10 年，無殘值，以直線法提折舊。

4. 期末實地盤點，商品存貨之成本為 $54。

試作：

(1) 做分錄並記入日記簿。
(2) 過入分類帳。
(3) 調整分錄及過帳。
(4) 編調整後試算表。
(5) 作結帳分錄並過帳。
(6) 綜合損益表。
(7) 權益變動表。
(8) 資產負債表。

5.【結帳及編表】大彥公司 ×1 年 12 月 31 日編製調整後試算表如下：

大彥公司
調整後試算表
×1年12月31日

	借方	貸方
流動資產	$ 45,400	
不動產、廠房及設備	80,000	
流動負債		$ 48,000
非流動負債		20,000
普通股		43,000
保留盈餘		10,000
股利	2,000	
銷貨收入		55,000
銷貨退回與折讓	1,800	
銷貨折扣	400	
銷貨成本	36,000	
折舊費用	2,000	
辦公用品費用	400	
薪資費用	5,000	
租金費用	3,000	
總額	$176,000	$176,000

試作：

(1) 結帳分錄。
(2) 綜合損益表。

(3) 權益變動表。
(4) 資產負債表。

6. 【買賣業之調整分錄及結帳分錄】蒂分尼公司 ×1 年 12 月 31 日損益項目及部分資產負債表項目餘額如下：

存貨	$ 118,800
銷貨	1,925,000
銷貨折扣	44,000
銷貨退回與折讓	71,500
銷貨成本	1,144,000
運費	38,500
保險費用	66,000
租金費用	110,000
薪資費用	335,500

蒂分尼公司存貨以永續盤存制記錄，×1 年 12 月 31 日實地盤點存貨金額為 $115,000。

試作：

(1) 記錄 ×1 年 12 月 31 日有關存貨之調整分錄。
(2) 記錄 ×1 年 12 月 31 日之結帳分錄。

7. 【計算綜合損益表中部分金額】下表為中聖公司及藍中公司 ×2 年綜合損益表有關之財務資訊。

	中聖公司	藍中公司
銷貨	$2,970,000	(4)
銷貨退回	(1)	$ 165,000
淨銷貨	2,739,000	3,135,000
銷貨成本	1,848,000	(5)
銷貨毛利	(2)	1,254,000
營業費用	495,000	(6)
淨利	(3)	495,000

試作：計算空格中之金額。

應用問題

1.【永續盤存制——記錄日記簿分錄】 伊易購物流公司於 8 月份完成如下之商品交易。

- 8/3　自來西公司賒購商品 $21,240，目的地交貨付款條件為 2/10, n/30。
- 8/4　賒銷商品 $10,400，目的地交貨，付款條件為 1/10, n/30，賒銷商品之成本為 $8,200。
- 8/5　針對 8/4 賒銷之商品支付運費 $720。
- 8/6　因退貨 $1,000 而收到來西公司之貸項通知單。
- 8/12　支付來西公司所有貨款。
- 8/13　收到 8/4 賒銷商品之所有貨款。
- 8/15　以現金購買商品 $8,800。
- 8/18　向大東公司賒購商品 $22,680，起運點交貨，付款條件為 3/10, n/30。
- 8/20　針對 8/18 賒購之商品支付運費 $350。
- 8/23　現金銷售商品 $12,800，且商品之成本為 $10,240。
- 8/25　以現金購買商品 $11,900。
- 8/27　支付大東公司所有貨款。
- 8/29　因商品瑕疵而退回貨款 $180 給現金購買之客戶，而瑕疵商品剩餘殘值 $60。
- 8/30　賒銷商品 $7,400，付款條件為 n/30，且賒銷商品之成本為 $6,500。

試作：

記錄伊易購物流公司於 8 月份所有商品交易之分錄（伊易購物流公司之存貨會計記錄採用永續盤存制）。

2.【存貨之調整及結帳分錄】 大觀公司 ×1 年 12 月 31 日有關資料如下：

銷貨收入	$80,000
銷貨退回與折讓	$3,000
銷貨折扣	$1,000
利息收入	$3,000
期末存貨	$25,000
銷貨成本	$55,000
銷貨運費	$900
薪資費用	$12,500
折舊費用	$3,000
水電費用	$1,500
用品費用	$800

大觀公司年底實地盤點存貨金額為 $25,500。

試作：

(1) 永續盤存制之存貨的調整分錄。

(2) 結帳分錄。

3. 【編製財務報表及結帳分錄】 大愛公司 ×1 年 12 月 31 日編製調整後試算表如下：

大愛公司
調整後試算表
×1年12月31日

	借方	貸方
現金	$ 11,700	
應收帳款	14,500	
辦公用品	500	
存貨	11,000	
預付租金	5,000	
辦公設備	28,000	
累計折舊-辦公設備		$ 3,000
運輸設備	38,500	
累計折舊-運輸設備		10,000
應付帳款		5,000
應付薪資		1,000
預收收入		3,000
長期應付票據		20,000
應付公司債		28,000
股本		23,000
保留盈餘		5,000
銷貨收入		60,000
銷貨退回與折讓	800	
銷貨折扣	500	
銷貨成本	38,000	
折舊費用	1,000	
辦公用品費用	1,000	
薪資費用	4,000	
租金費用	2,000	
利息費用	1,500	
合計	$158,000	$158,000

試作：

(1) 綜合損益表；(2) 權益變動表；(3) 資產負債表；(4) 編結帳分錄。

4. 【完成買賣業工作底稿、記錄所有分錄及編表】大偉公司×1年1月1日各帳戶餘額如下：

現金	$830	應收帳款	$240	存貨	$235（47件）
辦公用品	$30	預付租金	$50	土地	$900
設備	$600	累計折舊-設備	$180	應付帳款	$420
應付票據	$350	應付水電費	$0	長期負債	$880
股本	$950	保留盈餘（貸餘）	$105	銷貨	$0
銷貨退回與折讓	$0	銷貨折扣	$0	銷貨成本	$0
租金費用	$0	薪資費用	$0	用品費用	$0
折舊費用	$0	水電費用	$0		

×1年第一季之交易彙總如下：

1/5　賒購商品100件，成本$500（2/10, n/30）。
1/8　進貨退出10件。抵銷欠帳$50。
1/15　支付1/5日進貨產生的欠帳$450，並取得2%折扣。
1/25　償還到期的欠帳$200，此欠帳已超過折扣期限。
2/1　支付1/5日進貨運費$9。
2/15　銷貨60件，售價$900，收現$300，餘欠。該批商品的成本為$300。
2/18　銷貨退回15件，抵銷欠帳$225，該批退回商品之成本為$75。
2/23　收回應收帳款$375給予2%現金折扣。
3/15　現購辦公用品$36。
3/16　賒購商品30件，成本$150。
3/20　支付薪津$120。
3/25　銷貨48件，售價$768，收現$168，餘欠。該批商品的成本為$240。
3/30　支付水電費$30。
3/31　第一季終調整事項：

　　1. 辦公用品尚有$20未耗用。
　　2. 預付租金尚有五分之一未過期。
　　3. 設備可用20年，無殘值，提3個月折舊。
　　4. 應付未付水電費帳單$10。
　　5. 期末實地盤點，商品存貨之成本為$380。

試作：(1) 分錄記入日記簿；(2) 過入分類帳；(3) 調整前試算表；(4) 工作底稿；(5) 調整分錄並過帳；(6) 編綜合損益表；(7) 編權益變動表；(8) 編資產負債表；(9) 結帳分錄並過帳。

會計達人

1.【計算財務報表中部分金額】 全國電子進貨和銷貨皆採賒帳方式，×7 年中顧客還款 $380,000，全國電子支付貨款現金 $260,000，且該年度中設備與股本均無增減。該公司 ×6 年及 ×7 年結帳後之資產負債如下：

	×7 年 12 月 31 日	×6 年 12 月 31 日
現金	$ 35,000	$17,500
應收帳款	45,000	60,000
存貨	125,000	98,000
設備	36,000	36,000
累計折舊	15,000	12,000
應付帳款	80,000	65,000

試作：請根據上述資料計算全國電子 ×7 年度之
(1) 銷貨淨額；(2) 進貨淨額；(3) 銷貨成本；(4) 營業費用；(5) ×7 年 12 月 31 日之權益。

2.【多站式綜合損益表】 艾買商店新進會計人員編製的 ×8 年度綜合損益表如下：

```
                    艾買商店
                    綜合損益表
                     ×8 年度

銷貨收入
  銷貨淨額                    $1,478,000
  其他收入                        64,000    $1,542,000
銷貨成本
  進貨淨額                       965,400
  存貨增加數                      35,100
    銷貨成本                               (1,000,500)
毛利                                       $  541,500
營業費用
  銷售費用                    $  256,000
  管理費用                       173,800      (429,800)
本期淨利                                   $  111,700
```

艾買商店的會計經理覆核時發現以下其他資料：

1. 銷貨淨額係銷貨總額 $1,559,000，扣除運費 $55,000 及銷貨退回與折讓 $26,000 後之

餘額。

2. 其他收入包括進貨折扣 $39,200 及房租收入 $24,800。
3. 存貨增加數佔期初存貨的 25%。
4. 進貨淨額包括進貨總額 $926,500 及進貨運費 $38,900。
5. 銷售費用包括：銷售員薪資 $114,000，銷售佣金 $51,800，廣告費用 $78,200，折舊費用 $12,000。銷售佣金為本期支付部分，×7 年底有應付佣金 $5,000 尚未入帳。
6. 管理費用包括：管理人員薪資 $62,300，利息支出 $5,000，分配股利 $28,000，雜費 $8,500，租金費用 $70,000。租金費用中 $5,000 為 ×9 年度的預付費用。

試作：請編製艾買商店 ×8 年度多站式綜合損益表。

3. **【永續盤存制──記錄日記簿分錄】** 源大公司於 ×2 年 3 月 1 日成立，其銷貨皆為目的地交貨，付款條件為 2/10, n/30。其 3 月份交易如下，交易皆採用賒帳方式，且以永續盤存制記帳。

    3/1　向甲公司購貨 $5,500，付款條件 1/10, n/30，起運點交貨。
    3/3　向乙公司購貨 $8,000，付款條件 2/10, n/30，目的地交貨。
    3/4　支付貨運公司 3/1 向甲公司購買貨物之運費 $400。
    3/5　賒銷子公司商品 $4,000，成本 $3,200。
    3/6　將 3/1 向甲公司購買之商品 $1,000 退還甲公司。
    3/7　子公司退還商品 $200，源大公司開出貸項通知單送交子公司。
    3/9　償還甲公司全部欠款。
    3/10　向丙公司購貨一批，定價 $10,000，商業折扣 5%，付款條件 2/10, n/30，起運點交貨。
    3/11　支付向丙公司所購買貨物之運費 $500。
    3/15　收到子公司交來現金，償還全部欠款。
    3/17　賒銷丁公司商品 $10,000，成本 $8,000。
    3/18　收到丁公司寄來之借項通知單，說明已代付 3/17 之運費 $850。
    3/20　支付所欠丙公司所有貨款。
    3/25　支付所欠乙公司之貨款。
    3/28　賒銷戊公司商品 $3,000，成本 $2,400。
    3/30　本月份現金銷貨 $8,100，成本 $6,480。

    試作：根據上列資料，將 ×2 年 3 月份各項交易作成分錄。

4. **【計算銷貨收現數及記錄銷貨有關之會計分錄】** 福嗑多商店採賒銷方式出售商品，其 ×9 年 7 月份銷貨有關資料如下，請計算福嗑多商店 ×9 年 7 月收現數，並記錄 ×9 年 7

月份交易銷貨及相關的分錄（該公司採用定期盤存制）：

交易	銷貨金額 日期	銷貨金額 金額	付款條件	銷貨退還與折讓 日期	銷貨退還與折讓 金額	收款日
1	7/5	$ 80,000	1/10, n/30	7/6	$15,000	7/25
2	7/17	150,000	2/10, n/30	7/19	10,000	7/27
3	7/20	40,000	2/10, n/30	7/24	3,000	7/31
4	7/30	50,000	1/10, n/30	7/31	1,000	8/5

5. 【記錄買方公司及賣方公司對應之會計分錄】全加公司為一批發商，其於 ×7 年 12 月 1 日銷售商品給來爾富公司，價款 $520,000，約定付款條件為 2/15, n/30，起運點交貨。全加公司於 12 月 2 日支付運費 $8,000。來爾富公司於 12 月 6 日退回瑕疵商品 $120,000，並於 12 月 15 日清償所欠帳款 3/4，餘款於 12 月 25 日付清。全加公司採用定期盤存制記錄會計分錄，來爾富公司採用永續盤存制記錄會計分錄。

試作：記錄全加公司和來爾富公司上述交易的分錄。

6. 【進貨折扣】雁姿是勝利百貨的新進會計人員，勝利百貨賒購了商品 $1,200，付款條件為 2/10, n/30。若銀行給予勝利百貨存款的利率為 8%。則：(1) 雁姿應在付款條件期間內付款，或是應將 $1,200 繼續放在存款帳戶內直到折扣期間結束後才付款？(2) 如果雁姿放棄購貨折扣優惠，則等同於在 20 天內使用 $1,200 而需負擔 2% 利率，請問此利率等同於多少年利率？（一年以 360 天計算）

7. 【買賣業會計處理】下列為甲公司與乙公司之財務報表資訊：

	甲公司	乙公司
銷貨收入	$ (a)	$795,000
銷貨退回與折讓	16,000	18,000
銷貨折扣	8,000	3,000
淨銷貨	360,000	(d)
期初存貨	(b)	280,000
進貨	370,020	(e)
期末存貨	300,000	273,000
銷貨成本	240,000	531,000
銷貨毛利	(c)	(f)

試作：請計算前述 (a) 至 (f) 之缺失值。

Chapter 07

存 貨

objectives

研讀本章後，預期可以了解：

- 存貨的意義、內容及在財務報表上之表達
- 存貨盤存的會計制度
- 各種存貨成本流程的假設以及對財務報表的影響
- 存貨成本與市價孰低基礎以及淨變現價值法
- 存貨評價錯誤的影響
- 如何以毛利率法估計期末存貨
- 存貨週轉率的意義

全世界的汽車產業在 2021 年因為車用晶片短缺，使得生產線停滯延燒，國際各大車廠相繼向台灣請求車用晶片的產能。全球半導體供應鏈危機最早起因於美中貿易戰，以及新型冠狀病毒疫情。早先全球晶片市場原本就因為手機、平板與筆記型電腦之需求旺盛，導致呈現供不應求，而貿易戰更加打亂了市場的供需與布局。

特別是 2020 年起，越來越多民眾因應疫情而在家辦公或遠距上課，消費性電子產品，如智慧型手機、筆電、遊戲主機等需求大增，晶片製造廠的產能吃緊，全球晶片短缺，使得漲價效應帶動半導體產業整體營收強勁的成長。

車用晶片大缺貨，肇因於先前車廠因 COVID-19 衝擊而縮減產能、大砍晶片訂單；然而在各國央行拚命撒錢救市，經濟朝向復甦之際，正當國際車廠準備恢復產能時，才發現晶片庫存告急，於是衍生出晶片的缺貨風暴。主要問題在於國際汽車大廠為了閃過一時的低潮而砍訂單、削庫存，卻沒料到缺貨竟引發如此大的衝擊。由於汽車銷量意外反彈，再加上高科技產品銷量激增，導致車用晶片出現大缺貨，雖然汽車公司在 2020 年秋季就看到需求反彈，但晶片供應的速度卻跟不上需求回升的腳步，加以電子產品在疫情期間大增，例如 PS5 遊戲主機、筆記型電腦及 5G 智慧型手機，也壓縮了車用晶片的產能。由於半導體產業是「軍備競賽」般的產業，舉凡研發、製程、設備等資本支出居高不下，一旦製程成功升級，當然投注於生產高階且較高毛利之產品，才能盡速回收重大的資本投資，價格較為低廉的車用晶片產品，當然就沒有產能優先的排序。

當前汽車與非汽車晶片的需求強勁，導致供應大缺貨的情形，是典型的長鞭效應（Bullwhip effect），而其他領域晶片的高需求，則導致長鞭效應加劇。所謂的長鞭效應是指企業在營運過程中，常會保留一些額外的庫存作為安全存量。在供應鏈的系統廠商裡，從下游到上游，從終端客戶到原始供應商，每一個組成部分所需求的安全庫存將會越來越多，因此在需求升高的時期，下游的企業將會增加從上游訂貨的數量，而這種需求量的變化會隨著供應鏈上溯而被放大。反之，當需求減少時，上游車用晶片被取消的數量也會產生信息扭曲的放大作用，此即為長鞭效應。

本章將介紹存貨管理的相關議題及存貨的會計處理。

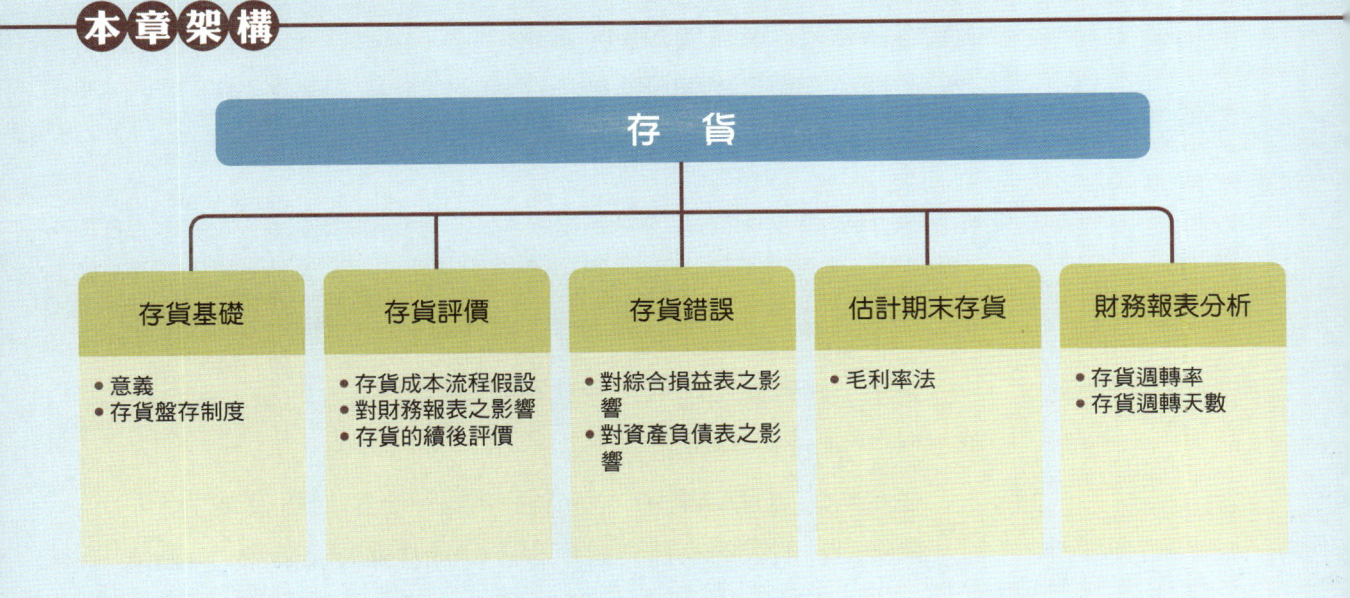

本章架構

存貨

- **存貨基礎**
  - 意義
  - 存貨盤存制度

- **存貨評價**
  - 存貨成本流程假設
  - 對財務報表之影響
  - 存貨的續後評價

- **存貨錯誤**
  - 對綜合損益表之影響
  - 對資產負債表之影響

- **估計期末存貨**
  - 毛利率法

- **財務報表分析**
  - 存貨週轉率
  - 存貨週轉天數

7.1 存貨之意義

學習目標 1
說明存貨的意義、內容及在財務報表上的表達

存貨通常就是指貨品的庫存或儲存,不同的公司有不同的存貨類別與內容,範圍可以從小的螺帽、圖釘、原子筆、膠帶,到大的物項如家電用品、機器設備、車輛,甚至飛機都有可能。就買賣業而言,最主要的營收來源即為商品的銷售,因此為了在正常營業過程中銷售而保有的商品存貨,就構成了買賣業最大的資產之一,例如百貨公司保有服飾用品、家具、日用品、玩具、禮物、卡片等;超級市場的庫存生鮮食品、罐頭、冷凍冷藏食品、雜誌及日常用品等均是。就製造業而言,存貨的內容則包括不同的類別,例如原料與零件、部分完成的製品項目以及已經完成的製成品。

企業保有存貨的目的之一是為了要配合預期的顧客需求,顧客可能是在逛百貨公司或 3C 賣場時決定要買一部新的音響,或是看到偶像代言的金飾產品目錄到銀樓要買特殊造型的項鍊,這些都促使企業需要預留存貨。製造業也需要有原料緩衝,使生產作業不至於因上游供應商無法配合而中斷;而製成品也需要保有安全存量,以避免延遲交貨或非預期的需求增加。庫存項目過多或不足,都是不適當的存貨管理,庫存過多造成存貨堆積的資金成本和持有成本很高,而且容易暴露於價格失控的風險,特別是產品生命週期較短的電子產品。相對地,庫存不足的結果則容易造成銷售損失、較低的顧客滿意度以及可能的生產瓶頸。

依據國際會計準則第 2 號「存貨」之定義,存貨係指符合下列任一條件之資產:

1. 持有供正常營業過程出售者。
2. 正在製造過程中以供正常營業過程出售者。
3. 將於製造過程或勞務提供過程中消耗之原料或物料。

上述第 1 項在買賣業稱為「商品存貨」,在製造業則稱「製成品」,第 2 項是所謂的「在製品」。

在企業的資產結構中,存貨通常為一金額相對較為重大的項目,就資產負債表的表達方式而言,存貨常列為流動資產,因為存

存 貨 chapter 07

貨是預期可在一個營業週期內出售而變現的。表 7-1 列示貿易百貨業之**統一超商**資產負債表內有關存貨的報導，統一超商在民國 109 年底存貨的淨額約為 $166.3 億，且占總資產約 7.94%。若閱讀報表附註可發現便利商店業者如統一超商的存貨包括商品及製成品、原物料及在製品，總計存貨的成本約為 $167.23 億，而備抵評價損失則代表預計尚未實現的存貨跌價損失，約為 $0.87 億（備抵存貨跌價將在本章第 7.4 節討論）。

要判斷一種資產是否為存貨，應該根據企業的正常營業過程或目的為準，因此同樣一種商品，例如汽車，就汽車經銷商而言，如為向外購入之商品而準備銷售者，則應視為存貨，屬於流動資產；但如將購入之汽車供作總經理等高階經理人的公務配車使用，則應視為不動產、廠房及設備，屬於非流動資產。

表 7-1　存貨之表達

統一超商股份有限公司及子公司
合併資產負債表（部分）
民國 109 年 12 月 31 日　　　　　　　（單位：千元）

	金額	%（占總資產）
流動資產		
現金及約當現金	$46,562,907	22.23
透過損益按公允價值衡量之金融資產-流動	2,105,496	1.01
應收帳款淨額	6,215,272	2.97
其他應收款淨額	1,950,481	0.93
本期所得稅資產	1,206	－
存貨	16,636,055	7.94
預付款項	1,177,895	0.56
其他流動資產	3,487,082	1.66

附註：

　　　　　　　　　　　109 年 12 月 31 日

存貨淨額包括：
　商品及製成品　　　$16,648,109
　原料及在製品　　　　　 75,715
　合計　　　　　　　$16,723,824
　減：備抵評價損失　　　(87,769)
　存貨淨額　　　　　$16,636,055

> **給我報報**
>
> 　　營造廠商或建設公司的存貨內容與一般的製造業或零售業有顯著的不同，存貨占總資產的比例非常高。以**興富發**建設股份有限公司為例，其民國 109 年 12 月 31 日資產負債表之存貨金額為 $1,326.14 億，約占總資產 $1,808.07 億之 73%。由財務報表附註得知，其存貨的內容為：
>
> | | |
> |---|---:|
> | 待售房地（即成屋） | $ 140.33 億 |
> | 營建用地 | 253.68 億 |
> | 在建房地 | 929.03 億 |
> | 預付土地款 | 3.10 億 |
> | 合計 | $1,326.14 億 |

> **學習目標 2**
> 如何區別定期盤存制和永續盤存制

7.2　存貨制度的會計處理

　　會計上的存貨制度有定期盤存制和永續盤存制兩種。在第 6 章已討論永續盤存制，本章再介紹定期盤存制，並進一步比較這兩種盤存制度。

7.2.1　定期盤存制

> **定期盤存制**　平時商品之購入以進貨項目記帳，而銷貨時不記錄存貨的減少，至年終結帳時，以實地盤點庫存商品決定期末存貨。

　　採**定期盤存制**（periodic inventory system）時，企業平日並不維持隨時反映存貨數量增減的流水記錄。在此制度下，企業會按固定間隔期間（如每月、每季），進行實際盤點存貨的項目，依據實際盤點而得知存貨數量，因此又稱為「實地盤存制」。超級市場、百貨公司或小型零售業者最常採取定期盤存制，相關之會計處理說明如下。

1. 進　貨

　　購入商品時，由於不立刻反映存貨數量的增加，因此進貨的金額並不記入商品存貨帳戶，而是記入一個暫時的虛帳戶，稱為**進貨**（Purchase），所以會計分錄為：借記進貨，貸記現金或應付帳款。若有因商品之規格或品質不符而將商品退回，或因商品有瑕疵而賣方同意減價的情形，則我們會借記現金或應付帳款，並貸記另一會

計項目**進貨退回與折讓**（Purchase Return and Allowance），進貨退回與折讓在綜合損益表上作為進貨的減項。至於應由買方負擔的進貨**運費**（Freight-In），則屬於進貨成本的一部分，應作為進貨的加項。

2. 銷　貨

在定期盤存制下，出售商品時，僅記載收入面的銷貨增加，存貨減少轉入銷貨成本的部分並不作記錄，即僅借記現金（或應收帳款），貸記銷貨收入。

3. 期末盤點與調整

在定期盤存制下，由於平日商品的進貨與銷貨均未記入存貨帳戶以顯示存貨增減的情形，因此存貨帳戶的金額自期初以來一直保留在帳上不動，直到年底再作適當的調整分錄以反映實際的期末存貨金額。調整的方法分析如下：本期期初存貨加上本期進貨成本，得出**可供銷售商品成本**（cost of goods available for sale），再以可供銷售商品成本扣除本期期末存貨，得出銷貨成本。

應注意的是，上述銷貨成本的推算過程中，本期期初存貨為上期會計期間結束時尚未出售商品之期末存貨結轉而來，至於本期期末存貨則是經由實際盤點而得知存貨之數量與金額。在盤點出期末存貨及計算出銷貨成本後，應作下列存貨之調整分錄：

存貨（期末）　　×××
銷貨成本　　　　×××
　　存貨（期初）　　　　×××
　　進貨　　　　　　　　×××

期初存貨＋本期進貨
＝可供銷售商品成本
－期末存貨
＝銷貨成本

上述的調整分錄，不僅有沖銷期初存貨，轉而在資產負債表上認列期末存貨金額之功能外，亦同時有推算銷貨成本，作為綜合損益表應認列費損的功能。

7.2.2　永續盤存制

企業採**永續盤存制**（perpetual inventory system）時，平日即以「存貨」項目隨時記錄存貨的增減變化情形，因此帳上可以隨時得

永續盤存制　商品之購入與出售均立即反映於存貨帳戶記錄增減，至年終時，存貨帳戶的餘額即代表應有之期末存貨。

知應有之存貨數量與金額,故又稱為「帳面盤存制」。永續盤存制通常是以連續的基礎,隨時記錄存貨之購入以及領用的情形,在日常生活中,銀行的存款與提領情形就是一種連續記錄存量變動的例子。雖然永續盤存制的作業較為複雜,但由於資訊科技與相關軟體的發展迅速,許多製造業存貨的項目種類與金額雖然十分驚人,但透過連線的永續系統,可隨時保持並追蹤存貨的領用情形及是否已至再訂購點,如規模龐大的上市公司**鴻海**即採用永續盤存制。有關永續盤存制下商品買賣之會計處理,我們再次扼要說明如下:

1. 進　貨

在永續盤存制下,購入商品時立即反映存貨的增加,即借記存貨,貸記現金或應付帳款。進貨的退回與折讓,則直接記錄為存貨成本的減少(即貸記存貨)。至於進貨運費,則直接記錄為存貨成本的增加(即借記存貨)。

2. 銷　貨

在永續盤存制下,出售商品時,須作兩個分錄:一為記錄銷貨收入,即借記現金(或應收帳款),貸記銷貨收入;二為同時記錄存貨的減少並反映銷貨成本,即借記銷貨成本,貸記存貨。值得注意的是,第一個分錄為永續盤存制及定期盤存制下均須作的分錄;但第二個分錄則是永續盤存制下才須作的分錄,因為在永續盤存制下,銷貨成本及期末存貨均直接由期末其帳上之結餘金額求得。另外,在第一個分錄中,貸方項目為銷貨收入,而第二個分錄中,借方項目為銷貨成本;前者的金額通常大於後者,因為「銷貨收入」的金額代表向顧客收取的金額,而「銷貨成本」的金額則為付給供應商的金額。「銷貨收入」與「銷貨成本」的差額即為銷貨毛利。

3. 期末盤點與調整

在永續盤存制下,就作成財務報表目的而言,由於平日商品之購入與出售均立即於存貨帳上作增減記錄,無須作期末存貨之調整;但就管理上目的而言,仍應每年至少實地盤點存貨一次,以確定帳上存貨數量與實際存貨數量是否相符,而作盤盈或盤損

之調整。盤盈是指實際盤存數量大於帳列數量，依成本金額，以「銷貨成本」項目列示於貸方，作為銷貨成本的減少。調整分錄為借記存貨，貸記銷貨成本。盤損則是指實際盤存數量小於帳列數量，短缺的部分依成本金額，列示於「銷貨成本」項目的借方，作為銷貨成本的增加。調整分錄為借記銷貨成本，貸記存貨。

動動腦

在定期盤存制和永續盤存制下，如何得知銷貨成本和期末存貨的金額？

解析

在定期盤存制下，須先決定期末存貨，再求算出銷貨成本。期末存貨係由實際盤點得來，而銷貨成本則從期初存貨加上本期進貨成本減去期末存貨算出。

在永續盤存制下，銷貨成本及期末存貨均直接由期末其各自分類帳帳上之結餘金額求得。

7.2.3　兩種盤存制度之比較

定期盤存制之優點在於帳務處理相對較為簡單，適合於單價較低且進出頻繁的商品。然缺點為平日並無庫存存貨的資料，無法有效控制及管理存貨數量，藉由年終實際盤存的期末存貨，無法反映商品可能的損壞失竊。換句話說，因損壞失竊而減少的商品數量將與售出商品數量混合，存貨短少較不易發現。永續盤存制則帳務處理較為複雜，常設有各種商品存貨之明細分類帳，對於購入、出售及結存餘額均作詳細而連續之記載，適合於數量少而價值較高的商品。由於可以隨時反映存貨的數量，有助於存貨的管理控制，甚至於方便期中財務報表之編製。

定期盤存制　帳務處理較為簡單，適合單價低且進出頻繁的商品。

永續盤存制　因為有存貨進銷的連續記錄，帳務處理較為複雜，適合於量少價高的商品。

給我報報

國內上市櫃公司均採永續盤存制

國內的上市櫃公司存貨制度幾乎均採永續盤存制。其原因在於營利事業所得稅查核準則規定，有關存貨（包括原料、在製品及製程品）之領料、退庫及繳庫等單據均須完備，亦即採實際耗料作為相關稅捐認定之基礎。在這樣的要求下，定期盤存制並無法達到此一目的。另外，從內部控制制度之立場而言，永續盤存制亦較能符合相關單據（領、退、繳、送）流程之追蹤控管。由本例可知，國內公司的會計制度常受到相關稅務法規的深刻影響。

釋例 7-1

康又美公司 ×8 年度有關除痘凝膠之進貨、銷貨及存貨之相關資料如下：

進貨：賒購除痘凝膠 600 件 @$110 計 $66,000
銷貨：賒銷除痘凝膠 800 件 @$130 計 $104,000
存貨：期初存貨（1 月 1 日）400 件 @$110 計 $44,000
　　　期末存貨（12 月 31 日）實際盤點結果 190 件

試作：

(1) 比較定期盤存制與永續盤存制應作之相關分錄。
(2) 比較兩種制度下，相關會計項目在綜合損益表與資產負債表之表達。

解析

(1)

交易事項	定期盤存制	永續盤存制
a. 賒購	進貨　　　　66,000 　應付帳款　　　　66,000	存貨　　　　66,000 　應付帳款　　　　66,000
b. 賒銷	應收帳款　　104,000 　銷貨收入　　　　104,000	應收帳款　　104,000 　銷貨收入　　　　104,000 銷貨成本　　88,000 　存貨　　　　　　88,000 （$110×800 = $88,000）

	存貨（12/31）	20,900	①類似左邊之調整分錄不必作
c. 期末調整	銷貨成本	89,100	②存貨盤損須作記錄
	進貨	66,000	銷貨成本　　　　1,100
	存貨（1/1）	44,000	存貨　　　　　　　1,100
	（期末存貨：$110×190＝$20,900）		〔帳面存貨量：400＋600－800＝200件
			實地盤存量：190件
			存貨盤損：$110×(200－190)＝$1,100〕

注意：定期盤存制是以實際存量推算銷貨成本，因此沒有存貨盤損或盤盈的問題。

(2) a. 在定期盤存制下，存貨與銷貨成本之增減變動分析如下：

存貨		銷貨成本	
44,000*	44,000	89,100	
20,900			
20,900		89,100	

＊期初存貨為$44,000

部分綜合損益表		部分資產負債表	
銷貨收入	$104,000	流動資產：	
銷貨成本		現金	$×××
期初存貨	$44,000	應收帳款	×××
本期進貨	66,000	存貨	20,900
減：期末存貨	(20,900)		
銷貨成本	(89,100)		
銷貨毛利	$14,900		

b. 在永續盤存制下，存貨與銷貨成本之增減變動分析如下：

存貨		銷貨成本	
44,000*	88,000	88,000	
66,000	1,100	1,100	
20,900		89,100	

＊期初存貨為$44,000

部分綜合損益表		部分資產負債表	
銷貨收入	$104,000	流動資產：	
銷貨成本	(89,100)	現金	$×××
銷貨毛利	$14,900	應收帳款	×××
：		存貨	20,900

> **學習目標 3**
> 了解存貨的成本公式以及對於財務報表的影響

7.3 存貨之成本公式

在買賣業的正常營業中，每批進貨之商品單位成本不同為常見的情形。這使買賣業公司在進行存貨相關之會計處理時，需決定其適用的**成本公式**（cost formula），來認定應使用哪批進貨之商品單位成本計算存貨成本。

就採永續盤存制的買賣業公司而言，每一筆銷貨時除記錄銷貨收入外，還須記錄存貨售出減少故轉列為銷貨成本。所以當每批進貨之商品單位成本不同時，公司就需決定此次售出的存貨，應使用哪次的進貨價格計算其成本，也就是決定作「借記銷貨成本，貸記存貨」的分錄中之金額。

就採定期盤存制的買賣業公司而言，銷貨時無須決定售出存貨的成本，但在期末調整時，須以「期初存貨成本＋本期進貨成本－期末存貨成本」推算銷貨成本。所以當每批進貨之商品單位成本不同時，公司就需決定盤點得到的期末存貨，應使用哪次的進貨價格計算其成本，也就是決定作「借記存貨（期末），借記銷貨成本，貸記存貨（期初），貸記進貨」的分錄中，借記存貨（期末）之金額。

根據國際會計準則第 2 號（IAS 2）「存貨」明定，若公司之存貨為專案生產故能明確區隔而不能隨意替代者，亦即實務上多為外觀易於區分辨認且價值較高者，公司應採**個別認定法**（specific identification method）為其存貨成本公式；而若公司之存貨為可隨意替代且數量龐大者，公司應採用**先進先出法**（first-in, first-out method, FIFO）或**加權平均法**（weighted average method）為其存貨成本公式。值得特別注意的是，國際財務報導準則不允許公司採用**後進先出法**（last-in, first-out method, LIFO）作為存貨成本公式。

IAS 2 同時規定，公司對於性質或用途相近的存貨，應採用相同的成本公式。因此性質或用途不同的存貨，可以使用不同的成本公式；但是存放地點的不同或適用稅法不同的存貨，不得使用不同的存貨成本公式。以下即分別說明各種存貨成本公式。

存貨 chapter 07

> **IFRS 一點就亮**
>
> 　　在國際財務報導準則下，公司不得自由選擇個別認定法、先進先出法、加權平均法等決定存貨成本的成本公式，而是須視其存貨特性決定應使用的成本公式。這是與我國原有財務會計準則不同之處，應特別注意。

7.3.1 個別認定法

　　在個別認定法下，企業逐項認定存貨係於哪批次購入，實際的單位成本為何，以計算出售商品（永續盤存制下）或期末存貨（定期盤存制下）的成本。個別認定法是會計成本流程與實際商品物流一致的成本公式，亦即在決定財務報表中應認列之存貨成本金額時，是以商品實際的出售順序為準。個別認定法看似「最符合實際、最精確」，但若存貨為可隨意替代時使用此法，則經理人可以任意認定出售商品或期末存貨屬較高或較低單位成本的批次，而有操控損益金額的機會。所以個別認定法僅能適用於能明確區隔且不能隨意替代的存貨。

個別認定法 逐項認定存貨係於哪批次購入，以實際的單位成本計算存貨成本。僅適用專案生產故能明確區隔而不能隨意替代的存貨或勞務。

7.3.2 先進先出法

　　先進先出法是會計成本流程與實際商品物流不必然一致的成本公式。不論商品出售的實際順序為何，先進先出法係以「先買進的商品先出售」的假設順序決定出售商品（永續盤存制下）或期末存貨（定期盤存制下）的成本。所以在先進先出法下，定期盤存制在期末決定期末存貨成本時，係從本期所有批次進貨中最後批次進貨的單位成本開始計算；永續盤存制則是在銷貨決定出售商品成本時，係從期初存貨的單位成本開始計算。此兩種情形下所採用的順序完全一樣，所以無論在永續盤存制或定期盤存制下，先進先出法所決定之銷貨成本與期末存貨的金額均相同。

先進先出法 假設先買進的商品先出售，因此期末存貨成本從本期所有批次進貨中最後批次進貨的單位成本開始計算；銷貨成本則從期初存貨的單位成本開始計算。

7.3.3 加權平均法

　　加權平均法是不論商品出售的實際順序為何，以所有可供銷售商品計算商品的加權平均單位成本，再以此單位成本決定出售商品

加權平均法 以可供銷售商品總成本除以可供銷售商品總數量，得出加權平均單位成本。

（永續盤存制下）或期末存貨（定期盤存制下）的成本。值得注意的是，加權平均法在永續盤存制與定期盤存制中求得之加權平均單位成本可能並不相同，所以決定的銷貨成本與期末存貨金額可能也不一樣。這是因為定期盤存制是在期末時決定期末存貨的成本，所以是以包括「期初存貨」和「本期所有批次進貨」的「可供銷售商品」計算加權平均單位成本；永續盤存制則是在銷貨時即需決定出售商品的成本，所以是以包括「期初存貨」和「本次銷貨前所有批次進貨」的「可供銷售商品」計算加權平均單位成本。在永續盤存制下，每次進貨即產生一個新的加權平均單位成本，是以永續盤存制下的加權平均法又稱**移動平均法**（moving average method）。

7.3.4 後進先出法──國際財務報導準則排除使用

後進先出法 假設後買進的商品先出售，因此期末存貨成本從「記錄時」最早批次進貨的單位成本開始計算；銷貨成本則從「記錄時」最後批次進貨的單位成本開始計算。

　　後進先出法也是會計成本流程與實際商品物流不必然一致的成本公式。不論商品出售的實際順序為何，後進先出法係以「後買進的商品先出售」的假設順序決定出售商品（永續盤存制下）或期末存貨（定期盤存制下）的成本。在後進先出法下，永續盤存制與定期盤存制下決定之銷貨成本與期末存貨的金額可能並不一樣。這是因為在定期盤存制下於期末決定期末存貨成本時，係從期初存貨的單位成本開始計算，亦即銷貨成本是由本期所有批次進貨中最後批次進貨的單位成本開始計算；但在永續盤存制下銷貨決定出售商品成本時，係從「本次銷貨前所有批次進貨中最後批次進貨」的單位成本開始計算，亦即期末存貨成本係從「本次銷貨前尚餘存貨中最早批次進貨」的單位成本開始計算。此兩種情形下所採用的順序並不一定一樣，所以無論在永續盤存制或定期盤存制下，後進先出法所決定之銷貨成本與期末存貨的金額可能並不相同。

> **☞ IFRS 一點就亮**
>
> 　　國際財務報導準則排除後進先出法的原因，是因在後進先出法下，期末存貨成本係以偏離期末市價的較早批次進貨單位成本計算，以資產評價角度而言明顯不適當。而國際財務報導準則之基本精神為「資產負債法」，即認為資產

負債表上資產與負債的評價應該優先於綜合損益表的收益與費損的認列，所以排除了後進先出法的使用。本書後續章節介紹的金融資產等項目，其會計處理亦可見「資產負債法」精神的表現。

7.3.5 成本公式對財務報表的影響

由前述討論可知，即使公司實際營運狀況完全相同，但其財務報表上認列的銷貨成本與期末存貨金額，卻可能因為適用不同成本公式而不相同。以下就用簡例顯示不同成本公式對財務報表的影響：假設區區氏公司 ×1 年存貨相關資料如下：

日期	項目	數量	單位成本	金額
1/1	期初存貨	10	$10	$100
3/8	本期進貨	20	$11	$220
7/4	本期進貨	30	$12	$360
11/21	本期進貨	40	$13	$520

即該公司 ×1 年共有可供銷售商品 100 單位，成本 $1,200。另該公司 ×1 年僅有 10 月 15 日銷貨一筆，售出 40 單位存貨。

該公司若採定期盤存制，則其將於 ×1 年底經過實際盤點發現期末存貨數量為 60 單位，而在各成本公式下，此 ×1 年底 60 單位存貨之成本計算如下：

定期盤存制下之期末存貨成本
先進先出法：$(40 \times \$13)+(20 \times \$12)=\$760$
加權平均法：$60 \times (\$1,200 \div 100)=\$720$
後進先出法：$(10 \times \$10)+(20 \times \$11)+(30 \times \$12)=\$680$

再將期末存貨之成本由可供銷售商品成本 $1,200 中減除，便可求得 ×1 年銷貨成本如下：

定期盤存制下之銷貨成本
先進先出法：$1,200－$760＝$440
加權平均法：$1,200－$720＝$480
後進先出法：$1,200－$680＝$520

該公司若採永續盤存制，則其將於 ×1 年 10 月 15 日售出 40 單位存貨時，決定此 40 單位存貨之成本並轉列為銷貨成本。在各成本公式下，此 40 單位應轉列為銷貨成本之存貨的成本計算如下：

永續盤存制下之銷貨成本
先進先出法：$(10 \times \$10) + (20 \times \$11) + (10 \times \$12) = \$440$
加權平均法：$40 \times (\$680 \div 60) = \$453$
後進先出法：$(30 \times \$12) + (10 \times \$11) = \$470$

請注意此時加權平均法之加權平均單位成本，是以 10 月 15 日銷貨發生時的可供銷售商品 60 單位，成本 $680 計算。而在永續盤存制下，進貨時即記錄存貨增加，銷貨時即記錄存貨減少，所以 ×1 年底存貨成本可由存貨帳戶的餘額得知。各成本公式下 ×1 年底存貨帳戶的餘額如下（算式中加入者為進貨金額，減除者為銷貨成本金額）：

永續盤存制下之期末存貨成本
先進先出法：$\$100 + \$220 + \$360 - \$440 + \$520 = \$760$
加權平均法：$\$100 + \$220 + \$360 - \$453 + \$520 = \$747$
後進先出法：$\$100 + \$220 + \$360 - \$470 + \$520 = \$730$

為便於分析成本公式對財務報表的影響，我們將簡例中區氏公司於不同成本公式下之銷貨成本與期末存貨的金額彙總成表如下：

	永續盤存制		定期盤存制	
	銷貨成本	期末存貨	銷貨成本	期末存貨
先進先出法	$440	$760	$440	$760
加權平均法	$453	$747	$480	$720
後進先出法	$470	$730	$520	$680

採永續盤存制或定期盤存制，先進先出法下的財報數字並無不同；但加權平均法與後進先出法下的財報數字可能不同。

由上表可見，如第 7.3.2 節至第 7.3.4 節說明成本公式時所述：先進先出法下，無論公司採永續盤存制或定期盤存制，其銷貨成本與期末存貨成本的金額並無不同；但在加權平均法與後進先出法下，採永續盤存制或定期盤存制會使銷貨成本與期末存貨成本的金

額不同。

而讀者是否發現，不論在永續盤存制或定期盤存制下，銷貨成本金額均為「先進先出法＜加權平均法＜後進先出法」的型態；期末存貨金額則為「先進先出法＞加權平均法＞後進先出法」的型態。這是因為簡例中進貨的單位成本呈上漲走勢，所以使用較早批次進貨的單位成本計算銷貨成本的先進先出法，銷貨成本金額自然小於使用較後批次進貨的單位成本計算銷貨成本的後進先出法，加權平均法則介於其中。同樣地，使用較後批次進貨的單位成本計算期末存貨成本的先進先出法，期末存貨成本金額自然大於使用較早批次進貨的單位成本計算期末存貨成本的後進先出法。

反之，如果進貨單位成本逐漸下跌，前述銷貨成本與期末存貨成本金額大小之排序會完全相反。不過因實務上物價多為上漲走勢，所以較常見銷貨成本金額大小排序為「先進先出法＜加權平均法＜後進先出法」。這就是所謂「公司採後進先出法報稅較省稅」的緣由：因後進先出法下銷貨成本金額最大，本期淨利最低，所以所得稅費用較低。但切記此說法需在「進貨單位成本持續上漲」的前提下才能成立。

> 進貨單位成本持續上漲時，後進先出法下的本期淨利最低，先進先出法的本期淨利最高，加權平均法則介於其中。

釋例 7-2

真好吃食品公司採定期盤存制，×8 年 10 月 1 日有大腸臭臭鍋料理包存貨 100 包，每包成本為 $20，10 月份之進貨及銷貨資料如下：

		單位	單位成本
10/5	進貨	600	$22
10/8	銷貨	500	
10/14	進貨	700	$24
10/22	銷貨	800	
10/30	進貨	500	$25

試依下列各方法求算真好吃食品公司 ×8 年 10 月底之存貨及 ×8 年 10 月份銷貨成本金額：(1) 個別認定法（10 月 8 日之銷貨全部為 10 月 5 日之進貨，10 月 22 日之銷貨有 100 包為 10 月 5 日之進貨，700 包為 10 月 14 日之進貨）；(2) 加權平均法；(3) 先進先出法。

解析

本期可售商品共 1,900 包,售出 1,300 包,故盤點期末存貨為 600 包,其中包括期初存貨 100 包,10/30 進貨 500 包。

(1) 個別認定法:

可售商品總成本 = ($20×100) + ($22×600) + ($24×700) + ($25×500)
= $44,500

期末存貨 = ($25×500) + ($20×100) = $14,500

銷貨成本 = $44,500 − $14,500 = $30,000

(2) 加權平均法:

定期盤存制下之加權平均法,係以本期可供銷售商品總成本除以可供銷售商品總數量得出平均單位成本。

平均單位成本 = $44,500 ÷ (100 + 600 + 700 + 500) = $23.42
期末存貨 = $23.42 × 600 = $14,052
銷貨成本 = $44,500 − $14,052 = $30,448

(3) 先進先出法:

期末存貨數量為 600 包,其成本計算如下:

	單位		成本
10/30 進貨	500 × $25 =	$12,500
10/14 進貨	100 × $24 =	2,400
	600		$14,900

銷貨成本 = $44,500 − $14,900 = $29,600

釋例 7-3

同釋例 7-2,假設真好吃食品公司採永續盤存制。

解析

(1) 個別認定法:

由於個別認定法是以商品實際流動情形作為銷售成本與期末存貨成本之計算依據,採此法永續盤存制與定期盤存制結果相同,故銷貨成本為 $30,000,而期末存貨為 $14,500。

(2) 加權平均法:

永續盤存制下之加權平均法又稱為移動平均法,每有進貨發生,則將

本次進貨成本與上次存貨結存混合，重新計算加權平均成本，作為下次銷貨時銷貨成本之計算基礎。本例之計算結果如下表所示：

日期		進貨			銷貨			結存		
月	日	數量	單價	金額	數量	單價	金額	數量	單價	金額
10	1							100	$20	$ 2,000
	5	600	$22	$13,200				700	$21.72	$15,200
	8				500	$21.72	$10,860	200	$21.72	$ 4,340
	14	700	$24	$16,800				900	$23.49	$21,140
	22				800	$23.49	$18,792	100	$23.49	$ 2,348
	30	500	$25	$12,500				600	$24.75	$14,848

銷貨成本 = $10,860 + $18,792 = $29,652

期末存貨 = $14,848

(3) 先進先出法：

日期		進貨			銷貨			結存		
月	日	數量	單價	金額	數量	單價	金額	數量	單價	金額
10	1							100	$20	$ 2,000
	5	600	$22	$13,200				100 600	$20 $22	$ 2,000 $13,200
	8				100 400	$20 $22	$ 2,000 $ 8,800	200	$22	$ 4,400
	14	700	$24	$16,800				200 700	$22 $24	$ 4,400 $16,800
	22				200 600	$22 $24	$ 4,400 $14,400	100	$24	$ 2,400
	30	500	$25	$12,500				100 500	$24 $25	$ 2,400 $12,500

銷貨成本 = ($2,000 + $8,800) + ($4,400 + $14,400) = $29,600

期末存貨 = $2,400 + $12,500 = $14,900

動動腦

隨緣餐廳年初有蔬食料理包存貨 3,000 個單位，每單位成本 $25。3月進貨 5,000 個單位，每單位成本 $35。5月份銷貨 4,000 單位，每單位售價 $50。7月份進貨 3,000 個單位，每單位成本 $30。11月銷貨 5,000 單位，每單位售價 $45。若隨緣餐廳採用永續盤存制，並以先進先出法決定期末存貨成本，請問隨緣餐廳本年度的銷貨成本為多少？

> **解析**
>
> 先進先出法計價方式是假設先買入的商品先售出,亦即轉列為銷貨成本。
>
> 本期銷售單位數總計:4,000 + 5,000 = 9,000 單位
>
> 本期銷貨成本 = $25 × 3,000 + $35 × 5,000 + $30 × 1,000
> 　　　　　　 = $280,000
>
> 本題若隨緣餐廳採定期盤存制,則本年度之銷貨成本亦是 $280,000。

學習目標 4
說明存貨之後續評價及淨變現價值的觀念

7.4　存貨之後續評價──成本與淨變現價值孰低

所謂存貨的後續評價,是指購入而尚未賣出商品所形成的期末存貨應該以何種金額表達在資產負債表中。讀者或許奇怪,前面第 7.3 節的成本公式,不是已能計算出期末存貨成本的金額嗎?不是就以期末存貨成本存貨作為資產負債表中存貨的金額嗎?

在正常營業狀況中,存貨應能以高於成本的價格出售,此時存貨未出售前以成本金額記錄,等出售後將存貨成本轉列為銷貨成本,而銷貨成本與出售價格(即銷貨收入)的差額就是銷貨毛利。但若存貨因過時或損壞使得未來出售價格低於成本,則出售時不但沒有利益反而帶來損失?這樣存貨還能是「具有未來經濟效益」的資產嗎?

所以關於存貨的後續評價,國際財務報導準則規定應以**成本與淨變現價值孰低**(lower of cost or net realizable value)的金額作為存貨表達於資產負債表中的金額。「成本」就是第 7.3 節成本公式下決定的成本,「淨變現價值」是指在正常營業狀況下,估計售價減除至完工尚需投入之成本及相關銷售費用後之餘額,亦即公司出售存貨所能實現之淨金額。以兩者孰低的金額作為存貨表達於資產負債表中的金額,所以當成本低於淨變現價值時,存貨仍以成本金額記錄,等未來出售時再認列利益;當成本高於淨變現價值時,存貨記錄金額應由原來的成本減少至淨變現價值,這樣未來出售才不會有損失發生。

淨變現價值　為估計售價減除至完工尚需投入之成本及出售成本後之餘額,亦即公司出售存貨所能實現之淨金額。

根據國際財務報導準則，存貨由成本沖減至淨變現價值的差額應作為銷貨成本的增加。亦即當成本高於淨變現價值時，公司對差額應作的會計處理為：借記銷貨成本，貸記備抵存貨跌價。備抵存貨跌價列在資產負債表上，作為存貨的減項，使得存貨以淨變現價值表達於資產負債表中。

> 當存貨成本高於淨變現價值時，存貨記錄金額應由成本沖減至淨變現價值，沖減差額應作為銷貨成本的增加。

釋例 7-4

桂花廚具公司因颱風淹水造成部分廚具泡水的情形，該泡水廚具之成本為 $90,000，定價為 $120,000，今估計須花費約 $8,000 之處理成本後，尚可依定價之半價出售。假設該廚具在資產負債表日時尚待出售中，試作適當之分錄。

解析

泡水廚具之淨變現價值 = ($120,000 × 0.5) − $8,000
　　　　　　　　　　 = $52,000

故應將存貨之帳面金額由 $90,000 之成本調降至 $52,000，而承認損失 $38,000，直接列為銷貨成本，分錄如下：

銷貨成本	38,000	
備抵存貨跌價		38,000

上述提及存貨應以成本與淨變現價值孰低衡量，淨變現價值之決定應以報導期間結束日為準。原則上存貨之成本應與淨變現價值逐項比較，亦即每個存貨項目均採個別比較，由於個別存貨之漲價或跌價無法相互抵銷，且跌價時認列損失，但漲價時不認列利益，故衡量上最為保守。但類似或相關之存貨項目，亦得分類為同一類別作分類比較，惟方法一經選定即須各期一致使用。

釋例 7-5

微星科技公司有關主機板與顯示卡兩項主力產品之期末存貨資料如下：

	主機板			顯示卡	
	P4N 鑽石版	K8N 鑽石版	K8N 白金版	ATI 系列	NVIDIA 系列
成本	$60,000	$40,000	$50,000	$100,000	$120,000
淨變現價值	75,000	37,000	55,000	90,000	125,000

試按逐項比較法及分類比較法，計算成本與淨變現價值孰低下期末存貨之金額。

解析

成本與淨變現價值孰低法

	成本	淨變現價值	逐項比較	分類比較
主機板				
P4N 鑽石版	$ 60,000	$ 75,000	$ 60,000	
K8N 鑽石版	40,000	37,000	37,000	
K8N 白金版	50,000	55,000	50,000	
	$150,000	$167,000		$150,000
顯示卡				
ATI 系列	$100,000	$ 90,000	90,000	
NVIDIA 系列	120,000	125,000	120,000	
	$220,000	$215,000		$215,000
合計	$370,000	$382,000	$357,000	$365,000

👉 IFRS 一點就亮

買入價值或賣出價值？

存貨之成本與市價孰低法，為何改為成本與淨變現價值孰低法？資產負債表項目之衡量需要以期末公允價值（或市價）為基礎時，一個重大的爭議在於所謂公允價值應以買入價值（entry value）或賣出價值（exit value）作為衡量基礎？以存貨為例，應以進貨端之買入市價，或應以出貨端之賣出價值（淨變現價值）衡量呢？國際會計準則顯然認為賣出價值是比較攸關的資訊，因為存貨對公司產生的效益是必須透過出售才能取得。

賣出價值的觀念將一貫地應用在應收帳款、不動產、廠房及設備、金融資產及金融負債等資產負債之衡量。

7.5 存貨評價錯誤的影響

> **學習目標 5**
> 指出存貨錯誤對於財務報表的影響

定期盤存制下，公司經由決定期末存貨的成本，再推算出銷貨成本，故存貨認定若不正確會同時造成當期資產負債表與綜合損益表之表達錯誤。茲就期末存貨的錯誤對財務報表之本期與次期之影響，以釋例說明如下。

釋例 7-6

紅豆公司 ×8 年度及 ×9 年度之相關財務資料正確金額如下：

	×8 年度	×9 年度
銷貨收入	$200,000	$240,000
期初存貨	70,000	90,000
期末存貨	90,000	100,000
進貨	180,000	200,000
營業費用	25,000	30,000

假設紅豆公司 ×8 年之期末存貨在帳上誤記為 $80,000，試評論該項錯誤對 ×8 年及 ×9 年財務報表之影響。

解析

紅豆公司
簡明綜合損益表（×8 年度）

	期末存貨正確		期末存貨錯誤	
銷貨收入		$200,000		$200,000
銷貨成本：				
期初存貨	$ 70,000		$ 70,000	
進貨	180,000		180,000	
減：期末存貨	(90,000)	(160,000)	(80,000)	(170,000)
銷貨毛利		$ 40,000		$ 30,000
營業費用		(25,000)		(25,000)
本期淨利		$ 15,000		$ 5,000

紅豆公司
簡明綜合損益表（×9年度）

	期初存貨正確		期初存貨錯誤	
銷貨收入		$240,000		$240,000
銷貨成本：				
期初存貨	$ 90,000		$ 80,000	
進貨	200,000		200,000	
減：期末存貨	(100,000)	(190,000)	(100,000)	(180,000)
銷貨毛利		$ 50,000		$ 60,000
營業費用		(30,000)		(30,000)
本期淨利		$ 20,000		$ 30,000

　　由以上 ×8 年及 ×9 年正確及錯誤簡明綜合損益表之編製，當期末存貨低估時（本釋例 ×8 年之期末存貨低估 $10,000），影響如下：

(1) ×8 年度之銷貨成本高估 $10,000，導致本期淨利低估 $10,000（由正確之 $15,000 變成錯誤之 $5,000）。即期末存貨之高（低）估，將造成本期淨利之高（低）估。

(2) ×8 年底之期末存貨為 ×9 年度之期初存貨，在錯誤的情況下，×9 年之期初存貨低估 $10,000，導致 ×9 年度之銷貨成本低估 $10,000，以及本期淨利高估 $10,000（由正確之 $20,000 變成錯誤之 $30,000）。即期初存貨之高（低）估，將造成本期淨利之低（高）估。

(3) ×8 年度和 ×9 年度之本期淨利誤差，一低一高，經過 2 個年度後，錯誤已自動相抵，故不影響 ×9 年底保留盈餘的正確性。

(4) 綜上所述，×8 年底期末存貨的錯誤，使得 ×8 年及 ×9 年的本期淨利均不正確，且 ×8 年底資產負債表上期末存貨評價亦是錯誤。然 2 年綜合損益表合計之本期淨利及 ×9 年底資產負債表之相關項目（即期末存貨與保留盈餘）均為正確。

動動腦

(1) 第 1 年期末存貨若高估，則對第 3 年淨利之影響為何？
(2) 若本期期初存貨高估 $10,000，期末存貨亦高估 $12,000，且兩項錯誤均未更正，則對本期銷貨成本與淨利之影響為何？

解析

(1) 第 1 年期末存貨高估，會產生第 2 年期初存貨高估，因此第 1 年會高估

淨利，第 2 年會低估淨利，二者效果可互相抵銷，所以對第 3 年淨利已無影響。

(2) 期初存貨多計 $10,000 → 銷貨成本多計 $10,000 → 本期淨利少計 $10,000；
期末存貨多計 $12,000 → 銷貨成本少計 $12,000 → 本期淨利多計 $12,000；
所以本期存貨之錯誤，造成銷貨成本少計 $2,000，淨利多計 $2,000。

7.6 以毛利率法估計期末存貨

> **學習目標 6**
> 如何使用毛利率法估計期末存貨的成本

定期盤存制下，須經由實地盤點得知期末存貨的數量，繼而才能推算銷貨成本的金額並編製財務報表。但有時期末存貨無法盤點，或是實際盤點並不符合經濟原則時，則必須使用估計的方法推算存貨的金額。常見的例子包括意外水、火災導致存貨流失或燒毀等。另一例子為編製期中報表或會計人員在查帳時，可能採估計方法作為編製報表的基礎或檢驗估計金額與帳面存貨金額差異之合理性。「毛利率法」便是常用的存貨估計方法之一。

所謂**毛利率法**（gross profit method）係利用以前各年度之正常毛利率，推算本期期末存貨及銷貨成本的存貨估計方法。其主要的基本假設為本年度的實際銷貨毛利率與以前各年度的正常毛利率相同，如果不同，則應視本年度實際情況作適當毛利率之修正。毛利率之計算方法為銷貨毛利除以淨銷貨收入。

> **毛利率法** 依據前後年度毛利率不變的假設，由當年度的銷貨金額估計銷貨成本，再由本期可供銷售商品成本減去估計的銷貨成本得到估計的期末存貨成本。

以毛利率法推估期末存貨之步驟如下：

1. 求出正常銷貨毛利率

依過去記載資料計算過去年度之平均毛利率，過去年度之銷貨毛利率若有不正常的情況，則應排除在計算之外。

2. 估計本期之銷貨毛利

$$\text{本期銷貨毛利之估計數} = \text{本期銷貨淨額} \times \text{毛利率}$$

3. 估計本期之銷貨成本

$$\text{本期銷貨成本之估計數} = \text{本期銷貨淨額} - \text{本期銷貨毛利估計數}$$

4. 估計本期之期末存貨

$$\text{本期期末存貨之估計數} = \underbrace{\text{期初存貨} + \text{本期進貨淨額}}_{\text{可供銷售商品成本}} - \text{本期銷貨成本估計數}$$

由上可知，以毛利率法估計期末存貨時，乃基於「期初存貨＋本期進貨－期末存貨＝銷貨成本」之關係。若能獲知期初存貨、本期進貨、本期銷貨之金額與毛利率，即可估計期末存貨金額。

釋例 7-7

瑞士生技公司 ×8 年度有關魚子美顏緊膚霜之資料如下：期初存貨為 $90,000，進貨為 $350,000，進貨運費為 $5,000，銷貨淨額為 $650,000，正常毛利率為 45%，以毛利率法估算之期末存貨應為多少？

解析

期初存貨		$ 90,000
進貨淨額		
進貨	$350,000	
加：進貨運費	5,000	355,000
可供銷售商品成本		$445,000
減：估計銷貨成本		
銷貨	$650,000	
減：銷貨毛利		
（$650,000×45%）	(292,500)	(357,500)
期末存貨		$ 87,500

動動腦

銷貨毛利率通常係以銷貨淨額表達，亦即銷貨毛利除以銷貨淨額，但銷貨毛利率有時會以銷貨成本表達，即銷貨毛利除以銷貨成本。以銷貨成本表達之毛利率若為25%，則換算為以銷貨淨額表達之毛利率應為多少？

解析

運用銷貨毛利之基本算式如下：

銷貨	$125
減：銷貨成本	(100)
銷貨毛利	$ 25

由於以銷貨成本表達之毛利率為25%，可以假設銷貨毛利為 $25，銷貨成本為 $100，而推算銷貨為 $125。故以銷貨淨額表達之毛利率為 $25 ÷ $125 = 20%。

7.7　存貨與財務報表分析

在評估企業短期償債能力時，存貨是一非常重要的會計項目，因為存貨能快速出售變現，是企業獲取償還流動負債資金的重要來源。整體而言，**存貨週轉率**（inventory turnover in times）是一種評估企業存貨管理極具意義的財務指標。

其計算公式為：

$$存貨週轉率 = \frac{銷貨成本}{平均存貨}$$

存貨週轉率是指存貨全年週轉的次數，亦即就平均庫存的存貨量而言，可在一年中出售的次數，用以顯示銷售能力之高低及判斷存貨量是否適當。如果毛利率不變，存貨週轉次數越多，利潤就越大。

衡量存貨流動性的另一指標則為**存貨週轉平均天數**（inventory turnover in days），或稱存貨銷售平均天數，為計算存貨每週轉（或銷售）一次平均所需的天數，其計算公式為：

> **學習目標 7**
> 計算並解釋存貨週轉率、存貨週轉天數

> **存貨週轉率**　存貨全年週轉的次數，計算方式為銷貨或本除以平均存貨。

$$存貨週轉平均天數 = \frac{365}{存貨週轉率}$$

存貨週轉天數越少，代表存貨銷售越順暢。由上述公式可以得知，存貨週轉率與存貨週轉平均天數是一種反向關係，即存貨週轉率越高，則存貨週轉平均天數越少。

企業一旦計算出存貨週轉率與存貨週轉平均天數，如何評估存貨政策與管理，仍有賴與公司歷年趨勢和同業平均水準變化作比較。若是存貨週轉率較以往年度低，或在同業正常比率之下，首先宜檢討存貨評價方式（如先進先出法、加權平均法等成本公式）是否相同，因不同的評價方式會造成銷貨成本與期末存貨金額的不同。如果初步確認有存貨銷售遲緩或存貨堆積的現象，則必須深入探討可能之原因，包括存貨是否過時陳廢、因契約承諾而大量購買、預期供應商價格之調漲，或經濟景氣導致產銷方針之變化等，積極探究形成存貨過多之原因，以免不必要的資金積壓於存貨。

釋例 7-8

Baby Car 童裝公司 ×8 年度之相關財務資料如下：

銷貨	$2,000,000	進貨	$1,800,000
銷貨退回	4,000	進貨折扣	50,000
存貨（1/1）	100,000	進貨運費	30,000
存貨（12/31）	200,000		

試作：依據平均存貨觀念，計算 Baby Car 童裝公司之存貨週轉率與存貨週轉平均天數。

解析

存貨週轉率與銷貨成本及存貨數字有關，故上列銷貨及銷貨退回金額不必用於計算中。

銷貨成本＝期初存貨＋進貨成本－期末存貨
　　　　＝期初存貨＋（進貨－進貨折扣＋進貨運費）－期末存貨
　　　　＝ $100,000 +（$1,800,000 － $50,000 + $30,000）－ $200,000

$$\text{銷貨成本} = \$1,680,000$$

$$\text{平均存貨} = (\$100,000 + \$200,000) \div 2 = \$150,000$$

$$\text{存貨週轉率} = \frac{\text{銷貨成本}}{\text{平均存貨}} = \frac{\$1,680,000}{\$150,000} = 11.2 \text{（次）}$$

$$\text{存貨週轉平均天數} = \frac{365}{\text{存貨週轉率}} = \frac{365}{11.2} = 32.6 \text{（天）}$$

表 7-2 以台灣汽車產業為例，**合泰**汽車之存貨週轉率是三家公司中最高者，平均約為 14.48，存貨週轉天數或平均銷貨天數僅為 25 天。**裕隆**的存貨週轉率有逐年遞減的趨勢，換言之，在汽車的銷售速度平均所需的銷售天數而言，呈現遞增的現象，從 106 年度的 53.91 天提升至 109 年度的 85.08 天。顯然地，裕隆在汽車銷售之存貨控管有改善的必要，這與裕隆集團汽車整體總銷售量，包括裕隆**日產**、**中華三菱**，以及**納智捷**的銷量衰退有關，特別是納智捷的嚴重滯銷，也迫使裕隆必須進行集團整頓與策略轉型，並退出中國市場。

表 7-2　台灣汽車產業上市公司存貨週轉率之比較

年度	和泰汽車（2207）存貨週轉率	和泰汽車（2207）存貨週轉天數	中華汽車（2204）存貨週轉率	中華汽車（2204）存貨週轉天數	裕隆汽車（2201）存貨週轉率	裕隆汽車（2201）存貨週轉天數
106	15.55	23.47	6.59	55.38	6.77	53.91
107	15.45	23.62	6.51	56.06	4.52	80.75
108	13.46	27.11	6.00	60.83	4.57	79.86
109	13.44	27.15	6.16	59.25	4.29	85.08

動動腦

以下為**統一超商**（股票代號：2912）與**東哥遊艇**（股票代號：8478）109 年度財報的相關資料：

	存貨	銷貨成本
公司 A	$166.36 億	$1,704.14 億
公司 B	27.92 億	32.23 億

請您判斷公司 A 和公司 B 較有可能為統一超商或東哥遊艇？

解析

公司 A 存貨週轉率：$1,704.14 億 ÷ $166.36 億 = 10.25 次
公司 B 存貨週轉率：$32.23 億 ÷ $27.92 億 = 1.15 次

公司 A 較有可能為統一超商，因為便利商店之零售與買賣，週轉率較高；公司 B 較有可能為東哥遊艇，因為公司是以自有品牌製造銷售，從接單銷售、製程安排、海運船期到交船給船主，所需時程較長，導致週轉率較低。

大功告成

蒙特公司於 ×2 年 12 月底因火災損失了 **70%** 的存貨。會計記錄顯示 ×1 年及 ×2 年之相關進貨、銷貨與存貨的資料如下：

	×1 年	×2 年
銷貨淨額	$396,000	$460,000
進貨	260,000	345,000
進貨運費	7,200	8,000
進貨折讓	10,000	15,000
期初存貨	25,000	26,200
期末存貨	26,200	?

蒙特公司已有投保存貨的火險，但必須向保險公司提出存貨的毀損金額報告。

試作：

(1) 請計算蒙特公司 ×1 年之毛利率。
(2) 請利用蒙特公司 ×1 年的毛利率估計 ×2 年底的期末存貨損失金額。
(3) 蒙特公司 ×1 年的存貨週轉率以及存貨週轉平均天數。

解析

(1)

×1年

銷貨淨額		$396,000
銷貨成本		
期初存貨	$ 25,000	
進貨	260,000	
加：進貨運費	7,200	
減：進貨折讓	(10,000)	
可供銷售商品成本	$282,200	
減：期末存貨	(26,200)	
銷貨成本		(256,000)
銷貨毛利		$140,000

$$\text{毛利率} = \frac{\$140,000}{\$396,000} = 35\%$$

(2)

×2年

銷貨淨額		$460,000
減：估計毛利（35% × $460,000）		(161,000)
估計銷貨成本		$299,000
期初存貨	$ 26,200	
進貨	345,000	
加：進貨運費	8,000	
減：進貨折讓	(15,000)	
可供銷售商品成本		$364,200
減：估計銷貨成本		(299,000)
估計期末存貨總成本		$ 65,200
減：未損失存貨（30% × $65,200）		(19,560)
估計存貨火災損失		$ 45,640

(3) 蒙特公司 ×1年的存貨週轉率：

$$\frac{\text{銷貨成本}}{\text{平均存貨}} = \frac{\$256,000}{(\$25,000 + \$26,200) \div 2} = \frac{\$256,000}{\$25,600} = 10 \text{（次）}$$

$$\text{存貨週轉平均天數} = \frac{365}{\text{存貨週轉率}} = \frac{365}{10} = 36.5 \text{（天）}$$

摘要

存貨制度有定期盤存制和永續盤存制。採定期盤存制，購入商品時，應借記進貨，貸記現金或應付帳款；出售商品時，僅借記現金（或應收帳款），貸記銷貨收入。至於銷貨成本，則是本期期初存貨加上本期進貨，得出可供銷售商品成本，再以可供銷售商品成本扣除本期經由實際盤點的期末存貨而得出。採永續盤存制購入商品時，為立即反映存貨的增加，應借記存貨，貸記現金或應付帳款。出售商品時，須作兩個分錄：一為記錄銷貨收入，借記現金（或應收帳款），貸記銷貨收入；二為同時記錄銷貨成本並反映存貨的減少，借記銷貨成本，貸記存貨。

存貨公式包括：(1) 個別認定法；(2) 先進先出法；(3) 後進先出法；及 (4) 加權平均法。個別認定法較符合商品實際流動情形。先進先出法係假設先買進的商品先行出售，轉入銷貨成本，因此期末存貨成本來自於可供銷售商品中最近所購入者。後進先出法係假設將後期買進的商品先行出售。轉入銷貨成本，因此期末存貨成本來自於早期的進貨成本。國際財務報導準則已廢除後進先出法，故不宜採用。加權平均法係假設期初存貨與本期買進的商品均勻混合，因此可以求算平均單位成本。在永續盤存制之下的加權平均法又稱為移動平均法。

在存貨之後續評價中，應以成本與淨變現價值孰低衡量。淨變現價值是指在正常情況下之估計售價減除至完工尚須投入之成本與銷售費用後之餘額。企業比較存貨之成本與淨變現價值時，宜逐項比較，惟類似或相關之項目得分類為同一類別作比較。

存貨週轉率是指存貨全年週轉的次數，其計算公式為銷貨成本除以平均存貨成本；存貨週轉平均天數為計算存貨每週轉一次平均所需的天數，其計算公式為 365 天除以存貨週轉率。

本章習題

問答題

1. 如何藉由存貨週轉率及存貨週轉平均天數，評估企業的存貨政策與管理？
2. 存貨之後續評價應以何者為基礎？何謂淨變現價值？
3. ×2 年的期末存貨若高估 $10,000，則此存貨錯誤對 ×2 年及 ×3 年的銷貨成本、淨利的影響數為若干？

4. 大雄知道毛利率法推算期末存貨金額的步驟，但是他很納悶，毛利率法可以在哪些情況下派上用場，請你列舉兩種情況告訴他。

選擇題

1. 小丸子文具店的期初存貨為 $50,000，期末存貨為 $45,000，銷貨成本為 $66,000，試問：其進貨為若干？
   (A) $64,000　　　　　　　　(B) $68,000
   (C) $61,000　　　　　　　　(D) $63,000

2. DIY 愛美公司之存貨採定期盤存制，指甲油是它的一項存貨，該項存貨於 ×6 年度之期初存貨及進貨資料彙總如下：

	數量	單位成本
期初存貨	25 件	@$6
第一次進貨	35 件	@$7
第二次進貨	15 件	@$8
第三次進貨	20 件	@$9

期末經實地盤點存貨為 30 件，如果 DIY 愛美公司採用平均法，那麼該項存貨 ×6 年度之銷貨成本為何？
   (A) $525　　　　　　　　　(B) $510
   (C) $500　　　　　　　　　(D) $476

3. 承上題，如果 DIY 愛美公司採先進先出法，那麼該項存貨 ×6 年度之銷貨成本為何？
   (A) $435　　　　　　　　　(B) $450
   (C) $475　　　　　　　　　(D) $500

4. 資產負債表上之存貨，採用何種評價方法，其價值最接近當時成本？
   (A) 先進先出法　　　　　　(B) 加權平均法
   (C) 後進先出法　　　　　　(D) 個別認定法

5. 以下有關存貨盤存制的敘述，何者為正確？
   (A) 在定期盤存制下，存貨數量可以隨時由帳上獲知
   (B) 在定期盤存制下，購入商品時，借記存貨
   (C) 在永續盤存制下，銷貨成本是直接由期末帳上結餘而得
   (D) 在永續盤存制下，帳務處理較定期盤存制簡單

6. 閃亮雙姊妹經營的美容用品店 ×2 年度原列報之淨利為 $95,000，×3 年初發現 ×1 年

及 ×2 年底的美容用品分別低估 $12,500 及 $20,500，則 ×2 年度正確的淨利應為何？

(A) $75,000　　(B) $103,000
(C) $63,000　　(D) $87,000

7. 佼佼經營的日本風書店，×6 年期初存貨為 $120,000，×6 年之前 3 個月進貨 $300,000，同期銷貨 $465,000，其平均毛利率為銷貨的 30%，則以毛利率法估計 ×6 年 3 月 31 日之存貨應為何？

(A) $94,500　　(B) $92,500
(C) $102,000　　(D) $115,000

8. 台灣前二大筆記型電腦廠商華碩與宏碁，經由公開資訊觀測站查閱 99 年度財務報表，計算其存貨週轉率分別為華碩的 18.19 次，以及宏碁的 26.97 次，以下敘述何者為錯誤？

(A) 存貨週轉率為衡量 1 年內存貨出售的平均次數
(B) 就存貨的平均銷售天數而言，宏碁要低於華碩
(C) 就存貨的流動性而言，華碩的整體表現較佳
(D) 華碩與宏碁若在相同的銷貨成本下，華碩的平均存貨水準較高

9. 小丸子公司 ×6 年度之進貨 $800,000，進貨退回 $20,000，進貨折讓 $5,000，進貨運費 $30,000，銷貨退回 $20,000，銷貨折讓 $8,000，試問：可供銷貨商品成本為何？

(A) $805,000　　(B) $777,000
(C) $815,000　　(D) $787,000

10. 有關存貨的盤存制度，請問下列敘述何者正確？

(A) 在定期盤存制下，可隨時掌握存貨數量，期末盤點僅是為了校正之用
(B) 在永續盤存制下，帳務處理簡單，適合單價低且進出頻繁的商品
(C) 在定期盤存制下，又稱實地盤存制，銷貨成本於期末方能決定
(D) 在永續盤存制下，帳務處理較為繁複，但不需進行實地盤點　【102 年財稅特考】

11. 多啦 A 夢公司 ×5 年度之銷貨淨額 $200,000，可供銷售商品成本 $500,000，若平均毛利率為銷貨成本之 25%，以毛利率法估計期末存貨，試問：×5 年度之期末存貨為何？

(A) $300,000　　(B) $340,000
(C) $380,000　　(D) $400,000

12. 假設物價呈上漲趨勢，比較各種存貨成本流程假設對財務報表之影響，下列各項目分別在哪種成本流程假設下最有可能產生？

甲、期末存貨評價，較為接近目前的市價。
乙、較能公允衡量當期損益。
丙、所得稅負擔較輕。

丁、較容易有操控損益金額的機會。

(A) 先進先出法、先進先出法、後進先出法、先進先出法
(B) 後進先出法、先進先出法、先進先出法、個別認定法
(C) 先進先出法、後進先出法、後進先出法、個別認定法
(D) 後進先出法、後進先出法、先進先出法、先進先出法

13. 甲公司進口貨物 5,000 單位，單價 $10，目的地交貨，於第 1 年 12 月 28 日該批貨物到港口，甲公司辦理報關作業並支付進口報關相關費用 $1,000、國內運輸費 $500。該批貨物須採破壞性驗收，第 1 年 12 月 31 日取 5 單位貨物檢驗後，於第 2 年 1 月 1 日正式驗收其餘 4,995 單位貨物。甲公司第 1 年 12 月 31 日資產負債表之存貨，應包括該批進口貨物之金額若干？

(A) 0
(B) $51,479.40
(C) $51,480
(D) $51,500

【改編自 100 年公務人員特種考試】

14. 沿上例，請問該批進口貨物之單位成本若干？

(A) $10
(B) $10.31
(C) $10.3
(D) $10.01

15. 甲公司存貨會計記錄採用永續盤存制及先進先出法，以下為甲公司 ×1 年度相關資訊（依據時間發生順序）：

	單位數	單位成本
期初存貨	10	$20
進貨	40	22
進貨	20	21
銷貨（每單位售價 $5）	50	
進貨	60	25
銷貨（每單位售價 $5）	30	

甲公司期末存貨之淨變現價值為 $1,200，請問甲公司 ×1 年銷貨成本之金額為何？

(A) $1,750
(B) $1,800
(C) $1,830
(D) $1,860

【99 年公務人員高考】

16. 甲公司存貨採定期盤存制，其 ×2 年 1 月 1 日之存貨成本為 $650,000，當年度進貨總額為 $3,250,000，進貨運費為 $250,000，進貨退回與折讓為 $325,000，當年度銷貨收入為 $4,000,000。依甲公司過去經驗與同業情形，估計甲公司之正常毛利率為 20%。甲公司於 ×2 年 12 月 31 日存貨實地盤點後確認存貨成本為 $600,000，惟甲公司管理階層懷疑倉庫管理員監守自盜，試估計存貨可能遭竊之金額為何？

(A) $25,000　　　　　　　(B) $50,000
(C) $75,000　　　　　　　(D) $100,000　　　　【99 年公務人員高考】

練習題

1.【存貨的盤存制度】 櫻桃之家是櫻桃爺爺經營的一家卡通精品連鎖店,「哆啦 A 夢抱枕」是店裡的暢銷產品,該產品 ×6 年度的進銷貨會計事項彙總如下:

(1) 期初存貨:180 件,@$150。
(2) 賒購商品:3,000 件,@$150。
(3) 賒銷商品:2,500 件,售價為成本之 170%。
(4) 期末實地盤得存貨為 677 件。

櫻桃爺爺要小丸子根據上述的資料,分別採用永續盤存制及實地盤存制,作相關之分錄。

2.【成本基礎之評價方法】 東方出版社採定期盤存制,活頁紙係其存貨之一,×6 年 6 月活頁紙共計出售 620 單位,每單位售價 $55。以下是 6 月份活頁紙期初存貨及採購的資料:

		單位數	單位成本
6/1	期初存貨	100	$41
6/5	進貨	300	$42
6/15	進貨	250	$42.5
6/25	進貨	125	$42

請依下列存貨計價方法分別計算東方出版社 6 月活頁紙之期末存貨與銷貨成本:

(1) 先進先出法。
(2) 加權平均法(四捨五入到整數位)。

3.【成本與淨變現價值孰低法】 興業汽車精品百貨 ×6 年期末之部分存貨資料列示如下:

存貨項目	機油		輪胎	
品牌	嘉實多	亞拉	固特異	倍耐力
成本	$250,000	$300,000	$700,000	$835,000
淨變現價值	285,000	280,000	705,000	800,000

試依:(1) 逐項比較法;(2) 分類比較法,按成本與淨變現價值孰低法,計算 ×6 年上述存貨項目之期末金額,並作適當之調整分錄。

4.【毛利率法】 驅塵氏公司專業進口奈米空氣清淨機,在開業的第一個月裡,先後進貨三

次：(1) 30 台，每台 $6,000；(2) 40 台，每台 $7,000；(3) 30 台，每台 $8,000。假設開業的首月銷售金額為 $800,000，平均毛利率為 30%，試計算月底尚未銷售空氣清淨機之估計成本。

5. 【毛利率法】哈林所經營的 Super New Balance 運動鞋店，平均毛利率為 30%，本年度之存貨資料列示如下：

期初存貨	$ 80,000	進貨	$153,000
銷貨	250,000	進貨退回	2,000
銷貨折讓	5,000	進貨運費	3,000
銷貨運費	6,000	進貨折扣	3,000
銷貨佣金	7,000		

根據上述資料，採用毛利率法估算下列項目：

(1) 本期銷貨成本。
(2) 期末存貨成本。

6. 【存貨評價錯誤之影響】臺北公司 ×1 年間發生之錯誤有：

(1) 購入一批價值 $30,000 之存貨，在分類帳上重複記錄；
(2) 12 月 30 日購入 $25,000 商品，起運點交貨，由於此批商品在 ×2 年 1 月 2 日才送達，因此盤點人員並未將之計入期末存貨，臺北公司在收到商品時才予以入帳；
(3) 另外，臺北公司將成本 $28,000 的商品寄存在 A 地的高雄公司，盤點人員在進行期末盤點時並未將之計入存貨。

假設臺北公司採定期盤存制，試問這些錯誤將對臺北公司 ×1 年度之損益產生何種影響（不考慮所得稅）？ 【改編自 102 年普考】

7. 【毛利率法】克群開了一家陶笛樂器行，採定期盤存制，銷貨毛利率為銷貨成本的 25%，×5 年度第 1 季到第 3 季的其他相關資料如下：

期初存貨	$520,000
進貨	$372,000
進貨退回	$58,000
銷貨	$560,000

×5 年 9 月 30 日並未實地盤點存貨，請您運用毛利率法替克群估計 ×5 年 9 月 30 日的存貨金額。

8. 【淨變現價值】接連幾天的豪大雨，致使憲憲所經營的家具店淹水，憲憲很心疼，這些

泡過水的家具，成本總計為 $1,000,000，定價為 $1,350,000，憲憲打算花 $100,000 將這些泡過水的家具處理一下，然後打 3 折出售。假設在資產負債表日時，這批泡過水的家具尚待出售，試作適當之調整分錄。

9. 【存貨週轉率與存貨週轉平均天數】慧欣公司在 ×4 年 12 月 31 日有下列資料：期末存貨 $90,000，期初存貨 $50,000，銷貨成本 $350,000，銷貨收入 $450,000。試計算慧欣公司 ×4 年存貨週轉率及存貨週轉平均天數。

10. 【成本基礎之評價方法】曼尼手機店使用永續盤存制，其手機在 1 月 1 日存貨有 3 台，每台 $600，1 月 12 日買進 6 台，每台 $660，在 1 月 10 日賣出 2 台，及 1 月 16 日賣出 5 台。

    試作：在 (1) 先進先出法；(2) 移動平均法下（單價四捨五入取到小數點後二位），計算期末存貨（四捨五入到整數）。

應用問題

1. 【存貨盤存制度】胖虎經營一家專業風格的 CD 專賣店，其中爵士樂 CD 在 ×5 年 3 月之期初存貨計有 250 件，@$220，且 3 月間發生下列交易：
   (1) 賒購商品 2,500 件，@$220。
   (2) 購貨退出 500 件。
   (3) 銷貨 1,600 件，每件 $350。
   (4) 銷貨退回 100 件。
   (5) 3 月底期末盤點存貨有 748 件。

   試根據上述資料，分別採永續盤存制及定期盤存制，作相關之分錄。

2. 【成本基礎之評價方法】蠟筆小新經營的蠟筆店採永續盤存制，×6 年蠟筆的進銷情形如下：

購貨			銷貨	
1/1	200 單位	@$11	2/8	75 單位
3/10	150 單位	@$13	4/20	200 單位
5/30	450 單位	@$14	7/10	300 單位
9/10	200 單位	@$15	11/15	300 單位
12/10	175 單位	@$16		

   試分別以下列各種成本評價方法來計算期末存貨：
   (1) 移動平均法（四捨五入到整數位）。

(2) 先進先出法。

3. 【存貨盤存制度】大義公司 6 月份的資料如下：

日期	項目	數量	單位成本	總成本
6月1日	期初存貨	200	$5	$1,000
6月12日	進貨	300	6	1,800
6月23日	進貨	500	7	3,500
6月30日	期末存貨	160		

試作：

(1) 以定期盤存制之 (a) 先進先出法；及 (b) 平均成本法計算期末存貨及銷貨成本。
(2) 以永續盤存制之 (a) 先進先出法；及 (b) 平均成本法計算期末存貨及銷貨成本。計算永續盤存制下，各種成本流動假設方法下的期末存貨和銷貨成本。假設 6 月 15 日以每個 $8 的價格售出 400 單位，6 月 27 日以每個 $9 售出 440 單位。
(3) 兩種盤存制的結果有什麼不同？

4. 【存貨評估錯誤之影響】櫻桃公司的銷貨成本資料如下：

	×1 年	×2 年
期初存貨	$ 20,000	$ 30,000
進貨成本	150,000	175,000
可供銷售商品成本	170,000	205,000
期末存貨	30,000	35,000
銷貨成本	$140,000	$170,000

櫻桃公司有兩項錯誤：(1) ×1 年期末存貨高估 $2,000；及 (2) ×2 年期末存貨低估 $6,000。

試作：計算每年正確的銷貨成本。

5. 【毛利率法】老爺公司的存貨在 3 月 1 日遭火災損毀，由僅存的會計記錄得知前兩個月的資料如下：

銷貨	$51,000	銷貨退回與折讓	$1,000
進貨	$31,200	進貨運費	$1,200
進貨退回與讓價	$1,400		

假設：期初存貨 $20,000，銷貨淨額之毛利率為 30%。

試作：計算因火災而損失的商品成本。

6. 【存貨評價方法之改變】鼓鼓公司成立於 ×3 年初，採先進先出法作為存貨之計價方法，×3 年至 ×5 年期末存貨分別為 $600,000、$670,000 及 $730,000，如該公司採加權平均法計算期末存貨，則將使 ×3 年銷貨毛利增加 $20,000，×4 年銷貨毛利減少 $15,000，×5 年銷貨毛利增加 $10,000，試求改用加權平均法下，×3 年至 ×5 年之期末存貨金額各為若干？

7. 【存貨週轉率與存貨週轉天數】下列是瘦子精品店 ×3 年、×4 年及 ×5 年之資料：

	×3 年	×4 年	×5 年
銷貨收入	$1,750,000	$2,350,000	$2,800,000
銷貨成本	1,275,000	1,680,000	1,800,000
期初存貨	150,000	450,000	600,000
期末存貨	450,000	600,000	720,000

試計算瘦子精品店 ×3 年、×4 年及 ×5 年之存貨週轉率、存貨週轉天數，並評論其趨勢。

會計達人

1. 【存貨流程假設之改變】零九公司於 ×1 年初成立，存貨盤存制度採定期盤存制，並以加權平均法作為存貨的計價基礎，其 ×1 年、×2 年、×3 年與 ×4 年之銷貨毛利分別為 $250,000、$220,000、$180,000 及 $185,000。公司管理當局正思考存貨計價基礎對財務報表的影響，會計經理提供先進先出法及加權平均法下，各年度之期末存貨金額如下：

年度	先進先出法	加權平均法
×1 年底	$12,500	$11,750
×2 年底	10,640	9,500
×3 年底	21,900	19,900
×4 年底	18,500	16,250

試作：若零九公司改採先進先出法，則各年度之銷貨毛利各為何？

2. 【存貨盤存制度】NOVA 3C 賣場的某家 Apple 專賣店，其存貨盤點系統是採用定期盤存，固定於每季的季末實際盤點存貨項目。以下為代理銷售 Apple iPod 第 3 季（7、8、9 月）之進貨情況，另已知 6 月底之存貨數量為 10 個，每單位成本為 $10,000，且第 3

季共出售 50 個 iPod。

日期	數量	單位成本
7 月	30	$9,500
8 月	15	$9,300
9 月	20	$8,600

試作：

(1) 計算第 3 季可供銷售商品成本。

(2) 計算在先進先出法及加權平均法下第 3 季季末之存貨與第 3 季之銷貨成本。

3. 【毛利率法】台北公司 ×1 年 8 月 31 日工廠發生火災，幾乎毀損了所有存貨，僅倖存一批成本為 $8,000 的商品。截至當年火災日止之相關資料如下：

| 存貨（期初） | $550,000 | 銷貨收入 | $1,500,000 |
| 銷貨退回 | $32,000 | 成本毛利率 | 25% |

該公司進貨係全數賒購，×1 年期初應付帳款餘額為 $200,000，截至火災日止以現金 $760,000 清償應付帳款，並取得進貨折讓 $15,000，8 月 31 日應付帳款餘額為 $280,000。×1 年日記帳中包含 8 月 31 日從新加坡 FOB 起運點交貨之在途存貨 $7,000。

試作：

(1) 至 ×1 年 8 月 31 日止進貨淨額。

(2) 以毛利率法估計發生火災前應有之存貨餘額及存貨火災損失金額。

4. 【綜合題】宜蘭公司 ×3 年至 ×5 年帳列稅前淨利分別為 $80,000、$100,000 及 $130,000；資產與負債總額分別為 $3,300,000 與 $1,200,000。×6 年初經會計師查核發現下列事項：

1. ×3 年初以 $62,000 購入交易目的證券投資，帳上一直按成本法衡量。×3 年至 ×5 年底該證券投資之公允價值分別為 $59,000、$61,000 及 $64,000。
2. 存貨採定期盤存制，×3 年至 ×5 年底各有寄銷於乙公司之商品 $20,000、$40,000 及 $30,000 未計入期末存貨。
3. 預收貨款一向直接記為銷貨收入，×3 年至 ×5 年各年底分別有 $30,000、$50,000 及 $39,000 之預收貨款未予認列。
4. ×3 年至 ×5 年底均遺漏應收租金之認列，其金額分別為 $8,000、$6,000 及 $12,000。

試作：

(1) 計算宜蘭公司 ×4、×5 年正確之稅前淨利。

(2) 計算宜蘭公司 ×5 年 12 月 31 日正確之資產與負債總額。

5.【綜合題】花蓮公司採定期盤存制，×2 年損益表上部分會計項目金額如下：

銷貨收入淨額	$160,000
進貨	66,000
進貨折扣	3,000
進貨退回	1,000
存貨（×1/12/31）	6,000
存貨（×2/12/31）	7,400

經會計師查核後，發現以下錯誤：

1. ×2 年 12 月 31 日期末盤點時有 $500 存貨重複盤點。
2. 收到一批成本 $1,200 商品訂單，公司預計 ×3 年 1 月 2 日以起運點交貨出售，因此，未列入 ×2 年 12 月 31 日存貨中。

試作：

(1) 請計算花蓮公司 ×2 年正確之銷貨成本。
(2) 請計算花蓮公司 ×2 年正確之存貨週轉率．
(3) 請計算花蓮公司 ×2 年正確之存貨平均銷售天數（假設一年以 360 天計算）。

存貨 chapter 07

Chapter 08

現金及內部控制

objectives

研讀本章後，預期可以了解：

- 現金之意義
- 現金之管理與內部控制
- 零用金制度
- 銀行存款調節表—

> 貪腐、盜用與詐騙無所不在。不管我們喜不喜歡，人性就是這麼運作的。成功的經濟體會將它們的影響降到最低，但沒有人可以完全消除它們。
>
> ──艾倫‧葛林斯潘（Alan Greenspan），美國前聯邦準備理事會主席

企業之內部控制係由企業董事會、管理階層與其他成員共同負責設計及執行，其目的在於促進公司之健全經營，以合理確保下列目標之達成：

(1) 營運目標：營運之效果及效率，包括達成營運與財務績效目標及維護資產安全。
(2) 報導目標：企業內部與外部財務報導及非財務報導具可靠性、及時性、透明性並符合相關規範。
(3) 遵循目標：相關法令規章之遵循。

美國的 COSO（Committee of Sponsoring Organizations of the Treadway Commission）委員會，於 2013 年 5 月發布新版「內部控制整體架構報告」，將內部控制定義為一個持續的任務及行動，且包括五大組成要素：(1) 控制環境：控制環境係企業設計及執行內部控制制度之基礎，包括企業之誠信與道德價值、董事會治理監督責任、組織結構、權責分派、人力資源政策、績效衡量及獎懲等。(2) 風險評估：管理階層應考量企業外部環境與商業模式改變之影響，以及可能發生之舞弊情事。(3) 控制作業：係指企業依據風險評估結果，採用適當政策與程序之行動，將風險控制在可承受範圍之內。(4) 資訊與溝通：係指企業蒐集、產生及使用來自內部與外部之攸關、具品質之資訊，以支持內部控制其他組成要素之持續運作，並確保資訊在企業內部以及企業與外部之間皆能進行有效溝通。(5) 監督作業：係指企業依據法律規定及企業相關規範，進行持續性評估，以確定內部控制制度之各組成要素是否已經存在及持續運作；對於所發現之內部控制制度缺失，應向適當層級之管理階層與董事會溝通，並及時改善。

舞弊稽核師協會（Association of Certified Fraud Examiners, ACFE）2016 年之調查報告指出，當企業發生舞弊時，通常內控缺失主要來自於缺乏有效的內部控制制度（29.3%）、既有內部控制制度遭到逾越（20.3%）及欠缺管理階層覆核（19.4%）。依據 ACFE 之調查報告，發現舞弊的來源，內部稽核發現只占 16.5%，而最大宗來源來自檢舉占 39.1%，而其中 51.1% 的舉報來自員工。企業應該要思考，對於自己所面臨之市場、產業、政治、經濟、法規、資訊科技等相關的風險，並針對各種可能風險進行評估，以利於規劃關鍵資源與控制活動應該配置在哪些最需要的流程。

整體而言，公司應重視經營環境、產業特性及營運活動，建立有效之內部控制制度，並隨時檢討。唯有董事會、經營者或高階管理階層擁有誠信正直的價值觀，才是防範舞弊案件之王道，也才能達到最佳的公司治理。

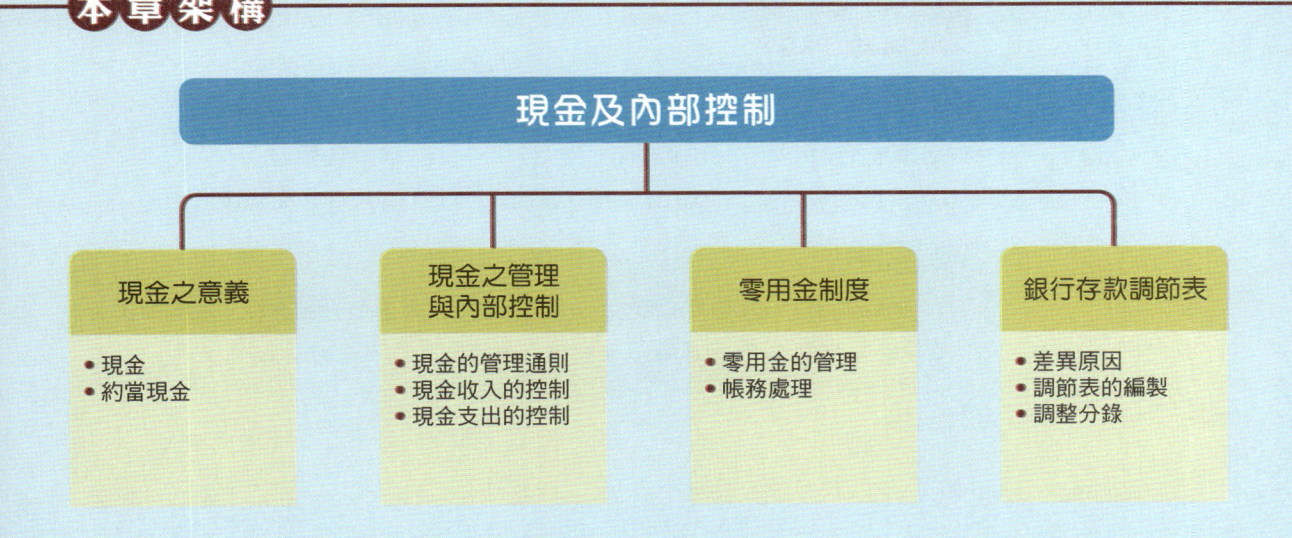

本章架構

現金及內部控制

- **現金之意義**
  - 現金
  - 約當現金

- **現金之管理與內部控制**
  - 現金的管理通則
  - 現金收入的控制
  - 現金支出的控制

- **零用金制度**
  - 零用金的管理
  - 帳務處理

- **銀行存款調節表**
  - 差異原因
  - 調節表的編製
  - 調整分錄

> **學習目標 1**
> 說明現金在會計上的意義,以及現金部位多寡對企業營運的重要性

現金 是流動性最高的流動資產,為資產負債表上排序第一的資產項目。

8.1 現金之內容與重要性

會計學上所謂的**現金**(Cash),是企業作為交易的媒介與支付的工具,且必須是企業可以隨時支配運用,未指定用途,亦沒有受到法令或其他約定之限制。例如為員工退休而提撥之基金,雖然具有現金之其他要件,但只能作為員工退休時之給付,並不得挪為他用,因此不符合會計上現金的定義。

未具貨幣型態(即紙幣及硬幣)而被視為現金之項目,包括旅行支票、銀行活期存款、支票存款、3個月內到期的定期存款、即期支票、即期票據(本票及匯票)、銀行本票(可隨時向銀行要求兌現)及郵政匯票等。就這點而言,會計上所謂的現金,範圍比一般所認知的現金為廣。另外,遠期支票在國內為信用工具,到期前不能向銀行兌現,故應歸類在應收票據項目;員工借款條係借款給員工而取得的收據,無法成為支付的工具,應歸類為其他應收款;郵票與印花稅票則應歸屬於預付郵電費;存放於他處之保證金或押金則應列為存出保證金之會計項目。

動動腦

下列項目中何者屬於現金的範圍?

(A) 銀行存款　　(B) 旅行支票　　(C) 郵政匯票
(D) 遠期支票　　(E) 員工借款條　(F) 擴充廠房及設備基金

解析

(A)、(B)、(C) 均屬於現金。(D) 遠期支票為應收票據。(E) 員工借款條屬其他應收款。(F) 擴充廠房及設備基金屬於專款專用的基金。

釋例 8-1

玫瑰唱片公司於 ×8 年 12 月 31 日部分財務資料如下：

1. 零用金　　　　　　　　　　　　$3,000
2. 活期存款餘額　　　　　　　　　$20,000
3. 支票存款餘額　　　　　　　　　$1,000
4. 郵票　　　　　　　　　　　　　$1,800
5. 定期存款（3 個月期）　　　　　$50,000
6. 暫付員工差旅費　　　　　　　　$12,000
7. 員工借支　　　　　　　　　　　$9,000
8. 收到客戶 3 個月後到期之支票　 $22,000

試作：

(1) 請依據上列資料，計算應列示於資產負債表中之「現金及銀行存款」項目之餘額。
(2) 分析上列資料中，不屬於「現金及銀行存款」之正確會計項目歸類，並請編製部分資產負債表。

解析

(1)「現金及銀行存款」項目餘額如下：

零用金	$ 3,000
活期存款	20,000
支票存款	1,000
定期存款（3 個月期）	50,000
合計	$74,000

(2)

玫瑰唱片公司
資產負債表（部分）
×8 年 12 月 31 日

資產：

現金及銀行存款	$74,000
應收票據 (註1)	22,000
預付費用 (註2)	1,800
其他應收款 (註3)	9,000
暫付款 (註4)	12,000

註 1：因非即期票據，無法於向銀行提示時立刻領取現金，故帳列「應收票據」項目。
註 2：郵票並未符合現金之三要件，列為「預付費用」。因為金額不大，且郵票很快會被用完，有時直接列為費用。
註 3：係員工先向公司暫借款項，公司產生非因營業行為而來之債權，故應帳列「其他應收款」。
註 4：將來檢據報銷時，未用完而繳回的部分才能視為現金，可先列為「暫付款」或「預付費用」項目。

在實務上，我國上市公司大部分都將約當現金併入現金項目，而在資產負債表上以「現金及約當現金」項目呈現，再以附註方式揭露明細。所謂**約當現金**（cash equivalent）是指隨時可轉換成定額現金且即將到期而其利率變動對其價值影響甚少之投資，包括自投資日起 3 個月內到期之短期票券及附賣回條件之票券等。

表 8-1 為國內上市企業**鴻海精密（鴻海）**，其 109 年底及 108 年底「現金及約當現金」在資產負債的表達。鴻海的現金及約當現

> **約當現金** 是指隨時可轉換成定額現金，且通常不超過 3 個月的短期投資，具有高度的變現性。

表 8-1　鴻海精密工業股份有限公司資產負債表

鴻海精密工業股份有限公司及其子公司
合併資產負債表（部分）
民國 109 年及 108 年 12 月 31 日　　　　　　　　　（單位：千元）

資產	109 年 12 月 31 日 金額	%	108 年 12 月 31 日 金額	%
流動資產				
現金及約當現金	$1,232,794,015	34	$857,862,362	26
透過損益按公允價值衡量之投資-流動	6,285,594	-	2,952,049	-
按攤銷後成本衡量之金融資產-流動	38,783,566	1	52,954,877	1
應收帳款淨額	903,070,230	25	987,287,438	30
應收帳款-關係人淨額	39,414,164	1	44,754,604	1
其他應收款	58,237,719	2	67,854,299	2
其他應收款-關係人	5,285,774	-	24,366,543	1
存貨	582,113,735	16	515,772,177	15
預付款項	18,664,505	-	19,895,574	1
流動資產合計	$2,884,649,302	79	$2,573,692,923	77

附註：重要會計項目之說明

現金及約當現金	109 年 12 月 31 日	108 年 12 月 31 日
庫存現金及週轉金	$　　146,814	$　　216,905
支票存款及活期存款	1,008,741,819	649,335,476
約當現金		
定期存款	215,392,563	208,182,131
附買回債券	8,512,819	129,850
合計	$1,232,794,015	$857,864,362

金餘額在 109 年 12 月 31 日約為 1 兆又 2,328 億元，約占總資產的 34%。從市場投資人的角度而言，除了獲利和產業遠景常是重大的投資考慮因素之外，公司的財務結構和現金部位，也常是投資人能否享有高額股利的參考指標。查閱鴻海之財務報表附註，其 109 年之現金內容以支票存款及活期存款為最多，約為 1 兆又 87 億元，而鴻海的約當現金則有 $2,153 係屬於定期存款，依我國銀行實務，短期 12 個月到期的定期存款可視為約當現金。

　　現金是企業所有資產中流動性（變現性）最高的資產，因為現金不需要經過任何變現程序，就可以用來購買資產、支付費用及償還債務。有一句話說：「財務雖不能興邦，但卻可以亡國。」現金是企業運行的血脈，因此現金的控管對於企業營運非常重要。企業經營者的理念，常關係著企業現金部位的高低。有的企業由於非常重視景氣循環所帶來對於公司競爭力的考驗，常常保持高度的現金餘額，並盡量以較低或甚至零負債的財務結構經營公司。這一類型的公司通常較能應付景氣考驗，且由於其資金調度較為方便，可以有效因應技術研發的提升或擴廠等機會，而擁有擴大營業空間的利基。

　　以現金當靠山，不僅可以積極從事併購與投資，且可以因應未來景氣好壞，具有進可攻、退可守的營運實力。鴻海多年來常以其龐大的現金部位及靈活的財務運用從事併購及策略聯盟。公司若擁有不錯的現金部位，代表流動性較佳，且配發現金給股東的能力也較強，通常較會受到外部投資人的喜愛。從另一角度來看，公司若不能擁有穩定的現金流量，則容易造成企業經營風險的升高。

8.2 現金之管理與內部控制

> **學習目標 2**
> 說明現金管理的目標，以及如何建立現金的內部控制制度

　　企業的許多交易常會涉及現金收付，而且現金是流動性最高的資產，由於現金人人喜愛，遭竊的風險亦最高，故良好的現金管理，應該要能夠達到下列目標：

1. 所有的現金收支交易與保管，均應確實依照規定程序處理。
2. 對於即將到期的債務，有足夠的現金可以償還。
3. 避免持有過多的閒置現金。
4. 防止因竊盜或舞弊而造成現金之損失。
5. 迅速且正確提供現金收支資料，使企業能有效進行資金調度與運用。

> **內部控制** 主要在提高會計記錄的正確性與可靠性，並保護資產的安全。

若欲達成上述現金管理的目標，則企業必須建立良好的現金管理與**內部控制**（internal control）制度。美國於 2002 年通過**沙賓法案**（Sarbanes-Oxley Act），該法案乃是規範上市公司財務報導以及會計師之重要法案，依據沙賓法案，內部控制包括：(1) 維持正確會計記錄，以便能詳實並允當反映發行公司之交易與資產處分；(2) 提供合理確信使所有交易事項均有記載，財務報表之編製符合一般公認會計原則，且發行公司之收支皆已獲得管理當局及董事會之授權；(3) 提供合理確信以防止或即時偵測對於公司資產有未經授權之取得、使用與處分等行為。

給我報報

不僅要了解你的客戶，也要了解你的員工

COSO（Committee of Sponsoring Organizations of the Treadway Commission）於 2016 年與舞弊稽核師協會（Association of Certified Fraud Examiner, ACFE）聯合發表舞弊風險管理指引，以 2013 年改版的內部控制整體架構報告為基礎（請參考封面故事），發展出舞弊風險管理對應的五大原則。其中的第一大原則，即為建構有效的控制環境，這與組織正直誠信的價值承諾有重大關聯。

以現金被挪用為例，大致可分為「還沒記錄在公司帳上前就被挪移」、「已記錄在公司帳上後才被盜走」，以及「假報公帳」三類。是內控螺絲鬆了嗎？為什麼沒有被發現呢？再以近年頻傳之金融詐欺為例，大多是內部人所為。由於銀行存放利差不斷縮小，銀行日益仰賴財富管理業務所帶來的手續費收入，許多銀行有超過 3 成的獲利來自財富管理相關業務，然而，隨著財富管理業務迅速擴張，理財專員盜用客戶資金、印鑑、冒名客戶等弊端時有所聞。一個普遍存在的問題，即在於高風險的商品分給理專的佣金往往最高，如果只為了爭

取高佣金就向所有客戶銷售，很容易埋下理財專員舞弊的地雷。根據金管會統計，2020 年銀行在財富管理業務上挪用客戶款項造成的損失總額為 3.2 億元，而 2019 年的相關損失為 4.48 億元，遠高於 2016 年至 2018 年間平均每年約 4,100 萬元的相關損失。

所以銀行在相關的內控與內稽方面，不僅要對客戶做 KYC（Know Your Customer，了解你的客戶），對員工（理專）也應該做 KYE（Know Your Employee，了解你的員工）。越來越多案例顯示，洗錢、資安、舞弊等作業風險會重創、甚至摧毀一家金融機構。為解決內鬼難抓的痛點，銀行開始運用金融科技，建置關聯分析系統，將不同帳戶之間的金流建立關聯性，以圖像化介面讓內控人員一目瞭然，並透過大數據分析風險，內控人員可據此深入調查內部作業詐欺的可能性。以財富管理為例，除透過 AI 為客戶更精準的評估風險屬性與資產的品質、報酬率之外，AI 風險預警與模型分析，亦能協助銀行端發現行員、理專與客戶間的可疑交易，提前進行風險預警，其中在各銀行之間最具有代表性的金融科技防弊，就是對於下單 IP 的監控。倘若發現使用同一個 IP、同一支手機，或是電腦的下單次數、下單金額不尋常增加時，就會懷疑這是由理專為客戶冒名下單。

各企業之現金管理與內部控制制度，視其行業特性及組織規模之不同而異，以下針對現金管理控制通則、現金收入的內部控制，以及現金支付的內部控制等三部分，分別說明。

8.2.1 現金管理控制通則

企業所擁有的資產中，以現金的流動性最高，因此現金的內部控制亦顯得格外重要。現金管理控制的關鍵點在於，確定職能分工及交易程序書面化等內部控制原則的執行，以確保現金管理的有效性。相關現金管理通則，彙總如下：

1. 現金保管與會計記錄工作應由不同人負責擔任。
2. 任何交易應適當職能分工，避免由一人或一部門負責完成，以利相互核對勾稽。例如核准付款與開立支票的工作，勿由同一人處理。
3. 盡可能地集中現金作業的收取或支付，且收付現金立即適當地記入帳冊。

4. 銀行存款調節表（在本章的第 8.4 節將會介紹）應定期由獨立於出納與處理現金帳務以外之人員編製或覆核。

8.2.2　現金收入的內部控制

現金收入容易發生錯誤或舞弊的時點，包括現金入帳前及入帳後，因此現金收入內部控制的關鍵點在於確保收取現金的同時，已將現金正確入帳，並且受到妥善的保管。相關現金收入控制要點，彙總如下：

1. 收現交易應使用收銀機記錄銷貨交易。
2. 當日現金收入應於當日送存銀行，最遲應於次日全數送存銀行。
3. 賒銷交易盡量請客戶直接將帳款匯入公司之銀行帳戶，賒銷貨款收現時應立即記錄，並按月或定期與客戶對帳。
4. 現金收入之帳務處理人員，不得同時負責總分類帳與應收款項明細帳之帳務處理。

8.2.3　現金支付的內部控制

現金支付的內部控制重點在於，除了小額的零用金支出外，一切支出均以支票付款，以確保所有現金付款均遵守公司內部流程，以減少現金的錯誤或舞弊。相關現金支出控制要點，彙總如下：

1. 除小額支出由零用金撥付外，所有支出應根據已核准的付款傳票，連同賣方的統一發票、訂購單、驗收報告等憑證，一律以支票或匯款支付。
2. 支票應由二人（或以上）會同簽章，並作成載明受款人及禁止背書轉讓之劃線支票。
3. 付款前其相關憑證應經審核；已付款之憑證應加蓋「付訖」章及日期，以避免日後重複付款。
4. 使用支票機開立支票；若有誤開的支票，應標明「作廢」字樣，並予以留存以供備查。

8.3 零用金制度

公司設置現金支出之內部控制制度後,所有支出都應該要按照規定程序審核,並以支票或匯款方式支付。由於其程序較為繁複,對於金額微小的支出,甚為不便;且一切支出均以支票或匯款方式,亦有相當困難,如至便利商店購物或至車站購買車票等,對於此類小額支出,有設置**零用金**(petty cash fund)制度之必要。

零用金制度應採定額零用金制,即一開始時先提撥一固定現金數額交給零用金保管員,領用人檢具原始憑證並經適當層級主管核准後,才可以向零用金保管員申請付款。在零用金將用盡前(或定期)由零用金保管員填寫零用金報銷清單,連同原始憑證交付會計部門,申請撥補所報銷之金額,也就是說,不論何時去盤點零用金,手存現金加上未報銷費用單據之合計金額,一定要等於原提撥之零用金數額,此亦為定額零用金制度的優點。

至於定額零用金之金額應如何決定及若干金額以下之支出方可以零用金支付,應視公司規模大小及各行業別之特性而定,一般而言,以維持 1 星期至 1 個月間支出所需為零用金之適當數額。零用金雖僅限於小額的零星支出,但因為金額通常較小,而且零星支用的項目也沒有限制,所以一般仍把它列入現金的項目。

還有一點須注意的是,乍看類似的名詞可能造成混淆,零用金與找零金是不同的。**找零金**(change fund)是企業、百貨公司或便利商店等,為方便出納人員「找零」之用,而將一筆零錢存放在收銀機處,一般也將它列入現金之一部分,只是每天盤點現金時,須將找零金扣除,才能得出當天現金收付的正確淨額。

在零用金制度下,相關之會計處理,說明如下:

1. 設置零用金

當公司決定設置零用金的基金以方便小額支出申請時,會決定適當的零用金額度,所以在設置時,公司會簽發該預定金額的支票給零用金保管人,其會計分錄如下:

> **學習目標 3**
> 說明零用金制度的管理與相關之會計處理

> **零用金** 主要為支付日常零星開支,而交由專人保管支付之固定現金數額。

零用金	×××	
銀行存款（現金）		×××

2. 使用零用金

　　由零用金保管人支付給領用人，並自領用人處取得憑證，此時保管人僅作備忘錄即可，會計部門暫時不必作任何分錄。

3. 撥補零用金

　　零用金保管人將零用金支出的收據或憑證彙整後，申請核准撥款，以便將零用金補足至所設置的金額。此時所有的憑證均應蓋上「付訖」章，以防止被重複請款。撥補時，會計分錄如下：

各項費用	×××	
銀行存款（現金）		×××

值得注意的是，在上述分錄中，直接貸記銀行存款（現金），而非零用金，換句話說，撥補現金後，零用金仍舊維持原有金額，並未減少。

4. 現金短溢

　　零用金由於零星支出頻繁，難免會有找零錯誤，而發生零用金多出或短少的情形，因此可以「現金短溢」項目作為調整。期末該項目如有借方餘額，則列為其他費用，貸方餘額則列為其他收入。

5. 期末處理

　　期末結帳時，通常均會對已支用之零用金予以補足，補充分錄與上述相同。但如果在期末結帳時公司並未補充零用金，則已支出部分仍應入帳，以免綜合損益表上少計費用，然而此時應直接貸記零用金。

6. 零用金增減

　　有時公司會視實際支用情況，予以增加或減少零用金額度。零用金設置額度若增加時的會計分錄為：

零用金	×××	
銀行存款（現金）		×××

零用金設置的額度若減少時，則會計分錄為：

　　　銀行存款（現金）　　×××
　　　　　零用金　　　　　　　　×××

茲以釋例說明上述交易之會計處理。

釋例 8-2

飛鳥旅遊網 ×3 年 12 月 1 日設置定額零用金 $4,000，其零用金使用及撥補情形如下：

×3 年 12 月 4 日：支付郵資 $1,050。
　　　12 月 7 日：以宅急便寄文件給長榮航空花費 $250。
　　　12 月 9 日：購買文具用品 $2,650。
　　　12 月 10 日：申請撥補零用金。
　　　12 月 22 日：支付水費 $1,200，及計程車資 $320。
×4 年 1 月 3 日：支付電費 $1,400 及清潔公司費用 $1,000。
　　　1 月 5 日：申請撥補零用金。

試作適當之會計分錄。

解析

(1) ×3 年 12 月 1 日設置零用金。

　12/1　　零用金　　　　　4,000
　　　　　　銀行存款　　　　　　　4,000

(2) 12 月 4 日至 12 月 9 日間，零用金保管人支付給領用人供各項零星支出時，僅作備忘記錄。

(3) 12 月 10 日撥補零用金。

　12/10　　郵電費用　　　　1,300
　　　　　　文具用品　　　　2,650
　　　　　　　銀行存款　　　　　　3,950

(4) 12 月 22 日，零用金保管人僅作備忘記錄。

(5) 12 月 31 日期末處理，雖未撥補零用金，仍應將已使用部分入帳，以免費用漏列。值得注意的是，貸方此時應貸記零用金，而非銀行存款，因為尚未作零用金撥補的動作。

12/31	水電費用	1,200	
	交通費用	320	
	零用金		1,520

(6) ×4年1月3日，零用金保管人僅作備忘記錄。

(7) ×4年1月5日撥補零用金。

1/5	零用金	1,520	
	水電費用	1,400	
	其他費用	1,000	
	銀行存款		3,920

動動腦

阿瘦皮鞋民權分店設置零用金 $4,000，年底結帳時尚餘庫存現金 $2,500，而各項收據分別是銷貨運費 $500、電話費用 $695、報費 $300，假設年底結帳時，不是預定撥補日，則阿瘦年底應作的調整分錄為何？

解析

各項收據＝ $500 ＋ $695 ＋ $300 ＝ $1,495
年底應有之庫存現金＝ $4,000 － $1,495 ＝ $2,505
現金短少數＝ $2,505 －實際庫存現金 $2,500 ＝ $5

會計分錄為：

12/31	銷貨運費	500	
	電話費用	695	
	報費	300	
	現金短溢	5	
	零用金		1,500

請注意「現金短溢」借方餘額為其他費用，屬於費損類項目；貸方餘額則為其他收益，屬於收益類項目。

8.4 銀行存款調節表

學習目標 4 說明銀行存款調節表的功用，以及如何編製

前面我們已經提到，銀行存款是公司資產中流動性最高，保管風險也是最大的項目，所以應該要確保「銀行存款」此一資產的安

全，並確認帳載銀行存款金額係屬正確，而最簡單的方法就是與銀行所保存的記錄相核對。公司帳載銀行存款金額如果與銀行所保存的記錄不一致，是不是就代表公司帳載銀行存款記錄有誤？其實並不一定，我們應該要先去分析「公司帳載」與「銀行記錄」差異的原因及金額為何，因為有可能是時間性差異或任何一方錯誤等原因所造成的，這種分析公司帳載記錄與銀行記錄間差異金額與原因的工具，即是**銀行存款調節表**（bank reconciliation）的功能。如何獲得銀行的記錄呢？通常銀行為了方便其往來客戶核對存款餘額，會按月寄發銀行對帳單給客戶，客戶即可據以編製銀行存款調節表。

8.4.1 差異的原因

編製銀行存款調節表時，是以銀行按月寄來的對帳單和公司帳載銀行存款記錄作為調節依據，而造成兩者餘額不相等的原因有兩種情形：一是銀行與公司對於存款的收入與支出在記錄上有時間性的差異，導致一方已記帳而另一方尚未記帳；另一則是有錯誤的發生。分述如下：

1. 公司已記帳，而銀行尚未記帳

(1) 公司已記存款增加，而銀行尚未記載

例如將即期支票存入銀行，但因票據交換導致銀行未能及時入帳，或企業收到現金，因趕不及於當日銀行之營業時間內存入，而導致銀行未記帳者，這種情形俗稱為**在途存款**（deposit on transit），應調整銀行對帳單餘額，列為加項，才能求出正確餘額。

在途存款 是指公司已將款項匯出，但銀行尚未收到，因而銀行尚未記帳。

(2) 公司已記存款減少，而銀行尚未記載

例如公司於本月份簽發即期支票，以支付積欠之貨款，公司帳上已記載銀行存款減少，然而，因支票尚未交付予廠商，或雖已交付支票給廠商，但廠商尚未存入銀行請求支付等原因，致使銀行未能在同一日記錄存款減少，這類項目即是所謂的**未兌現支票**（outstanding check），應調整銀行對帳單餘額，列為減項，才能求出正確存款餘額。

未兌現支票 是指公司已開出支票，但持票人尚未到銀行兌現，因此銀行尚未作公司存款減少的記錄。

2. **銀行已記帳，而公司尚未記帳**

   (1) 銀行已記存款增加，而公司尚未記載

   　　例如銀行代公司收取票據等款項，會直接記入公司在該銀行的存款帳戶，但公司在接獲銀行通知前，一直列為「應收票據」，而非「銀行存款」。另外，公司的客戶可能以電匯方式匯寄款項，存入公司的銀行戶頭，但公司尚未接到銀行通知這筆入帳的金額；或銀行結算出存款利息而直接記入公司的銀行存款帳戶等，這些情形均應調整公司帳上存款餘額，列為加項，才能求出正確的存款餘額。

   (2) 銀行已記存款減少，而公司尚未記載

   　　例如銀行代公司支付電話費用、水電費用和稅款等直接自公司的銀行存款帳戶扣款，以及銀行為公司提供某些服務而逕自在公司的存款帳戶內扣收手續費或服務費等，此類情形應調整公司帳上存款餘額，列為減項，以求出正確的存款餘額。值得注意的是，客戶**存款不足退票**（not sufficient funds, NSF）亦屬此類應調節的項目。「存款不足退票」發生在下列情況，公司收到別人開立的即期支票，在存入銀行時，公司記錄為銀行存款的增加，可是經票據交換結果發現，開立支票的人存款不足，無足夠現金支付該支票的金額。公司在獲銀行通知前並不知情，一直將該金額列為銀行存款，而銀行則已知道，將該金額列由公司之銀行存款中減除，因此造成兩者的差異。

3. **公司或銀行發生記帳錯誤**

   　　例如公司將收支金額記錄錯誤或銀行將公司或其他公司的存款或開立的支票，誤植到錯誤的帳戶，自然造成餘額不等，而須在發生錯誤的一方，予以調節更正。

存款不足退票　是指客戶開給公司的支票是空頭支票，公司存入後，遭銀行退回。

給我報報

銀行存款種類

　　銀行存款主要可以分為**支票存款**（又稱**甲存**）、**活期存款**（又稱**乙存**）和**定期存款**（又稱**定存**）三類。因為甲存和乙存可能因跨行或跨縣市等票據交換作業時間，而造成銀行未能在同一日記錄公司存款的增加或減少，此即所謂時間性差異，也是這節我們要為同學介紹如何編製銀行調節表的重點。至於定存，因為金額和期間是雙方已約定好的，所以沒有所謂的時間性差異之情形。以下再介紹有關支票存款常見的一些名詞：

劃線支票　　通常在支票的左上角會印上或劃上兩條平行線，即為劃線支票。劃線支票一定要先送存銀行，經銀行收妥入帳後，才能領取款項。如果支票沒有劃線，即可向銀行要求付現，對於日後查核現金支出的流程可能較不容易，所以一般公司行號所開立的支票都是劃線支票。

禁止背書轉讓　　現在公司行號常會在其支票正面印上或加蓋「禁止背書轉讓」字樣，代表支票限由載明的受款人才能兌現，原受款人不得將支票轉讓給第三人。

遠期支票　　支票在本質上應屬於「見票即付」，按道理講，應該沒有所謂的遠期支票。但由於我國的商業習慣，會將開票日期填寫為將來的某一日期，對開票人而言，亦是一種短期的資金週轉。當收到遠期支票時，會計上應作為應收票據處理。

8.4.2　銀行存款調節表之格式

　　銀行存款調節表之格式可分成三種：

1. 調節至正確餘額

　　將公司帳載餘額調節至正確餘額；亦將銀行記錄調節至正確餘額。

2. 以公司帳載餘額為準

　　將銀行記錄餘額調節至公司帳載餘額，而非調節至正確餘額。

3. 以銀行記錄餘額為準

　　將公司帳載餘額調節至銀行記錄餘額，而非調節至正確餘額。

通常銀行存款調節表是以調節至正確餘額為主，因此將其格式內容列示如下：

×× 企業
銀行存款調節表
×× 年 ×× 月 ×× 日

銀行對帳單餘額	×××
加：在途存款	×××
減：未兌現支票	(×××)
加（減）：錯誤	××× 或 (×××)
正確餘額	×××
公司帳載餘額	×××
加：銀行代收款	×××
利息收入	×××
減：銀行手續費	(×××)
銀行代付款	(×××)
客戶存款不足退票	(×××)
加（減）：錯誤	××× 或 (×××)
正確餘額	×××

8.4.3　公司應作之調整分錄

正確餘額之銀行存款調節表編製完成後，公司就可以根據調節表中須調節公司帳載餘額的部分，作成公司該月份自己應作的調整分錄；至於從銀行對帳單餘額調至正確餘額的項目如在途存款及未兌現支票等，則當由銀行作適當的調整分錄，與公司應作的調整分錄無關。

釋例 8-3

金牛角麵包坊 ×8 年 9 月 30 日帳列之銀行存款餘額為 $9,200，銀行對帳單之餘額為 $17,000，經核對後發現下列情形：

1. 存款利息 $500，公司尚未入帳。
2. 未兌現支票 $5,000。
3. 在途存款 $5,850。
4. 委託銀行代收並已收現之票據 $6,500，銀行扣除 $150 之手續費後逕予入帳，但公司尚未處理。
5. 開給安佳奶粉公司的支票金額 $7,900，帳上分錄誤記為 $9,700。

試作：

(1) 金牛角麵包坊 9 月份正確餘額之銀行存款調節表。
(2) 適當之調整分錄。

解析

(1)

金牛角麵包坊
銀行存款調節表
×8 年 9 月 30 日

銀行對帳單餘額	$17,000
加：在途存款	5,850
減：未兌現支票	(5,000)
正確餘額	$17,850
公司現金帳戶餘額	$9,200
加：存款利息	500
銀行代收票據	6,500
帳上誤記（$9,700－$7,900）	1,800
減：手續費	(150)
正確餘額	$17,850

(2) 屬於公司帳上餘額之調整項目（如公司錯誤、未入帳等），公司應作適當之調整分錄，至於銀行對帳單之調整項目，公司不必作分錄。

9/30	現金（或銀行存款）	8,650	
	銀行服務費	150	
	利息收入		500
	應收票據		6,500
	應付帳款		1,800

大功告成

必應創造公司在 ×8 年 9 月份的現金收付事項與有關資料如下：

1. 9 月 30 日現金帳戶餘額為 $252,000，銀行對帳單餘額為 $339,000。
2. 必應創造公司在 9 月 30 日收到的現金 $90,000 趕不及於當日銀行營業時間內存入，於次日始存入銀行。
3. 銀行對帳單附有下列通知單：
    a. 某娛樂影音公司支付給必應創造公司之貨款而開立的支票 $33,550，存入後因存款不足遭銀行退票。
    b. 銀行代收票據 $51,000 已收現，銀行並從其中扣除手續費 $150。
    c. 銀行 9 月份之服務費 $300。
4. 必應創造公司簽發的支票，在 9 月 30 日有兩張情況如下：
    a. 支付舞台設計訂金，開立支票一張（支票號碼#237），金額為 $100,000。截至月底，該支票尚未存入銀行。
    b. 五月天在台北小巨蛋之巡迴演唱會，由公司開立支票預支給穩立音響（支票號碼#253），金額 $60,000。穩立音響已存入銀行，但尚在票據交換中。

試作：

(1) 編製必應創造公司在 ×8 年 9 月底之銀行存款調節表。
(2) 必應創造公司應作之調整分錄。

解析

(1)

必應創造公司
銀行存款調節表
×8 年 9 月 30 日

銀行對帳單餘額		$339,000
加：在途存款		90,000
減：未兌現支票		
#237	$100,000	
#253	60,000	(160,000)
正確餘額		$269,000
公司現金帳戶餘額		$252,000
加：銀行代收票據		51,000
減：客戶存款不足退票	$33,550	
代收票據手續費	150	
9月份服務費	300	(34,000)
正確餘額		$269,000

(2) 必應創造公司所作的調整分錄，僅須針對調節表中銀行已入帳而公司尚未入帳的項目作調整即可。

9/30	現金（或銀行存款）	17,000	
	應收帳款	33,550	
	銀行手續費	450	
	應收票據		51,000

注意：當銀行進行票據交換，發現公司收取客戶的支票因存款不足而予以退票時，公司將依銀行的通知，把該支票視為未收之帳款，因此在調節表中，調減公司現金帳戶餘額，同時增加此筆應收帳款，這就是分錄中借方「應收帳款」的由來。

摘要

會計學上所謂的現金必須符合流通性與用途未受限制。在實務上，我國上市公司大部分都將約當現金併入現金項目，而在資產負債表上以「現金及約當現金」項目呈現。

由於現金人見人愛，其內部控制格外重要。根據 2002 年沙賓法案，內部控制包括：

(1) 維持正確會計記錄，以便能詳實並允當反映發行公司之交易與資產處分；
(2) 提供合理確信使所有交易事項均有記載，財務報表之編製符合一般公認會計原則，且發行公司之收支皆已獲得管理當局及董事會之授權；
(3) 提供合理確信以防止或即時偵測對於公司資產有未經授權之取得、使用與處分等行為。

公司採取現金支出內部控制制度後，所有支出都應該要按照規定程序審核，並以支票或匯款方式支付。惟對於金額微小的支出有設置零用金制度之必要。

編製銀行存款調節表時，是以銀行按月寄來的對帳單和公司帳載銀行存款記錄作為調節依據，而造成兩者餘額不相等的原因有兩種情形：一是銀行與公司對於存款的收入與支出有時間性的差異，導致一方已記帳而另一方尚未記帳；另一則是有錯誤的發生。

通常銀行存款調節表是以調節至正確餘額為主，其格式內容列示如下：

×× 企業 銀行存款調節表 ×× 年 ×× 月 ×× 日	

銀行對帳單餘額	×××
加：在途存款	×××
減：未兌現支票	(×××)
加（減）：錯誤	<u>×××</u>　或 (×××)
正確餘額	<u><u>×××</u></u>
公司帳載餘額	×××
加：銀行代收款	×××
利息收入	×××
減：銀行手續費	(×××)
銀行代付款	(×××)
客戶存款不足退票（NSF）	(×××)
加（減）：錯誤	<u>×××</u>　或 (×××)
正確餘額	<u><u>×××</u></u>

本章習題

問答題

1. 現金對每一個公司都甚為重要，所以有關現金的控管是一門很大的學問，目前正在準備初會考試的仔仔想知道關於現金管理的內部控制程序，請提供他詳盡的解析。

2. 公司應有適當的零用金制度，並且聘請專人保管零用金，請說明有關零用金的內部控制為何？

3. 康康成立了一家經紀公司，最近他發現了 6 月底的公司帳載銀行存款數與銀行帳上不同，於是康康甚為生氣，認為會計人員有舞弊的嫌疑。身為會計主管的你該如何跟康康解釋公司帳與銀行帳不同的原因，並讓他知道如何調節公司帳與銀行帳戶間的關係。

4. 請說明何謂 NSF 支票？NSF 支票在銀行存款調節表，以及相關的調整分錄，應如何處理？

現金及內部控制 chapter 08

選擇題

1. 公司 ×3 年 1 月 1 日設置零用金帳戶 $5,000，×3 年 1 月 31 日進行撥補時，有出差費相關收據共 $1,000，郵電費收據共 $500，便餐費收據共 $2,100，且盤點零用金尚餘 $1,300。則零用金的撥補分錄，下列何者正確？
   (A) 貸記現金 $3,600
   (B) 貸記現金 $3,700
   (C) 借記零用金 $3,700
   (D) 借記現金缺溢 $200
   【106 年土銀】

2. 公司設立零用金帳戶，針對零用金之會計處理，下列何者錯誤？
   (A) 設立零用金帳戶時，借記零用金
   (B) 零用金保管人支付零用金給員工時，貸記零用金
   (C) 公司決定調整並增加零用金帳戶金額時，借記零用金
   (D) 撥補零用金時，借記相關費用之會計項目
   【108 年台銀】

3. 公司 ×9 年 6 月 30 日帳上項目餘額如下：庫存現金及週轉金 $50,000 元、銀行支票存款 $1,500,000 元、活期存款 $2,500,000 元、定期存款 $6,500,000 元（可隨時轉換成定額現金且價值變動風險甚小，短期並具高度流動性）、國內未上市（櫃）股票 $10,500,000 元、郵票 $3,000 元、員工借條 $45,000 元。請問：「現金及約當現金」之金額為多少元？
   (A) $1,550,000 元
   (B) $4,050,000 元
   (C) $10,550,000 元
   (D) $21,050,000 元
   【109 年一銀】

4. 阿瘦皮鞋總公司請您擔任內部控制制度設計的工作，以下哪一項是有關現金交易部分，您可能會建議的？
   (A) 所有的零星支出均一律以支票支付
   (B) 核准付款與開立支票的工作，勿由同一人處理
   (C) 指派即將離職的工讀生負責現金交易作業
   (D) 請蘇打綠擔任代言人，以增加現金交易收入

5. 有關現金的保管與控制，下列敘述何者錯誤？
   (A) 現金保管人員須定期編製銀行調節表
   (B) 獨立驗證人員須定期或不定期稽核現金資料
   (C) 現金如無法立即存入銀行，應存放於保險箱中
   (D) 減少現金流通在外風險，應縮短現金留置手中的時間，盡早存入銀行
   【105 年農業金庫】

6. 全國電子於 7 月下旬開立一張支票給廣達電腦，此張支票於 8 月上旬才入帳兌現，此一交易事項對於全國電子在編製 8 月份銀行存款調節表時，應如何處理？

(A) 銀行對帳單餘額的減項
(B) 銀行對帳單餘額的加項
(C) 公司帳載現金餘額的加項
(D) 不必作任何調整

7. 公司帳載現金餘額為 $4,500，已知公司開立支付給供應商之支票，面額為 $5,800，帳上卻誤植為 $8,500，又銀行代收票據一紙 $1,500，公司尚未入帳，則正確的現金餘額應為何？
   (A) $8,700
   (B) $5,700
   (C) $3,300
   (D) $300

8. 完成銀行存款調節表後，下列哪一項交易不需作調整分錄？
   (A) 未兌現支票
   (B) 存款不足支票
   (C) 銀行代收票據
   (D) 銀行印製支票費用

9. 若公司設有零用金制度，則在此制度下，對於小額支付的控制時點為何？
   (A) 年底結帳時
   (B) 實際發生費用時
   (C) 零金用補撥時
   (D) 此制度未能控制現金

10. 下列敘述，何者有誤？
    (A) 庫存現金、零用金、找零金等項目，因未存入銀行，所以與調節表無關
    (B) 「未兌現的保付支票」應視為「已兌現的支票」處理，不得包括在未兌現支票內
    (C) 不論是本月或上月簽發之支票，只要未兌現，皆應作為調節項目
    (D) 因存款不足而產生的退票，應列為呆帳

11. 存款餘額不符之原因有未達帳和錯誤兩種，以下各未達帳之描述，何者不是因「公司未貸記存款減少，而銀行已借記」而產生？
    (A) 手續費
    (B) 託收票據
    (C) 代付款項
    (D) 存款不足退票

12. 如果零用金在會計期間結束時，沒有撥補及調整，則企業之財務報表會產生何種錯誤？
    (A) 費用低估，現金高估
    (B) 費用低估，零用金高估
    (C) 費用低估，現金無錯誤
    (D) 因小額支付時未做記錄，所以不產生任何錯誤

13. 公司設立零用金定額為 $10,000，由出納撥交專人保管。期末撥補時零用金剩下餘額 $3,000，報銷憑證共計 $6,800，則撥補時之貸記分錄為何？
    (A) 零用金 $7,000

(B) 現金 $6,800
(C) 現金 $7,000，現金短溢 $200
(D) 現金 $7,000

14. 公司編製銀行調節表後，針對調整分錄之敘述，下列何者正確？
    (A) 應針對在途存款做調整分錄
    (B) 應針對未兌現支票做調整分錄
    (C) 當針對存款不足支票做調整分錄時，應借記應收款項
    (D) 當針對銀行代收票據收現做調整分錄時，應借記應收票據　　【108 年彰銀】

練習題

1.【現金的定義】 公司在編製年度財務報表時，有以下項目：

1. 零用金	$ 5,000
2. 客戶即期支票	50,000
3. 旅行支票	8,000
4. 擴充廠房及設備基金中之現金	20,000
5. 郵票	3,000
6. 員工借款條	12,000
7. 銀行匯票	25,000
8. 存放在房東之保證金	2,000
9. 台新銀行 2 年期定存單	40,000
10. 銀行本票	3,000

試問：資產負債表上「現金及銀行存款」項目包括哪些項目？餘額應為多少？

2.【零用金分錄】 旺宏公司本月初撥款 $20,000 設立零用金，本月底檢查零用金時發現尚餘現金 $870，並有下列支出單據：

1. 水電費用	$10,800
2. 銷貨運費	1,200
3. 辦公用品	520
4. 廣告費用	3,000
5. 報費	1,100
6. 雜項費用	2,500

試作：旺宏公司於本月底撥補零用金時應作之分錄。

3.【零用金分錄】 野村公司有關零用金之資料如下，試作必要分錄。

×5/11/1　簽發支票 $30,000，設置零用金制度。

×5/11/18 購買文具用品 $1,314，支付電話費用 $3,960，訂購雜誌 $599。

×5/11/30 檢查零用金除有 11/18 之各項支出收據外，另有計程車資共計 $1,789，贈送客戶禮品費用 $1,200。經盤點，手存零用金有 $21,079。

×5/12/31 檢查零用金有下列支出收據及餘額，清潔用品 $1,545，12 月份員工生日禮品 $8,900，購買郵票 $450，手存零用金有 $19,144。當日因出納請假，未能及時補充零用金。

×6/1/1 簽發支票補足零用金。

4. 【內部控制】大大公司有關現金支付的控制程序，有以下幾項觀察的事實：

   1. 公司的支票未經編號。
   2. 支票於付款後，與相關憑證一併彙存。
   3. 公司的會計人員於下班後將現金存入銀行。
   4. 所有支出均以支票付款。
   5. 公司的會計人員每月定期編製銀行存款調節表。

   請針對以上每個程序，指出其內部控制的缺失以及改進之道。

5. 【銀行存款調節表】公司 ×1 年 7 月 31 日銀行對帳單餘額為 $275,000，銀行往來調節表中有下列調整事項：銀行代付款 $50,000、銀行代收款 $80,000、在途存款 $25,000、未兌現支票 $40,000、銀行手續費 $700，若公司並無發現任何有關銀行存款之帳載錯誤，試問：公司 ×1 年 7 月 31 日調整前，帳載銀行之存款餘額為何？ 【103 年地特】

6. 【銀行存款調節表】公司在 8 月 31 日帳列銀行存款餘額為 $87,500，而 8 月底銀行對帳單餘額為 $94,700。如果銀行存款調節表上的調節項目只有：

   1. 在途存款 $22,500。
   2. 銀行手續費 $25。
   3. 銀行代收票據 $8,500。
   4. 未兌現支票等項目。

   試問：未兌現支票的總額為多少？

7. 【銀行存款調節表】美麗華公司 10 月底帳上銀行存款餘額為 $23,800，銀行對帳單餘額為 $20,370，會計人員將銀行存款相關記錄相比較後，發現下列事項：

   1. 流通在外之未兌現支票共計 $4,500。
   2. 公司尚未記錄之銀行手續費共計 $200。
   3. 公司尚未記錄之顧客存款不足支票 $6,200。

   試問：美麗華公司 10 月份之在途存款金額為多少？

8. 【銀行存款調節表】海壽司料理在 ×7 年 10 月底銀行對帳單上之存款餘額為 $368,500，

10 月份其他資料列示如下：

1. 在途存款　　　　　　　$68,500
2. 未兌現支票　　　　　　80,000
3. 銀行代收票據　　　　　50,400
4. 銀行手續費　　　　　　950

試問：海壽司料理在調整前原帳載餘額應為多少？

應用問題

1. 【現金的定義】巨人公司是一家規模龐大的公司，平時擁有相當多的交易事項，因此必須維持一定的現金水準以供運用，×6 年底公司要編製財務報表，下列是有關資料：

   1. 零用金 $15,000。
   2. 商業本票存款餘額為 $500,000。
   3. 公司收到一張客戶支票 $125,000，×7 年 1 月 20 日到期。
   4. 土地銀行儲蓄存款餘額為 $2,000,000。
   5. 預付明年第 1 季人員差旅費 $180,000。(將自薪資中扣除。)
   6. 公司有兩張定期存單，每張金額都是 $300,000，期限為 3 年。
   7. 公司主管安娜借款 $200,000。
   8. 償債基金 $2,000,000。

   試作：

   (1) 計算巨人公司 ×6 年底資產負債表上的現金項目餘額。
   (2) 列示出不包含公司於 ×6 年底資產負債表上的現金餘額中的項目及其適當之表達方式。

2. 【零用金分錄】建民商店 1 月 1 日設立定額零用金 $2,000，1 月 7 日以零用金支付水電費用 $700，1 月 13 日以零用金加值悠遊卡金額 $1,000，1 月 20 日以零用金支付計程車資 $260，2 月 1 日補充零用金，3 月 1 日減少零用金到 $1,800。試作相關分錄。

3. 【銀行存款調節表】周董公司 ×6 年 6 月 30 日的銀行存款調節表中，列有在途存款 $3,200，未兌現支票 $3,800。7 月份的有關資料如下：

	公司帳載	銀行對帳單
7 月份存款	$25,400	$21,975
7 月份付款	28,600	29,800
銀行手續費		820
銀行代收票據（其中 $25 利息收入，公司尚未入帳）		2,825
7 月份現金餘額	11,000	8,980

試問：周董公司 ×6 年 7 月 31 日正確的銀行存款餘額為多少？

4. 【銀行存款調節表】百合小姐是薔薇之戀經紀公司新聘的會計人員，9 月 1 日開始正式上班，她所負責的職務之一就是編製銀行存款調節表。時間匆匆，10 月初了，她要開始著手編製 9 月份的銀行存款調節表。薔薇之戀經紀公司銀行存款之相關資料列示如下：

1. 公司帳上的餘額 $8,894。
2. 銀行對帳單上的餘額 $11,284。
3. 銀行代收一紙無息票據 $1,650，手續費為 $20，公司尚未入帳。
4. #5566 支票之金額為 $785，公司帳上誤記 $758。
5. 9 月底送存銀行之金額共計 $1,271，銀行尚未入帳。
6. 未兌現支票共計 $2,058。

試問：該公司 9 月 30 日之正確銀行存款金額為多少？

5. 【銀行存款調節表】黃綠紅冷凍速食批發公司於 6 月 30 日核對公司帳簿與銀行對帳單時，發現下列各事項：

1. 6 月 30 日銀行對帳單餘額為公司帳面餘額之 85%。
2. 銀行未及入帳之在途存款為 $63,000。
3. 未兌現支票為 $47,820。
4. 託收票據，銀行已完成收款，票面金額為 $29,000，利息收入為 $87。
5. 銀行之帳戶管理費為 $900。
6. NSF 為 $55,000。
7. 公司誤將編號 1033，銀行已兌付之 $6,390 之支票，誤以 $6,930 入帳。
8. 銀行誤將黃藍紅公司開出之支票 $3,850，誤扣在黃綠紅公司的帳戶。

試作：

(1) 6 月 30 日之正確銀行存款餘額。
(2) 6 月 30 日之公司帳面餘額。
(3) 6 月 30 日之銀行對帳單餘額。

會計達人

1. 【現金及約當現金】藍海公司於 ×8 年 12 月 31 日部分財務資料如下：

1. 零用金	$ 3,000
2. 活期存款餘額	20,000
3. 支票存款餘額	1,000
4. 郵票	1,800
5. 定期存款（2 個月期）	50,000

6. 暫付員工差旅費　　　　　　　　　12,000
7. 員工借支　　　　　　　　　　　　 9,000
8. 收到客戶 3 個月後到期之支票　　　22,000

試作：

(1) 請依據上列資料，計算應列示於資產負債表中之「現金」項目之餘額。
(2) 分析上列資料中，列出不屬於「現金」之正確會計項目歸類，並請編製部分資產負債表。

2.【銀行存款調節表】Legacy 公司在 ×3 年 7 月 31 日之相關資料如下：

1. 銀行對帳單餘額 $85,850，公司帳列銀行存款餘額 $105,301。
2. 核對現金收支簿與對帳單，發現 7 月 31 日有在途存款 $24,351，未兌現支票 NO.111 $12,000、NO.145 $10,450、NO.151 $9,600。
3. 銀行對帳單顯示手續費 $800，銀行轉帳代扣公司短期借款利息 $4,060。
4. 即期支票 $8,500，因存款不足遭銀行退票。
5. 銀行於代收票據款 $11,500 及利息 $680，公司尚未入帳。
6. 公司於 8 月 15 日簽發支票 $25,000 支付貨款，帳上誤記 $2,500。
7. 銀行誤將 Legatt 公司送存款項 $4,850，記為 Legacy 公司存款，另將 Lego 公司所開支票金額 $8,320 誤由 Legacy 公司帳戶支出。

試作：

(1) 計算 Legacy 公司 ×3 年 7 月 31 日公司帳上應有的正確餘額。
(2) 編製 Legacy 公司應有之調整分錄。

3.【銀行存款調節表】西雅圖公司所有收支均透過銀行支票戶，其 ×5 年 11 月 30 日的銀行調節表如下：

公司帳上餘額		$ 68,000
加：銀行代收票據	$ 5,000	
未兌現支票	52,000	57,000
		$125,000
減：在途存款	$25,000	
銀行手續費	4,200	29,200
銀行對帳單餘額		$ 95,800

×5 年 12 月份交易資料如下：

	銀行對帳單	公司帳載
存款記錄	$300,000	$312,000
支票記錄	280,000	268,600
手續費	5,300	4,200
代收票據	2,000	5,000

公司帳載存款記錄與支票記錄，均不包括 11 月 30 日調節表的調整分錄於 12 月份入帳部分。西雅圖公司發現 12 月 25 日購買辦公設備所開立支票 $95,900，銀行已兌付，但帳上誤記為 $99,500。

試作：

(1) 計算 12 月 31 日的在途存款和未兌現支票。
(2) 計算 12 月 31 日銀行對帳單列示之存款餘額及正確之銀行存款餘額。
(3) 12 月 31 日必要的調整分錄。

【101 記帳士】

4. 【銀行存款調節表】星巴克公司在銀行開立一個支票存款的帳戶。×5 年 6 月 30 日調節項目包括在途存款 $5,600，其中 $1,200 仍未於 7 月入帳，並有未兌現支票 $6,900。7 月 31 日，自銀行取得的對帳單資料如下：

7 月 1 日餘額	$21,750	銀行貸項通知單合計金額	$6,958
7 月份存款	92,862	銀行借項通知單合計金額	1,314
7 月份兌現支票	88,520		
7 月 31 日餘額	31,736		

經分析，7 月份公司分類帳現金帳戶彙總顯示：

7 月 1 日餘額為	$20,450
7 月份現金收入	99,870
7 月份現金支出	$88,450
7 月 31 日餘額為	31,870

6 月 30 日調節項目：
在途存款	$5,600（其中 $1,200 仍未於 7 月入帳）
未兌現支票	6,900

經財務主管覆核發現：

1. 7 月 6 日開立之支票 $950 已經提示銀行兌現，但公司記帳為 $959。
2. 7 月 15 日開立給付咖啡豆供應商支票 $5,400，銀行記為 $4,500。
3. 針對未入帳之 $1,200，銀行表示未有存款記錄，且會計人員未能提出存款憑據。

試利用上述資料,完成下列要求:

(1) 編製 7 月 31 日之銀行存款調節表。
(2) 為星巴克公司編製調整分錄。
(3) 針對經主管覆核發現之問題,提出各內控缺失可能的預防方法。

Chapter 09

應收款項

objectives

研讀本章後，預期可以了解：

- 應收款項的意義為何？以及它是如何產生的？
- 應收帳款應該如何評價？
- 應收帳款收現的可能性應如何評估？
- 變動對價對應收帳款評價的影響？
- 應收票據的會計處理為何？
- 如何運用應收款項進行融資？
- 應收帳款在財務報表分析的意義與運用為何？

2019 年 6 月中爆發的老牌貿易商**潤寅**向銀行詐貸案，乃是用假的應收帳款取得銀行貸款 66 億元。潤寅集團成立於 1982 年，為塑料貿易商，業務範圍包括紡織用紗、工業用紗、化纖原料、輪胎簾布等商品之進出口貿易，曾經往來客戶包括**台塑集團、正新、建大、普利司通、米其林**等國內外知名企業。多年來銀行與潤寅集團之交易，多以應收帳款承購業務為主。銀行辦理應收帳款承購業務，係指銀行承購企業（賣方）因銷售貨物或提供勞務而產生對交易相對人（買方）之應收帳款債權，並為賣方提供應收債權之帳務管理、收款等服務（產生手續費收入）外，並可提供企業之資金融通管道，以協助其順利取得營運所需資金、規避收帳風險等效用。

潤寅密謀詐貸係透過偽造不實的買賣合約書、統一發票及出貨單等文件，製造假業績，陸續向多家銀行，申辦國內外應收帳款融資及外銷放款。看似平常的應收帳款融資能輕易向銀行融通貸款，主要是銀行與銀行之間並無法聯合徵信，使潤寅得以用同一套造假資料，用不同公司名義，不斷地向不同銀行融資，而假造的交易對象又是知名上市公司，更容易取信銀行，使銀行核准動撥貸款。銀行企金主管指出，相較於大型企業聯貸案，類似潤寅以應收帳款詐取融資的模式，確實給予交易雙方較多上下其手的空間，追根究柢，台灣金融業缺乏應收帳款的實質登記機制是一大問題。

以日本為例，企業拿去銀行融資的應收帳款，都必須在類似法務部的機構明確登記，就不會出現以應收帳款向甲銀行融資，三個月還錢後，再拿去向乙銀行融資的情況，但這種「金錢債權登記制」還需要跨部會整合，更好的方式是未來透過區塊鏈技術，可讓銀行間在封閉、無法竄改的系統裡，查核彼此資料，也許更快捷有效。但在登記制沒有落實之前，銀行徵信核款單位只能仰賴經驗、提高警覺，降低被詐貸的機率。

本章將介紹應收款項的相關議題及會計處理。

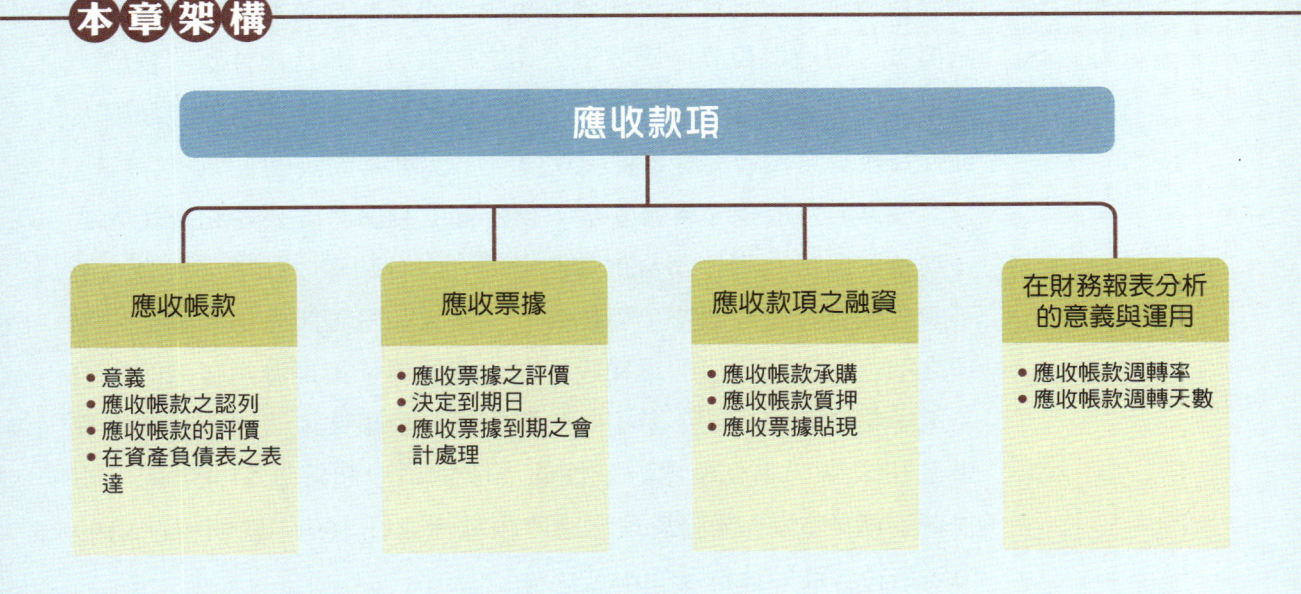

本章架構

應收款項

應收帳款
- 意義
- 應收帳款之認列
- 應收帳款的評價
- 在資產負債表之表達

應收票據
- 應收票據之評價
- 決定到期日
- 應收票據到期之會計處理

應收款項之融資
- 應收帳款承購
- 應收帳款質押
- 應收票據貼現

在財務報表分析的意義與運用
- 應收帳款週轉率
- 應收帳款週轉天數

9.1 應收款項之意義及產生

>**學習目標 1**
>說明何謂應收款項及其如何產生

應收款項在會計上的定義是指對企業或個人之貨幣、商品或勞務之請求權。就資產負債表之表達方式而言，應收款項可列為流動（短期）或非流動（長期）資產。若預期應收款項能在正常營業週期內收現，則應列為流動資產項下，否則應列為非流動資產。

應收款項就其內容而言，可分類為營業性或非營業性之應收款項。**營業性應收款項**係指企業在主要營業活動中，由於賒銷商品或提供勞務而產生，包括**應收帳款**（Accounts Receivable; Trade Receivable）和**應收票據**（Notes Receivable）。我國的電子業在整個國際電腦大廠供應鏈的概念裡，常扮演舉足輕重的角色，知名的跨國企業常下單給國內的一線或二線廠商，所以許多大家耳熟能詳的電子公司，在財務報表上均持有大量的應收款項。一般生活中，顧客使用信用卡支付，以及公司直接給予客戶信用額度賒銷等，均會產生應收帳款。應收票據則是正式的債權憑證，在賒帳交易時，由發票人（顧客）同意在未來特定日支付一定金額的一種書面承諾。應收帳款與應收票據為本章討論之重點。

>**營業性應收款項**
>由企業之主要營業活動而產生之應收帳款與應收票據。

非營業性應收款項為主要營業活動以外原因所產生之債權，可能源自於不同交易性質，如應收租金、應收股利及利息、應收訴訟賠償款、應收退稅款、應收子公司之墊款等。非營業性應收款項，常以其合併金額在資產負債表上列為其他應收款表達，然金額重大或性質較具意義者，應單獨設立項目加以列示。

>**非營業性應收款項**
>非由企業主要營業活動而產生之其他應收帳款，如應收租金、應收利息等。

表 9-1 列示**台灣積體電路（台積電）**股份有限公司和**廣達電腦（廣達）**股份有限公司合併資產負債表內有關應收款項之報導。除了應收帳款與應收票據項目以外，台積電並單獨設立應收關係人款項之項目。這個項目的單獨設立在台灣的電子業是非常普遍的，因為電子業常有很多上下游不同性質的轉投資事業，而與這些轉投資事業往來密切。台積電一般性的應收款項淨額接近 $1,454 億，約占總資產的 5%。至於廣達之應收帳款淨額在 109 年底則將近 $199 億，占總資產的比例達 30%。

表 9-1　台積電與廣達有關應收帳款之表達

台灣積體電路股份有限公司
合併資產負債表（部分）
民國 109 年 12 月 31 日　　　（單位：千元）

	金額	百分比 %
流動資產		
現金及約當現金	$660,170,647	24
應收票據及帳款淨額	145,480,272	5
應收關係人款項	558,131	-

廣達電腦股份有限公司
合併資產負債表（部分）
民國 109 年 12 月 31 日　　　（單位：千元）

	金額	百分比 %
流動資產		
現金及約當現金	$207,370,966	31
應收帳款淨額	198,919,765	30

9.2　應收帳款之認列

> **學習目標 2**
> 賒銷交易與信用卡交易之認列與會計記錄

在第 6 章討論買賣業之會計處理時，曾對賒銷及後續收款等折扣條件之會計記錄加以說明。由於本章專門探討應收款項，本節進一步討論與應收帳款有關之交易及其認列。

9.2.1　賒銷交易

在賒銷交易中，應收帳款之認列問題包括：(1) 應收帳款的入帳時間；以及 (2) 應收帳款的金額應如何決定。

1. 應收帳款之入帳時間

應收帳款通常是在銷貨完成時認列，至於銷貨何時完成，則需評估銷貨條件而定。例如，交貨條件若為**起運點交貨**（F.O.B. shipping point），則商品所有權在起運之時，即屬買方所有，賣方於商品交付予指定之運送人後，即可承認銷貨收入並認列應收帳款。如為**目的地交貨**（F.O.B. destination），則需等到商品運抵買方之目的地，才算完成銷貨。至於將商品委託他人代為出售的**寄銷**（con-

> **起運點交貨**　賣方於商品交付給指定之運送人時，即可認列銷貨收入與應收帳款。
>
> **目的地交貨**　賣方於商品運抵買方之目的地時，才能認列銷貨收入與應收帳款。

> **釋例 9-1**
>
> 　　童裝王國「麗嬰房」在東南亞及大陸等地，有許多嬰幼兒服飾用品通路。×8 年度有下列五項賒銷交易，試計算 ×8 年度應認列之應收帳款金額。
>
> 1. 上海目的地交貨，賒銷 $200,000，年底前尚未運至買方。
> 2. 新加坡目的地交貨，賒銷 $300,000，已於 10 月底運至買方。
> 3. 基隆起運點交貨，賒銷 $250,000，已於 12 月初交付指定之陽明海運。
> 4. 小熊維尼品牌商品一批 $50,000 交付承銷店，承銷的嬰幼兒服飾店已售出 $20,000。
> 5. 進口鋁合金嬰兒高級推車之分期付款銷貨 $100,000。
>
> **解析**
>
> 　　目的地交貨需等到貨品運達買方後，銷貨才算完成，因此上海目的地交貨之 $200,000 賒銷尚不能在 ×8 年度認列為應收帳款；另外，寄銷品不得於運出時即全數認列為收入，承銷人實際出售的部分，才可認列為銷貨收入。故 ×8 年度產生之應收帳款正確金額為：
>
> 　　　　$300,000 + $250,000 + $20,000 + $100,000 = $670,000

signment），必須等待商品已由承銷人出售，才可以認列銷貨及應收帳款。而允許顧客定期分次支付賒購之貨款，如**裕融公司**（股票代號：9941）所從事的汽車分期業務，即**分期應收帳款**（Installment Accounts Receivable），除非帳款之收現有高度不確定性，通常仍於貨品交付時，認列銷貨及分期應收帳款。

2. 應收帳款金額之決定

　　企業因賒銷而產生應收帳款。商品通常係依製造商或批發商印製的價目表打折後出售，此即所謂的**商業折扣**（trade discount），例如，30% 的商業折扣即是我們俗稱的打七折。商業折扣使實際售價減少，在會計處理上因為係以實際售價入帳，所以商業折扣不需入帳。至於應收帳款收現以前，可能會因銷貨折扣、銷貨退回與折讓等因素，而使應收帳款的金額發生變動，這些因素我們在第 6 章買賣業會計中曾討論過，以下僅作扼要整理。

> **商業折扣** 使實際售價減少，會計上不需入帳。

動動腦

大大郵購公司透過網路賒銷商品的目錄定價為 $10,000，商業折扣 10%，現金折扣 2%，若在折扣期限內收款，則收款之分錄為何？

解析

實際售價 = $10,000 × (1 – 10%) = $9,000
銷貨折扣 = $9,000 × 2% = $180

分錄如下：

現金	8,820	
銷貨折扣	180	
應收帳款		9,000

(1) **銷貨折扣**（Sales Discount）

銷貨折扣有時也稱為現金折扣，是為了鼓勵顧客提早付款而給予的優惠，如銷貨條件為 2/10, n/30，代表顧客若於發票日後 10 日內付款，可享有貨款總額 2% 折扣，超過 10 天之期限則無折扣，且貨款最遲於 30 天須全部付清。銷貨折扣雖使銷貨收入減少，但能減少資金的積壓及降低預期信用減損損失的風險。

(2) **銷貨退回與折讓**（Sales Return and Allowance）

企業銷售與顧客的商品，因品質不合規定或其他原因而遭退貨，並被要求退回或沖銷貨款者，稱為**銷貨退回**（Sales Return）。倘若顧客因賣方同意減價而接受瑕疵品，稱為**銷貨折讓**（Sales Allowance）。銷貨折扣及銷貨退回與折讓均為銷貨收入的抵銷項目，使銷貨收入的淨額減少，同時亦會使應收帳款的可收現金額減少。

釋例 9-2

麗嬰房於 ×8 年 9 月 12 日賒銷小熊維尼童裝給上海的新天地百貨，該商品定價為 $1,000,000，麗嬰房同意予以 10% 的商業折扣，付款條件為 2/10, n/30，運送條件為起運點交貨，運費 $50,000 由麗嬰房先行墊付。新天地百

貨於 9 月 22 日償付貨款之一半。10 月 5 日 新天地百貨協調麗嬰房同意部分商品減價 $20,000。10 月 12 日新天地百貨償付運費並還清欠款。試為麗嬰房作上述交易之分錄。

> **解析**

(1) 9 月 12 日賒銷商品並代墊運費：

商業折扣 10% 不必入帳，因此以實際成交價格作銷貨收入與應收帳款之入帳基礎，即 $1,000,000×90% = $900,000，另代為買方支付運費 $50,000，亦應向買方請求。

9/12	應收帳款	900,000	
	其他應收款（代墊運費）	50,000	
	銷貨收入		900,000
	現金		50,000

(2) 9 月 22 日收取半數貨款，因為在折扣期間內，給予買方 2% 折扣。銷貨折扣 = $450,000 × 2% = $9,000。

9/22	現金	441,000	
	銷貨折扣	9,000	
	應收帳款		450,000

(3) 10 月 5 日銷貨折讓 $20,000：

10/5	銷貨折讓	20,000	
	應收帳款		20,000

(4) 10 月 12 日收回剩餘之帳款及代墊之運費：

10/12	現金	480,000	
	應收帳款		430,000
	其他應收款		50,000

> **學習目標 3**
> 介紹如何估計無法收回之帳款金額及如何編製相關的調整分錄

9.3　應收帳款之評價──預期損失模式

應收帳款是一個非常重要的會計項目，它應該如何在資產負債表上表達呢？這個就牽涉到應收帳款的評價問題。就應收帳款而言，並不可能百分之百的金額將來會全數收回，商場上難免有些收不回來的信用減損損失（或呆帳），會計準則要求每家公司須估算

可能收不回來的帳款金額，此即為應收帳款的減損。應收帳款的減損評估，自107年度起適用國際財務報導準則第9號（IFRS 9）「金融工具」之規定，採用「預期損失模式」。國內上市公司備抵損失金額的提列，從財務報表附註之重大會計政策說明可知，通常是依據收款經驗、客戶信用評等並納入前瞻性資訊決定。會計上藉此對應收帳款予以評價。另外，以**預期信用減損損失**（Expected Credit Impairment Loss）項目代表帳款收不回來的估計損失。以表9-1為例，**台積電**和**廣達**均是直接在資產負債表上報導應收帳款淨額，若欲查詢備抵損失的情況，則須參閱財務報表附註，例如廣達在109年底之備抵損失金額為6.9億元。預期信用減損損失是綜合損益表營業費用的一部分，備抵損失則是資產負債表應收帳款的減項，即應收帳款總額減去備抵損失後，即為應收帳款之淨額，或稱應收帳款之帳面金額，代表應收帳款的可變現價值。

預期信用減損損失 預期信用減損損失為綜合損益表之營業費用，備抵損失則是資產負債表內應收帳款的減項。

9.3.1 應收帳款減損損失的會計處理

關於認列應收帳款減損損失之時間、金額及其會計處理，通常有下列兩種方法：(1) **直接沖銷法**（Direct Write-off Method）；(2) **備抵法**（Allowance Method）。

1. 直接沖銷法

此方法是在特定應收帳款確定無法收回時，才認列應收帳款之減損損失，記錄時其會計分錄為：借記預期信用減損損失，貸記應收帳款。例如，純美公司的一名客戶欠款$100萬，幾經催收無效，在×2年4月1日確定無法收回，純美公司使用直接沖銷法在該日之分錄為：

4/1	預期信用減損損失	1,000,000	
	應收帳款		1,000,000

直接沖銷法 預期信用減損損失僅在某些特定帳款確定無法收回時，才予以認列。會計分錄為借記預期信用減損損失，貸記應收帳款。在直接沖銷法下，預期信用減損損失為實際發生被倒帳之數字。

釋例 9-3

蠶寶寶批發公司之應收帳款均集中在幾家長期往來的棉被行。假設蠶寶寶批發公司×8年度之賒銷淨額為 $7,000,000，年底認列預期信用減損損失前應收帳款帳面金額為 $1,500,000。×9年3月1日蠶寶寶的一名客戶欠款 $500,000 確定無法收回，請根據直接沖銷法試作有關分錄。

解析

(1) ×8年底不必作分錄，因為信用損失尚未實際發生。
(2) ×9年3月1日預期信用減損損失實際發生時：

3/1	預期信用減損損失	500,000	
	應收帳款		500,000

備抵法 在備抵法之下，企業於期末評估應收帳款之減損時，其會計分錄為：借記預期信用減損損失，貸記備抵損失；當確定某筆應收帳款無法收回，亦即信用損失實際發生時，則沖銷該筆應收帳款，其沖銷分錄為：借記備抵損失，貸記應收帳款。

直接沖銷法 並不符合一般公認會計原則。備抵法則為一般公認會計原則，因其較有利於財務報表之允當表達。

2. 備抵法

依國際財務報導準則第9號「金融工具」之規定，企業必須採用「預期信用損失模式」，且對於應收款項減損損失之認列，採用備抵法。在備抵法之下，企業於期末評估應收帳款之減損時，其會計分錄為：借記預期信用減損損失，貸記備抵損失；當確定某筆應收帳款無法收回，亦即信用損失實際發生時，則沖銷該筆應收帳款，其沖銷分錄為：借記備抵損失，貸記應收帳款。至於如何預估信用損失之作法與釋例，將在下文說明。

3. 直接沖銷法與備抵法之比較

直接沖銷法乃是等到企業之信用損失已經確定發生，才實際認列預期信用減損損失。由於國際財務報導準則第9號「金融工具」係採「預期信用損失模式」，若企業未於期末估列預期信用之減損損失，而是等到實際無法收回時，才認列減損損失，這樣並不符合國際財務報導準則之規定。備抵法則是一般公認會計原則的作法，因應收帳款之帳面金額較能反映其可回收金額，其資產之評價較能達成財務報表之允當表達；亦即，備抵法與 IASB 採取的資產負債表法的精神是一致的。

9.3.2 預期信用損失的估計方法

在備抵法下，企業應在每一報導期間結束日評估是否有客觀的證據顯示帳上所列的應收帳款無法收回，亦即企業須估計預期信用減損損失。所謂客觀的證據包括：債務人經歷重大財務困難、利息或本金發生違約或拖欠，因而債務人可能進入破產或其他財務重整程序等。這種於認列應收帳款後發生帳款無法收回的預期信用損失，即為應收帳款之減損。在辨認出個別應收帳款所可能發生之預期信用損失後，企業可能根據歷史經驗，並考慮當前與未來的經濟情況和客戶的債信等因素，對應收帳款進行前瞻性的估計並予以調整。

在預期信用損失模式下，國際財務報導準則第 9 號提出一種實務權宜的作法，即**準備矩陣**（provision matrix）的方式，用以估計應收帳款的備抵損失。準備矩陣的方式可以依據個別客戶的信用等級高低，採用不同的百分比率，評估應有之備抵損失餘額。另外，準備矩陣的方式也可以採用類似傳統提列呆帳時所使用的應收帳款帳齡分析法，此法係以應收帳款存續期間所觀察之歷史違約率為基礎，並就前瞻性估計予以調整，訂出應收帳款過期天數之不同的準備率或違約率。惟企業估計應收帳款之備抵損失時，非僅限於準備矩陣，實務上仍可有其他方式提列備抵損失，例如單一損失率法，即針對應收帳款總額依照歷史經驗，並將前瞻性觀點納入考慮，提列一定比率，作為企業應提列之備抵損失。

依上所述，在預期信用損失模式下，若欲計算或估計應收帳款的減損損失，亦即期末備抵損失之應有之餘額，實務權宜的作法可以有下列兩種，茲分述如下：

1. 單一損失率法──應收帳款餘額百分比法

此法是根據資產負債表中，應收帳款與備抵損失兩者之關係，作相關減損損失之估計。此**應收帳款餘額百分比法**（percentage of accounts receivable method）原則上是依歷史經驗提列一定應收帳款比率，估計期末應收帳款的帳面金額中，有多少是屬於可能無法收

回的部分，此即期末備抵損失應有之帳面金額；再就原帳上未作調整分錄前之備抵損失的帳面金額與應有之帳面金額相比較，差額即為期末調整分錄應提列之預期信用減損損失。

釋例 9-4

力麗家具採用預期信用減損損失模式，評估應收帳款之預期損失。其×8年底應收帳款餘額為 $1,025,000$，且調整之前備抵損失有貸方餘額 $30,000$。假設公司在考慮前瞻性的客觀資訊，包括債務人的財務狀況和整體銷售環境等因素後，決定以應收帳款餘額為基礎的估計損失率為 6%。試作力麗家具於×8年底提列預期信用減損損失之分錄。

解析

(1) 公司以歷史經驗，並考慮其他前瞻性觀點評估應收帳款之減損損失，其單一損失率為 6%。

(2) ×8年底備抵損失應有之餘額為 $1,025,000 \times 6\% = \$61,500$。

(3) 因調整前備抵損失項目有貸餘 $30,000，故本期應提列之預期信用損失為

$$\$61,500 - \$30,000 = \$31,500$$

應作之分錄如下：

×8/12/31	預期信用減損損失	31,500	
	備抵損失		31,500

動動腦

大大郵購公司×7年初應收帳款之餘額為 $62,000，備抵損失有貸方餘額 $4,500。假設×7年度大大郵購總計賒銷 $750,000，帳款收回 $690,000。大大郵購評估×7年度應收帳款餘額之單一損失率為 5%，則大大郵購×7年底應收帳款之淨額為多少？另×7年度應提列之預期信用減損損失為何？

解析

(1) ×7年度應收帳款總額為 $62,000 + \$750,000 - \$690,000 = \$122,000$
　　×7年底應有之備抵損失為 $122,000 \times 5\% = \$6,100$

所以×7年底應收帳款之淨額,亦即應收帳款之淨變現價值＝應收帳款總額－備抵損失＝$122,000－$6,100＝$115,900

(2) ×7年度應提列之預期信用減損損失為$6,100－$4,500＝$1,600

2. 準備矩陣法——應收帳款之帳齡分析

上述以應收帳款餘額提列單一損失率的作法,隱含地認為應收帳款之每一元的金額,其發生預期信用減損的比率均是相同的,忽略了應收帳款的帳齡結構。人有年齡,帳有帳齡,同樣被欠$100萬,但欠30天與欠90天之倒帳風險不同。理論上帳齡越久,發生信用減損的風險越高,因此公司可依據以往經驗設定各組帳齡發生之估計損失率(即實務上所稱之違約率),將各組應收帳款金額乘上各組的估計損失率後之乘積總和,即為期末備抵損失應有之餘額,再與原有備抵損失餘額相比較,差額即為期末調整分錄應提列之預期信用減損損失之金額。此即所謂準備矩陣方法下之**帳齡分析法**（aging of accounts receivable method）,茲以釋例9-5說明之。

> **帳齡分析法** 依分析各組應收帳款帳齡與信用減損風險,決定期末備抵損失應有之餘額,再作調整分錄決定本年度之預期信用減損損失。

釋例 9-5

沿釋例9-4,假設力麗家具使用準備矩陣估計不同帳齡應收帳款組合在存續期間之不同信用風險,且估計之違約率已有納入前瞻性資訊之調整。力麗家具×8年底應收帳款帳齡分析表及相關違約率之估計如下。請按帳齡分析法,試作力麗家具×8年底提列預期信用減損損失之分錄。

帳齡（天）	金額	估計之違約率
未過期	$475,000	1%
1～30	360,000	5%
31～60	100,000	10%
61～90	50,000	20%
90天以上	40,000	50%

解析

(1) 公司估計之違約率即為應收帳款在存續期間之預期信用損失率
(2) 應收帳款組合依逾期時間長短,可計算出×8年底應有的備抵損失金額為:

$$(\$475,000 \times 1\%) + (\$360,000 \times 5\%) + (\$100,000 \times 10\%)$$
$$+ (\$50,000 \times 20\%) + (\$40,000 \times 50\%) = \$62,750$$

(3) ×8年度應補提之備抵損失為 $62,750 − $30,000 = $32,750

×8/12/31	預期信用減損損失	32,750	
	備抵損失		32,750

　　須注意的是，在應收帳款減損評估的相關分錄中，預期信用減損損失是屬於損益表中的營業費用，而備抵損失則是在資產負債表中作為應收帳款的減項。

👉 IFRS 一點就亮

應收帳款之預期信用損失模式

　　應收帳款屬於金融資產，金融資產減損之會計處理，自 107 年起係適用國際財務報導準則第 9 號「金融工具」之規定，採用「預期信用損失模式」，亦即前瞻性的觀點，作為企業對於金融資產應提列之備抵損失。一般作法下，預期信用損失模式係採三階段之評估方式：

1. 第一階段：金融資產自原始認列後，若信用風險並未顯著增加，則企業應於報導日按 12 個月預期信用損失金額，衡量該金融資產之備抵損失。
2. 第二階段：金融資產自原始認列後，若信用風險已顯著增加，則企業應於報導日按存續期間預期信用損失金額，衡量該金融資產之備抵損失。
3. 第三階段：當金融資產已發生信用減損之情形時，則企業不僅須按存續期間預期信用損失金額衡量備抵損失外，尚須以有效利率乘以金融資產攤銷後成本（扣除備抵損失後之帳面金額）認列利息收入。

9.3.3　沖銷應收帳款後再收回

　　若先前已沖銷的應收帳款，由於債務人經濟狀況改善或其他原因而願意償還其欠款，此時需先將原沖銷分錄轉回，即將原來的沖銷分錄之借貸項目對調，借記應收帳款，貸記備抵損失。其次再作收款分錄，即借記現金，貸記應收帳款。茲以釋例說明如下。

釋例 9-6

承釋例 9-5，力麗家具 ×8 年底依帳齡分析法已預先提列預期信用減損損失，×9 年 4 月 6 日有某家具行欠款 $12,000 無法收回，而將其沖銷。該家具行卻於 ×9 年 10 月 20 日又償還部分欠款 $10,000。

試作：

×9 年 4 月 6 日與 10 月 20 日有關之分錄。

解析

(1) ×9 年 4 月 6 日沖銷無法收回之 $12,000，由於 ×8 年底已預先估計並提列預期信用減損損失，不宜再重複認列減損損失，而應借記「備抵損失」，代表備抵數之減少。

4/6	備抵損失	12,000	
	應收帳款		12,000

(2) ×9 年 10 月 20 日收回一部分已沖銷之帳款。會計上應先迴轉原有之「沖銷應收帳款」分錄，代表信用之復活，再記錄收現。

10/20	應收帳款	10,000	
	備抵損失		10,000
	現金	10,000	
	應收帳款		10,000

動動腦

公司對於應收帳款減損損失採用備抵法時，則實際發生帳款確定無法收回時所作之分錄，對於本期淨利以及應收帳款淨額的影響是增加？減少？還是不變？

解析

兩者均為不變。因為備抵法下實際帳款無法收回而沖銷該帳款時，所作的借貸分錄均無損益表上相關之損失或費用項目，故不影響本期淨利。且應收帳款淨額係應收帳款減去備抵損失，由於應收帳款與備抵損失在作沖銷分錄時，係等量減少，故沖銷前、後之應收帳款淨額並無改變。

9.3.4 應收帳款評價之會計處理彙總

相關事項	備抵法
1. 期末估計預期信用損失	借：預期信用減損損失 　　貸：備抵損失
2. 實際沖銷應收帳款	借：備抵損失 　　貸：應收帳款
3. 沖銷應收帳款後再收回	借：應收帳款 　　貸：備抵損失 借：現金 　　貸：應收帳款

> **學習目標 4**
> 應收帳款的認列及後續評價

9.4 應收帳款之評價──變動對價

應收帳款係企業因出售商品或勞務而根據與客戶合約中交易價格為基礎，預期可自客戶收取之對價來認列。由於合約交易價格可能包括**變動對價**（Variable Consideration），例如折扣、讓價、履約紅利、罰款及客戶退貨權等，而造成交易價格的變動。以下將以變動對價之銷貨退回與折讓，以及退貨權舉例說明變動對價對於企業預期可收取對價之影響。

9.4.1 變動對價──銷貨退回與折讓

企業之應收帳款應於期末針對帳款收回之可能性進行評價調整，評價項目可能包含銷貨退回與折讓。在國際財務報導準則第15號（IFRS 15）「客戶合約收入」中，所提到之銷貨折扣、讓價與退回均屬變動對價，企業應於合約成立或銷貨時，估計這些變動對價對於預期有權自客戶收取對價金額之影響，據以認列銷貨收入。換言之，企業可以不必另外設置「銷貨退回與折讓」之銷貨抵銷項目，以及「備抵銷貨退回與折讓」作為應收帳款的抵銷項目，可簡化帳務處理。

釋例 9-7

台北公司於 ×1 年 12 月 20 日賒銷商品 $10,000，給予客戶之付款條件為 2/30，n/60。依公司之銷售經驗，客戶接受商品瑕疵可能產生之價格讓

價為 $800，且公司預期客戶會在規定期限內付款而享有現金折扣。假設該應收帳款於×2年1月15日收回，且實際發生之讓價為 $600。

試作：請依國際財務報導準則第15號「客戶合約收入」，作×1年與×2年之相關分錄。

解析

(1) 台北公司預估此賒銷商品可收取之對價金額為（$10,000 － $800）×98% ＝ $9,020。

應作之分錄如下：

×1/12/20	應收帳款	9,020	
	銷貨收入		9,020

(2) 由於實際發生之讓價為 $600，且客戶亦在現金折扣期限內付款（給予客戶之付款條件為30天內付款可以享2%折扣；超過30天沒有折扣，最遲60天付清）。因此台北公司所收到之實際對價金額為（$10,000 － $600）×98% ＝ $9,212，與原先估計之對價金額 $9,020，差異為 $192，應作為銷貨收入之調整。

×2/1/15	現金	9,212	
	應收帳款		9,020
	銷貨收入		192

9.4.2　變動對價──退貨權

企業在銷售商品之後，有時會允許客戶在一定期間內可以有退貨權（right to return）。此種具退貨權之銷貨屬於「變動對價」的一部分，依據國際財務報導準則第15號之規定，當銷貨含有退貨權時，企業預期有權收取的對價金額，不應包含預期退貨的部分，故企業移轉產品給客戶時，其預期退貨部分之對價不應認列收入，而是認列為退款負債。此外國際財務報導準則第15號亦規定，企業對於客戶退貨時收回商品之權利應認列為一項資產，原始衡量時，應以該項產品的原存貨帳面金額減除回收該產品之預期成本認列，在資產負債表上將該項資產（即收回資產之權利）和退款負債分別表達。後續在每一報導期間結束日，企業應該就帳列之退款負債進

行評估及調整。也就是說，若預期之退款金額有所變動時，則應調整退款負債，並將相對應之調整認列為銷貨收入（或銷貨收入之減少）。

釋例 9-8

台北公司與客戶簽訂銷貨合約，合約中約定以 $100 銷售一件商品，總計銷貨件數為 100 件。銷貨合約中同時給予客戶退貨權，允許客戶於 30 日內無條件退貨，且公司必須全額退費，而每件商品之成本為 $70。假設此銷貨合約適用國際財務報導準則第 15 號有關客戶合約收入之規範，台北公司並以期望值評估 90 件商品將不會被退回。

試作：台北公司對於此銷貨合約之相關分錄。

解析

(1) 當銷售合約給予客戶退貨權時，銷售商品中預期會被退貨的部分，不能認列為收入，所以銷售 100 件之分錄為：

應收帳款（$100×100）	10,000	
銷貨收入（$90×100）		9,000
退款負債		1,000

(2) 認列銷貨成本，並將預期退貨而收回之商品，認列為一項資產，分錄為：

銷貨成本（$70×90）	6,300	
收回資產之權利（$70×10）	700	
存貨（$70×100）		7,000

(3) 若客戶於期限內退回 6 件商品，台北公司並收回相關之款項，則分錄為：

現金（$100×94）	9,400	
退款負債	1,000	
應收帳款		10,000
銷貨收入（$100×4）		400
存貨（$70×6）	420	
銷貨成本（$70×4）	280	
收回資產之權利		700

9.5 應收票據之會計處理

> **學習目標 5**
> 應收票據利息及到期日應如何計算，以及到期日之會計處理

應收票據為一種正式的債權憑證，乃是由發票人承諾在某一特定日無條件支付一定金額的一種書面承諾。公司在允許顧客賒帳時，有時為了取得將來收現更大的保障，會要求顧客簽發票據，有時則在應收帳款到期而顧客無法付現時，也會要求顧客簽發票據。

9.5.1 票據持有期間與利息之計算

附息票據有關利息之計算，若票據期間以月份表示，則除以 12 即換算為年；若以天數表示，則通常除以 360 或 365 作為換算為年之基礎。有關**票據到期日之計算**，如果以月份表示，到期日就是另 1 個月份之同一日。例如，發票日為 9 月 10 日，票據期間為 4 個月，則到期日為隔年 1 月 10 日。如果以日表示者，則以開立票據之次日起算足天數。例如發票日為 9 月 10 日，票據期間為 90 天，則到期日為 12 月 9 日（即 9 月之剩餘天數 20 天，加上 10 月份有 31 天，11 月份有 30 天，以及 12 月之 9 天）。至於**期末利息的調整**，則當期末帳上仍有應收票據未到期時，須依應計基礎認列已賺得的利息收入。

> **票據到期日之計算**
> 以月表示者，則是發票日之月份加上該月數，以日表示者，則採計尾不計首方式算足天數。

釋例 9-9

燦坤 3C 於 ×7 年 12 月 16 日自光華商場的顧客收到年息 6%，60 天期，面額為 $100,000 之票據，用以給付原本到期之帳款。（一年以 360 天計）

試作：
(1) 推算該票據之到期日為何？
(2) 燦坤 3C ×7 年該票據有關之分錄。

解析

(1) 到期日之推算如下：

12月剩餘天數（31 – 16 = 15）	15日
1月（×8年）	31日
2月（到期日為2月14日）	<u>14日</u>
票據存續期間	<u>60日</u>

所以，到期日為×8年2月14日。

(2) ×7年12月16日收到顧客之票據以抵償所欠款項：

12/16	應收票據	100,000	
	應收帳款		100,000

另期末帳上仍留有應收票據，須按應計基礎認列從12月16日至12月31日期間已賺得之利息收入，所以×7年12月31日調整分錄如下：

12/31	應收利息	250	
	利息收入		250

（$100,000 × 6\% × 15/360 = \$250$）

動動腦

(1) 發票日為7月31日，4個月後到期，則到期日為何？
(2) 發票日為5月15日，90天後到期，則到期日為何？

解析

(1) 11月30日（11月無31日，故改以月底為到期日）。
(2) 8月13日（5月剩餘天數16，加6月有30天，加7月有31天，再加8月的13天，總和為90天）。

9.5.2 應收票據之評價

持有應收票據之公司在每期編製財務報表前，亦須對應收票據進行評價，決定其可變現價值，並提列預期信用減損損失。此部分之會計處理與應收帳款相同，均採備抵法處理。

9.5.3 票據到期之會計處理

公司收到票據時，如果因資金需求無法等到票據到期時再收

取現金，可於票據到期前，持往銀行請求**貼現**（discount），提前取得現金。有關貼現的會計處理，將在下節應收款項之融資說明。若公司將票據持有至到期日，則可能之情況為兩種，即票據的到期收現，以及票據到期但發票人拒絕兌現付款。相關之會計處理說明如下。

票據到期時，通常發票人會支付票據之本金及利息，因此公司對於票據的到期收現，原則上應該沖銷應收票據，並認列利息收入；借方項目為現金。對於票據期間跨越兩個會計年度者，則由於上期期末作了「借記應收利息，貸記利息收入」調整分錄，因此本期收到本金及所有利息時，除了借記「現金」外，必須將上期之應收利息沖銷，並貸記屬於本期之利息收入。

另一種情況則為**票據到期發票人拒付**（Dishonored Notes Receivable）。當發票人沒有能力或是拒絕在票據到期日依約償還原先約定的本金及利息時，公司仍然可循法律途徑追討收現之權利。一般而言，公司會將此一求償權之相關項目（即應收票據與應收利息）轉至應收帳款帳戶。此種作法除了方便公司作續後追索的記錄之外，尚有助於以後公司對於授信政策之檢討。

釋例 9-10

承釋例 9-9，試依下列情況分別為燦坤 3C 作票據到期日（即 ×8 年 2 月 14 日）應作之分錄：

(1) 發票人到期兌現；(2) 發票人拒絕承兌。

解析

(1) 發票人到期兌現，則燦坤 3C 將收到本金 $100,000 及 60 天期之利息 $1,000（即 $100,000×6%×60/360），但利息收入有 $250 已於 ×7 年 12 月 31 日認列，所以須將應收利息 $250 沖銷。至於剩餘之利息 $750 部分，則為 ×8 年持有票據天數應認列之利息收入。用圖說明如下：

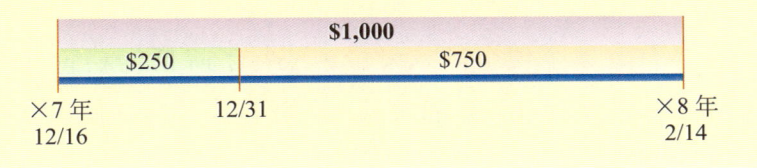

```
                    $1,000
        $250                $750
  ×7年           12/31              ×8年
  12/16                             2/14
```

應作分錄如下：

×8/2/14　現金　　　　　　　　　　101,000
　　　　　　應收票據　　　　　　　　　　　100,000
　　　　　　應收利息　　　　　　　　　　　　　250
　　　　　　利息收入　　　　　　　　　　　　　750

(2) 發票人拒絕承兌，則仍應依應計基礎認列 ×8 年持有票據天數之利息收入，並將應收票據之本息轉為應收帳款。

×8/2/14　應收帳款　　　　　　　　101,000
　　　　　　應收票據　　　　　　　　　　　100,000
　　　　　　應收利息　　　　　　　　　　　　　250
　　　　　　利息收入　　　　　　　　　　　　　750

注意：若轉為應收帳款之金額確實無法收回，則應將其沖銷。如 ×8 年 4 月 30 日，經催收後僅收回 $50,000，其餘確定無法收回，則應沖銷 $51,000 之「應收帳款」，其分錄為：

×8/4/30　現金　　　　　　　　　　50,000
　　　　　備抵損失　　　　　　　　51,000
　　　　　　應收帳款　　　　　　　　　　　101,000

動動腦

若燦坤 3C 收到一張年息 4%，6 個月到期，面額 $100,000 票據一紙，8 月 10 日到期時，發票人無法付款，試作 8 月 10 日之分錄。

解析

8/10　應收帳款　　　　　　　　102,000
　　　　應收票據　　　　　　　　　　　100,000
　　　　利息收入　　　　　　　　　　　　2,000
（利息收入：$100,000 × 4% × 6/12 = $2,000）

9.6　應收款項之融資

學習目標 6
企業如何運用應收帳款與應收票據提前取得現金，以及這些交易之會計處理

企業有時為了現金需求考量，或為了降低帳務管理或催收成本，可能會將應收款項提前於到期前轉換為現金，此即所謂運用應

收款項之融資。應收款項提前轉換成現金有三種方式：**(1) 應收帳款承購**（factoring accounts receivable）；**(2) 應收帳款質押**（pledging accounts receivable）；以及 **(3) 應收票據貼現**（discounting notes receivable）。以下分別說明各種情況下簡要之會計處理。

> **應收帳款承購** 公司將應收帳款於到期前出售給應收帳款管理公司。

9.6.1 應收帳款承購

所謂**承購**（factoring）係指公司將銷貨或提供勞務而取得之應收帳款之債權，於到期前出售予應收帳款管理公司（factor）。應收帳款管理公司可能為商業銀行或其他金融機構，負責之業務主要包括徵信工作、風險承擔、催收帳務管理，以及市場諮詢等。在應收帳款承購過程中，應收帳款管理公司於扣除相關手續費用後，會先支付現金給出售帳款公司，並進行收帳管理。值得注意的是，若出售帳款日後無法收回，則此信用損失由誰來承擔呢？此須視承購時約定是否具**追索權**（recourse）。所謂追索權，係指當出售帳款無法收回時，公司必須代為償付帳款管理公司後再自行向客戶追討。

在附追索權的應收帳款承購中，出售公司仍承擔應收帳款的相關風險，並未真正出售此資產而是形同向帳款管理公司借款。所以其會計記錄並不將應收帳款除列，而是就收取之現金認列負債，無追索權時則為應收帳款已實質出售，可將出售帳款除列。

釋例 9-11

順風貿易公司將應收帳款 $2,000,000 讓售與銀行，另支付帳款總額 5% 作為手續費用，分別在有無追索權的情況下試作相關分錄。

解析

無追索權時：

現金	1,900,000	
手續費用	100,000	
應收帳款		2,000,000

（手續費用為 $2,000,000 × 5% = $100,000）

有追索權時：

現金	1,900,000	
手續費用	100,000	
銀行借款		2,000,000

應收帳款質押 公司向銀行借款以應收帳款當擔保品，公司仍承擔信用減損風險。

9.6.2 應收帳款質押

公司賒銷商品或勞務予顧客所產生之應收帳款，也可以透過質押作為向銀行借款的擔保。在此情形下，公司仍是應收帳款的所有人，且須自行負責收款，並承擔信用減損風險。應收帳款質押實質上同於上述之有追索權的應收帳款承購，故其會計處理亦為認列借款負債而不應除列應收帳款。公司以應收帳款質押向銀行借款時，銀行為保障其債權，公司通常僅能借得七、八成，且銀行除了會向公司收取手續費外，通常還會要求公司另外簽發票據作額外擔保。值得注意的是，應收帳款如果已被公司拿去作借款的質押品，則公司就不能自由處分，財務報表上應揭露質押應收帳款的相關資訊。

釋例 9-12

承釋例 9-11，若順風貿易公司將應收帳款 $2,000,000 質押，向台新國際銀行借款 $1,600,000（即八成），除簽發本票 $1,600,000 作為擔保品外，尚須按借款金額支付 3.5% 手續費用，試作應有之分錄。

解析

現金	1,544,000	
手續費用	56,000	
應付票據		1,600,000

（手續費用為 $1,600,000 × 3.5% = $56,000）

注意：財務報表上應揭露以應收帳款 $2,000,000 質押借款的資訊。

應收票據貼現 係指公司於票據到期日前，於票據上背書，將票據轉移給銀行以提早取得現金。

9.6.3 應收票據貼現

應收票據貼現係指公司於票據到期日前，於票據上背書，將票據轉移給銀行以提早取得現金。票據貼現若無追索權，則銀行要負

擔帳款無法收回的風險，即應收票據已移轉與銀行，所以公司會將會計記錄上的應收票據消除。但如果票據貼現時附追索權，則一旦開票人無法支付本息時，公司須負責償還，此時應收票據仍為公司之資產不得消除，而是就所得現金認列負債。

當公司將票據持向銀行貼現時，能取得之現金（即貼現值），計算過程如下：

1. 票據到期值＝票據面額＋票據利息
2. 貼現息＝到期值 × 貼現利率 × 貼現期間
3. 貼現值＝票據到期值－貼現息

值得注意的是，貼現息之計算應以應收票據之到期值而非面額為基礎。貼現期間為貼現日至到期日之期間，亦即票據離到期日尚剩餘之天數。茲以釋例 9-13 說明上述觀念。

釋例 9-13

電視台委託周遊（阿姑）製作八點檔大戲「阿姑的一生」，阿姑的公司於 10 月 20 日收到面額 \$3,000,000，利率 3%，90 天到期的本票作為簽約金，並於 12 月 19 日前往銀行請求無追索權之貼現，利率為 5%，試作貼現時的會計分錄。

解析

(1) 票據到期值＝票據面額＋票據利息
　　　　　　＝\$3,000,000 ＋ (\$3,000,000×3%×90/360)
　　　　　　＝\$3,022,500

(2) 票據之貼現期間＝90 天－(11 天＋30 天＋19 天)＝30 天

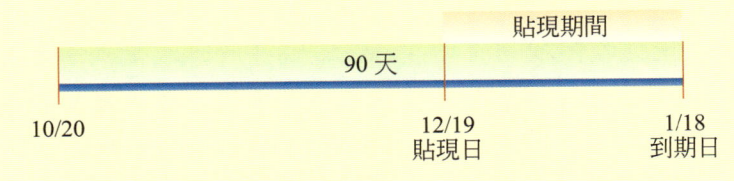

```
                        貼現期間
        ├──────90 天──────┤────────┤
       10/20            12/19     1/18
                        貼現日    到期日
```

(3) 貼現息＝\$3,022,500 × 5% × 30/360 ＝ \$12,594
(4) 貼現值（能取得之金額）＝\$3,022,500 － \$12,594
　　　　　　　　　　　　　＝\$3,009,906

會計分錄如下：

```
12/19   現金              3,009,906
           應收票據                    3,000,000
           利息收入                        9,906
```

注意：若票據持有期間不長，公司便向銀行請求貼現，則有可能收到的金額會小於票據的本金面額，此時貼現公司應將此差額借記為利息費用，承上例，假如阿姑的公司於 11 月 19 日即向銀行貼現，則貼現期間為 90 天－（11 天＋19 天）＝60 天，而貼現息為 $3,022,500 \times 5\% \times 60/360 = \$25,188$，貼現值為 $\$3,022,500 - \$25,188 = \$2,997,312$，此時之會計分錄如下：

```
12/19   現金              2,997,312
           利息費用            2,688
           應收票據                    3,000,000
```

> **學習目標 7**
> 如何運用應收帳款分析企業的流動性和經營效率

9.7 應收帳款與財務報表分析

應收帳款係屬於企業的流動資產，而判斷企業應收帳款的品質，關鍵即在於評估其流動性和發生應收帳款減損的可能性。所謂流動性，係指其轉變成現金的速度或能力。至於發生應收帳款減損的可能性，則賒帳期限越長，雖然對顧客越方便且可刺激銷貨，但卻造成應收帳款增加與更多的資金呆滯，因而提高了預期信用減損損失的可能性。整體而言，**應收帳款週轉率**（accounts receivable turnover in times）是一種評估企業應收帳款管理極具意義的財務指標。

> **應收帳款週轉率**
> 企業在 1 年內可以產生和收回應收帳款的次數。週轉率越高代表收現速度越快。

9.7.1 應收帳款之評估指標

評估企業應收帳款的流動性時，重點在於應收帳款轉變成現金的速度，因此週轉率即在於表達企業能在 1 年中產生並收回應收帳款的平均次數，其計算公式為：

$$應收帳款週轉率 = \frac{賒銷淨額}{平均應收帳款淨額}$$

上述公式中,分子以賒銷淨額為原則,因為只有賒銷才會產生應收帳款。分母為平均應收帳款淨額(即減除備抵損失後之應收帳款)。若賒銷淨額的數據取得不易,實務上亦有改採銷貨淨額計算應收帳款週轉率者。至於平均應收帳款淨額,係指期初應收帳款淨額與期末應收帳款淨額之平均數,因為應收帳款的金額隨時可能改變,因此不用期初或期末的金額計算。

應收帳款另一流動性的衡量指標則為**應收帳款週轉天數**(accounts receivable turnover in days),此週轉天數代表企業自賒銷開始,產生應收帳款及至收現,平均所需之天數,又稱為應收帳款收現天數。其計算公式為:

$$應收帳款週轉天數 = \frac{365 \text{ 天}}{應收帳款週轉率}$$

應收帳款週轉天數
流通在外之應收帳款平均約需多少天才能收回。應收帳款週轉天數與週轉率之乘積為365。

應收帳款週轉天數越少,代表企業的徵信與授信政策較為嚴謹,也可能是收款越有效率所致。由上述公式可以得知,週轉率與週轉天數呈一定之反向關係,即應收帳款週轉率越高,代表應收帳款週轉天數越短。

釋例 9-14

博客多網路書店 ×7 年度之賒銷淨額為 $637,000,應收帳款淨額期初與期末分別為 $43,000 與 $48,000,試計算應收帳款週轉率與週轉天數。

解析

博客多網路書店 ×7 年度平均應收帳款淨額為期初之 $43,000 與期末之 $48,000,加總後除以 2,即 ($43,000 + $48,000) ÷ 2 = $45,500,所以

$$平均應收帳款週轉率 = \frac{\$637,000}{\$45,500} = 14 \text{(次)}$$

$$平均應收帳款週轉天數 = \frac{365}{14} = 26.07 \text{(天)}$$

> **動動腦**
>
> (1) 假設一年以 365 天計，應收帳款週轉一次需時 70 天，則 1 年可以週轉幾次？
> (2) 應收帳款週轉率若為 3.8，則每次週轉所需的天數為何？
>
> **解析**
>
> (1) 365 天 ÷ 70 天 = 5.21（次）
> (2) 365 天 ÷ 3.8 = 96（天）

9.7.2 應收帳款評估指標之詮釋

上述應收帳款之週轉率與週轉天數，在應收帳款之評估與管理上乃是極為重要的指標。一般說來，財務報表分析的數字唯有經過比較始能顯出其意義。就應收帳款而言，可以考慮之比較性指標包括**公司歷年趨勢比較、同業平均水準比較**，以及**授信政策之比較**。如果發現有值得注意的變化或異常的現象如週轉天數超過授信政策允許之授信期間，則應促使公司作進一步分析或相關之檢討，以謀求改進。

表 9-2 為台灣汽車產業之主要上市公司自 106 年至 109 年，連續 4 年應收帳款週轉率之變化情形。

表 9-2　台灣主要汽車產業上市公司應收帳款週轉率之比較

年度	和泰汽車（2207）應收帳款週轉率	和泰汽車（2207）應收帳款週轉天數	中華汽車（2204）應收帳款週轉率	中華汽車（2204）應收帳款週轉天數	裕隆汽車（2201）應收帳款週轉率	裕隆汽車（2201）應收帳款週轉天數
106	1.39	262.59	13.03	28.01	1.08	337.96
107	1.24	294.35	11.13	32.79	0.83	439.76
108	1.28	285.15	10.62	34.37	0.68	536.76
109	1.23	296.74	12.79	28.54	0.59	618.64

以國內汽車產業為例，**中華汽車**應收帳款週轉率之表現，明

顯優於同業。若以 106 年至 109 年之平均週轉率而言，約為 11.89 次，平均應收帳款收現天數約為 31 天。**裕隆汽車**的應收帳款週轉率明顯較低，平均大約為 0.80 次，且逐年下降，以 109 年度為例，其應收帳款收現天數更是高達 618 天。應收帳款回數率越低，除了公司資金週轉不易外，也容易產生信用減損的風險，也代表公司在客戶的徵信、授信及催收款項管理方面，有改進的空間。

另以**和泰汽車**為例，其 109 年底應收款項金額達 1,722 億元，但財務報表附註之帳齡分析顯示未逾期的金額有 1,706 億元，因為汽車產業的客戶都會分期付款，這些分期付款都是尚未逾期的款項，所以不必過於擔心。

除了上述歷年趨勢比較及同業比較之外，企業收款期間長短尚須與企業之賒銷信用政策相互檢視。賒帳期限隨行業性質而有所不同，通常各行業有其普遍商務習慣之賒銷條件，對於身處產業龍頭或產品極具競爭力之公司而言，其可以有較嚴苛的銷貨條件，而部分其他企業則可能利用延長賒帳期限之方法，以增加其市場之競爭力。當一家曾主導產品市場或具研發優勢的公司，若其應收帳款週轉率逐年下降，可能顯示之訊息為該公司對於帳款短期的收現不再有強勢的堅持。

9.7.3　營業週期的概念

將存貨週轉平均天數與本章所提之應收帳款週轉平均天數相加，即可得出企業的**營業週期**（operating cycle）。亦即營業週期是指企業自投入現金購買存貨，將存貨出售變成應收帳款，再將應收帳款收回變成現金所需的時間。

營業週期　存貨週轉平均天數加上應收帳款週轉平均天數。

營業週期 = 存貨週轉平均天數 + 應收帳款週轉平均天數

一般而言，營業週期越長，所需之運用資金越大，因此對於營運週期越長的企業，其所要求之產品溢價或銷售毛利一定會越高，才能有效彌補其較高的資金成本，例如汽車業公司即是。而商品買賣進出頻繁，營業週期較短如便利商店者，其商品毛利就相對較

小。企業若能有效縮減營業週期，不論從存貨管理著手或是從授信政策改善，均能提高企業經營效率，進而增加獲利。

釋例 9-15

博客來網路書店 ×6 年度之相關財務資料如下：

銷貨收入	$624,000	應收帳款 (1/1)	$60,000
銷貨成本	$468,000	應收帳款 (12/31)	$64,800
存貨 (1/1)	$110,000	存貨 (12/31)	$124,000

試作博客來網路書店之：

(1) 存貨週轉率；
(2) 應收帳款週轉率；
(3) 平均營業週期。

解析

(1) 存貨週轉率 ＝ 銷貨成本 ÷ 平均存貨

$$= \$468{,}000 \div \left(\frac{\$110{,}000 + \$124{,}000}{2}\right)$$

$$= \$468{,}000 \div \$117{,}000$$

$$= 4 \text{ 次}$$

存貨週轉平均天數 ＝ 365 天 ÷ 4
　　　　　　　　 ＝ 91（天）

(2) 應收帳款週轉率 ＝ 銷貨收入 ÷ 平均應收帳款

$$= \$624{,}000 \div \left(\frac{\$60{,}000 + \$64{,}800}{2}\right)$$

$$= \$624{,}000 \div \$62{,}400$$

$$= 10 \text{（次）}$$

應收帳款週轉平均天數 ＝ 365 天 ÷ 10
　　　　　　　　　　 ＝ 37（天）

(3) 營業週期 ＝ 存貨週轉平均天數 ＋ 應收帳款週轉平均天數
　　　　　　 ＝ 91 天 ＋ 37 天
　　　　　　 ＝ 128 天

應收款項 chapter 09

大功告成

鳳凰旅遊（股票代號：5706）為國內首家上櫃的旅行社，假設鳳凰旅遊 4 月及 5 月的部分交易如下，試為其作會計記錄。

4/1　提供「托斯卡尼艷陽下」旅遊計畫 $1,000,000 給**資誠**會計師事務所內部犒賞員工用，銷貨條件 2/10, n/30。

4/11　收到資誠會計師事務所付清款項。

4/15　收到**長榮航空**開出 $600,000，年利率 3%，60 天到期的票據，以結清應收帳款。

4/30　鳳凰於 3 月 1 日提供「貧民百萬富翁－印度經典」旅遊包銷計畫，當時收到的 2 個月期票據 $500,000，年利率 5%，到期兌現。

5/1　無追索權出售鳳凰票務中心代理銷售各大航空公司機票的應收帳款 $1,200,000 給**上海商銀**，上海商銀收取應收帳款 3% 作為服務費。

5/15　鳳凰將 4 月 15 日收到的票據前往上海商銀進行無追索權之貼現，貼現率為 5%。

5/20　沖銷應收帳款 $50,000。

解析

4 月 1 日之分錄：

4/1	應收帳款	1,000,000	
	銷貨		1,000,000

4 月 11 日之分錄與計算如下：
銷貨折扣 = $1,000,000 × 2% = $20,000

4/11	現金	980,000	
	銷貨折扣	20,000	
	應收帳款		1,000,000

4 月 15 日之分錄：

4/15	應收票據	600,000	
	應收帳款		600,000

4 月 30 日之利息收入與分錄如下：
利息收入 = $500,000 × 5% × 2/12 = $4,167

4/30	現金	504,167	
	應收票據		500,000
	利息收入		4,167

5月1日之服務費與分錄如下：

服務費用 = $1,200,000 × 3% = $36,000

5/1	現金	1,164,000	
	服務費用	36,000	
	應收帳款		1,200,000

5月15日之票據到期值為 $600,000 + ($600,000 × 3% × 60/360) = $603,000

票據的貼現期間為 60 天 − (15 天 + 15 天) = 30 天

貼現息 = $603,000 × 5% × 30/360 = $2,512

貼現值 = $603,000 − $2,512 = $600,488

會計分錄為：

5/15	現金	600,488	
	應收票據		600,000
	利息收入		488

5月20日應作分錄如下：

5/20	備抵損失	50,000	
	應收帳款		50,000

摘要

應收款項是指對企業或個人之貨幣、商品或勞務之請求權。營業性應收款項係指企業在主要營業活動中，由於賒銷商品或提供勞務而產生，包括應收帳款和應收票據。非營業性應收款項為主要營業活動以外原因所產生之債權，如應收租金、應收股利等。

在起運點交貨的條件下，商品所有權在起運之時，即屬買方所有，賣方於商品交付予指定之運送人後，即可承認銷貨收入並認列應收帳款。但在目的地交貨條件下，則需等到商品運抵買方之目的地，才算完成銷貨。

應收帳款減損之評估及其會計處理，通常有下列兩種方法：(1) 直接沖銷法；(2) 備抵法。直接沖銷法是在特定應收帳款確定無法收回時，才認列信用減損損失，其會計分錄為：借記預期信用減損損失，貸記應收帳款。備抵法是在銷貨發生當期即預估可能發生的應收帳款減損，其會計分錄為：借記預期信用減損損失，貸記備抵損失。在備抵法之下，當確定某筆應收帳款無法收回時，則應立即沖銷該筆應收帳款，其沖銷分錄為：借記備抵損失，貸記

應收帳款。

直接沖銷法不是一般公認會計原則的作法,備抵法則是一般公認會計原則的作法,因依該法應收帳款之帳面金額較能反映應收款項之可回收金額。

應收帳款減損之評估是根據國際財務報導準則第 9 號(IFRS 9)「金融工具」,採預期減損損失模式,衡量方法為準備矩陣方式,可以依據應收帳款過期天數,訂定不同的準備率(或損失率),此法類似傳統之帳齡分析法;另亦可針對應收帳款餘額提列單一損失比率。上述方式所算出之金額即為期末應有之備抵損失餘額,將此餘額與調整前備抵損失餘額相比,其差額乃是應調整之備抵損失金額,以及應認列的預期信用減損損失。

此外,國際財務報導準則第 15 號(IFRS 15)「客戶合約收入」亦討論變動對價對於企業預期取得對價金額之影響,本章亦以銷貨退回與折讓,以及退貨權舉例說明。

應收票據為一種正式的債權憑證。票據到期日之計算,如果以月份表示,到期日就是另一個月份之同一日;如果以日表示者,則以開立票據之次日起算足天數。

應收款項提前轉換成現金有三種方式:(1) 應收帳款承購;(2) 應收帳款質押;以及 (3) 應收票據貼現。應收票據貼現係指公司於票據到期日前,將票據轉移給銀行以提早取得現金。貼現期間為貼現日至到期日之期間,而貼現息之計算應以應收票據之到期值而非面額為基礎。

應收帳款週轉率是一種評估企業應收款管理極具意義的財務指標,在於表達企業能在一年中產生並收回應收帳款的平均次數,而應收帳款週轉天數代表企業自賒銷開始,產生應收帳款及至收現,平均所需之天數。應收帳款週轉率越高,代表應收帳款週轉天數越短。至於營業週期則為存貨週轉天數加上應收帳款週轉天數。

本章習題

問答題

1. 請問銷貨折扣、銷貨折讓、銷貨運費、預期信用減損損失及備抵損失,其在綜合損益表及資產負債表上的表達方式各為何?
2. 應收款項提前轉讓成現金有哪三種方式,試分別簡述之。
3. 根據 IFRS 的精神,應收帳款減損的評估應該採用綜合損益表或資產負債表之觀點?
4. 周遊阿姑應中視邀請,製作八點檔大戲「舊情綿綿」,中視先以一張本票作為契約金,

阿姑拿著中視簽發的票據前往銀行貼現，她很好奇尚未到期的貼現票據，銀行是如何計算貼現息？請你告訴她。

選擇題

1. 下列何者對商業折扣以及現金折扣之會計處理（是否需要入帳）是正確的？

	商業折扣	現金折扣
(A)	是	是
(B)	否	是
(C)	是	否
(D)	否	否

2. 下列運費，何者係由賣方負擔？

	目的地交貨之運費	起運點交貨之運費
(A)	是	是
(B)	否	是
(C)	是	否
(D)	否	否

3. 下列有關應收帳款評價的敘述，何者是不正確的？
   (A) 應收帳款在財務報表上，是以淨變現價值表達
   (B) 備抵損失項目代表實際無法向顧客收回的款項
   (C) 預期信用減損損失是綜合損益表的營業費用項目
   (D) 備抵損失是資產負債表中，應收帳款的減項

4. 電視購物頻道採應收帳款餘額百分比法評估應收帳款減損，假設估計之損失率為 2%，×5 年底調整前備抵損失有貸方餘額 $12,000，該年底應收帳款餘額為 $1,500,000，試問 ×5 年底應提列多少之信用減損損失？
   (A) $30,000   (B) $18,000
   (C) $20,000   (D) $10,000

5. 甲公司 ×1 年底應收帳款餘額為 $60,000，×1 年度賒銷之銷貨收入為 $800,000、銷貨運費 $50,000、銷貨退回與折讓 $20,000。×1 年底進行調整前應收帳款之備抵損失為貸方餘額 $100。甲公司採用預期信用損失模式，估計應收帳款餘額的 4% 極可能無法收回，則 ×1 年底調整分錄應該提列多少的預期信用減損損失？
   (A) $32,000   (B) $24,000
   (C) $2,000   (D) $2,300

6. 甲公司 ×6 年度綜合損益表認列預期信用減損損失 $22,000，該公司 ×5 年及 ×6 年底

調整後備抵損失餘額分別為 $65,000 及 $72,000。若該公司 ×6 年度曾沖銷無法收回之帳款，則甲公司 ×6 年度沖銷之帳款金額為何？

(A) $2,000　　　　　　　　(B) $3,000
(C) $8,000　　　　　　　　(D) $15,000

7. 公司採備抵法處理應收帳款可能產生之預期信用減損損失。試問當 (1) 實際沖銷應收帳款及 (2) 期末提列預期信用減損損失時，對應收帳款帳面金額之影響分別為何？

(A) (1) 增加；(2) 減少　　　(B) (1) 減少；(2) 減少
(C) (1) 不變；(2) 不變　　　(D) (1) 不變；(2) 減少

8. 應收帳款之減損評估採用備抵法處理時，沖銷應收帳款之結果為？

(A) 會導致企業之資產總額減少
(B) 對企業之淨利不造成影響
(C) 應借記預期信用減損損失
(D) 會造成應收帳款淨變現價值之減少

9. 喬治公司的應收帳款週轉率為 6.5，瑪麗公司的應收帳款週轉率為 4.5，有關喬治與瑪麗的比較，下列敘述何者為正確？

(A) 喬治公司的應收帳款週轉天數比瑪麗公司要多
(B) 喬治公司的客戶徵信、授信及催收管理較瑪麗公司具績效
(C) 若喬治與瑪麗公司之應收帳款平均數相等，則喬治公司全年賒銷的金額較小
(D) 所給的資訊尚無法評定何者的應收帳款管理較佳

10. 關於應收帳款減損評估之會計處理，下列敘述何者有誤？

(A) 在備抵法下，預期信用減損損失是一估計數字
(B) IFRS 9「金融工具」不再使用過去已發生損失模式，改採預期損失模式
(C) 直接沖銷法不符合一般公認會計原則
(D) 在備抵法下，帳款確定收不回來時所作之分錄，會減少應收帳款淨額

11. 台北公司將應收帳款 $3,500,000 售予台新銀行，另支付帳款總額 4% 作為手續費，下列敘述何者正確？

(A) 在無追索權的情況下，台北公司不得除列應收帳款
(B) 在有完全追索權的情況下，台北公司應認列──借款負債
(C) 無論在有無追索權的情況下，台北公司總資產可增加 $3,500,000
(D) 在無追索權的情況下，帳款確定無法收回之損失應由台北公司承擔

12. 下列哪種方法，可有效縮減營業週期？

甲、提高存貨週轉率。
乙、提高存貨週轉天數。

丙、降低應收帳款週轉率。
丁、降低應收帳款週轉天數。
(A) 甲、丁　　　　　　　　(B) 乙、丙
(C) 甲、丙　　　　　　　　(D) 乙、丁

13. 小丸子公司 ×6 年平均應收帳款淨額 $500,000，應收帳款週轉天數為 25 天，試問：小丸子公司 ×6 年度之賒銷淨額為多少？
    (A) $7,000,000　　　　　(B) $7,500,000
    (C) $7,300,000　　　　　(D) $7,600,000

14. 甲公司在 20×1 年 1 月 1 日收到一紙面額 $60,000，利率 6%，4 個月到期之附息票據。甲公司於 20×1 年 2 月 1 日因資金需求持該票據向乙銀行貼現，貼現率為 10%。甲公司可自乙銀行取得多少現金？
    (A) $61,200　　　　　　(B) $60,000
    (C) $59,670　　　　　　(D) $58,500　　　　　　【102 年普考】

練習題

1. 【應收帳款減損──單一損失率法】長崎公司應收帳款備抵損失之衡量係依應收帳款餘額採單一損失率，2% 提列。假設 ×5 年 12 月 31 日應收帳款餘額為 $680,000，調整前備抵損失有借餘 $1,600。

    試問：

    (1) 長崎公司 ×5 年度綜合損益表上之預期信用減損損失為多少？
    (2) 調整後備抵損失餘額為多少？
    (3) 請作會計分錄。

2. 【應收帳款減損──準備矩陣法】別府公司有關應收帳款減損之評估，係採準備矩陣法，並以分析應收帳款之帳齡作分析根據。×5 年 12 月 31 日時應收帳款餘額為 $600,000，其中逾期 1 個月以上之帳款共計 $100,000。調整前備抵損失為貸餘 $12,000，別府公司根據過去的經驗，估計未逾期帳款之違約率為 3%，逾期 1 個月以上之帳款的違約率為 25%。

    試問：

    (1) ×5 年底應提列之預期信用減損損失為多少？
    (2) ×5 年底調整後的備抵損失餘額是多少？

3. 【應收帳款之沖銷】福岡公司評估過其對佐賀公司的應收帳款 $500 後，發現其回收可能性極低，決定沖銷其對佐賀公司之應收帳款 $500，福岡公司沖銷前的應收帳款餘額

為 $50,000、備抵損失為 $7,500（皆為正常餘額）；試問：沖銷之前與沖銷之後，應收帳款的淨變現價值分別為多少？ 【改編自 91 年普考】

4. 【應收帳款之沖銷及再收回分錄】雲仙 SPA 於 ×4 年 12 月 31 日估計其年底應收帳款餘額 $500,000 中有 3% 將無法收回，故將此筆金額加入備抵損失的餘額。×5 年 4 月 15 日，雲仙 SPA 確定其忠實顧客露西亞的應收帳款將無法收回，所以沖銷 $10,000。但露西亞卻在 ×5 年 7 月 1 日支付先前被沖銷的款項。

試作：

雲仙 SPA 在 ×4 年 12 月 31 日、×5 年 4 月 15 日及 ×5 年 7 月 1 日之會計分錄。

5. 【應收帳款之沖銷及再收回分錄】×1 年 12 月 31 日兄弟公司備抵損失的餘額為 $18,000，×2 年兄弟公司沖銷的帳款總額有 $16,000，又收回其中的 $2,000，×2 年 12 月 31 日依帳齡分析表顯示備抵損失的餘額為 $22,000。試作兄弟公司 ×2 年應有的交易分錄。

6. 【應收帳款質押】大分公司將應收帳款 $3,000,000 質押，向九州銀行借款七成，除簽發借款金額的本票作為擔保品外，尚須按借款金額支付 3.5% 手續費，試作應有的分錄。

7. 【票據到期日的計算】請指出下列本票之到期日：

	發票日	條件
(1)	4 月 12 日	1 年後到期
(2)	5 月 20 日	30 天後到期
(3)	7 月 1 日	3 個月後到期
(4)	9 月 5 日	60 天後到期

8. 【應收票據貼現】篤姬公司在 ×3 年 3 月 1 日銷貨給鹿兒島公司，收到一張面額為 $100,000 附息 7% 的 6 個月期的票據，在同年的 6 月 1 日向銀行貼現，假設貼現率為 9%，試問：篤姬公司貼現所得之現金為多少？並作貼現日之分錄。

9. 【分析應收帳款】博多購物網的財務報表報導銷貨淨額為 $1,500 萬，期初應收帳款為 $300 萬，期末為 $350 萬。請計算博多購物網的平均應收帳款週轉率，以及平均應收帳款收款期間。

應用問題

1. 【商業折扣、現金折扣、銷貨退回】斯斯購物頻道 ×3 年 11 月 1 日賒銷立可白面膜給一家 SPA 公司，該批面膜定價為 $100,000，商業折扣為 20%，付款條件為 2/10, n/30。該 SPA 公司於同年 11 月 5 日退還該批商品的十分之一，並於 11 月 10 日付清款項。請為

斯斯購物頻道作以上相關交易的分錄。

2. 【應收帳款減損——帳齡分析法】Selina 於天母成立了一家婚紗公司，×5 年 12 月 31 日應收帳款餘額為 $1,700,000，會計主管阿中為 Selina 作以下的預期信用減損分析：

帳款賒欠期間	估計違約率	×5 年底金額
未逾期	1%	$1,260,000
逾期 3 個月以內	5%	180,000
逾期 3～6 個月	10%	100,000
逾期 6～9 個月	20%	80,000
逾期 9～12 個月	30%	50,000
逾期 1 年以上	90%	30,000
總計		$1,700,000

假設婚紗公司採帳齡分析法作應收帳款減損之評估，×5 年底調整前備抵損失有借餘 $10,400，試問：

(1) 婚紗公司在 ×5 年度綜合損益表上之預期信用減損損失為多少？
(2) 調整後備抵損失餘額為多少？
(3) 請作 ×5 年底之分錄。

3. 【應收票據之違約】×6 年 4 月 5 日小丸子公司借給山根公司 $180,000，收到一張 3 月期，9% 之票據。7 月 5 日票據到期，山根公司無法如期支付該票據款。

試作：

(1) ×6 年 4 月 5 日小丸子公司收到票據之分錄。
(2) 假設小丸子公司將來會收回欠款，作 7 月 5 日該票據違約之分錄。
(3) 假設小丸子公司將來無法收回欠款，作 7 月 5 日該票據違約之分錄。

4. 【應收票據】下列是小丸子公司 ×6 年 12 月之部分交易：

12/1　　借款 $200,000 給花輪公司，收到一張 6 個月期，8% 之票據。
12/10　　銷貨給野口公司，收到一張面額 $25,000，2 個月，9% 之票據。
12/15　　收到藤木公司面額 $15,000，6 個月，10% 之票據，用以償還其應收帳款。
12/31　　記錄上述交易應收票據之應計利息。

試作：針對上述交易，小丸子公司應作之適當分錄。

5. 【應收票據】下列是凱利公司的交易，該公司採曆年制：

   1. ×1 年 3 月 1 日收到金吉公司所開 1 年期附息 12%，面額 $10,000 的票據用以清償本公司的欠款。
   2. ×1 年 7 月 1 日借款 $24,000 給阿諾公司，收到一張 10 個月到期，附息 10% 的票據。
   3. ×1 年 12 月 31 日對所有應收票據作應收利息的調整分錄。
   4. ×2 年 3 月 1 日收到金吉公司票據之本金和利息。
   5. ×2 年 5 月 1 日阿諾公司的票據違約不付款，但承諾以後會償還。

   試作：針對上述交易，作凱利公司的交易分錄。

會計達人

1. 【應收帳款減損】顏如玉網路書店對於應收帳款減損之評估採單一損失率法，已知 ×3 年初帳列應收帳款及備抵損失分別為借餘 $50,000 及貸餘 $1,500，×3 年度賒銷 $520,000，賒銷退回 $20,000，帳款收回 $480,000。

   試問：

   (1) 顏如玉網路書店 ×3 年度綜合損益表上之預期信用減損損失為多少？
   (2) 調整後備抵損失餘額為多少？
   (3) 請作應收帳款減損之分錄。

2. 【應收帳款之沖銷、沖銷後再收回、信用損失之提列、應收帳款週轉率】台東公司 ×4 年初應收帳款餘額為 $134,400、期初備抵損失餘額為 $4,400，×4 年有關交易彙整如下：

銷貨收入（全部賒銷）	$973,600
銷貨退回	24,800
應收帳款收現	926,600
沖銷無法收回之帳款	5,600
收回已沖銷之帳款	800

   經評估 ×4 年底備抵損失之應有餘額為 $5,600。

   試作：

   (1) 台東公司 ×4 年中沖銷無法收回之帳款、收回已沖銷之帳款及年底提列預期信用減損損失之分錄。
   (2) 台東公司 ×4 年度之應收帳款週轉率。（四捨五入至小數第二位）

3. 【應收帳款之沖銷、沖銷後再收回、信用損失之提列】金山公司採單一損失率法提列應收帳款減損，×2 年底應收帳款餘額為 $1,000,000，備抵損失餘額為 $40,000，×3 年度發生下列交易：

1. 賒銷	$10,000,000
2. 賒銷退回	20,000
3. 沖銷應收帳款	50,000
4. 沖銷應收帳款又收回	25,000
5. 收到賒銷客戶還帳現金（其中 25% 曾被扣去現金折扣 2%）	9,800,000

試作：

(1) ×3 年 12 月 31 日有關應收帳款減損評估應有之分錄。
(2) 金山公司 ×3 年 12 月 31 日資產負債表上應收帳款之表達方式。

4.【直接沖銷法、備抵法】忠孝公司對於應收帳款減損係採直接沖銷法，最近三年來沖銷的帳款如下：

	×3 年度	×4 年度	×5 年度
×3 年帳款	$60,000	$70,000	
×4 年帳款		90,000	$120,000
×5 年帳款			50,000

忠孝公司為更正錯誤的會計處理，決定改採用備抵法，經就 ×5 年 12 月 31 日應收帳款餘額加以分析，估計無法收回的金額為：屬於 ×4 年的帳款 $30,000，屬於 ×5 年的帳款 $70,000。

試作：

(1) 忠孝公司採用直接沖銷法而非備抵法，使得 ×4 年度淨利高估或低估的金額。
(2) 計算採用備抵法時，×5 年度的預期信用減損損失金額。
(3) 計算採用備抵法時，×5 年底正確的備抵損失餘額。

5.【應收帳款減損評估】花輪公司採帳齡分析法評估應收帳款的減損損失，×6 年 12 月 31 日應收帳款餘額為 $2,600,000，根據過去經驗，準備矩陣之相關資料如下：

帳款賒欠期間	估計違約率	×3 年底金額
未逾期	1%	$2,200,000
逾期 30 天以內	5%	150,000
逾期 31 天～60 天	7%	100,000
逾期 61 天～90 天	10%	80,000
逾期 91 天～120 天	15%	60,000
逾期超過 120 天	20%	10,000
總計		$2,600,000

試作：

(1) 根據上表資料，計算本期預期信用減損損失之提列數，並作適當分錄。（假設備抵損失之期初餘額為貸餘 $30,000。）
(2) 若 $10,000 確定無法收回，試作適當分錄。
(3) 若花輪公司日後收回上題認定無法收回帳款之 $5,000，試作適當分錄。

6. 【變動對價──退貨權】欣欣公司與客戶簽定銷貨合約，承諾以每件 $100 之價格銷售 100 件產品給客戶，每件成本 $50。銷貨合約中同時給予客戶退貨權，只要在 180 天內客戶要求退貨，欣欣公司必須全額退款。根據過去的歷史經驗，欣欣公司估計此交易會有 10 件產品會被退回。在國際財務報導準則第 15 號「客戶合約收入」下，欣欣公司應如何認列收入及相關之資產負債？

7. 【變動對價──銷貨退回與折讓】台北公司於 ×1 年 12 月 25 日賒銷商品 $12,000，給予客戶之付款條件為 2/30，n/60。依公司之銷售經驗，客戶接受商品瑕疵可能產生之價格讓價為 $1,000，且公司預期客戶會在規定期限內付款而享有現金折扣。假設該應收帳款於 ×2 年 1 月 20 日收回，且實際發生之讓價為 $800。

試作：

請依「客戶合約收入」，作 ×1 年與 ×2 年之相關分錄。

8. 下列是台北公司 ×6 年度之交易資料：

項目	金額
期初存貨	$160,000
期末存貨	145,000
×6 年度進貨	297,000
×6 年度進貨退回與折讓	3,000
×6 年度進貨運費	6,000
×6 年度現金銷貨	90,000
×6 年度銷貨毛利	125,000
期初應收帳款	120,000
×6 年度應收帳款實際沖銷數	5,000
×6 年度應收帳款收現數	390,000
×6 年度期初備抵損失貸餘	2,000

試作：

(1) ×6 年度銷貨成本為何？
(2) ×6 年度賒銷金額為何？

(3) 期末應收帳款餘額為何？

(4) 台北公司應收帳款減損評估採應收帳款餘額之單一損失比率 2% 作基礎，則 ×6 年度應提列之預期信用減損損失為何？

9.【應收票據貼現】宜佳公司 5 月 1 日收到面額 $300,000，7%，6 個月期的應收票據，並於同年 7 月 1 日持該票據以 12% 之貼現率向銀行進行貼現。

試問：

(1) 該票據貼現可得之現金金額。

(2) 持有與貼現該票據將使宜佳公司當期淨利增加（減少）多少？【改編自 100 年原民】

應收款項

Chapter 10

不動產、廠房及設備與遞耗資產

objectives

研讀本章後，預期可以了解：

- 不動產、廠房及設備的定義與範圍
- 成本原則在不動產、廠房及設備上的應用
- 折舊的觀念
- 不同的折舊方法及每期折舊金額之計算
- 收益支出及資本支出之區分
- 不動產、廠房及設備報廢、出售時的會計處理
- 遞耗資產的折耗計算方式
- 不動產、廠房及設備之重估價
- 資產減損的會計處理

近年來，許多台灣企業選擇以產業投資控股的模式，透過資源整合與多元化經營以提升國際化競爭力。投資控股公司為一獨立法人，根據臺灣證券交易所有關準則定義，投資控股公司是以投資為專業、以控制其他公司之營運為目的之組織，所扮演的是企業集團中的策略擬定角色，並非實質營運者。

2020 年 12 月 LED 大廠晶電及隆達依據企業併購法規定轉換為富采投控，兩家公司的上市有價證券自 12 月 24 日起停止買賣，12 月 26 日至 2021 年 1 月 6 日停止過戶並終止上市，富采投控普通股亦於同日上市。晶電與隆達未來將繼續投資在 2 家公司現有業務，並強化投資 Mini/Micro-LED 顯示器、智慧感測及三五族半導體微電子元件領域的先進技術。雙方將進行資源整合，晶電專注在上、中游，隆達成為晶電重要客戶之一；隆達則聚焦下游，晶電成為隆達重要供應商之一。

晶電董事會依業務計畫討論 2020 年的資產減損時表示，考量未來新型顯示技術 mini-LED 及 micro-LED 為發展重點，董事會決定提列 2014 年併購的璨圓光電商譽減損 31.8 億元，及其他相關固定資產減損 3.5 億元，原因乃是璨圓光電既有之 LED 產品線處於高度競爭外，未來轉作生產新型顯示技術的 mini-LED 及 micro-LED 等新產品的機會也甚低，因此，依據國際會計準則第 36 號公報規定提列減損。此外，晶電的客戶東貝光電，先前提供轉投資公司股權質押予晶電作為應收帳款擔保品，考量東貝轉投資公司營運狀況變差，致應收帳款有減損跡象，晶電亦決定對其應收帳款減損損失約 4.3 億元。

總計晶電進行的資產減損，合計約 39.6 億元，影響 2020 年每股純益約 3.7 元。

本章將介紹不動產、廠房及設備之會計處理，並介紹資產減損之概念。

本章架構

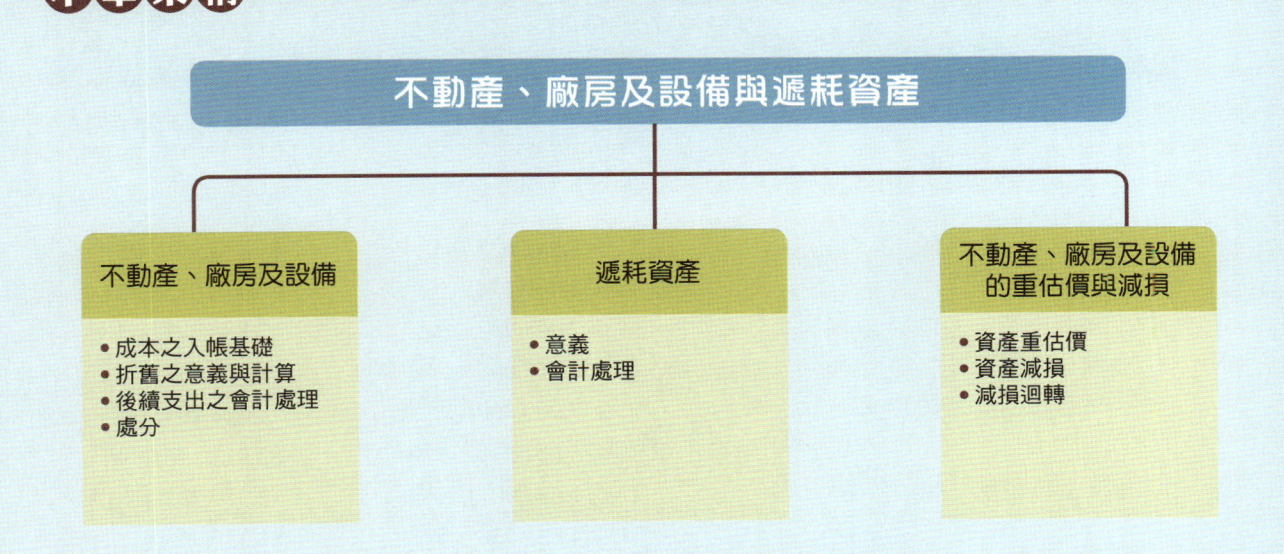

不動產、廠房及設備與遞耗資產

- **不動產、廠房及設備**
  - 成本之入帳基礎
  - 折舊之意義與計算
  - 後續支出之會計處理
  - 處分

- **遞耗資產**
  - 意義
  - 會計處理

- **不動產、廠房及設備的重估價與減損**
  - 資產重估價
  - 資產減損
  - 減損迴轉

> **學習目標 1**
> 了解不動產、廠房及設備之定義

10.1　不動產、廠房及設備之定義

到目前為止，以前各章所討論的存貨、現金、應收款項都是屬於流動資產，本章介紹的**不動產、廠房及設備**（Property, Plant and Equipment）則屬非流動資產的範疇。以**台積電**為例，為了因應 5G 和高效能運算（HPC）的產業大趨勢所帶動強勁晶片需求，晶圓代工產能已是全球地緣政治下各國必爭之地，全球半導體廠紛紛投入鉅資擴增新產能，台積電更是積極投資興建新晶圓廠，並擴大先進製程之設備採購，2021 年資本支出更是高達 300 億美元以上。表 10-1 為台積電 109 年財務報表之部分內容，說明台積電在不動產、廠房及設備的重大投資。

不動產、廠房及設備為同時符合：(1) 用於商品或勞務之生產或提供、出租予他人或供管理目的而持有；且 (2) 預期使用期間超過一期的有形項目。不動產、廠房及設備與某些公司財務報表上之「**固定資產**」（Fixed Assets）所指之意涵相同，泛指具實體存在、實際供營運時生產商品或提供勞務使用之非供出售或投資用途之資產。

表 10-1　台積電不動產、廠房及設備的內容與金額

台灣積體電路股份有限公司及子公司
合併資產負債表附註（部分）
民國 109 年及 108 年 12 月 31 日
（單位：千元）

	109 年 12 月 31 日	108 年 12 月 31 日
不動產、廠房及設備		
成本		
土地及土地改良	$ 3,942,625	$ 3,991,798
建築物	522,447,474	438,075,063
機器設備	3,607,005,732	2,886,622,968
辦公設備	68,862,648	54,611,364
待驗設備及未完工程	223,965,360	528,295,086
	$4,426,223,839	$3,911,596,279
減：累計折舊及減損損失	(2,871,637,901)	(2,559,282,418)
	$1,554,585,938	$1,352,313,861

10.2 不動產、廠房及設備之特性與成本之決定

> **學習目標 2**
> 了解不動產、廠房及設備之意義及成本應如何決定

10.2.1 不動產、廠房及設備之特性

此類資產通常具有較長的使用年限，預期可為企業提供多年的服務。必須具備下列三個特性：

1. 具實體存在

2. 耐用年限超過一年

不動產、廠房及設備可以提供 1 年以上的經濟效益。

3. 供生產商品、提供勞務、出租他人或供管理使用

泛指企業於經營過程中使用到的不動產、廠房及設備，若資產非經營過程所使用者，不得列為不動產、廠房及設備。例如，土地若僅是目前購入供未來興建廠房之用，則不應列為不動產、廠房及設備，因目前尚未達經營用途狀態。但須特別注意的是，在 IAS 40「投資性不動產」制定後，供出租他人之不動產須列為「投資性不動產」（詳見本書第 11 章）而非「不動產、廠房及設備」項目，但供出租他人之設備仍列於「不動產、廠房及設備」。公司購入資產若欲再轉售，則應列為存貨或投資，例如，建設公司購入備供出售用的土地，應列為存貨。

另外，企業也會購置與公共安全、衛生及防治環境污染之設備，該等設備雖不會直接增加未來的經濟效益，但是卻為生產過程中，與其他資產共同創造經濟效益的必要項目，雖是間接提供未來經濟效果，但仍符合不動產、廠房及設備之認列要件。

有時企業持有之不動產、廠房及設備雖符合以上所列的三個特徵，但因為金額較小，即使不列為不動產、廠房及設備此項資產，而在購買的當年度列為費用處理，不致影響財務報表使用者的決策，亦即未達**重大性**（materiality）。例如，一台 $3,000 的傳真機，雖然都符合不動產、廠房及設備的三個特徵，但是對於資本額數十億元的公司而言，卻是很小而不影響財務報表使用者決策的金

額,直接把 $3,000 列為費用,對於財務報表整體的表達並無重大影響。

給我報報

重大性原則

會計事項的處理,本來應該要遵照「一般公認會計原則」(Generally Accepted Accounting Principles, GAAP)的規定,但在某些情況下,如果會計事項或交易的金額不具重要性,則基於會計處理的成本與效益的考量,若不會損害到財務報表的公允表達,則可以作權宜之處理,這就是所謂的重大性原則。以上述 $3,000 之傳真機為例,假設可以供營業使用 5 年,如果把它當成不動產、廠房及設備處理,則會有後續 5 年折舊(稍後章節會談到)等帳務處理的成本,若直接列為費用也無損於報表的允當表達。運用重大性原則時,還須一併考量金額對於企業規模的影響,例如購買 $50,000 之設備,對於資產 $100,000 的小公司而言為重大項目,應列為不動產、廠房及設備,但對於資產 $10 億的公司,則為相對不重大的項目,可列為當期費用。

10.2.2 不動產、廠房及設備取得成本的決定

> **不動產、廠房及設備** 內容常包括土地、土地改良物、建築物、設備等。

不動產、廠房及設備的原始衡量應依照會計上的成本原則。所謂成本包括自購置資產起,到使其達到可供使用狀態前的所有一切必要合理支出。例如工廠購入機器時,購買價格、買方支付運費及安裝費用等,皆應視為該機器之成本。以下就常見各項不動產、廠房及設備的成本內容分別說明:

1. 土地

土地(Land)的成本應包括使土地達到可供使用狀態前之所有成本,因此土地的成本項目包括:(1) 付給賣方之現金購買價格;(2) 仲介經紀人佣金;(3) 代書費等過戶相關成本;(4) 為地主承擔之稅捐;(5) 整地支出等。如果購入土地要在上面建造新屋,土地上原有建築物必須拆除,則所有拆除及清運舊屋之成本減除出售廢料變賣收入後之餘額,也是土地成本的一部分。會計上通常假設土地的使用年限沒有一定期間。

2. 土地改良物

企業購入土地後，有時為了提高土地的使用價值，可能會在土地上鋪設水泥或柏油使其成為停車場，或是興建圍牆、裝置照明設備等，這些支出的使用年限有一定期間，並由企業負責維修與汰換，應該另外設立一個會計項目「**土地改良物**（Land Improvement）」，不得與「土地」帳戶混淆，並且按土地改良物之耐用年限分攤其使用成本。

3. 建築物

購入**建築物**（Building）時，其成本項目包括購買價格、使用前的整修支出、過戶的契稅、代書費及仲介經紀人佣金等。建築物若是自行建造，則其成本包括自設計至完工之所有必要支出，例如，建築師費用、工程款、使用執照費，及符合一定條件下之建造期間因貸款而發生之利息費用。

釋例 10-1

帝寶公司於年初以 $1,000,000 購買一塊土地以建造廠房，並支付 $80,000 將原土地上之舊建築物予以拆除重建，殘料售得 $30,000，另支付整地費 $45,000，土地過戶費 $20,000，及鋪設道路款 $60,000（該道路未來由公司自行維護）。此外，從年初至廠房建造完工尚支付下列成本：建造工程款 $700,000，建築師設計費 $180,000，建造期間因貸款而產生之利息費用 $40,000（假設此利息費用符合資本化條件）。

試作：上述各項支出應適當歸類之會計項目及成本各為何？

解析

(1) 購入土地所支付之價款，以及拆除舊建築物、整地與過戶，均為使土地達到可供建築狀態之必要支出，而拆除殘料所得，則作為拆除舊建築物支出的減少，因此

$$土地成本 = \$1,000,000 + (\$80,000 - \$30,000) + \$45,000 + \$20,000 = \$1,115,000$$

(2) 鋪設道路款 $60,000，由於該道路未來須自行維護，而其使用年數有限，應將該筆支出歸屬至土地改良物之會計項目，成本 $60,000。若該道路鋪設後，將由他方如政府維護，則對公司形同效益永不消滅可永

久使用，類同沒有使用年限的土地，則此筆支出 $60,000 應歸屬至土地。

(3) 建築物成本包括工程款、建築師設計費及建造期間利息費用，所以

　　建築物成本＝ $700,000 ＋ $180,000 ＋ $40,000
　　　　　　＝ $920,000

4. 設備

設備（Equipment）的成本包括發票價格、買方支付之運費及運送途中之保險費用、安裝、試車及組合等，一切使設備達到可供使用的狀態以及地點的必要支出。

釋例 10-2

嘉友精密公司購買一部真空熱處理機器，定價為 $500,000，嘉友於折扣期限內支付，享有 2% 的現金折扣，其他的相關支出還包括運費 $10,000，安裝及試車費用 $50,000。另外，於運送途中司機在北二高超速，接到罰單 $3,000，且機器於安裝時處理不慎造成小額修理費用 $5,000，試計算該機器的成本，並作取得機器的分錄。

解析

(1) 現金購買價格、運費、安裝及試車費用均為使機器達到可使用之地點及狀態的必要支出，因此均須列入機器的取得成本。另超速罰單以及修理費，均為疏忽導致，並非必要的支出，所以不計入機器成本，應認列為費用。

(2) 機器成本計算如下：

定價	$500,000
減：現金折扣（$500,000×2%）	(10,000)
加：運費	10,000
安裝及試車費用	50,000
	$550,000

(3) 取得機器及相關費用之分錄：

機器設備	550,000	
修理費用	5,000	
其他費用	3,000	
現金		558,000

不動產、廠房及設備與遞耗資產

以上的釋例與討論都是單獨購買時的成本決定原則,但是企業在很多情況下,並不會只購買單一設備,而是會考慮到整體相關的設備購置。企業以一筆金額同時購入多項資產,此即所謂的**整批購貨**(lump-sum purchase),在這種情況下,應將總價款按各項資產的公允價值比例分攤,作為個別資產的入帳成本。若無法同時取得各項資產公允價值的資料時,則具有明確公允價值者先以其公允價值作為其取得成本,而以剩餘金額作為其他無公允價值資產的取得成本。

整批購貨 應將不動產、廠房及設備取得的總成本,依各項資產的公允價值所占之比例分攤,作為個別資產的入帳成本。

釋例 10-3

旭星建設支付現金 $4,800,000 購置房地產,試依下列情況為該公司取得土地及房屋作適當之會計分錄。

(1) 假設土地價值為 $4,000,000,房屋公允價值為 $2,000,000。
(2) 假設土地價值為 $3,000,000,房屋公允價值未知。

解析

(1) 土地與房屋同時取得,因此應將成本按公允價值比例,分攤至土地與建築物兩項目。

$$\text{土地}:\$4,800,000 \times \frac{\$4,000,000}{\$4,000,000 + \$2,000,000} = \$3,200,000$$

$$\text{建築物}:\$4,800,000 \times \frac{\$2,000,000}{\$4,000,000 + \$2,000,000} = \$1,600,000$$

會計分錄如下:

土地	3,200,000	
建築物	1,600,000	
現金		4,800,000

(2) 由於土地有明確公允價值,因此以其公允價值 $3,000,000 作為土地之取得成本,其餘之 $1,800,000 為建築物之取得成本。

會計分錄為:

土地	3,000,000	
建築物	1,800,000	
現金		4,800,000

此外，須特別注意的是，根據國際財務報導準則要求，公司拆卸、移除不動產、廠房及設備，以及復原其所在地點之預期支出，即所謂的**除役成本**（decommissioning cost），亦須於取得該項資產時加以估計並計入不動產、廠房及設備的成本。除役成本之相關處理則於本章附錄 10-1 中說明。

10.3　不動產、廠房及設備成本的分攤

> **學習目標 3**
> 了解不動產、廠房及設備採成本模式下的成本分攤

取得不動產、廠房及設備時，公司以「達到可使用狀態前之一切合理必要支出」的成本金額作為這項資產在會計記錄上的金額。而後公司在繼續持有該項資產的期間，公司須決定其應記錄在每期資產負債表上的金額，即所謂的後續衡量時，係採用成本模式或重估價模式。由於我國主管機關目前不允許上市、上櫃公司對不動產、廠房及設備在後續衡量時選用重估價模式，故本節先採用成本模式下之不動產、廠房及設備，說明公司在繼續持有該項資產的期間應做的成本分攤程序。重估價模式下之相關處理則於本章附錄 10-2 中說明。

不動產、廠房及設備是公司主要的生財器具，藉由使用這些不動產、廠房及設備，公司才得以產生收入。這些資產在使用過後，其產生收入的能力，會因實體使用上的磨損消耗或功能上的陳舊過時而呈現經濟效益遞減的狀態，到最後被列為報廢。由於在會計上我們必須估算這些資產被使用的狀態，將資產之成本分攤至其使用期間轉列為費用。因此，如何適當的分攤不動產、廠房及設備使用的成本，是會計人員重要的課題。

10.3.1 折舊的意義

將不動產、廠房及設備的成本按合理而且有系統的方式，分攤於其耐用年限，即是**折舊**（depreciation）。關於折舊，在觀念上值得注意的有兩件事情：一是折舊純粹是成本分攤的程序，與不動產、廠房及設備持有期間公允價值變動的衡量無關，因為持有這些資產的目的並非再出售，也因此財務報表上不動產、廠房及設備的帳面金額與公允價值間可能有很大的差異；二是提列折舊，並不代表公司有累積一筆可能將來會重新購置不動產、廠房及設備的現金，折舊僅係將不動產、廠房及設備的取得成本，透過分攤程序，轉列為折舊費用，並非預存一筆未來重置的資金。

通常須提列折舊的不動產、廠房及設備包括土地改良物、建築物以及設備，因為這些資產均有一定的耐用年限，這三類資產又稱為**折舊性資產**（depreciable asset）。至於土地，因可以無限期被企業使用，所以土地並非折舊性資產，亦不須逐期提列折舊。

提列折舊的會計分錄為：

借記：折舊費用
貸記：累計折舊－折舊性資產

折舊費用（Depreciation Expense）通常是按不動產、廠房及設備所歸屬的部門而歸類為生產成本、銷售費用或管理費用。至於**累計折舊**（Accumulated Depreciation）則是該資產自使用以來，已轉為費用的總累積成本，在資產負債表中列為該項資產的**抵銷項目**（contra account）。不動產、廠房及設備的成本減去累計折舊，即為該資產的**帳面金額**（carrying amount），而此帳面金額僅代表資產成本尚未分攤或耗用的部分，與**公允價值**是沒有關聯的。讓我們回到前面的表 10-1，可以看出台積電在民國 109 年 12 月 31 日的不動產、廠房及設備總成本約為 $4.42 兆，而累計折舊及減損損失為不動產、廠房及設備成本之減項，其金額約為 $2.87 兆，所以台積電不動產、廠房及設備之帳面金額約為 $1.55 兆。

折舊 是一種合理而且有系統的方式，將不動產、廠房及設備作成本分攤的程序。提列折舊的會計分錄為：借折舊費用，貸累計折舊。

累計折舊 是資產的抵銷項目，在資產負債表上作為不動產、廠房及設備成本的減項。

> **動動腦**
>
> 中華電信（股票代號：2412）109 年 12 月 31 日合併資產負債表顯示，不動產、廠房及設備中以電信設備占最大的金額，成本約為 $7,107 億，再查閱報表後面附註得知電信設備的累計折舊金額約為 $5,936 億，請問中華電信之電信設備的帳面金額是多少？公允價值又為多少？
>
> **解析**
>
> 中華電信之電信設備在 109 年 12 月 31 日當天的帳面金額為 $7,107 億 － $5,936 億 ＝ $1,171 億，至於公允價值則與帳面金額無直接關聯，須另行透過專業鑑價程序得一概況。

10.3.2　計算折舊金額的方法

計算折舊的三項要素主要為成本、殘值及耐用年限，分述如下：

1. 成本

取得不動產、廠房及設備並使其達到可使用狀態前之所有必要支出。

2. 殘值

> 殘值　使用期間終了時資產價值的估計值。

不動產、廠房及設備於使用期間終了時的估計價值。在估計**殘值**（residual value）時，企業應考慮將如何處分該資產以及參考過去處分的類似經驗。在實務上，要準確估計殘值並不容易。以資產的成本減去估計殘值後之金額，即為資產將於使用期間內耗用的成本，稱為**可折舊金額**（depreciable cost）。

3. 耐用年限

> 耐用年限　資產預期具有生產效益的使用年限估計值。

不動產、廠房及設備可依據公司維修政策、預期生產年限，與陳舊過時等可能性作服務年限的估計，亦可稱為服務年限。例如機器設備可以使用 15 年，但公司預計 10 年後將會有更高效能之新機器產生，此機器將會過時不符經濟效益而將其汰換，則購入時應選擇 10 年為**耐用年限**（service life）來攤提折舊。耐用年限亦可能按公司預期由資產取得的產量或類似單位，加以估計。不動產、廠房

不動產、廠房及設備與遞耗資產　chapter 10

給我報報

稅務法規取代專業判斷？

　　折舊的會計政策，例如不動產、廠房及設備的殘值以及耐用年限的估計，均需要專業的判斷，且應適時的考慮產業特性和未來使用期間的預期效益。但是若觀察國內上市、上櫃公司財務報表附註的資訊，你將會發現：(1) 超過九成以上的公司是採用直線法（以下即將討論）；(2) 耐用年限多數均依據行政院所編製的「不動產、廠房及設備耐用年數表」所規定之年限；(3) 若有殘值可以預計者，殘值的預計標準多是採用殘值＝成本 ÷（耐用年數表規定之耐用年數＋1）作為計算公式（營業事業所得稅查核準則第 95 條）。類似此種以稅務相關規定作為對外財務報表編製的基礎，亦即以稅務規範凌駕為求公允表達而須作的會計專業判斷，是一個值得深思的現象。

　　及設備耐用年限的估計亦需要專業判斷，且較難客觀認定。

　　一般常採用的折舊方法有平均法以及遞減法兩類，平均法又可分為直線法與活動量法，而遞減法又可分為餘額遞減法以及年數合計法，這些方法都是一般公認會計原則認可的方式。

折舊方法　通常有平均法和遞減法。平均法又有直線法與活動量法；而遞減法又可分為餘額遞減法和年數合計法。

1. 直線法

　　此法下不動產、廠房及設備耐用年限內每年之折舊金額皆相等，其公式如下：

$$每年折舊費用 = \frac{成本 - 估計殘值}{估計耐用年限}$$

直線法　使資產耐用年限內每期折舊金額均相等的折舊方法。

　　直線法（straight-line method）在實務上廣被採用，因其使用簡單、容易了解及計算，當不動產、廠房及設備在耐用年限內使用情形大致相同時，直線法之採用頗為恰當。

釋例 10-4

　　星光大道 KTV 娛樂公司於本年 1 月 1 日購入數部自動播歌機，以改善先前用人工播歌常導致顧客點歌後許久才播出或忘記播歌的情況。使用自動播歌機可依據顧客輸入曲號的先後順序，不僅可以減少錯誤播歌，更可

節省人工成本。假設播歌機器成本為 $6,000,000，估計殘值 $1,000,000，耐用年限 5 年，試依據直線法計算各使用年度的折舊費用，以及各年底之帳面金額。

解析

可折舊成本為 $6,000,000 − $1,000,000 = $5,000,000
直線法下每年之折舊費用為 $5,000,000 ÷ 5 = $1,000,000

直線法折舊表：

年度	可折舊金額	折舊率	每年折舊費用	累計折舊 (1)	帳面金額 $6,000,000−(1)
1	$5,000,000	1/5	$1,000,000	$1,000,000	$5,000,000
2	5,000,000	1/5	1,000,000	2,000,000	4,000,000
3	5,000,000	1/5	1,000,000	3,000,000	3,000,000
4	5,000,000	1/5	1,000,000	4,000,000	2,000,000
5	5,000,000	1/5	1,000,000	5,000,000	1,000,000

2. 活動量法

活動量法 依據工作時間或產出量分攤成本的一種方法。

依據不動產、廠房及設備的工作時間或產出量之活動量為基礎來分攤成本之方法，其公式如下：

$$\frac{\text{每單位活動}}{\text{之折舊費用}} = \frac{\text{成本} - \text{估計殘值}}{\text{估計總活動量}}$$

$$\frac{\text{每年折}}{\text{舊費用}} = \frac{\text{每單位活動}}{\text{之折舊費用}} \times \frac{\text{該年度實際}}{\text{之活動量}}$$

活動量法（activity method）不如直線法普遍，主要原因在於較難合理估計總活動量。當資產在使用年限內，工作時間或產出量變動很大時，活動量法較直線法恰當。活動量法通常不適用於建築物，因為這些資產折舊的主要原因為年久損耗，而不是工作時間的多寡。

釋例 10-5

承釋例 10-4，假設播歌機器在 5 年可使用播歌時數總計為 50,000 小時，且各年之實際工作時間分別為 15,000 小時、15,000 小時、10,000 小

時、6,000 小時以及 4,000 小時,試依據活動量法計算各年度之折舊金額。

> **解析**
>
> 總工作小時 = 15,000 + 15,000 + 10,000 + 6,000 + 4,000 = 50,000(小時)
> 每工作小時之折舊費用為
>
> ($6,000,000 − $1,000,000) ÷ 50,000(總工作小時) = $100
>
> 工作時間法折舊表:
>
> | 年度 | 每工作小時折舊 | 實際小時 | 折舊費用 | 累計折舊 (1) | 帳面金額 $6,000,000−(1) |
> |---|---|---|---|---|---|
> | 1 | $100 | 15,000 | $1,500,000 | $1,500,000 | $4,500,000 |
> | 2 | 100 | 15,000 | 1,500,000 | 3,000,000 | 3,000,000 |
> | 3 | 100 | 10,000 | 1,000,000 | 4,000,000 | 2,000,000 |
> | 4 | 100 | 6,000 | 600,000 | 4,600,000 | 1,400,000 |
> | 5 | 100 | 4,000 | 400,000 | 5,000,000 | 1,000,000 |

3. 餘額遞減法

此法每期折舊是依據遞減之資產帳面金額乘以折舊率而來,由於折舊率每年相同,但與該折舊率相乘之帳面金額則每年遞減,故稱之為**餘額遞減法**(declining balance method)。此方法與其他折舊方法不同之處在計算折舊費用時,不必考慮殘值,但當資產帳面金額等於估計殘值時,則需停止提列折舊。其計算折舊費用之公式如下:

每年折舊費用 = 期初資產帳面金額 × 固定折舊率

上列公式中之固定折舊率,最常使用的為直線法下的折舊率乘以 2,亦即所謂的**倍數餘額遞減法**(double declining balance method)。例如,資產之估計年限為 5 年,則其折舊率為 40%,亦即 2 乘以直線法折舊率之 20%。由於餘額遞減法前幾年之折舊費用較往後幾年高,故被稱為**加速折舊法**(accelerated depreciation method)。若資產的經濟效用前幾年消耗較高,所以會因使用而加快地陳舊過時,則餘額遞減法較為適合。

餘額遞減法 以固定比率乘上資產的帳面金額,是一種使資產於耐用年限內每年折舊金額遞減的折舊方法。

倍數餘額遞減法 折舊率為直線法下折舊率的二倍的餘額遞減法。

> **釋例 10-6**
>
> 承釋例 10-4，假設採倍數餘額遞減法，則各年度之折舊費用以及年底的帳面金額為何？
>
> **解析**
>
> 因資產之耐用年限為 5 年，所以倍數餘額遞減法之折舊率為
>
> $$\frac{1}{5} \times 2 = 40\%$$
>
> 倍數餘額遞減法折舊表：
>
> | 年度 | 期初帳面金額 | 折舊率 | 每年折舊費用 | 累計折舊 (1) | 帳面金額 $6,000,000−(1) |
> |---|---|---|---|---|---|
> | 1 | $6,000,000 | 40% | $2,400,000 | $2,400,000 | $3,600,000 |
> | 2 | 3,600,000 | 40% | 1,440,000 | 3,840,000 | 2,160,000 |
> | 3 | 2,160,000 | 40% | 864,000 | 4,704,000 | 1,296,000 |
> | 4 | 1,296,000 | 40% | 296,000* | 5,000,000 | 1,000,000 |
> | 5 | 1,000,000 | 0% | 0 | 5,000,000 | 1,000,000 |
>
> *第 4 年計算出來的折舊費用，若依公式應為 $1,296,000 × 40% = $518,400，但為了要使期末資產的帳面金額等於估計殘值 $1,000,000，所以第 4 年的折舊費用要調整為 $296,000。

4. 年數合計法

> **年數合計法** 是加速折舊法的一種，折舊率之分子為剩餘耐用年數，分母則是資產耐用年數之合計數。

此法所使用之折舊率分子是當期剩餘之耐用年數，分母則是資產耐用年數之合計數。舉例說明，如果資產之耐用年數為 4 年，則耐用年數之合計數為 1 + 2 + 3 + 4 = 10，各期之剩餘耐用年數則為 4、3、2、1，所以第 1 年至第 4 年之折舊率分別為 4/10、3/10、2/10 及 1/10。一般而言，計算折舊費用之公式如下：

$$每年折舊費用 = (成本 - 估計殘值) \times \frac{當期剩餘之耐用年數}{資產耐用年數之合計數}$$

年數合計法（sum-of-the-years'-digits method）亦是加速折舊法的一種，適用於在耐用年限前幾年其經濟效益消耗較高之資產。

釋例 10-7

承釋例 10-4，假設採年數合計法，試計算各年度之折舊費用，以及年底的帳面金額。

解析

年數合計法折舊表：

年度	可折舊金額	折舊率	每年折舊費用	累計折舊 (1)	帳面金額 $6,000,000−(1)
1	$5,000,000	5/15	$1,666,667	$1,666,667	$4,333,333
2	5,000,000	4/15	1,333,333	3,000,000	3,000,000
3	5,000,000	3/15	1,000,000	4,000,000	2,000,000
4	5,000,000	2/15	666,667	4,666,667	1,333,333
5	5,000,000	1/15	333,333	5,000,000	1,000,000

以上四種折舊方法，每年折舊費用之結果，可以參考表 10-2 作彙總的比較。

上述四種折舊方法在會計上都適用，但由表 10-2 可知，每年的折舊金額有很大差別，惟 5 年的折舊總額都相同。不同的折舊方法，可藉由不同的折舊費用而影響各年的損益，並且會影響資產負債表中不動產、廠房及設備的帳面金額，因此除了公司應該視不動產、廠房及設備的使用情況或效益而慎選適當的折舊方法之外，一般投資人或財務報表的讀者也應留意不同公司間不同折舊方法的採用對於財務報表可能的影響。

表 10-2 不同折舊方法下，各年度折舊費用之提列

年度	直線法	工作時間法	倍數餘額遞減法	年數合計法
1	$1,000,000	$1,500,000	$2,400,000	$1,666,667
2	1,000,000	1,500,000	1,440,000	1,333,333
3	1,000,000	1,000,000	864,000	1,000,000
4	1,000,000	600,000	296,000	666,667
5	1,000,000	400,000	0	333,333
合計	$5,000,000	$5,000,000	$5,000,000	$5,000,000

動動腦

公司於×1年初購買機器一部，估計可用4年，無殘值，該機器×2年底之帳面金額，在採用年數合計法提列折舊的情況下，比採用倍數餘額遞減法提列折舊的情況下，多出 $2,000（倍數餘額遞減法之折舊率是直線法之折舊率的2倍），請問該設備原始成本應為多少？

解析

假設機器之原始成本設為 X
在年數合計法下，×2 年底之帳面金額 = $X \times 3/10 = 0.3X$
在倍數餘額遞減法下，×1 年度之折舊費用 = $0.5X$
　　　　　　　　　　　×2 年度之折舊費用 = $0.5X \times 0.5 = 0.25X$
$0.3X = (X - 0.5X - 0.25X) + \$2,000$
所以 $X = \$40,000$
該機器之原始成本為 $40,000。

10.3.3 折舊的變動

由於折舊是根據不動產、廠房及設備的耐用年限以及殘值估計計算得來，但估計有時並不容易準確掌握，當有新的資訊或環境因素的改變，而使設備或建築物等之使用情形或效益起了變化，便須修改折舊計算的方式。企業至少應於每個會計年度終了時，重新檢視資產的殘值及耐用年限，若認為應改變先前之估計殘值或耐用年限時，該變動應視為會計估計變動，所以，僅需改變當期及以後各期折舊費用，不必追溯調整前期折舊費用，此時，只要將尚未折舊之資產成本，按新的估計殘值及新的耐用年限重新計算折舊費用即可。

> **折舊估計的變動**
> 不必追溯調整前期已計算之折舊費用，僅需改變當期及以後各期之折舊計算方式即可。

另外，不動產、廠房及設備所使用的折舊方法也至少應於每個會計年度終了時評估一次。除非資產預期經濟效益的耗用型態發生改變外，否則企業應於每期採取一致的折舊方法。值得注意的是，折舊方法改變在先前之會計原則屬於會計原則變動，但國際財務報導準則規定應視為會計估計變動，僅需從當期及以後各期採用更新後的折舊方法即可。

給我報報

會計估計變動　可以美化財務報表

以下乃公開資訊觀測站重大訊息公告，**京元電子**（2449）藉由折舊方法會計估計之變動，致 108 年之折舊費用減少近 10 億元。

1. 董事會決議日期：108 年 3 月 14 日
2. 變動之性質：依據國際會計準則第 16 號公報及證券發行人財務報告編製準則規定，為能合理反映資產之未來經濟效益，本公司委由華新資產鑑定股份有限公司重新評估生產設備之耐用年限，並由簽證會計師就變更年限之合理性出具複核意見書。
3. 變動之理由：本公司考量過去類似資產之實際使用經驗及參酌同業類似資產之使用情形，擬變更部分機器設備之估計耐用年限，以反映實際耐用年限、合理分攤成本，以利提供可靠且更攸關資訊，故擬延長部分機器設備之耐用年限由原來 6 年變更為 8 年，部分二手機器設備之耐用年限由原來 3 年變更為 4 年。

京元電子及部分子公司擬依據前述評估結果，自民國 108 年 1 月 1 日起變更部分機器設備之耐用年限，**此一估計變動，使得京元電子及部分子公司部分機器設備之耐用年限由原來 6 年變更為 8 年**，部分二手機器設備之耐用年限由原來 3 年變更為 4 年，並預計將使 108 年之折舊費用減少 995,843 千元。

釋例 10-8

維力食品於第 1 年初以 $160,000 取得真空包裝機，預估耐用年限為 8 年，殘值為 $40,000，直線法被認為是此類設備最適當的折舊方法，折舊並於每年年底提列。維力食品的包裝部門於第 6 年初發現該包裝機可再使用 5 年，且原估計殘值減為 $25,000，維力食品並決定從第 6 年開始，剩餘的 5 年耐用年限採年數合計法較能反映該真空包裝機之實質使用狀況。

請指出第 1 至第 6 年度的折舊費用應如何記錄。

解析

(1) 第 1 年到第 5 年每年之折舊費用為：

$$(\$160{,}000 - \$40{,}000) \div 8 = \$15{,}000$$

所以每年之折舊分錄均為：

折舊費用	15,000	
累計折舊－設備		15,000

(2) 前 5 年之累計折舊為 $15,000 × 5 = $75,000
第 6 年年初尚未折舊的成本為 $160,000 − $75,000 = $85,000
重新計算剩餘 5 年，且考慮新的估計殘值後之折舊費用，不必調整以前年度已經計算過的折舊費用，並直接改採年數合計法。

$$(\$85,000 - \$25,000) \times 5/15 = \$20,000$$

所以第 6 年底應提列折舊之分錄為：

折舊費用	20,000	
累計折舊－設備		20,000

動動腦

新橋食品於 ×1 年 1 月 1 日以 $270,000 購置一部包裝設備，預估使用年限為 10 年，殘值為 $30,000，且以直線法計提折舊。公司於 ×6 年初有會計估計之變動，試依下列各自獨立情況，計算公司第 6 年之折舊費用。

(1) 公司改採年數合計法
(2) 預估使用年限尚有 8 年
(3) 因技術進步因素，致該設備使用年限期滿無殘值

解析

×6 年初該包裝設備之帳面金額為

$$\$270,000 - [(\$270,000 - \$30,000) \div 10 \times 5] = \$150,000$$

(1) 情況一：$(\$150,000 - \$30,000) \times 5/15 = \$40,000$
(2) 情況二：$(\$150,000 - \$30,000) \div 8 = \$15,000$
(3) 情況三：$\$150,000 \div 5 = \$30,000$

10.3.4　須個別提列折舊的重大組成部分

某一不動產、廠房及設備項目若其每個組成部分的成本相較於該項目之總成本係屬重大時，則企業應將該不動產、廠房及設備之取得成本，分攤至各個重大組成部分，且各重大組成部分應分別

提列折舊，這代表「一個重大組成部分，一個帳務處理」的觀念。例如航空公司在提列飛機的折舊時，飛機的機身、引擎及機艙內部等，可以分離辨認之重大組成部分，應依適當耐用年限分別提列折舊。若重大組成部分已個別辨認出，其餘非屬重大部分，即使具有不同的耐用年限及經濟效益之消耗模式，因其不具金額的重大性，可將剩餘部分合併提列折舊。

釋例 10-9

紅海企業×1年1月1日購入設備，該設備成本為 $11,000,000，估計殘值為 $1,000,000，估計耐用年限為 20 年。該設備有兩項重大組成部分：特殊馬達與非特殊馬達部分；且這兩項組成部分之估計耐用年限亦存在重大差異，特殊馬達與非特殊馬達（所有其他，稱為基本設備）部分之估計耐用年限分別為 10 年與 20 年。特殊馬達部分之成本與估計殘值分別為 $3,000,000 與 $200,000；基本設備部分之成本與估計殘值分別為 $8,000,000 與 $800,000。

紅海企業採用直線法計算該設備之折舊費用。

試作：

(1) 將設備整體依耐用年限 20 年方式計算，該項設備每年之折舊費用為何？
(2) 將設備依組成部分會計觀念計算，該項設備每年之折舊費用為何？

解析

(1) 依耐用年限 20 年方式，則：
   ($11,000,000 − $1,000,000) ÷ 20 = $500,000
(2) 依組成部分會計觀念，則：
   特殊馬達：($3,000,000 − $200,000) ÷ 10 = $280,000
   非特殊馬達部分：($8,000,000 − $800,000) ÷ 20 = $360,000
   每年之折舊費用 = $280,000 + $360,000 = $640,000

不具實體存在的組成部分，亦可能為上述之「可以分離辨認之重大組成部分」。例如企業若購置一項須定期進行重大翻修以維持其營運能力的設備，則「定期進行重大翻修」即應視為該設備之無法

辨識實體之組成部分,且企業應於設備資產取得時,即估計若進行重大翻修時所需之現時成本,作為分攤部分資產取得成本至該無法辨識實體組成部分的依據,其後並分別提列折舊以釋例說明如下。

釋例 10-10

麗星公司購買一艘郵輪 $5,000,000,預估該郵輪可以服務 20 年。此艘郵輪每 5 年必須進行重大維修,麗星在購買時即估計每 5 年之維修成本為 $500,000。假設麗星採直線法提列折舊,無殘值。

試作:

該郵輪每年應提列之折舊金額為何?

解析

(1) 郵輪購買價格 $5,000,000,應視為兩個重大組成部分:船隻成本 $4,500,000 及無法辨認實體之組成部分,即預期維修成本 $500,000。
(2) 第 1 年至第 5 年,每年應提列之折舊金額為:

$$(\$4,500,000 \div 20) + (\$500,000 \div 5) = \$225,000 + \$100,000 = \$325,000$$

給我報報

離岸風電產業設備之折舊議題:個別重大組成部分

我國 98% 能源依賴進口,化石能源依存度高。面對全球溫室氣體減量趨勢與達成非核家園願景,政府已規劃於民國 114 年再生能源發電占比 20% 之政策目標,期能在兼顧能源安全、環境永續及綠色經濟下,建構安全穩定、效率及潔淨能源供需體系。為達成此一政策目標,政府以太陽光電及離岸風電作為主力,而根據國際離岸風電工程顧問機構 4C Offshore 統計,全球前 20 處離岸風能最佳場址多數位於台灣海峽。

離岸風電產業設備投資金額龐大,且建造期間長,因此資產如何提列折舊乃是重要議題。以會計處理來看,當一項固定資產包含許多個別重大組成部分,且各部分採用不同折舊方法或是折舊率較為適當時,個別組成部分應分別提列折舊,且折舊費用應自資產達到符合管理當局預期運作方式時就開始提列,而非開始產生收入時。即使在產業營運初期,收入尚不穩定,雖獲利較低

或是虧損,仍應提列折舊費用,此時,適當之組成部分拆分可以更準確的反映資產消耗型態,使財務報表表達既符合會計原則,也反映設備實際使用狀況。

就離岸風電產業而言,個別重大組成部分(如電纜、下樁、渦輪、風機等相關設備)取得後尚須經過安裝及相互結合過程,故達成可運作狀態之時點乃以該資產安裝完成,才開始需要提列折舊。在稅務申報方面,則須注意折舊年限不得短於「不動產、廠房及設備耐用年數表」。另,依能源管理法第 7 條之規定,設置能源儲存設備得按二年加速折舊,此租稅優惠亦為管理當局於評估回收投資時程的重要考慮。

10.4　不動產、廠房及設備的後續支出

> **學習目標 4**
> 了解不動產、廠房及設備後續支出的會計處理

在不動產、廠房及設備的使用期間,常會發生一些維修、增添或部分重置的相關後續支出。例如汽車定期保養及更換機油輪胎,加裝具更強大馬力的引擎;飛機定期更換引擎等。這些後續支出,如果是日常發生,主要為人工、消耗品及小零件等的維修支出,應以**收益支出**(revenue expenditure)處理,於發生時即列為維修費用。相對地,其他後續支出如增添或部分重置等則應以**資本支出**(capital expenditure)處理,即作為不動產、廠房及設備的增加。

> **收益支出**　是發生當期列為費用的支出。

> **資本支出**　是發生列為資產帳面金額增加的支出。

須特別注意的是,屬資本支出的後續支出如果是重置更換不動產、廠房及設備之某部分時,如熔爐更新防火內襯、飛機更換內裝、建築物更換內牆等,此時除將重置支出認列為不動產、廠房及設備帳面金額的增加外,並須將被重置部分由不動產、廠房及設備的帳面金額除列,亦即等於處分被重置部分(關於不動產、廠房及設備的處分詳見第 10.5 節),再購入重置的新部分。若無法得知被重置資產的帳面金額,則以重置的新資產之成本,作為除列被重置資產帳面金額之替代。另某些不動產、廠房及設備(如飛機)持續運作的條件為定期重大檢測,此重大檢測應與重置相同處理,即每次執行重大檢測時,應將先前檢測成本由不動產、廠房及設備的帳面金額除列,再將新發生的重大檢測支出認列為不動產、廠房及設備帳面金額的增加。

> 不動產、廠房及設備重置與重大檢測時,均須將被重置部分與先前檢測成本由資產帳面金額中除列,再將新發生的重置與重大檢測支出列為資產帳面金額的增加。

釋例 10-11

沿釋例 10-10，若在購買郵輪後的第 4 年初，麗星公司決定提前進行原定於第 5 年底才進行的重大維修，相關支出共計 $510,000，預期下次重大維修將在 3 年後進行。試作：該公司第 4 年初與第 4 年底的相關分錄。

解析

第 3 年底原維修成本剩餘的帳面金額 $200,000（即成本 $500,000，累計折舊 $300,000），須先由郵輪的帳面金額中除列：

第 4 年 1 月 1 日
  累計折舊 - 郵輪   300,000
  處分不動產、廠房及設備之損失 200,000
    郵輪   500,000

再將發生的維修支出加入郵輪的帳面金額中：

第 4 年 1 月 1 日
  郵輪   510,000
    現金   510,000

第 4 年底應提列郵輪的折舊為 $395,000 [即 ($4,500,000 ÷ 20) + ($510,000 ÷ 3)]

第 4 年 12 月 31 日
  折舊費用 - 郵輪   395,000
    累計折舊 - 郵輪   395,000

釋例 10-12

鼎泰公司於 ×1 年 1 月 1 日購買一部機器設備，該機器設備含一重要組件，惟購買時並未單獨認列該重要組件，且該組件之成本亦未知。倘機器設備之耐用年限為 10 年，採用直線法提列折舊，公司於 ×7 年 1 月 1 日重新更換該重要組件，成本花費 $400,000，且具有未來經濟效益。

試作：

鼎泰公司重置該重要組件之分錄。

解析

(1) 由於無法得知被重置資產（即該重要組件）之帳面金額，因此以重置

成本 $400,000 作為其估計成本,故所提列之累計折舊為 ($400,000 ÷ 10) × 6 = $240,000,因此該舊的重要組件之帳面金額 $160,000 應予除列,並認列損失。

×7/1/1	累計折舊－機器設備	240,000	
	資產報廢損失	160,000	
	機器設備		400,000

(2) 認列新重要組件之取得,作為原機器設備資產成本之增加:

×7/1/1	機器設備	400,000	
	現金		400,000

10.5　不動產、廠房及設備的處分

> **學習目標 5**
> 了解不動產、廠房及設備的處分方式及會計處理

不動產、廠房及設備常因不堪使用或陳舊過時而必須加以處分,在處分資產時,需要針對處分的售價與不動產、廠房及設備帳面金額之差額認列處分損益。若是在年度中處分,則必須認列年初到處分日為止應該計提的折舊,也就是說,必須決定資產在處分日當天的帳面金額是多少。一般而言,不動產、廠房及設備的處分方式有報廢、出售和交換等三種。本節將僅討論報廢與出售部分的會計處理程序,至於交換,通常較為複雜,有興趣的同學可以留到中級會計學再作深入探討。

1. 報廢

報廢(retirement)是指不動產、廠房及設備被廢棄而不再使用。如果報廢的資產已經提盡折舊,亦即累計折舊與成本相等而帳面金額為零時,則應將不動產、廠房及設備的成本與累計折舊沖銷。如果報廢的資產尚有未提列完的帳面金額,則除了沖銷累計折舊與原始成本外,差額的部分即剩餘之帳面金額,則認列為資產處分損失。

2. 出售

不動產、廠房及設備若是**出售**(sale)時,則應將資產的帳面金

額與出售價值互相比較，若出售價格大於帳面金額，則產生**處分利益**（gain on disposal）；反之，若出售價格小於帳面金額者，則產生**處分損失**（loss on disposal）。

釋例 10-13

聯邦快遞公司有一運輸設備，成本為 $500,000，請考慮以下個別情況的資產處分，作適當的會計分錄。

(1) 聯邦快遞公司報廢該運輸設備，且該運輸設備已提盡折舊。
(2) 聯邦快遞公司報廢該運輸設備，該運輸設備至處分日為止，已提列的累計折舊為 $450,000。
(3) 聯邦快遞公司以 $70,000 出售該運輸設備，其餘資訊如上 (2)。

解析

(1) 運輸設備已提盡折舊，只須將成本與累計折舊直接對沖，無處分損失。

累計折舊 - 運輸設備	500,000	
運輸設備		500,000

(2) 運輸設備尚未提盡折舊，則以剩餘的帳面金額作為處分損失。

累計折舊 - 運輸設備	450,000	
運輸設備處分損失	50,000	
運輸設備		500,000

(3) 運輸設備在處分日的帳面金額為 $50,000，出售 $70,000，所以有處分利益 $20,000。

現金	70,000	
累計折舊 - 運輸設備	450,000	
運輸設備		500,000
運輸設備處分利益		20,000

動動腦

麻布茶房西門誠品店於 ×1 年 1 月 1 日以 $80,000 購置一台燒番薯霜淇淋機器，假設該機器預估殘值為 $10,000，預估使用年限為 5 年，採直線法提列折舊。×5 年 7 月 1 日該加盟店將該機器以 $15,000 價格出售。

請問處分損益為多少？

解析

燒番薯霜淇淋機器每年應提列之折舊為：

($80,000 − $10,000) ÷ 5 = $14,000

截至 ×5 年 7 月 1 日該機器應有之累計折舊為：

$14,000 × 4$\frac{1}{2}$（年）= $63,000

所以機器的帳面金額為：

$80,000 − $63,000 = $17,000

所以有機器處分的損失：

$17,000 − $15,000 = $2,000

截至目前為止，我們已經討論過不動產、廠房及設備取得成本之決定，成本之分攤（即折舊）、後續支出及處分等會計處理。表 10-3 為**友達光電**之 109 年度財務報表上，有關其不動產、廠房及設備（固定資產）會計政策附註說明之實例。

表 10-3　友達光電不動產、廠房及設備（固定資產）會計政策關於折舊之附註說明

折舊係依資產成本減除殘值後按估計耐用年限採直線法計算，並依資產之個別重大組成部分評估，若一組成部分之耐用年限不同於資產之其他部分，則此組成部分應單獨提列折舊，折舊之提列認列為損益。

租賃資產之折舊若可合理確認合併公司將於租賃期間屆滿時取得所有權，則依其耐用年限提列；其餘租賃資產係依租賃期間及其耐用年限兩者較短者提列。

除土地無須提列折舊外，其餘之估計耐用年限如下：

(1) 房屋及建築：二十至五十年
(2) 機器設備：三至十年
(3) 其他設備：三至六年

合併公司至少於每一年度報導日檢視折舊方法、耐用年限及殘值，若預期值與先前之估計不同時，於必要時適當調整，該變動按會計估計變動規定處理。

10.6 遞耗資產的會計處理

> **學習目標 6**
> 了解遞耗資產的意義及會計處理

具有實體存在的長期性營業用資產除了前面所討論的土地、建築物和機器設備等不動產、廠房及設備外，還有另外一類包括天然的林木漁場以及地底下的石油、天然氣及各種礦藏的**天然資源**（Natural Resources），這些天然資源是由大自然運行而產生，而其蘊藏量會隨著開採挖掘的過程而逐漸減少，因此會計上又把天然資源稱為**遞耗資產**（Wasting Assets）。

> **遞耗資產** 地面上以及地底下的天然資源，其蘊藏量會隨著開採挖掘的過程而逐漸減少。

遞耗資產的取得成本應該包括使天然資源達到可以開採狀況之一切必要合理的支出。例如煤礦，其取得成本可能包括購買整座礦山或採礦權的支出，以及開採前之各項準備工作支出，如挖掘隧道、架設管道等成本。

天然資源經由開採後逐漸耗竭，因此如同不動產、廠房及設備提列折舊一樣的道理，會計上我們也會以合理而有系統的方式，隨著礦藏的開採，將遞耗資產的成本攤銷轉為費用，這個過程稱為**折耗**（depletion），所提列的費用稱為**折耗費用**（Depletion Expense）。

> **折耗** 將天然資源成本以合理而有系統的方式轉為費用的程序，提列折耗之分錄為：
> 借記折耗費用
> 　　貸記累計折耗

由於天然資源的開發常會事先估計總蘊藏量，因此我們使用活動量法來提列折耗。就是將天然資源總成本減去殘值，除以估計蘊藏量，得出每單位的折耗成本，然後再乘以開採且出售數量，就可以得出每期應提列的折耗費用，其公式如下：

$$單位折耗率 = \frac{天然資源成本 - 估計殘值}{估計總蘊藏量}$$

$$本期折耗費用 = 單位折耗率 \times 本期開採數量$$

提列折耗的會計分錄，與先前提列不動產、廠房及設備折舊的分錄頗為類似，借記折耗費用，貸記累計折耗，其中**累計折耗**（Accumulated Depletion）與累計折舊一樣，均為資產的抵銷科目，在資產負債表上列為天然資源成本的減項。另外，倘若當年度開採但尚未出售之天然資源，其折耗費用則列入存貨成本，待出售時轉列銷貨成本。

釋例 10-14

台泥公司於 ×9 年初在花蓮取得石灰岩礦山之成本為 $3,000,000，另支付開發成本 $1,000,000，估計蘊藏量為 800,000 噸，開採完後，其殘值為 $800,000。若 ×9 年度共開採且出售 100,000 噸，試作 ×9 年應提列折耗的分錄，以及相關會計項目在資產負債表之表達。

解析

(1) 礦山總成本 = $3,000,000 + $1,000,000
　　　　　　　= $4,000,000

　 每噸折耗率 = ($4,000,000 − $800,000) ÷ 800,000
　　　　　　　= $4

　 本期折耗費用 = $4 × 100,000
　　　　　　　　= $400,000

　 會計分錄為：

　　折耗費用　　　　　　　　400,000
　　　累計折耗 - 礦源　　　　　　　　　400,000

(2) 在資產負債表之表達：

　　礦源　　　　　　$4,000,000
　　減：累計折耗　　 (400,000)　　$3,600,000

10.7 資產減損的會計處理

▶ 學習目標 7
了解資產減損的會計觀念與處理

所謂**價值減損**（impairment）是指因不同的事件或環境的變動而導致長期性資產帳面金額無法回收。早先長期性資產的會計準則是以成本減累計折舊後的帳面金額表達於資產負債表上，但當資產發生價值減損時，帳面金額可能高於資產未來可能回收的金額。因此企業須留意資產是否有發生減損的跡象，例如，當企業的股價小於淨值時，就顯示企業的資產可能發生減損的跡象。此時即須進行資產減損的測試。

我們再進一步以不動產、廠房及設備為例，不動產、廠房及設備的評價，不僅應按期提列折舊，如果有技術、市場、經濟或法令

可回收金額 資產之淨公允價值及其使用價值，兩者之較高者。

減損損失 資產之帳面金額超出可回收金額部分應提列之損失。

環境等重大不利的改變而導致價值發生減損時，企業必須就其減損部分立即認列損失，以確信資產的帳面金額，不超過該資產的**可回收金額**（recoverable amount）。所謂可回收金額乃是資產出售可得金額減除出售成本〔即**淨公允價值**（net fair value），IASB 目前已不使用淨公允價值一詞，本書仍使用此較精簡之名詞〕，或該資產於後續期間使用時產生淨現金流入之折現值〔即**使用價值**（value in use）〕兩者之較高者。若資產帳面金額超過該二者之較高者，則資產須提列**減損損失**（Impairment Loss）。

我們可以舉例說明資產減損的觀念。假設老虎五隻公司有一生產鐵桿球頭的設備，在 ×7 年 12 月 31 日因市場上有新型鐵桿球頭的開發，所以有可能導致該設備資產價值的減損。如果在該資產負債表日設備資產的帳面金額為 $800,000（即成本 $1,200,000 − 累計折舊 $400,000），淨公允價值為 $850,000，而預計該資產能產生未來淨現金流量之折現值（即使用價值）為 $900,000，則本例中由於資產的可回收金額 $900,000（即 $850,000 與 $900,000 之較高者）仍高於帳面金額 $800,000，所以公司不需認列任何資產減損之損失。

同上例的情形，但假使淨公允價值為 $750,000，而使用價值為 $700,000，則可回收金額為 $750,000，在此情況下，由於資產的帳面金額高於可回收金額，因此必須認列資產價值的減損損失，其金額為設備之帳面金額 $800,000 減去設備之淨公允價值 $750,000，即 $50,000，資產價值減損損失分錄為：

　　　　減損損失　　　　　　　　　　50,000
　　　　　　累計減損 - 設備　　　　　　　　　　50,000

上面的分錄中，減損損失列為營業外費用，累計減損則作為資產的減項，使資產有一較低的新帳面金額，而往後此設備資產之折舊即按新的較低的帳面金額 $750,000 於剩下的耐用年限作合理的分攤。以下為累計折舊與累計減損在資產負債表之表達方式：

<table>
<tr><td colspan="3" align="center">老虎五隻公司
資產負債表
×7 年 12 月 31 日</td></tr>
<tr><td>資產</td><td></td><td></td></tr>
<tr><td>⋮</td><td></td><td></td></tr>
<tr><td>設備</td><td></td><td>$1,200,000</td></tr>
<tr><td>減：累計折舊</td><td>$400,000</td><td></td></tr>
<tr><td>　　累計減損</td><td>　50,000</td><td>(450,000)</td></tr>
<tr><td></td><td></td><td>$ 750,000</td></tr>
</table>

　　資產減損的會計處理，除了以上所舉例的不動產、廠房及設備以外，並且適用於無形資產。在無形資產中，屬於可以個別辨認而具有特定使用年限者，如專利權、特許權等，其減損的會計處理與不動產、廠房及設備類似。

給我報報

裕隆揮大刀　直接認列多項資產減損

　　2020 年 3 月底裕隆公布財報，直接認列納智捷等多項資產減損，稅後虧損 244.65 億元，每股虧損 16.61 元，並同步動用特別盈餘公積，以及減資 57.29 億元彌補虧損，減資後公司實收資本額調降為 100 億元，降幅約 36.4%。這是裕隆成立以來最大規模虧損，更是首次減資，動作之大震撼各界。市場對於這種一次性認列大幅減損的作法，即俗稱的洗大澡，來形容裕隆的長痛不如短痛，讓當下損益數字變得很差，但未來營運卻有機會漸入佳境。

　　裕隆 244.65 億元的稅後損失，包括對車型技術資產進行資產減損，以及應收帳款評估回收風險提列預期信用減損損失。其中 169 億元主要來自資產減損損失，其中裕隆因評估部分品牌車系銷售數量下滑，使機器設備可回收金額小於帳面金額，認列不動產、廠房及設備減損損失 63.37 億元。裕隆帳上無形資產由車型技術成本構成，包括多項車型技術授權合約、委託開發合約，多數是納智捷及東風裕隆委託裕隆相關企業華創車電開發的合約，由於納智捷銷售慘淡，公司評估這些無形資產未來可回收金額小於當時合約的支付價款，亦認列減損 62.46 億元。此外，裕隆也針對帳上的應收款項進行大掃除，應收票據及帳款認列了 113.26 億元信用減損，其他應收款項進行大掃除，應收票據及帳款認列了 113.26 億元信用減損，其他應收款則認列 88.84 億元減損損失，由於裕隆與中國東風汽車合資的東風裕隆（納智捷）財務狀況急速惡化，在應收帳款的 113.26 億元損失當中，東風裕隆就占了 89.57 億元，其他應收款部分，也幾乎都是東風裕隆的應收款。

以下之釋例均以個別資產作為減損損失之認列與衡量，如一個現金產生單位有數項資產，或甚至包括商譽，其會計處理較為複雜，有興趣的同學可以在中級會計學再作深入的學習。

釋例 10-15

日月光公司有一封裝設備，因為製程之改變，故於 ×4 年底覆核其是否有價值減損的現象。該設備購於 ×1 年 1 月，成本為 $5,000,000，估計耐用年限為 10 年，沒有殘值，以直線法計提折舊。公司的會計主管預估該設備未來現金流量的總和（未折現）為 $3,200,000，而未來現金流量的折現值為 $2,000,000，假使公司意圖繼續使用該設備，但預期剩餘耐用年限為 4 年。

試作：

(1) 如果需要的話，×4 年底設備價值減損的分錄。
(2) ×5 年年底設備之折舊分錄。

解析

(1) 設備資產自 ×1 年至 ×4 年每年之折舊費用為 $5,000,000 ÷ 10 = $500,000，×4 年底設備資產之帳面金額為 $5,000,000 − ($500,000 × 4) = $3,000,000，在本釋例中因公司意圖繼續使用該設備，故其使用價值 $2,000,000 即為其可回收金額，所以有資產減損損失 $3,000,000 − $2,000,000 = $1,000,000。

減損損失	1,000,000	
累計減損－設備		1,000,000

(2) 經提列減損損失後，設備的新帳面金額即為 $2,000,000，因此自 ×5 年起，剩餘年限每年之折舊費用為 $2,000,000 ÷ 4 = $500,000。

折舊費用	500,000	
累計折舊－設備		500,000

資產減損損失之迴轉 若有證據顯示以前認列之資產減損損失，可能不存在或減少時，可認列減損迴轉之利益，但商譽減損損失不得迴轉。

企業對某些資產提列減損損失後，可能於日後因資產價值回升而產生迴轉，企業應於報導期間結束日評估是否有證據顯示資產於以前年度所認列之減損損失，可能已不存在或減少。若有此項證據存在，應即估計該資產得迴轉的減損損失。資產於減損損失迴轉後

之帳面金額，不得超過資產在未認列減損損失之情況下，減除應提列折舊或攤銷後之帳面金額。

大功告成

假設國內工業電腦製造大廠研華公司於 ×1 年初購進一部精密製造設備，成本 $1,200,000，估計可用 8 年，無殘值，採直線法折舊。以下為該設備資產可回收金額評估的資訊：×3 年 12 月 31 日，可回收金額為 $700,000；×5 年 12 月 31 日，可回收金額為 $360,000；以及 ×6 年 12 月 31 日，可回收金額為 $310,000。

試作：
(1) ×1 至 ×6 年有關設備之折舊與減損之分錄。
(2) ×3 年 12 月 31 日、×5 年 12 月 31 日及 ×6 年 12 月 31 日資產負債表設備部分之表達。

解析

(1) ×1 至 ×3 年應提列之折舊費用為 $1,200,000 ÷ 8 = $150,000，所以 ×1 年至 ×3 年每年 12 月 31 日之折舊費用均為 $150,000。

折舊費用	150,000	
累計折舊 - 設備		150,000

(2) 至 ×3 年底設備之帳面金額為 $1,200,000 − (3 × $150,000) = $750,000，因可回收金額 $700,000 低於帳面金額 $750,000，故有資產減損 $750,000 − $700,000 = $50,000，×3 年 12 月 31 日須額外作一減損分錄為：

×3/12/31	減損損失	50,000	
	累計減損 - 設備		50,000

×3/12/31 資產負債表之表達：

設備		$1,200,000
減：累計折舊	$450,000	
累計減損	50,000	(500,000)
		$ 700,000

(3) ×4 年及 ×5 年之折舊分錄：
資產減損後應以減損後之帳面金額 $700,000 計算剩餘年限之折舊費用，即 $700,000 ÷ 5 = $140,000。

×4 年 12 月 31 日與 ×5 年 12 月 31 日之折舊分錄為：

折舊費用	140,000	
累計折舊－設備		140,000

(4) ×5年底設備之帳面金額為 $700,000 - (2\times\$140,000) = \$420,000$，因×5年底再度進行減損評估時，設備之可回收金額為 $360,000，再減損之金額為 $60,000，減損分錄為：

×5/12/31	減損損失	60,000	
	累計減損－設備		60,000

×5/12/31　資產負債表之表達：

設備		$1,200,000
減：累計折舊	$730,000	
累計減損	110,000	(840,000)
		$ 360,000

(5) ×6年之折舊費用為 $360,000 \div 3 = \$120,000$

×6/12/31	折舊費用	120,000	
	累計折舊－設備		120,000

(6) ×6年底評估設備之可回收金額為 $310,000，較×6年期末帳面金額 $240,000 高，可承認減損迴轉利益。因設備在未認列前述任何減損損失的情況下，減除應提列折舊後的帳面金額，在×6年12月31日應為 $1,200,000 - (\$150,000\times6) = \$300,000$，故可承認之減損利益僅能將設備之帳面金額提高至 $300,000，而非 $310,000。

減損損失之迴轉為 $300,000 - \$240,000 = \$60,000$

×6/12/31	累計減損－設備	60,000	
	減損迴轉利益		60,000

×6/12/31　資產負債表之表達：

設備		$1,200,000
減：累計折舊	$850,000	
累計減損	50,000	(900,000)
		$ 300,000

註：(1) 若本題設備於×6年12月31日之可回收金額為 $270,000，高於帳面金額 $240,000，但低於未認列減損時×6年底帳面金額 $300,000，則可認列之迴轉利益為 $270,000-\$240,000=\$30,000$，累計減損則變為 $110,000-\$30,000=\$80,000$。

　　(2) 減損迴轉利益在綜合損益表上列為營業外收入。

不動產、廠房及設備與遞耗資產

摘要

不動產、廠房及設備必須具備下列三個特性：(1) 耐用年限1年以上；(2) 供營業使用；及 (3) 非以出售為目的。不動產、廠房及設備的原始評價基礎以成本原則為主，所謂成本，包括自購置資產起到使其達到可供使用狀態前的一切必要合理支出。

將不動產、廠房及設備的成本按合理而且有系統的方式，分攤於其耐用年限，即是折舊。折舊純粹是成本分攤的程序，與不動產、廠房及設備持有期間公允價值變動的衡量無關。計算折舊的三項要素主要為成本、殘值及耐用年限。一般常採用折舊方法有平均法以及遞減法兩類，平均法可分為直線法與活動量法，而遞減法又可分為餘額遞減法以及年數合計法，這些方法均是一般公認會計原則認可的方式。

不動產、廠房及設備在經濟耐用年限內，常會發生一些日常維修、增添、重大檢測或重置改良的支出。日常維修屬於收益支出；增添、重大檢測或重置改良的支出則為資本支出，且被重置部分與先前檢測成本應以處分方式處理。

不動產、廠房及設備常因不堪使用或陳舊過時而必須加以處分，在處分資產時，需要針對處分所得的價款與不動產、廠房及設備帳面金額之差額認列處分損益。若是在年度中處分，則必須認列年初到處分日為止應該計提的折舊。

天然資源經由開採後逐漸耗竭，以合理而有系統的方式隨著礦藏的開採，將遞耗資產的成本攤銷轉為費用，稱為折耗。

當不動產、廠房及設備的帳面金額高於可回收金額時，則資產必須提列減損損失。所謂可回收金額，是指淨公允價值（即資產出售可得金額減除直接銷售成本）與使用價值（即資產於後續期間使用所產生淨現金流入之折現值），兩者之較高者。減損損失認列後，若有證據顯示以前認列的減損損失，可能不存在或減少時，可認列減損迴轉利益，但商譽減損損失不得迴轉。

附錄 10-1　不動產、廠房及設備除役成本之會計處理

不動產、廠房及設備在停止使用，可能需發生拆卸、移除、與將不動產、廠房及設備所在地點復原的相關支出，這些支出是不動產、廠房與設備的除役、復原及修復成本，本書簡稱為除役成本。

在無法辨認除役成本係為特定存貨之生產而發生之情況下，

> 公司須將除役成本計入不動產、廠房及設備的成本，並認列除役負債準備。

除役成本會計處理的要點是，公司須於取得不動產、廠房及設備，先行估計除役成本的金額，將此金額計入不動產、廠房及設備的成本，並就將該金額認列除役負債準備（負債準備為金額或發生時點不確定的負債，詳見本書第 12 章）。但在估計除役成本的金額時，因為實際發生的時點在甚遠的時間，所以須加以**折現**（discount），就是求算除役成本的**現值**（present value）。

所謂現值，就是未來時點發生的現金於現在時點的價值。舉例來說，若銀行一年期存款利率為 10%，則現在的 $100 在一年後為 $110；也就是在 10% 的利率下，$110 一年前的現值是 $100，$100 一年後的**未來值**（future value）是 $110。所以在 10% 的利率下，欲求算一年後 $110 的現值，就是將 $110×[1/(1 + 10%)] = $100。所以估計除役成本的金額時，假設除役成本是發生在 5 年後設備停用時的拆卸支出 $500，此時適當的利率為 2%，則此除役成本應以折現值 $453（即 $500×[1/(1 + 2%)^5] = $453）加入設備的成本，並同時認列 $453 的除役負債準備。折現與除役負債準備將於本書第 12 章詳細說明。

釋例 10-16

丙公司於 100 年 1 月 1 日以 $100,000 取得化學原料儲存設備，估計該設備之使用期限 10 年，屆滿時須支出 $2,000 拆除清理。適當年利率為 4%。試作 100 年 1 月 1 日相關分錄。

解析

100/1/1

倉儲設備	101,351	
除役負債準備		1,351*
現金		100,000

*$1,351 = $2,000×[1/(1 + 4%)^{10}]

給我報報

台電公司之除役負債準備

依據台電公司 105 年 12 月 31 日財務報告之附註，其所提列之除役負債金額約為 $4,381 億，以下為附註說明之內容：

除役負債主要係因應核能發電廠於未來達運轉年限時，本公司具有法定除役義務，擔負相關除役工作執行之責任，內容包含核廢料處理、主要設備廠房拆除工作及廠址復原等。因此，本公司依金管會認可之國際財務報導準則規定估計屆時之除役成本，將成本金額按有效利率折現至資產負債表日，以現值作為認列除役負債之帳面金額。除役成本主要係上述工作所需支出，該項成本亦包含按法規標準核廢料運送、貯放設施選定及貯放設施建設成本等。除役成本之估計係依據外部專家所出具研究報告及內部研究，本公司並定期檢視及調整以反映最佳之估計。

附錄 10-2　不動產、廠房及設備之重估價模式

如第 10.3 節所述，公司在繼續持有不動產、廠房及設備的期間，須決定其應記錄在每期資產負債表上的金額，即所謂的後續衡量時，依照國際財務報導準則得採用成本模式或重估價模式（但我國主目前不允許選用重估價模式）。所謂成本模式，即以成本減除累計折舊與累計減損後的金額列報不動產、廠房及設備，其詳細內容已於第 10.3 節與第 10.7 節說明。

而所謂重估價模式，係指當不動產、廠房及設備之公允價值能可靠衡量時，公司得以不動產、廠房及設備的「重估價金額」列報在每期資產負債表上。「重估價金額」為重估價日之公允價值減除其後之所有累計折舊與累計減損後之金額。採用重估價模式的公司應對同類資產定期且同時進行重估價，以確保帳面金額與公允價值無重大差異。而若公允價值之變動不重大時，不動產、廠房及設備僅需每 3 至 5 年重估價一次。

在重估價模式下，若資產重估價日公允價值大於原帳面金額，其差額記入「其他綜合損益－重估價利益」項目；而若資產重估價日公允價值小於原帳面金額時，其差額則記為損失計入本期淨利。

資產重估價日公允價值大於原帳面金額，其差額記入「其他綜合損益－重估價利益」項目；而若資產重估價日公允價值小於原帳面金額時，其差額則記為損失計入本期淨利。

公司在重估價日,欲使資產的原帳面金額增加或減少至重估價日公允價值的會計記錄方法有以下二種:

1. **方法一**:先調整資產的累計折舊,不足時再調整資產的成本金額。以下此法簡稱為**消除成本法**。
2. **方法二**:將資產原成本(或原公允價值)與累計折舊以重估價日公允價值與原帳面金額比例調整。以下此法簡稱為**等比例重編法**。

釋例 10-17

智齡企業於 ×9 年 12 月 31 日進行重估價時,機器設備之帳面金額 $200,000(即成本 $300,000 − 累計折舊 $100,000),若重估價日該機器設備之公允價值 $280,000,分別依 (1) 消除成本法;(2) 等比例重編法試作 ×9 年 12 月 31 日之會計分錄。

解析

$280,000(公允價值)> $200,000(帳面金額),故有「其他綜合損益 - 重估價利益」$80,000。

(1) 消除成本法:

累計折舊 - 機器設備	100,000*	
機器設備		20,000
其他綜合損益 - 重估價利益		80,000

 * 原累計折舊 $100,000 全數轉銷,機器設備的帳面金額變為公允價值 $280,000(即 $300,000 − $20,000)。

(2) 等比例重編法:

機器設備	120,000*	
累計折舊 - 機器設備		40,000**
其他綜合損益 - 重估價利益		80,000

說明:

 重估價日新帳面金額(公允價值)為原帳面金額之 140%(即 $280,000 ÷ $200,000)

 *$300,000 × 140% = $420,000;$420,000 − $300,000 = $120,000

 **$100,000 × 140% = $140,000;$140,000 − $100,000 = $40,000

	重估價前	重估價後	重估價調整
成本	$ 300,000	$ 420,000	$120,000
減：累計折舊	(100,000)	(140,000)	(40,000)
帳面金額	$ 200,000	$ 280,000	$ 80,000

釋例 10-18

折舊性資產-機器設備（公允價值上升）

智齡企業於 ×1 年 1 月 1 日以現金 $1,000,000 購入機器設備，該項機器設備估計耐用年限為 10 年且無殘值。智齡企業之該項封裝機器設備選擇重估價模式之會計處理，×1 年 12 月 31 日之公允價值為 $1,120,000。

請編製 ×1 年 1 月 1 日與 ×1 年 12 月 31 日與該機器設備相關之會計分錄？（有關重估價日之會計分錄分別依 (1) 消除成本法，與 (2) 等比例重編法）

解析

(1) 消除成本法：

×1 年 1 月 1 日
機器設備	1,000,000	
現金		1,000,000

×1 年 12 月 31 日
折舊費用	100,000	
累計折舊-機器設備		100,000

($1,000,000 ÷ 10 = $100,000)

累計折舊-機器設備	100,000	
機器設備	120,000	
其他綜合損益-重估價利益		220,000

(2) 等比例重編法：

×1 年 1 月 1 日
機器設備	1,000,000	
現金		1,000,000

×1年12月31日
　　　折舊費用　　　　　　　　　　　　　　　100,000
　　　　累計折舊 - 機器設備　　　　　　　　　　　　　100,000
　　（$1,000,000÷10＝$100,000）

　　　機器設備　　　　　　　　　　　　　　　244,444
　　　　累計折舊 - 機器設備　　　　　　　　　　　　　24,444
　　　　其他綜合損益 - 重估價利益　　　　　　　　　　220,000

說明：
(1)

	重估價前	重估價後	重估價調整
成本	$1,000,000	$1,244,444*	$244,444*
累計折舊	(100,000)	(124,444)**	(24,444)**
帳面金額	$ 900,000	$1,120,000	$220,000

　　重估價日新帳面金額為原帳面金額之124.4444%（即 $1,120,000÷$900,000）
　　*$1,000,000×124.4444%＝$1,244,444；
　　　$1,244,444－$1,000,000＝$244,444
　　**$100,000×124.4444%＝$124,444；$124,444－$100,000＝$24,444

(2) 智齡企業之機器設備在×1年12月31日重估價後之帳列金額為 $1,120,000，第二年該機器設備之折舊費用（假設原始估計耐用年限與殘值均未改變）為 $124,444（即 $1,120,000÷9）。

釋例 10-19

折舊性資產 - 機器設備（公允價值下降）

　　沿釋例 10-18，但×1年12月31日之公允價值為 $720,000。
　　請編製×1年1月1日與×1年12月31日與該機器設備相關之會計分錄？（有關重估價日之會計分錄分別依(1)消除成本法，與(2)等比例重編法）

解析

(1) 消除成本法：

　　×1年1月1日
　　　機器設備　　　　　　　　　　　　　　　1,000,000
　　　　現金　　　　　　　　　　　　　　　　　　　1,000,000

×1 年 12 月 31 日
　　折舊費用　　　　　　　　　　　　　　100,000
　　　　累計折舊 - 機器設備　　　　　　　　　　　　　100,000
　　($1,000,000 ÷ 10 = $100,000)

　　累計折舊 - 機器設備　　　　　　　　　　100,000
　　重估價之損失 - 機器設備　　　　　　　　180,000
　　　　機器設備　　　　　　　　　　　　　　　　　　280,000

(2) 等比例重編法：
×1 年 1 月 1 日
　　機器設備　　　　　　　　　　　　　　1,000,000
　　　　現金　　　　　　　　　　　　　　　　　　　1,000,000

×1 年 12 月 31 日
　　折舊費用　　　　　　　　　　　　　　100,000
　　　　累計折舊 - 機器設備　　　　　　　　　　　　　100,000
　　($1,000,000 ÷ 10 = $100,000)

　　累計折舊 - 機器設備　　　　　　　　　　20,000
　　重估價之損失 - 機器設備　　　　　　　　180,000
　　　　機器設備　　　　　　　　　　　　　　　　　　200,000

說明：
(1)

	重估價前	重估價後	重估價調整
成本	$1,000,000	$800,000*	$200,000*
累計折舊	(100,000)	(80,000)**	(20,000)**
帳面金額	$ 900,000	$720,000	$180,000

　　重估價日新帳面金額為原帳面金額之 80%（即 $720,000 ÷ $900,000）
　　 * $1,000,000 × 80% = $800,000；$1,000,000 − $800,000 = $200,000
　　** $100,000 × 80% = $80,000；$100,000 − $80,000 = $20,000

(2) 智齡企業之機器設備在 ×1 年 12 月 31 日重估價後之帳列金額為 $720,000，第二年該機器設備之折舊費用（假設原始估計耐用年限與殘值均未改變）為 $80,000（即 $720,000 ÷ 9）。

須特別說明的是，當資產重估價日公允價值大於原帳面金額時認列差額的「其他綜合損益 - 重估價利益」，為國際財務報導準則下特有的會計項目。國際財務報導準則定義公司完整的損益應為「綜合損益」，即「本期淨利（又稱本期損益、當期損益）」與「其他綜合損益」的加總數。「本期淨利」為本書之前各章節介紹的各項收益（如銷貨收入、利息收入與資產處分利益等）減去各項費損（如銷貨成本、折舊費用與資產處分損失等）所得；而「其他綜合損益」則包括五類損益，一為本節說明的「其他綜合損益 - 重估價利益」，二為將於本書第 14 章介紹的金融工具公允價值變動損益，剩餘其他項目則較繁難，屬於中級會計學與高級會計學範圍。

而由於定義公司完整的損益為「綜合損益」，所以國際財務報導準則規定公司除損益表外，必須以下列兩形式之一編製綜合損益表：

1. 列示「本期淨利」的單獨損益表，再加上列示「其他綜合損益」另一綜合損益表。
2. 將損益表與其他綜合損益一同列示的單一綜合損益表。

我國主管機關則要求上市、上櫃公司採用單一綜合損益表。舉例說明單一綜合損益表格式如下：假設某公司本期淨利 $100,000，其他綜合損益項目包括不動產、廠房及設備的重估價增值 $80,000（期初數 0），以及金融工具公允價值變動利益 $40,000（期初數 0），則該公司部分綜合損益表與資產負債表如下所示。其他綜合損益於資產負債表權益部分如何列示，將於本書第 15 章詳細說明。

×× 公司
綜合損益表（部分）

本期損益		$100,000
其他綜合損益		
不動產、廠房及設備重估價之利益	$80,000	
透過其他綜合損益按公允價值衡量債券投資未實現評價損益	40,000	120,000
本期綜合損益總額		$220,000

×× 公司
資產負債表（部分）

權益	⋮
其他權益	⋮
	120,000
⋮	⋮

在不動產、廠房及設備採重估價模式時，重估價增值利益應列入其他綜合損益；減值損失則應列入本期淨利。而當不動產、廠房及設備重估價減值後再增值，則在增值金額中有部分應列入本期淨利，部分（超過原始成本減原有累計折舊後之金額）應列入其他綜合損益。以下就土地及折舊性資產等兩類不動產、廠房及設備為例，分別解釋減值後又增值的複雜情形下，如何應用重估價模式。

釋例 10-20

非折舊性資產 - 土地（第一年公允價值下降，第二年公允價值上升）

隨堂企業於 ×1 年 1 月 1 日購買一筆土地，成本為 $1,000,000，隨堂企業之土地資產僅包含此一項目，且該公司土地類資產選擇重估價模式之會計處理，×1 年 12 月 31 日與 ×2 年 12 月 31 日之土地公允價值分別為 $900,000 與 $1,200,000。

請編製 ×1 年 1 月 1 日、×1 年 12 月 31 日與 ×2 年 12 月 31 日與該土地相關之會計分錄？

解析

×1 年 1 月 1 日
　土地　　　　　　　　　　　　　　1,000,000
　　現金　　　　　　　　　　　　　　　　　　1,000,000

×1 年 12 月 31 日
　重估價之損失 - 土地　　　　　　　　100,000
　　土地　　　　　　　　　　　　　　　　　　　100,000

×2 年 12 月 31 日
　　土地　　　　　　　　　　　　　　　　　　300,000
　　　　重估價之損益　　　　　　　　　　　　　　　　　100,000
　　　　其他綜合損益 - 重估價　　　　　　　　　　　　　200,000

釋例 10-21

非折舊性資產 - 土地（第一年公允價值上升，第二年公允價值下降）

隨堂企業於 ×1 年 1 月 1 日購買一筆土地，成本為 $1,000,000，隨堂企業之土地資產僅包含此一項目，且該公司土地類資產選擇重估價模式之會計處理，×1 年 12 月 31 日與 ×2 年 12 月 31 日之土地公允價值分別為 $1,200,000 與 $900,000。請編製 ×1 年 1 月 1 日、×1 年 12 月 31 日與 ×2 年 12 月 31 日與該土地相關之會計分錄？

解析

×1 年 1 月 1 日
　　土地　　　　　　　　　　　　　　　　　　1,000,000
　　　　現金　　　　　　　　　　　　　　　　　　　　1,000,000

×1 年 12 月 31 日
　　土地　　　　　　　　　　　　　　　　　　200,000
　　　　其他綜合損益 - 重估價　　　　　　　　　　　　　200,000

×2 年 12 月 31 日
　　重估價之損失 - 土地　　　　　　　　　　　　100,000
　　其他綜合損益 - 重估價　　　　　　　　　　　200,000
　　　　土地　　　　　　　　　　　　　　　　　　　　300,000

釋例 10-22

折舊性資產 - 機器設備（第一年公允價值下降，第二年公允價值上升）

岬思町企業於 ×1 年 1 月 1 日以 $1,000,000 購入機器設備，該項機器設備估計耐用年限為 10 年且無殘值。岬思町企業之該機器設備選擇重估價模式之會計處理，×1 年 12 月 31 日與 ×2 年 12 月 31 日之公允價值分別為 $720,000 與 $1,120,000。

請編製×1年1月1日、×1年12月31日與×2年12月31日與該機器設備相關之會計分錄？（有關重估價日之會計分錄分別依(1)消除成本法，與(2)等比例重編法）

解析

(1) 消除成本法：

　×1年1月1日
　　機器設備　　　　　　　　　　　　　1,000,000
　　　現金　　　　　　　　　　　　　　　　　　　1,000,000

　×1年12月31日
　　折舊費用　　　　　　　　　　　　　　100,000
　　　累計折舊－機器設備　　　　　　　　　　　　100,000
　（$1,000,000÷10）

　　累計折舊－機器設備　　　　　　　　　100,000
　　重估價之損失－機器設備　　　　　　　180,000
　　　機器設備　　　　　　　　　　　　　　　　　280,000

　×2年12月31日
　　折舊費用　　　　　　　　　　　　　　 80,000
　　　累計折舊－機器設備　　　　　　　　　　　　 80,000
　（$720,000÷9 = $80,000）

　　累計折舊－機器設備　　　　　　　　　 80,000
　　機器設備　　　　　　　　　　　　　　400,000
　　　其他綜合損益－重估價利益　　　　　　　　　320,000
　　　重估價之利益－機器設備　　　　　　　　　　160,000

說明：

　該日機器之帳面金額為$640,000（即$720,000 − 80,000），公允價值$1,120,000，增值$480,000（即$1,120,000 − $640,000），而若該機器自取得後以原始成本提列折舊，則該日帳面金額為$800,000（即$1,000,000 − $1,000,000/10×2），故增值金額$480,000中之$160,000（即$800,000 − $640,000）認列於損益，其餘$320,000則認列於其他綜合損益。

(2) 等比例重編法：

　×1年1月1日
　　機器設備　　　　　　　　　　　　　1,000,000
　　　現金　　　　　　　　　　　　　　　　　　　1,000,000

×1 年 12 月 31 日

折舊費用	100,000	
累計折舊－機器設備		100,000

($1,000,000 ÷ 10 = $100,000)

累計折舊－機器設備	20,000	
重估價之損失－機器設備	180,000	
機器設備		200,000

說明：

	重估價前	重估價後	重估價調整
成本	$1,000,000	$800,000*	$200,000*
累計折舊	(100,000)	(80,000)**	(20,000)**
帳面金額	$ 900,000	$720,000	$180,000

重估價日新帳面金額為原帳面金額之 80%（即 $720,000 ÷ $900,000）。

*$1,000,000 × 80% = $800,000；$1,000,000 − $800,000 = $200,000

**$100,000 × 80% = $80,000；$100,000 − $80,000 = $20,000

×2 年 12 月 31 日

折舊費用	80,000	
累計折舊－機器設備		80,000

($720,000 ÷ 9 = $80,000)

機器設備	600,000	
累計折舊－機器設備		120,000
重估價之利益－機器設備		160,000
其他綜合損益－重估價利益		320,000

說明：

	重估價前	重估價後	重估價調整
成本	$800,000	$1,400,000*	$600,000*
累計折舊	(160,000)	(280,000)**	(120,000)**
帳面金額	$640,000	$1,120,000	$480,000

重估價日新帳面金額為原帳面金額之 175%（即 $1,120,000 ÷ $640,000）

*$800,000 × 175% = $1,400,000；$1,400,000 − $800,000 = $600,000

**$160,000 × 175% = $280,000；$280,000 − $160,000 = $120,000

IFRS 一點就亮

讀者是否覺得釋例 10-22 中，何以 ×1 年 12 月 31 日認列「重估價之損失 - 設備」（損失）$180,000，但 ×2 年 12 月 31 日公允價值上升時卻僅認列「重估價之利益 - 設備」（利益）$160,000？

此係由於曾認列重估價損失之折舊性資產，若重估價值回升時，須將回升金額分為兩部分認列：(1)「重估價損失後折舊至當期期末之帳面金額」與「假設此機器設備未曾重估之情況下，折舊至當期期末之帳面金額」間之差額應列入當期損益；(2)「假設此機器設備未曾重估之情況下，折舊至當期期末之帳面金額」至「當期期末公允價值」間之差額則應列入其他綜合損益，此一會計處理與 IAS 36「減損」之規定一致，因為該公報規定曾認列資產減損之折舊性資產，當其減損回升時，損失迴轉後之帳面金額，不得超過折舊性設備在未認列重估價損失之情況下，減除應列折舊之帳面金額。以本例之數字舉例說明前述 (1) 與 (2) 兩部分如下：

(1)「假設此機器設備未曾重估之情況下，折舊至當期期末之帳面金額」為 $800,000（原始成本減累計折舊），「重估價損失後折舊至當期期末之帳面金額」為 $640,000，因此 $160,000（即 $800,000 − $640,000）應列入「重估價之利益 - 設備」；
(2) $800,000 與「當期期末公允價值」$1,120,000 間之差額 $320,000 則應列入「其他綜合損益 - 重估價利益」。

前面提及的 IAS 36 的「減損」與 IAS 16 的「重估價損失」，此二者會計處理方法一致，但其衡量仍有差別。資產減損時，可能應將帳面金額調減至「公允價值減出售成本」，而重估價法只須調減至「公允價值」，所以重估價法下的資產，仍可能有減損（因出售成本所致）。

本章習題

問答題

1. 什麼是不動產、廠房及設備？
2. MBI 公司的總裁對於公司目前的折舊政策不甚滿意，因為他說：「折舊所累計的金額竟然在資產的耐用年限終了時與重新購置該資產所需之現金並不相符。」請你對這一段敘述加以評述。

3. 花輪正在準備明天的「不動產、廠房及設備」小考，教科書上介紹了許多的折舊方法，花輪想要從綜合損益表上折舊費用的多寡及資產負債表上不動產、廠房及設備帳面金額的多寡，來了解直線法、倍數餘額遞減法及年數合計法之不同，請你告訴他。

4. 不動產、廠房及設備於取得後仍會有相關的後續支出，例如：正常維修、增添或改良等，請試著分析收益支出和資本支出應該如何區分。

選擇題

1. 小丸子公司於 ×6 年 9 月 1 日自日本進口一台製造章魚燒的機器，價格為 $96,000，並支付運費 $7,000，關稅 $6,000，以及保險費 $3,000。該機器於運送過程中發生損壞，其修理費計 $3,000。此外，該機器的測試費為 $2,000，試問：該機器之成本應為多少？
   (A) $109,000　　(B) $112,000
   (C) $114,000　　(D) $117,000

2. 下列有關折舊性質的敘述何者為正確？
   (A) 充分反映市價，使資產之帳面金額與市價一致
   (B) 提存重置基金，累積資金以備重置資產之用
   (C) 成本之分攤，將不動產、廠房及設備的成本作合理的分配
   (D) 有利於評估資產鑑價的合理性

3. 櫻木公司於 ×5 年初購買一部機器，價格為 $20,000，並支付關稅計 $1,000。為了安裝該部機器又花了 $2,500 建造一個底座，以增加該機器的穩定。櫻木公司估計該機器可使用年限為 5 年，殘值為 $3,500，並採用直線法提列折舊，試問：該部機器每年之折舊金額為多少？
   (A) $3,500　　(B) $4,000
   (C) $4,500　　(D) $3,800

4. 有關加速折舊法的敘述，下列何者為正確？
   (A) 在不動產、廠房及設備使用的最初年度提列較多的折舊費用
   (B) 加速折舊法下，折舊費用的計算均不必考慮殘值
   (C) 活動量法是加速折舊的一種
   (D) 加速折舊法之折舊費用在耐用年限的每一年均較直線法為高

5. 小叮噹公司於 ×1 年 7 月 1 日用 $115,500 買進一部時光機，估計該機器可用 8 年，殘值為 $5,500。×4 年底由於小叮噹公司有更新的發明，決定該機器只能用到 ×7 年底，且殘值為 $1,125，試問：該時光機於 ×4 年應提列折舊之金額為多少？
   (A) $20,000　　(B) $25,000
   (C) $22,500　　(D) $26,500

6. 甲航空公司 ×2 年 1 月 1 日購買飛機，成本為 $120,000,000，估計殘值為 $20,000,000，估計耐用年限 20 年。該飛機由機身及引擎兩項重大部分所組成，且其估計耐用年限亦存在重大差異，分別為機身 20 年及引擎 10 年。機身部分之成本與估計殘值分別為 $90,000,000 與 $15,000,000；引擎部分之成本與估計殘值分別為 $30,000,000 與 $5,000,000。甲航空公司採用直線法提列折舊，試問該飛機每年折舊費用為若干？
   (A) $5,000,000   (B) $6,250,000
   (C) $7,500,000   (D) $8,250,000   【103 年地特】

7. 下列哪一項屬於資本支出？
   (A) 當支出的效益在 1 年以內者
   (B) 公司例行性的檢修和維護支出
   (C) 支出年度內作費用處理者
   (D) 機器設備完成大修並延長耐用年限之支出

8. 不動產、廠房及設備有時雖然用於商品或勞務之生產或提供且可以提供 1 年以上之經濟效益，但因為金額較小，所以根據哪一個會計原則，可以不認列不動產、廠房及設備？
   (A) 成本原則   (B) 審慎原則
   (C) 重大性原則   (D) 非會計原則，而是依稅法規定

9. 公司於 ×2 年 12 月 31 日之設備資產成本為 $1,200,000，累計折舊為 $400,000，淨公允價值 $750,000，預計該資產能產生未來淨現金流量之折現值（使用價值）$780,000，試問公司應認列資產減損金額為多少？
   (A) $0   (B) $20,000
   (C) $30,000   (D) $50,000

10. 公司於 ×1 年 1 月 1 日取得一部機器，成本 $600,000，耐用年限 5 年，無殘值，採直線法提列折舊。×1 年 12 月 31 日因評估其使用方式發生重大變動，預期將對公司產生不利之影響，且該機器可回收金額為 $440,000，試問該機器在 ×2 年 12 月 31 日之帳面金額為多少？
    (A) $440,000   (B) $360,000
    (C) $330,000   (D) $300,000

練習題

1. 【不動產、廠房及設備取得成本之決定】赤木公司想要興建一座籃球館，用 $600,000 買進一塊土地，這塊土地上有一棟廢棄的房屋，為了在這塊土地上興建籃球館，所以將這棟廢棄的房屋予以拆除，拆除費共計 $10,500，並將拆除廢屋後所得的廢料予以出售，出售價款為 $3,000。興建籃球館期間所發生之成本列示如下：

付予包商之價款（不包括下列各項費用）	$750,000
整地成本	9,000
建築師設計費用	15,000
建築執照費用	1,000
房屋稅	2,400
土地稅	3,600

另外，留有部分土地興建停車場，其相關成本項目列示如下：

停車場加鋪路面	$10,000
停車場裝設場外照明	3,000
停車場四周裝設圍牆	18,000

試計算：土地、房屋及土地改良之成本。

2. 【不動產、廠房及設備取得成本之決定】英琪工程公司於 ×5 年 3 月 1 日購進一台預拌混泥機，定價為 $200,000，按八五折成交，付款條件為 3/10, n/30，有半數價款在折扣期限內付清，此外，該機器之安裝費用計 $3,000、試車費用為 $2,000，該機器於運輸過程中發生損壞，其修理費用計 $1,500。試計算該機器之成本。

3. 【不動產、廠房及設備取得成本之決定】小丸子書套公司欲停止營運，故將其相關的機器設備一併賣給小叮噹書套公司，價款總計為 $280,000。由於書套相關設備較為特殊，設備的公允價值係由具有專業資格之評價人員依市價為基礎之估價而決定。鑑價結果列示如下：

塑膠射出成型機	$280,000
繪圖機	40,000
包裝機	80,000

試問：分配至上述三種不同的機器設備，其成本應各為多少？

4. 【折舊的計算】大雄冰棒公司於 ×5 年 7 月 1 日購入一台製冰器，成本為 $315,000，估計耐用年限為 5 年，殘值為 $15,000。該製冰器之總工作時間為 30,000 機器小時；×6 年實際使用 7,200 機器小時。試分別按照下列的方法計算 ×6 年度折舊金額，並作相關調整分錄：(1) 直線法；(2) 活動量法；(3) 年數合計法；(4) 倍數餘額遞減法。

5. 【估計之修正】×13 年 1 月 1 日大統公司分類帳上顯示機器 $26,000 及累計折舊 $6,000，採直線法，假設耐用年限 10 年及殘值 $2,000，當日公司決定該機器之耐用年限剩下 4 年，殘值不變，試作該公司 ×13 年底修正後的折舊分錄。

6. 【不動產、廠房及設備耐用年限的後續支出】全虹影印公司於 ×1 年初以 $300,000 購入影印機器一部以增加服務量，採直線法折舊，可使用 15 年，無殘值。機器於使用 7 年後由於機器常出現卡紙狀況，於是決定要機器重大檢修，總共支付 $40,000，估計可延長使用年限 4 年，則 ×8 年的折舊費用應為多少？

7. 【不動產、廠房及設備的處分】首都公司已經成立多年，近來發現其電腦設備過於老舊，導致其生產效率下降，於是決定要汰舊電腦設備，該電腦成本為 $50,000，至目前為止的累計折舊為 $37,500，試根據下列假設記錄處分交易：(1) 報廢，且已無價值；(2) 售得 $8,000；(3) 售得 $15,000。

8. 【遞耗資產的會計處理】由於國際原物料持續上漲，台泥最近積極要跨足於採礦業，在瑞芳附近向政府購買了一塊成本 $15,000,000 的礦坑，預計可開採 20,000,000 噸的煤，預計無殘值，且第 1 年開採並銷售了 800,000 噸煤，試問當年度的折耗費用為多少？

9. 【除役成本】公司係化學產品製造商，×1 年自建完成建築物一筆供廢料倉儲之用。建築物建造工程支出 $7,422,800，建築設計費 $737,500，相關執照申請登記費 $44,600，另建築物完工後尚未實際儲存廢料前，短期出租獲淨收益 $378,200。若當地法令規定該類廢料之儲存建物僅得使用 3 年，屆滿時需委請專業環保公司拆除清理，估計處理成本 $266,200。若該公司之加權平均資金成本為 10%，則其應認列之建築物成本為多少？

【101 年普考】

應用問題

1. 【土地及建築物的取得成本】中悅夏宮企業於 ×5 年間，發生了下列各項與廠房資產相關的交易。

購買土地成本	$ 563,000
仲介佣金（60% 土地，40% 建築物）	70,000
停車場成本	120,000
土地挖掘成本	52,000
員工休憩涼亭成本	36,000
建築物設計費	80,000
契稅、代書、過戶費用（土地）	32,000
拆除舊屋工程款	25,000
舊屋工程殘料售得款項	8,000
建築物專案借款利息（資本化）	74,000
前地主積欠之稅款	55,000

建築物成本	1,200,000
×5 年稅款（地價稅 32%，房屋稅 68%）	100,000

依據上述資訊，試計算：(1) 土地成本；(2) 建築物成本；(3) 土地改良物成本。

2. 【折舊的計算】富美公司於 ×1 年 1 月 1 日購入一部機器，現金價 $32,000，其他相關支出：運費 $150，運送的保險費用 $80，安裝費用 $70，測試費用 $100，第一年營運機器所使用的潤滑油 $300，富美公司估計該機器耐用年限 5 年，殘值 $5,000，採直線法提折舊。

試作：購買機器時的分錄及第一年的折舊分錄。

3. 【不動產、廠房及設備取得、折舊與出售】旗津海鮮餐飲集團在 ×4 年 12 月 31 日有下列不動產、廠房及設備的資料：

土地		$50,000,000
建築物	$30,000,000	
減：累計折舊	(12,000,000)	18,000,000
設備	$36,000,000	
減：累計折舊	(5,000,000)	31,000,000
		$99,000,000

×5 年部分之現金交易如下：

2 月 1 日　斥資 $60,000,000 在新北市購入一筆土地，準備作為結婚廣場的旗艦店。
4 月 1 日　將 ×1 年 1 月 1 日購入成本為 $2,000,000，估計殘值為零的食品冷藏庫出售給海霸船餐廳，取得之價款為 $1,000,000。
7 月 1 日　完成上述 2 月 1 日購入土地之停車場和車道的土地改良，共計支出 $1,500,000。
9 月 1 日　為強化禮盒市場，以 $3,000,000 自日本進口魚鬆及火鍋丸類的處理設備。
12 月 31 日　報廢 10 年前的 12 月 31 日所購入成本 $700,000 的餐桌設備，由於已屆耐用年限，全數提列折舊完畢且其殘值為零。

試作：

(1) 上述交易的分錄。除建築物係依 30 年提列折舊外，其餘可折舊資產均以 10 年，按直線法提列相關折舊。
(2) ×5 年折舊費用的調整分錄。
(3) 編製 ×5 年 12 月 31 日資產負債表中不動產、廠房及設備部分。

4. 【折舊之修正】小叮噹公司專門從事藝術作品修補，為了替顧客提供更精緻的服務，從

日本新進口一台光線復原機,成本計 $1,000,000,預估耐用年限為 10 年,無殘值,採用直線法提列折舊。至第 5 年初時發現該機器尚可使用 4 年,且有估計殘值為 $5,000,公司並決定剩餘之 4 年改採年數合計法提列折舊。

試作:

(1) 發生折舊之修正時,公司是否需更正以前之會計處理?若需要時,請對前面 4 年所作的折舊作適當的更正分錄。
(2) 小叮噹公司於第 5 年提列折舊的相關分錄。
(3) 光線復原機於第 5 年底在資產負債表上之表達。

5.【資產減損】日月光公司有一組封裝測試設備,因製程改變,故於 ×2 年底覆核其是否有價值減損的現象。該設備購置於 ×1 年 1 月,成本為 $7,500,000,估計耐用年限 5 年,沒有殘值,以直線法計提列折舊。經評估 ×2 年底該設備之可回收金額為 $4,050,000。又 ×3 年底該設備之使用方式發生重大變動,對日月光公司產生有利的影響,可回收金額為 $3,250,000。

試作:(1)×2 年底提列減損之分錄;(2)×3 年底提列折舊的分錄;(3)×3 年底認列減損迴轉之分錄。

會計達人

1.【折舊的計算與觀念】葉蔬公司在第 1 年初取得了一間溫室建築物,作為有機蔬果栽培之用,預計該溫室可使用 5 年,總經理大白要求會計人員編製在不同折舊方法下,所產生不同的折舊結果,作為會計政策選用的參考。

以下為會計人員根據:(a) 直線法;(b) 年數合計法;以及 (c) 倍數餘額遞減法下的資產折舊資料:

年	直線法	年數合計法	倍數餘額遞減法
1	$18,000	$30,000	$40,000
2	18,000	24,000	24,000
3	18,000	18,000	14,400
4	18,000	12,000	8,640
5	18,000	6,000	2,960
合計	$90,000	$90,000	$90,000

試作:

(1) 溫室建築物的原始取得成本為多少?

(2) 由以上的資產折舊表判斷，該溫室資產是否有估計殘值？若有，則為多少？
(3) 溫室建築物在第 2 年底的帳面金額，以何種方法下最高？
(4) 若總經理大白預估在第 4 年底有可能處分此溫室建築物，哪一種折舊方法下對公司的綜合損益表所報導的淨利會最高？
(5) 假設第 5 年初，公司預估殘值應為 $5,000，請問在倍數餘額遞減法下，第 5 年度應提列之折舊應為多少？

2. 【不動產、廠房及設備取得成本之分攤】建鋘精密五金公司為了接取更多沖壓訂單，於 ×2 年初購入一台新式沖床機械，估計耐用年限為 6 年。若採用倍數餘額遞減法提列折舊，則 ×2 年度該機器之折舊費用為 $300,000；若採用年數合計法提列折舊，則 ×2 年度的折舊費用為 $240,000；若建鋘公司決定對該機器採用直線法提列折舊，試問：
(1) 於 ×3 年度綜合損益表上，該機器之折舊費用為多少？
(2) ×3 年 12 月 31 日資產負債表上，該機器之帳面金額為多少？
(3) 若公司一開始即採用年數合計法提列折舊，則 ×3 年度應提列之折舊費用為多少？

3. 【會計估計變動】幸福快遞公司於 ×5 年初，以 $170,000 取得運輸設備一部，該設備估計耐用年限為 5 年，殘值於購入時估計為 $20,000。依據當時的經濟情況，公司認為直線法是最恰當的折舊方法。×7 年間，公司的運貨司機認為貨車之每年保養良好，應該重新考慮運輸設備的估計，於是決定運輸設備之總耐用年限為 10 年，殘值則未變動。在使用至 ×9 年底時，因為新型運輸設備的引進，公司決定該設備於使用終了時，殘值為零。

試作：

(1) 完成下表。

年度	折舊金額	累計折舊	年度	折舊金額	累計折舊
×5			×10		
×6			×11		
×7			×12		
×8			×13		
×9			×14		

(2) 由此案例你可以看出，折舊的特性為何？為何有這種特性出現？

4. 【不動產、廠房及設備的後續支出】台北公司於 ×5 年 1 月 1 日購買機器設備，成本為 $1,000,000，估計耐用年限為 10 年，採直線法提列折舊，殘值為零。台北公司除了機器開始使用前進行重大檢測，成本為 $200,000 外（符合資本化條件），並預計於 ×8 年底再進行一次重大檢測，唯因機器設備過度使用，台北公司決定提前於 ×6 年底即進行另

一次的重大檢測，實際檢測成本 $180,000，預計 3 年後再進行重大檢測。

試作：台北公司 ×5 年至 ×7 年之會計處理。

5. **【不動產、廠房及設備的處分】** 以下為萊茵電子在 ×2 年度財務報表中，不動產、廠房及設備的部分資訊（單位：千元）。

不動產、廠房及設備（部分）：

	成本	累計折舊
建築物	$14,145,472	$ 758,603
機器設備	60,172,427	17,834,401
運輸設備	40,349	10,101

(1) 請問萊茵電子上述各項不動產、廠房及設備在 ×2 年 12 月 31 日的帳面金額各為多少？
(2) 就建築物而言，假設萊茵電子在 ×2 年度沒有任何重置或處分的動作，且 ×1 年度的報表中，累計折舊金額為 $385,564（千元），則 ×2 年度屬於建築物的折舊費用共提列多少？
(3) 在 ×2 年 4 月 1 日萊茵電子為開發新一代液晶面板，投資新機器設備 $150 億，根據折舊政策採直線法分 5 年計提，預估殘值為 $10 億，則該機器設備在 ×2 年度應提列之折舊為多少？若改採倍數餘額的加速折舊方法，折舊又為多少？
(4) ×2 年初決定將 4 年前之年初購入之運輸設備提前於 ×2 年 9 月 30 日報廢，其成本為 $2,500,000，原公司之折舊政策為無殘值，且用直線法計提 5 年，試作該相關分錄。

6. **【資產減損】** 公司於 ×2 年 1 月 1 日購入一部精密機器，成本 $800,000，耐用年限 10 年，無殘值，以直線法提列折舊。×4 年年底因科技進步及產品售價急劇下跌。公司估計該機器之公允價值為 $520,000，預計處分成本 $30,000，使用價值為 $511,000。×5 年底因政府法令發生重大改變，預期對公司將產生有利影響，公司估計該機器之公允價值為 $460,000，預計處分成本 $20,000，使用價值為 $490,000。

試作：

(1) 公司 ×4 年機器減損之分錄。
(2) 公司 ×5 年有關機器提列折舊及減損之分錄（或減損迴轉之分錄）。

Chapter 11

無形資產、投資性不動產、生物資產與農產品

objectives

研讀本章後，預期可以了解：

- 無形資產之定義與範圍
- 無形資產之會計處理
- 投資性不動產之定義與範圍
- 投資性不動產之會計處理
- 生物資產以及農產品之定義與範圍
- 生物資產之會計處理
- 收成點農產品之衡量

在足球場上馳騁 20 年後，前英格蘭足球隊的隊長大衛貝克漢於 2013 年 5 月宣布退休。貝克漢出生於英國倫敦雷頓斯通，自 17 歲開始職業生涯，效力於曼聯球隊。為曼聯球隊建立輝煌戰績後，先後效力西班牙的皇家馬德里、義大利的 AC 米蘭、美國的洛杉磯銀河及法國的巴黎聖日耳曼等球隊。貝克漢的球技以「黃金右腳」最為著名，準確進行遠距離長傳、傳中及自由球攻門，為球隊貢獻大量的助攻和進球。

貝克漢除了在球壇享有聲譽，在球場外的發展與影響力亦不遑多讓。他擁有突出外表及正面形象，長期為運動品牌愛迪達代言，並跨越運動圈，為多家公司與品牌代言，包括**嘉實多**（Castrol）石油、**摩托羅拉**、**雅虎**、**百事可樂**、**亞曼尼**、**三星**等不勝枚舉。貝克漢與其妻（為前辣妹合唱團成員）並發展自己的事業，包括香水與時裝，引領時尚界。他也積極參與並成功爭取 2012 年奧林匹克賽於倫敦舉行，貝克漢夫婦亦參加英國威廉王子與凱特的婚禮，為少數公眾人物獲邀者。此外，他們也熱心於慈善活動。

貝克漢來自球員的收入，曾為職業足球界的最高者，其廣告與代言收入，更使其所得遽增。貝克漢的知名度就像可口可樂或 IBM 享有全世界的聲譽。是什麼因素讓即使年齡已過 35 的球員，不論退休前或退休後，仍具有如此「超額」盈利力？他的球技、理財能力、外表、形象、個人魅力，或是這些因素的交互作用？如果一個人的身價有一部分來自無形的因素，一個企業的價值又有多少來自無形資產呢？

本章架構

無形資產、投資性不動產、生物資產與農產品

無形資產
- 定義
- 各類無形資產之會計處理
  - 專利權
  - 著作權
  - 商標權
  - 特許權（執照）
  - 商譽

投資性不動產
- 定義
- 原始衡量
- 後續衡量
- 公允價值模式
- 成本模式

生物資產與農產品
- 定義
- 生物資產之衡量
  - 淨公允價值模式
  - 成本模式
  - 收成點農產品之衡量
- 農產品之衡量
  - 淨公允價值模式

學習目標 1
了解無形資產的定義及會計處理

11.1 無形資產的會計處理

11.1.1 無形資產的定義

企業除了具有實體存在的不動產、廠房及設備等資產外，尚有並不具備實體存在的無形資產，無形資產係指符合：(1) 具有可辨認性；(2) 可被企業控制；及 (3) 具有未來經濟效益之資源。根據上述定義，企業可能擁有具備專業技能之團隊，惟企業通常無法控制該團隊，故此類項目不符合無形資產之定義；同理，企業通常無法控制顧客關係與顧客忠誠度等項目所產生之預期經濟效益，致使該等項目（例如市場占有率、顧客關係）也不符合無形資產之定義。常見的無形資產有專利權、著作權、商標權、特許權（執照）及商譽等。

無形資產依取得方式可分類為：(1) 外部取得之無形資產；(2) 內部產生之無形資產。企業於評估內部產生之無形資產是否符合認列條件時，應將無形資產之產生過程分為**研究階段**與**發展階段**。若無法區分，則僅能將相關支出全數視為發生於研究階段。

> 研究階段支出必須全數費用化（認列為當期費用）。

研究階段包含致力於發現新知識之活動，或對於研究發現、其他知識應用之尋求、評估及選定等。由於無法證明未來經濟效益很有可能流入企業，故應於相關支出發生時認列為當期費用。發展階段則包含生產或使用前之原型及模型之設計、建造及測試，以及設計與新技術有關之工具、印模等。依據國際會計準則 IAS 38「無形資產」第 57 段之規定，發展階段之支出，若同時符合下列所有條件時，應認列為無形資產：(1) 完成該無形資產已達技術可行性，使該無形資產將可供使用或出售；(2) 意圖完成該無形資產，並加以使用或出售；(3) 有能力使用或出售該無形資產；(4) 無形資產將很有可能產生未來經濟效益；(5) 具充足之技術、財務及其他資源，以完成此項發展專案計畫；(6) 發展階段歸屬於無形資產之支出能可靠衡量。大體而言，這六項條件是要證明該無形資產很有可能具有經濟效益，且公司有能力將其成功發展，所以符合條件者可將發生之相關支出認列為資產。

> 發展階段支出在同時符合特定六項條件後即應資本化（認列為無形資產）。

釋例 11-1

安室公司於 ×6 年 7 月 1 日開始致力於發展一項新的錄音工程技術。×6 年 7 月 1 日至 ×6 年 10 月 31 日止共支出 $700,000，×6 年 11 月 1 日至 ×6 年 12 月 31 日共支出 $200,000。安室公司於 ×6 年 11 月 1 日判斷該技術符合發展階段支出可認列為無形資產之所有六項條件。

試作：×6 年相關支出之分錄。

解析

(1) 安室公司 ×6 年 11 月 1 日之前所發生的支出 $700,000，因尚未同時符合認列為無形資產之所有六項條件，故應認列為費用。

×6 年 7 月 1 日至 ×6 年 10 月 31 日

研究發展費用	700,000	
現金		700,000

(2) 自 ×6 年 11 月 1 日符合無形資產認列條件之日起，所發生之支出 $200,000，應認列為無形資產。

×6 年 11 月 1 日至 ×6 年 12 月 31 日

發展中之無形資產	200,000	
現金		200,000

11.1.2　無形資產的會計處理

除了要在資產負債表上認列內部產生之無形資產規定較為複雜外，其餘無形資產之會計處理和不動產、廠房及設備規定十分相似，均有成本模式和重估價模式兩種選擇。但因無形資產之公允價值更不易決定，使得實務上應用重估價模式較為困難；加以我國公司目前亦仍暫不允許選用重估價模式，故以下無形資產的會計處理均於採用成本模式的假設下說明。

無形資產應區分為有限耐用年限與非確定耐用年限兩類。有限耐用年限的無形資產，類似不動產、廠房及設備提列折舊一般，須於使用過程中將成本轉為費用，此過程稱為**攤銷**（amortization）。攤銷通常都是採取直線法進行攤銷，攤銷時借記**攤銷費用**（Amortization Expense），貸記該無形資產或**累計攤銷**

攤銷　有耐用年限的無形資產，將無形資產成本按合理而有系統的方式，在耐用年限內攤轉為費用的過程。攤銷時，借記攤銷費用，貸記無形資產或累計攤銷。

（Accumulated Amortization）。

所謂非確定耐用年限的無形資產，係指其產生淨現金流入之期間不存在可預見之終止期限。非確定耐用年限的無形資產無須攤銷，但不論有無減損跡象，均須每年進行減損測試，且企業應於報導期間結束日評估應否將非確定年限無形資產分類為有限耐用年限；若評估後由非確定年限改為有限耐用年限，則可能有發生減損跡象，一旦確認有減損跡象，則應進行資產減損之測試。測試後，若可回收金額（即淨公允價值與使用價值之較高者）低於帳面金額，應認列減損損失。嗣後，公司應評估是否有證據顯示無形資產於以前年度所認列之減損損失，可能已不存在或減少。若有此項證據，即應估計該無形資產之可回收金額，若高於帳面金額，則將減損損失迴轉；但迴轉後之帳面金額不得超過該無形資產在未認列減損損失的情況下，減除應提列攤銷後之帳面金額。

專利權 授與發明者製造、出售或使用其發明的專有權利。

專利權（Patent）是一種授與發明者製造、出售或使用其發明的專有權利，專利權也是公司維持競爭優勢的重要關鍵，曾為世界最大製藥公司的美國**默克藥廠**（Merck），即因其治療氣喘的暢銷藥 Singulair 的專利保護期限在 2012 年到期，故該氣喘藥銷貨收入由 2012 年的 6 億美元下降至 2013 年的 2.8 億美元。我國許多高科技產業公司均擁有某些產品或製程上的專利權，專利權的侵犯也是最容易造成訴訟的原因。企業為維護專利權而發生訴訟之成本，不論勝訴或敗訴，大抵上均應認列為費用。無形資產之後續支出僅能在其所產生之未來經濟效益，有非常明確之證據顯示超過原始評估之標準時，才能將該支出資本化。無形資產之後續支出甚難資本化，因為保護專利權之訴訟支出，即使勝訴，通常亦僅能維持專利權資產之原始績效而已，並不符合資本化的標準。另一方面，若敗訴，則代表有跡象顯示該專利權之帳面金額可能已發生減損，因為競爭者勝訴後很可能利用類似技術與公司競爭，公司於評估該專利權所產生的未來現金流量明顯減少後，則須作資產減損之會計處理。

釋例 11-2

雅馬訊公司為專業雲端服務業者，×2 年該公司發生 $1,500,000 不得資本化的研究發展支出，並於 ×3 年 1 月 1 日支付法律費用 $20,000 及其他成本 $200,000，取得通訊網路服務系統之專利權，並按直線法分 10 年攤銷專利權成本。×5 年間與其他雲端服務業者有專利糾紛，為維護專利權而發生訴訟支出 $100,000，並於 ×5 年底確定勝訴。試作上述有關專利權交易自 ×2 年至 ×5 年之分錄。

解析

(1) 研究發展支出應於發生的當期列為費用：

×2 年　　研究發展費用　　　　　　1,500,000
　　　　　　　現金　　　　　　　　　　　　1,500,000

(2) 研發成功後在申請專利權所發生的支出如法律規費等，始可列為相關無形資產的成本：

×3 年 1 月 1 日
　　　　　專利權　　　　　　　　　220,000
　　　　　　　現金　　　　　　　　　　　　220,000

(3) ×3 年至 ×5 年應作專利權之攤銷分錄，每年底應攤銷之金額為 $220,000 ÷ 10 = $22,000

×3 年底至 ×5 年底
　　　　　攤銷費用－專利權　　　　22,000
　　　　　　　專利權　　　　　　　　　　22,000

(4) ×5 年維護專利權成功之支出應認列為費用：

×5 年　　訴訟費用　　　　　　　　100,000
　　　　　　　現金　　　　　　　　　　　　100,000

釋例 11-3

老虎五隻公司擁有某一製造特殊碳纖維球桿之專利權，帳面金額為 $500,000，若該專利權剩餘期間能產生之淨現金流入的折現值為 $400,000，且其淨公允價值為 $300,000，則老虎五隻應提列多少減損損失？其會計分錄為何？若發生減損時專利權剩餘期間為 2 年，則此 2 年每年攤銷金額為何？

> **解析**
>
> (1) 可回收金額為 $400,000 ＝ 使用價值 $400,000 與淨公允價值 $300,000 二者之較高者
>
> 減損損失＝ $500,000 － $400,000 ＝ $100,000
>
> (2) 會計分錄
>
> 減損損失　　　　　　　　　　　　100,000
> 　　專利權　　　　　　　　　　　　　　　100,000
>
> (3) 專利權的成本基礎由 $500,000 降為 $400,000，在 2 年內攤銷，因此每年攤銷 $400,000÷2 ＝ $200,000。

著作權（Copyright）是政府授與著作人就其創作享有發行、出售或出版之專有權利。例如，上市公司**得利影視**在民國 96 年 12 月 31 日之資產負債表上列有無形資產-著作權的會計項目，金額為 $127,377（千元），其財務報表附註有關著作權的形容為：係外購影片版權以供發行錄影帶、光碟及數位光碟等產品所支付之成本，以取得成本為入帳基礎。

商標權（Trademark）是一種可分辨出特定公司或產品的標記或名稱，像**可口可樂**、**微軟**、**星巴克**、**麥當勞**及**特斯拉**等商標，使我們很快就能認出產品。**特許權**（Franchise）是經營某種業務、銷售某些商品或使用某些商標的一種契約協定，例如，加油站、餐廳、手搖飲料和不動產經紀連鎖等。另外，各國飯店業者也常取得國外著名連鎖飯店如 Marriott、Hilton 和 Holiday Inn 等旅館集團的特許，得以使用世界知名飯店的聯名和完整的經營管理流程，這也是特許權的例子。至於**執照**（License）也是一種特許權的方式，通常係指政府機構與使用公共財產之企業所簽訂的協議。有線電視頻道、廣播使用電波頻道、公車使用市街等，這些均係經由政府許可而取得經營權利，例如，**台灣大哥大**於民國 109 年 2 月向交通部申請競標 5G 電信執照之得標金約 306 億元，在資產負債表上即認列為無形資產之特許執照權，另依其民國 109 年之年度財務報表附註

無形資產、投資性不動產、生物資產與農產品 chapter 11

得知，帳列特許執照權無形資產（尚包含 3G 與 4G 電信執照之得標金）係以直線法基礎按其耐用年限 14 年至 21 年計提攤銷，民國 109 年底帳面金額約為 717 億元，而當年度攤銷之特許執照權費用約為 34 億元。

開辦費（start-up costs）係指因開辦活動所發生之必要支出，包括設立成本如設立公司所發生之法律及文書成本；開業前成本如開設新據點或業務之支出；或營運前成本如開始新營運、推出新產品或流程之支出。根據國際財務報導準則規定，這些支出雖可提供未來經濟效益，但並不符合認列無形資產之條件，應該在發生時即認列為費用。

> **開辦費** 為公司因開辦活動所發生之支出，不得認列為資產，應作為營期費用。

商譽（Goodwill）通常是公司資產負債表上性質較為特殊的無形資產。前面所談到的無形資產如專利權、著作權、商標權及特許權等都是可以個別辨認，但是商譽卻是不可個別辨認。商譽與公司不可分離，只有在與整個公司融為一體的時候才有可能存在，因為商譽可能與公司優良的人力資源、研發能力、獨特技術、管理團隊，甚至於良好的顧客往來關係有關，而這些因素會使公司具有比同業賺取更佳獲利能力的價值。所以只有在企業合併的情況下，才可能用外部取得的方式取得商譽而認列在資產負債表中。至於內部自行產生的商譽，則因公司不能控制、不可辨認，且成本不易可靠衡量，不得認列為資產。商譽不得攤銷，但應每年進行減損測試（不論有無減損的跡象）。另外值得注意的是，當商譽減損損失認列後，嗣後可回收金額之增加可能來自內部產生商譽之增加，但因企業內部產生之商譽不得認列為資產，故已認列之商譽減損損失不能迴轉。表 11-1 彙總無形資產之攤銷、減損損失以及迴轉之情形。

> **商譽** 與公司整體有不可分的關係，無法個別辨認。

給我報報

皇家加勒比國際郵輪因新型冠狀病毒疫情，認列了併購銀海郵輪公司的商譽及品牌減損損失

皇家加勒比國際郵輪 RCI（Royal Caribbean International）成立於 1969 年，

這個挪威郵輪品牌是世界上郵輪旅遊市占率最高的品牌。在 1997 年被皇家加勒比郵輪有限公司收購為旗下的子公司，總部在美國佛羅里達邁阿密。截至 2019 年 7 月，有 26 艘郵輪在服務，並訂購了 6 艘船。按收入計算，皇家加勒比是世界上最大的郵輪公司，也是乘客數第二高的，它控制了世界郵輪市場的 23.2% 的占有率。皇家加勒比郵輪有限公司旗下的其他品牌包括精緻郵輪、普爾曼郵輪、精鑽俱樂部郵輪、銀海郵輪和途易郵輪。

2020 年 1 月新型冠狀病毒肺炎爆發後，第二大嘉年華郵輪公司（Carnival Cruise Lines）旗下的鑽石公主號是第一艘船上發生重大疫情的郵輪，該船從 2020 年 2 月 4 日起在日本橫濱被隔離大約一個月，超過 700 人被感染，死亡人數達 12 人。此疫情重創全球郵輪業者，皇家加勒比郵輪有限公司因此針對所屬的銀海郵輪子公司，在 2020 年第 1 季帳上提列了 5.76 億美元及 3 千萬美元的商譽及商標減損損失。

表 11-1　無形資產之攤銷、減損損失與迴轉

無形資產	尚未可供使用（發展中）	有限耐用年限	非確定耐用年限	商譽
應否攤銷	不得攤銷	須攤銷	不得攤銷	不得攤銷
攤銷方法		應評估殘值及攤銷期間，按合理有系統的方式攤銷。		
評估減損時點	1.於報導期間內若有減損跡象，應立即進行減損測試。 2.無論是否有減損跡象，應每年定期進行減損測試。	於報導期間結束日評估是否有減損跡象，若有則進行減損測試。	1.於報導期間內若有減損跡象，應立即進行減損測試。 2.無論是否有減損跡象，應每年定期進行減損測試。 3.於報導期間結束日評估耐用年限。 4.若耐用年限由非確定年限改為有限時，應進行減損測試。後續期間，應加以攤銷，視為會計估計變動。	1.於報導期間內若有減損跡象，應立即進行減損測試。 2.無論是否有減損跡象，應每年定期進行減損測試。 3.商譽若係於當年合併所產生者，應於當年年底前進行減損測試。
減損損失迴轉	可迴轉	可迴轉	可迴轉	不得迴轉

無形資產、投資性不動產、生物資產與農產品

11.2 投資性不動產

> **學習目標 2**
> 了解投資性不動產的定義與會計處理

11.2.1 投資性不動產的定義

依據國際會計準則 IAS 40「投資性不動產」之規定，投資性不動產係指企業持有之為賺取租金或資本增值（或兩者兼具）之不動產。換言之，投資性不動產並非：(1) 用於商品或勞務之生產或提供，或供管理目的；或 (2) 於正常營業中出售。以下說明如何區分「屬投資性不動產」與「非屬投資性不動產」：

屬投資性不動產之項目	非屬投資性不動產之項目
為賺取租金而持有之不動產或為獲取資本增值所持有之土地。	意圖於正常營業出售，或為供正常營業出售而仍於建造或開發過程中之不動產（屬「存貨」）。
目前尚未決定未來用途所持有之土地。（若企業尚未決定將土地作為自用不動產或供正常營業短期出售，則該土地即屬為獲取資本增值所持有。）	自用不動產（屬「不動產、廠房及設備」）。
正在建造或開發，以供未來作為投資性不動產使用之不動產。	為其他企業建造或開發之不動產（屬「建造合約」）。

由上述定義可知企業持有投資性不動產之目的，係為賺取租金或資本增值或兩者兼具。因此，投資性不動產所產生之現金流量，幾乎獨立於企業所持有之其他資產，此係區分投資性不動產及自用不動產之重要特性。因生產商品或提供勞務（或供管理目的所使用之不動產）所產生之現金流量，不僅歸因於不動產，亦歸因於生產或提供過程中所使用之其他資產（如機器設備與運輸工具）。

> 投資性不動產的現金流量與其他資產獨立；自用不動產的現金流量與其他資產有關。

企業持有某些不動產之目的可能一部分係為賺取租金或資本增值，其他部分則係用於商品或勞務之生產或提供、或供管理目的。不動產的各部分若可單獨出售或出租，則企業對各該部分應分別作會計處理（參考釋例 11-4 之說明）。若建築物各部分無法單獨出售，則僅在用於商品或勞務生產或提供、或供管理目的所持有部分係屬不重大時，該不動產才分類為投資性不動產。釋例 11-5 說明出租建築物附屬之管理服務是否重大，對會計處理的影響。

釋例 11-4

包租公司擁有一棟七層樓的建築物。其中第一層至第五層分別出租予不同的公司行號，第六層樓則尚在尋覓承租方而空置。第七層則作為包租公司總管理處之用。這棟建築物各層樓皆可予單獨出售，請問如何表達所持有之建築物？

解析

包租公司所持有這棟建築物中第一層至第六層的主要目的是為了賺取租金，且這六層樓均可單獨出售或出租，故在包租公司之財務報表上應列為投資性不動產。第七層的主要目的係供管理目的，故應作為不動產、廠房及設備的一部分。

釋例 11-5

在下列三情況下，出租公司之建築物在帳上應如何分類？

[情況 1]

出租公司將建築物出租給百貨公司，且出租公司提供**重大**之百貨經營管理服務，而屬於出租之部分相對而言係屬**不重大**之交易。此一建築物中屬於出租部分與提供服務部分均無法單獨出售。

[情況 2]

出租公司將建築物出租給百貨公司，且出租公司提供之保全服務判斷為**不重大**之服務，而屬於出租之部分相對而言係屬**重大**之交易。此一建築物中屬於出租部分與提供服務部分均無法單獨出售。

[情況 3]

出租公司將建築物出租給百貨公司，且出租公司提供之保全服務及屬於出租之部分均屬**重大**之交易。此一建築物中屬於出租部分與提供服務部分均無法單獨出售。

解析

若建築物中屬於出租部分與提供服務部分均可單獨出售，則屬於出租部分應分類為投資性不動產，而屬於提供服務之部分應歸類為不動產、廠房及設備。此釋例中屬於出租部分與提供服務部分均**無法單獨出售**，在此條件下，若出租公司提供重大之百貨經營與管理服務，則整棟建築物均屬不動產、廠房及設備（無需考慮出租之部分是否重大）。因此，[情況 1] 與

無形資產、投資性不動產、生物資產與農產品 chapter 11

> [情況 3] 中之建築物屬不動產、廠房及設備，而 [情況 2] 中之建築物則應分類為投資性不動產。

釋例 11-5 中出租公司提供之經營管理部分是否為「重大」，應以經營管理部分應得現金流量之風險（變動性）是否重大為判斷基礎。實務上出租與經營管理兩部分之現金流量可能不易區分，企業應建立適當標準，進行專業判斷，才能在帳上恰當分類各部分無法單獨出售之建築物。

11.2.2 投資性不動產的會計處理

投資性不動產之會計處理和不動產、廠房及設備規定亦頗相似，應按其包括交易成本在內的購買成本記錄在資產負債表中。所謂投資性不動產之購買成本包括購買價格及任何直接可歸屬之支出，例如法律服務費、不動產移轉之稅捐及其他交易成本等。取得投資性不動產後，後續增添、部分重置或重大維修該不動產所發生之成本，亦記入投資性不動產之帳面金額中。但日常維修支出則發生時認列為費損。

> 投資性不動產應以購買成本（含交易成本）為其原始衡量。

同樣地，在投資性不動產發生部分重置或重大維修時，除將發生支出增加投資性不動產的帳面金額外，被重置或汰換部分亦須視同處分處理；亦即將被重置或汰換部分的帳面金額由投資性不動產項目中減除，並認列處分損益。例如，因作為投資性不動產之建築物裡的舊內牆破損，所以重置新內牆。此時重置新內牆的支出應認列於投資性不動產的帳面金額，被重置的舊內牆之帳面金額則應由投資性不動產項目中除列。

投資性不動產與不動產、廠房及設備會計處理不同之處，在於取得投資性不動產後，公司決定其應記錄在每期資產負債表上的金額時，亦即所謂後續衡量時，有成本模式和公允價值模式兩種可以選擇衡量。投資性不動產的成本模式與不動產、廠房及設備的成本模式完全相同；投資性不動產的公允價值模式則與不動產、廠房及設備的重估價模式不同，雖都是以該不動產的公允價值作為帳面金

> 投資性不動產的後續衡量得選擇公允價值模式或成本模式。但除保險公司外，我國上市櫃公司目前暫不允許選用公允價值模式。

公允價值模式下，投資性不動產之公允價變動應列入本期淨利。

額，但不動產、廠房及設備的公允價值增加是認列於其他綜合損益（詳見第 10 章附錄），投資性不動產的公允價值變動則是認列於本期淨利。此外，投資性不動產之公允價值模式係為在每一財報日將投資性不動產衡量至公允價值；而不動產、廠房及設備的重估計模式，則為當公允價值之變動不重大者，並無經常重估價之必要，該項目可能僅須每隔 3 年或 5 年重估價一次即可。最後，提醒注意我國目前僅允許保險公司對投資性不動產選用公允價值模式。

對投資性不動產得將成本模式改為公允價值模式，但不得自公允價值模式改用成本模式。

此外，公司能否在各期資產負債表中，對投資性不動產改變原來選用的成本模式或公允價值模式呢？國際財務報導準則不排除公司由成本模式改為公允價值模式，但不鼓勵由公允價值模式改為成本模式。因為 IASB 認為自公允價值模式改為成本模式，幾乎不可能產生更攸關的資訊。所以若公司先前按公允價值衡量投資性不動產，則直至處分（或改變分類為自用不動產或供後續正常營業出售的存貨）前，應持續按公允價值衡量該不動產。

釋例 11-6

鼎堅公司 ×7 年 3 月份購買一棟位於信義區的商辦大樓，其目的為藉由出租方式收取租金收益。鼎堅公司除支付購買成本 $350,000,000 外，並發生不動產移轉之稅捐及其他交易成本 $150,000，另有公司人員行政成本 $20,000。後續委託速配房仲公司代為仲介，順利於同年 5 月初起以每個月 $300,000 的租金出租予創意公司，租期二年。鼎堅公司須支付速配房仲公司一個月的租金作為仲介租金。鼎堅公司對該商辦大樓採用公允價值模式評價，於 ×7 年 12 月 31 日該商辦大樓的公允價值為 $352,000,000。

試作 ×7 年所有相關分錄。

解析

×7 年 3 月記錄購買投資性不動產

行政費用	20,000	
投資性不動產	350,150,000	
現金		350,170,000

（$350,000,000 + $150,000 = $350,150,000$，行政成本並非直接可歸屬之成本，應列入營業費用，不得資本化。）

×7 年 5 月記錄支付仲介費用予速配房仲公司

佣金費用	300,000	
現金		300,000

×7 年 5 月至 12 月每月記錄收取創意公司支付之租金

現金	300,000	
租金收入		300,000

×7 年 12 月 31 日記錄投資性不動產期末之公允價值增值利益

投資性不動產	1,850,000	
公允價值調整利益-投資性不動產		1,850,000

公司帳務系統中投資性不動產項目下可能設立不同之子項目，如「投資性不動產-土地」，以及「投資性不動產-建築物」。

IFRS 一點就亮

「投資性不動產」與「不動產、廠房及設備」之會計處理比較

會計處理模式	投資性不動產	不動產、廠房及設備
成本模式	可選用 • 提列折舊與減損損失	可選用 • 提列折舊與減損損失
公允價值模式	可選用 • 公允價值之變動，不論高於或低於帳面金額，均認列為當期損益 • 每一財報日衡量至公允價值	無此選擇
重估價模式	無此選擇	可選用 • 若重估價後金額高於帳面金額，認列為其他綜合損益；若低於帳面金額，則認列為當期損益 • 若公允價值之變動不重大，可能每隔 3 年或 5 年重估價一次即可

> 採成本模式之投資性不動產仍須於附註中揭露公允價值。

不管採用公允價值模式或成本模式，公司應揭露投資性不動產之公允價值。在決定投資性不動產之公允價值時，最好以獨立評價人員（具備經認可之相關專業資格，並對所評價之投資性不動產之地點及類型於近期內有相關經驗）之提供評價報告為基礎。

> **學習目標 3**
> 了解生物資產及農產品之定義及會計處理

11.3 生物資產與農產品之定義

11.3.1 生物資產與農產品的定義

國際財務報導準則中，IAS 41「農業」在規範農業活動有關之會計處理。農業活動係指對生物資產（具生命之動植物）生物轉化之管理，以供銷售、轉換為農產品（生物資產之收成品）或轉換為額外之生物資產。故 IAS 41 的內容即在說明生物資產與農產品的會計處理。

生物資產之定義

> 生物資產為經生物轉化之管理，且目的為銷售、轉換為農產品或額外之生物資產的動植物。

IAS 41 規範的生物資產，係經「生物轉化之管理」的生物資產。所謂生物轉化，是使生物資產之品質或數量發生改變之成長、蛻化、生產及繁殖過程。如小牛長大為成牛（品質改變），母牛生下小牛（數量改變）皆屬生物轉化過程。例如畜牧業飼養的牛羊雞豬、人造森林裡的林木、人工養殖的魚蝦及溫室裡的蘭花等；天然野生的動植物不包含在內。此外，農業活動的生物轉化管理目的須為銷售、轉換為農產品或額外之生物資產，故如北市動物園裡的貓熊與屏東海生館的白鯨，因為其擁有目的是供對外觀賞，這些動物生下的小動物不予出售，也不會對動物收成之農產品加以出售，所以這些動物不屬國際財務報導準則定義的生物資產，而應適用「不動產、廠房及設備」之會計處理，其性質類似觀光業的設備。

除了前述排除在 IAS 41 範圍外之生物外，值得注意的是，**生產性植物**亦應適用 IAS 16「不動產、廠房及設備」之會計處理。**生產性植物**係指符合下列所有條件且具生命之植物：

無形資產、投資性不動產、生物資產與農產品　chapter 11

1. 用於農業產品之生產或供給；
2. 預期生產農產品期間超過一期（一年）；及
3. 將其作為農業產品出售之可能性甚低（偶發地作為殘料出售者除外）。

　　大多數的果樹、茶樹為符合 **2.** 之多年生植物，且同時符合 **1.** 及 **3.** 條件，因此應以折舊後成本衡量；但是為砍伐原木而種植之樹木（如紅檜）則不符合 **3.** 條件，因此不屬於生產性植物，而應歸類為**消耗性植物**。因為生產性植物通常必須與相關之土地合併出售，其性質更類似土地與廠房之組合，故應適用 IAS 16「不動產、廠房及設備」之會計處理；而生產性動物仍依 IAS 41 以淨公允價值衡量，因此生產性植物應適用 IAS 16「不動產、廠房及設備」之會計處理；其他生物資產則應依 IAS 41 以淨公允價值衡量（無法可靠衡量者除外）。

> 生產性植物通常必須與相關之土地合併出售，其性質更類似土地與廠房之組合，故應適用 IAS 16「不動產、廠房及設備」之會計處理；而生產性動物仍依 IAS 41 以淨公允價值衡量。

農產品之定義

　　至於 IAS 41 規範的農產品，係指生物資產之收成品。所謂收成，係指將產品從生物資產分離或生物資產生命過程之停止，所以畜牧業自所飼養的牛羊雞豬等生物資產所收成農產品包括：牛奶、羊毛、雞蛋與豬肉。農產品雖源自生物資產，但收成前仍屬生物資產的一部分，例如在尚未採集乳汁前，乳汁視為乳牛的一部分；又如羊毛在剪下前視為綿羊的一部分；二者均屬單一之「生物資產」。溫室栽培的杏鮑菇，採收前為生物資產，採收後則為農產品。要特別注意的是，生產性植物之收成品，如水果、茶葉片等，亦屬於應依 IAS 41 以淨公允價值衡量（無法可靠衡量者除外）。表 11-2 提供生物資產、農產品及收成後經加工而成產品之釋例。

> 農產品為收成點時之生物資產之直接產出。

　　另須特別注意的是，農產品僅止於**收成點**生物資產之**直接產出**，若收成後如再經加工，其製品則既非為生物資產，亦非為農產品。例如對某出售項目乳牛、牛肉、以自產牛乳製造之冰淇淋的牧場而言，乳牛為其生物資產，牛肉為其農產品，採集後牛乳為其農產品，將牛乳再行製造而成的冰淇淋為加工產品。而農產品與收成

> 農產品與收成後加工產品同屬存貨。

表 11-2　生物資產、收成時點之農產品與收成後之產品

		生物資產	農產品	收成後經過加工而成之產品
IAS 41 範圍	非生產性植物之生物資產	綿羊	羊毛	毛線、地毯
		乳牛	牛奶	乳酪
		肉豬	屠宰後之豬隻	香腸、火腿
		肉雞	雞蛋	烤雞
		植栽林之林木	已砍伐之林木	原木、木材
		棉花植株	已收成之棉花	棉線、衣服
		甘蔗植株	已收成之甘蔗	蔗糖
		菸草植株	已採摘之葉片	菸草
IAS 16 範圍	生產性植物	茶樹	已採摘之葉片	茶飲料
		葡萄樹	已採摘之葡萄	葡萄酒
		果樹	已採摘之果實	加工後之水果
		油棕樹	已採摘之果實	棕櫚油
		橡膠樹	已收成之乳膠	橡膠製品

附註：茶樹、葡萄樹、果樹、油棕樹及橡膠樹合乎生產性植物之定義，但這些植物上生長中的茶葉、果實及乳膠屬於生物資產，應以淨公允價值衡量（無法可靠衡量者除外）。

後加工產品同屬該牧場的存貨：牛肉（農產品）為商品存貨（用於直接出售），牛乳（農產品）為原料存貨（用於製造冰淇淋），冰淇淋為完成品之商品存貨（用於直接出售）。

此外，IAS 41 鼓勵但非強制公司將生物資產區分為「消耗性生物資產」與「生產性生物資產」兩種。消耗性生物資產係未來將收成為農產品或以生物資產出售者，例如用以生產肉品之牲畜、持有供出售之牲畜、養殖之魚類、收割前的玉米及小麥等一年生農作物，以及成長後將作為原木出售之樹木。

簡言之，「消耗性生物資產」之持有目的為直接出售或作為農產品的原料，其性質類似「存貨」。「生產性生物資產」係「消耗性生物資產」以外之生物資產，如用於生產牛乳的乳牛，用於剪取羊毛的綿羊。「生產性生物資產」之持有目的非為供直接出售，而係用於製造農產品，其性質較類似「不動產、廠房及設備」。值得再提醒，

無形資產、投資性不動產、生物資產與農產品

生產性植物應適用 IAS 16「不動產、廠房及設備」之會計處理；而生產性動物仍依 IAS 41 以淨公允價值衡量。

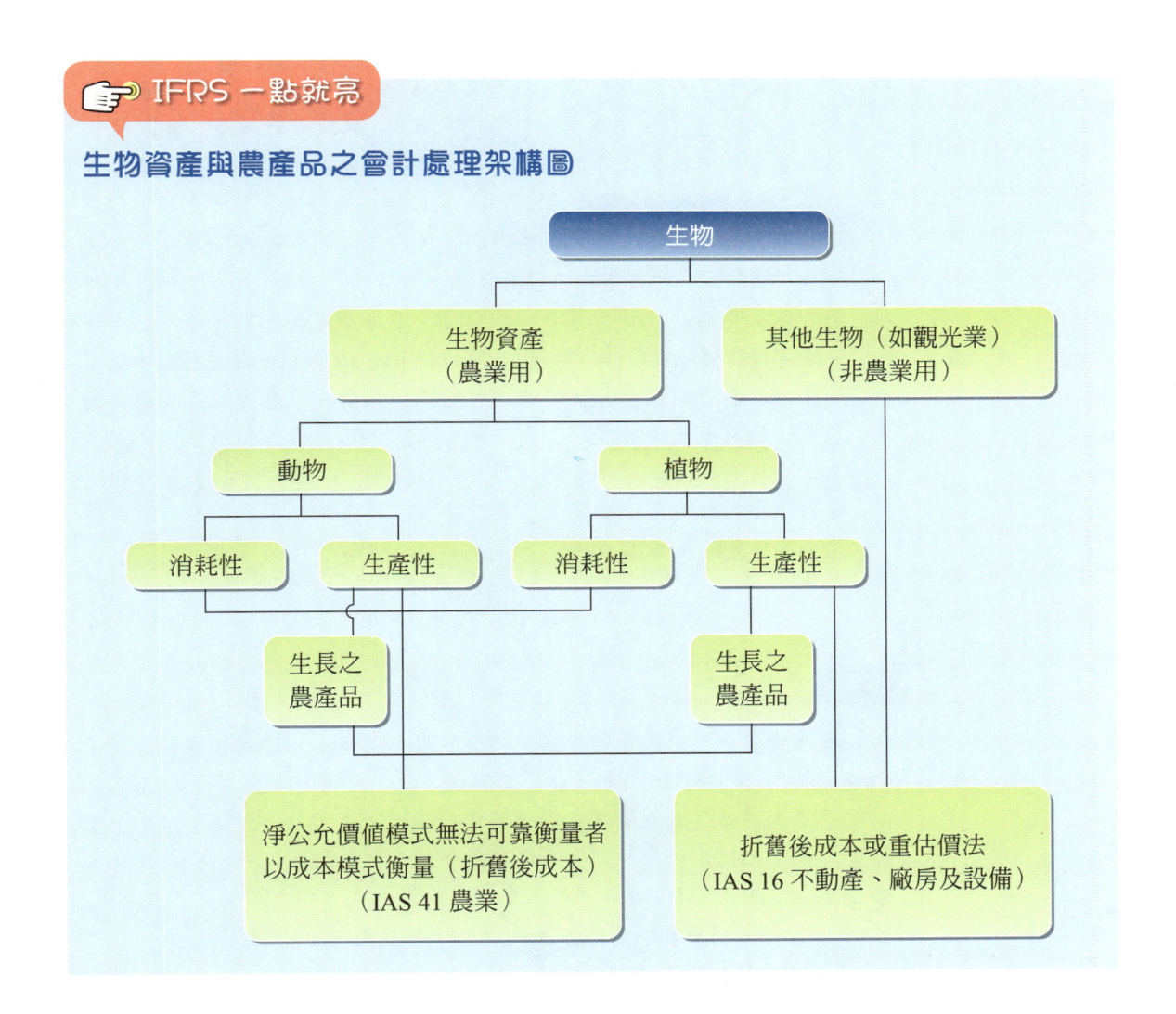

IFRS 一點就亮

生物資產與農產品之會計處理架構圖

```
                            生物
                             │
              ┌──────────────┴──────────────┐
         生物資產                      其他生物（如觀光業）
         （農業用）                        （非農業用）
              │
       ┌──────┴──────┐
      動物          植物
       │            │
   ┌───┴───┐    ┌───┴───┐
  消耗性  生產性  消耗性  生產性
           │            │
        生長之        生長之
        農產品        農產品

淨公允價值模式無法可靠衡量者        折舊後成本或重估價法
以成本模式衡量（折舊後成本）      （IAS 16 不動產、廠房及設備）
      （IAS 41 農業）
```

動動腦

並非所有生物資產均應適用 IAS 41 而以淨公允價值衡量（無法可靠衡量者除外），茲以下列兩類生物資產舉例說明。

(1) 屏東海生館的白鯨在資產負債表中應列入哪一項目？又應如何衡量？
(2) 卜蜂集團飼養的種雞及肉雞在資產負債表中應列入哪一項目？又應如何衡量？

(3) 法國五大酒莊的葡萄藤在資產負債表上之歸類為何？如何衡量？為何生產性植物的會計與其他生物資產不同？

解析

(1) 白鯨以讓客人觀賞為目的並非農業生產的一環，應列入「不動產、廠房及設備」，並以成本減累計折舊（若有減損再減累計減損）衡量。
(2) 卜蜂集團飼養的種雞及肉雞屬於企業供轉換為額外生物資產之農業活動之生物，故應列入「生物資產」，並以淨公允價值衡量。此外，種雞屬生產性生物資產，而肉雞屬消耗性生物資產，但都應以淨公允價值衡量，除非淨公允價值無法可靠衡量。
(3) 葡萄藤是生產性植物，符合「不動產、廠房及設備」之定義，在達到可維持規律性收成前（成熟前），應依據 IAS 16 將符合條件之成本資本化；在成熟後則以折舊後成本或重估價值衡量。消耗性生物資產係未來將收成為農業產品或以生物資產出售者，因此淨公允價值可提供企業未來現金流量之有用資訊；而企業通常不出售生產性植物，因此生產性植物之公允價值變動並不直接影響企業之未來現金流量，以折舊後成本衡量較為適當。

釋例 11-7

阿寶哥帶著奇奇和小問來到了苗栗的飛牛牧場，一進到牧場就看到了牧場裡養了 2 匹馬和 5 隻鴨，接下來參觀了牧場裡的 10 隻乳牛，經詢問牧場的管理人員後了解在飛牛牧場裡馬與鴨是供觀賞用的，而乳牛則是生產牛奶，擠下來的牛奶有一部分會拿來銷售予參觀的旅客，一部分則會加工製造成冰淇淋或是牛奶糖。

試問：(1) 馬、鴨與乳牛是否都屬於 IAS 41 的範圍？
(2) 牛奶、冰淇淋與牛奶糖是否屬於 IAS 41 的範圍？

解析

(1) 由於馬和鴨是觀賞用的動物，應適用「不動產、廠房及設備」之會計處理；乳牛則為從事與農業活動有關之生物資產，故屬 IAS 41 的適用範圍。
(2) 牛奶為自生物資產乳牛收成的農產品，同樣適用 IAS 41，但以淨公允價值衡量後即改列為存貨。冰淇淋和牛奶糖則為牛奶收成後經加工而作成之存貨，屬 IAS 2「存貨」適用範圍，不適用 IAS 41。

11.3.2　生物資產的會計處理──淨公允價值模式

國際財務報導準則要求，除非公允價值無法可靠衡量，否則生物資產記錄於每期資產負債表的金額，應以其淨公允價值衡量，且將淨公允價值變動計入本期淨利。而所謂**淨公允價值，係指公允價值減去出售成本**。

國際財務報導準則要求應以淨公允價值衡量生物資產，乃基於成本的投入通常與生物轉化本身僅具微弱之關係，因而與預期未來經濟效益之關係更小。例如人造森林通常在初期幼苗時期有較多成本投入，如買入、施肥、剪枝等等培育的工作，但由存活成小樹到可砍伐的數十年間，則幾乎沒有成本支出。因此，成本支出的型態完全無法表達樹木對企業預期未來經濟效益之貢獻；反之，淨公允價值模式能反映因生物轉化所發生改變之影響，在每一財務報導期間結束日，適當表達生物資產預期未來經濟效益之貢獻。例如當飼養的乳牛可以開始生產牛奶，與另一頭未能生產牛奶的乳牛相比，當然是前者之公允價值較高；而其投入的成本可能是一樣的。而對生產牛奶為業的牧場而言，乳牛公允價值的變動與牧場預期未來經濟效益，兩者變動具直接關係。且在成本模式下，人造森林直至首次收成並銷售前（期間可能長達數十年），不會報導任何收益，所有收益將集中在賣出原木的年度全數一次認列。但若採用淨公允價值模式，則於首次收成前之各期期間都會衡量淨公允價值及報導收益。

在運用淨公允價值模式衡量生物資產時，有二點需特別注意：首先，淨公允價值等於公允價值減除出售成本，出售成本係指除財務成本及所得稅外，直接可歸屬於資產處分之增額成本。例如支付予代理商及經銷商之佣金，主管機關收取之關稅與費用等。但須特別注意的是，**出售成本不包括將生物資產運送至市場之運輸成本**。運輸成本應於決定公允價值時減除，即決定公允價值時須由市價中減除運輸成本。此乃因資產之公允價值，係資產於「目前地點及狀態」下之活絡市場的公開報價（或其估計值）。故若 A 公司估計出售生物資產時，預計須支付運輸成本 $10 將其運送至甲市場後之公開報價為 $100，則該生物資產於「目前地點及狀態」（生物資產現

> 淨公允價值
> ＝ 公允價值 － 出售成本
> IFRS 不使用淨公允價值一詞，逕稱生物資產應以「公允價值減出售成本」衡量。

> 出售成本不包括將生物資產運送至市場之運輸成本。運輸成本應於決定公允價值時減除，即公允價值＝市價－運輸成本。

處場所如農場）之公允價值應為 $90（即 $100 － $10）；而另一 B 公司可能因農場位置較接近甲市場，只須支付運輸成本 $6，而估計相同生物資產之公允價值為 $94（即 $100 － $6）。

> 淨公允價值模式衡量適用於生物資產初取得（原始衡量）及後續每期編製資產負債表時（後續衡量）。

其二需特別注意者，乃淨公允價值模式衡量適用於生物資產初取得（即所謂原始衡量）及後續每期編製資產負債表時（即所謂後續衡量）。所以在淨公允價值模式下，公司可能在剛取得生物資產時就發生損益。發生利益的情況如母牛產下小牛，則農場於原始衡量小牛時記錄生物資產的增加與利益；發生損失的情況則因淨公允價值係由市價中減除運輸成本得到公允價值後，再減除出售成本而得。

> 淨公允價值模式下，可能在剛取得生物資產原始衡量時就發生損益。

例如某生物資產在市場之公開報價為 $100，買方將其運回農場之運費 $10，則農場共須支付 $110 取得該生物資產，但於記錄此生物資產之取得時，該生物資產於「目前地點及狀態」（生物資產現處場所為農場）之公允價值應為 $90（即 $100 － $10），即假設買方須先花費運費 $10 將其運送至市場後，方能以公開報價 $100 出售。假設估計出售成本為 $5，則生物資產取得時之淨公允價值應為 $85（即 $90 － $5）。所以農場須作成會計記錄如下：

> 生物資產的購買運費可單獨列為費用，或計入原始衡量生物資產之損益，兩種方式對本期淨利之影響相同。

生物資產 - 按淨公允價值	85	
當期原始認列生物資產之損失	25	
現金		110

或將購買生物資產運費應獨列示為費用而記錄如下：

生物資產 - 按淨公允價值	85	
當期原始認列生物資產之損失	15	
購買生物資產運費	10	
現金		110

> 取得生物資產後，後續支出可單獨列為費用，或計入生物資產帳面金額的增加，兩種方式對本期淨利之影響相同。

相似於前述購買生物資產運費之會計處理，因為其對本期淨利之影響相同，國際財務報導準則也未強制規範取得生物資產後，後續飼養成本等支出應單獨列為費用，或計入生物資產帳面金額的增加。因為認列為費用造成的本期淨利減少數，將和計入生物資產

帳面金額後，再衡量其淨公允價值變動所造成的本期淨利減少數相同。例如上例中，該生物資產取得後發生飼養支出 $8，期末淨公允價值 $100，農場在以下兩種記錄方式中本期淨利並無差異（淨利皆為增加 $7）：

生物資產 - 按淨公允價值	8	
現金		8
生物資產 - 按淨公允價值	7	
生物資產淨公允價值變動利益		7
[$100 － ($85 ＋ $8)]		

或

飼養費用	8	
現金		8
生物資產 - 按淨公允價值	15	
生物資產淨公允價值變動利益		15
($100 － $85)		

釋例 11-8

阿土伯是喜羊羊牧場的主人，他於 ×5 年 1 月 1 日買了 200 隻山羊圈飼在牧場內，準備未來生產羊奶。每隻山羊市價為 $4,500，並另支付該批山羊於市場至牧場間之運費 $10,000。×5 年 1 月 1 日估計若處分該批山羊，除需支付將其運往市場之運費 $10,000 外，並需支付佣金等出售成本 $5,000。

在 ×5 年飼養期間，牧場發生餵食青草與嫩葉的費用 $18,000，及人事成本 $50,000。另外，為了防止山羊打架受傷，阿土伯請獸醫對羊頭上長角的地方預做處理，讓羊角長不出來，花了 $5,000。於 ×5 年底每隻山羊的淨公允價值為 $4,800。

×6 年 1 月 20 日，因預期市場對羊奶需求降低，阿土伯將該批山羊中的 20 隻運往市場以每隻市價 $5,000 出售，並支付運費 $1,000 與佣金等出售成本 $500。出售前並未對該批山羊重新評估其淨公允價值。

試作關於該批山羊於 ×5 年與 ×6 年應作之分錄。

解析

一隻山羊市價 $4,500，共買 200 隻，總成交價 $900,000，但其於喜羊羊牧場（「目前地點與狀態」）之公允價值為 $890,000（即成交價 $900,000 － 預期運往市場之運費 $10,000），故淨公允價值為 $885,000（即公允價值 $890,000 － 出售成本 $5,000）。故取得時之分錄如下：

×5 年 1 月 1 日（取得）

生產性生物資產 - 按淨公允價值	885,000	
當期原始認列生物資產之損失	25,000	
現金		910,000

另 ×5 年間發生飼養支出 $73,000（即 $18,000 ＋ $50,000 ＋ $5,000），若選擇將其記為費用，而期末該批山羊之淨公允價值為 $960,000（即 $4,800 × 200），較取得時增加 $75,000（即 $960,000 － $885,000），故 ×5 年底應作分錄為：

×5 年 12 月 31 日（飼養期間）

飼養費用	73,000	
原料		18,000
應付薪資		50,000
現金		5,000
生產性生物資產 - 按淨公允價值	75,000	
公允價值調整利益 - 生物資產		75,000

或，若選擇將飼養支出記為生物資產帳面金額的增加，則該批山羊期末之淨公允價值增加數為 $2,000〔即 $960,000 － ($885,000 ＋ $73,000)〕，故 ×5 年底應作分錄為：

×5 年 12 月 31 日（飼養期間）

生產性生物資產 - 按淨公允價值	73,000	
原料		18,000
應付薪資		50,000
現金		5,000
生產性生物資產 - 按淨公允價值	2,000	
淨公允價值調整利益 - 生物資產		2,000

由上可知，無論選擇將飼養支出記為費用或生物資產成本增加，對本期淨

利的影響都是增加 $2,000。

　　此外，另一項於 IAS 41 並未強制規定的會計議題是，記錄生物資產出售時，應採分別記錄收入與成本的總額方式，或採記錄利益或損失的淨額方式。本例中之生物資產為生產性生物資產，性質上較接近「不動產、廠房及設備」，故本書選擇與「不動產、廠房及設備」處分相同之淨額方式記錄。

> 當公允價值無法可靠衡量而採用成本衡量時，構成公允價值衡量之例外，稱之為「可靠忙之例外」。

×6 年 1 月 20 日
  現金*   98,500
    生產性生物資產 - 按淨公允價值   96,000
    淨公允價值調整利益 - 生物資產   2,500
  *(20 × $5,000) − $1,000 − $500 = $98,500

釋例 11-9

　　沿釋例 11-8，惟購買該批山羊之目的係未來出售活羊。試作關於該批山羊於 ×5 年與 ×6 年應作之分錄。

解析

　　因購買目的為未來出售活羊，故該批山羊為消耗性生物資產。淨公允價值模式下，消耗性生物資產與生產性生物資產之會計處理並無不同，故除將分錄中「生產性生物資產」項目改為「消耗性生物資產」外，×5 年相關分錄均與釋例 11-8 相同。

　　但在記錄消耗性生物資產出售時，IAS 41 並未強制規定應採總額或淨額方式，而本例中之生物資產為消耗性生物資產，性質上較接近「存貨」，故本書選擇與「存貨」處分相同之總額方式記錄。

×6 年 1 月 20 日
  現金*   98,500
  佣金費用   500
  銷貨運費   1,000
    銷貨收入   100,000
  * (20 × $5,000) − $1,000 − $500 = $98,500

  銷貨成本**   98,500
    消耗性生物資產 - 按淨公允價值   96,000
    淨公允價值調整利益 - 生物資產   2,500

** 銷貨成本金額為出售日該批山羊之淨公允價值 = (20 × $5,000) − $1,000 − $500 = $98,500

請注意無論係以總額或淨額方式記錄下，出售此 20 隻山羊對本期淨利之影響數均為增加 $2,500，此或為 IAS 41 並未強制規定應採總額或淨額方式記錄生物資產出售之原因。

IFRS 一點就亮

生物資產出售之記錄

IAS 41 並未強制規定記錄生物資產出售時，應採分別記錄收入與成本的總額方式，或採記錄利益或損失的淨額方式。而在實務界的意見方面，四大會計師事務所之 Ernst & Young（安永）在其全球性的 IFRS 指南中指出，IAS 1 明載不得將資產與負債或收益與費損互抵，但國際財務報導準則另有規定或允許者不在此限。而 IFRS15 對收入加以定義，並規定企業於考量其允諾之商業折扣及數量折扣後，按已收或應收對價之公允價值衡量收入。企業於其正常活動過程中，從事一些不產生收入（但附屬於產生收入之主要活動）之其他交易。當以淨額表達能反映交易或其他事項之實質時，企業應將同一交易所產生之收益與相關費損相減，以淨額表達該等交易之結果。例如企業對非流動資產（包括投資及營業資產）之處分利益及損失。故若生物資產之出售屬例行性業務，則應以收入與費用分列的總額方式記錄；但若生物資產之出售非屬例行性業務，則應以淨額方式記錄。

11.3.3 生物資產的會計處理──成本模式

依據 IAS 41 當生物資產之公允價值無法可靠衡量時，此時應採成本模式，就是以其成本減所有累計折舊及所有累計減損損失衡量。此種因公允價值無法可靠衡量而採用成本衡量的情形，構成公允價值會計的例外，稱之為「可靠性之例外」。此外，如第 11.3.1 節所述，生產性植物應適用 IAS 16「不動產、廠房及設備」之會計處理；而其他生物資產（包含生產性動物、消耗性動物與消耗性植物）僅於「可靠性例外」之下才能適用成本模式。

對生物資產採成本模式衡量時，應參照「存貨」、「不動產、廠

無形資產、投資性不動產、生物資產與農產品

房及設備」及「資產減損」相關之觀念決定成本、累計折舊及累計減損。消耗性生物資產較適合應用「存貨」之觀念，將投入之成本逐步累積至出售，尚未出售前則以成本與淨變現價值孰低評價。此外，消耗性生物資產亦不須提列折舊。

生產性生物資產較適合應用「不動產、廠房及設備」之觀念，判斷何時應開始提列折舊、決定適當之使用年限並作減損之評估。生產性生物資產之折舊始於該資產達可供使用時，亦即達到能符合管理階層預期運作方式之必要狀態及地點時。以乳牛為例，其目的在於生產牛乳，故其達可供使用狀態之時點即為開始產出牛乳之時；以綿羊為例，則是當綿羊的羊毛為全長毛狀態，即已到可供剪下來的長度。此外，生產性生物資產在成本模式下亦應進行資產減損之評估，且其減損評估多採取使用價值作為可回收金額的方式，因原先即因公允價值無法可靠衡量才使用成本模式。另以棕櫚樹為例，在種植2年後可維持規律性收成（成熟），雖然產量可能在7年時達到最高峰，但通常判斷在2年時即達「可供使用狀態」而停止資本化且開始提列折舊，而其耐用年限可達20年以上。

> 除生產性植物外之生物資產採成本模式時，生產性生物資產達到能符合管理階層預期運作方式之必要狀態與地點時，則開始提列折舊。

生產性生物資產開始折舊後之相關支出，若判斷其為例行性支出，則該相關支出於當期費用化；若判斷為非例行支出，且其經濟效益及於未來期間，則該相關支出將增加生物資產成本，並於後續期間折舊。生產性生物資產開始折舊後相關支出之判斷，類似於不動產、廠房及設備耐用年限內的後續支出，請參見第10.4節說明。

> 生產性生物資產開始折舊後之相關支出，若判斷其為例行性支出，則該相關支出於當期費用化；若判斷為非例行支出，且其經濟效益及於未來期間，則該相關支出將增加生物資產成本，並於後續期間折舊。

最後，是否有可能出現生物資產原先係按淨公允價值衡量，而後來公允價值無法再可靠估計之情況？國際財務報導準則規定，先前已按淨公允價值衡量之生物資產，仍應繼續按淨公允價值衡量直至該生物資產處分為止，不可以改為成本模式。這個規定可以在市場衰退時，防止企業為避免認列損失而以「可靠性之例外」作藉口，停止採用淨公允價值模式。茲將生物資產衡量模式之改變規定表達如下圖所示：

> 先前已按淨公允價值衡量之生物資產，仍應繼續按淨公允價值衡量直至該生物資產處分為止，不可以改為成本模式。

生物資產之認列與衡量

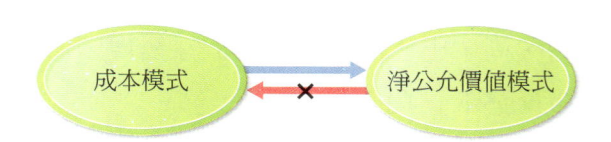

成本模式 ✕ 淨公允價值模式

釋例 11-10

阿土伯是喜羊羊牧場的主人,他於 ×5 年 1 月 1 日以每隻 $4,500 的價格買了 200 隻山羊準備未來生產羊奶,並支付運費 $10,000 將山羊運送到牧場。若當時該批山羊的<u>公允價值無法可靠估計</u>,在 ×5 年飼養期間,牧場發生餵食青草與嫩葉的費用 $18,000,及人事成本 $50,000。另外,為了防止山羊打架受傷,阿土伯請獸醫對羊頭上長角的地方預做處理,讓羊角長不出來,花了 $5,000。×6 年 1 月 1 日起,此批山羊達到可供使用之狀態(可生產羊奶之狀態),預估此批山羊之供乳期間為 10 年,並假設以直線法作折舊較為合理且估計殘值為零。在 ×6 年期間,牧場發生餵食青草與嫩葉的費用 $20,000,及人事成本 $60,000。

×7 年 1 月 1 日,因預期市場對羊奶需求降低,阿土伯將該批山羊中的 20 隻運往市場以每隻市價 $5,000 出售,並支付運費 $1,000 與佣金等出售成本 $500。

假設前述期間中,該批山羊並無減損疑慮。試作關於該批山羊於 ×5 年、×6 年及 ×7 年應作之分錄。

解析

因該批屬<u>生產性生物資產</u>之山羊之公允價值無法合理估計,故採成本模式。取得時之分錄如下:

×5 年 1 月 1 日

生產性生物資產 - 按成本	910,000	
現金		910,000

×5 年間發生之飼養支出 $73,000(即 $18,000 + $50,000 + $5,000)為使該批山羊達到可使用狀態前之必要支出,故應增加生物資產的帳面金額。

×5 年之分錄如下:

生產性生物資產 - 按成本	73,000	
原料		18,000
應付薪資		50,000
現金		5,000

×6 年間發生之飼養支出 $80,000（即 $20,000 + $60,000）為該批山羊已達到可使用狀態（可生產羊奶之狀態）（×6 年 1 月 1 日）後之支出，此時應採與 IAS 16「不動產、廠房及設備」對後續成本相同之原則處理：即日常維修支出於發生時認列為損益，但同時符合「(1) 相關之未來經濟效益很有可能流入，(2) 成本能可靠衡量」此兩項認列條件之支出應認列於資產的帳面金額中。此處假設飼養支出屬維持生物性資產原有效能之日常維修支出。

×6 年之分錄如下:

飼養費用	80,000	
原料		20,000
應付薪資		60,000

該批山羊至 ×6 年 1 月 1 日起達可供使用之狀態，故自 ×6 年開始提列折舊如下:

×6 年 12 月 31 日

折舊 - 生產性生物資產 - 按成本	98,300	
累計折舊 - 生產性生物資產 - 按成本		98,300

($910,000 + $73,000) ÷ 10 年 = $98,300

×7 年 1 月 1 日出售 20 隻山羊之分錄為:

×7 年 1 月 1 日

累計折舊 - 生產性生物資產 - 按成本	9,830	
現金*	98,500	
處分生物資產利益		10,030
生產性生物資產 - 按成本		98,300

* (20 × $500) − $1,000 − $500 = $98,500

釋例 11-11

沿釋例 11-10，惟購買該批山羊之目的係未來出售活羊，該批山羊於 ×6 年 1 月 1 日已達可出售狀態。假設前述期間中，該批山羊之淨變現價值均高於成本，試作關於該批山羊於 ×5 年、×6 年及 ×7 年應作之分錄。

解析

因購買目的為未來出售活羊，故該批山羊為消耗性生物資產。成本模式下，消耗性生物資產與生產性生物資產之會計處理不同，在消耗性生物資產無須提列折舊。故取得時之分錄如下：

×5 年 1 月 1 日

消耗性生物資產 - 按成本	910,000	
現金		910,000

×5 年間發生之飼養支出 $73,000（即 $18,000 + $50,000 + $5,000）為使該批山羊達到可使用狀態前之必要支出，故應增加生物資產的帳面金額。

×5 年之分錄如下：

消耗性生物資產 - 按成本	73,000	
原料		18,000
應付薪資		50,000
現金		5,000

×6 年間發生之飼養支出 $80,000（即 $20,000 + $60,000）之會計處理應視其是否符合資產之認列條件：「(1) 相關之未來經濟效益很有可能流入，(2) 成本能可靠衡量」而定。該批山羊於 ×6 年 1 月 1 日已達可出售狀態，其後發生之支出若為維持目前狀態所發生（如使山羊存活而能以目前的狀況出售），則應認列為損益，故記錄如下。

×6 年之分錄如下：

飼養費用	80,000	
原料		20,000
應付薪資		60,000

但若該支出將使存貨達成另一種可出售狀態（如使山羊重量增加而能更高價格出售），則此支出符合資產之認列條件，而應認列於資產的帳面金額中，故記錄如下。

×6年之分錄如下：
　消耗性生物資產 - 按成本　　　　　　　80,000
　　原料　　　　　　　　　　　　　　　　　　　　　20,000
　　應付薪資　　　　　　　　　　　　　　　　　　　60,000

×7年1月1日出售20隻山羊之分錄為（假設×6年支出認列為費用）：

×7年1月1日
　現金*　　　　　　　　　　　　　　　　98,500
　佣金費用　　　　　　　　　　　　　　　　500
　銷貨運費　　　　　　　　　　　　　　　1,000
　　銷貨收入　　　　　　　　　　　　　　　　　　100,000
*(20 × $5,000) − $1,000 − $500 = $98,500

　銷貨成本　　　　　　　　　　　　　　98,300
　　消耗性生物資產 - 按成本**　　　　　　　　　98,300
**($910,000 + $73,000) ÷ 200 × 20 = $98,300

11.3.4　農產品之會計處理——淨公允價值模式

　　國際財務報導準則要求，農產品收成時應以淨公允價值模式衡量，不得採用成本模式。此因IASB原則上假設農產品於收成點之公允價值均能可靠衡量，並且認為自生物資產收成之農產品通常無法可靠決定其成本。而實務上，也確實幾乎所有農產品都有交易活絡的市場，例如雞、鴨等家禽與豬、牛、羊等家畜的市場；且許多生物資產收成之農產品，也通常無法可靠決定其成本，例如，文旦與荔枝樹（均屬生產性植物）都可以生長數十年以上，自柚子或荔枝樹上採下一顆柚子或一串荔枝時，請問此顆柚子或此串荔枝所耗用的成本為多少？想要估計其成本，一個必要的估計是果樹可能存活的年數，另一估計是每年可長的果子數，這些數字都很難可靠估計。可能更難的是，這兩種果樹愈老愈值錢，老欉的果子更好吃，若須將此因素計入，恐怕更難可靠估計。生物資產或農產品有活絡市場的情形，讀者可以參考表11-3。

> 農產品應以淨公允價值模式衡量　不得採用成本模式。

表 11-3　彰化縣肉品市場羊隻拍賣行情表

（單位：元／公斤）

項目＼區分	雜色閹公羊	乳閹公羊	母羊	規格外（母、稚、熟齡羊）	總交易量
頭　　數	42	88	25	39	184
平均重	63	64	47	64	61.54
本次平均價	171	148	146	109	144.47

> 農產品僅在收成時點依淨公允價值衡量（不得以成本衡量），其後即成為存貨。

　　在收成時以淨公允價值模式衡量農產品之會計處理與以淨公允價值模式衡量生物資產完全相同。但值得特別注意的是，以**淨公允價值模式衡量農產品，僅在收成點此一時點**，決定農產品之價值後農產品即成為存貨，依相關國際財務報導準則 IAS 2 作後續處理。例如企業自生物資產乳牛收成之農產品牛奶，後續將再加工成為乳酪處分，則以收成點收成牛奶之淨公允價值作為未來將作成乳酪之「存貨」的直接原料成本之一；又如企業自生物資產樹林收成之農產品原木，後續將建造其自用之建築物，則該原木以收成點之淨公允價值作為企業建築物成本之一。表 11-4 彙總表達生物資產與農產品衡量基礎之異同：

▶ 表 11-4　生物資產與農產品於原始認列基礎之異同

	原始認列基礎：原則	例外情況
生物資產	以公允價值減出售成本（淨公允價值）衡量	於可靠性之例外下，以成本減所有累計折舊與累計減損衡量（成本模式）
農產品	以公允價值減出售成本（淨公允價值）衡量	不適用（原始認列時必須以淨公允價值衡量）

釋例 11-12

　　沿釋例 11-8，×6 年 1 月 1 日間飼養的山羊開始生產生乳，已知 ×6 年 1 月共生產生乳一批，該批生乳於收成點之市價為 $30,000，運送至市場之運輸成本為 $300，出售成本為 $200。另喜羊羊牧場於 ×6 年 1 月亦

以市價 $30,000 外購同級同數量生乳一批，並支付運費 $300 將其運到牧場。喜羊羊牧場將自產與外購之生乳進行加工，×6 年 1 月共發生加工成本 $10,000 後製成瓶裝羊奶 5,000 瓶，每瓶羊奶賣價為 $20。若所有羊奶均於生產當月賣出並收現，喜羊羊牧場 ×6 年 1 月並支付將裝瓶完成之羊奶運送至市場之運輸成本為 $600，羊奶之出售成本 $400。則 ×6 年 1 月相關分錄為何？

解析

自產生乳於收成點之公允價值為 $29,700（即市價 $30,000 －預期運往市場之運費 $300），淨公允價值為 $29,500（即 $29,700 － $200），故記錄生乳收成轉為農產品之分錄為：

×6 年 1 月

農產品（存貨）- 按淨公允價值	29,500	
當期原始認列農產品之利益		29,500

外購生乳類同購買原料存貨，係包含購買價格與運輸成本之購買成本衡量，故記錄外購生乳之分錄為：

×6 年 1 月

原料（存貨）	30,300	
現金		30,300

將自產與外購生乳投入加工，並發生加工成本，經加工後完成之分錄為：

×6 年 1 月

羊乳 - 在製品（存貨）	69,800	
原料（存貨）		30,300
農產品（存貨）- 按淨公允價值		29,500
現金（加工成本）		10,000
羊乳 - 製成品（存貨）	69,800	
羊乳 - 在製品（存貨）		69,800

值得特別注意的是，IAS 41 明確指出，農產品僅在收成點此一時點以淨公允價值衡量，決定農產品之價值後農產品即成為存貨，應依 IAS 2「存貨」作後續處理。存貨的出售應以分列收入與費用的總額方式記錄，故農產品的出售應以總額方式而非以淨額方式記錄。故出售所有羊奶 5,000 瓶之分錄為：

×6 年 1 月

現金	99,000	
銷貨運費	600	
佣金費用	400	
銷貨收入		100,000
銷貨成本	69,800	
羊乳 - 製成品（存貨）		69,800

釋例 11-13

×1 年初，甲公司以 $200,000 買入並栽種蘋果樹苗開始種植屬於生產性植物之蘋果樹，預期於 ×5 年初該批蘋果樹可達成熟階段而開始收成可銷售之蘋果，可正常收成年限（耐用年限）為 20 年（×5 年至 ×24 年）且每年均可正常收成，估計之殘值為 $30,000。×1 年之薪資費用、肥料、租金及其他直接支出為 $100,000；×2 年至 ×5 年，這類直接支出每年均下降為 $10,000。×5 年採收蘋果之支出 $100,000，採下之農產品在主要市場之報價為 $602,000，若送至主要市場出售之運費及出售成本均為 $1,000。×5 年 12 月 31 日將 50% 之蘋果運送至主要市場，支付運費及出售費用各 $500 並以 $301,000 出售。剩餘蘋果未發生存貨跌價損失。各項交易皆以現金收付，試作 ×1 年至 ×5 年所有相關分錄。

解析

×1 年初

生產性植物 - 蘋果樹	200,000	
現金		200,000
生產性植物 - 蘋果樹	100,000	
現金（薪資費用、肥料、租金等）		100,000

×2 至 ×4 每年

生產性植物 - 蘋果樹	10,000	
現金（薪資費用、肥料、租金等）		10,000

×5 年

薪資費用、肥料、租金、採收等費用	110,000	
現金		110,000

無形資產、投資性不動產、生物資產與農產品 chapter 11

存貨 - 農產品	600,000	
當期原始認列農產品之利益		600,000

淨公允價值＝（報價－運費）－出售費用
　　　　＝($602,000 － $1,000) － $1,000 ＝ $600,000

折舊費用 - 生產性植物 - 蘋果樹	15,000	
累計折舊 - 生產性植物 - 蘋果樹		15,000

折舊 ＝ (330,000 － 30,000)/20 ＝ $15,000

現金	300,000	
銷售運費	500	
銷售費用	500	
銷貨收入		301,000
銷貨成本	300,000	
存貨 - 農產品		300,000

👉 IFRS 一點就亮

農產品出售之記錄

　　IAS 41 明確指出用以出售之農產品僅在收成點此一時點以淨公允價值衡量，決定農產品之價值後農產品即成為存貨，依 IAS 2 作後續處理。存貨的出售應以分列收入與費用的總額方式記錄，故農產品的出售應以總額方式而非以淨額方式記錄。

　　此亦可由 IAS 41 中「XYZ 乳品公司」之財務報表得知。由該公司 ×1 年之現金流量表中營業活動現金流量項目「自銷售牛奶之現金收取 $498,027」，可知該公司 ×1 年有出售農產品牛奶。而該公司 ×1 年性質別綜合損益表中之收入項目「產出牛奶之公允價值 $518,240」即為出售農產品牛奶的銷貨收入；費用項目「耗用之存貨 $137,523」即含出售農產品牛奶的銷貨成本。此外，在 IASB 發布的「中小企業 IFRS 訓練教材」34 號「特殊性活動」（Specialised Activities）中 59 頁的個案探討習題中，亦有收入項目「Revenue—milk sold $1,735,273」與費用項目「Cost of milk sold $1,735,273」項目列示於綜合損益表中，亦即使農產品收成後立即以淨公允價值出售，仍須以相同金額分列銷貨收入與銷貨成本。顯見 IASB 認定農產品的出售應以總額方式而非以淨額方式記錄。

XYZ 乳品公司
現金流量表

	附註	截至 20×1 年 12 月 31 日之年度
來自營業活動之現金流量		
自銷售牛奶之現金收取		$498,027
自銷售乳牛之現金收取		97,913
支付供應商及員工之現金		(460,831)
支付購買乳牛之現金		(23,815)
		$111,294
支付之所得稅		(43,194)
來自營業活動之淨現金流入		**$ 68,100**

XYZ 乳品公司
綜合損益表

	附註	截至 20×1 年 12 月 31 日之年度
產出牛奶之公允價值		$518,240
乳牛公允價值減出售成本之變動利益	3	39,930
		$558,170
耗用之存貨		$(137,523)
人事成本		(127,283)
折舊費用		(15,250)
其他營業費用		(15,250)
		(197,092)
		$(477,148)
營業淨利		**$81,022**
所得稅費用		(43,194)
本期淨利／綜合損益		**$ 37,828**

Amounts in the statement of comprehensive income for the year ended 31 December 20×8 (in currency units)

	Note	20×8	20×7
Reveue–milk sold		1,735,273	×
Cost of milk sold		(1,735,273)	
Gain from changes in fair value less costs to sell of biological assets	×	422,600	×
Gain on recognition of agricultural produce–milk		1,737,773	×
Staff costs		(162,000)	(×)

Cattle feed	(276,000)	(×)
Veterinary costs	(62,000)	(×)
Water and electricity	(48,000)	(×)

較早採用 IFRS 的國家對處理生物資產與農產品的 IAS 41 其規定亦曾提出意見。如新加坡即有財務分析師指出，農業會計「重複計算」(double counting) 的問題。惟讀者宜注意，總額方式下按售價認列收入時並同時將存貨轉成銷貨成本，淨利並未無重複計算問題。亦即無論採總額或淨額方式記錄農產品的出售，對淨利的影響數並無差異。且總額方式下之營業收入資訊除為營業稅等收入稅課徵之必要資訊外，亦有助於財務報表使用人瞭解當期「已實現」之經濟流入數額。

摘要

本章介紹三類特別資產之會計處理：(1) 無形資產；(2) 投資性不動產；(3) 生物資產與農產品。

常見的無形資產包括專利權、著作權、商標權、特許權（執照）以及商譽等。專利權、著作權、商標權、特許權（執照）等都是可以個別辨認，為可辨認無形資產；但是商譽卻是與企業整體有不可分離的關係，只有在與整個企業融為一體的時候才有可能存在，商譽為不可辨認之無形資產。一般公認會計原則規定公司不能認列內部自行產生的商譽，只有在購併其他企業時，購買成本的一部分才有可能認列為商譽。

投資性不動產係指企業係為賺取租金或資本增值或兩者兼具為目的而持有或尚未決定用途之不動產，其會計處理分為公允價值模式與成本模式。選用公允價值模式時，投資性不動產之公允價值變動應列入當期損益；選用成本模式時，投資性不動產之會計處理與不動產、廠房及設備之處理一樣，以成本減累計折舊及累計減損衡量。企業所有投資性不動產應一致適用公允價值法或成本法，但企業不得自公允價值模式改用成本模式。

農業活動下之生物資產應以淨公允價值衡量（除公允價值無法可靠衡量時，則採用成本減累計折舊減累計減損之成本模式（「可靠性例外」）處理外），其價值變動應列入當期損益。所稱淨公允價值，係指公允價值減出售成本（如佣金、稅金等，但不包括將生物資產運送至市場之運輸成本）。農產品在收成時點必須以淨公允價值衡量，其後即列入存貨，依 IAS 2「存貨」之規定處理。惟生產性植物須依 IAS 16「不動產、廠房及設備」以折舊後成本或重估價法。

本章習題

問答題

1. 無形資產的項目有很多,請試著說明哪些是屬於可以辨認以及不可辨認的無形資產,及其相關的入帳規定。
2. 請分別簡述何謂生物資產及農產品,並分別舉例說明之?
3. 房地產通公司將其持有之一棟不動產交予 KY 仲介進行飯店的經營管理,房地產通公司與 KY 仲介約定 KY 仲介應依飯店當月的營業收入的 15% 支付予房地產通公司,此外,除飯店的維修係由房地產通公司負責外,其餘的經營管理例如招攬客源、客房清潔、設計促銷宣傳活動等,皆由 KY 仲介自行負責,請問對房地產通公司而言,其所持有之不動產適用 IAS 16 抑或是 IAS 40 之規定,並闡述理由。
4. 請比較內部自行產生的商譽與向外併購其他企業產生商譽在財務報表上呈現的異同?
5. 試比較投資性不動產與不動產、廠房及設備之會計處理。

選擇題

1. 請問下列何者不是生物資產?
   (A) 乳牛　　　　　　　(B) 樹葉
   (C) 果樹　　　　　　　(D) 豬隻

2. 請問下列何者不是農產品?
   (A) 牛奶　　　　　　　(B) 樹葉
   (C) 羊毛　　　　　　　(D) 豬隻

3. 請問下列何者是收成後加工而成的產品?
   (A) 已收割的甘蔗　　　(B) 葡萄
   (C) 灌木　　　　　　　(D) 菸草

4. 請問下列何者生物資產適用 IAS 41 的範圍?
   (A) 動物園中的羊　　　(B) 牧場中的牛
   (C) 寵物店的魚　　　　(D) 家裡的狗

5. 依 IAS 41 規定,請問下列關於生物資產與農產品之原始認列基礎何者有誤?
   (A) 生物資產原則上應以公允價值減出售成本為原始認列基礎
   (B) 某些例外情況,生物資產可以成本減所有累計折舊與累計減損衡量

(C) 農產品原則上應以公允價值減出售成本為原始認列基礎
(D) 某些例外情況，農產品可以成本減所有累計折舊與累計減損衡量

6. 依 IAS 41 規定，請問下列關於生物資產之原始認列基礎何者正確？
   (A) 一旦公允價值變成能可靠衡量時，應以公允價值衡量
   (B) 一旦採行成本減所有累計折舊與累計減損衡量則無法再改變衡量基礎
   (C) 企業可任意選擇採行公允價值或成本減所有累計折舊與累計減損為衡量基礎
   (D) 於原始認列時若無法取得市場公允價值時，可以概估的金額代替

7. 依 IAS 41 規定，請問下列關於成本模式之敘述何者錯誤？
   (A) 一旦公允價值變成能可靠衡量時，應以公允價值衡量
   (B) 當公允價值無法可靠衡量時，應採行成本減所有累計折舊與累計減損衡量
   (C) 企業可任意選擇採行公允價值或成本減所有累計折舊與累計減損為衡量基礎
   (D) 企業採行成本減所有累計折舊與累計減損衡量後，若經加工成為存貨但尚未出售時，應以成本與淨變現價值孰低評價

8. 甲公司飼養的乳牛於 ×1 年 1 月共計生產牛乳 20,000 公升，每公升牛乳公允價值為 $27，每公升運費 $1，出售成本為 $2。當月份發生飼料費用 $100,000，採收牛乳工資 $30,000，其他支出 $45,000，則甲公司收穫的牛乳應以多少金額入帳？
   (A) $175,000 (B) $215,000
   (C) $305,000 (D) $480,000 【高考改編】

9. 甲公司 ×1 年 1 月 1 日以 $20,000 購買 1,000 叢人參種苗開始種植，預計 ×5 年 12 月 31 日收成並以 $370,000 出售，每叢每年需投入 $50 的當期費用，每叢每年可增加公允價值 $70，運送人參至市場販賣之運費及出售費用為 $2,000。則下列敘述何者正確？
   (A) ×1 年的淨利增加 $20,000
   (B) ×2 年的淨利增加 $70,000
   (C) ×3 年底的農作物存貨帳面金額為 $228,000
   (D) ×4 年底的農作物存貨帳面金額為 $300,000 【高考改編】

10. 乙公司經營觀賞鳥類養殖場，按公允價值模式衡量生物資產。於 ×0 年初購入雛鳥 2,500 隻，每隻購價為 $20，另總共支付運費 $6,000 及其他交易成本 $9,000。該公司估計，如將雛鳥立即出售，共需支付運費 $6,000 及相關出售成本 $4,000。當年度投入飼料成本 $30,000，人事成本 $10,000。×0 年底若出售成鳥，每隻成鳥可賣得 $60，全部成鳥的運費為 $20,000 及其他交易成本為 $15,000。請問下列敘述何者正確？
    (A) ×0 年初應認列之生物資產帳面金額為 $55,000
    (B) ×0 年初應認列之當期原始認列生物資產之損失為 $15,000
    (C) ×0 年底應認列之調整利益為 $75,000
    (D) ×0 年底之生物資產帳面金額為 $190,000 【107 年高考會計】

11. 下列有關無形資產之敘述有幾項錯誤？①若某一權利不可與企業分離，則該權利不具可辨認性；②企業透過交換交易取得無合約之顧客關係，因無法定權利保護顧客關係，故該顧客關係不得認列為無形資產；③企業已認列為費用的研發支出，不得因後續研發成功而再予以資本化；④由合約所產生之無形資產，若該合約期間係可展期者，則無形資產之耐用年限即應包含展期期間
    (A) 一項 (B) 二項
    (C) 三項 (D) 四項　　　　　　　　　　　　　　　【104 年稅務特考】

12. 戊公司於 20×5 年初投入研發一種新技術，至第二季末已符合認列為無形資產之所有要件，第三季續投入 $1,200,000、第四季再投入 $310,000（其中 $30,000 為向專利局申請登記之手續費），年底公司主管意圖於 20×6 年開始使用該技術，經市場行情估計，該技術未來可回收金額為 $1,000,000。試問 20×5 年底，戊公司在帳上應認列該生產技術帳面金額為多少？
    (A) $1,000,000 (B) $1,030,000
    (C) $1,480,000 (D) $1,510,000　　　　　　　　　【104 年高考會計】

13. 甲公司於 ×1 年初購入專利權，估計該專利權之耐用年限 5 年，可用於生產 10,000 單位產品，且可產生 $1,000,000 之收入，該專利權成本為 $300,000，無殘值。若該專利權於 ×1 年生產 4,000 單位，且全數出售而產生 $500,000 之收入，下列何者為該專利權 ×1 年攤銷之可能金額？① $60,000；② $100,000；③ $120,000；④ $150,000
    (A) 僅②④ (B) 僅①②③
    (C) 僅①③④ (D) ①②③④　　　　　　　　　　【106 年高考會計】

14. 長山公司於 ×6 年中投入 $8,500,000 研發新技術，於 ×7 年初技術研發成功並順利取得專利權，而專利權的法律規費支出 $50,000，請問該項專利權的入帳成本應為何？
    (A) $8,500,000 (B) $8,550,000
    (C) $50,000   (D) $0

15. 下列何項資產係屬投資性不動產之適用範圍？
    (A) 供員工使用之不動產
    (B) 供正常營業出售而仍於建造或開發過程中之不動產
    (C) 自用不動產
    (D) 為獲取長期資本增值所持有之土地

16. 下列何項資產不屬投資性不動產之適用範圍？
    (A) 目前尚未決定未來用途所持有之土地
    (B) 為獲取長期資本增值所持有之土地
    (C) 自用不動產
    (D) 持有不動產係為賺取租金

11 無形資產、投資性不動產、生物資產與農產品

17. 甲公司在 ×1 年為購買一項科技專利，發生下列現金支出項目，試問該公司應認列為無形資產 - 專利權之金額為何？

    付給原專利權所有人 $800,000
    專利權過戶註冊規費 $3,000
    訓練員工操作專利之成本 $30,000
    為進一步擴大該專利之用途，所購買之原料 $100,000
    為使該專利達於預計營運狀態而直接產生之員工福利 $8,000
    總公司因管理、規劃如何使用該專利權所發生之支出 $15,000

    (A) $803,000 (B) $811,000
    (C) $826,000 (D) $926,000　　　【高考試題改編】

18. 大米科技公司於 ×5 年初以 $5,500,000 取得某一新產品的專利權，估計經濟年限為 5 年，採直線法攤銷。由於科技日新月異，該公司於 ×6 年底估計此項專利權僅能再使用 2 年，淨公允價值為 $1,700,000，每年年底可產生現金淨流入 $1,210,000，該公司折現率為 10%。請問大米科技公司 ×6 年應認列專利權減損損失為：

    (A) $880,000 (B) $1,200,000
    (C) $1,600,000 (D) $2,200,000　　　【106 年地特財稅】

練習題

1. **【無形資產的會計處理】** 倚天資訊公司於 ×5 年發生下列交易：

    2 月 16 日耗資 $100,000 進行研究以開發新的軟體。
    4 月 1 日以 $300,000 向屠龍公司購買專門技術，合約約定之年限為 3 年。
    10 月 1 日以 $60,000 向資訊王買入其開發的專利，預期此項專利之經濟效益僅有 15 個月。

    假設前述交易皆係現金交易，試作倚天公司 ×5 年與無形資產相關之分錄。

2. **【無形資產之認列與攤銷】** ×3 年初手機通以 3 千萬元向政府取得經營通訊業的特許權，並支付規費與相關稅金共計 3 百萬元。依法令規定經營期限為 10 年。試作 ×3 年手機通與特許權相關的分錄。

3. **【無形資產之攤銷與減損】** 華泰公司 ×2 年初以 $500,000 購入生產顯示器之專利，該專利的法定年限 10 年，惟公司估計經濟年限僅有 8 年。於 ×6 年底遭韓國廠商控告侵權，經法院執行假扣押停止生產。試作 ×6 年底與專利權相關之分錄。

4. **【研究與發展支出】** 信義公司於 ×8 年 7 月 1 日開始致力於發展一項新生產技術。×8 年 7 月 1 日至 ×8 年 10 月 31 日止共支出 $700,000，×8 年 11 月 1 日至 ×8 年 12 月 31 日

共支出 $200,000。信義公司於 ×8 年 11 月 1 日能證明該技術符合資本化之相關條件。×8 年 12 月 31 日該生產技術之可回收金額估計為 $100,000。試作 ×8 年必要分錄。

5. 【無形資產的認列與攤提】大野公司於 ×2 年 1 月 1 日，以支付現金 $88,000 之方式向杉山公司購買一項專利，其法定年限為 5 年，試分別作大野公司 ×2 年購入及攤銷之分錄。

6. 【無形資產成本的變動】沿上題，於 ×4 年 1 月初若因他公司侵犯大野公司之專利權，致使大野公司發生 $19,200 之訴訟費用，惟公司獲得勝訴，且該專利權將可使用至 ×9 年底，試分別作大野公司 ×4 年支付訴訟費用及攤銷之分錄。

7. 【求算投資性不動產的減損金額】阿宏公司出租大樓的帳面金額為 $8,000,000，經評估該出租大樓的淨公允價值為 $7,500,000 而使用價值為 $7,000,000，請求算該出租大樓的減損金額？

8. 【投資性不動產的會計處理──公允價值模式】冠軍公司看準位於精華地段的一棟商辦大樓於 ×2 年 9 月份買入，擬獲取不動產未來增值之潛利。冠軍公司支付購買成本 $500,000,000 及不動產移轉之稅捐及其他交易成本 $200,000。冠軍對此不動產擬續後採公允價值模式評價，於 ×2 年底該不動產之市場價值為 $500,500,000，試作 ×2 年與此不動產相關之分錄。

應用問題

1. 【無形資產的減損與攤銷】明安公司 ×1 年初以 $7,500,000 向外購買專利權以作為研究發展使用，預計其經濟年限為 10 年，採直線法攤銷。×2 年底由於科技進步，預期專利權的淨公允價值將減為 $5,000,000。

   試作：
   (1) ×2 年減損之分錄。
   (2) ×3 年之攤銷分錄。

2. 【無形資產的會計處理】大雄公司於 ×6 年初以 $600,000 購得一項專利權，其法定有效期限為 15 年，當時專利權已註冊滿 1 年。大雄公司估計該專利權之經濟效益年限尚有 12 年。然而，×7 年底，由於市場競爭因素，大雄公司估計該專利權僅能再使用 3 年，每年年底可產生之現金淨流入 $50,000，折現率為 12%，其 ×7 年底之折現值為 $120,092。試作大雄公司 ×6 年及 ×7 年之必要分錄（攤銷方法採直線法）。

3. 【生物資產淨公允價值之計算】大成養雞場於 ×4 年 2 月 1 日買了 200 隻小雞，每隻小雞的成本為 $70，另於購買時發生運送費用 $800。2 月底時這批小雞每隻公允價值為

$90，且將小雞運送到市場的費用為 $1,000。試計算大成公司於 2 月底時應認列之損益。

4. 【生物資產的會計處理】×1 年初，甲公司以 $300,000 買入並栽種雪梨樹苗開始種植雪梨樹，預期於 ×5 年初該批雪梨樹可達成熟階段而開始收成可銷售之雪梨，可正常收成年限（耐用年限）為 30 年，估計之殘值為 $20,000。×1 年薪資費用、肥料等直接支出為 $150,000；×2 年至 ×5 年，這類直接支出每年均下降為 $10,000。×4 年未達正常生產階段時產出之雪梨以 $10,000 出售，×5 年採下之農產品在主要市場之報價為 $602,000，若送至主要市場出售之運費及出售成本均為 $1,000。×5 年 12 月 31 日將 50% 在果園倉庫以 $300,000 出售。剩餘雪梨未發生存貨跌價損失。各項交易皆以現金收付。

試作：×1 年至 ×5 年所有相關分錄。

會計達人

1. 【投資性不動產的會計處理】智嘉公司 ×2 年 8 月初購買一棟商辦大樓，準備出租予公司行號以獲取穩定的租金收益。智嘉公司除支付購買成本 $800,000,000 外，另支付 $500,000 稅捐及其他交易成本。不動產取得成本中 25% 價款係屬土地，餘價款屬商辦大樓。假設該商辦大樓的耐用年限為 20 年。智嘉公司委託仁愛房屋代為仲介，仁愛房屋於 10 月初起以每個月 $600,000 的租金出租予點點公司，租期二年。智嘉公司須支付仁愛房屋一個月的租金作為仲介租金。於 ×2 年 12 月 31 日該商辦大樓的公允價值為 $800,700,000。試依智嘉公司對該商辦大樓採用公允價值模式與成本模式，作 ×2 年所有相關分錄。

2. 【無形資產的會計處理】蘋果公司為了增強其軟體產品的競爭能力，近幾年來積極的研究發展新的軟體產品，於 ×0 年研發有成取得軟體專利權，該軟體專利權享有法定年限為 10 年，蘋果公司結算為該專利權總共投入研究發展支出 $600,000 及於 ×0 年初時發生申請註冊登記 $60,000，估計該項專利權之耐用年限為 5 年。

   試作：
   (1) 蘋果公司將研發及註冊合計的 $660,000 支出資本化，作為專利權的成本，並根據法定年限 10 年為基礎，認列 $66,000 的專利權攤銷費用，若於第 1 年底發現錯誤，試作上述錯誤的更正分錄。
   (2) 蘋果公司 ×2 年底該專利權的正確帳面金額應為多少？
   (3) 蘋果公司 ×3 年初為維護該專利權，與其他公司發生訴訟，共支付訴訟費 $80,000，結果勝訴，×3 年底該專利權的帳面金額為多少？

3. 【無形資產的會計處理】以下為穗波公司在 ×1 年 12 月 31 日資產負債表中無形資產的

資訊：

無形資產	淨額
權利金	$1,953,000
專門技術	455,320
專利權	65,798

依照穗波公司財報附註的說明，無形資產原則上採用直線法，按其效益年限平均分攤，其中，權利金，五年；購入專門技術，五年或合約期間孰短者作為攤銷依據；專利權，五年。

(1) 假設穗波公司在 ×1 年 12 月 31 日所列之權利金原始入帳成本為 $2,840,000，請問截至 ×1 年底權利金之累計攤銷金額為多少？

(2) 購入的專門技術中，有一筆金額 $90,000 是於 ×1 年 1 月 1 日向巴山公司購入，根據契約可使用光學鏡片相關技術 3 年，請問就該項專門技術而言 ×1 年底應作之分錄為何？×1 年底之帳面金額又為多少？

(3) 穗波的專利權中，有一專利權是在 ×1 年 7 月初取得，成本為 $120,000，按 5 年分攤。假設在 ×2 年 7 月 1 日支付 $50,000 律師費並成功防止專利權被其他公司侵權使用。請作上述有關專利權在 ×2 年的相關分錄（包括年底的攤銷分錄）。

(4) 假設穗波公司在 ×2 年 1 月至 9 月間為開發光學鏡片投入研究發展成本 $800,000，並在 10 月 1 日取得製程改善之專利權，申請及登記的費用為 $3,000，按 5 年分攤，請就此項專利權作 ×2 年度之相關分錄。

4. 【編製生物資產的分錄】苔堂公司係專門飼養豬隻之公司。於 ×3 年 10 月 1 日買入仔豬 30 隻，每隻仔豬價格為 $2,000，及發生運費 $1,000。準備飼養以供應衛生健康的苔堂豬肉供消費者購買。已知 10 月至年底間投入飼料成本及人事成本共計 $30,000，由於 ×3 年冬季氣候異常，導致 6 隻仔豬死亡。另，因工資與原物料不斷上漲，×3 年底時每隻豬之淨公允價值為 $4,500。試作苔堂公司 ×3 年間與生物資產相關之分錄。

5. 【編製生物資產的分錄】甲公司於 20×1 年於台東成立並開始經營綿羊畜牧場，綿羊係於 20×1 年購入並於 20×5 年開始生產可供銷售之羊毛。於 20×5 年 12 月 31 日與 20×6 年 12 月 31 日綿羊之公允價值減出售成本分別為 $5,500,000 與 $6,000,000。20×6 年度薪資費用、飼料、租金及其他費用共計 $200,000。本年度所有收成之羊毛共 10,000 公斤於收成點之公允價值為 $600,000，將羊毛運送至市場之運輸成本 $6,000 且出售成本為零，該未銷售之羊毛於 20×6 年 12 月 31 日經評估存貨淨變現價值高於成本。20×6 年 12 月 31 日，甲公司另以市價 $606,000 外購 10,000 公斤與所收成之羊毛相同品種且相同等級之羊毛，並支付運費 $6,000 將其運送至畜牧場。20×7 年 1 月，甲公司將已收成及外購之羊毛經過揀選及加工製造為地毯並包裝後出售，相關揀選及加工為地

毯並包裝之加工成本為 $300,000，加工完成之地毯於 20×7 年 1 月 31 日賣出 80%，且銷售價格為 $2,000,000。假設甲公司各項交易皆以現金收付。

試作：甲公司 20×6 年度及 20×7 年度之相關分錄。

Chapter 12

流動負債與負債準備

objectives

研讀本章後,預期可以了解:

- 流動負債的意義以及特質
- 由正常營業活動產生之流動負債的會計處理
- 流動金融負債的會計處理
- 負債準備及或有負債的意義及會計處理

股股王大立光與先進光於 2021 年 3 月 5 日先後公告了重大訊息，兩家光學鏡頭廠纏訟長達 9 年的營業祕密侵害相關案件達成和解，大立光撤銷對競爭同業先進光相關侵害智慧財產權及營業祕密的刑事與民事訴訟案件之告訴。這起訴訟之爭起源於原任職大立光的 4 名工程師，在 2011 年間先後離職，並到競爭對手先進光任職，而任職期間將營業祕密技術交與先進光，以協助先進光公司發展鏡頭生產技術，並將部分技術向經濟部智慧財產局申請專利獲准，因此大立光認為先進光侵犯智慧財產權與營業祕密等事項，進一步向先進光公司及其負責人與高層，以及 4 名工程師提起訴訟，要求逾新台幣 15 億元的賠償。

大立光是全球第一大智慧型手機鏡頭廠，市場占有率超過 40%，手上握有近五百件光學鏡頭設計相關專利，先進光則以 NB 鏡頭生產為主。2021 年 3 月 15 日先進光進一步發布重大訊息，揭露 2020 年 12 月，先進光大虧逾 10 億元，主因是認列訴訟和解之相關費用損失。

其後，先進光並獲得大立光以每股 29.92 元，出資 5.98 億元認購 2 萬張私募股票，持股 15.2% 成為最大的法人股東，先進光的股價因有大立光的加持，股價大漲，成為光學元件族群漲幅最大個股之一，這也是大立光首度投資台灣光學元件的同業廠商。

本法律訴訟案件對於學校教育之重大啟示為，學校不應該只是教專業，如化工、電機或者撰寫程式，也應該讓學生理解智慧財產權與營業祕密對於公司獲利甚而倒閉的風險與重要性。本章主要介紹流動負債與負債準備（例如訴訟負債準備）之會計處理及財務報表之表達。

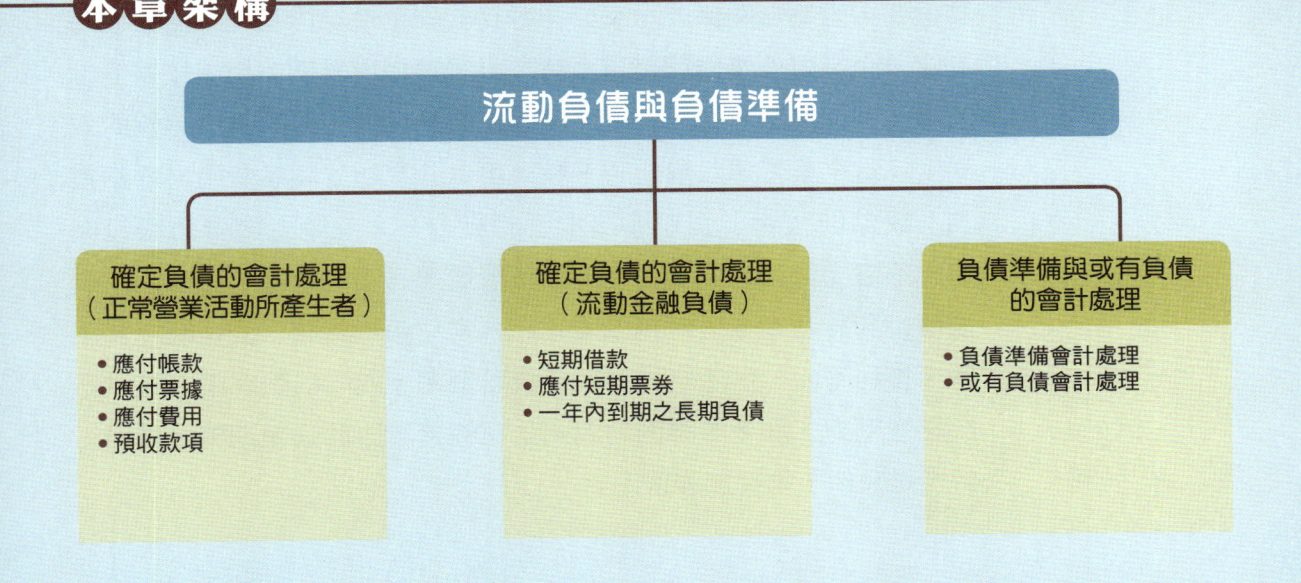

本章架構

流動負債與負債準備

確定負債的會計處理（正常營業活動所產生者）
- 應付帳款
- 應付票據
- 應付費用
- 預收款項

確定負債的會計處理（流動金融負債）
- 短期借款
- 應付短期票券
- 一年內到期之長期負債

負債準備與或有負債的會計處理
- 負債準備會計處理
- 或有負債會計處理

12.1 負債與流動負債之意義

> **學習目標 1**
> 了解負債與流動負債的意義及其特質

企業從事營業活動常需要不同種類的長短期資金，而在資產負債表右邊的負債和權益則是企業長短期資金的主要來源。負債為因過去交易事項所產生之**現時義務**（present obligation），且履行該義務預期將很有可能使企業具有經濟效益之資源流出。若將負債依到期時間之長短，可分為流動負債與非流動負債兩種。凡負債符合下列條件之一者，應列為**流動負債**：(1) 企業預期將於其正常營業週期中清償之負債；(2) 主要為交易目的而持有者；(3) 須於報導期間後12個月內清償之負債；(4) 企業不得無條件延期至報導期間後逾12個月清償之負債。本章有關流動負債之討論將以上述之 (1)、(3) 以及 (4) 為主，至於 (2) 因交易目的而持有之流動負債，係屬與金融工具相關之會計規範，將於本書第 14 章作討論。負債若不屬於流動負債則歸類為非流動負債。

營業週期是指企業從現金支出取得原料，投入生產，以致出售到最後收到現金平均所需的時間，因此各行各業營業週期的長短，常有很大的差異。舉例而言，零售業或服務業之營業週期可能只要數月，而資本密集行業或產品需經生產或釀造之行業，其營業週期往往大於 1 年甚多。

從財務報表分析的觀點，正確劃分流動負債與非流動負債極其重要，因為它關係著一家公司財務的安全性，以及企業流動性的良窳。企業對外舉借債務資金時，不論短期或長期，均須按期償付利息及到期償還本金。舉債之優點包括利息費用有節省所得稅的效果，且當企業營運狀況佳時，股東可以分享超過利息費用之增額獲利；缺點則為除了到期償還本金的壓力外，無論企業營運賺錢與否，都需支付利息，尤其當企業負債比率過高或營運不佳時，其無法償付利息及本金之財務風險越高。常見報章新聞，公司因經營不善，獲利不佳，無法應付高額負債而倒閉，或向法院聲請重整以紓解經營壓力，許多的案例均說明公司經營者對於長短期資金籌措，特別是負債，須特別謹慎應對。

流動負債與負債準備 chapter 12

動動腦

營業週期為 3 年的造船公司，在 ×4 年 12 月 31 日編資產負債表時，應將其因營業而產生在 ×6 年 6 月 30 日到期的應付票據，列為流動負債或非流動負債（或長期負債）？

解析

企業因營業而產生的債務，在正常的營業週期內清償者，應列為流動負債。本題之應付票據自資產負債表日起算，一年半後到期，仍落在營業週期三年內，故應列為流動負債。

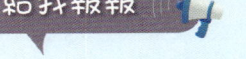

給我報報

負債不一定都是不好的

每家企業都有不同的資金來源所構成的資金組合，反映在企業資產負債表右邊的負債及權益等相關會計項目之餘額，即為企業的財務結構（financial structure）。一般人在考慮公司的財務結構時，常會希望不要借錢，事實上，這可能不是聰明的經營方式。適當的舉債一來可彌補股東本身資金的不足，同時也可能給股東帶來增額的利潤。

企業在經營的過程中，特別是由正常營業活動所產生的流動負債，常常是屬於不用付利息的好債。舉例而言，企業向供應商賒購商品、原料、物料或服務而發生之付款義務，在賒欠一段時間後才須支付款項，此即會計上的應付帳款，而且當企業和供應商的議價能力越強時，可以緩付給供應商的貨款就可以拖得越久，通常這類型的應付帳款常是利息很少或甚至於免付利息的債務。

另外一種流動負債則是預收款項，它是銷貨方按照合同或協議規定，在發出商品之前向購貨方預先收取部分或全部貨款的信用行為。不同於先出貨再拿錢，預收款項是一種商品或服務未賣出，就先從客戶端收到現金，雖然是負債的一種，但也是不用支付利息的。

我們來觀察國內超商龍頭**統一超**（股東代號 2912）作為舉例，其多年的負債比（亦即總負債／總資產）常是大於 50%，以 109 年 12 月 31 日之資產負債表分析，整體之負債比為 60%，其中流動負債約為 $1 兆 9,162 億，占總資產約 52%，這是不是代表統一超的財務結構非常脆弱呢？我們如果進一步分析統一超的負債結構組成，可以發現幾乎不用付息的應付帳款金額為 $1 兆 379 億，約占所有流動負債之 54%，這與統一超有國內最為龐大的零售通路，且對於上游供應商有極為強勢的議價和付款期限的談判能力，因此造成了對於顧客能快速收取現金，然而對供應商卻能慢慢付款的資金週轉優勢。

確定負債是指負債的金額和到期日均已能合理確定的負債。

負債除了可依流動性來劃分外,尚可依確定性之高低區分為:確定負債、負債準備與或有負債。確定負債是指負債的金額和到期日均已能合理確定的負債。此外尚有確定性沒有那麼明確的負債準備與或有負債。本章將依序討論確定性的流動負債、負債準備與或有負債。

學習目標 2
了解不同性質產生的確定性流動負債以及相關的會計處理

12.2　確定性的流動負債

企業在經營過程中,所產生確定性的流動負債,通常有兩個主要來源:一是由正常營業活動所產生之流動負債,包括應付帳款、應付票據、應付費用,以及預收款項;二是提供企業短期資金的流動金融負債,包括短期借款、應付短期票券,以及 1 年內到期之長期負債。

表 12-1 為中華航空股份有限公司(以下簡稱華航)資產負債表中確定性流動負債的組成及其金額。以下將就兩類確定性的流動負債分節介紹,並以華航作實例說明。

12.2.1　由正常營業活動產生之流動負債

如本章一開始所述,負債為公司因過去交易事項所產生的現時義務,而履行該義務時將很有可能使公司具經濟效益之資源流出。所以原則上負債應記錄在資產負債表上的金額,即所謂負債的入帳基礎,應為未來資源流出金額之現值。所謂現值,就是考慮貨幣的時間價值後,未來現金流量於現在時點的價值,舉例而言,在年利率為 10% 時,1 年後的 $110 等於現在的 $100,因為現在的 $100 存在銀行 1 年後就會變成 $110,所以在年利率為 10% 時,1 年後 $110 的現值就是 $100。現值之觀念與計算將於本書第 13 章詳細說明。

正常營業活動所產生之流動負債如果到期值與其現值的差異不大,可以到期值入帳。流動金融負債與非流動負債則一律以現值入帳。

然而,由正常營業活動產生之流動負債是唯一允許其他入帳基礎的負債。就正常營業活動所產生之流動負債而言,如果到期時須支付的金額(到期值)與其現值的差異不大,則可以不計算現值而以到期值作為入帳金額。至於流動金融負債與非流動負債(將於本

表 12-1　中華航空股份有限公司資產負債表之流動負債部分

中華航空股份有限公司
資產負債表（部分）
109 年 12 月 31 日　　　　（單位：千元）

流動負債	
短期借款	$ 1,932,000
應付短期票券	8,088,882
避險之金融負債-流動	8,129,752
應付票據及帳款	1,354,237
應付帳款-關係人	128,567
其他應付款	8,306,257
本期所得稅負債	216,602
租賃負債-流動	2,525,957
合約負債-流動	3,569,360
負債準備-流動	164,800
一年內到期應付公司債	11,982,859
一年內到期長期借款	15,234,374
其他流動負債	1,016,068
流動負債合計	$62,649,715

書第 13 章說明）一律以現值入帳。常見的正常營業活動產生之流動負債項目包括應付帳款、應付票據、應付費用，以及預收款項等項目，以下逐一說明。

1. 應付帳款

應付帳款（Accounts Payable）是指企業因賒購商品、原料或勞務而欠供應商之款項，其入帳金額應以供應商開立發票之金額為準，若有現金折扣，得以「總額法」或「淨額法」處理：總額法是以未扣除折扣的金額入帳，如在折扣期限付款，再認列「進貨折扣」（定期盤存制下）或「存貨」之減少（永續盤存制下）；淨額法則是以扣除折扣後的金額記帳，如有未取得之折扣，則以「折扣損失」入帳。至於應付帳款之入帳時間，公司通常在收到商品或收到發票時記錄應付帳款。

> **應付帳款** 企業因賒購商品、原料或勞務而欠供應商之款項。

釋例 12-1

金石圖書公司向 3M 賒購文具商品 $500,000，付款條件為 2/10, n/30，金石圖書公司在折扣期限內償付 60% 貨款，其餘在到期時付清。若金石圖書公司採定期盤存制，試以 (1) 總額法和 (2) 淨額法作相關分錄。

解析

(1) 總額法：

　a. 收到商品時，以貨款總額入帳：

進貨	500,000	
應付帳款		500,000

　b. 折扣期限內，償付 60% 貨款，取得之現金折扣為 $500,000 × 60% × 2% = $6,000

應付帳款	300,000	
現金		294,000
進貨折扣		6,000

　c. 償付餘額時：

應付帳款	200,000	
現金		200,000

(2) 淨額法：

　a. 收到商品時，以扣除折扣後之金額入帳，即 $500,000 × 98% = $490,000

進貨	490,000	
應付帳款		490,000

　b. 折扣期限內付款的部分，應按折扣後之金額 $490,000 × 60% = $294,000

應付帳款	294,000	
現金		294,000

　c. 超過折扣期限後付款，應照總額支付，即 $500,000 × 40% = $200,000，而未取得之折扣應列為折扣損失：

應付帳款	196,000	
折扣損失	4,000	
現金		200,000

2. 應付票據

應付票據（Notes Payable）是指企業簽發票據作為書面憑證，承諾在特定日期或特定期間後，到期支付一定金額的負債。

理論上，應付票據可能是因購買商品、勞務或借款等原因所產生。所以若是因借款而產生的應付票據，可能視到期日係在報導期間後 12 個月與否，而區分為流動負債或非流動負債。因購買商品、勞務而產生的應付票據，則因符合「預期將於其正常營業週期中清償」之標準，不論到期日為何均區分為流動負債。

但在我國實務上，公司因融通資金而借款時，即使簽發票據作為債務憑證，也不會記錄於應付票據項目，而是視到期日記錄於短期借款或長期借款項下。故本書將應付票據歸類為正常營業活動所產生之流動負債，此作法亦與我國「證券發行人財務報告編製準則」（以下簡稱編製準則）的規定一致。

應付票據依其是否附利息，可分為**附息票據**（interest-bearing note）或**不附息票據**（non-interest bearing note）。附息票據於票據上明示適用之年利率，每個付息日按照「票據面額 × 年利率 × 期數」求得數額支付現金利息，到期則支付相等於票據面額之本金。附息票據通常會依市場水準訂定票據所示之年利率，即所謂票面利率等於市場利率，所以附息票據的面額即為其現值。

不附息票據在票面上並未明示利率，亦即票面利率為 0%。但不附息票據並非「不付利息」，而是將利息隱含在面額中，亦即到期按票據面額支付的金額中，同時包括本金與利息，是以不附息票據面額與其現值之差額即為利息。讀者可以這樣想：簽發應付票據的公司在簽發日取得的商品或勞務價格實際上相等於票據現值，所以公司當日之負債金額亦為票據現值。但其後公司開始發生利息費用但積欠未支付，而是待到期時與本金一起支付。亦即不附息票據屬折價發行。

如前所述，就正常營業活動所產生之流動負債而言，如果到期時須支付的金額（到期值）與其現值的差異不大，則可以不計算現值而以到期值作為入帳金額。而應付票據的到期值即為面額，故就

應付票據 企業因購買商品、勞務或借款，而允諾在特定日期或期間後，需支付一定金額之書面承諾。

應付票據而言，若其面額與現值之差異不大，則得以到期值入帳。須特別提醒的是，本書係參考我國實務與編製準則之規定，將應付票據歸類為正常營業活動所產生之流動負債，故只要面額與現值之差異不大即得以到期值入帳。若應付票據係用於記錄借款所產生之負債時，則不論到期日長短係屬流動負債或非流動負債，均須以現值入帳。

(1) **附息票據**（interest-bearing note）：通常附息票據的面額即為其現值。

釋例 12-2

金石圖書公司在 ×8 年 7 月 1 日向地球公司賒購膠帶商品 $300,000，當即開出 3 個月期，年利率為 9% 的本票，試作開票日以及票據到期日之相關分錄。

解析

(1) 7 月 1 日賒購日：

7/1	進貨	300,000	
	應付票據		300,000

(2) 10 月 1 日到期日，應記載支付票據本息分錄，票據利息為 $300,000 × 9% × 3/12 = $6,750

10/1	應付票據	300,000	
	利息費用	6,750	
	現金		306,750

---

(2) **不附息票據**（non-interest bearing note）：不附息票據在票面上並未明示利率，其利息實際上是隱含在票據的面額中。以借款為例，當借入款項時，應將票據之面額與票據現值之差額，以**應付票據折價**（Discount on Notes Payable）入帳，「應付票據折價」即是代表票據的隱含利息，在資產負債表上，應列為「應付票據」的減項。

釋例 12-3

貿易風公司簽發一張面額 $110,000，10 個月期，不附息票據向華南銀行借款，此票據之現值為 $100,000，試作開票日與償還日之分錄。

解析

(1) 開票日取得現金，並將票據面額與現值之差異，列為應付票據折價。

現金	100,000	
應付票據折價	10,000	
應付票據		110,000

(2) 到期償還時，除支付現金將應付票據之負債除列外，尚須將應付票據折價轉列為利息費用。

應付票據	110,000	
現金		110,000
利息費用	10,000	
應付票據折價		10,000

3. 應付費用

應付費用或稱應計費用，係指企業在期末尚未支付的薪資、水電費用、租金等，該費用已經發生，雖尚未支付現金，仍應該根據應計基礎（權責發生）入帳，以免短列或低估當期的相關費用。以**華航**為例，109 年度財務報表之流動負債中有一會計項目，「其他應付款」，即是表達華航的應付費用，其總額約為 $83 億，華航的應付費用通常包含飛行油料、員工短期福利與地勤委託費用等。

應付費用 企業在期末尚未支付之已發生費用的流動負債。

4. 預收款項

當企業在運交商品或提供勞務之前，已預先收到款項，此即為預收款項，亦可稱為預收收入或遞延收入，它表示交易對方須先付錢才能享受日後的服務或收到商品，這類型的企業通常比交易發生時即收取現金或交易發生時先藉由應收帳款再收現的企業更具有財務上的優勢。

企業收到顧客的預付款時,即成為企業的預收款項,由於該收入尚未賺得,故應先列為流動負債,等到日後提供商品或勞務給顧客時,才轉記為收入,對許多公司而言,預收款項是相當重要的,例如航空業預售未來航程之機票,其預收機票款通常占流動負債相當高的比例。

釋例 12-4

會計研究月刊本月總計收到顧客訂閱刊物之現金 $1,200,000,若所有訂閱均為期 1 年,其收到訂閱現金,以及每月認列訂閱收入之相關會計分錄為何?

解析

(1) 收到月刊的訂閱收入時:

現金	1,200,000	
預收訂閱收入		1,200,000

(2) 每月提供雜誌時,將預收訂閱收入之負債項目,轉為收入項目:

預收訂閱收入	100,000	
訂閱收入		100,000

給我報報

飛行常客獎勵計畫

企業有時會提供客戶忠誠計畫以獎勵顧客購買其商品或勞務。以華航為例,推出了「相逢自是有緣,華航以客為尊」的華夏會員酬賓計畫,其目的是希望旅客能與華航之間能有較長的客戶關係,當旅客累積一定的飛行哩程後,得享受座艙升等或免費機票之回饋。所以當華航出售機票予旅客時,所收取的款項中除了提供該次旅客飛行的服務外,尚有一部分係屬華航將於未來提供免費的機票或座艙升等的優惠回饋。因此,華航收取的款項中將屬於酬賓計畫部分的收入予以遞延認列為負債,遞延之金額則參考哩程數可被單獨銷售之公允價值予以決定,由於並非所有提供的哩程數都會被旅客要求兌換,所以在評估哩程數的公允價值時,公司都會將這些因素考慮在內,等到哩程數被兌換,或效期失效時,才認列為收入。茲舉例說明如下:

華航於 ×1 年 6 月 11 日以 $20,000 出售一張由台北飛往美國洛杉磯的機票一張，旅客加入華航推出的酬賓計畫，並因此獲得 8,000 哩的哩程數。假設 8,000 哩的哩程數的公允價值為 $1,000，華航銷售時之分錄如下：

現金	20,000	
銷售收入		19,000
遞延酬賓計畫收入		1,000

12.2.2 流動金融負債

流動金融負債 包括短期借款、應付短期票據，以及長期負債將於1年內到期的部分等。

1. 短期借款

短期借款是指企業因短期營業週轉所需，向銀行、員工、股東或其他人士借款，其到期日都在 1 年以內，故列為流動負債。

表 12-2 為華航短期借款在財務報表附註揭露之實例，可知在 109 年 12 月 31 日華航有 $19.32 億的短期借款，將於 1 年內到期，該借款之年利率介於 0.92% 與 1.28% 之間。

表 12-2　中華航空公司短期借款之附註揭露

（單位：千元）

	109 年 12 月 31 日	108 年 12 月 31 日
短期借款		
銀行短期信用借款	$1,932,000	$380,000

108 年 12 月 31 日存在之短期信用借款，利率區間為 0.95～1.07%。

釋例 12-5

立榮航空公司於 ×5 年 6 月 1 日向銀行借入 $5,000,000，3 個月到期，年利率為 3%，按月付息，試作借款及付息還本之分錄。

解析

(1) 6 月 1 日借款時：

6/1	銀行存款	5,000,000	
	短期借款		5,000,000

(2) 7 月 1 日及 8 月 1 日付息時，利息為 $5,000,000 × 3% × 1/12 = $12,500

7/1 及 8/1	利息費用	12,500	
	銀行存款		12,500

(3) 9 月 1 日付息並還本時：

9/1	利息費用	12,500	
	短期借款	5,000,000	
	銀行存款		5,012,500

> **給我報報**
>
> ### 銀行透支
>
> 　　企業通常會與銀行簽訂透支契約，當企業支票存款不足時，在一定的限額內，由銀行允諾為企業墊付，此時企業的銀行存款將產生貸方餘額（即赤字），此為**銀行透支**（bank overdraft），在資產負債表上應列為流動負債。另外，企業若是在同一家銀行，有其他同樣性質的銀行存款，則存款可以與透支互相抵銷，以淨額列示；若是不同銀行或不同性質，則不可以抵銷。

應付短期票券 通常由企業簽發商業本票，經金融機構背書保證，在貨幣市場發行以取得資金。

2. 應付短期票券

　　應付短期票券是構成企業短期資金融通的一項重要工具，例如企業可發行商業本票，經金融機構背書保證後，在貨幣市場發行，以取得短期的融通資金。值得注意的是，應付短期票券屬金融負債而非因營業所發生，所以在資產負債表上是以現值表達。

　　表 12-3 為華航應付短期票券之揭露。

表 12-3　中華航空公司應付短期票券之附註揭露

（單位：千元）

	109 年 12 月 31 日	108 年 12 月 31 日
應付商業本票	$8,100,000	–
減：應付商業本票折價	(11,118)	–
	$8,088,882	–
年貼現率	0.99%～1.00%	–

釋例 12-6

立榮航空公司於 ×8 年 2 月 1 日發行 6 個月期的商業本票，以取得短期資金，面額為 $5,000,000，市場的年利率為 2%，試作發行票券日與票券到期日之分錄。

解析

(1) 發行商業本票日之實收金額為其面額之現值 $5,000,000 ÷ [1 + (2% × 1/2)] = $4,950,495

2/1	現金	4,950,495	
	應付商業本票*		4,950,495

(2) 票券到期日，將應付短期票券折價轉為利息費用：

8/1	利息費用	49,505	
	應付商業本票	4,950,495	
	現金		5,000,000

*此處不用「應付商業本票折價」項目，亦為可行之作法。

3. 1 年內到期之長期負債

企業除了進行短期資金融通，有時也會從事募集長期資金，以舉債的角度而言，應付公司債與長期借款是主要工具。長期負債 1 年內到期的部分是指長期負債必須於 1 年內支付的本金部分，因此在會計期間終了時，即資產負債表日，須將該部分由長期負債重新歸類於流動負債。

由華航 109 年度財務報表中，有關應付公司債 1 年內到期部分之附註揭露得知，華航曾在 102 年度至 108 年度多次發行無擔保公司債，在 109 年 12 月 31 日公司帳上之應付公司債總額為 $222.82 億，其中有 $119.82 億為將於 1 年內到期或執行賣回權之公司債，該部分由長期的應付公司債重新歸類於流動負債。

至於 1 年內到期長期借款，其會計處理與說明，與此類似，華航在 109 年 12 月 31 日的資產負債表中顯示，其金額為 $152.34 億（見表 12-1）。

> 長期負債 1 年內到期的部分，必須將該部分由長期負債重新歸類於流動負債。

12.3 負債準備與或有負債

> **學習目標 3**
> 了解負債準備與或有負債的意義及會計處理

過去的交易事項，往往會使公司產生須流出具經濟效益之資源以履行或清償義務（obligation），如公司賒購存貨的交易，即使其產生需支付貨款之義務。然而，義務得依其是否「很有可能」存在，具體而言，即存在之可能性大於不存在之可能性，亦即存在機率大於 50% 與否，區分為「**現時義務**」（present obligation）與**可能義務**（possible obligation）。「很有可能」存在之義務為「現時義務」，反之則為「可能義務」。

而就「現時義務」而言，其須流出具經濟效益之資源的可能性，亦同樣得以 50% 的標準區分為「很有可能」與否。會計上對「負債」的定義，為因過去交易事項所產生之現時義務，且履行該義務預期將很有可能使具有經濟效益之資源自企業流出。凡是負債均須入帳，即認列於財務報表中。但某些負債之時點或金額不確定，亦即其經濟效益流出發生的時點或金額不確定，此時若能可靠估計其應入帳金額，則仍應認列於財務報表中並稱為**負債準備**（provision）。

而若過去交易事項所產生之義務屬可能義務，或雖為現時義務但不符合認列入帳的條件：即金額無法可靠估計（此情況極為罕見）或具經濟效益之資源並非很有可能流出，此時在會計上稱為**或有負債**（contingent liability），應於財務報表附註揭露。

> **負債準備** 為因過去事件所產生之現時義務，該義務金額能可靠估計，且清償該義務時，很有可能會造成經濟效益之流出。企業應於財務報表認列負債準備的金額

> **或有負債** 企業因過去事件產生之可能義務；或產生之現時義務但並非很有可能造成經濟資源流出或該義務金額無法可靠衡量。企業應於財務報表附註揭露或有負債。

IFRS 一點就亮

負債準備

IAS 37 提及，企業在判斷是否具有現存義務時，應考量所有可取得之證據，例如專家意見或財務報導期間以後所發生事件之其他額外證據。此外，「估計」是財務報表編製過程中重要的一部分，雖然「負債準備」是存在不確定性的一種負債，須運用到估計判斷，但 IAS 37 強調，僅在極為罕見的情況下，企業才能認定其無法作出合理估計而將負債轉而揭露為或有負債。正常情形下，企業應根據可能估計結果的範圍，作出適當的結論，進而認列負債準備金額。

12.3.1 負債準備之會計處理

當同時符合下列條件時，企業應於財務報表認列負債準備：

1. 因過去事件所產生之現存義務。
2. 於清償義務時，很有可能造成企業具經濟效益資源的流出。
3. 該義務金額能可靠估計。

常見的負債準備如因出售商品隨附之保固而認列的產品保固負債準備；因涉及法律訴訟而認列的有待法律程序決定之負債準備；與因不動產、廠房及設備之除役成本而認列的除役負債準備（詳見第 10 章附錄 10-1）等。而根據 IAS 1 規定，負債應以流動負債與非流動負債之分類分別表達，因此負債準備亦須區分流動負債準備與非流動負債準備於資產負債表。

企業於財務報表上認列之負債準備金額，應為報導期間結束日清償該現存義務所需支出金額的「最佳估計」。而決定「最佳估計」的方法則視欲估計之負債準備的特性而定。

當負債準備金額之衡量與大量母體有關係時，則最佳估計宜採「期望值」的觀念，因為該方法能考慮整體機率分配的情形，予以加權估計，而且具有客觀衡量的優點，因為不同的會計人員進行衡量，也能得到相同的結果。此類情形之例子為企業對其銷售之商品提供保固服務時，即是以期望值的概念估計保固負債準備。

> 大量母體時，負債準備金額之最佳估計為期望值。

另外與大量母體有關，且估計負債準備金額的結果為連續區間的概念，且該區間內每一個金額的可能性都相同，則採用該區間的中間值作為最佳估計。

當負債準備的衡量屬於「單一義務」或少數事件時（亦即非屬大量母體時），則期望值觀念不是一個有效的衡量方式。此類情形如企業對其涉及之法律訴訟案件，當其符合負債準備條件而須估計訴訟賠償負債準備。此時，個別義務或事件之最可能結果為該負債準備金額之最佳估計。惟即使在這種情況下，若其他可能之結果大部分均比最可能結果為高或低時，則最佳估計應是比最可能結果為高或低之金額。

> 非大量母體時，負債準備金額之最佳估計為最可能結果。

有關大量母體或單一義務之最佳估計，我們以下列釋例說明如下。

釋例 12-7

下列獨立情況中，企業因過去事件而負有現時義務，該義務清償時很有可能造成具經濟效益資源的流出，且義務金額能可靠估計。試為該義務之金額之最佳估計。

[情況1]

麗園企業有 200 個 1 年期的產品保固合約，依據過去推案經驗，有 70% 會請求保固，每案成本約 $100,000，另 30% 不會申請保固服務。

[情況2]

大同電器提供客戶一個星期之退貨保證，估計退貨很有可能，且金額介於 $500,000 至 $900,000 之間。

解析

[情況1]

屬大量母體之事件，因此適合用期望值的觀念估計。最佳估計為 70%×200×$100,000 = $14,000,000。

[情況2]

評估可能結果為連續區間，且區間內每一金額發生之可能性均相同，因此中間值 $700,000，所以公司應認列退款負債準備 $700,000。

釋例 12-8

下列獨立情況中，企業因過去事件而負有現時義務，該義務清償時很有可能造成具經濟效益資源的流出，且義務金額能可靠估計。試為該義務之金額之最佳估計。

[情況1]

麗園企業面臨一件法律訴訟，依辯護律師意見，訴訟結果將於 1 年內確定，勝訴而不用賠償之機率為 30%，但 70% 之機率可能會敗訴需賠償 $2,000,000。

[情況 2]

美苑企業出售一項特殊資產時,提供 1 年內免費更換零件的售後服務保證。經評估每個零件更換成本為 $100,000。經估計發生 1 個零件故障機率為 30%,2 個零件故障機率為 60%,3 個零件故障機率為 10%。

[情況 3]

同情況 2,惟發生 1 個零件故障機率為 40%,2 個零件故障機率為 30%,3 個零件故障機率為 30%。

解析

[情況 1]

屬單一義務之事件,即法律訴訟結果僅有勝訴或敗訴,不可能出現 70%×$2,000,000 = $1,400,000 之賠償金額,期望值不適用於本情況,應以最可能結果為最佳估計。本釋例中最可能結果為敗訴(發生機率 70%),故最佳估計為 $2,000,000。

[情況 2]

屬單一義務之事件,應以最可能結果為最佳估計。本釋例中最可能結果為 2 個零件故障(發生機率 60%),且其他可能結果並未大部分均高於或低於此最可能結果,故最佳估計為 $200,000。

[情況 3]

屬單一義務之事件,應以最可能結果為最佳估計。本釋例中最可能結果為 1 個零件故障(發生機率 40%),但其他可能之結果均較此最可能結果為高,故最佳估計之金額應高於最可能結果之 $100,000。若公司經評估後,認為該負債之最佳估計為 $200,000,則公司應認列負債準備 $200,000。

　　企業若預期在清償負債準備時,將會從另一方得到歸墊(例如透過保險合約、賠償條款或賣方之保固),且企業於清償義務時,**幾乎確定**(virtually certain)可收到該歸墊,則該歸墊應單獨認列為資產,金額不得超過負債準備之金額,並且不得於資產負債表中與相關的負債準備互抵。但於損益表中,企業得將負債準備所認列之費用及取得歸墊所認列之金額以互抵後之淨額表達。

釋例 12-9

大眾客運公司於 ×2 年初因駕駛肇事,受害人進行法律程序請求賠償。截至 ×2 年底公司的律師經評估後,認為很有可能必須賠償,且賠償金額之最佳估計為 $2,000,000。大眾客運公司有投保第三人責任險,幾乎確定可獲得理賠歸墊 $1,500,000。×3 年底,由於訴訟進行不順利,預期賠償金額將會由 $2,000,000 提升至 $2,400,000,但歸墊金額仍維持在 $1,500,000。×4 年 2 月 1 日判決確定,大眾客運公司支付判賠金額 $2,100,000,並收到保險公司理賠款 $1,500,000。

試作:大眾客運公司應作之分錄。

解析

(1) 因過去事項(即駕駛肇事)使企業負有現時義務(即很有可能必須賠償),且該義務金額能可靠估計(即 $2,000,000),因此大眾客運公司須認列訴訟損失準備,另將保險公司之理賠歸墊認列為資產。

×2/12/31	訴訟損失	2,000,000	
	訴訟損失準備		2,000,000
	應收理賠款	1,500,000	
	保險理賠收入		1,500,000

(2) ×3 年底將預期賠償金額由 $2,000,000 提高至 $2,400,000 之調整分錄為:

×3/12/31	訴訟損失	400,000	
	訴訟損失準備		400,000

(3) ×4 年 2 月 1 日判決確定,支付賠償金額 $2,100,000,並收到保險公司之理賠 $1,500,000。

×4/2/1	訴訟損失準備	2,400,000	
	現金		2,100,000
	訴訟損失迴轉利益		300,000
	現金	1,500,000	
	應收理賠款		1,500,000

12.3.2 或有負債之會計處理

或有負債須符合以下兩項條件之一：

1. 因過去事件所產生之可能義務。所謂可能義務，是指該義務存在之可能性小於不存在之可能性，亦即義務存在之可能性小於 50%。
2. 因過去事件所產生之現時義務，但因下列原因之一而未入帳認列於財務報表：

   ◆ 清償義務時並非很有可能造成具經濟效益資源的流出。
   ◆ 該義務金額無法可靠衡量。

或有負債應於財務報表附註揭露。但須注意的是，若為清償時須流出具經濟效益資源之可能性甚低（remote）的可能義務或現時義務，則既無須認列入帳，亦無須附註揭露。

> 若為清償時須流出具經濟效益資源之可能性甚低的可能義務或現時義務，均既無須認列亦無須揭露。

大功告成

1. 阿密特公司於 ×1 年 10 月 1 日購買錄音設備一部，以面額 $1,560,000 之 1 年期不附息本票一張支付該設備款項，當時之市場利率為 4%，在此利率下，該本票之面額與現值有重大差異，該錄音設備估計可使用 5 年且其殘值為零。假設阿密特公司採用年數合計法提列折舊。

   試作：

   (1) ×1 年 10 月 1 日購買錄音設備之分錄。
   (2) ×1 年 12 月 31 日應有之調整分錄。
   (3) ×2 年 10 月 1 日票據到期之分錄。
   (4) 若公司採用直線法提列折舊，則 ×1 年及 ×3 年度應提列多少之折舊費用？

   解析

   (1) 票據雖未附息，但因面額與現值有重大差異仍應計算 $1,560,000 之現值，作為錄音設備之入帳成本，即 $1,560,000 ÷ (1 + 4%) = $1,500,000，所以票據的隱含利息為 $1,560,000 − $1,500,000 = $60,000。

×1/10/1	錄音設備	1,500,000	
	應付票據		1,500,000

(2) 認列已發生 3 個月之利息費用為 $1,500,000 × 4% × 3/12 = $15,000。另機器設備之折舊費用為 $1,500,000 × 5/15 × 3/12 = $125,000。

×1/12/31	利息費用	15,000	
	應付票據		15,000
	折舊費用	125,000	
	累計折舊—錄音設備		125,000

(3)
×2/10/1	利息費用	45,000	
	應付票據		45,000
	應付票據	1,560,000	
	現金		1,560,000

(4) $1,500,000 ÷ 5 × 3/12 = $75,000（×1 年應提列之折舊費用）
　　$1,500,000 ÷ 5 = $300,000（×3 年應提列之折舊費用）

2. **大同公司**主要銷售電器用品，其銷售商品皆附有一年的保固，公司對於銷售的商品於一年內如因製造瑕疵發生故障，則公司將予以免費修理或替換。

　　大同公司於 ×1 年度開始銷售 100 台特定電器用品，每台售價 $30,000。經評估大約會有 4% 發生瑕疵，每台維修成本為 $2,100，×1 年度實際發生的維修成本為 $2,600。

　　試作：大同公司 ×1 年底保固負債準備的餘額應為多少？

> **解析**

　　本題屬大量母體之事件，因此適用期望值之概念的觀念估計，所以負債準備之金額以期望值計算，應為 $2,100 × 100 × 4% = $8,400，會計分錄應為：

保固費用	8,400	
保固負債準備		8,400

　　因為於銷售時已有估列負債準備，所以實質進行維修時不必再認列保固費用，只要沖銷負債準備即可：

保固負債準備	2,600	
現金等		2,600

　　因此 ×1 年底保固負債準備餘額 = $8,400 − $2,600 = $5,800。

摘要

負債係指由於過去交易事項所產生之現時義務，且履行該義務預期將使企業具有經濟效益之資源流出。

確定負債是指負債的金額和到期日，均已能合理確定的負債，可分為流動負債與非流動負債兩種，其中確定性流動負債通常有兩個主要來源：一是由正常營業活動所產生之流動負債，包括應付帳款、應付票據、應付費用，以及預收款項；二是提供企業短期資金的金融負債，包括短期借款、應付短期票券，以及 1 年期內到期之長期負債。

IAS 37 將「負債準備」與「或有負債」作了區別。負債準備是過去事件產生之現時義務，該義務金額能可靠估計，且清償該義務時，很有可能造成企業經濟效益之流出。企業應於財務報表認列負債準備的金額。或有負債則是企業因過去事件產生之可能義務；或所產生之現存義務但並非很有可能造成企業資源流出或該義務金額無法可靠衡量。企業應於財務報表附註揭露或有負債。

本章習題

問答題

1. 什麼是流動負債，試列舉三種可能符合流動負債的情況。
2. 請說明何謂確定負債？並指出有哪兩種主要不同性質的來源會產生確定性的流動負債？
3. 何謂應付票據折價？在財務報表上應如何表達？
4. 請說明何謂負債準備？當符合哪些條件時，企業應於財務報表認列負債準備？

選擇題

1. 義美食品賒購果凍原料都是採用淨額法入帳，請問採淨額法入帳有利於：
   (A) 取得購貨折扣　　　　　(B) 減少現金支出
   (C) 存貨數量的管控　　　　(D) 顯示購貨折扣的損失

2. 下列何者屬於流動負債？
   (A) 利息費用　　　　　　　(B) 應付票據折價
   (C) 1 年內到期的長期借款　(D) 銷貨成本

3. 有關應付票據折價的會計項目，下列何者敘述為錯誤？
   (A) 應付票據折價是指借入金額與票據面額的差額
   (B) 應付票據折價的概念是一種隱含的利息
   (C) 應付票據折價是一種費用項目
   (D) 應付票據折價是負債的抵銷項目

4. 企業發行公司債以募集長期資金，但對於將在 1 年內到期的應付公司債應歸類為何？
   (A) 流動負債　　　　　　(B) 非流動負債
   (C) 或有負債　　　　　　(D) 保證負債

5. ×5 年 7 月 1 日，SAYA 公司向萬泰銀行借款 $500,000，並開立 1 年期，利息為 4%，面額為 $500,000 之票據一張，到期時本息一併償還，則下列何者應記錄於 ×5 年底 SAYA 公司的帳上？
   (A) 利息費用 $20,000
   (B) 流動負債 $520,000
   (C) 流動負債 $510,000
   (D) 應付票據折價 $10,000

6. 寬宏藝術於 ×9 年 4 月舉辦「只想聽見－費玉清」演唱會，$2,000 萬之票房均已於 ×8 年底售罄，寬宏藝術有關上述票房收入應於 ×8 年底列為哪一會計項目？
   (A) 應收帳款　　　　　　(B) 應付費用
   (C) 預收收入　　　　　　(D) 或有負債

7. 全國電子產銷電子產品，並提供客戶 2 年內享有免費修理服務，×5 年度銷貨收入為 $4,000,000，估計維修費用為銷貨收入的 3%，若 ×6 年度實際發生修理費用為 $100,000，則支付維修費用時之會計處理應為何？
   (A) 借記維修費用 $100,000　　(B) 借記估計服務保證負債 $100,000
   (C) 借記維修費用 $120,000　　(D) 借記應付維修費用 $120,000

8. 公司年底面臨一訴訟案件，經法務單位評估後，此訴訟勝訴不須賠償的機率 25%，但 75% 之機率將賠償 $1,600,000，下列敘述何者正確？
   (A) 此訴訟案件毋須揭露
   (B) 此訴訟案件須揭露
   (C) 訴訟案件應入帳，最佳估計值為 $1,200,000
   (D) 訴訟案件應入帳，最佳估計值為 $1,600,000　　【108 年彰銀】

9. 有關「估計服務保證負債」項目，下列敘述何者正確？
   (A) 是一個費用項目
   (B) 為年底預估保證負債時的借記項目

(C) 實際發生修理費用時，應借記此項目
(D) 是一個預付費用項目

10. 下列有關「或有負債」之敘述何者錯誤？
    (A) 不得認列或有負債
    (B) 因過去事項產生之現時義務，很有可能需要流出具經濟效益之資源以清償該義務
    (C) 因過去事項產生之現時義務，該經濟義務之金額無法充分可靠地衡量
    (D) 因過去事項產生之可能義務，其存在與否僅能由一個或多個未能完全由企業所控制之不確定未來事項之發生或不發生加以證實　　　　【改編自 104 年記帳士】

練習題

1. **【負債的定義】** 今日秀泰影城目前有現金 $550,000，應付票據 $100,000，應付片商帳款 $400,000，影城精品店之預收租金 $60,000，預售電影套票 $17,000，預繳美國環球片商之押金 $1,000,000，請問負債總額為多少？

2. **【流動負債的定義】** 甲骨文科技公司是一家軟體業公司，若 ×6 年底帳列各項目金額如下：

應付商業本票	$25,000	銀行透支	$20,000
應付帳款	$15,000	應收帳款（貸餘）	$20,000
顧客預付款項	$30,000	估計應付所得稅	$15,000
應付公司債（×9 年底到期）	$50,000		

請問 ×6 年底流動負債金額為多少？

3. **【應付帳款】** 布蘭特運動用品店向湖人公司賒購斯伯丁籃球一批共 $100,000，付款條件為 3/10, n/30，布蘭特於折扣期限內償付半數貨款，餘額在到期時付清，請根據總額法作必要分錄。

4. **【應付費用】** 以下資料為若瑄公司 10 月份應作調整分錄之事項，請指出何項與應付費用有關，並作其調整分錄：
   (1) 每個月已消耗的保險費用為 $1,000。
   (2) 每個月折舊費用為 $5,000。
   (3) 10 月份已賺得但尚未收現之服務收入為 $10,000。
   (4) 10 月底應計的利息費用為 $25,000。
   (5) 10 月底應計的薪資費用為 $30,000。

5. **【預收收入】** 雲想雜誌公司出版花樣少年少女月刊，×6 年 10 月份之訂閱情形彙總如下：

訂閱選擇	售價	訂閱單（份數）
A. 1 年 12 期	$1,980	1,000
B. 2 年 24 期	$3,600	1,200

註：自 11 月號開始起發行。

試作：

(1) 作 10 月份收到訂閱單之分錄。

(2) 作 11 月之調整分錄，以認列當月已賺得之訂閱收入。

6.【應付短期票券】吉德羅公司為籌措短期資金，於 ×3 年 7 月 1 日發行 9 個月期之商業本票，面額為 $9,000,000，市場年貼現率為 3%。

試作：

(1) 吉德羅公司發行該商業本票所得資金為多少？
(2) 吉德羅公司 ×3 年 7 月 1 日發行該商業本票之分錄。
(3) 試作 ×3 年 12 月 31 日應有之調整分錄。
(4) 編製吉德羅公司 ×3 年 12 月 31 日資產負債表中關於此商業本票之部分。

7.【1 年內到期之長期負債】夢想公司 ×2 年度財務報表附註得知，其於 ×0 年 1 月及 7 月各按票面總額 30 億元，發行 ×0 年之第一次及第二次無擔保公司債。第一次無擔保公司債將於 ×3 年 1 月到期一次還本，而第二次則自發行日起滿 3、4 及 5 年各還本 30%、30%、40%，試問夢想公司在 ×2 年 12 月 31 日之資產負債表上，應列為 1 年內到期公司債部分之金額為多少？

8.【負債準備之衡量】公司出售一項設備給尖端科技公司，並提供售後維修服務。已知該設備裡內含 3 個零件，每個零件的更換成本為 $200,000。依過去經驗估計發生 1 個零件故障機率 40%，2 個零件故障機率 30%，3 個零件故障機率 30%。試問公司售後維修服務之估計服務保障負債應認列多少？　　　　　　　　　　　　　【106 年高雄銀行】

9.【負債準備之衡量】公司已於 ×7 年初為公司交通車向 A 產物保險公司投保強制險與責任險，該交通車於 ×7 年 11 月 25 日發生事故造成傷害，公司必須於 ×8 年支付賠償 $160,000，而保險公司將依約支付賠償金額八成之理賠金。試問：公司因該交通事故而於 ×7 年底應認列之負債金額為多少？

應用問題

1.【進貨折扣】百花園藝坊賒購造景陶盆一批，條件為 2/10, n/30，若以總額法入帳，則應貸記應付帳款 $80,000，今於折扣期間內支付現金 $58,800，請問：

(1) 百花園藝坊獲得折扣金額為多少？

(2) 其餘貨款於 30 天期滿時應支付多少？

2. 【流動負債之定義】假設向邦公司之營業週期為 8 個月。向邦公司在 ×3 年 12 月 31 日有以下義務：

1. 一張應付票據 $600,000，票面利率 10%，×4 年 3 月 31 日到期。
2. 一張應付票據 $100,000，×4 年 10 月 15 日到期。
3. 一筆 5 年期的應付抵押借款 $10,000,000，利率 11%，每年償還 $2,000,000。
4. 抵押借款所產生之應付利息 $1,100,000。
5. 應付票據所產生之應付利息 $15,000。
6. 應付帳款 $750,000。
7. 與產品售後服務相關之估計保證負債 $235,000，售後保固期間為 1 年。
8. 應付年終獎金及薪資 $850,000，於 ×4 年 1 月 5 日支付。

試作：
(1) 上述義務哪些屬於流動負債。
(2) 編製 ×3 年 12 月 31 日資產負債表的流動負債部分。

3. 【應付票據】波特公司 ×6 年之部分交易說明如下：

日期	交易說明
1/5	向榮恩公司賒購商品 $200,000，付款條件 2/10, n/30。波特公司採總額法入帳。（購貨採永續盤存制）
2/5	簽發一張面額 $200,000，2 個月期，年利率為 9% 之票據給榮恩公司，以償付貨款。
4/5	2/1 簽發給榮恩公司之票據到期，支付票據本息。
4/10	向妙麗公司購買設備，支付現金 $100,000，並簽發一張面額 $728,000，6 個月到期之不附息票據（假設類似之票據借款其當時利率為 8%）。
10/10	4/10 簽發給妙麗公司之票據到期，償還票據欠款。
12/1	向彰化銀行借款，簽發一張面額 $5,450,000，1 年期之不附息票據。假設類似票據之公平利率為 9%。

試作：上述交易之分錄（購貨採永續盤存制），及 12 月底適當之調整分錄。

4. 【分錄及調整】西施美白中心相關的交易事項分述如下：
(1) 2 月 1 日向台鹽生技進貨玻尿酸產品 $200,000，條件為 2/10, n/30。公司按淨額法入帳，貨款於 2 月 11 日付清。（採用定期盤存制）
(2) 4 月 1 日向千里公司購買太空艙舒壓設備，成本為 $2,500,000，付現 $1,000,000，餘款簽發 1 年期 6% 之票據支付，此設備預估殘值 $500,000，預計可以使用 8 年，公司採用倍數餘額遞減法提列折舊。

(3) 為增設台北 101 大樓營業據點，7 月 1 日向台北富邦銀行借款 $12,000,000，簽發 1 年期之無息票據 $12,600,000。

(4) 全年賒銷蒸臉器 500 單位，每單位售價 $1,200，承諾售後服務為期 1 年，服務保證成本占銷貨收入 6%。

試作：上述交易及年終必要之調整分錄。

5. 【負債準備】乙公司為一家工業電腦設備商，該公司於 ×6 年 12 月銷售一套工業電腦，並附提供該設備更換重要零件之保固。乙公司估計每更換 1 個零件之成本為 $25,000。依據過去經驗，發生 1 個零件故障的機率為 30%，發生 2 個零件故障的機率為 60%，發生 3 個零件故障的機率為 10%。

試問：乙公司期末應認列負債準備之金額為何？

會計達人

1. 【流動負債之記錄與表達】維克多公司 11 月份發生以下交易：

11/5	賒購商品 $120,000，進貨條件為 3/10, n/30。維克多公司按淨額法入帳。
11/11	運交商品給客戶，該筆銷貨已達收入認列條件，客戶已預先付款 $70,000。
11/15	為籌措短期資金，發行 3 個月期之商業本票，面額為 $6,000,000，市場年貼現率 2.5%。
11/18	支付 11/5 賒購商品之貨款。
11/20	自台北富邦銀行借入 $8,000,000，6 個月到期，年利率為 3%，按月付息。
11/25	賒購商品 $800,000，當即開立 2 個月期，年利率 7% 之票據。
11/28	預收貨款 $100,000，預計於 12/5 運交商品給客戶。
11/30	11 月薪資共計 $1,000,000，於 12/5 轉入員工帳戶。

試作：上述交易之分錄，及 11 月底適當之調整分錄。

2. 【應付票據】福美軒金牛角於 ×3 年 1 月 1 日從日本斥資購買最先進的烘烤設備，以 1 年期年息 6%，利息包含在面額的本票支付該款項，該票據面額為 $1,908,000，烘烤設備估計可使用 5 年，殘值為 0，且折舊之提列是採用年數合計法。

試作：

(1) ×3 年 1 月 1 日購買烘烤設備之分錄。
(2) ×3 年 12 月 31 日應有之調整分錄。
(3) ×4 年 1 月 1 日票據到期之分錄。

(4) ×4 年度應提列折舊之金額。

3. 【產品售後服務】達比修公司所出售之手電筒,附有 3 個月之保固期。根據過去經驗,已出售之手電筒,有 1.5% 將會在保固期間損壞,而每支手電筒之估計售後保證成本為 $30。×6 年最後 3 月之出售單位數與損壞單位數彙總如下:

月份	出售單位數	已發生損壞之單位數
10 月	21,000	250
11 月	20,000	255
12 月	20,800	260
合計	61,800	765

試作:
(1) 根據 10 月、11 月及 12 月之出售單位數,作提列產品保證負債之分錄。
(2) 根據 10 月、11 月及 12 月之已發生損壞單位數,作履行產品保證負債之分錄。

4. 【負債準備之衡量】由於以下事件之結果使企業負有現存義務,試作最佳估計之負債準備金額。

[情況 1]:麗園企業有 200 個資產保固合約,依據過去推案經驗,有 80% 會請求保固,每案成本約 $50,000,另 30% 不會申請保固服務。

[情況 2]:公司面臨一件法律訴訟,依辯護律師之意見,勝訴之機率為 40% 而不用賠償,但 60% 之機率可能會敗訴,需賠償之金額為 $1,000,000。

[情況 3]:企業出售一項資產時有售後服務保證,每個零件更換成本為 $100,000。依過去經驗估計,發生 1 個零件故障機率為 30%,2 個零件故障機率為 50%,3 個零件故障機率為 20%。

5. 【負債準備與或有事項】請考慮以下各個事項,試作可能的相關分錄。如不必入帳,則請說明理由。
(1) 公司專售 LCD-TV 家電用品,並提供 1 年內保證免費修理的服務,根據公司的維修經驗,平均每件送修的修護費用為 $1,500,估計會提請送修的比例為出售台數的 10%,假設年度內共銷售 800 台,實際送修服務 60 台。
(2) 公司被控違反經銷合約,原告要求賠償 $1,000,000。公司的管理階層以及法律顧問協商後預估 70% 機率會敗訴,需賠償金額為 $500,000,勝訴機率僅有 30%。
(3) 公司被指控冒用商標圖案,而可能必須支付一筆賠償金,但金額尚在協議中,無法估計。

6. 【訴訟負債準備與歸墊】×3 年 12 月初果菜運銷公司的貨車司機因闖紅燈與其他車輛發生碰撞,12 月 15 日對方駕駛控告果菜運銷公司並要求賠償 $2,500,000,果菜運銷公司

律師評估公司很有可能必須賠償受害人，賠償的金額與機率如下：

情況	發生機率	損失金額
1	10%	$ 500,000
2	55%	2,000,000
3	15%	1,200,000
4	20%	1,000,000

此外，因果菜運銷公司有投保第三責任險，幾乎確定可獲保險公司理賠歸墊 $1,800,000。×4 年 10 月 1 日，由於訴訟進行不順利，果菜運銷公司律師評估公司很有可能必須賠償 $2,200,000 給受害人，但理賠歸墊金額仍然維持 $1,800,000。×5 年 6 月 8 日判決確定，果菜運銷公司支付判賠金額 $2,100,000，×5 年 6 月 30 日收到保險公司的理賠 $1,800,000。

試作：有關上述資料 ×3 年至 ×5 年必要之分錄。

流動負債與負債準備

Chapter 13

非流動負債

objectives

研讀本章後,預期可以了解:

- 企業從事長期融資的理由和主要考量
- 常見的非流動負債項目
- 未來值與現值的觀念
- 應付公司債、應付票據等各項非流動負債的意義
- 各項非流動負債的會計處理
- 長期信用風險指標

待出和羹金鼎手，為把玉鹽飄撒；溝壑皆平，乾坤如畫，更吐冰輪潔；
梁園燕客，夜明不怕燈滅。

這是歷經情感波折的南宋朱淑真所寫念奴嬌《催雪》的後半。這場景不見避寒用的廳堂，女詞人抱持著開朗、好奇和豐富想像力：「就算燈火熄滅，如果適逢天降白雪，月色輝映著皎潔，不也是另番境界？」1971年4月因航空業大蕭條，迫使許多人離開20世紀初先後靠造船、造飛機帶來繁榮的西雅圖，當地稱為**波音**泡沫幻滅（Boeing Bust）。但是地產商幽默掛出大標語牌：「最後離開西雅圖的某人，燈留給你關囉（Will the last person leaving SEATTLE — Turn out the lights）。本世紀初，波音公司終於將其總部從西雅圖遷移到芝加哥。但今日的西雅圖旅遊行程，多半還是會包括波音工廠和每年吸引超過50萬位遊客的飛行博物館（The Museum of Flight），要細看各年代飛機、協和號與太空梭訓練機，兩小時還未必足夠。

搬離西雅圖後，波音繼續成長，成為美國第一大出口企業。它和歐洲**空中巴士**（Airbus）並列世界最大民航機製造商，它也是全球營業收入第二大的軍火商，是道瓊工業指數（DJI）30個成分股之一。但因其737 MAX航機軟體缺陷造成至少兩起嚴重空難事故，該系列飛機被各國民航局勒令停飛，至2021年1月才緩慢被解禁；新冠疫情下，歐美航空公司虧損巨大，也沒有餘裕向波音買飛機。門可羅雀的波音公司於2020年底負債總額1,702億美元，其中，非流動負債總額829億美元，遠超過2021年5月底台北市政府總負債的新台幣898億元；它的資產總額是1,521億美元，也就是說，該公司權益是–181億美元。因為路途崎嶇，負債顯著超過資產，該公司每年須為其所發行公司債支付高債息來吸引投資人；例如，將於2031年9月到期的波音美元公司債，其債息是債券面額的8.75%，比同樣期長美國公債的市場利率高出超過7.2%。

波音泡沫幻滅後，位於美西華盛頓州的西雅圖逐漸復甦，成為**星巴克**（Starbucks）、**好市多**（Costco）、**微軟**（Microsoft）、**亞馬遜**（Amazon）、**智遊網**（Expedia）等大企業的搖籃，至今仍是太平洋西北區最大都會區。但在2020年西雅圖也是全美第1起新冠肺炎病例出現的城市；大西雅圖地區疫後成長的主要推手之一，是位在也以華盛頓為名的美東華盛頓特區的美國聯邦準備理事會（聯準會）。半世紀來，美國聯邦政府為了建設和疫情期間紓困大幅舉債，扮演該國中央銀行角色的聯準會印製美元購入美國公債，美元發行量增加使美元貶值，而美元計算本息的美國公債價值變薄，也會減輕美國政府

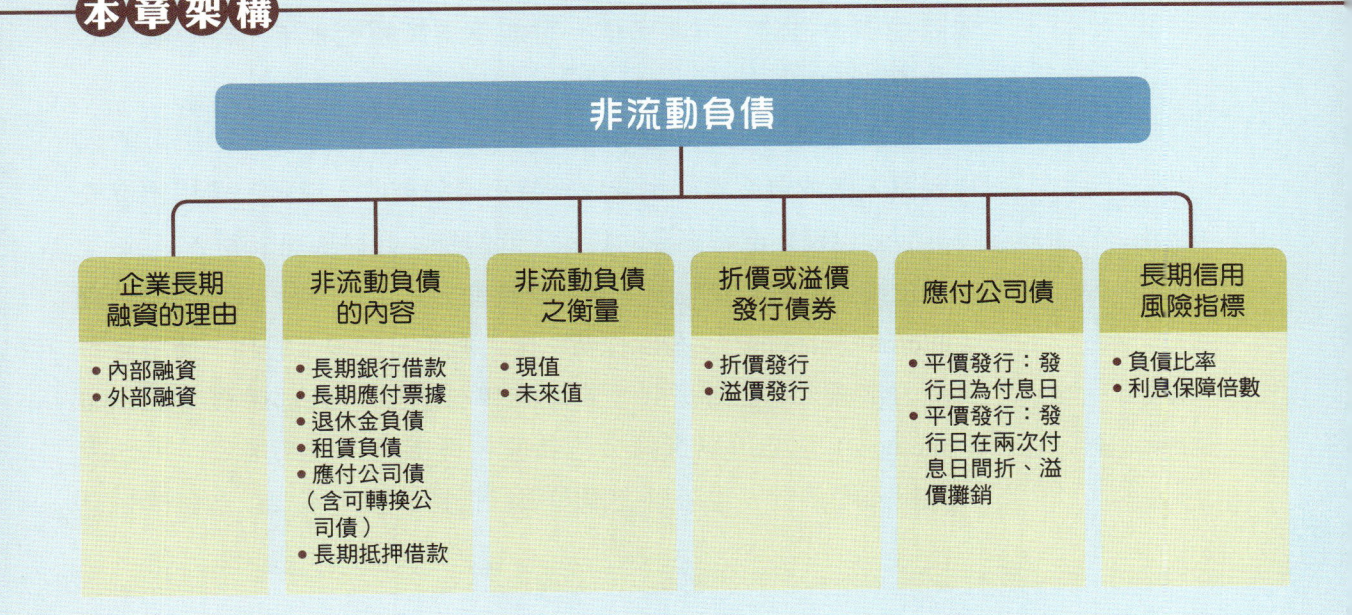

本章架構

非流動負債

- **企業長期融資的理由**
  - 內部融資
  - 外部融資

- **非流動負債的內容**
  - 長期銀行借款
  - 長期應付票據
  - 退休金負債
  - 租賃負債
  - 應付公司債（含可轉換公司債）
  - 長期抵押借款

- **非流動負債之衡量**
  - 現值
  - 未來值

- **折價或溢價發行債券**
  - 折價發行
  - 溢價發行

- **應付公司債**
  - 平價發行：發行日為付息日
  - 平價發行：發行日在兩次付息日間折、溢價攤銷

- **長期信用風險指標**
  - 負債比率
  - 利息保障倍數

債務壓力。如果我們審視美國聯準會的資產負債表，可看到列在左邊的資產是美國公債、抵押貸款債券等，右邊的負債則是它供給到市場上的美元。

小不點口袋裡 100 元新台幣的購買力價值，對應的是他對中央銀行的債權，錢鈔就是中央銀行對他所開立借據；在 20 世紀初，歐美人民甚至可以拿著像紙鈔到發鈔銀行兌換等值黃金。你或許會好奇，發鈔銀行是如何將貨幣釋出到市面上的呢？會計學告訴我們，左邊的資產必須等於右邊的負債加權益。既然各國中央銀行印製鈔票會增加它負債項目的總額，同時也該有相等金額的資產項目增加：要擴增市場上新台幣總額，央行會買入美元為主的鉅額外匯和公債；美國的聯準會則是透過購買各類美元債券釋出美元。各國對美債需求暢旺，也使美國政府在疫情期間能大舉發債以支應其支出。如今美元在境外流通量達到總體發行量的八成，而各國金融機構的資產有很顯著比重是基於避險考量而購買的美國公債。如我國央行的外匯準備並不是深鎖金庫的美鈔，其實不少是投資在美國公債這種風險低、配息穩定的資產。

如此說來，面對高「非流動性負債」不盡然很負面。發行美元的美國聯準會，不就是在背負全球最大的負債？而企業聽到「負債」也不至於避之唯恐不及，隨著負債部位增加，它可以取得資金做進貨、投資。

一家企業的撤離、一場駭人疫情的侵襲，都不至於擊垮有想法、有幽默感、有活力的縣市居民。而於波音，於美國經濟，於被變種病毒影響到的全球人們，眼前燈火未必能長明，但是能夠穩固基礎者，多半終究能笑看天降瑞雪。

13.1　企業長期融資的理由

> **學習目標 1**
> 了解企業長期融資的理由和主要考量

很多家庭有債務壓力：收到水、電、瓦斯、手機的帳單，上面載明的繳款時限就在最近，屬於「流動負債」；因為家裡買農地、買房子、買汽車、買機車或是籌措子女教育基金，需要自銀行貸款，或藉由標會借錢，這些負債，可能是屬於超過 1 年才需要償還的「非流動負債」。

資產萬貫的企業，很少能夠不築債台，其借錢的理由可能因為要買工廠或買原料；企業成長時不是只有收入成長，費用也會成長，而且也需要部署更多的資產。問題是：錢從哪裡來呢？

企業要擴充資產規模，其資金挹注方式可以分為：**(1) 內部融資**（internal financing）：盈餘保留下來，減少分配現金股利，使用自有資金。當然，靠盈餘成長，資金或較有限。**(2) 外部融資**（external financing）：企業可以選擇發行新股，賣出更多股票增資、可以選擇發行公司債券，也可以選擇向銀行抵押借款。不要以為負債一定

> **內部融資**　企業藉由減少分配現金股利，將盈餘保留下來不作分配，以挹注成長所需要資金。
>
> **外部融資**　企業以發行新股、發行公司債券或是向銀行借款，以挹注成長所需資金。

是不好的！對於一家之主，固然持家美德是不要債留子孫，不要讓寶貝子女從小就承受債務壓力；但對於企業而言，有負債未必是壞事；畢竟企業不作借貸，也許必須賣出許多股權，從此以後，企業每年度賺錢，今天的股東就得和更多人分一杯羹，代價可能還更高。

企業資產負債表中的「流動負債」，是指在 1 年內需要清償的債務，或企業因營業而發生之債務，預期於企業之正常營業週期中清償者。企業的「非流動負債」則在 1 年或是更久以後始須交付現金，或藉由提供商品或服務清償。企業的資產項目呈現其資源配置方式，而企業的負債與權益項目則表達其資金的來源。非流動負債與權益，都是屬於長期資金來源，所以合稱為「長期資金」。

動動腦

史塔克企業與班納企業資產、負債與權益的金額完全一樣，兩家公司唯一不同的是史塔克 $3,000 總額的負債中，有 90% 是流動負債；班納 $3,000 總額的負債中，則只有 10% 是流動負債，請問哪一家企業的償債壓力比較大？

解析

(1) 企業負債的兩大項目是流動負債與非流動負債，如果負債中，有 90% 是流動負債，那其餘 10% 就是非流動負債。
(2) 史塔克 1 年內就要準備 $2,700 清償負債，如果債權人不讓公司展期，史塔克只好去找利率極高的基層金融，甚至於地下金融調借，再不然就是賤賣廠房，或是將存貨大拍賣；相對來說，班納 1 年內只需要償付 $300，其餘 $2,700 負債都是非流動負債，其壓力比較小。

13.2　非流動負債的內容

> **學習目標 2**
> 認識非流動負債項目

負債非屬流動負債者為非流動負債（又稱長期負債）。非流動負債包括長期借款、應付公司債、應付退休金負債、租賃負債及非流動之負債準備等。分述如下：

1. 長期借款（Long-term Loans）

係指公司舉借之 1 年或是更久以後始須償還之借款。公司在

舉借長期借款時，可能開立**應付票據**（Notes Payable）作為債權憑證，但我國實務上將應付票據專用於記錄因進貨等營業活動而產生的負債，所以即令公司舉借長期借款時開立了到期期間超過 1 年的應付票據，仍將以「長期借款」而非「長期應付票據」項目記錄此項借款。此外，長期借款中易常見以不動產、存貨等特定資產作為抵押品，此項借款則為**長期抵押借款**。

長期借款之會計處理視其支付利息與本金的方式有所不同。部分長期借款採借款期間僅需支付利息，到期時才一次償還本金；部分長期借款則須於借款期間內每期支付涵蓋利息與本金的固定金額，即分期攤還本金。長期借款之會計處理將於本章後續章節以長期抵押借款為例說明。

> **應付公司債** 公司以債券的形式所作 1 年以上之借款。
>
> **面額** 債券到期時公司應清償的債務金額。
>
> **契約利率** 又稱票面利率或債息率或名目利率，為債券票面上所記載之利率。

2. 應付公司債（Bonds Payable）

公司債是一種債權憑證，其發行契約上記載的資料主要包括：

(1) 債券的**面額**（face amount）：即債券到期時公司應清償的債務金額，或稱到期值（maturity value）。

(2) **契約利率**（contract rate）：又稱為**票面利率**或**債息率**（coupon rate）或**名目利率**（nominal rate），即債券票面上所記載的利率，以此利率乘上債券面額即為公司每期應以現金支付的利息。而通常即使公司每半年或每季付息一次，票面的契約利率仍是以年利率的方式表達。

(3) 相關的日期：包括債券的發行日期、付息日期以及到期日。

企業經由於董事會決議，將募集公司債的原因及有關事項報告股東會，並向主管機關申報核准後，即可發行公司債向不特定大眾舉借長期資金。企業為什麼不向銀行借款，而以發行公司債的方式籌款？發行公司債券借款，一則可以採用固定利率借錢，防止日後市場利率上升時，利息費用跟著增長；二則信用良好的企業，有時候自行發行公司債券負擔的利率，比向銀行借款更低，很多公司借新債償還舊債，是以發行應付公司債券的方式進行。應付公司債之會計處理將於本章後續節次說明。

3. 應計退休金負債

員工退休金之支付，係根據服務年資所獲之基數及其退休前 6 個月之平均薪資計算，全部由雇主負擔。公司依勞動基準法規定，按月依薪資總額之固定百分比提撥勞工退休基金。沒有足額提撥者，就有退休金負債。過去國內有些紡織公司，沒有為其海外子公司員工提撥足額之退休金，當子公司有大批員工申請退休時，負責人因為財務困境而破產逃亡，所以不可輕忽此項非流動負債。應計退休金負債之會計處理屬中級會計學範圍，本書不列入討論。

> **應計退休金負債**
> 員工退休金之給付，係根據服務年資所獲之基數及其退休前 6 個月之平均薪資計算，全部由雇主負擔，按月依薪資總額之固定百分比提撥勞工退休基金。實際支付退休金時，先自退休基金專戶給付。沒有足額提撥者，就有退休金負債。

4. 租賃負債

航空公司所使用的飛機或設施，法律形式上常常以租用方式得到使用權利，這和學生在暑期實習場所附近租用公寓，看來很類似。但因實習而簽訂的租約期長是兩個月；航空公司租用飛機或設施，則長達一、二十年，形式上雖為租賃交易，但就經濟實質等同以分期付款方式買進資產，所以會計上（依 IFRS 16）該航空公司應計算各期租金現值的總和，在租賃期間開始時將該金額以**使用權資產**（也因此會產生**折舊費用**）及**租賃負債**（也因此會產生**利息費用**）認列於資產負債表中；如民國 110 年第 1 季末在**華航**（股票代號：2610）的非流動負債中，租賃負債金額約為 $135 億。

反之，類似因實習租屋那種期長短且金額不大的租賃交易，因為能夠符合「租賃期間不超過 12 個月及標的資產價值低於 5,000 美元（約新台幣 14 萬元）」條件，企業不須在會計報表認列使用權資產及租賃負債，只須將相關固定資產租賃給付於租賃期內平均到各期，每期認列為租金費用。租賃負債之相關會計處理屬中級會計學範圍，本書不列入討論。

5. 非流動之負債準備

如第 12 章所述，負債準備為時點或金額不確定，但金額能可靠估計之負債。故區分流動與非流動負債的四項條件同樣應適用於負債準備，將負債準備區分為流動之負債準備與非流動之負債準備。本書第 10 章附錄 10-1 中所述之「除役負債準備」即屬非流動之負

> 公司須將不動產、廠房及設備的除役、復原及修復成本計入該項資產成本，並認列**除役負債準備**。除役負債準備為**非流動之負債準備**。

債準備。所謂除役負債準備，係指公司取得不動產、廠房及設備時，須估計該資產之除役、復原及修復成本，並將其計入不動產、廠房及設備的成本，同時將該金額認列負債準備。除役負債準備之會計處理已於第 10 章附錄 10-1 中說明，此處不重複討論。

13.3　非流動負債之衡量：現值與未來值

學習目標 3
建立現值與未來值的觀念

面對非流動負債，企業的償債壓力較小；面對流動負債，企業的償債壓力較大。企業雖然借得一筆多年後才需要清償的款項，仍不應「今朝有酒今朝醉」，而應列出各期該支付之利息以及到期日應償還之本金數額，以便盤算能否備齊這麼多的現金。

假設巴頓貨輪於 ×9 年年初向羅德斯銀行貸款 $1,600 萬，約定年利率 10%，每年度終了須付息，5 年後到期償還本金。除了到期還本部分（$1,600 萬），巴頓未來各年度應付利息 = 本金 $1,600 萬 × 10 年利率 10% = $160 萬，如下圖所示：

借入本金 $1,600 萬	付息 $160 萬	付息 $160 萬	付息 $160 萬	付息 $160 萬	付息 $160 萬 還本金 $1,600 萬
×9 年初	×10 年底	×11 年底	×12 年底	×13 年底	×14 年底

巴頓應該先確定在 ×10 年至 ×13 年各年底能夠備齊 $160 萬以支付利息，在 ×14 年年底能夠備齊 $1,760 萬以償還本金以及最後一期利息 $160 萬。

未來 5 年，巴頓要付給債權銀行的現金總額為 $160 萬 + $160 萬 + $160 萬 + $160 萬 + $1,760 萬 = $2,400 萬。巴頓借到這筆錢那天，在會計帳簿上它應該貸記多少數額的「長期銀行借款」呢？巴頓先後共須付出 $2,400 萬，那麼，該企業應該貸記長期銀行借款 $2,400 萬嗎？不是的！企業並非以其在償債期間內先後共須付出現金總額記入長期銀行借款；企業於借款日應認列之長期負債金額

為：該筆負債在未來所應償還本金與支付利息**現值**（present value）之總和。也就是說，巴頓應該貸記長期銀行借款 $1,600 萬。什麼是現值呢？現值的觀念是**貨幣的時間價值**（time value of money）因收款或付款時間而變動。

一般人對於貨幣的偏好總是現在勝於未來，舉例來說，你願意今天收到 $1,000 或是 1 年後的今天收到 $1,000？答案應該是今天，畢竟你可以將今天收到的 $1,000 作適當投資而有利得，例如你將 $1,000 存在銀行，年利率 2%，則 1 年後這 $1,000 將會累積至 $1,020（即 $1,000 加上賺得之 $20 利息），這就是貨幣的時間價值，亦即在 2% 的年利率下，今天的 $1,000 即為 1 年後 $1,020 的現值。從另一個角度而言，$1,020 即為今天的 $1,000 在年利率為 2% 的情況下，1 年後的**未來值**（future value），也稱為終值。我們可以下圖表示：

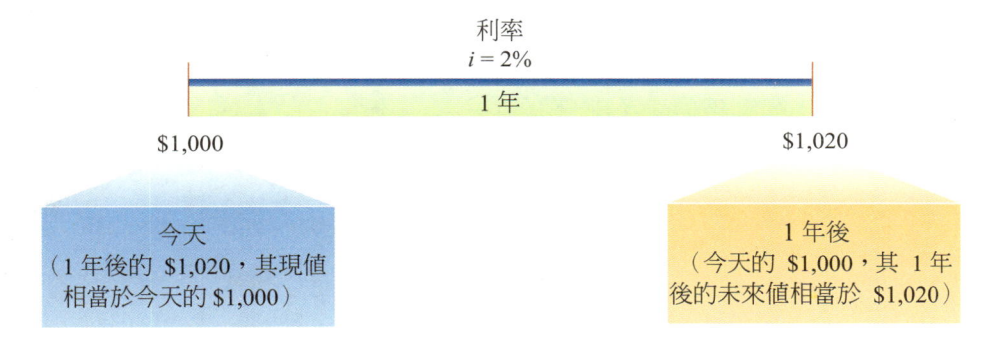

利率
$i = 2\%$

1 年

$1,000　　　　　　　　　　　　　　$1,020

今天
（1 年後的 $1,020，其現值相當於今天的 $1,000）

1 年後
（今天的 $1,000，其 1 年後的未來值相當於 $1,020）

運用上述現值的觀念，我們可以探討公司債於數年後到期的面額在今天之價值是多少。例如你所購買將於 1 年後到期還本的公司債面額為 $2,000，且市場利率為 5%，則此公司債的面額今天的現值將為 $1,904，即 $2,000 ÷ 1.05。若將於 2 年後到期公司債的面額為 $2,000，則該面額金額今天的現值將為 $1,814，即 $1,904 ÷ 1.05 或 $2,000 ÷ $(1.05)^2$。因此，每年複利一次時，其現值的計算方法是：

$$現值 = \frac{未來值}{(1 + 市場利率)^{年數}}$$

將未來的現金流入或流出算成現值時，要打個折扣，稱為折現（discounting）。我們可以利用 **$1 複利現值**（present value of $1 at compound interest）表，查閱將於未來數期後收到的 $1 其現值為多少，再以該現值乘以公司債的面額就是公司債面額的現值。

表 13-1 為 $1 複利現值表的一小部分，市場利率為 4% 時，3 年後收到的 $1，其現值因子為 0.88900（即 $1 $\times \dfrac{1}{(1+4\%)^3}$），若以公司債面額 $2,000 乘以此現值 0.88900 則得到 $1,778，亦即 3 年後到期時應依公司債面額 $2,000 償付本金，該金額在今日之現值為 $1,778。由於表 13-1 的期數代表複利的次數，如果是半年複利一次，等於利率減半複利期數變成 2 倍，因此在年利率 4%，每半年複利一次，為期 2 年的情況下，我們將需要查閱表 13-1 中，利率等於 2%，期數等於 4 的金額，亦即 0.92385（即 $1 $\times \dfrac{1}{(1+2\%)^4}$）。較詳盡的 $1 複利現值表請參考本章的附表一。

表 13-1　$1 複利現值表（部分）

期數	2%	2½%	3%	4%	5%
1	0.98039	0.97561	0.97087	0.96154	0.95238
2	0.96117	0.95181	0.94260	0.92456	0.90703
3	0.94232	0.92860	0.91514	0.88900	0.86384
4	0.92385	0.90595	0.88849	0.85480	0.82270
5	0.90573	0.88385	0.86261	0.82193	0.78353

釋例 13-1

羅傑斯公司在 5 年後將償還債權人 $20,000，若每年複利一次，市場利率為 4%，該款項現值是多少？

解析

作法 1：現值 $= \dfrac{未來值}{(1+市場利率)^{年數}} = \dfrac{\$20,000}{(1+4\%)^5} = \$16,439$。

作法 2：查閱附表一，未來的 $1 在「利率 = 4%，期數 = 5」之現值因子為 0.82193，所以 $20,000 × 0.82193 = $16,439。

動動腦

涅布拉計畫今天存入銀行一筆金額，為期 2 年，以便 2 年後能有 $5,000 購買首飾給丹佛斯，若市場利率為 5%，且每年複利一次，涅布拉今天應存款多少？

解析

作法 1： 2 年後的 $5,000 在今天的價值 = $5,000 ÷ (1 + 5%)^2 = $4,535。

作法 2： 查閱附表一，未來的 $1 在「利率 = 5%，期數 = 2」之現值因子為 0.90703，所以 $5,000 × 0.90703 = $4,535。

發行公司債除了在到期時應該償還面額（本金）外，還必須定期支付利息。有關公司債到期時其面額的現值如何計算，我們已在上節說明，本節部分將就各期須支付定額利息，說明其現值應如何計算。

計算每期所支付利息的現值，可運用表 13-1 的 $1 複利現值表的觀念，逐一加總即得出。例如，公司債面額 $1,000，票面利率為 3%，每年年底支付利息，3 年到期，則該公司每年年底須支付之利息為 $30（即 $1,000×3%），連續 3 年。假設市場利率亦為 3%，則連續 3 年每年年底所支付的利息 $30，其現值可以用下圖分析：

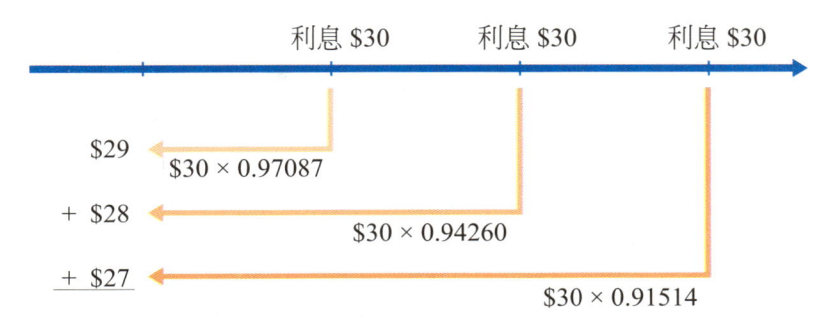

```
                利息 $30    利息 $30    利息 $30
   ─────────────┼──────────┼──────────┼──────────▶
   $29◀─────────┘
        $30 × 0.97087
 + $28◀────────────────────┘
             $30 × 0.94260
 + $27◀───────────────────────────────┘
                       $30 × 0.91514
   ────
   $84（連續三期之定額利息 $30 的現值）
```

參考表 13-1 的 $1 複利現值表，找出利率 3% 期數為 1 的現值因子 0.97087，以此數字乘上 $30 即為第一次支付利息 $30 之現值，其值為 $29。同理，表 13-1 之利率 3%，期數為 2 之現值因子 0.94260，因此第 2 年底支付之 $30，其現值為 $30×0.94260，亦即

$28。準此方法，第 3 年底支付之利息 $30 其現值為 $27。將上述連續 3 年利息 $30 之現值予以加總，得到 $84。

上例公司債連續 3 年每年支付 $30 利息，這種在相等間隔時間連續支付（或收取）相等金額的系列，即為**年金**（annuity）。此類於年底收付現金之年金又稱為**普通年金**。

如果從 1 年後開始，未來各年度終了均收取或付出 $1，則各年度所收、付的 $1，其現值總和，稱為 $1 之 n 年（普通）**年金現值**（present value interest factor annuity）。其計算方法是

年金現值 從 1 年後開始，未來各年度終了均收取（或付出）相同金額之現金，則各年度所收（付）現金之現值總和。

$$年金現值 = \frac{\$1}{(1+市場利率)^1} + \frac{\$1}{(1+市場利率)^2} + \cdots + \frac{\$1}{(1+市場利率)^n}$$

上述連續 3 年每年支付 $30 之現值計算，我們可以用更直接的方法，亦即運用 $1 年金現值表（表 13-2），尋找利率 = 3%，期數 = 3 之現值因子為 2.82861，這表示 3 年期，利率 3%，年金為 $1 之普通年金現值等於 $2.82861，以此 2.82861 乘上每期定額的利息 $30 即得到 $84。較詳盡的 $1 年金現值表可參考本章的附表二。

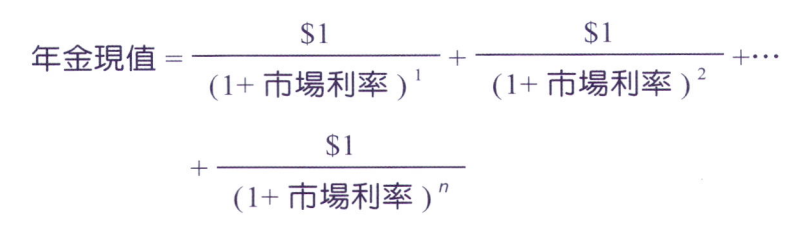

表 13-2　$1 年金現值表（部分）

期數	2%	2½%	3%	4%	5%
1	0.98039	0.97561	0.97087	0.96154	0.95238
2	1.94156	1.92742	1.91347	1.88609	1.85941
3	2.88388	2.85602	2.82861	2.77509	2.72325
4	3.80773	3.76197	3.71710	3.62990	3.54595
5	4.71346	4.64583	4.57971	4.45182	4.32948

事實上，表 13-2 的 $1 年金現值表之金額，是由表 13-1 的 $1 複利現值表的金額加總建立，我們可以使用前面的例子確認表 13-2 與表 13-1 的關係如下：

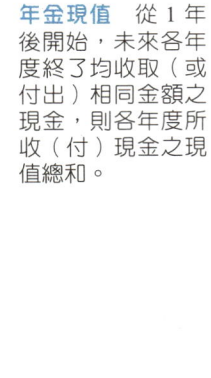

表 13-1：$1 複利現值表		表 13-2：$1 年金現值表	
利率 $i = 3\%$，期數 $n = 1$	0.97087		
利率 $i = 3\%$，期數 $n = 2$	0.94260		
利率 $i = 3\%$，期數 $n = 3$	0.91514		
合計	2.82861	利率 $i = 3\%$，期數 $n = 3$	2.82861

釋例 13-2

帝查拉以分期付款方式購買一座農舍，從 1 年後開始，在未來 6 個年度每年底都繳付 $1,200 萬，若帝查拉不採分期付款方式，而改按一次付現方式，則現在應支付多少？假設市場利率為 7%。

解析

作法 1：

$$
\begin{aligned}
\text{現值總和} &= \$1,200\text{（萬）} \times 1 \text{ 的年金現值} \\
&= \$1,200\text{（萬）} \times \left[\frac{\$1}{(1+\text{市場利率})^1} + \frac{\$1}{(1+\text{市場利率})^2} + \cdots + \frac{\$1}{(1+\text{市場利率})^6} \right] \\
&= \$1,200\text{（萬）} \times \left[\frac{\$1}{(1+7\%)^1} + \frac{\$1}{(1+7\%)^2} + \cdots + \frac{\$1}{(1+7\%)^6} \right] \\
&= \$1,200\text{（萬）} \times 4.76654 \\
&= \$5,720\text{（萬）}
\end{aligned}
$$

作法 2：帝查拉 1 年後，連續 6 年，每年（相等間隔時間）均支付 $1,200 萬（定額），這是年金的概念。查閱附表二的 $ 年金現值表，年金為 $1 在「利率 = 7%，期數 = 6」之現值因子為 4.76654，所以 $1,200 萬 × 4.76654 = $5,720 萬。

綜上所述，資產負債表上應認列的公司債金額，就是公司於到期須償還面額與各期支付利息，兩者以市場利率為折現率求得之現值的總和。此金額即為公司債在發行日之公允價值，就是公司發行該債券能換取到的現金。

附表一　$1 複利現值表

期數	2%	2½%	3%	4%	5%	6%
1	.98039	.97561	.97087	.96154	.95238	.94340
2	.96117	.95181	.94260	.92456	.90703	.89000
3	.94232	.92860	.91514	.88900	.86384	.83962
4	.92385	.90595	.88849	.85480	.82270	.79209
5	.90573	.88385	.86261	.82193	.78353	.74726
6	.88797	.86230	.83748	.79031	.74622	.70496
7	.87056	.84127	.81309	.75992	.71068	.66506
8	.85349	.82075	.78941	.73069	.67684	.62741
9	.83676	.80073	.76642	.70259	.64461	.59190
10	.82035	.78120	.74409	.67556	.61391	.55839
11	.80426	.76214	.72242	.64958	.58468	.52679
12	.78849	.74356	.70138	.62460	.55684	.49697
13	.77303	.72542	.68095	.60057	.53032	.46884
14	.75788	.70773	.66112	.57748	.50507	.44230
15	.74301	.69047	.64186	.55526	.48102	.41727
16	.72845	.67362	.62317	.53391	.45811	.39365
17	.71416	.65720	.60502	.51337	.43630	.37136
18	.70016	.64117	.58739	.49363	.41552	.35034
19	.68643	.62553	.57029	.47464	.39573	.33051
20	.67297	.61027	.55368	.45639	.37689	.31180
21	.65978	.59539	.53755	.43883	.35894	.29416
22	.64684	.58086	.52189	.42196	.34185	.27751
23	.63416	.56670	.50669	.40573	.32557	.26180
24	.62172	.55288	.49193	.39012	.31007	.24598
25	.60953	.53939	.47761	.37512	.29530	.23300

期數	7%	8%	9%	10%	11%	12%
1	.93458	.92593	.91743	.90909	.90090	.89286
2	.87344	.85734	.84168	.82645	.81162	.79719
3	.81630	.79383	.77218	.75131	.73119	.71178
4	.76230	.73503	.70843	.68301	.65873	.63552
5	.71299	.68058	.64993	.62092	.59345	.56743
6	.66634	.63017	.59627	.56447	.53464	.50663
7	.62275	.58349	.54703	.51315	.48165	.45235
8	.58201	.54027	.50187	.46651	.43393	.40388
9	.54393	.50025	.46043	.42410	.39092	.36061
10	.50635	.46319	.42241	.38554	.35218	.32197
11	.47509	.42888	.38753	.35049	.31728	.28748
12	.44401	.39711	.35553	.31863	.28584	.25668
13	.41496	.36770	.32618	.28966	.25751	.22917
14	.38782	.34046	.29925	.26313	.23199	.20462
15	.36245	.31524	.27454	.23939	.20900	.18270
16	.33873	.29189	.25187	.21763	.18829	.16312
17	.31657	.27027	.23107	.19784	.16963	.14564
18	.29586	.25025	.21199	.17986	.15282	.13004
19	.27651	.23171	.19449	.16351	.13768	.11611
20	.25842	.21455	.17843	.14864	.12403	.10367
21	.24151	.19866	.16370	.13513	.11174	.09256
22	.22571	.18394	.15018	.12285	.10057	.08254
23	.21095	.17032	.13778	.11168	.09069	.07379
24	.19715	.15770	.12640	.10153	.08170	.06588
25	.18425	.14602	.11597	.09230	.07360	.05882

附表二　$1 年金現值表（普通年金）

期數	2%	2½%	3%	4%	5%	6%
1	.98039	.97561	.97087	.96154	.95238	.94340
2	1.94156	1.92742	1.91347	1.88609	1.85941	1.83339
3	2.88388	2.85602	2.82861	2.77509	2.72325	2.67301
4	3.80773	3.76197	3.71710	3.62990	3.54595	3.46511
5	4.71346	4.64583	4.57971	4.45182	4.32948	4.21236
6	5.60143	5.50813	5.41719	5.24214	5.07569	4.91732
7	6.47199	6.34939	6.23028	6.00205	5.78637	5.58238
8	7.32548	7.17014	7.01969	6.73274	6.46321	6.20979
9	8.16224	7.97087	7.78611	7.43533	7.10782	6.80169
10	8.98259	8.75206	8.53020	8.11090	7.72173	7.36009
11	9.78685	9.51421	9.25262	8.76048	8.30641	7.88687
12	10.57534	10.25776	9.95400	9.38507	8.86325	8.38384
13	11.34837	10.98318	10.63490	9.98565	9.39357	8.85268
14	12.10625	11.09091	11.29607	10.56312	9.89864	9.29498
15	12.84926	12.38138	11.93794	11.11839	10.37966	9.71225
16	13.57771	13.05500	12.56110	11.65230	10.83777	10.10590
17	14.29187	13.71220	13.16612	12.16567	11.27407	10.47726
18	14.99203	14.35336	13.75351	12.65930	11.68959	10.82760
19	15.67845	14.97889	14.32380	13.13394	12.08532	11.15812
20	16.35143	15.58916	14.87747	13.59033	12.46221	11.46992
21	17.01121	16.18455	15.41502	14.02916	12.82115	11.76408
22	17.65805	16.76541	15.93692	14.45112	13.16300	12.04158
23	18.29220	17.33211	16.44361	14.85684	13.48857	12.30338
24	18.91393	17.88499	16.93554	15.24696	13.79864	12.55036
25	19.52346	18.42438	17.41315	15.52208	14.09394	12.78336

期數	7%	8%	9%	10%	11%	12%
1	.93458	.92593	.91743	.90909	.90090	.89286
2	1.80802	1.78326	1.75911	1.73554	1.71252	1.69005
3	2.62422	2.57710	2.53129	2.48685	2.44371	2.40183
4	3.38721	3.31213	3.23972	3.16987	3.10245	3.03735
5	4.10020	3.99271	3.88965	3.79079	3.69590	3.60478
6	4.76654	4.62288	4.48592	4.35526	4.23054	4.11141
7	5.38929	5.20637	5.03295	4.86842	4.71220	4.56376
8	5.97130	5.74664	5.53482	5.33493	5.14612	4.96764
9	6.51523	6.24689	5.99525	5.75902	5.53705	5.32825
10	7.02358	6.71008	6.41766	6.14457	5.88923	5.65022
11	7.49867	7.13896	6.80519	6.49506	6.20652	5.93770
12	7.94269	7.53608	7.16073	6.81369	6.49236	6.19437
13	8.35765	7.90378	7.48690	7.10336	6.74967	6.42355
14	8.74547	8.24424	7.78615	7.36669	6.98187	6.62817
15	9.10791	8.55948	8.06069	7.60608	7.19087	6.81086
16	9.44665	8.85137	8.31256	7.82371	7.37916	6.97399
17	9.76322	9.12164	8.51383	8.02155	7.54879	7.11963
18	10.05909	9.37189	8.75563	8.20141	7.70162	7.24967
19	10.33560	9.60360	8.95011	9.36492	7.83929	7.30578
20	10.59401	9.81815	9.12855	8.51355	7.96333	7.46944
21	10.83553	10.01680	9.29224	8.64869	8.07507	7.56200
22	11.06124	10.20074	9.44243	8.77154	8.17574	7.64465
23	11.27219	10.37106	9.58021	8.88322	8.26643	7.71844
24	11.46933	10.52870	9.70661	8.98474	8.34814	7.78432
25	11.65358	10.67476	9.82258	9.07704	8.42174	7.84314

13.4 應付公司債之會計處理

> **學習目標 4**
> 了解公司債券的種類、特性、計算利息費用的方法

我國市面上常見之公司債券有**普通公司債**與**可轉換公司債**（convertible bonds）。可轉換公司債投資人有權選擇是否以一定價格將所持有債券轉換為股票，這是投資人的權利而非義務，所以利息與本金等相關條件相當之可轉換公司債價格高於普通公司債。另公司債可依擔保有無分為**擔保公司債**及**無擔保公司債**，擔保公司債有的是經金融機構保證，有的是以企業之土地等資產為擔保品。

發行公司債券之企業，按債券所記載的票面利率依約於各期支付現金利息，然而票面利率未必等於市場利率。**市場利率**（market rate of interest）或稱為**有效利率**（effective rate of interest），是市場投資人對於到期日、發行條件與風險類似的債券，所要求支付之利率。雖然公司在發行公司債時，會預估市場利率作為票面利率的參考，但到了發行那天，投資人所要求的市場利率可能與票面利率相同或是比票面利率更高、更低，因此造成公司債會以平價、折價或溢價發行。

> **市場利率** 市場投資人對於到期日、發行條件與風險類似的債券，所要求支付之利率。

給我報報

各種附帶選擇權之公司債

附帶選擇權利等特殊條件之公司債券包括：

可轉換公司債：可轉換公司債投資人可以固定價格將公司債券轉換為股票，轉換與否為持有人之權利而非義務，所以價格高於相同條件之普通公司債。

可贖回公司債：可贖回公司債的發行公司可以固定價格將公司債券買回來，買回與否為發行公司的權利而非義務，所以價格低於相同條件之普通公司債。

可賣回公司債：可賣回公司債投資人可以固定價格將公司債券賣回給發行公司，賣回與否為持有人的權利而非義務，所以價格高於相同條件之普通公司債。

海外公司債：海外公司債債權債務交割幣別為外幣，借入時取得外幣，還款與付息都應以外幣支付。

13.4.1 平價發行公司債

如果公司債券票面利率等於市場利率，則債券會以面額發行，稱為**平價發行**（issued at par）。茲以釋例 13-3 說明在公司債之發行日剛好為付息日時，其發行日、付息日、會計期間結束日以及公司債到期日之會計處理。

> **平價發行** 債券發行價格等於其面額，當公司債券票面利率等於市場利率，則債券會以面額發行。

釋例 13-3

荷普旅遊於 ×8 年 5 月 1 日以面額 $100,000 發行票面利率 12%，每年 5 月 1 日與 11 月 1 日付息一次的 5 年期公司債，當時市場利率為 12%。

試作：
(1) 發行日可獲得價金為何？
(2) 其發行日、×8 年 11 月 1 日及 ×9 年 5 月 1 日等兩個付息日、×8 年 12 月 31 日會計期間結束日以及 ×13 年 5 月 1 日到期日之記錄為何？

解析

(1) 該公司債面額 $100,000 每半年支付利息 $6,000（即面額 $100,000 × 票面利率 12% × 期數 1/2 年），發行時市場利率 12%，故該公司債的公允價值，即發行日可獲得價金計算如下：

面額現值＝ $100,000×0.55839（即利率 6%，期數 10 之現值因子，見附表一）＝ $55,839

各期支付利息現值＝ $6,000×7.36009（即利率 6%，期數 10 之年金因子，見附表二）＝ $44,160

所獲價金＝面額現值＋各期利息現值＝ $100,000

價金與面額相等，即為平價發行。

(2) 發行日：

5/1	現金	100,000	
	應付公司債		100,000

付息日：

半年後第一次付息日應支付金額：面額 $100,000 × 票面利率 12% × 期長 1/2（年）＝ $6,000，其分錄應為

11/1	利息費用	6,000	
	現金		6,000

×8 年會計期間結束日：

付息日不是會計年度結束日，但在 12 月 31 日為了編製財務報表，必須作調整分錄，認列自 11 月 1 日至 12 月 31 日這段期間之利息費用與應付利息。金額＝面額 $100,000 × 票面利率 12% × （2 個月／12 個月）＝ $2,000，其分錄應為：

12/31	利息費用	2,000	
	應付利息		2,000

付息日：

次年 5 月 1 日荷普旅遊付出（半年）利息。荷普旅遊所付金額包括兩部分：一部分是該年利息費用，金額＝面額 $200,000 × 票面利率 12% × （4 個月／12 個月）＝ $4,000；另一部分是去年底應付而未付之利息費用 $2,000。

	$20,000		$40,000	
11/1	應付利息	12/31	當年度利息費用	5/1

其分錄應為：

×9/5/1	應付利息	2,000	
	利息費用	4,000	
	現金		6,000

到期日：

到了 ×13 年 5 月 1 日，荷普又一次付出（半年）利息，並且償還本金，其分錄分別為：

×13/5/1	應付利息	2,000	
	利息費用	4,000	
	現金		6,000
×13/5/1	應付公司債	100,000	
	現金		100,000

非流動負債 chapter 13

　　有時企業未能在原預計發行日將公司債券全數出售，因此其餘部分可能在兩次付息日之間發行。如果投資人是在兩付息日期間購買，則投資人實際賺得的利息應僅限於自購買日至下一付息日的期間之部分。但由於發行公司在下一個付息日會支付全期的利息，因此發行公司會先向投資人收取自上次付息日至債券發售日期間的利息。在這種情形下，發行公司所收到的金額事實上包含兩部分：一為公司債的發行價格；另一為向投資人預先收取的應計利息。釋例 13-4 說明公司債發行日在兩付息日間，其發行日與付息日之會計處理，至於期末調整分錄與到期日之分錄，則可比照釋例 13-3 處理。

釋例 13-4

　　奎爾公司原預計在 5 月 15 日全數發行面額 $400,000、5 年期、票面利率 12%、每年分別於 5 月 15 日與 11 月 15 日付息一次的公司債券，市場利率為 12%。因為市場行情差，它留存其中一部分面額共 $100,000 之債券，直到 9 月 15 日才以 $104,000 賣給投資人恩巴庫。奎爾公司該如何記錄其 9 月 15 日發行債券及 11 月 15 日付息等兩項交易呢？

解析

(1) 9 月 15 日發行日之分錄：

　　企業不是只有在票面記載發行日才可以發行債券，其他時間也可以發行債券。

5 月 15 日	9 月 15 日	11 月 15 日
（債券票面記載發行日）	奎爾實際發行剩餘的 $100,000 債券	奎爾付（半年）息日
4 個月		2 個月

　　9 月 15 日所發行 $100,000 面額債券中，投資人恩巴庫所付出 $104,000，扣除 $100,000 之剩餘金額乃是恩巴庫先行墊付給奎爾公司之 4 個月利息，在 11 月 15 日付息日時，奎爾公司會付給恩巴庫完整的 6 個月利息，其中包含投資人所墊付之利息。墊付利息之金額，計算如下：

　　面額 $100,000 × 利率 12% × 4/12 = $4,000

故在發行日的分錄中，奎爾應貸記應付利息 $4,000，並且以面額

$100,000 貸記應付公司債。

9/15	現金	104,000	
	應付利息		4,000
	應付公司債		100,000

(2) 11/5 付息日之分錄：

　　11 月 15 日是奎爾公司付息日，付給債券持有人 6 個月的利息中，前 4 個月名義上之利息 $4,000 必須還給當初墊付人恩巴庫。所以只將後 2 個月的利息記為利息費用，計算如下：

面額 $100,000 × 利率 12% × 2/12 = $2,000

11/15	應付利息	4,000	
	利息費用	2,000	
	現金		6,000

13.4.2 折價發行公司債與折價攤銷

折價發行 票面利率低於市場利率時，公司債之發行價格會低於公司債面額，以補償公司債投資人少領的利息。

　　當公司債票面利率低於發行日市場利率時，發行公司債所收到的金額（發行價格）會低於公司債的票面金額，其差額稱為**折價**。舉一常見實例：有時企業基於短期內資金回收有限，決定其所發行公司債不支付債息，稱為「零息公司債券」，就算是市場上一般債券利率低到 2% 左右，如每期所支付利息等於零，仍然遠低於市場行情利率，由於無法吸引債券投資人，自然得降價求售，打折很多才能賣出；就像是百貨公司會將不易出售的布鞋大打折扣。很可能債券面額 $10 萬，而成交價格是 $6 萬，此時應付公司債是 $10 萬，應付公司債折價是 $10 萬減去 $6 萬，即 $4 萬。但投資人不要以為公司債券折價多就感覺它很便宜，別忘記，儘管今天只花 $6 萬，公司債到期拿到 $10 萬，但未來持有公司債期間，每年所領取利息為零，債券折價讓債權人享受到的價差，剛好補貼她在未來各期少拿到的債息。

　　公司債折價發行時，發行公司所取得之金額低於公司債券的面額，在發行日即就取得金額認列「應付公司債」此項負債，其會計分錄為：

```
    現金              ×××
        應付公司債            ×××
```

發行公司在折價發行時收到之金額低於面額,這個差額稱為「應付公司債折價」,是以後付出的現金利息少於市場利率部分的折現值。讀者可以這樣想:發行公司在發行時明明只借到低於面額的金額,為何到期時須償還面額呢?其間差額的「折價」,就是在彌補發行公司付出的現金利息少於市場利率的部分。亦即發行公司實際上也須以市場利率借款,只是部分利息逐期支付,部分利息先積欠著等債券到期時一併支付。所以發行公司應將「應付公司債折價」分攤到各付息期間作為各個期間利息費用的部分;換言之,發行公司每一期間實際所負擔之利息費用不僅包括所付出之現金部分,還包括攤銷減少的折價。而「應付公司債折價」的攤銷減少即為「應付公司債」帳列金額的增加,亦即反映部分利息先積欠著等到期時一併支付。因此付息日之分錄為:

```
    利息費用          ×××
        現金                ×××
        應付公司債          ×××
```

此分錄中,代表公司債折價攤銷減少數的「應付公司債」與「利息費用」之金額,係採**有效利息法**(effective-interest method)決定,其步驟如下:

(1) 債券每期利息費用等於該期期初債券之帳列金額乘以有效利率。
(2) 實務上應以市場上相同風險與條件之債券在發行日之殖利率,即市場利率作為有效利率,計算利息費用。
(3) 各期支付的現金利息與利息費用之差額,即為當期折價攤銷部分,使應付公司債的帳列金額增加。

隨著時間的經過,越靠近到期日時,「應付公司債」的帳列金額越高,因此每期的「利息費用」也越來越多。至到期日時,「應付公司債」的帳列金額等於面額。以下釋例 13-5 說明折價發行公司債於

發行、付息及到期時之分錄。

釋例 13-5

皮姆企業於 ×2 年 1 月 1 日發行債券，面額 $28,000，票面利率 5%，4 年到期，並於每年年底支付利息。發行時，條件類似債券之市場利率為 6%。

試作：

(1) 發行日皮姆企業所獲價金為何？
(2) 發行日皮姆企業應付公司債折價多少？發行日之分錄為何？
(3) 該公司於 ×2 年 12 月 31 日支付之債息多少？
(4) 該公司 ×2 年應認列多少利息費用？應攤銷折價金額為多少？
(5) 該公司 ×2 年底應作分錄為何？
(6) 該公司 ×3 年底應作分錄為何？
(7) 該公司 ×4 年底應作分錄為何？
(8) 該公司 ×5 年底應作分錄為何？

解析

(1) 該公司債面額 $28,000，每年年底支付利息 $1,400（即面額 $28,000 × 票面利率 5% × 期數 1 年），發行時市場利率 6%，故該公司債的公允價值，即發行所獲價金計算如下：

面額現值 = $28,000 × 0.79209（即利率 6%，期數 4 之現值因子，見附表一）= $22,178

各期支付利息現值 = $1,400 × 3.46511（即利率 6%，期數 4 之年金因子，見附表二）= $4,851

所獲價金 = 面額現值 + 各期利息現值 = $27,029

價金少於面額，即為折價發行。

(2) 折價金額 = $28,000 − $27,029 = $971

發行日分錄如下：

現金	27,029	
應付公司債		27,029

(3) 於 ×2 年底應支付之現金利息為 $28,000 × 5% = $1,400
(4) ×2 年應認列之利息費用 = $27,029 × 6% = $1,622
　　應攤銷之折價金額 = $1,622 − $1,400 = $222

(5) ×2年底（付息日）之分錄：

　　利息費用　　　　　　　　1,622
　　　應付公司債　　　　　　　　　　222
　　　現金　　　　　　　　　　　　1,400

(6) 折價攤銷表：

	支付之現金利息(1)＝$28,000×5%	利息費用(2)＝(5)×6%	折價攤銷(3)＝(2)−(1)	未攤銷折價(4)＝上期(4)−(3)	帳面金額(5)＝$28,000−(4)
×2/1/1				$970	$27,029
×2/12/31	$1,400	$1,622	$222	748	27,252
×3/12/31	1,400	1,636	236	512	27,488
×4/12/31	1,400	1,650	250	262	27,738
×5/12/31	1,400	1,662	262	0	28,000

　　×3年底（付息日）之分錄：

　　　利息費用　　　　　　　　1,636
　　　　應付公司債　　　　　　　　　236
　　　　現金　　　　　　　　　　　1,400

(7) ×4年底（付息日）之分錄：

　　　利息費用　　　　　　　　1,650
　　　　應付公司債　　　　　　　　　250
　　　　現金　　　　　　　　　　　1,400

(8) ×5年底（付息日兼到期日）之分錄：

　　　利息費用　　　　　　　　1,662
　　　　應付公司債　　　　　　　　　262
　　　　現金　　　　　　　　　　　1,400

　　　應付公司債　　　　　　　28,000
　　　　現金　　　　　　　　　　　28,000

（您是否發現：「應付公司債」帳列金額越來越高，利息費用越來越多？在×5年12月31日（到期日）償付本金（面額）前一刻，「應付公司債」之帳列金額等於面額。）

需特別說明的是，上述發行日與付息日的分錄，均係採「淨額法」的記錄方式。另有「總額法」記錄方式，與「淨額法」作成的結果完全相同，本書將於附錄 13-1 詳細比較說明。

13.4.3 溢價發行公司債

當公司債票面利率高於發行日市場利率時，發行價格會高於票面金額，其差額稱**溢價**。例如：市場上一般債券行情利率約 2%，若品宏公司債的票面利率高達 3%，自然是市場爭購對象，債券投資人「搶著買它」，會使公司債價格高漲，很可能面額 $10 萬的公司債，其成交價格變為 $11 萬，此時應付公司債券之溢價為 $1 萬。溢價在實質上等於是由投資人補貼發行企業比市場多付出的利息。公司債溢價發行時，發行公司所取得之金額高於債券的面額，在發行日即就此取得金額認列「應付公司債」此項負債，其會計分錄為：

> **溢價發行** 票面利率高於市場利率時，公司債之發行價格應會高於公司債面額，以補償發行債券公司超付的利息。

現金	×××	
應付公司債		×××

發行公司在溢價發行時收到之價金高於面額，這個差額稱為「應付公司債溢價」，是以後付出的現金利息多於市場利率部分的折現值。讀者可以這樣想：發行公司在發行時明明是借到高於面額的金額，為何到期時只須償還面額呢？其間差額的「溢價」，是在每次支付現金利息時由多於市場利率的部分先行償還。亦即發行公司實際上也還是以市場利率借款，所以每次付息日支付的現金，部分係支付利息費用，部分是償還本金。所以發行公司應將「應付公司債溢價」分攤到各付息期間，將付息日支付的現金區分為支付利息費用與先行償還本金兩部分；換言之，發行公司每一期間實際所負擔之利息費用是低於所付出之現金的，因為其中還包括攤銷減少的溢價部分。而「應付公司債溢價」的攤銷減少即為「應付公司債」帳列金額的減少，亦即反映付息日支付的現金中部分係先行償還本金。因此付息日之分錄為：

> 「應付公司債溢價」 是以後付出的現金利息多於市場利率部分的折現值。

> 發行公司每一期間實際所負擔之利息費用 為所付出之現金減去攤銷減少的溢價。

非流動負債 chapter 13

```
利息費用          ×××
應付公司債        ×××
    現金                    ×××
```

此分錄中，代表公司債溢價攤銷減少數的「應付公司債」與「利息費用」之金額，係採**有效利息法**決定，其步驟如下：

(1) 債券每期利息費用等於該期期初債券之帳列金額乘以有效利率。
(2) 實務上應以市場上相同風險與條件之債券在發行日之殖利率作為有效利率，即市場利率，計算利息費用。
(3) 各期支付的現金利息與利息費用之差額，即為當期溢價攤銷部分，使應付公司債的帳列金額減少。

隨著時間的經過，越靠近到期日時，「應付公司債」的帳列金額越低，因此每期的「利息費用」也越來越少。至到期日時，「應付公司債」的帳列金額等於面額。以下釋例 13-6 說明溢價發行公司債於發行、付息及到期時之分錄。

釋例 13-6

丹佛斯企業於 ×2 年 1 月 1 日發行面額 $28,000、票面利率 5%、4 年到期之債券，並於每年年底支付利息。發行時，條件類似債券之市場利率為 4%。

試作：

(1) 發行日丹佛斯企業所獲價金為何？
(2) 發行日丹佛斯企業應付公司債溢價多少？發行日之分錄為何？
(3) 該公司於 ×2 年 12 月 31 日支付之債息多少？
(4) 該公司 ×2 年應認列多少利息費用？應攤銷溢價金額為多少？
(5) 該公司 ×2 年底應作分錄為何？
(6) 該公司 ×3 年底應作分錄為何？
(7) 該公司 ×4 年與 ×5 年底應作分錄為何？

解析

(1) 該公司債面額 $28,000，每年年底支付 $1,400（即面額 $28,000× 票面

利率 5%，期數 1 年），發行時市場利率 4%，故該公司債的公允價值，即發行所獲價金，計算如下：

面額現值＝ $28,000×0.85480（即利率 4%，期數 4 之現值因子，見附表一）＝ $23,934

各期支付利息現值＝ $1,400×3.62990（即利率 4%，期數 4 之年金因子，見附表二）＝ $5,082

所獲價金＝面額現值＋各期支付利息現值＝ $29,016

價金高於面額，即為溢價發行。

(2) 溢價金額＝ $29,016 － $28,000 ＝ $1,016

　　發行日分錄如下：

　　　現金　　　　　　　　　29,016
　　　　　應付公司債　　　　　　　　　29,016

(3) 於 ×2 年底應支付之現金利息為 $28,000×5% ＝ $1,400

(4) ×2 年應認列之利息費用＝ $29,016×4% ＝ $1,161

　　應攤銷之溢價金額＝ $1,400 － $1,161 ＝ $239

(5) ×2 年底（付息日）之分錄：

　　　利息費用　　　　　　　1,161
　　　應付公司債　　　　　　　239
　　　　　現金　　　　　　　　　　　　1,400

(6) 溢價攤銷表：

	支付之現金利息 (1)＝$28,000×5%	利息費用 (2)＝(5)×4%	溢價攤銷 (3)＝(1)－(2)	未攤銷溢價 (4)＝上期 (4)－(3)	帳面金額 (5)＝$28,000＋(4)
×2/1/1				$1,016	$29,016
×2/12/31	$1,400	$1,161	$239	776	28,776
×3/12/31	1,400	1,152	248	528	28,528
×4/12/31	1,400	1,142	258	270	28,270
×5/12/31	1,400	1,130	270	0	28,000

　　×3 年底（付息日）之分錄：

利息費用	1,152		
應付公司債	248		
現金		1,400	

(7) ×4年底（付息日）之分錄：

利息費用	1,142	
應付公司債	258	
現金		1,400

(8) ×5年底（付息日兼到期日）之分錄：

利息費用	1,130	
應付公司債	270	
現金		1,400
應付公司債	28,000	
現金		28,000

（您是否發現，「應付公司債」帳列金額越來越低，利息費用越來越少，在×5年12月31日（到期日）償付本金（面額）前一刻，「應付公司債」之帳列金額等於面額。）

表 13-3 與表 13-4 整理平價、溢價或折價發行公司債時，其折溢價攤銷與利息費用之關係及公司債帳列金額之變化。

表 13-3　發行債券企業資產負債表中負債的帳面金額

平價發行的債券	溢價發行的債券	折價發行的債券
帳面金額 = 債券面額	帳面金額 = 債券面額 + 未攤銷的債券溢價	帳面金額 = 債券面額 − 未攤銷的債券折價
不必作折價或溢價攤銷	溢價經由逐期攤銷而減少，使應付公司債的帳列金額逐期遞減，且發行公司之利息費用實質降低	折價經由逐期攤銷而減少，使應付公司債的帳列金額逐期遞增，且發行公司之利息費用實質增加

表 13-4　發行債券企業利息費用之金額

平價發行的債券	溢價發行的債券	折價發行的債券
市場利率＝票面利率	市場利率＜票面利率	市場利率＞票面利率
利息費用＝依各期初「應付公司債」帳面金額×市場利率。 各期利息費用等於依票面利率所付出現金	利息費用＝依各期初「應付公司債」帳面金額×市場利率。 負債的帳面金額越來越低，利息費用也逐期減少	利息費用＝依各期初「應付公司債」帳面金額×市場利率。 負債的帳面金額越來越高，利息費用也逐期增加

> **學習目標 5**
> 認識長期抵押借款及相關的會計處理方法

13.5　長期抵押借款

企業向銀行借款時，期間短於 1 年的短期借款或為信用貸款，即銀行並未要求企業將其名下資產設定抵押；而期間超過 1 年的長期借款則常常是**抵押貸款**，該類貸款的抵押品在公司欠錢不還時，可能會被拍賣，以抵充債務。

長期借款之會計處理並不因其為信用貸款或抵押貸款有所差異，而是視其支付利息與本金的方式有所不同。部分長期借款於借款期間僅需支付利息，到期時才一次償還本金。此類長期借款之會計處理與上一章流動負債中之應付票據十分相似，即付息日借記「利息費用」、貸記「現金」（還記得嗎？如果會計期間結束日不是付息日，當天應該借記「利息費用」、貸記「應付利息」）；在到期日，企業應該借記「長期借款」、貸記「現金」，表示已償還本金。例如，霍根公司於 ×5 年 2 月 1 日向凱基銀行舉借 3 年期之長期抵押借款 $1,000，利率為當時市場利率 6%，約定每年 2 月 1 日與 8 月 1 日各付息一次，到期時才一次償還本金。在借款日，霍根公司的會計記錄為：

| 2/1 | 現金 | 1,000 | |
| | 　長期抵押借款 | | 1,000 |

在每次付息日，霍根公司必須支付 $30 的利息（即 $1,000 × 6% × 6/12），其會計記錄為：

8/1	利息費用	30	
	現金		30

在會計期間結束日，必須作調整分錄以認列應付而未付之利息費用。自 8 月 1 日至 12 月 31 日計 5 個月之利息＝ $1,000 × 6% × 5/12 ＝ $25，分錄如下：

12/31	利息費用	25	
	應付利息		25

在到期日除了記錄償還本金外，另須記錄支付利息，且利息的金額中包括當年度發生之利息費用（自 1 月 1 日至 2 月 1 日）及前一年度應付而未付之利息費用（自 8 月 1 日至 12 月 31 日），記錄如下：

2/1	利息費用	5	
	應付利息	25	
	現金		30
2/1	長期抵押借款	1,000	
	現金		1,000

銀行基於保障自己的權利，部分長期借款須於借款期間內每期支付涵蓋利息與本金的固定金額，即分期攤還本金。由於一開始積欠本金較多，因此在前期所償付之固定金額中，大部分金額係支付利息，其餘金額方為償還本金；到了後期所償付之每期固定金額中，則大多數屬償還本金，少數金額屬支付利息。亦即各期期初之「長期借款」餘額與「利率」的乘積為各期「利息費用」；而各次付款日所付之固定金額扣除付息部分後，即為該期償還本金數額。

值得特別注意的是，分期攤還本金之長期借款因部分本金將於下一年度償還，故在資產負債表列示該借款時，應計算下一年度即會償還的本金而將其分類為流動負債，即本書第 12 章說明之「1 年之內到期之長期負債」，其餘待償還本金才分類為非流動負債。以下釋例 13-7 說明此類長期借款的會計處理。

釋例 13-7

×5 年 12 月底威爾森盆栽獲得波茲銀行 6 年期借款 $1,429,800 以購買土地,利率 7%,並以該筆土地作為抵押品。威爾森盆栽與波茲銀行約定,自 ×6 年起每年底償付固定數額 $300,000。試作:威爾森盆栽在 (1) 借款日;(2) 第一次付款日;(3) 第二次付款日之會計分錄與這三個年度資產負債表對該借款之相關表達。

解析

(1) 借款日之會計分錄為:

×5/12/31	現金	1,429,800	
	長期抵押借款		1,429,800

由於 ×6 年底將支付之 $300,000 中,利息費用部分＝第一期期初負債餘額 $1,429,800 × 利率 7%＝$100,086,其餘 $199,914(即 $300,000 － $100,086)為償還本金。故該公司 ×5 年資產負債表中對該借款 $1,429,800 之相關表達為流動負債部分有「1 年之內到期之長期負債」$199,914;非流動負債部分有「長期抵押借款」$1,229,886(即 $1,429,800 － $199,914)。

(2) 第一次付款日之會計分錄為:

×6/12/31	長期抵押借款	199,914	
	利息費用	100,086	
	現金		300,000

由於 ×7 年底將支付之 $300,000 中,利息費用部分＝第二期期初負債餘額(即 $1,429,800 － $199,914)× 利率 7%＝$86,092,其餘 $213,908(即 $300,000 － $86,092)為償還本金。故該公司 ×6 年資產負債表中對該借款 $1,229,886(即 $1,429,800 － $199,914)之相關表達為流動負債部分有「1 年之內到期之長期負債」$213,908;非流動負債部分有「長期抵押借款」$1,015,978(即 $1,229,886 － $213,908)。

(3) 第二次付款日之會計分錄為:

×7/12/31	長期抵押借款	213,908	
	利息費用	86,092	
	現金		300,000

由於 ×8 年底將支付之 $300,000 中,利息費用部分＝第三期期初負債餘額(即 $1,229,886 － $213,908)× 利率 7%＝$71,119,其餘

$228,881（即 $300,000 － $71,119）為償還本金。故該公司 ×7 年資產負債表中對該借款 $1,015,978（即 $1,229,886 － $213,908）之相關表達為流動負債部分有「1 年之內到期之長期負債」$228,881；非流動負債部分有「長期抵押借款」$787,097（即 $1,015,978 － $228,881）。

13.6 長期信用風險指標

> **學習目標 6**
> 了解「負債比率」與「利息保障倍數」之意義

長期信用風險指標含括**負債比率**（liability ratio 或是 debt ratio）與**利息保障倍數**（times interest earned，簡稱 TIE），都是債券投資人、銀行負責放款人員等作長期還款能力分析時，所使用之重要指標。

$$負債比率 = \frac{總負債}{總資產}$$

$$利息保障倍數 = \frac{息前稅前淨利}{年度利息費用}$$

$$= \frac{利息費用 + 所得稅費用 + 淨利}{年度利息費用}$$

這兩個比率當中，「負債比率」越高，企業還本付息壓力越大，在業績下滑時要債的隊伍顯得越長。所以「負債比率」偏高的企業，其貸款申請比較不容易被核准，**波音公司**負債總額 1,702 億美元，資產總額 1,521 億美元，負債比率為 1,702 億美元 ÷ 1,521 億美元 = 111.9%。利息保障倍數也被稱為**利息涵蓋比率**（interest coverage ratio），此比率如果只是約略超過 1，債券投資人、銀行負責放款人員會擔心：「該企業生產銷售活動稍有閃失，豈不就無法償付利息了」，倍數越高表示付息還本能力越強。

釋例 13-8

以下資料摘錄自 ×1 年度巴恩斯企業之財務報表及附註（單位：千元）：

利息費用	$ 65,420	資產總額	$10,000,000
所得稅費用	160,399	負債總額	3,000,000
稅前淨利	975,411	權益總額	7,000,000
本期淨利	815,012		

試作：
(1) ×1 年 12 月 31 日之負債比率與
(2) ×1 年度之利息保障倍數是多少？

解析

(1) ×1 年 12 月 31 日巴恩斯之負債比率

$$= \frac{負債總額}{資產總額}$$

$$= \frac{\$3,000,000}{\$10,000,000} = 30\%$$

(2) ×1 年巴恩斯之利息保障倍數

$$= \frac{息前稅前利益}{年度利息費用}$$

$$= \frac{利息費用＋所得稅費用＋淨利}{利息費用}$$

$$= \frac{\$65,420 + \$160,399 + \$815,012}{\$65,420}$$

$$= 15.91（倍）$$

非流動負債

大功告成

×5 年 1 月 1 日奧科耶人壽發行 5 年期，面額 $1,000,000 的債券，票面利率 5%，由 ×6 年起每年 1 月 1 日付息，該公司此次債券發行共得款 $1,044,520，此債券市場利率為 4%。

試作：

(1) 債券發行的溢價或折價金額為多少？
(2) 在債券存續期間的 5 年內，奧科耶人壽應認列的利息費用總額是多少？
(3) ×5 年 12 月 31 日奧科耶人壽應作之調整分錄為何？
(4) 在 ×5 年 12 月 31 日奧科耶人壽資產負債表中，應如何表達該項債券？
(5) ×6 年 1 月 1 日付息日之會計分錄為何？

解析

(1) 債券發行的溢價為 $1,044,520 − $1,000,000 = $44,520
(2) 債券 5 年期間總共支付之利息為 $1,000,000×5%×5 = $250,000，發行溢價 $44,520 實質上降低了發行公司的資金成本，所以 5 年期間應認列為利息費用之總額為 $250,000 − $44,520 = $205,480
(3) ×5 年 12 月 31 日因債券利息尚未支付，因此須作調整分錄：

期末應認列利息費用 = $1,044,520×4% = $41,781
期末應認列之應付利息 = $1,000,000×5% = $50,000
期末應攤銷之溢價金額 = $50,000 − $41,781
 = $8,219

×5/12/31	利息費用	41,781	
	應付公司債	8,219	
	應付利息		50,000

(4) 未攤銷之應付公司債溢價 = $44,520 − $8,219 = $36,301
資產負債表中：應付公司債餘額 = 面額 $1,000,000 + 未攤銷溢價 $36,301 = $1,036,301

<table>
<tr><td colspan="2" align="center">奧科耶人壽
資產負債表（部分）
×5 年 12 月 31 日</td></tr>
<tr><td>非流動負債：</td><td></td></tr>
<tr><td>　應付公司債</td><td>$1,036,301</td></tr>
</table>

(5) | ×6/1/1 | 應付利息 | 50,000 | |
|---|---|---|---|
| | 　現金 | | 50,000 |

摘要

本章解析企業作長期借貸的理由和主要考量：企業要擴充資產規模，其資金挹注方式可以分為內部融資與外部融資兩類，非流動負債是重要的長期資金外部來源。常見的非流動負債項目，除了長期借款，還有應付公司債等。企業於借款日各項非流動負債應認列金額，為該筆負債在未來所應償還本金與支付利息之現值總和。現值是未來將收取或是付出的 $1，其今日之價值。若應付公司債之票面利率低於發行時的市場利率，此時以低於面額方式發行，稱為折價發行。若票面利率高於市場利率，則以溢價方式發行。無論是應付公司債溢價或應付公司債折價，均應於認列利息費用時加以攤銷，以反映發行公司債的企業之實際資金成本。企業攤銷公司債之折溢價時應依時間之經過按有效利息法作攤銷，按有效利息法，先決定每期利息費用（＝各期期初應付公司債之帳列金額乘以有效利率）；每期支付之現金利息與每期認列之利息費用間的差額，即為當期折、溢價應攤銷之金額。企業的長期信用風險指標，包括負債比率（即總負債除以總資產）與利息保障倍數（即息前稅前利益除以年度利息支出）。

附錄 13-1　折溢價發行公司債之「總額法」會計記錄

公司對於折溢價發行債券的會計處理，除得如第 13.4.2 節與第 13.4.3 節所述採「淨額法」外，亦得採本節將說明之「總額法」。在「淨額法」下，公司債的折溢價金額係直接記入「應付公司債」項目中，公司債之帳列金額可直接由「應付公司債」帳戶之餘額得知。但在「總額法」下，「應付公司債」帳戶係以面額記錄，另設折(溢)價項目記錄「應付公司債折（溢）價」金額。故公司債之帳列金額係「應付公司債」帳戶餘額，減去（加上）「應付公司債折（溢）價」項目餘額而得。

以下即以釋例 13A-1 與釋例 13A-2，說明折溢價發行公司債「總額法」之會計處理。

釋例 13A-1

沿釋例 13-5，試分別依「淨額法」與「總額法」，作皮姆企業 ×2 年 1 月 1 日（發行日），×2 年底（付息日），×3 年底（付息日），×4 年底（付息日），×5 年底（付息與到期日）之分錄，並計算該筆公司債於當日之帳列金額。

解析

淨額法		總額法	
分錄	帳列金額	分錄	帳列金額

×2/1/1
現金　　　　27,029
　應付公司債　　　27,029

應付公司債
　　　　　27,029

×2/1/1
現金　　　　　27,029
應付公司債折價　971
　應付公司債　　　28,000

應付公司債
　　　　　28,000
應付公司債折價
971

應付公司債　　$28,000
減：應付公司債折價　971
　　　　　　　$27,029

×2/12/31
利息費用　　1,622
　應付公司債　　　222
　現金　　　　　1,400

應付公司債
　　　　　27,029
　　　　　　　222
　　　　　27,252*

*因四捨五入數字落差

×2/12/31
利息費用　　1,622
　應付公司債折價　222
　現金　　　　　1,400

應付公司債
　　　　　28,000
應付公司債折價
971 ｜ 222
748*

*因四捨五入數字落差

應付公司債　　$28,000
減：應付公司債折價　748
　　　　　　　$27,252

×3/12/31
利息費用　　1,636
　應付公司債　　　236
　現金　　　　　1,400

應付公司債
　　　　　27,029
　　　　　　　222
　　　　　　　236
　　　　　27,488

×3/12/31
利息費用　　1,636
　應付公司債折價　236
　現金　　　　　1,400

應付公司債
　　　　　28,000
應付公司債折價
971 ｜ 222
　　　 ｜ 236
512*

*因四捨五入數字落差

應付公司債　　$28,000
減：應付公司債折價　512
　　　　　　　$27,488

×4/12/31			應付公司債		×4/12/31			應付公司債	
利息費用	1,650			27,029	利息費用	1,650			28,000
應付公司債		250		222	應付公司債折價		250	應付公司債折價	
現金		1,400		236	現金		1,400	971	222
				250					236
				27,738					250
								262*	

* 因四捨五入數字落差

應付公司債	$14,000
減：應付公司債折價	262
	$27,738

×5/12/31			應付公司債		×5/12/31			應付公司債	
利息費用	1,662			27,029	利息費用	1,662			28,000
應付公司債		262		222	應付公司債折價		262	應付公司債折價	
現金		1,400		236	現金		1,400	971	222
				250					236
				262					250
				28,000					262
								0*	

* 因四捨五入數字落差

應付公司債	$14,000
減：應付公司債折價	0
	$14,000

應付公司債	28,000			應付公司債	28,000	
現金		28,000		現金		28,000

釋例 13A-2

　　沿釋例 13-6，試分別依「淨額法」與「總額法」，作丹佛斯企業 ×2 年 1 月 1 日（發行日）、×2 年底（付息日）、×3 年底（付息日）、×4 年底（付息日）、×5 年底（付息與到期日）之分錄，並計算該筆公司債於當日之帳列金額。（＊同上一釋例，因四捨五入產生數字落差）

解析

非流動負債

淨額法			總額法		
分錄		帳列金額	分錄		帳列金額

×2/1/1
現金　　　　　29,016
　應付公司債　　　29,016

應付公司債
| | 29,016 |

×2/1/1
現金　　　　　29,016
　應付公司債溢價　1,016
　應付公司債　　　28,000

應付公司債
| | 28,000 |

應付公司債溢價
| | 1,016 |

應付公司債　　　　$28,000
加：應付公司債溢價　1,016
　　　　　　　　　$29,016

×2/12/31
利息費用　　　1,161
應付公司債　　　239
　現金　　　　　　1,400

應付公司債
| 239 | 29,016 |
| | 29,016* |

*因四捨五入數字落差

×2/12/31
利息費用　　　　1,161
應付公司債溢價　　239
　現金　　　　　　1,400

應付公司債
| | 28,000 |

應付公司債溢價
| 239 | 1,016 |
| | 776* |

*因四捨五入數字落差

應付公司債　　　　$28,000
加：應付公司債溢價　　776
　　　　　　　　　$28,776

×3/12/31
利息費用　　　1,152
應付公司債　　　248
　現金　　　　　　1,400

應付公司債
239	29,016
248	
	28,528*

*因四捨五入數字落差

×3/12/31
利息費用　　　　1,152
應付公司債溢價　　248
　現金　　　　　　1,400

應付公司債
| | 28,000 |

應付公司債溢價
239	1,016
248	
	528*

*因四捨五入數字落差

應付公司債　　　　$28,000
加：應付公司債溢價　　528
　　　　　　　　　$28,528

×4/12/31
利息費用　　　1,142
應付公司債　　　258
　現金　　　　　　1,400

應付公司債
239	29,016
248	
258	
	28,270*

*因四捨五入數字落差

×4/12/31
利息費用　　　　1,142
應付公司債溢價　　258
　現金　　　　　　1,400

應付公司債
| | 28,000 |

應付公司債溢價
239	1,016
248	
258	
	270*

*因四捨五入數字落差

×5/12/31	
利息費用 1,130	
應付公司債 270	
現金 1,400	

應付公司債
239	29,016
248	
528	
270	
	28,000*

*因四捨五入數字落差

應付公司債 28,000	
現金 28,00	

	應付公司債	$28,000
	加：應付公司債溢價	270
		$28,270

×5/12/31	
利息費用 1,130	
應付公司債溢價 270	
現金 1,400	

應付公司債
	28,000

應付公司債溢價
239	1,016
248	
258	
270	
	0*

*因四捨五入數字落差

應付公司債		$28,000
加：應付公司債溢價		0
		$28,000

應付公司債 28,000	
現金 28,000	

學習目標
可轉換公司債及相關的會計處理方法

附錄 13-2　可轉換公司債*

　　可轉換公司債（convertible bonds）在國內實務界常常簡稱為「可轉債」或是 CB。國內可轉換公司債的名稱，是以發行公司名稱加上序號一、二、三……等。例如「聯電一」到「聯電四」都是**聯電**（股票代號：2303）公司發行的可轉換公司債。可轉債持有人有權利在特定時間內，依約定的**轉換價格**（conversion price）或**轉換比率**（conversion ratio），將公司債轉換成公司之普通股。以到期日為民國 113 年 8 月 27 日的**時碩工業**（股票代號：4566）公司可轉換公司債為例，發行時之轉換價格定為每股 $50，發行面額為 $100,000，故投資人以 $100 面額的可轉債，可以換得 2 股（即 $100÷$50）；轉換時每一張可轉債可以換得 2,000 股（即 $100,000÷$50），因為上市櫃公司普通股股票一張代表 1,000 股，一單位可轉換公司債可以換取普通股 2 張，所以其轉換比率為 2。

> **轉換價格**　轉換公司債持有人有權利在特定時間內，依約定轉換價格或轉換比率，將債券轉換成普通股。轉換價格是多少面額的可轉換公司債可轉換成一股普通股，國內可轉換公司債面額每張 10 萬元。

＊　教師可依教學情形，斟酌本節之討論程度。

如上述時碩公司股票價格上漲至高於約定的轉換價格，可轉債持有人會行使轉換權利。公司應將可轉換公司債券的發行視同發行一純公司債加上若干個認股權。什麼是認股權呢？股票認股權賦予持有人以一定價格購買公司股票的權利。例如，天能源公司發行之認股權賦予持有人以 $26 購買一股天能源股票的權利。如天能源股價超過 $26，認股權持有人有權利便宜地以 $26 向該公司買到天能源股票。可轉換公司債持有人執行認股權利時，是以純債券部分的面額支付執行價金，將債券轉換為普通股。所以企業發行可轉債時，事實上即是同時發行公司債（企業之負債）與認股權（企業之權益），其中發行之負債原始認列金額應為其公允價值；而總發行價格扣除負債公允價值的剩餘金額，則為認股權的原始認列金額。例如，朗恩營建於 ×8 年 5 月 15 日溢價發行轉換價格 $50 的可轉債「朗恩一」，發行價格為 $90,000，債券面額為 $85,000，純債券部分的公允價值為 $87,000，因此發行溢價為 $2,000；而認股權原始認列金額為 $90,000 － $87,000 ＝ $3,000。認股權的發行增加企業之權益，列入資本公積的一部分。發行日應做分錄為

認股權 認股權賦予持有人以一定價格購買公司股票的權利。

可轉換公司債之發行價格＝發行純公司債價值＋發行認股權價值

原始認列金額 認股權公允價值＝可轉換公司債發行價格－純公司債公允價值

×8/5/15	現金	90,000	
	應付公司債		87,000
	資本公積－認股權		3,000

若到了 10 月初，因為朗恩營建的股價忽然上漲到 $70，可轉債持有人紛紛要求將可轉債轉換為朗恩營建的股票。可轉債持有人共可換取之股數為：

面額 $85,000 ÷ 轉換價格 $50 ＝ 1,700 股

故當日「朗恩一」應付公司債的帳列金額及認股權（資本公積）帳戶餘額均應沖銷，並以此總計之帳列金額轉列為權益；又普通股面額 $10，故轉換造成之朗恩營建股本增加金額為：

普通股面額 $10 × 1,700（股）＝ $17,000

普通股發行溢價＝已轉換之公司債的帳列金額及認股權（資本公積）合計 $90,000 – 新增普通股股本 $17,000 = $73,000。

以新發行普通股面額 $10 乘以股數所得到的 $17,000 貸記「股本」、發行溢價 $73,000 記錄為「資本公積－普通股發行溢價」，轉換日之分錄為：

×8/10/1	應付公司債	87,000	
	資本公積－認股權	3,000	
	普通股股本		17,000
	資本公積－普通股發行溢價		73,000

本章習題

＊（習題中之數字或金額可能較實務所見者為小，係為方便演練，簡化計算。）

問答題

1. 企業有哪些非流動負債項目？
2. 什麼是內部融資？什麼是外部融資？
3. 克林特企業與索隆企業資產、負債、權益的金額完全一樣，但克林特企業 $50,000 總額的負債中，有 98% 是流動負債；索隆企業 $50,000 總額的負債中，則只有 2% 是流動負債，請問哪一家企業的償債壓力比較大？
4. 請解釋銀行長期借款與長期應付票據及款項兩會計項目的意義。
5. 什麼是債券的面額？
6. 什麼是現值？什麼是未來值？
7. 什麼是年金？什麼是年金未來值？什麼是年金現值？
8. 為什麼有時債券會折價發行？有時債券會平價發行？有時債券會溢價發行？
9. 折價發行公司債的帳列金額（帳面價值）應該用哪兩個項目的差？溢價發行公司債的帳列金額應該用哪兩個項目的和？
10. 什麼是有效利息法（或稱利息法）？
11. 可轉債可以轉換成哪種證券？什麼是可轉債的轉換價格？什麼是可轉債的轉換比率？
12. 福瑞企業久為蛇患所苦，決定地毯式清理其發貨倉庫，長達半個月的驅蛇期間，需支付

新台幣 10 萬元，向拉瑪達公司租用倉庫替代，請問在簽訂租約那天，福瑞企業應紀錄其資產的增加嗎？

13. 什麼是可贖回公司債？什麼是可賣回公司債？
14. 債權人可以使用哪些長期信用風險指標作為決策的參考？
15. 什麼是負債比率？
16. 什麼是利息保障倍數？

選擇題

1. 以下哪一項正確？
    (A) 企業發行新股籌措資金，沒有任何代價
    (B) 對股東而言，企業資產負債表中非流動負債餘額是越低越好
    (C) 非流動負債與權益，都是屬於長期資金來源，所以合稱為「長期資金」
    (D) 公司債是一種股權憑證

2. 以下哪一項不屬於企業的非流動負債項目？
    (A) 長期銀行借款　　　　(B) 長期應付票據
    (C) 5 年後到期之應付公司債券　(D) 短期銀行借款

3. 下列何者為非流動負債？
    (A) 應付帳款　　　　　　(B) 應付公司債
    (C) 應付股利　　　　　　(D) 在建工程

4. 以下哪一項應屬於企業的非流動負債項目？
    (A) 預付費用
    (B) 應收利息
    (C) 5 年後到期之應付可轉換公司債券
    (D) 應付薪資

5. 拉瑪達公司於 ×8 年 5 月 15 日發行面額 $1,000，10 年期，利率 5% 之公司債，每年 5 月 15 日及 11 月 15 日付息，發行價格（百元報價）為 $66。該公司債券究竟是折價還是溢價發行？
    (A) 折價發行　　　　　　(B) 溢價發行
    (C) 平價發行　　　　　　(D) 原價發行

6. 珍妮特公司於 ×6 年 2 月 1 日發行面額 $100 萬，6 年期，利率 3% 之公司債，每年 2 月 1 日及 8 月 1 日付息，發行價格 (百元報價) 為 $125。該公司債券究竟是折價還是溢價發行？

(A) 折價發行   (B) 溢價發行
(C) 平價發行   (D) 無法認定

7. 東尼公司於 ×3 年 7 月 1 日發行 100 單位，每單位面額 $100，5 年期，票面利率 20%，市場利率 24% 之公司債，每年 7 月 1 日付息，每單位公司債發行價格為 $94。該公司 ×3 年 12 月 31 日攤銷折價之會計處理為何？
   (A) 借記應付公司債折價 $60   (B) 借記應付公司債折價 $128
   (C) 貸記應付公司債折價 $60   (D) 貸記應付公司債折價 $128

8. 今天的 $1，在 5 年以後的本利和總額，為其 5 年後的：
   (A) 未來值   (B) 淨值
   (C) 現值   (D) 年金現值

9. 利率 10%，3 年後的 $2 其現值為何？
   (A) 2.662   (B) 1.502
   (C) 1.818   (D) 1.652

10. 利率 10%，往後 3 年中每年年底均可流入 $2，此年金規劃的現值為何？
    (A) 3.472   (B) 1.502
    (C) 4.972   (D) 6.340

11. 發行公司債時，如果當時的市場利率大於公司債的票面利率，則下列敘述何者正確？
    (A) 將平價發行   (B) 將溢價發行
    (C) 將折價發行   (D) 發行後各期支付的利息將增加

12. 發行公司債時，如果當時的市場利率等於公司債的票面利率，則下列敘述何者正確？
    (A) 將平價發行   (B) 將溢價發行
    (C) 將折價發行   (D) 發行後各期支付的利息將增加

13. 有關可轉換公司債券之敘述，下列何者正確？
    (A) 投資人可以轉換價格將公司債券轉換為股票
    (B) 發行企業可以轉換價格將公司債券轉換為股票
    (C) 投資人可以轉換價格將股票轉換為公司債券
    (D) 發行企業可以轉換價格將股票轉換為公司債券

14. 關於溢價發行債券，以下哪一項敘述正確？
    (A) 溢價發行會出現在發行時票面利率高於市場利率時
    (B) 債券公司借款日所收得現金，會高於債券面額
    (C) 溢價其實是在補償發行債券公司各付息日超付的利息
    (D) 以上都正確

15. 以下哪一個答案是正確的？
    (A) 繳款或是償付時限就在最近的債務，屬於「流動負債」
    (B) 企業將盈餘保留下來，減少分配現金股利，使用自有資金，屬於「內部融資」
    (C) 企業發行新股，賣出更多股票作增資、發行公司債券與抵押借款，都屬於「外部融資」
    (D) 以上的答案都是正確的

16. 企業以開立到期期間超過 1 年的長期票據，以便向特定對象籌措資金。下列何者代表此種籌資方式？
    (A) 長期應付票據   (B) 長期應收帳款
    (C) 長期應付帳款   (D) 長期應收票據

17. 對於未來的現金流入或是流出，算成現值，要打個折扣，稱為什麼？
    (A) 折價   (B) 折現
    (C) 溢價   (D) 年金

18. 市場投資人對於類似期間、發行條件、風險的債券，所要求支付之利率，稱為什麼？
    (A) 票面利率   (B) 市場利率
    (C) 債息   (D) 溢價比率

19. 漢克公司於 ×9 年 1 月 1 日向楨卿銀行借得 $32,000，漢克公司當場開立一張 3 年到期票據給楨卿銀行，票面利率與市場利率同為 3%，在每年 6 月 30 日與 12 月 31 日各付息一次。漢克公司的相關會計記錄為何？
    (A) 借款日應借記「現金」$32,000，貸記「長期應付票據」$32,000
    (B) 借款日應借記「長期應付票據」$32,000，貸記「現金」$32,000
    (C) 每次付息日，應借記「利息費用」$480，貸記「現金」$480
    (D) A 和 C 都正確

20. 下列敘述何者正確？
    (A) 當公司債為溢價發行時，債券的利息費用會逐期降低，溢價攤銷數會逐期增加，公司債的帳列金額會逐期減少。
    (B) 當公司債為折價發行時，債券的利息費用會逐期降低，折價攤銷數會逐期增加，公司債的帳列金額會逐期增加。
    (C) 當公司債為溢價發行時，債券的利息費用會逐期增加，溢價攤銷數會逐期減少，公司債的帳列金額會逐期減少。
    (D) 當公司債為折價發行時，債券的利息費用會逐期增加，折價攤銷數會逐期減少，公司債的帳列金額會逐期增加。

練習題

1.【現值的觀念】 尼克投資寇格實業，預期在 3 年後回收 $800，以折現利率 12%，3 年後這 $800 今天的價值是多少？

2.【公司債以面額發行】 浣熊掌中戲以面額 $1,000 發行票面利率 4% 的 10 年期公司債，獲得 $1,000，該公司在發行日應該如何作分錄？

3.【公司債以折、溢價發行】 從艾德恩光學的下述分錄，您可以看艾德恩光學所作外部交易是什麼嗎？

×8/6/8	現金	76	
	應付公司債折價	24	
	應付公司債		100

4.【公司債折、溢價攤銷】 朗姆洛公司年底調整分錄如下，您可以說明朗姆洛為什麼會有貸記利息費用的分錄呢？

×2/12/31	利息費用	840	
	應付公司債利息		840

×2/12/31	應付公司債溢價	108	
	利息費用		108

5.【可轉換公司債的轉換價格】 德克斯一發行時之轉換價格定為每股新台幣 $400，每張德克斯一（面額 $10 萬）可轉債可轉換多少股德克斯股票？

6.【可轉換公司債的轉換價格與發行日分錄】 希爾風力發電於 ×6 年 8 月 1 日溢價發行可轉換公司債「希爾一」。已知面額 $1,200，純債券部分之發行溢價為 $10，並賦予持有人以轉換價格 $50 轉換希爾公司股票的權利，可轉換公司債發行價格為 $1,260，試問：
(1) 發行日「希爾一」可轉換公司債帳列金額是多少？
(2) 發行日應作何分錄？
(3) 若股價上漲到 $65，可轉換公司債持有人全數要求將可轉換公司債轉換為希爾股票。「希爾一」持有人共可換取多少股？

應用問題

1.【現值的觀念】 泰坦企業投資烏木喉茶壺，預期在 8 年後回收 $4,000，以折現利率 3%，8 年後這 $4,000 今天的價值是多少？

2. 【公司債折、溢價認定】葛摩菈公司於 ×2 年 5 月 31 日發行面額 $2,000，票面利率 6%，6 年期的公司債券，發行價格是 $1,800，該公司債每半年發放一次債息，請問：
   (1) 葛摩菈公司債是折價還是溢價發行？
   (2) 發行日市場利率是高於還是低於 6%？
   (3) 發行日葛摩菈公司應付公司債溢價或折價的金額是多少？分錄要怎麼樣記錄？

3. 【公司債平價發行】古一公司在 ×7 年 4 月 1 日發行面額 $20,000，票面利率 5%，期限 10 年的公司債，利息於每年 3 月 31 日及 9 月 30 日各支付一次，當時市場的有效利率是 5%。

   試作：
   (1) ×7 年 4 月 1 日公司債發行的分錄。
   (2) ×7 年 9 月 30 日支付利息的分錄。
   (3) ×7 年 12 月 31 日關於公司債利息的調整分錄。
   (4) ×8 年 3 月 31 日支付公司債利息的分錄。

4. 【公司債平價發行；出售日不等於發行日】摩根公司在 ×1 年 5 月 1 日發行面額 $500,000，票面利率 6%，期限 5 年的公司債，利息於每年 4 月 30 日及 10 月 31 日各支付一次，當時市場的有效利率亦為 6%，然而該批公司債延至 6 月 15 日才一次全數出售。

   試作：
   (1) ×1 年 6 月 15 日公司債出售的分錄。
   (2) ×1 年 10 月 31 日支付利息的分錄。
   (3) ×1 年 12 月 31 日關於公司債利息的調整分錄。
   (4) ×2 年 4 月 30 日支付公司債利息的分錄。

5. 【公司債折價發行】浪人實業於 ×1 年 1 月 1 日發行 10 年期公司債，當時全部出售，面額 $1,000，票面利率為 8%，市場利率為 10%，付息日為 6 月 30 日及 12 月 31 日。試作：(1) ×1 年 1 月 1 日、(2) ×1 年 6 月 30 日、(3) ×1 年 12 月 31 日、(4) ×2 年 6 月 30 日之分錄。

   | 複利現值表 ||||| 年金現值表 |||||
期間	2%	3%	4%	5%	期間	2%	3%	4%	5%
10	0.820	0.744	0.676	0.614	10	8.983	8.530	8.111	7.722
20	0.673	0.554	0.456	0.377	20	16.351	14.878	13.590	12.462

6. 【溢價發行】瓦爾基麗公司於 ×5 年 7 月 1 日發行 5 年期公司債，當時全部出售，面額 $400,000，票面利率為 6%，市場利率為 4%，付息日為每年 6 月 30 日及 12 月 31 日。

試作：

(1) 計算公司債發行價格。
(2) ×5 年 7 月 1 日發行公司債分錄。
(3) ×5 年 12 月 31 日支付公司債利息之分錄。
(4) ×6 年 6 月 30 日支付公司債利息之分錄。
(5) ×6 年 12 月 31 日支付公司債利息之分錄。

複利現值表							年金現值表				
期間	2%	3%	4%	5%	6%	期間	2%	3%	4%	5%	6%
5	0.906	0.863	0.822	0.784	0.747	5	4.714	4.580	4.452	4.330	4.212
10	0.820	0.744	0.676	0.614	0.558	10	8.983	8.530	8.111	7.722	7.360

7. 【抵押借款】布魯斯書房公司以房屋為抵押，於 ×1 年 2 月底獲索爾銀行 6 年期「長期抵押借款」$600,000，借款利率為 2%，布魯斯書房公司與索爾銀行約定償還日為每年度 8 月 31 日及 2 月 28 日，每次償付固定金額。

試作：

(1) 布魯斯書房各期應償付多少元？
(2) 布魯斯書房 ×1 年 2 月底分錄。
(3) 布魯斯書房 ×1 年 8 月 31 日付款分錄。

8. 【與信用風險相關的財務比率】以下資料摘錄自汎戴茵 ×0 年上半年綜合損益表：（單位：新台幣千元）

利息支出	$200
稅前淨利	108
所得稅費用	8
本期淨利	100

以下資料摘錄自汎戴茵 ×0 年 6 月 30 日資產負債表：（單位：新台幣千元）

資產總計	$1,120
負債合計	480
權益合計	640

試問：

(1) ×0 年 6 月 30 日汎戴茵之負債比率是多少？
(2) ×0 年前 2 季汎戴茵之利息保障倍數比是多少？

會計達人

1. **【公司債折、溢價認定】** 芙瑞嘉小吃於 ×7 年 12 月 31 日發行面額 $200,000，票面利率 6%，6 年期的公司債券，發行價格是 $201,600，芙瑞嘉小吃每年發放一次債息，請問：

   (1) 芙瑞嘉小吃之公司債應該是折價還是溢價發行？
   (2) 發行日芙瑞嘉小吃之應付公司債溢價或折價是多少？分錄要怎麼樣記？
   (3) 該公司債 ×8 年 12 月 31 日第一次債息給付應該是多少元？×9 年 12 月 31 日第二次債息給付應該是多少元？

2. **【折、溢價攤銷】** ×8 年 5 月 1 日阿斯嘉企業發行 6 年期公司債，當時全部出售，面額 $600,000，票面利率為 4%，市場利率為 6%，付息日為每年 4 月 30 日及 10 月 31 日，公司債溢折價以有效利息法攤銷，試作：×8 年 5 月 1 日、×8 年 10 月 31 日、×8 年 12 月 31 日、×9 年 4 月 30 日及 ×9 年 10 月 31 日之分錄。

	複利現值表					年金現值表			
期數	2%	3%	4%	6%	期數	2%	3%	4%	6%
6	0.888	0.838	0.790	0.705	6	5.601	5.417	5.242	4.917
12	0.789	0.701	0.625	0.497	12	10.575	9.954	9.385	8.384

3. **【折、溢價攤銷】** 資料如上題，但票面利率為 6%，市場利率為 4%，試作：×8 年 5 月 1 日、×8 年 10 月 31 日、×8 年 12 月 31 日、×9 年 4 月 30 日及 ×9 年 10 月 31 日之分錄。

4. **【折、溢價攤銷】** ×1 年 12 月 31 日洛基企業發行面額 $5,600，年利率 6%，6 年期的公司債券，市場利率 5%，發行價格是 $5,840，洛基公司債每年發放一次債息，請問：

   (1) 洛基企業公司債應該是折價還是溢價發行？
   (2) 發行日洛基企業應付公司債溢價或折價是多少？如何作分錄？
   (3) 該公司債 ×2 年 12 月 31 日及 ×3 年 12 月 31 日之付息日，支付利息金額各為多少？
   (4) 該公司債 ×2 年與 ×3 年應認列之利息費用為多少元？分錄如何作？
   (5) 該公司債 ×2 年與 ×3 年付債息時折價或是溢價之攤銷金額是多少？
   (6) ×2 年底未攤銷折價或是溢價是多少？該公司債於 ×2 年年底帳列金額是多少？

5. **【溢價攤銷】** ×7 年 1 月 1 日克雷林公司發行 2 年期公司債，當天全部出售，面額 $240,000，票面利率為 10%，市場利率為 8%，付息日為每年 1 月 1 日及 7 月 1 日，公司債溢折價依利息法攤銷，試作：×7 年 1 月 1 日、×7 年 7 月 1 日、×7 年 12 月 31 日、×8 年 1 月 1 日、×8 年 7 月 1 日、×8 年 12 月 31 日及 ×9 年 1 月 1 日有關公司

債之分錄。

複利現值表					年金現值表				
期數	4%	5%	8%	10%	期數	4%	5%	8%	10%
2	0.92456	0.90703	0.85734	0.82645	2	1.88609	1.85941	1.78326	1.736
4	0.85480	0.82270	0.73503	0.68301	4	3.62990	3.54595	3.31213	3.170

6. 【折價攤銷】延續上題，假設票面利率為 2%，市場利率為 10%，其他資料同上題，試作：×7 年 1 月 1 日、×7 年 7 月 1 日、×7 年 12 月 31 日、×8 年 1 月 1 日、×8 年 7 月 1 日、×8 年 12 月 31 日及 ×9 年 1 月 1 日有關公司債之分錄。

7. 【長期借款分期償還】奇納公司於 ×4 年 12 月 31 日向中華開發資本借款 $300,000，約定利率為 3%，奇納公司需於每年底支付涵蓋利息與本金的固定金額，分 5 年償還完畢。

試作：

(1) 計算每年應償付金額。
(2) 奇納公司 ×4 年 12 月 31 日之借款分錄。
(3) 奇納公司 ×5 年 12 月 31 日之第一次還款分錄。
(4) 奇納公司 ×6 年 12 月 31 日之第二次還款分錄。

非流動負債 chapter 13

Chapter 14

投 資

objectives

研讀本章後，預期可以了解：

- 什麼是貨幣市場與資本市場？各有哪些投資的標的？
- 金融資產在會計上的分類為何？
- 什麼是「透過損益按公允價值衡量之金融資產」？其會計處理為何？
- 什麼是「按攤銷後成本衡量之債務工具投資」？其會計處理為何？
- 什麼是「透過其他綜合損益按公允價值衡量之債務工具投資」？其會計處理為何？
- 什麼是「透過其他綜合損益按公允價值衡量之權益工具投資」？其會計處理為何？
- 債務工具投資之減損應如何處理？
- 權益工具（股票）投資在什麼情況下要採用權益法？權益法的會計處理為何？
- 企業何時需要編製合併報表？

騰訊於 2017 年 3 月 17 日透過認購 Tesla 新股發行,並持續於公開市場增加持股,總共以 17.78 億美元(約 138.7 億港元)購入 Tesla 已發行股份之 5%,成為 Tesla 的第五大股東。以此計算,騰訊平均入股價為每股 218 美元。騰訊公開表示,Tesla 在電動車、輔助駕駛、共享汽車及能源儲存等領域上,均為全球領先的新科技公司。騰訊創立至今的成功原因與良好的股權投資及極具野心的企業精神有關;而 Tesla 創辦人 Elon Musk 亦是代表創新、有願景、野心及執行力等良好企業精神的不二人選。

　　Tesla 於 2020 年將發行之股票 1 股分割為 5 股,其股價由 2017 年初之 218 美元,上漲至 2020 年底之 706 美元;亦即 2017 年價值 218 美元的 1 股至 2020 年底變為價值 3,530 美元(5 股、每股 $706);共計上漲了 16 倍之多。騰訊在 2020 年初將持股減少至 Tesla 總股份之 0.5%,成功地實現了不錯的投資報酬;但 2020 年 Tesla 股票在後續期間持續大漲了 5 倍之多。騰訊有許多成功的「破壞性創新」投資,但大陸人說「常在河邊走,哪有不溼鞋」,例如騰訊 2015 年投資的線上教育「瘋狂教師」,在 2019 年線上教育類公司倒閉潮中也落到停止營業的結局。

　　因為騰訊投資之 Tesla 股票,係屬長期持有之策略性投資,而非為賺短期價差之持有供交易權益工具投資,依照 IFRS 9 之規定,騰訊可以選擇將該批股票列入透過其他綜合損益按公允價值衡量之權益工具投資。若騰訊不作此選擇,依 IFRS 9 規定,該批股票應列入透過損益按公允價值衡量之投資,則這些權益工具投資,其公允價值變動將列入每一期之淨利。像 Tesla 這類「破壞性創新」公司的股價波動率都很大,持有期間將大幅影響投資公司列報的損益或其他綜合損益金額。

　　企業投資的債券,其會計處理可分為按攤銷後成本衡量或按公允價值衡量等兩大類;而按公允價值衡量之金融資產又可分為「透過損益按公允價值衡量」及「透過其他綜合損益按公允價值衡量」。而企業的權益工具投資,其會計處理則可分為「透過損益按公允價值衡量」及「透過其他綜合損益按公允價值衡量」兩類。此外,企業所投資普通股占被投資公司股權比例達 20% 以上但未達 50%,或具有其他對被投資公司有實質重大影響力之情形下,應採用權益法作此普通股投資之會計處理。本章將討論這些金融資產之會計處理。

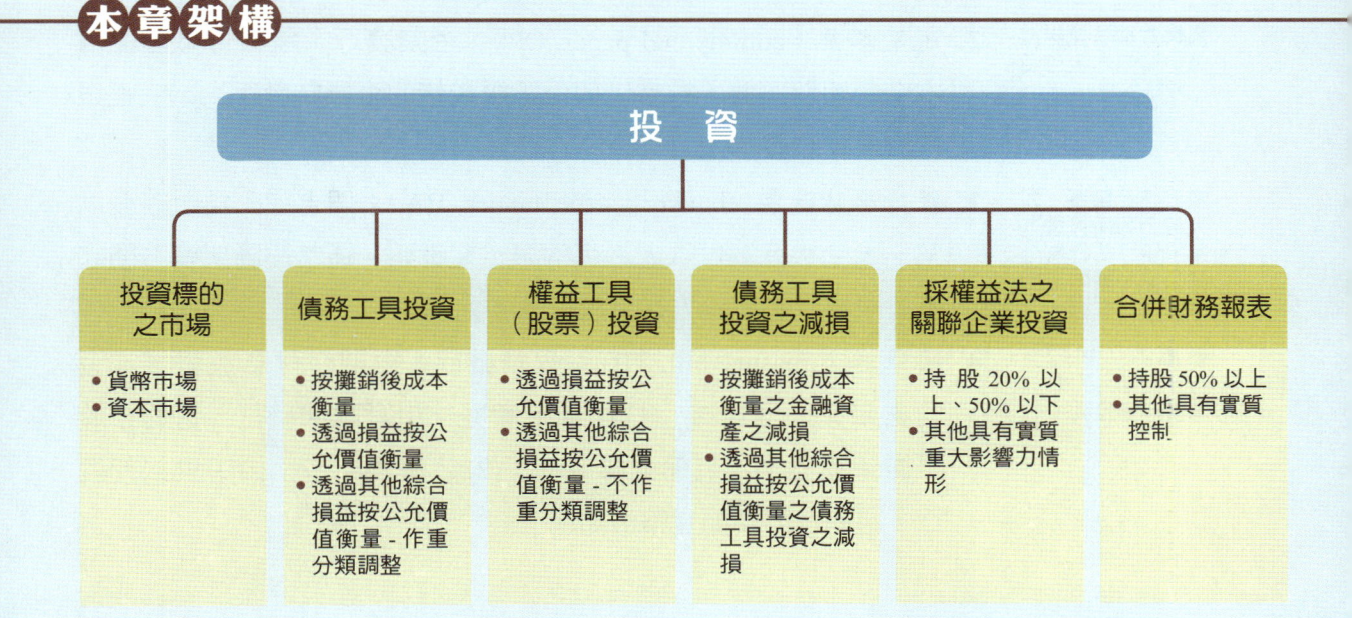

本章架構

投資

投資標的之市場	債務工具投資	權益工具(股票)投資	債務工具投資之減損	採權益法之關聯企業投資	合併財務報表
• 貨幣市場 • 資本市場	• 按攤銷後成本衡量 • 透過損益按公允價值衡量 • 透過其他綜合損益按公允價值衡量 - 作重分類調整	• 透過損益按公允價值衡量 • 透過其他綜合損益按公允價值衡量 - 不作重分類調整	• 按攤銷後成本衡量之金融資產之減損 • 透過其他綜合損益按公允價值衡量之債務工具投資之減損	• 持股 20% 以上、50% 以下 • 其他具有實質重大影響力情形	• 持股 50% 以上 • 其他具有實質控制

14.1　貨幣市場及資本市場的投資標的

> **學習目標 1**
> 了解貨幣市場及資本市場的意涵及分別有哪些投資標的

企業通常會以其剩餘資金做長期或短期投資，所投資之標的多於兩類金融市場中交易，一是金融工具流通期間相對較短的**貨幣市場**（money market），另一個是流通期間相對較長的**資本市場**（capital market）。本節將介紹在這兩類金融市場上流通的金融工具。

貨幣市場　1 年內到期金融工具的交易市場。

資本市場　到期日超過 1 年或無到期日金融工具的交易市場。

14.1.1　貨幣市場交易的金融工具

貨幣市場是將在 1 年內到期**金融工具**（financial instrument）之交易市場；資本市場則是到期日超過 1 年或無到期日（如普通股）的金融工具之交易市場。貨幣市場通常沒有集中買賣交易的場所，其主要功能是讓有短期剩餘資金的投資人買進有價證券，需用短期資金的籌資機構發行金融工具以換取現金。貨幣市場證券多以較大面額交易，包括以下幾種短期金融工具：

定存單　銀行對存款人將資金存放於銀行一定期間所發給的證明文件。

1. **定存單**（certificate of deposit, CD）：銀行對存款人將資金存放於銀行一定期間所發給的證明文件，可分為**可轉讓定存單**與**不可轉讓定存單**兩種。定存單廣泛地為投資人、公司和各機構所接受，是一種期限短、變現快的投資工具。

商業本票　承諾付息並清償本金的短期票據。

2. **商業本票**（commercial paper, CP）：企業發行、承諾付息並清償本金的短期票據，通常以債信等級較佳的企業為發行人，或經銀行擔保才能發行。

銀行承兌匯票　個人或公司所簽發以某一承兌銀行為付款人之可轉讓定期匯票。

3. **銀行承兌匯票**（banker's acceptances, BA）：個人或公司所簽發以某一承兌銀行為付款人之可轉讓定期匯票。通常由匯票賣方開立匯票，經由匯票買方往來銀行承諾兌現。

國庫券　政府發行、短期內付息並清償本金的票券。

4. **國庫券**（treasury bill, TB）：政府發行、短期內付息並清償本金的國庫券，可分為：(1) 甲種國庫券：由財政部發行，目的在於平衡預算赤字，調節國庫收支；(2) 乙種國庫券：由中央銀行發行，目的在於調節貨幣供給。

> **給我報報**
>
> ## 附買回協定與賣回協定（Repo/RP 與 Reverse Repo/RS）
>
> 貨幣市場的短期金融工具，還包含**附買回協定**（Repurchase Agreement, Repo 或 RP）與**附賣回協定**（Reverse Repurchase Agreement, Reverse Repo 或 RS）。附買回協定（Repo 或 RP）與附賣回協定（Reverse Repo 或 RS）為附條件交易，係指交易的一方，以約定價格（本金，例如 $100）先行出售持有債券，並承諾於一定期間後，以事先約定的價格（例如 $101，即本金 $100 加上利息 $1），再買回該債券的行為，故其實質為承諾買回債券方以債券作抵押，向買入債券方貸款。「附買回協定」與「附賣回協定」係以債券自營商的觀點作區分。
>
> 進一步說明，「附買回協定（Repo 或 RP）」為投資人（買方）與債券自營商（賣方）於交易時約定，在將來特定日期，以約定價格，由債券自營商負責買回原先賣出債券的交易。因此就投資人（買方）而言，是將短期資金投資「附買回協定」而賺取利息收入之方式。然而，「附賣回協定（Reverse Repo 或 RS）」為債券持有人（賣方）與債券自營商（買方）於交易時約定，在將來特定日期，以約定價格，由債券自營商賣回給原債券持有人的交易。因此就債券持有人（賣方）而言，為一種短期資金調度之方式。
>
> 一般附買回協定或附賣回協定之期間為 3 至 14 天，也有 1 至 3 個月較長期間的協定。國內常常以公債為擔保品，故國內的附買回協定或附賣回協定的風險低，利率也比較低。因為附賣回協定或附賣回協定事實上是抵押借款的合約，應視為借（貸）款合約，其認列與衡量和企業其他短期借款完全相同，僅於附註揭露時因各合約可能抵押品之不同，而揭露不同資訊。

14.1.2 資本市場投資工具

貨幣市場的金融工具都是債務工具，而資本市場的金融工具大致上分為兩類：一為債券；另一為權益工具（主要是股票）。資本市場中的債券到期日較長（超過 1 年），而權益工具並無到期日，所以資本市場之金融工具風險通常比貨幣市場的金融工具大，平均報酬率亦較高。資本市場交易的金融工具包括下列有價證券：

1. **政府公債**（government bond）：政府發行之債券，其違約風險極低，正常狀況下市場利率也比公司債低。

2. **公司債**（corporate bond）：公司為籌集中長期資金所發行之債

政府公債 政府發行之債券。

公司債 公司發行之債券。

券，發行者須為股票公開發行公司，公司債可視有無擔保品，區分為有擔保公司債及無擔保公司債。公司債合約所載之現金流量提供持有人應有之利息收益；前述單純之公司債可能另外搭配變化多端的衍生工具以增加槓桿效果，提升收益，或是改變風險承受的模式，例如債券所嵌入之衍生工具的標的隨著某個參考利率或參考匯率變動，此類**結構式債券**（structured note）的價值會受到衍生工具所連動參考的標的變動而變動。

3. **轉換公司債**（convertible bond）：轉換公司債持有人可以選擇將公司債轉換為發行公司的股票。發行公司股價上漲時，轉換公司債之轉換價值增加；若公司股價表現不佳時，投資人仍可領取固定的票面利息與本金，因此轉換公司債價值不會同幅度下跌。

> **轉換公司債** 轉換公司債可轉換為發行公司的股票。

4. **特別股**（preferred stock）：在國內有時被稱為優先股。這類的股票可能分配固定的股利，而且公司配息或清算資產時，其權利優先於普通股。

> **特別股** 這類的股票可能分配固定的股利，且公司配息或清算資產時，其權利優先於普通股。

5. **普通股**（common stock）：普通股代表企業剩餘價值的求償權，持有人即是公司的股東。

> **普通股** 普通股代表企業剩餘價值的求償權，持有人即是公司的股東。

14.2　金融資產在會計上的分類

> **學習目標 2**
> 了解金融資產在會計上的分類

公司投資的標的可能是貨幣市場的可轉讓定期存單或是國庫券，也可能是資本市場的股票或是公司債。不論投資貨幣市場及資本市場的哪一種標的，都屬於企業之**金融資產**（financial assets）。什麼是金融資產？傳統金融資產的範圍很大，但主要分為三種類型──企業持有的現金、債務工具（如票券、債券）投資，以及權益工具（如普通股）投資。此外，在中級會計及高等會計中才會探討的轉換公司債及衍生工具亦為公司可能投資的金融資產。

如果所投資之金融資產，在短期內（如 3 個月）到期且其信用（違約）風險很低時，一般會將它歸屬於現金及約當現金。例如，3 個月內將到期的國庫券或定存單，其處分所得之款項與其面額相差

投資 chapter 14

很少,故稱為「約當現金」。會計準則將貨幣市場交易的短期票券及資本市場交易的長期債券稱為債務工具,這些債務工具投資若非屬約當現金,則其會計處理方式可分為下列三類:

1. 按攤銷後成本衡量(Financial Assets at Amortized Cost, AC);
2. 透過其他綜合損益按公允價值衡量(Fair Value through Other Comprehensive Income, FVTOCI 債券)(處分時應作重分類調整);
3. 透過損益按公允價值衡量(Fair Value through Profit or Loss, FVTPL)。

> **重分類調整** 係指曾於以前期間或本期認列為其他綜合損益,而於本期重分類至損益之金額。

企業之權益工具投資,其會計處理可分為下列四類:

1. 透過其他綜合損益按公允價值衡量(Fair Value through Other Comprehensive Income, FVTOCI 股票)(處分時不作重分類調整);
2. 透過損益按公允價值衡量(Fair Value through Profit or Loss, FVTPL);
3. 以權益法衡量(Investments under the Equity Method);
4. 編製合併報表(Consolidated Financial Statements)。

本節簡要彙總債務工具(票券、債券)及權益工具(股票)投資之會計處理,請參考表 14-1 列示之金融資產會計處理要點。本章後續章節則詳細解說各類金融資產之會計處理。

14.3 債務工具之投資

本節說明應收帳款、應收票據、票券及債券等債務工具之會計處理原則,並以釋例闡釋這些原則。

> **學習目標 3**
> 了解債務工具投資之類型及其會計處理

14.3.1 債務工具投資之會計處理原則

債務工具之投資應按企業管理金融資產的經營模式及金融資產的合約現金流量特性,將其分類為「按攤銷後成本衡量之金融資產(AC)」、「透過損益按公允價值衡量(FVTPL)」,或「透過其他綜

表 14-1　金融資產之會計處理要點

投資類型	會計處理	分類之條件
債務工具投資（票券、債券）	按攤銷後成本衡量之金融資產（AC）	(a) 以收取合約現金流量達成經營模式之目的 (b) 合約現金流量完全為支付本金及利息
債務工具投資（票券、債券）	透過其他綜合損益按公允價值衡量之債務工具投資（FVTOCI債券）（處分時應作重分類調整）	(a) 以收取合約現金流量及出售兩者達成經營模式目的 (b) 合約現金流量完全為支付本金及利息（處分時，處分損益應作重分類調整）
權益工具投資（股票）	透過損益按公允價值衡量之金融資產（FVTPL）	以出售達成經營模式之目的（持有供交易）之票券、債務工具及權益工具投資，及不屬於上述兩類的票券、債務工具投資；或不屬於下述三類的權益工具投資
權益工具投資（股票）	透過其他綜合損益按公允價值衡量之權益工具投資（FVTOCI權益工具）（處分時不作重分類調整）	非持有供交易之權益工具投資，於原始認列時可選擇將公允價值價值變動列入其他綜合損益；處分時，處分損益不作重分類調整（現金股利列入投資收益）
權益工具投資（股票）	以權益法衡量	對被投資公司具重大影響力（持股達20%以上但未達50%以上或其他具實質重大影響力情形）
權益工具投資（股票）	編製合併報表	對被投資公司具實質控制（持股比率達50%以上或其他具實質控制情形）

合損益按公允價值衡量（FVTOCI 債券）」。債務工具投資若同時符合下列兩條件，應列為**按攤銷後成本衡量之金融資產**：

按攤銷後成本衡量之金融資產（AC） 同時符合收取現金流量經營模式與合約現金流量等兩條件的債務工具。

1. **收取合約現金流量經營模式條件**　該資產係於以收取合約現金流量為目的而持有資產的經營模式下持有。
2. **合約現金流量特性條件**　該資產的合約條款產生特定日期之現金流量，該等現金流量完全為支付給持有人本金及利息。

以下列三個個案說明企業經營模式的目的是否為持有金融資產以收取合約現金流量：

收取合約現金流量經營模式（或稱收取本息經營模式）條件（第1條件）之說明

個案一：南山人壽債券長期投資部門所持有債券投資組合之經營模式係將大部分之債券持有至到期前三個月內，其經營模式係為收取各債券合約規定之利息與本金等兩項合約現金流量。

個案二：南山人壽債券中期交易部門之經營模式係將債券列為中長期投資標的，持有期間收取利息，亦可能持有債券至到期而收取本金；此外，在持有之債券價格波動時，該部門亦伺機買賣所擁有的債券，以賺取買賣價差。該部門經營模式之目的，係以收取合約現金流量及出售兩種方式達成（雙重目的之經營模式）。

個案三：南山人壽債券短期交易部門積極頻繁買賣所擁有的債券投資組合，以獲取利率變動產生之公允價值變動。其經營模式係為出售以賺取買賣價差之持有供交易之經營模式，而非為收取合約現金流量之經營模式。

結　論：南山人壽債券長期投資部門之債券（個案一），其持有模式係以收取債券合約產生的現金流量為目的。因此符合「按攤銷後成本衡量之金融資產（AC）」的經營模式條件（符合第1條件）。債券短期（個案三）及中期交易部門的債券（個案二），則不符合收取合約現金流量經營模式條件，不應列入「按攤銷後成本衡量之金融資產（AC）」。可注意的是，雙重目的的中期投資債券（個案二），也不合乎（僅以）收取合約現金流量經營模式條件。

繼續討論南山人壽長期投資部門之債券（個案一）投資組合，該組合中是否每一張債券都應列入「按攤銷後成本衡量之金融資產（AC）」呢？應將組合內所有債券逐一檢視，看看是否合乎合約現金流量特性條件（第2條件）。以下再以前述債券長期投資部門債券（個案一），投資組合中兩張債券說明合約現金流量特性之條件。

合約現金流量特性只包含本息之條件（第2條件：純債券條件）之說明

債券一： 投資組合中有一公司債，5 年到期，每年年底付息一次，票面利率 8%，到期日支付面額 $100,000。此債券為單純之固定利率公司債，其合約現金流量（即每年 $8,000 之利息及到期時之面額 $100,000）完全係支付給債券持有人本金及利息，因此合乎合約現金流量特性之條件。可注意的是，合約現金流量特性條件（第 2 條件）係用以確定投資標的為僅支付本金及利息的「純債券」。

債券二： 投資組合中另有一轉換公司債。此債券未來現金流量可能包括轉換權利之現金流量，因此不合乎僅包含利息及本金之合約現金流量的條件。

結　論： 債券一應列入「按攤銷後成本衡量之金融資產（AC）」；債券二應以公允價值衡量，其會計處理後續再繼續討論。

> **按攤銷後成本衡量之投資** 同時符合收取合約現金流量（或稱收取本息）經營模式條件以及純債券條件金融資產。

企業持有之應收票據、應收帳款等，極有可能同時符合前述第 1 與第 2 條件而分類為按攤銷後成本衡量之金融資產（AC），但到期日較短之應收帳款，例如在一年內到期之應收帳款，通常以發票金額列帳（無需折現）。

值得注意的是，前述南山人壽三個債券投資部門具有不同的經營模式，可知每一企業對債券投資組合的經營模式可能不只一種。此外，檢視債務工具投資之兩條件時，較快速的順序是先檢視經營模式條件，將合乎收取本息經營模式條件（條件 1）的組合挑選出來，再詳細檢視這些組合中的每一債務工具是否合乎純債券條件（第 2 條件）。

按攤銷後成本衡量之金融資產，於企業原始取得時，在恰當條件下，亦可將該債券列入「**指定為**透過損益按公允價值衡量之金融資產（指定為 FVTPL）」，這特別的會計問題，在進階的會計學課程會作更深入的討論。

以下繼續討論南山人壽中期（個案二）及短期債券投資部門

（個案三）的債券分類。這些債券若合乎下列兩個條件，則應列入「透過其他綜合損益按公允價值衡量之債務工具投資（FVTOCI 債券）」：

1. **雙重目的經營模式條件** 該資產係於以收取合約現金流量及出售兩個目的而持有資產的經營模式下持有。
2. **合約現金流量特性條件** 該資產的合約條款產生特定日期之現金流量，該等現金流量完全為支付給持有人本金及利息。

再詳細檢視該組合內債券之合約現金流量，若符合純債券條件（條件 2），則該債券應列入「透過其他綜合損益按公允價值衡量之債務工具投資（FVTOCI 債券）」。南山人壽短期債務投資部門持有之債券（個案三）投資組合，不能列入「按攤銷後成本衡量之金融資產（AC）」或「透過其他綜合損益按公允價值衡量之債務工具投資（FVTOCI 債券）」，因此只能列入「透過損益按公允價值衡量之金融資產（FVTPL）」。所以，持有供交易之債務投資，也是只能列入「透過損益按公允價值衡量之金融資產（FVTPL）」。

透過其他綜合損益按公允價值衡量之債務工具投資（FVTOCI 債券） 同時符合雙重經營模式與合約現金流量等兩條件的債務工具。

透過損益按公允價值衡量之金融資產（FVTPL） 不能列入「按攤銷後成本衡量之金融資產（AC）」或「透過其他綜合損益按公允價值衡量之債務工具投資（FVTOCI 債券）」之債券及票券，因此只能列入「透過損益按公允價值衡量之金融資產（FVTPL）」。

👉 IFRS 一點就亮

公允價值會計與金融資產之分類

由於會計思潮越來越重視會計的「評價」功能（見第 1 章），因此採用公允價值衡量資產與負債成為「主流」。就金融資產而言，可以說按公允價值作期末衡量為原則，而按歷史成本衡量為例外。

既然金融資產期末衡量方式不同，在認列時即須先加以分類：按公允價值衡量之金融資產 vs. 按歷史成本衡量之金融資產。也因此必須問的問題是：滿足什麼條件的金融資產才能作「例外處理」，即在什麼情況下按歷史成本衡量？IFRS 設定兩大條件，如果企業投資債券純粹為了依合約定期定額獲取現金（例如依約定期獲得固定金額的利息，到期依面額收回本金）且該債券為「純債券」，在到期日前，儘管因市場利率波動而影響金融資產之公允價值，企業也沒有意圖作短線操作，賺取差價。像這一類的金融資產，方可按歷史成本衡量。由於這類金融資產（例如：公司債）的投資在到期日前長達好幾年，而當初又可能溢價或折價（詳見附錄）購入，因此必須對溢、折價攤銷，也因此稱

之「按攤銷後成本衡量之金融資產（AC）」。這類資產即使期末公允價值有所波動，期末帳面金額也不會調整到公允價值；當然其中的價差也無從列入本期損益或其他綜合損益。

有的金融資產（如債券及股票）投資是為了短線進出，賺取差價，對這類以交易為目的之金融資產，將價差列入本期損益是合理的，因為即使今天不賣出，企業很快就會賣出，只差執行交易的動作。此類金融資產乃屬「透過損益按公允價值衡量之金融資產（FVTPL）」。

但有些債券投資的經營模式具有雙重目的：收取合約定期定額現金或伺機出售。這類債券投資的會計處理很特別，在綜合損益表之本期損益中，該處理提供與「按攤銷後成本衡量之金融資產（AC）」相同之利息收入資訊，但在其他綜合損益中，又提供了與「透過損益按公允價值衡量之金融資產（FVTPL）」相同之公允價值變動資訊。所以其會計處理能完全反映經營模式的雙重目的。

但是，對於股票投資，企業有時並不想頻繁買進賣出以交易為目的（例如策略性投資），這時候將按公允價值衡量所產生之價差列入本期損益會使一時之公允價值大幅波動造成本期損益之波動，何況企業又不會很快賣出該股票投資。可是該如何反映這個價差呢？既然不列入本期損益，就將它列為權益的加減項。雖然這種價差屬於權益性質，應在資產負債表的權益類下表達，可是一旦列入權益就會逐年累積而看不出當年度的價差（即未實現利益或損失），因此在綜合損益表中，除了「本期損益」外，再加「其他綜合損益」，將當年度這類金融資產按公允價值衡量所產生之價差列入「其他綜合損益」。

IFRS 給予企業選擇的空間可將股票投資價差列入「其他綜合損益」，這類金融資產即屬「透過其他綜合損益按公允價值衡量之金融資產（FVTOCI 股票）」；當然企業也可選擇將價差列入本期損益，而該金融資產便屬「透過損益按公允價值衡量之金融資產（FVTPL）」，不論選擇何者，一旦選定後不得重分類。就整個綜合損益表言，當年度的「綜合損益」包括「本期損益」與當年度的「其他綜合損益」。因此，即使都是股票投資，有的股票為「透過損益按公允價值衡量之金融資產（FVTPL）」，另外的股票則為「透過其他綜合損益按公允價值衡量之金融資產（FVTOCI 股票）」。

本節以一個平價購入之債券及一個折價購入之債券，說明債務工具之投資的三種會計處理方式。

釋例 14-1、14-2 與 14-3 中甲公司之債務工具投資原始購入時，係以公司債之面額平價購入，若購入時並非以面額購入，則產生溢折價購買債券投資之情形，請讀者參考附錄中，折價買入債務工具投資處理之詳細解析。

釋例 14-1

平價購入債券之會計處理

甲公司於 ×0 年 12 月 31 日以 $1,000,000 買進 A 公司發行之面額 $1,000,000、3 年期、票面利率 8%、每年年底付息的債券。該債券在 ×1 年及 ×2 年底之公允價值分別為 $1,100,000 及 $900,000。在下列三種分類下，試作甲公司於購買日、×1 年、×2 年及 ×3 年底（債券到期）分錄：

(a) 該債券應列入「按攤銷後成本衡量之金融資產（AC）」
(b) 該債券應列入「透過損益按公允價值衡量之金融資產（FVTPL）」
(c) 該債券應列入「透過其他綜合損益按公允價值衡量之債務工具投資（FVTOCI 債券）」

解析

×0 年 12 月 31 日

(a) 按攤銷後成本衡量之金融資產　　　　　　　　1,000,000
　　　現金　　　　　　　　　　　　　　　　　　　　　　　1,000,000

(b) 透過損益按公允價值衡量之金融資產　　　　　1,000,000
　　　現金　　　　　　　　　　　　　　　　　　　　　　　1,000,000

(c) 透過其他綜合損益按公允價值衡量之債務工具投資　1,000,000
　　　現金　　　　　　　　　　　　　　　　　　　　　　　1,000,000

×1 年 12 月 31 日

　現金　　　　　　　　　　　　　　　　　　　　　　80,000
　　　利息收入　　　　　　　　　　　　　　　　　　　　　80,000

(a) 攤銷後成本下，無須記錄公允價值變動

(b)* 透過損益按公允價值衡量之金融資產　　　　　100,000
　　　透過損益按公允價值衡量之金融資產損益　　　　　　100,000

(c) 透過其他綜合損益按公允價值衡量之債務工具投資評價調整　100,000
　　　其他綜合損益-透過其他綜合損益按公允價值衡量之債務工具投資評價損益　100,000

×2年12月31日

 現金   80,000
  利息收入   80,000

(a) 攤銷後成本下，無須記錄公允價值變動

(b)* 透過損益按公允價值衡量之金融資產損益 200,000
  透過損益按公允價值衡量之金融資產   200,000

(c) 其他綜合損益-透過其他綜合損益按公允價值衡量之債務工具投資評價損益 200,000
  透過其他綜合損益按公允價值衡量之債務工具投資評價調整 200,000

×3年12月31日

 現金   80,000
  利息收入   80,000

(a) 現金   1,000,000
  按攤銷後成本衡量之金融資產   1,000,000

(b)* 現金   1,000,000
  透過損益按公允價值衡量之金融資產損益   100,000
  透過損益按公允價值衡量之金融資產   900,000

(c) 現金   1,000,000
 透過其他綜合損益按公允價值衡量之債務工具投資評價調整 100,000
  透過其他綜合損益按公允價值衡量之債務工具投資 1,000,000
  其他綜合損益-透過其他綜合損益按公允價值衡量之債務工具投資損益 100,000

* 亦可另設「透過損益按公允價值衡量之金融資產調整」項目，將公允價值之變動反映於評價調整項目，而「透過損益按公允價值衡量之金融資產」金額維持為原始成本。

釋例 14-2

平價購入債券之會計處理──綜合損益表及資產負債表比較

沿釋例 14-1，在 (a)、(b) 及 (c) 情況下編製甲公司於 ×1 年、×2 年與 ×3 年之綜合損益表及資產負債表相關部分。

解析

×1年部分綜合損益表	按攤銷後成本衡量	透過損益按公允價值衡量	透過其他綜合損益按公允價值衡量
利息收入	80,000	80,000	80,000
其他利益及損失（評價損益）		100,000	
本期淨利	80,000	180,000	80,000
其他綜合損益			
後續可能重分類之項目：			
透過其他綜合損益按公允價值衡量之債務工具投資損益			100,000
本期綜合損益	80,000	180,000	180,000

×2年部分綜合損益表	按攤銷後成本衡量	透過損益按公允價值衡量	透過其他綜合損益按公允價值衡量
利息收入	80,000	80,000	80,000
其他利益及損失（評價損益）		(200,000)	
本期淨利	80,000	(120,000)	80,000
其他綜合損益			
後續可能重分類之項目：			
透過其他綜合損益按公允價值衡量之債務工具投資損益			(200,000)
本期綜合損益	80,000	(120,000)	(120,000)

×3年部分綜合損益表			
	按攤銷後成本衡量	透過損益按公允價值衡量	透過其他綜合損益按公允價值衡量
利息收入	80,000	80,000	80,000
其他利益及損失（評價損益）		100,000	
本期淨利	80,000	180,000	80,000
其他綜合損益			
後續可能重分類之項目：			
透過其他綜合損益按公允價值衡量之債務工具投資損益			100,000
本期綜合損益	80,000	180,000	180,000

比較三種衡量方式，值得觀察的是，按攤銷後成本（AC）及透過其他綜合損益按公允價值（FVTOCI）兩方式衡量下，債務工具投資產生的本期淨利相等（參考表中綠色數字部分）；而透過損益按公允價值（FVTPL）及透過其他綜合損益按公允價值（FVTOCI）兩方式衡量下，債務工具投資產生的本期綜合損益相等（參考表中紅色數字部分）。這是 IFRS 對在收取合約現金流量及出售雙重經營目的下持有的債券特別之設計：在損益表中表現出以收取合約現金流量所需資訊（與按攤銷後成本衡量（AC）相同），而在整體綜合損益表中表現出以出售目的所需公允價值變動資訊（與透過損益按公允價值衡量（FVTPL）相同）。

×1 年 12 月 31 日部分資產負債表					
按攤銷後成本衡量		透過損益按公允價值衡量		透過其他綜合損益按公允價值衡量	
按攤銷後成本衡量之金融資產	1,000,000	透過損益按公允價值衡量之金融資產	1,100,000	透過其他綜合損益按公允價值衡量之債務工具投資	1,000,000
				透過其他綜合損益按公允價值衡量之債務工具投資評價調整	100,000
保留盈餘	80,000	保留盈餘	180,000	保留盈餘**	80,000
其他權益	0	其他權益	0	其他權益*	100,000

×2年12月31日部分資產負債表				
按攤銷後成本衡量		透過損益 按公允價值衡量		透過其他綜合損益 按公允價值衡量
按攤銷後成本衡量之金融資產	1,000,000	透過損益按公允價值衡量之金融資產	900,000	透過其他綜合損益按公允價值衡量之債務工具投資	1,000,000
				透過其他綜合損益按公允價值衡量之債務工具投資評價調整	(100,000)
保留盈餘	160,000	保留盈餘	60,000	保留盈餘**	160,000
其他權益	0	其他權益	0	其他權益*	(100,000)

×3年12月31日部分資產負債表				
按攤銷後成本衡量		透過損益 按公允價值衡量		透過其他綜合損益 按公允價值衡量
按攤銷後成本衡量之金融資產	--	透過損益按公允價值衡量之金融資產	--	透過其他綜合損益按公允價值衡量之債務工具投資	--
				透過其他綜合損益按公允價值衡量之債務工具投資評價調整	--
保留盈餘	240,000	保留盈餘	240,000	保留盈餘***	240,000
其他權益	0	其他權益	0	其他權益	0

* 　其他綜合損益應結轉其他權益。
** 　透過其他綜合損益按公允價值衡量（FVTOCI債券）與按攤銷後成本衡量（AC）兩種處理方式下，保留盈餘相同；透過損益按公允價值衡量（FVTPL）與透過其他綜合損益按公允價值衡量（FVTOCI債券）兩種處理方式下，權益總額相同（保留盈餘＋其他權益）。
*** ×3年到期後，三種衡量方式下，保留盈餘完全相同。

釋例 14-3

平價購入債券之會計處理——到期前處分

沿釋例 14-1，並假設甲公司將該 A 公司債在 ×3 年 4 月 1 日以 $1,030,000 加計應計利息出售。試作：

(1) 在 (a)、(b) 及 (c) 情況下，甲公司出售 A 公司債之相關分錄。
(2) 在 (a)、(b) 及 (c) 情況下，×3 年度綜合損益表及資產負債表相關部分

解析

(1) 出售時收取之現金 = $1,030,000 + $1,000,000 × 8% × (3/12) = $1,050,000
在 (a)、(b) 及 (c) 情況下，×3 年相關分錄如下：

×3 年 4 月 1 日

應收利息 ($1,000,000×8%×(3/12))	20,000	
利息收入		20,000
(a) 現金	1,050,000	
應收利息		20,000
按攤銷後成本衡量之金融資產		1,000,000
除列按攤銷後成本衡量之金融資產損益		30,000
(b) 現金	1,050,000	
應收利息		20,000
透過損益按公允價值衡量之金融資產		900,000
透過損益按公允價值衡量之金融資產損益		130,000
(c) 透過其他綜合損益按公允價值衡量之債務工具投資評價調整	130,000	
其他綜合損益 - 透過其他綜合損益按公允價值衡量之債務工具投資評價損益		130,000
現金	1,050,000	
應收利息		20,000
透過其他綜合損益按公允價值衡量之債務工具投資		1,000,000
透過其他綜合損益按公允價值衡量之債務工具投資評價調整		30,000

（重分類調整）

其他綜合損益 - 重分類調整 - 透過其他綜合損益按公允價值衡量債務工具投資評價損益	30,000	
透過其他綜合損益按公允價值衡量之債務工具投資**處分損益**		30,000

註：本章正文中之其他綜合損益及重分類損益均未列示相關結帳分錄，附錄中溢折價購入債券之釋例包含結帳分錄，讀者可自行參考。

(2)

×3年部分綜合損益表			
	按攤銷後成本衡量	透過損益按公允價值衡量	透過其他綜合損益按公允價值衡量
利息收入	20,000	20,000	20,000
其他利益及損失（評價及處分損益）	30,000	130,000	30,000**
本期淨利	50,000	150,000	50,000**
其他綜合損益			
後續可能重分類之項目：			
透過其他綜合損益按公允價值衡量之債務工具投資損益（$130,000－$30,000）			100,000*
本期綜合損益	50,000	150,000	150,000***

* 附註應揭露：本期其他綜合損益$100,000＝本期其他綜合損益之評價損益＋處分時重分類調整＝$130,000＋($30,000)。
** （表中綠色數字部分）處分當期，按攤銷後成本（AC）及透過其他綜合損益按公允價值兩種衡量下，處分損益與本期淨利仍然相同。
*** （表中紅色數字部分）處分當期，透過損益按公允價值（FVTPL）及透過其他綜合損益按公允價值（FVTOCI 債券）兩種衡量下，本期綜合損益仍然相同。

×3 年 12 月 31 日部分資產負債表					
按攤銷後成本衡量		透過損益按公允價值衡量		透過其他綜合損益按公允價值衡量	
按攤銷後成本衡量之金融資產	--	透過損益按公允價值衡量之金融資產	--	透過其他綜合損益按公允價值衡量之債務工具投資	--
				透過其他綜合損益按公允價值衡量之債務工具投資評價調整	--
保留盈餘	210,000	保留盈餘	210,000	保留盈餘	210,000
其他權益	0	其他權益	0	其他權益	0

註：處分之後，因為透過其他綜合損益按公允價值衡量（FVTOCI 債券）之債務工具投資之重分類調整，使得三種處理方式下，最後相關之累積保留盈餘都是相等的。

> **學習目標 4**
> 了解權益工具投資之類型及其會計處理

14.4 權益工具（股票）投資

本節說明 IFRS 9 之下，權益工具投資之會計處理原則，並以釋例說明這些原則。權益工具投資採用權益法及編製合併報表的情況則分別在第 14.6 與 14.7 節中說明。

14.4.1 權益工具投資之會計處理原則

股票投資並無明定之合約現金流量，因而 IFRS 9 認為公允價值衡量對權益工具投資而言，是唯一能提供有用資訊的衡量方式。所以 IFRS 9 原規定，權益工具投資應列入「透過損益按公允價值衡量之金融資產（FVTPL）」。

大部分的報表使用者同意 IASB 在 IFRS 9 早期提出的「權益工具投資以公允價值衡量」的觀點，但是對於評價損益（按公允價值衡量產生之差額）之處理則希望 IASB 進一步對策略性權益工具投資作特別的放寬。

策略性投資係指股權投資未達必須採用權益法處理的「具重大影響力」的情形，但是投資公司將被投資公司視為生意上的夥伴。例如上下游公司間，互相持股 5% 至 10%，如此一來，雙方之利益更結為一體，策略性的聯盟會更穩固。這些持股，並非以出售而獲取買賣股票利益為目的，而係以長期持有、透過股利收入獲取利益為主要目的。因此 IASB 在 IFRS 9 草案階段提出，若公司投資之股票係以策略性投資為目的，則可以選擇將股票列入「透過其他綜合損益按公允價值衡量之權益工具投資（FVTOCI 股票）」；在此一分類下，策略性投資之股票仍以公允價值衡量，但評價損益則列入其他綜合損益，使公司淨利不至於受長期性策略投資價值波動之影響。此外，在處分時，曾於以前期間或本期認列於其他綜合損益之金額也不會作重分類調整至本期損益。這類金融資產投資只有在公司有權收取股利收入時認列股利收入，而影響本期損益；其他的評價損益金額或於處分時之會計分錄，則只影響其他綜合損益。

然而在 IFRS 9 定案時，部分評論者認為策略性投資之定義在實務上很難認定，因此，IASB 最終決定，股票若非持有供交易者

投 資 chapter 14

（透過積極頻繁的買賣，賺取短期價差者），公司可以在初次買入時（**原始認列時**），自由選擇將此權益工具投資列入「透過其他綜合損益按公允價值衡量之權益工具投資（FVOCI 股票）」。即使是同一支股票，公司對每批買入之每一股股票都可以自由選擇有多少股份要列入「透過其他綜合損益按公允價值衡量之權益工具投資（FVOCI 股票）」，剩餘的自然應列入「透過損益按公允價值衡量之投資（FVTPL）」。

> **透過其他綜合損益按公允價值衡量之權益工具投資（FVOCI 股票）**
> 股票若非持有供交易者，公司可以在原始認列時，自由選擇將此權益工具投資列入「透過其他綜合損益按公允價值衡量之權益工具投資（FVOCI 股票）」

釋例 14-4

購入權益工具投資之會計處理

×1 年 2 月 1 日，甲公司以每股 $20 購入 A 公司普通股 300 股，並支付交易手續費 $150，對其中 100 股意圖以短期操作方式獲利，並選擇將剩餘 200 股中之 100 股列入「透過其他綜合損益按公允價值衡量之權益工具投資（FVOCI 股票）」。A 公司於 ×1 年及 ×2 年宣告並發放每股現金股利 $1，兩年度之現金股利除息日分別為 ×1 年 7 月 1 日及 ×2 年 7 月 1 日，現金股利發放日則分別為 ×1 年 8 月 1 日及 ×2 年 8 月 1 日。A 公司 ×1 年底及 ×2 年底普通股每股股價分別為 $10 及 $30。

試作：

(1) ×1 年及 ×2 年相關分錄。
(2) ×1 年及 ×2 年綜合損益表及資產負債表相關部分。

解析

甲公司購入之 A 公司股票中 100 股，係意圖以短期操作方式獲利，應屬持有供交易之金融資產，必須列入「透過損益按公允價值衡量之金融資產（FVTPL）」；剩餘 200 股 A 公司股票中之 100 股，因甲公司之選擇而列入「透過其他綜合損益按公允價值衡量之權益工具投資（FVTOCI 股票）」；最後剩餘之 100 股則與持有供交易者之會計處理相同，亦應列入「透過損益按公允價值衡量之金融資產（FVTPL）」。

股票股利 收到被投資公司發放股票股利，無需作會計分錄，但須以備忘分錄備記錄每一股之帳面金額之變動情形

> 本題之 A 公司並未發放股票股利，在國外股票股利是以比例宣告，例如 10% 的股票股利即每 10 股發放一股，25% 的股票股利即每 4 股發放一股；在國內因上市、上櫃公司股票面額均為 $10（少部分外國公司在台灣上市股票例外），因而習慣上以金額表示股票股利的比例，例如 $1 的股票股利即每 10 股發放一股（$1/$10），而 $2.5 的股票股利即每 4 股發放一股（$2.5/$10）。若被投資公司發放股票股利，投資公司無需作會計分錄，只要以備忘分錄註明每一股的成本或公允價值已經減少，但權益工具投資之帳面總金額不變，所以無需作分錄。

(1) ×1 年 2 月 1 日
　　透過損益按公允價值衡量之金融資產 ($20×200)　　4,000
　　透過其他綜合損益按公允價值衡量之權益工具投資 *　2,050
　　手續費 **　　　　　　　　　　　　　　　　　　　100
　　　　現金 ($20×300)　　　　　　　　　　　　　　　　　6,150
　　註：「透過損益按公允價值衡量之金融資產（FVTPL）」，原始取得之交易成本，應列為當期費用；「透過其他綜合損益按公允價值衡量之權益工具投資（FVTOCI 股票）」，原始取得之交易成本，應納入原始取得成本之中。

* $20 \times 100 + \$150 \times \dfrac{100}{300}$

** $\$150 \times \dfrac{200}{300}$

×1 年 7 月 1 日
應收股利 ($1×300)　　　　　　　　　　　　　　300
　　股利收入　　　　　　　　　　　　　　　　　　　300

×1 年 8 月 1 日
現金　　　　　　　　　　　　　　　　　　　　　300
　　應收股利　　　　　　　　　　　　　　　　　　　300

×1 年 12 月 31 日
透過損益按公允價值衡量之金融資產損益　　　　　2,000
　　透過損益按公允價值衡量之金融資產　　　　　　　2,000
　　[($10 − $20)×200]

其他綜合損益-透過其他綜合損益按公允價值衡量之權益工具投資損益　1,050
　　透過其他綜合損益按公允價值衡量之權益工具投資評價調整　　　1,050
　　($10×100 − $2,050)

以下分錄係其他綜合損益之結帳分錄；列入損益之評價損失 2,000 結

轉保留盈餘與一般損益項目相同，不另列示。

（其他綜合損益結帳分錄）
  其他權益-透過其他綜合損益按公允價值衡量之權益工具投資損益 1,050
    其他綜合損益-透過其他綜合損益按公允價值衡量之權益工具投資損益 1,050

  ×2年7月1日
  應收股利 ($1×300)   300
    股利收入   300

  ×2年8月1日
  現金   300
    應收股利   300

  ×2年12月31日
  透過損益按公允價值衡量之金融資產   4,000
    透過損益按公允價值衡量之金融資產損益   4,000
  (($30 － $10)×200)

  透過其他綜合損益按公允價值衡量之權益工具投資評價調整 2,000
    其他綜合損益-透過其他綜合損益按公允價值衡量之權益工具投資損益 2,000
  ($30×1,000 － $1,000)

（結帳分錄）
  其他綜合損益-透過其他綜合損益按公允價值衡量之權益工具投資損益 2,000
    其他權益-透過其他綜合損益按公允價值衡量之權益工具投資損益 2,000

(2)

部分綜合損益表		
	×1年	×2年
股利收入	$ 300	$ 300
其他利益及損失（評價損益）	(2,000)	4,000
手續費	(100)	—
本期淨利	(1,800)	4,300
其他綜合損益		
不重分類至損益之項目：		
透過其他綜合損益按公允價值衡量之 權益工具投資損益	(1,050)	2,000
本期綜合損益	(2,850)	6,300

12 月 31 日部分資產負債表		
	×1年	×2年
透過損益按公允價值衡量之金融資產	$2,000	$6,000
透過其他綜合損益按公允價值衡量之權益工具投資	2,050	2,000
透過其他綜合損益按公允價值衡量之權益工具投資評價調整	(1,050)	1,000
保留盈餘	(1,800)	2,500
其他權益	(1,050)	950

　　金融資產於原始取得之交易成本（例如：手續費、佣金等），若分類為「透過損益按公允價值衡量之金融資產（FVTPL）」，包含債務工具與權益工具，應認列為當期費用；其他類別之金融資產投資於原始取得之交易成本，應納入原始取得成本之中，包含：「透過其他綜合損益按公允價值衡量之債務工具投資（FVTOCI 債券）」、「按攤銷後成本衡量之金融資產（AC）」、「透過其他綜合損益按公允價值衡量之權益工具投資（FVTOCI 股票）」及「以權益法衡量之權益工具投資」。

釋例 14-5

購入權益工具投資之會計處理──處分

　　沿釋例 14-4，但假設 ×2 年 3 月 1 日，甲公司以 $35 處分所有 300 股 A 公司之普通股。試作 ×2 年度相關分錄。

解析

×2 年 3 月 1 日
透過其他綜合損益按公允價值衡量之權益工具投資評價調整　2,500
　　其他綜合損益 - 透過其他綜合損益按公允價值衡量之權益工具投資損益　2,500
　　(($35 − $10)×100)

現金 ($35×300)	10,500	
透過損益按公允價值衡量之金融資產		2,000
透過損益按公允價值衡量之金融資產損益 (($35 − $10)×200)		5,000
透過其他綜合損益按公允價值衡量之權益工具投資		2,000
透過其他綜合損益按公允價值衡量之權益工具投資評價調整		1,500

×2年12月31日＜假設×2年僅有此筆權益工具投資處分＞

依據我國 IFRS 推動小組決議，處分當期所有累積之評價損益應自其他權益直接結轉保留盈餘：

其他權益-透過其他綜合損益按公允價值衡量之權益工具投資損益	1,500	
保留盈餘		1,500

（結帳分錄）

其他綜合損益-透過其他綜合損益按公允價值衡量之權益工具投資評價損益	2,500	
其他權益-透過其他綜合損益按公允價值衡量之權益工具投資評價損益		2,500

14.5 債務工具投資之減損

> **學習目標 5**
> 了解債務工具投資之減損會計處理

　　金融資產的公允價值經常變動，在正常的波動範圍內的跌價並非「減損（Impairment）」；金融資產之減損係指所投資股票或債務工具之價值顯著下跌或下跌時間較久，預期短期內無法恢復。

　　IFRS 9 對債務工具投資減損之觀念，係採用預期信用損失模式（Expected Credit Losses Model），而過去的 IASB 採用的觀念則為已發生損失模式（Incurred Loss Model）。現行 IFRS 9 之預期信用損失模式下認列債券可能的減損損失（預期無法收到的利息或本金），使減損損失及備抵損失認列的時間提早至投資原始認列時（即認列投資的第一天）；已發生損失模式則在有明確的跡象顯示所投資債務工具已經減損，才認列減損損失及備抵損失。

　　IFRS 9 的預期信用損失模式僅適於「按攤銷後成本衡量之金融資產（AC）」及「透過其他綜合損益按公允價值衡量之債務工具投資（FVTOCI 債券）」，因為其他類別金融資產均以公允價值衡量，且評價損益均列入損益，亦即預期之減損已經反映在公允價值中且

公允價值變動已在綜合損益表之損益項下認列。另可注意的是，「透過其他綜合損益按公允價值衡量之權益工具投資（FVTOCI 股票）」之評價損益係列入其他綜合損益，且該類投資於處分時不作重分類調整；「透過其他綜合損益按公允價值衡量之權益工具投資（FVTOCI 股票）」亦可能發生減損（如重大跌價時），而認列之減損金額，亦僅列入其他綜合損益；亦即此類投資不論是否減損之價值變動，全部（股利收入除外）都是透過認列於其他綜合損益提供給報表使用者。所以 IFRS 9 的減損模式僅係針對債務工具，而稱為預期信用損失模型。

> 預期信用損失模式僅適用於「按攤銷後成本衡量之金融資產（AC）」及「透過其他綜合損益按公允價值（FVTOCI 債券）衡量之債務工具投資」。

預期信用損失：三階段模式

國際上有三家著名的債券信用評級的公司：標準普爾公司（Standard and Poor's, S&P）、穆迪（Moody）及英商惠譽（Fitch）。以標準普爾公司為例，該公司將所有債券由信用等級從高至低分類為 AAA、AA、A、BBB、BB、B、CCC、CC、C 及 D（其中 AA 至 CC 各級均可再以「＋」、「－」號細分），評級在 BBB 級以上（含）者為投資等級（investment grade）債券，而低於 BBB 級者則為投機等級（如垃圾債券）。CCC、CC 及 C 三等級違約風險相當高，且各級間信用風險增加相當快。D 級則為已經發生違約（無法支付利息或本金）之債券。

三階段模式主要是作以下之判斷：債務工具投資在財報日的信用風險與**原始認列**債券時相比是否有顯著增加，若以投資級與投機級債券的分界點（BBB 級）說明實際之應用，較容易了解。舉例說明如下：

1. 若財報日債券屬投資級，則稱此債券屬低信用風險者，由此即可推斷，自原始認列至今，該債券信用風險並未顯著增加。例如原屬 AAA 級之債券，即使其評等降至 BBB 級，信用風險仍未顯著增加。

2. 債券原屬投資級，而於財報日降至投機級，若其等級降了兩等級（含）以上，則信用風險已顯著增加。例如原屬 A 級債券，若

其評等降至 BB 級，則信用風險已顯著增加。BBB 級降至 BB 級時，通常判斷為信用風險仍未顯著增加。
3. 在投機級中，降了兩等應判斷為信用風險已顯著增加。例如原屬 CCC 級債券，若其評等降至 C 級，則信用風險已顯著增加。若僅降了一級，則須謹慎判斷。專業投資機構未予評等之債券，應以類似觀念作判斷；例如採用公司內部評級。

本節以債務工具投資說明三階段模式，但此預期信用損失認列之模式適用所有債務工具。三階段模式之應用如下：

	第一階段 風險 未顯著增加	第二階段 風險 已顯著增加	第三階段 風險 (減損)已經發生
損失認列	▶ 12 個月預期 信用損失	▶ 存續期間預 期信用損失	▶ 存續期間預 期信用損失
利息收入 認列基礎	▶ 總帳面金額	▶ 總帳面金額	▶ 攤銷後成本 （即總帳面 金額扣除備 抵損失）

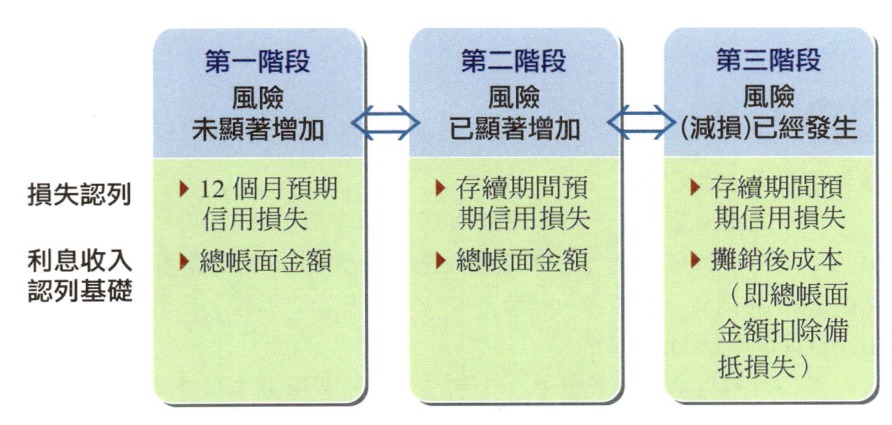

圖 14-1　三階段減損模式圖

第一階段：若債券信用風險與**原始認列時**相比，沒有顯著增加，則屬第一階段，只須認列未來 **12 個月預期信用損失**（12-month expected credit losses）即可。

第二階段：在財務報導日時，若該債券的信用風險已經較**原始認列時**顯著增加，則應認列整個債券**存續期間預期信用損失**（life-time expected credit losses）。若利息或本金之支付已經逾期超過 30 天，則應假設該債券已經進入第二階段減損。惟 30 天規定為可反駁的前提假設，但企業須有合理且可佐證的資訊來反駁。

第三階段：減損已經發生，此時應將該金融資產判定為進入減損第三階段。債務人逾期付款達 90 天時，應假設該債券已進

入第三階段，惟 90 天規定為可反駁的前提假設，但企業須有合理且可佐證的資訊來反駁。此階段下之債券投資除應認列存續期間預期信用損失外，未來的利息收入只能就該**債券的攤銷後成本（總帳面金額扣除備抵損失後之金額）**認列利息收入。

債務工具投資預期信用損失在第一及第二減損階段時，應依其**總帳面金額（未扣除備抵損失前之金額）**認列利息收入。12 個月預期信用損失及存續期間預期信用損失之計算，及相關分錄請參考釋例 14-6。

釋例 14-6

債券投資之信用減損

（除減損所需者外，其餘資料與釋例 14-1 同）甲公司於 ×0 年 12 月 31 日以 $1,000,000 買進 A 公司發行之面額 $1,000,000、3 年期、票面利率 8%、每年年底付息的債券。該債券在 ×1 年及 ×2 年底之公允價值分別為 $1,100,000 及 $900,000。

甲公司判斷該債券投資在 ×1 年底，信用風險並未顯著增加；且 ×0 年及 ×1 年底該債券 12 個月內違約之機率為 0.5%，違約後公司預期收回所有合約現金流量之 60%（即損失率為 40%）。

×2 年底，甲公司判斷該債券信用風險與 ×0 年底時相比，已經顯著增加。此時該債券在存續期間內（1 年內）違約之機率為 5%，違約後公司預期收回所有合約現金流量之 60%（即損失率仍為 40%）。

在下列兩種分類下，試作甲公司於 ×0 年底購買日、×1 年及 ×2 年底相關分錄：

(a) 該債券應列入「按攤銷後成本衡量之金融資產」
(b) 該債券應列入「透過其他綜合損益按公允價值衡量之金融資產」

解析

×0 年及 ×1 年底，該債務工具投資的 12 個月預期信用損失計算如下：

12 個月預期信用損失 = 12 個月內違約機率 × 違約後之損失率 × 現金流量現值

即 0.5% × 40% × $1,000,000 = $2,000

×2 年底,該債務工具投資的存續期間預期信用損失計算如下:

存續期間預期信用損失 = 存續期間違約機率 × 違約後之損失率
　　　　　　　　　× 現金流量現值

即 5%×40%×$1,000,000 = $20,000

×0 年 12 月 31 日
(a) 按攤銷後成本衡量之金融資產　　　1,000,000
　　　現金　　　　　　　　　　　　　　　　　1,000,000

　　減損損失　　　　　　　　　　　　　2,000
　　　備抵損失　　　　　　　　　　　　　　　　2,000

(b) 透過其他綜合損益按公允價值衡量之債務工具投資　1,000,000
　　　現金　　　　　　　　　　　　　　　　　1,000,000

　　減損損失　　　　　　　　　　　　　2,000
　　　其他綜合損益 - 透過其他綜合損益按公允價值衡量之債務工具投資損失*　2,000

<說明> 此減損分錄較不易理解,將該分錄分解為下列兩個分錄:

　　減損損失　　　　　　　　　　　　　2,000
　　　備抵損失　　　　　　　　　　　　　　　　2,000

此時,該債務工具投資之帳面金額為:

　　透過其他綜合損益按公允價值衡量之債務工具投資 $1,000,000 − 備抵損失 $2,000 = $998,000

但此債券應該以公允價值衡量,因此帳面金額仍須調整(上升)至公允價值 $1,000,000,此類債券帳面金額上升係透過其他綜合損益記錄:

　　備抵損失　　　　　　　　　　　　　2,000
　　　其他綜合損益 - 透過其他綜合損益按公允價值衡量之債務工具投資損失*　2,000

＊上述兩分錄加總,即為前述單一分錄之結果。

×1 年 12 月 31 日
　　現金　　　　　　　　　　　　　　　80,000
　　　利息收入　　　　　　　　　　　　　　　80,000

(a) 攤銷後成本下,無須記錄公允價值變動

借方「備抵損失」項目亦可使用「透過其他綜合損益按公允價值衡量之債務工具投資評價調整」項目,此作法下成本 $1,000,000,加評價調整 $2,000,減備抵損失 $2,000,而使帳面金額等於公允價值 $1,000,000。

(b) 透過其他綜合損益按公允價值衡量之債務工具投資評價調整　100,000
　　　其他綜合損益-透過其他綜合損益按公允價值衡量之債務工具投資評價損益　100,000

×1 年度 12 個月預期信用損失仍為 $2,000，無須進一步認列或迴轉減損損失。

×2 年 12 月 31 日
　現金　　　　　　　　　　　　　　　　　　　80,000
　　　利息收入　　　　　　　　　　　　　　　　　　　80,000

(a) 攤銷後成本下，無須記錄公允價值變動

(b) 其他綜合損益-透過其他綜合損益按公允價值衡量之債務工具投資評價損益　200,000
　　　透過其他綜合損益按公允價值衡量之債務工具投資評價調整　200,000

此時該債券信用風險顯著增加，存續期間預期信用損失為：$20,000（減損增加 $18,000），(a) 及 (b) 情況下增加認列減損損失的分錄如下：

(a) 減損損失　　　　　　　　　　　　　　　　　18,000
　　　備抵損失　　　　　　　　　　　　　　　　　　　18,000

(b) 減損損失　　　　　　　　　　　　　　　　　18,000
　　　其他綜合損益-透過其他綜合損益按公允價值衡量之債務工具投資損益　18,000

(a) 與 (b) 情況下，×0 年至 ×2 年部分綜合損益表及部分資產負債表之表達如下：

×0 年部分綜合損益表		
	按攤銷後成本衡量	透過其他綜合損益按公允價值衡量
利息收入		
其他利益及損失（減損損失）	(2,000)	(2,000)
本期淨利	(2,000)	(2,000)
其他綜合損益		
後續可能重分類之項目：		
透過其他綜合損益按公允價值衡量之債務工具投資評價損失		2,000
本期綜合損益	(2,000)	0

×1 年部分綜合損益表		
	按攤銷後成本衡量	透過其他綜合損益按公允價值衡量
利息收入	80,000	80,000
其他利益及損失（減損損失）		
本期淨利	80,000	80,000
其他綜合損益		
後續可能重分類之項目：		
透過其他綜合損益按公允價值衡量之債務工具投資評價損益		100,000
本期綜合損益	80,000	180,000

×2 年部分綜合損益表		
	按攤銷後成本衡量	透過其他綜合損益按公允價值衡量
利息收入	80,000	80,000
其他利益及損失（減損損失）	(18,000)	(18,000)
本期淨利	62,000	62,000
其他綜合損益		
後續可能重分類之項目：		
透過其他綜合損益按公允價值衡量之債務工具投資評價損益		(182,000)
本期綜合損益	62,000	(120,000)

×0 年 12 月 31 日部分資產負債表			
按攤銷後成本衡量		透過其他綜合損益按公允價值衡量	
按攤銷後成本衡量之金融資產（扣除備抵損失後）	998,000	透過其他綜合損益按公允價值衡量之債務工具投資	1,000,000
保留盈餘	(2,000)*	保留盈餘	(2,000)*
其他權益	0	其他權益	2,000

＊此 $2,000 為原始認列時之減損損失。

×1 年 12 月 31 日部分資產負債表			
按攤銷後成本衡量		透過其他綜合損益按公允價值衡量	
按攤銷後成本衡量之金融資產	998,000	透過其他綜合損益按公允價值衡量之債務工具投資	1,000,000
		透過其他綜合損益按公允價值衡量之債務工具投資評價調整	100,000
保留盈餘	78,000*	保留盈餘	78,000*
其他權益	0	其他權益	102,000

* 保留盈餘中,包含累積之減損損失 $2,000。

×2 年 12 月 31 日部分資產負債表			
按攤銷後成本衡量		透過其他綜合損益按公允價值衡量	
按攤銷後成本衡量之金融資產	980,000	透過其他綜合損益按公允價值衡量之債務工具投資	1,000,000
		透過其他綜合損益按公允價值衡量之債務工具投資評價調整	(100,000)
保留盈餘	140,000*	保留盈餘	140,000*
其他權益	0	其他權益	(80,000)

* 保留盈餘中,包含累積之減損損失 $20,000。

值得注意的是,將上述釋例 14-6 兩個表格與釋例 14-2 相對年度表格對比,可以了解下列結論:

1. 不論是否提列減損,「按攤銷後成本衡量之金融資產(AC)」與「透過其他綜合損益按公允價值衡量之債務工具投資(FVTOCI 債券)」在綜合損益表之本期淨利部分完全相同,也因而保留盈餘的部分也應該完全相同。

2. 「透過其他綜合損益按公允價值衡量之債務工具投資(FVTOCI 債券)」提列減損後,因為在資產負債表上仍應以維持公允價值衡量該債務工具投資,故其他綜合利益會增加與認列減損損失

相等之金額，所以，綜合損益總額維持不變。亦即，不論是否提列減損，「透過其他綜合損益按公允價值衡量之債務工具投資（FVTOCI 債券）」與「透過損益按公允價值衡量之債務工具投資（FVTPL）」對總權益的影響完全相同。

3. 利息收入的認列與備抵損失的認列兩者脫鉤（decoupled）：

   債務工具各期利息收入＝期初總帳面金額 × 有效利率（利息收入不考慮備抵損失）
   債務工具各期備抵損失＝ 12 個月或存續期間預期信用損失
   債務工具攤銷後成本＝期末總帳面金額－期末備抵損失

   由上述關係式可知，認列利息收入時，不考慮備抵損失；第二步驟才在脫鉤的情形下獨立計算備抵損失。另應注意，已經列入第三階段減損時，認列利息收入則應以攤銷後成本（已考慮備抵損失）之金額為計算基礎。

4. 因為利息收入是以總帳面金額計算，所以為高估數，因為有可能未來本金是無法收取的；所以 IASB 特別設計在債券購買的第 1 天，即應認列減損損失及備抵損失，以平衡真正減損發生前，利息收入可能之高估。此做法產生投資第 1 天即認列損失之不合理

> **IFRS 一點就亮**
>
> **為何 IASB 規定債券原始之日，即應認列減損損失，而造成首日損失呢？**
>
> 釋例 14-6 中 ×0 年年底時，甲公司剛購入 A 公司債，IFRS 9 為何規定應立即認列 $2,000 之減損呢？因為，利息收入之認列是以 $1,000,000 的本金為基礎認列，但本金亦有無法回收之風險，所以利息收入認列金額是不考慮本金回收性的高估金額，IFRS 9 特別設計首日減損之認列（day one impairment），以平衡債券持有期間利息收入高估的情形。許多報表使用者可能不同意這種「原始認列時即發生減損」的處理方式，但 IASB 曾於 2009 年提出完全合乎理論的預期信用損失減損模式過度複雜，所以 IASB 最終採用之方法係以總帳面金額計算利息收入（高估），再以另提早記錄減損損失的脫鉤模式，希望在大樣本（不同時間購入多債券）下能有可以接受的估計值。

現象，但為何 IASB 最終仍決定以這種脫鉤模式處理減損呢？因為 2009 年 IASB 所提的理論上正確做法過度複雜，故最終才決定將利息收入認列與減損之提列脫鉤，以簡化計算過程。

▶ 學習目標 6
說明權益法的適用情形及其會計處理

14.6　權益法評價之長期股權投資

14.6.1　適用範圍

公司通常希望藉由持有另一公司較高比例的有表決權股份，達到重大影響或控制另一公司的目的，這種投資相較於本章已介紹之透過損益按公允價值衡量（FVTPL）或透過其他綜合損益按公允價值衡量（處分時不作重分類調整）的權益工具投資（FVTOCI 股票），其持有期間比較長、較不輕易出售，所以按公允價值衡量並不適當。

當企業對另一公司的長期股權投資占被投資公司已發行有表決權股份 20% 以上、50% 以下者；或雖然未達 20% 但具有重大影響力者（具實質重大影響力），應採用**權益法**（equity method）作會計處理。除此之外，如果企業對另一公司具有控制力除應編製母子公司合併報表外，亦應採用權益法作會計處理。茲將採用權益法作會計處理的情況列示如下：

1. 投資公司對被投資公司具有控制力。
2. 投資公司持有被投資公司有表決權股份 20% 以上、50% 以下者。不過，有時候投資公司雖持股達到此種標準，卻有證據顯示對被投資公司沒有重大影響力時，則不適用權益法作會計處理。
3. 投資公司持有被投資公司有表決權股份雖然未達 20%，但具有重大影響力（具實質重大影響力）。

14.6.2　權益法會計處理

長期股權投資的取得成本必須包括成交價格以及其他必要的支出如手續費。後續即依權益法處理，即按被投資公司權益的增

減變化,增加或減少長期股權投資之帳面金額:被投資公司若有淨利,投資企業應依其持股比率認列投資收益。此時投資公司應借記「**採用權益法之投資**」(Investments in Associates Accounted for using equity method),以反映股權投資價值的增加;同時貸記「**採用權益法之關聯企業損益份額**」〔Share of Profit(Loss)of Associates Accounted for using equity method〕。「採用權益法之關聯企業損益份額」屬於綜合損益表中「營業外收入及支出」。當以權益法認列之被投資公司發生淨損時,則投資公司應借記「採用權益法之關聯企業損益份額」,列入「營業外費用及支出」中;同時應貸記「採用權益法之投資」,以反映長期股權投資價值降低。被投資公司現金股利除息時,因被投資公司之權益減少,應該借記「應收股利」,同時貸記「採用權益法之投資」。現金股利發放日,應借記「現金」,貸記「應收股利」。茲以釋例 14-7 簡介如何以權益法記錄長期股權投資相關交易,進階的會計學課程將更完整討論權益法的會計處理。

釋例 14-7

×8 年 1 月 1 日甲公司以市價每股 $20 買進 10,000 股乙公司普通股股票,手續費及交易稅 $100,乙公司流通在外總股數是 25,000 股。另外,×8 年 12 月 31 日乙公司普通股每股股價 $22。下列各項交易或事項應如何適用權益法之會計處理?

(1) 在買進日,甲公司應該如何作分錄?
(2) ×8 年 5 月 17 日乙公司除息,每股現金股利 $1,甲公司應該如何作分錄?
(3) ×8 年 6 月 27 日乙公司發放現金股利,甲公司應該如何作分錄?
(4) ×8 年 12 月 31 日,乙公司告知其當年度淨利為 $60,000,甲公司之分錄為何?
(5) ×9 年 1 月 2 日以 $234,100 賣出乙公司股票,甲公司應該如何作分錄?

解析

(1) 取得日之會計處理:

買進股數 ÷ 乙公司流通在外總股數 = 持股比率
10,000 股 ÷ 25,000 股 = 40%,持股比率大於 20%,屬應採用權益法會計處理的長期股權投資。

取得成本＝（市價單價 × 股數）＋手續費
　　　　＝（$20×10,000）＋ $100 ＝ $200,100

應該作以下分錄：

×8 年 1 月 1 日
　　採用權益法之投資　　　　　　　　　　　　200,100
　　　　現金　　　　　　　　　　　　　　　　　　　　　　200,100

(2) 除息日

應收股利＝每股現金股利 × 持有股數
　　　　＝ $1×10,000 股＝ $10,000

應作以下分錄：

×8 年 5 月 17 日
　　應收股利　　　　　　　　　　　　　　　　10,000
　　　　採用權益法之投資　　　　　　　　　　　　　　10,000

(3) 收到股利日

×8 年 6 月 27 日
　　現金　　　　　　　　　　　　　　　　　　10,000
　　　　應收股利　　　　　　　　　　　　　　　　　　10,000

(4) 被投資公司當年度淨利 $60,000

投資收益＝被投資公司淨利 × 持股比率
　　　　＝ $60,000×40% ＝ $24,000

應作以下分錄：

×8 年 12 月 31 日
　　採用權益法之投資　　　　　　　　　　　　24,000
　　　　採用權益法之關聯企業損益份額　　　　　　　24,000

<注意>採用權益法之股票投資，無須記錄公允價值變動。

(5) 處分長期股權投資

權益法股權投資帳面金額＝ $200,100 ＋ $24,000 － $10,000 ＝ $214,100
應承認已實現之處分投資損益＝賣價－權益法股權投資帳面金額
　　　　　　　　　　　　　＝ $234,100 － $214,100 ＝ $20,000

×9 年 1 月 2 日
　　現金　　　　　　　　　　　　　　　　　　234,100
　　　　採用權益法之投資　　　　　　　　　　　　　214,100
　　　　處分投資損益　　　　　　　　　　　　　　　　20,000

14.7　合併財務報表

> **學習目標 7**
> 說明何時需編製合併財務報表

若投資公司能實質控被投資公司，此時投資公司與被投資公司形成母子公司關係，除應按權益法作會計處理以編製個體報表外，尚需編製母子公司**合併財務報表**（consolidated financial statements）。少數情況下投資公司持股超過 50%，卻不具控制力，此時即不屬於母子公司關係，無需編製合併報表。反之，投資公司持有被投資公司未超過 50% 的表決權股份，卻可能已實質控制被投資公司，此時編製合併報表才能反映彼此間真實的關係。是否具有實質控制力，係判斷應否編製合併報表的準繩，例如當被投資公司的經營政策可以由投資公司決定時，雖然兩公司是不同的法律個體，但可以藉由編製合併報表將其視為同一會計個體。IFRS 10「合併財務報表」，係採實質控制判斷來界定控制能力，而非單純看持股是否超過 50%。

企業編製合併報表時，即將母子公司財務報表中相同項目予以彙總相加，例如母子公司的資產、負債項目、收益、費損項目予以加總，不過股本及保留盈餘項目並不是將兩家公司個別的股本及保留盈餘相加。因為母公司個體財務報表上的「採用權益法投資-子公司」的金額，即代表所持有子公司權益的所有權，所以合併報表的權益數額與母公司個體財務報表權益數額應該是相同的，不因併入子公司而增加。

編製合併報表時，對於母子公司間的交易，應予以銷除，例如母公司銷貨給子公司，於母公司帳上產生對子公司的應收帳款，子公司帳上有對母公司的應付帳款，在編製合併資產負債表時，應將兩邊的應收、應付帳款互相抵銷，因為編製合併報表時將母子公司視為同一會計個體。

摘要

企業除了投資不動產、廠房及設備外,也常投資其他公司所發行的公司債或股票等資本市場之金融工具。關於債務工具投資,其會計處理可以分為三類:按攤銷後成本衡量(AC)、透過損益按公允價值衡量(FVTPL),及透過其他綜合損益按公允價值衡量(FVTOCI 債券)(處分時作重分類調整)。關於權益工具投資,其會計處理可以分為四類:透過損益按公允價值衡量(FVTPL)、透過其他綜合損益按公允價值衡量(FVOCI 股票)(處分時不作重分類調整)、以權益法衡量,及編製合併報表。

如果企業投資債券純粹為了依合約定期定額獲取現金(例如依約定期獲得固定金額的利息,到期依面額收回本金)且該債券為「純債券」,在到期日前,儘管因市場利率波動而影響金融資產之公允價值,企業也沒有意圖作短線操作,賺取差價。像這一類的金融資產,方可按歷史成本衡量。由於這類金融資產(例如:公司債)的投資在到期日前長達好幾年,而當初又可能溢價或折價(詳見附錄)購入,因此必須對溢、折價攤銷,也因此稱之「按攤銷後成本衡量之金融資產(AC)」。這類資產即使期末公允價值有所波動,期末帳面金額也不會調整到公允價值;當然其中的價差也無從列入本期損益或其他綜合損益。

有的金融資產(如債券及股票)投資是為了短線進出,賺取差價,對這類以交易為目的之金融資產,將價差列入本期損益是合理的,因為即使今天不賣出,企業很快就會賣出,只差執行交易的動作。此類金融資產乃屬「透過損益按公允價值衡量之金融資產(FVTPL)」。

但有些債務工具投資的經營模式具有雙重目的:收取合約定期定額現金或伺機出售。這種債務工具投資即屬於「透過其他綜合損益按公允價值衡量之債務工具投資(FVTOCI 債券)」,其會計處理很特別,在綜合損益表之本期損益中,該處理提供與「按攤銷後成本衡量之金融資產(AC)」相同之利息收入資訊,但在其他綜合損益中,又提供了與「透過損益按公允價值衡量之金融資產(FVTPL)」相同之公允價值變動資訊,亦即將債務工具投資調整至公允價值,但按公允價值衡量所產生之價差不列入當期損益,而列為「其他綜合損益」-屬於權益性質。處分這類債務工具投資時,可將該部分的債券投資所累積的其他綜合損益重分類為出售年度的損益。亦即將歷年累積的評價損益出售時實現。所以其會計處理能完全反映經營模式的雙重目的。

對於權益工具投資,企業有時並不想頻繁買進賣出以交易為目的(例如策略性投資),這時候將按公允價值衡量所產生之價差列入本期損益會使一時之公允價值大幅波動造成本期損益之波動,何況企業又不會很快賣出該權益工具投資。既然不列入本期損益,就像上述的「透過其他綜合損益按公允價值衡量之債務工具投資(FVTOCI 債券)」,將價差列為權益的加減項。雖然這種價差屬於權益性質,應在資產負債表的權益類下表達,可是一旦列入權益就會逐年累積而看不出當年度的價差(即評價利益或損失),因此在綜合損益表中,除了「本

期損益」外，再加「其他綜合損益」，將當年度這類金融資產按公允價值衡量所產生之價差列入「其他綜合損益」。

　　IFRS 給予企業選擇的空間，可將非供交易為目的、非採權益法或非需編合併報表之權益工具投資價差列入「其他綜合損益」，這類金融資產即屬「透過其他綜合損益按公允價值衡量之權益工具投資（FVOCI 股票）」；當然企業也可選擇將價差列入本期損益，而該金融資產便屬「透過損益按公允價值衡量之金融資產（FVTPL）」，不論選擇何者，一旦選定後不得重分類。就整個綜合損益表言，當年度的「綜合損益」包括「本期損益」與當年度的「其他綜合損益」。因此，即使都是權益工具投資，有的股票為「透過損益按公允價值衡量之金融資產（FVTPL）」，另外的股票則為「透過其他綜合損益按公允價值衡量之金融資產（FVOCI 股票）」。與債務工具投資不同的是，處分這類的權益工具投資時，歷年所累積的其他綜合損益，不得重分類為處分年度之損益。

　　除了公允價值因正常波動造成的價差，按上述方式處理外，有時候投資標的之價值顯著下跌或下跌時間較久，預期短期內無法恢復，這種跌價則屬「減損」，IFRS 9 對債務工具投資減損之會計處理，採「預期損失」模式且僅適用於「按攤銷後成本衡量（AC）」及「透過其他綜合損益按公允價值衡量（FVOCI 債券）」之債務工具投資。

　　若企業採有被投資公司的股份，達到對被投資公司且重大影響力時（通常為持股達 20% 以上但未達 50%），則應採權益法，將被投資公司的權益變化反映於企業的權益工具投資價值及投資損益上。若企業對被投資公司具實質控制（通常為持股比率達 50% 以上），則企業應編製合併財務報表。

附錄 A　溢折價購入「按攤銷後成本衡量之金融資產」

　　為方便讀者作比較，以連續的三個釋例：平價、折價及溢價說明「按攤銷後成本衡量之金融資產（AC）」之會計處理。說明中不僅列出投資方分錄，同時也列出債券發行方的分錄（參考第十三章），使跨章節內容較易融會貫通。

釋例 14-8

[平價]

甲公司於 ×1 年 1 月 1 日以總成本 $1,000,000 買進乙公司發行之面額 $1,000,000、3 年期、票面利率 8%、每年年底付息的債券。甲公司將此債券分類為按攤銷後成本衡量之金融資產,試作甲公司與乙公司於 ×1 年初、×1 年底、×2 年底及 ×3 年底之會計分錄。

解析

每年年底收取現金利息 = 面額 $1,000,000 × 票面利率 8% = $80,000

$$\$1,000,000 = \frac{\$80,000}{(1+8\%)^1} + \frac{\$80,000}{(1+8\%)^2} + \frac{\$1,080,000}{(1+8\%)^3}$$

甲公司(購買債券公司)	乙公司(發行債券公司)
×1 年 1 月 1 日 按攤銷後成本衡量之金融資產　1,000,000 　　現金　　　　　　　　　　　　1,000,000	×1 年 1 月 1 日 現金　　　　　　　　1,000,000 　　應付公司債　　　　　　1,000,000
×1 年至 ×3 年每年 12 月 31 日 現金　　　　　　　　　　　　　80,000 　　利息收入　　　　　　　　　　　80,000	×1 年至 ×3 年每年 12 月 31 日 利息費用　　　　　　　80,000 　　現金　　　　　　　　　　80,000
×3 年 12 月 31 日 現金　　　　　　　　　　　　1,000,000 　　按攤銷後成本衡量之金融資產　1,000,000	×3 年 12 月 31 日 應付公司債　　　　　1,000,000 　　現金　　　　　　　　　1,000,000

釋例 14-9

[折價]

同釋例 14-8,惟甲公司係以總成本 $950,263 買進該筆乙公司發行之債券,該筆債券交易時之市場利率為 10%。試作甲公司與乙公司於 ×1 年初、×1 年底、×2 年底及 ×3 年底之會計分錄。

解析

$$\$950,263 = \frac{\$80,000}{(1+10\%)^1} + \frac{\$80,000}{(1+10\%)^2} + \frac{\$1,080,000}{(1+10\%)^3}$$

該債務工具投資之折價攤銷表如下:

日期	現金(1)	利息收入/費用(2)=上期(5)×10%	本期折價攤銷(3)=(2)-(1)	未攤銷折價(4)=上期(4)-(3)	投資/公司債帳面金額(5)=上期(5)+(3)
×1/1/1				$49,737	$950,263
×1/12/31	$80,000	$95,026	$15,026	34,711	965,289
×2/12/31	80,000	96,529	16,529	18,182	981,818
×3/12/31	80,000	98,182	18,182	0	1,000,000

甲公司（購買債券公司）	乙公司（發行債券公司）
×1年1月1日 按攤銷後成本衡量之金融資產　950,263 　　現金　　　　　　　　　　　950,263	×1年1月1日 現金　　　　　　950,263 　　應付公司債　　　　950,263
×1年12月31日 現金　　　　　　　　　　　　80,000 按攤銷後成本衡量之金融資產　15,026 　　利息收入　　　　　　　　　95,026	×1年12月31日 利息費用　　　　95,026 　　應付公司債　　　　15,026 　　現金　　　　　　　80,000
×2年12月31日 現金　　　　　　　　　　　　80,000 按攤銷後成本衡量之金融資產　16,529 　　利息收入　　　　　　　　　96,529	×2年12月31日 利息費用　　　　96,529 　　應付公司債　　　　16,529 　　現金　　　　　　　80,000
×3年12月31日 現金　　　　　　　　　　　　80,000 按攤銷後成本衡量之金融資產　18,182 　　利息收入　　　　　　　　　98,182	×3年12月31日 利息費用　　　　98,182 　　應付公司債　　　　18,182 　　現金　　　　　　　80,000
×3年12月31日 現金　　　　　　　　　　　1,000,000 　　按攤銷後成本衡量之金融資產　1,000,000	×3年12月31日 應付公司債　　1,000,000 　　現金　　　　　　1,000,000

釋例 14-10

[溢價]

同釋例 14-8，惟甲公司係以總成本 $1,053,460 買進該筆乙公司發行之債券，該筆債券交易時之市場利率為 6%。試作甲公司與乙公司於 ×1 年初、×1 年底、×2 年底及 ×3 年底之會計分錄。

解析

$$1,053,460 = \frac{\$80,000}{(1+6\%)^1} + \frac{\$80,000}{(1+6\%)^2} + \frac{\$1,080,000}{(1+6\%)^3}$$

該債務工具投資之溢價攤銷表如下：

日期	現金(1)	利息收入/費用(2)＝上期(5)×6%	本期溢價攤銷(3)＝(1)−(2)	未攤銷溢價(4)＝上期(4)−(3)	投資/公司債帳面金額(5)＝上期(5)−(3)
×1/1/1				$53,460	$1,053,460
×1/12/31	$80,000	$63,208	$16,792	36,668	1,036,668
×2/12/31	80,000	62,200	17,800	18,868	1,018,868
×3/12/31	80,000	61,132	18,868	0	1,000,000

甲公司（購買債券公司）			乙公司（發行債券公司）		
×1年1月1日			×1年1月1日		
按攤銷後成本衡量之金融資產	1,053,460		現金	1,053,460	
現金		1,053,460	應付公司債		1,053,460
×1年12月31日			×1年12月31日		
現金	80,000		利息費用	63,208	
按攤銷後成本衡量之金融資產		16,792	應付公司債		16,792
利息收入		63,208	現金		80,000
×2年12月31日			×2年12月31日		
現金	80,000		利息費用	62,200	
按攤銷後成本衡量之金融資產		17,800	應付公司債		17,800
利息收入		62,200	現金		80,000
×3年12月31日			×3年12月31日		
現金	80,000		利息費用	61,132	
按攤銷後成本衡量之金融資產		18,868	應付公司債		18,868
利息收入		61,132	現金		80,000
×3年12月31日			×3年12月31日		
現金	1,000,000		應付公司債	1,000,000	
按攤銷後成本衡量之金融資產		1,000,000	現金		1,000,000

以釋例 14-11 說明分類為「按攤銷後成本衡量之金融資產」於債券到期日前處分之會計處理。

釋例 14-11

甲公司於 ×1 年 1 月 1 日以總成本 $1,053,460 買進乙公司發行之面額 $1,000,000、3 年期、票面利率 8%、每年年底付息的債券。甲公司將此債券分類為按攤銷後成本衡量之金融資產，當時市場利率為 6%。若甲公司於 ×2 年 12 月 31 日收到利息後以公允價值 $600,000 處分乙公司之半數債券，剩餘半數債券之經營模式改為以收取合約現金流量及出售為目的。試作處分日的會計分錄。

解析

該債務工具投資之溢價攤銷表如下：

日期	現金(1)	利息收入/費用(2)＝上期(5)×6%	本期溢價攤銷(3)＝(1)−(2)	未攤銷溢價(4)＝上期(4)−(3)	投資/公司債帳面金額(5)＝上期(5)−(3)
×1/1/1				$53,460	$1,053,460
×1/12/31	$80,000	$63,028	$16,792	36,668	1,036,668
×2/12/31	80,000	62,200	17,800	18,868	1,018,868

故知該債務工具投資於 ×2 年 12 月 31 日全數之帳面金額為 $1,018,868，而甲公司以 $600,000 處分半數債券，故有處分投資利益 $90,566（即 $600,000 − $1,018,868/2）。

處分日記錄債務工具投資處分之會計分錄為：

×2 年 12 月 31 日
現金　　　　　　　　　　　　　　　　　　　　600,000
　　按攤銷後成本衡量之金融資產　　　　　　　　　509,434
　　處分投資利益　　　　　　　　　　　　　　　　 90,566

當日並須將剩餘未出售之按攤銷後成本衡量之金融資產，依其公允價值重分類為「透過其他綜合損益按公允價值衡量之債務工具投資」，並將公允價值與原帳面金額之差額記入「其他綜合損益 - 透過其他綜合損益按公允價值衡量之債務工具投資損益」之其他綜合損益項目中。

處分日記錄重分類之會計分錄為：

×2 年 12 月 31 日

透過其他綜合損益按公允價值衡量之債務工具投資	600,000	
按攤銷後成本衡量之金融資產		509,434
其他綜合損益-透過其他綜合損益按公允價值衡量之債務工具投資損益		90,566

附錄 B　溢折價購入「透過其他綜合損益按公允價值衡量之債務工具投資」

公司購入債券作為「透過其他綜合損益按公允價值衡量之債務工具投資（FVTOCI 債券）」時，其取得該債券投資之交易成本應作為資產入帳成本，其後每期資產負債表中列報此資產係以期末公允價值衡量，而公允價值變動產生之損益認列於其他綜合損益，而出售時須將以前期間與出售當期認列之其他綜合損益重分類轉入本期淨利。

作為「透過其他綜合損益按公允價值衡量之債務工具投資（FVTOCI 債券）」，其**公允價值變動損益係以公允價值與攤銷後成本之差額決定**。也就是說，若公司購入債券作為「透過其他綜合損益按公允價值衡量之債務工具投資（FVTOCI 債券）」且非以平價購入時，則應對「透過其他綜合損益按公允價值衡量之債務工具投資（FVTOCI 債券）」之折溢價作攤銷：溢價之攤銷將減少「透過其他綜合損益按公允價值衡量之債務工具投資（FVTOCI 債券）」之帳面金額；折價之攤銷時則增加「透過其他綜合損益按公允價值衡量之債務工具投資（FVTOCI 債券）」之帳面金額。而期末評價時如債券公允價值高於攤銷溢折價後之「透過其他綜合損益按公允價值衡量之債務工具投資（FVTOCI 債券）」之帳面金額，則借記「透過其他綜合損益按公允價值衡量之債務工具投資評價調整」、貸記「其他綜合損益-透過其他綜合損益按公允價值衡量之債務工具投資損益」；如債券公允價值低於攤銷溢折價後之「透過其他綜合損益按公允價值衡量之債務工具投資（FVTOCI 債券）」之帳面金額，則借記「其他綜合損益-透過其他綜合損益按公允價值衡量之債務工具投資損

作為透過其他綜合損益按公允價值衡量之債務工具投資（FVTOCI 債券），其公允價值變動損益係以公允價值與攤銷後成本之差額決定。

益」、貸記「透過其他綜合損益按公允價值衡量之債務工具投資評價調整」。茲以釋例 14-12 說明溢價購入債券作為「透過其他綜合損益按公允價值衡量之債務工具投資（FVTOCI 債券）」時之會計處理。

釋例 14-12

沿釋例 14-11，惟甲公司係買進該筆債券分類為「透過其他綜合損益按公允價值衡量之債務工具投資」，且該筆債券 ×1 年 12 月 31 日之公允價值為 $1,150,000，×2 年 12 月 31 日之公允價值為 $1,200,000。試作該筆債務工具投資於 ×1 年與 ×2 年的相關會計分錄。

解析

該債券投資之溢價攤銷表如下：

日期	現金(1)	利息收入/費用(2)=上期(5)×6%	本期溢價攤銷(3)=(1)－(2)	未攤銷溢價(4)=上期(4)－(3)	投資/公司債帳面金額(5)=上期(5)－(3)
×1/1/1				$53,460	$1,053,460
×1/12/31	$80,000	$63,028	$16,792	36,668	1,036,668
×2/12/31	80,000	62,200	17,800	18,868	1,018,868

×1 年 1 月 1 日（取得該筆債券）
　透過其他綜合損益按公允價值衡量之債務工具投資　1,053,460
　　現金　　　　　　　　　　　　　　　　　　　　　　　　1,053,460

×1 年 12 月 31 日（攤銷溢價認列利息收入）
　現金　　　　　　　　　　　　　　　　　　80,000
　　透過其他綜合損益按公允價值衡量之債務工具投資　　16,792
　　利息收入　　　　　　　　　　　　　　　　　　　　　63,208

×1 年 12 月 31 日（評價該筆債券至公允價值 $1,150,000）
　透過其他綜合損益按公允價值衡量之債務工具投資評價調整　113,332
　　其他綜合損益-透過其他綜合損益按公允價值衡量之債務工具投資損益　113,332
　$113,332 ＝ $1,150,000（公允價值）－ $1,036,668（攤銷後成本）

×2年12月31日（攤銷溢價認列利息收入）
　現金　　　　　　　　　　　　　　　　　　　　　80,000
　　透過其他綜合損益按公允價值衡量之債務工具投資　　　17,800
　　利息收入　　　　　　　　　　　　　　　　　　　　62,200

×2年12月31日（評價該筆債券至公允價值 $1,200,000）
　透過其他綜合損益按公允價值衡量之債務工具投資評價調整　67,800
　　其他綜合損益-透過其他綜合損益按公允價值衡量之債務工具投資損益　67,800
　$67,800 = $1,200,000（公允價值）− $1,018,868（攤銷後成本）
　　　　　− $113,332（×1年已認列）

×2年12月31日（處分該筆債券半數）
　現金　　　　　　　　　　　　　　　　　　　　　600,000
　　透過其他綜合損益按公允價值衡量之債務工具投資　　　509,434
　　透過其他綜合損益按公允價值衡量之債務工具投資評價調整　90,566

×2年12月31日（重分類）
　其他綜合損益-重分類調整-透過其他綜合損益
　　按公允價值衡量之債務工具投資損益　　　　　　90,566
　　處分投資利益　　　　　　　　　　　　　　　　　　　90,566

附錄 C　在兩個付息日間購入債券

　　資本市場中每天都有金額可觀的債券交易，企業不一定要在約定付息日買入或發行債券。茲以釋例 14-13 說明兩個付息日間買進「按攤銷後成本衡量之金融資產（AC）」之會計處理方式。

釋例 14-13

　　×9年4月1日甲公司以總現金 $10,125,000 買進乙公司面額 $10,000,000，票面利率3%的債券，並列入「按攤銷後成本衡量之金融資產」。乙公司債每半年付息一次，分別是在5月1日與11月1日付息。在 (1) ×9年4月1日購買當日，與 (2) ×9年5月1日領息日，甲公司應該如何作分錄呢？

解析

```
×8年11月1日          ×9年4月1日           ×9年5月1日
〔債券付(半年)息日〕  (甲公司買進乙公司債券)  〔付(半年)息日〕
|―――――― 5個月 ――――――|―― 1個月 ――|
```

(1) 甲公司所支付的 $10,125,000 當中，一部分是債券價款，另外一部分則是 ×8 年 11 月 1 日至 ×9 年 4 月 1 日這 5 個月間的利息，雖然公司在 ×9 年 4 月 1 日才買入債券，但是仍然享受到 ×8 年 11 月 1 日至 ×9 年 4 月 1 日這 5 個月間的利息，只需再持有 1 個月，就可以領取 6 個月的利息。這 5 個月以來所累積的應計利息計有 $125,000（即 $10,000,000×3%×5/12）。所以，甲公司在其買進乙公司債券日，不能將其所支付之現金總額 $10,125,000 全數當作其「按攤銷後成本衡量之金融資產」的成本，在總額 $10,125,000 中，$125,000 是屬於購入之前 5 個月，乙公司在未來將支付的利息。這部分的利息是屬於前一手債券持有的人的利息，所以甲公司先付給前一手賣出債券的人 $125,000（貸記現金），5 月 1 日時可在債券付息日自乙公司回收 $125,000（借記應收利息）。因此購入日的分錄如下：

×9 年
4/1　按攤銷後成本衡量之金融資產　　10,000,000
　　　應收利息　　　　　　　　　　　　125,000
　　　　現金　　　　　　　　　　　　　　　　　10,125,000

> 總支付現金
> $10,125,000 =
> $10,000,000（債券價格）+ $125,000（應計利息）

(2) ×9 年 5 月 1 日為甲公司領息日。雖然甲公司只持有乙公司債券 1 個月，但是乙公司一次支付半年期的債息，故甲公司可以獲取現金 $10,000,000×3%×6/12 = $150,000；甲公司為乙公司提供資金這 1 個月以來，可賺得利息收入 $10,000,000×3%×1/12 = $25,000，另外獲得的 $125,000 即是 4 月 1 日先代乙公司墊付給前一手債券持有人利息的回收（俗稱前手息）。

×9 年
5/1　現金　　　　　　　　150,000
　　　應收利息　　　　　　　　　　125,000
　　　利息收入　　　　　　　　　　 25,000

本章習題

問答題

1. 以下哪些金融資產屬於貨幣市場工具？哪些屬於資本市場工具？
   (1) 定存單
   (2) 普通股票
   (3) 商業本票
   (4) 銀行承兌匯票
2. 試簡述債務型工具及權益工具投資之會計處理？
3. 什麼情況下會將金融資產分類為「透過損益按公允價值衡量之金融資產」、「按攤銷後成本衡量之金融資產」、「透過其他綜合損益按公允價值衡量之債務工具投資」或「透過其他綜合損益按公允價值衡量之權益工具投資」？
4. 「透過損益按公允價值衡量之金融資產」、「按攤銷後成本衡量之金融資產」及「透過其他綜合損益按公允價值衡量之債務工具投資」這三類的債務工具投資中，哪兩類債務工具投資一定要攤銷折、溢價？
5. 透過損益按公允價值衡量之權益工具投資、透過其他綜合損益按公允價值衡量之權益工具投資與採用權益法之投資這三類投資，哪一類權益工具投資在股價上升、下跌時，股價變動應認列為當期損益？哪一類股票之股價變動應列入當期其他綜合損益？
6. 透過損益按公允價值衡量之金融資產、透過其他綜合損益按公允價值衡量之債務工具投資與按攤銷後成本衡量之金融資產這三類投資，哪一類可不攤銷折、溢價？
7. 持有供交易權益工具投資（列入透過損益按公允價值衡量之金融資產）、透過其他綜合損益按公允價值衡量之權益工具投資與採用權益法之投資這三類投資，在被投資公司宣告以及發放現金股利時，分別應該如何作分錄？
8. 公司處分透過其他綜合損益按公允價值衡量之債務工具投資時，處分前累積之其他綜合損益是否應重分類至損益？或應以其他方式處理？
9. 公司處分透過其他綜合損益按公允價值衡量之權益工具投資時，處分前累積之其他綜合損益是否應重分類至損益？或應以其他方式處理？
10. 什麼情況下會依權益法作長期股權投資之會計處理？
11. 投資公司對被投資公司具有實質控制力時，其會計處理為何？

選擇題

1. 下列何者不屬於貨幣市場的金融工具？

(A) 商業本票　　　　　　　(B) 銀行承兌匯票
   (C) 國庫券　　　　　　　　(D) 政府公債

2. 下列何者不屬於資本市場的金融工具？
   (A) 附買賣回協定　　　　　(B) 政府公債
   (C) 公司債　　　　　　　　(D) 普通股票

3. 「銀行對存款人將資金存放於銀行一定期間所發給的證明文件，屬於期限短、變現快的貨幣市場投資工具。」此一說明係在敘述何種貨幣市場商品？
   (A) 定存單　　　　　　　　(B) 商業本票
   (C) 銀行承兌匯票　　　　　(D) 國庫券

4. 下列何者是政府發行、承諾短期付息並清償本金的貨幣市場投資工具？
   (A) 定存單　　　　　　　　(B) 商業本票
   (C) 銀行承兌匯票　　　　　(D) 國庫券

5. 如果被投資金融資產的到期日在 3 個月以內且其信用（違約）風險很低時，一般會將它歸類為下列何者？
   (A) 現金及約當現金
   (B) 按攤銷後成本衡量之金融資產
   (C) 透過損益按公允價值衡量之金融資產
   (D) 透過其他綜合損益按公允價值衡量之債務工具投資

6. 甲公司在短期獲利為目的之經營模式下取得固定利息及本金債券，應將此債券分類為下列何者？
   (A) 現金及約當現金
   (B) 按攤銷後成本衡量之金融資產
   (C) 透過損益按公允價值衡量之金融資產
   (D) 透過其他綜合損益按公允價值衡量之債務工具投資

7. 甲公司在取得合約現金流量為目的之經營模式下取得固定利息及本金債券，應將此債券分類為下列何者？
   (A) 現金及約當現金
   (B) 按攤銷後成本衡量之金融資產
   (C) 透過損益按公允價值衡量之金融資產
   (D) 透過其他綜合損益按公允價值衡量之債務工具投資

8. 甲公司在取得合約現金流量以及出售獲取未實現利益雙重目的之經營模式下取得固定利息及本金債券，應將此債券分類為下列何者？
   (A) 現金及約當現金

(B) 按攤銷後成本衡量之金融資產
(C) 透過損益按公允價值衡量之金融資產
(D) 透過其他綜合損益按公允價值衡量之債務工具投資

9. 甲公司在取得合約現金流量的操作模式下取得可轉換公司債,應將此債券分類為下列何者?
   (A) 現金及約當現金
   (B) 按攤銷後成本衡量之金融資產
   (C) 透過損益按公允價值衡量之金融資產
   (D) 透過其他綜合損益按公允價值衡量之債務工具投資

10. 當企業購入債券作為「透過損益按公允價值衡量之金融資產」時,下列會計處理方式,何者正確?
    (A) 一定要以折價、溢價攤銷認列利息收入
    (B) 不一定以折價、溢價攤銷認列利息收入,企業可以僅在收取發行公司支付之現金時,才認列利息收入
    (C) 原始取得投資之交易成本只影響資產負債表,不影響綜合損益表
    (D) 其公允價值變動只影響資產負債表,不影響綜合損益表

11. 甲公司於×3年7月1日以$875購入乙公司發行面額$1,000,票面利率8%之公司債,每年6月30日及12月31日付息。假設此債務工具投資之有效利率為10%,甲公司擬將×3年底此債券之市價為$950,則甲公司×3年底應報導之債務工具投資金額為何?(公司將該債券分類為按攤銷後成本衡量)
    (A) $879　　　　　　　　　　(B) $875
    (C) $910　　　　　　　　　　(D) $950

【改寫自93年公務人員高等考試三級考試第二試試題】

12. 甲公司持有之A公司股票係列入「透過損益按公允價值衡量之金融資產」,當A公司宣告股票股利時,甲公司之會計處理為何?
    (A) 貸:透過損益按公允價值衡量之金融資產
    (B) 貸:股利收入
    (C) 貸:其他綜合損益
    (D) 不作分錄,僅作備忘記錄

13. 汗牛公司×1年12月30日以每股$20買進500股業勤公司股票,作為透過其他綜合損益按公允價值衡量之權益工具投資。×1年12月31日業勤公司每股股價為$25,汗牛並於×2年1月3日以每股$30賣出400股。×2年12月31日業勤公司每股股價為$35。請問關於此權益工具投資汗牛公司應於×2年度損益表中認列多少利益?
    (A) $5,500　　　　　　　　　(B) $4,000
    (C) $2,000　　　　　　　　　(D) $0

14. 汗牛公司 ×1 年 12 月 30 日以每 $10,000 平價買進業勤公司債券，作為透過其他綜合損益按公允價值衡量之債務工具投資。×1 年 12 月 31 日汗牛持有之業勤公司債券市價上升至 $10,500，汗牛並於 ×2 年 1 月 3 日即以每股 $80,600 賣出所持有業勤公司債券之 80%。×2 年 12 月 31 日汗牛仍持有剩餘部分債券之市價為 $20,200。請問關於此債務工具投資汗牛公司應於 ×2 年度損益表中認列多少利益（不計利息收入）？
    (A) $800   (B) $600
    (C) $80   (D) $0

15. 採權益法評價的情況包括下列何者？
    (A) 投資公司對被投資公司具有控制力
    (B) 投資公司持有被投資公司有表決權股份 20% 以上、50% 以下者，且沒有證據顯示對被投資公司不具重大影響力
    (C) 投資公司持有被投資公司有表決權股份雖然未達 20%，但具有重大影響力
    (D) 以上都正確

16. 當收到採用權益法長期權益工具投資發放的現金股利時，投資公司應作什麼處理？
    (A) 貸：投資收益
    (B) 貸：股利收入
    (C) 貸：採權益法之長期股權投資
    (D) 不作分錄，僅作備忘記錄

17. 老米公司於 ×3 年 1 月 1 日以 $50 買入大鼠公司普通股股份 40%，若大鼠公司在 ×3 年 12 月 31 日宣告並發放現金股利 $40，並報導當年之淨利為 $100。試問老米公司於 ×3 年 12 月 31 日對大鼠公司股權投資餘額應為多少？
    (A) $90   (B) $74
    (C) $50   (D) $40
    【改寫自 93 年公務人員特種考試身心障礙人員考試試題】

18. 白色戀人公司於 ×0 年 1 月 1 日以成本 $100 購入方帽公司普通股股權 20%，作為長期投資。×1 年 2 月 1 日方帽公司宣告淨利 $80，並於 ×1 年 3 月 1 日發放 $60 現金股利。則下列敘述何者正確？
    (A) 白色戀人公司應編製合併報表
    (B) 若採權益法，×1 年 2 月 1 日方帽公司宣告淨利，白色戀人公司不作任何分錄
    (C) 若認定此為持有供交易之權益工具投資，×1 年 3 月 1 日，白色戀人公司應貸記：透過損益按公允價值衡量之金融資產 $12
    (D) 若採權益法，×1 年 3 月 1 日，白色戀人公司應貸記：採用權益法之投資 $12

19. 若投資公司對被投資公司持股 22%，但對其具有實質控制力，此時投資公司需編製什麼文件？

(A) 銀行調節表　　　　　　(B) 存貨盤點結果
(C) 母子公司合併報表　　　(D) 應付憑單

20. 母公司銷貨給子公司，於母公司帳上產生對子公司的應收帳款，則在編製合併報表時，對於該項母子公司間的交易，應如何處理？
    (A) 銷除
    (B) 納入
    (C) 企業可以選擇將其銷除或是納入
    (D) 收到貨款前應予以納入

21. 甲公司以 $199,000 於 ×1 年 12 月 31 日買入乙公司面額 $200,00 公司債，另支付交易成本 $1,000。當日該批乙公司債券之 12 個月預期信用損失估計金額為 $2,000。若甲公司將該公司債作為按攤銷後成本衡量之金融資產，則其 ×1 年 12 月 31 日之總帳面金額及攤銷後成本分別為何？
    (A) $200,000、$200,000　　(B) $200,000、$197,000
    (C) $199,000、$197,000　　(D) $200,000、$196,000

22. ×0 年 12 月 31 日甲公司以 $100,000 平價買入乙公司債，並將該債券列入按攤銷後成本衡量之金融資產。認列減損資料如下：

	12 個月 預期信用損失	存續期間 預期信用損失
×0/12/31	$1,500	$ 5,000
×1/12/31	$5,500	$10,000

    若 ×1 年底，該債券的信用風險已顯著增加，則甲公司於 ×0 年及 ×1 年底應認列之減損損失金額為何？
    (A) $1,500、$5,500　　(B) $5,000、$5,000
    (C) $1,500、$8,500　　(D) $1,500、$10,000

練習題

1. 【票券投資】甲公司將其手中可用 4 個月之閒置資金，以總成本（含票券價格、手續費用）$398，購置 4 個月以後到期、不附息、面額 $400 之乙公司商業本票。甲公司持有票券目的在收取此金融資產定期支付的利息和到期的本金。

   試作：
   (1) 甲公司於購置當日，應該如何作分錄？
   (2) 4 個月後，該商業本票到期時之分錄為何？

投資 chapter 14

2. **【透過損益按公允價值衡量之金融資產與透過其他綜合損益按公允價值衡量之權益工具投資】** 甲公司 ×7 年 12 月 1 日以 $250 買入乙公司股票，乙公司股票於年底的市價為 $248，甲公司於 ×8 年 1 月 12 日以 $255 的價格賣出乙公司股票，試分別依認列為透過損益按公允價值衡量之金融資產及透過其他綜合損益按公允價值衡量之權益工具投資，作甲公司買入時、年底評價時與出售時之分錄。

3. **【透過損益按公允價值衡量之金融資產及透過其他綜合損益按公允價值衡量之權益工具投資】** ×2 年 2 月 2 日甲公司於公開市場購入乙公司面額 $10 之股票 50,000 股（持股比率未達重大影響力），每股購價 $25，另付手續費 $1。乙公司 ×2 年 3 月 3 日除息並除權、5 月 5 日發放現金股利每股 $1 及股票股利每股 $0.5（$0.5/ 面額 $10，即每 20 股分配一股）。×2 年 6 月 6 日將乙公司股票以每股 $25 全部出售。在權益工具投資兩種可能的會計處理下，試作下列日期甲公司分錄：(1) 2 月 2 日；(2) 3 月 3 日；(3) 5 月 5 日；(4) 6 月 6 日。

4. **【透過損益按公允價值衡量之權益工具投資與透過其他綜合損益按公允價值衡量之權益工具投資】** 甲公司 ×1 年度及 ×2 年 12 月 31 日之有關資料如下：

普通股	×1 年初買進時原始成本	×1/12/31 市價	×2/12/31 市價
玫瑰公司	$20	$20	$30
杜鵑公司	10	16	8
扶桑公司	46	30	40

在權益工具投資兩種可能之會計處理下，試作 ×1 年與 ×2 年必要的分錄（包含其他綜合損益之結帳分錄）。

5. **【債務工具投資三種會計處理】** 甲、乙、丙三公司均於 ×0 年 12 月 31 日以平價 $100,000 購入票面利率 8%、每年年底付息之 A 公司債。×1 年底該債券之公允價值為 $95,000，各公司與該投資相關之部分資訊如下（在不考慮減損損失情況下）

	本期投資帳列餘額	對稅前淨利之淨影響數
甲公司	①	$3,000
乙公司	$95,000	②
丙公司	$100,000	③

若甲、乙、丙三公司分別將投資歸屬於三種不同之分類，則上表內空格 ①、②、③ 之正確金額為何？ 【99 年地方特考改編】

6. **【債務工具投資三種會計處理】** 沿上題，若甲、乙、丙三公司分別在 ×2 年 1 月 1 日，以 $96,000 賣出 A 公司債，則該債券之出售，對三家公司 ×2 年損益及其他綜合損益的淨影響數各為多少？ 【99 年地方特考改編】

7.【債務工具投資三種會計處理】沿第 5 題，若 A 公司債在 ×1 年時信用風險顯著增加則在下列相關資料，三家公司在 ×0 年及 ×1 年底認列減損損失之分錄為何？

	12 個月預期損失	存續期間預期損失
×0/12/31	$500	$3,000
×1/12/31	700	$10,000

【99 年地方特考改編】

應用問題

1.【權益工具投資】×8 年 1 月 1 日甲公司以每股 $192 買入乙公司股票 1,000 股（支付現金），並選擇將該投資列入「透過其他綜合損益按公允價值衡量之權益工具投資」。×8 年底時乙公司股票的市價為 $196，甲公司於 ×9 年 1 月 1 日處分該筆股票，收到現金 $197。

試作：甲公司 ×8 年及 ×9 年相關分錄（包含其他綜合損益之結帳分錄）。

2.【透過損益按公允價值衡量之金融資產與透過其他綜合損益按公允價值衡量之權益工具投資】甲公司在 ×8 年及 ×9 年權益工具投資的明細如下：

被投資公司	×8 年購價	×8/12/31 公允價值	×9/12/31 賣出價格
A 公司	$30,000	$50,000	$20,000
B 公司	50,000	40,000	70,000
C 公司	20,000	30,000	10,000
D 公司	100,000	70,000	130,000
小計	$200,000	$190,000	$230,000

甲公司購入 A 公司與 B 公司股票之目的為持有供交易；甲公司將 C 公司及 D 公司權益工具投資列為「透過其他綜合損益按公允價值衡量之權益工具投資」。試作：

(1) ×8 年及 ×9 年 12 月 31 日有關之調整分錄及其他綜合損益之結帳分錄。

(2) 說明 ×8 年 12 月 31 日在資產負債表及綜合損益表中的相關表達。

3.【債務工具投資三種會計處理 - 折價】甲公司於 ×0 年 12 月 31 日以 $92,418（有效利率為 10%）購入面額 $100,000、票面利率 8%、每年年底付息之 A 公司債。甲公司於 ×2 年 4 月 1 日以 $102,000 加計應計利息出售該公司債。×1 年底該債券之公允價值為 $95,000，各公司與該投資相關之部分資訊如下：

投資 chapter 14

債券資料	12 個月預期損失	存續期間預期損失	公允價值
×0/12/31	$500	$3,000	$95,000
×1/12/31	700	$10,000	$88,000

在債務工具投資的三種可能會計處理方式下，試作甲公司 ×0 年、×1 年、及 ×2 年相關分錄。

4. 【債務工具投資三種會計處理 – 溢價】甲公司於 ×0 年 12 月 31 日以 $108,425（有效利率為 6%）購入面額 $100,000、票面利率 8%、每年年底付息之 A 公司債。甲公司於 ×2 年 4 月 1 日以 $101,000 加計應計利息出售該公司債。×1 年底該債券之公允價值為 $95,000，各公司與該投資相關之部分資訊如下：

債券資料	12 個月預期損失	存續期間預期損失	公允價值
×0/12/31	$500	$3,000	$108,425
×1/12/31	700	$10,000	$90,000

在債務工具投資的三種可能會計處理方式下，試作甲公司 ×0 年、×1 年、及 ×2 年相關分錄。

5. 【權益法 – 長期股權投資】甲公司於 ×5 年 1 月 1 日以 $162,000 購買乙公司流通在外股票 60,000 股中的 18,000 股。乙公司該年度之淨利為 $20,000，乙公司在該年度支付現金股利 $8,000。在權益法下甲公司 ×5 年底對慕容公司之長期股權投資項目帳面金額為若干？

6. 【權益法】×8 年 1 月 1 日甲公司以市價每股 $40.8，支付現金買進 600 股乙公司股票，乙公司流通在外總股數是 1,500 股。下列各項交易或事項應如何適用權益法之會計處理？

    (1) 買進日分錄為何？

    (2) 乙公司 ×9 年第 1 季淨利為 $7,200，甲公司之分錄為何？

    (3) ×9 年 5 月 2 日乙公司除息，每股現金股利 $3.00，甲公司之分錄為何？

    (4) ×9 年 5 月 29 日乙公司發放現金股息，甲公司之分錄為何？

7. 【平價購入債券之會計處理】甲公司於 ×0 年 12 月 31 日以 $500,000 買進乙公司發行之面額 $500,000、3 年期、票面利率 6%、每年年底付息的債券。該債券在 ×1 年及 ×2 年底之公允價值分別為 $560,000 及 $470,000。

    試作：在下列三種分類下，甲公司於 ×0 年底、×1 年底、×2 年底及 ×3 年底（債券到期）分錄：

    (1) 該債券應列入「按攤銷後成本衡量之金融資產」

(2) 該債券應列入「透過損益按公允價值衡量之金融資產」

(3) 該債券應列入「透過其他綜合損益按公允價值衡量之債務工具投資」

8. 【平價購入不同類別之債務工具投資之財務報表表達】延續第 7 題，在 (1)、(2) 及 (3) 情況下編製甲公司於 ×1 年、×2 與 ×3 年之綜合損益表與各年底資產負債表之相關部分。

9. 【折價購入透過其他綜合損益按公允價值衡量之債務工具投資之會計處理與處分】甲公司於 ×1 年 1 月 1 日以總成本 $948,458 買進乙公司發行之面額 $1,000,000、3 年期、票面利率 6%、每年年底付息的債券，當時之市場利率為 8%。甲公司買進該筆債券係分類為「透過其他綜合損益按公允價值衡量之債務工具投資」，且該筆債券 ×1 年 12 月 31 日之公允價值為 $1,037,722，×2 年 12 月 31 日之公允價值為 $990,654。若甲公司於 ×2 年 12 月 31 日收到利息後以公允價值 $495,327 處分乙公司之半數債券。

試作：該筆債務工具投資於 ×1 年與 ×2 年的相關會計分錄。

10. 【折價購入按攤銷後成本衡量之投資於債券到期前處分之會計處】甲公司於 ×1 年 1 月 1 日以總成本 $950,263 買進乙公司發行之面額 $1,000,000、3 年期、票面利率 8%、每年年底付息的債券。甲公司將此債券分類為按攤銷後成本衡量之投資，當時市場利率 10%。若甲公司於 ×2 年 12 月 31 日收到利息後以公允價值 $509,434 處分乙公司之半數債券。剩餘的半數債券之經營模式改為以收取合約現金流量及出售為目的。

試作：甲公司於 ×2 年 12 月 31 日處分該債券的會計分錄。

會計達人

1. 【透過其他綜合損益按公允價值衡量之債務工具投資】甲公司於 ×1 年及 ×2 年平價買入的債券，相關資料如下：

債券標的	×1 年	×1/12/31 公允價值	×2 年	×2 年 處分價格	×2/12/31 公允價值
債券 A	$20,000	$40,000	—	$60,000	
債券 B	$30,000	$50,000			$70,000
債券 C	—	—	$60,000	$80,000	
債券 D	—	—	$70,000		$90,000

試作：計算 ×1 年及 ×2 年財務報表中下列項目：

(1) ×1 年及 ×2 年產生之「其他綜合損益－透過其他綜合損益按公允價值衡量之債務工具投資」（亦即減除重分類調整前之總額，註明利益或損失）。

(2) ×1 年及 ×2 年底「其他權益－透過其他綜合損益按公允價值衡量之債務工具投資」

(3) ×1 年及 ×2 年底「其他綜合損益 - 透過其他綜合損益按公允價值衡量之債務工具投資」之重分類調整金額。
(4) ×1 年及 ×2 年「透過其他綜合損益按公允價值衡量之債務工具投資」對 ×1 年及 ×2 年綜合損益影響數（註明利益或損失）。

2. 【債務工具投資三種會計處理 - 折價】甲公司於 ×0 年 12 月 31 日以 $92,418（有效利率為 10%）購入面額 $100,000、票面利率 8%、每年年底付息之 A 公司債。甲公司於 ×5 年 4 月 1 日以 $102,000 加計應計利息出售該公司債。×1 年年底該債券之公允價值為 $95,000，各公司與該投資相關之部分資訊如下：

債券資料	12 個月預期損失	存續期間預期損失	公允價值
×3/12/31	$500	$3,000	$95,000
×4/12/31	700	$10,000	$88,000

在債務工具投資的三種可能會計處理方式下，試作甲公司 ×4 年及 ×5 年相關分錄。

3. 【透過其他綜合損益按公允價值衡量之債務工具投資】臺北公司於 ×1 年 1 月 1 日按市價 $950,000 買進臺南公司發行之五年期公司債，除買入價格外，臺北公司另支付證券商手續費 $1,000，並依公司會計政策將其分類為「透過其他綜合損益按公允價值衡量之債務工具投資」。該公司債之面額為 $1,000,000，每年 12 月 31 日按票面利率 5% 支付利息（有效利率 6.17%）。×1 年 12 月 31 日、×2 年 12 月 31 日及 ×3 年 12 月 31 日該公司債之公允價值分別為 $1,036,299、$1,056,572 及 $1,038,269。試作臺北公司 ×1 年、×2 年與 ×3 年之相關分錄。　　　　【105 年高考改編】

4. 【債務工具減損計算】×0 年 12 月 31 日甲公司以 $100,000 平價買入乙公司債，並將該債券列入按攤銷後成本衡量之投資。認列減損資料如下：

	12 個月預期信用損失	存續期間預期信用損失
×0 年底	$1,500	$5,000
×1 年底	$2,000	$6,000
×2 年底	$10,000	$25,000
×3 年底	$1,000	$3,000

若 ×1 年底，該債券的信用風險沒有顯著增加；×2 年底該債券的信用風險已顯著增加；×3 年底，該債券的信用風險沒有顯著增加（各年底均與原始認列時比較），則台北公司於 ×1 年底、×2 年底及 ×3 年底應認列之減損損失金額各為若干？

5. 【股權投資比較－權益法及兩種公允價值法】×0 年 12 月 31 日甲公司以每股 $30 購買乙公司 25% 普通股 8,000 股。乙公司 ×1 年及 ×2 年資料如下：

	公司淨利	每股發放現金股利	年底每股市價
×1 年	$ 80,000	$1	$25
×2 年	120,000	2	40

試作：

(1) 將乙公司股票列入採權益法之投資與列入透過損益按公允價值衡量之金融資產，對甲公司 ×2 年度之損益之差額為若干？

(2) 將乙公司股票列入採權益法之投資與列入透過其他綜合損益按公允價值衡量之權益工具投資，對甲公司 ×2 年度之損益及綜合損益之差額為若干？

(3) 將乙公司股票列入透過損益按公允價值衡量之金融資產與列入透過其他綜合損益按公允價值衡量之權益工具投資，對甲公司 ×2 年度之損益及綜合損益之差額為若干？

6. 【債務工具減損觀念】債務工具之減損分為哪些階段？各階段分別有哪些跡象可供判斷？會計處理為何？

7. 【債務工具減損觀念】與債務工具有關的利息收入、減損、總帳面金額及攤銷後成本等項目間的關係為何？並解釋何謂利息收入及減損脫鉤之模式（decouple model）？

投 資

Chapter 15

權益：股本、資本公積與庫藏股票

objectives

研讀本章後，預期可以了解：

- 公司組織的權益包括哪些項目？
- 特別股與普通股有何不同？
- 資本公積包括哪些項目？
- 其他權益包括哪些項目？
- 什麼是庫藏股票？其相關會計處理為何？

身穿花紅長洋裝，風吹金髮思情郎；

想郎船何往，音信全無通，伊是行船仔逐風浪。

只盼望西南季風能聽見純情古裝女子「望兄所搭乘船隻早日回歸安平城」的思念；而今，安平古堡（也就是 1624 年荷蘭人建立的熱蘭遮城）階前佳木蔥蘢。

1602 年初，貿易鼎盛的荷蘭已持續和權傾世界的原本宗主國西班牙帝國哈布斯堡王朝打了 34 年獨立戰爭；仗雖然難打，但阿姆斯特工商人士齊聚一堂，集資成立荷蘭東印度公司（VOC）──人類歷史上第一家股份公司，資金一到位就招募船員、打造船隻，公司以發展遠洋貿易為核心利益，開拓航線。荷蘭東印度公司巧妙運用 17 位原始大股東的資本，因預期要展開大型計畫也向大眾募資，在全球貿易網路建立壟斷地位。VOC 兵分二路，其獲利最豐的東方明珠福爾摩沙，每年為公司帶來 20 萬張鹿皮；公司也出資招募福建沿海貧困農民，公司無償出讓島上耕地，提供鋤頭跟犁田用的水牛；渡海移民跟公司簽工作契約，秉持「愛拚就能贏」精神，期望在新天地一圓脫貧夢。隨著在臺漢人變成優勢族群，鄭成功於 1642 年靠著島上漢人的內應，最終打敗了 VOC。荷蘭人黯然退出深耕 38 年的臺灣。

1624 年荷蘭人也在北美大陸的哈德遜河口岸建立了新阿姆斯特丹，這據點的經營卻是蒸蒸日上，和北美原住民間的貿易加上在新大陸的拓墾，讓新阿姆斯特丹繼其失去的熱蘭遮城成為 VOC 最大金雞母。到了 1669 年荷蘭東印度公司已發展成世界上最富有的民營公司，擁有超過 150 艘商船、40 艘戰艦、20,000 名員工與逾 10,000 名傭兵，股利是股本的 40%。在北美，荷蘭人終究被後起之秀的英格蘭打敗，英國人第一件事是把這北美第一大城改名為新約克（New York），而當初荷蘭移民為防範原住民攻擊建立的圍牆一帶就是 Wall Street；美國發展成世界首富，華爾街作為企業募資核心的強大金融布局功不可沒。

回頭看荷蘭人離開後的臺灣，歷經多元文化洗禮，加上人民堅韌的生命力，也使得臺灣在政經勢力博弈的年代能夠快捷掌握全球產業脈動。1986 年荷蘭商飛利浦帶著它所率先開發出的晶圓蝕刻技術，與我工研院共同成立台灣積體電路（股票代號：2330），當初的股本是由主導我國產業政策的國發基金所認買，即便台積電後續增資發行新股使其股權稀釋，國發基金依然是該公司最大單一股東；如同 VOC 是由 17 位愛國資本家聚資，臺灣工商各界人士在前景不明情況下為國家建設投入資本。

閩南與荷蘭混血安平少女的情懷淪為單相思，但 2020 年在熱蘭遮城附近的南部科學園區，台積電投資世界最先進的 5 奈米規格製程，領先全球；比鄰安平古堡的晶圓產業如今也隨著海風到彼岸；台積電美國信託憑證（American Depositary Receipt; ADR）在紐約證交所登陸上市，華爾街民也能就近投資；此刻，外國人士對台積電的持股比例占到近八成，台積電已成為全球股價市值第九大的晶圓帝國。

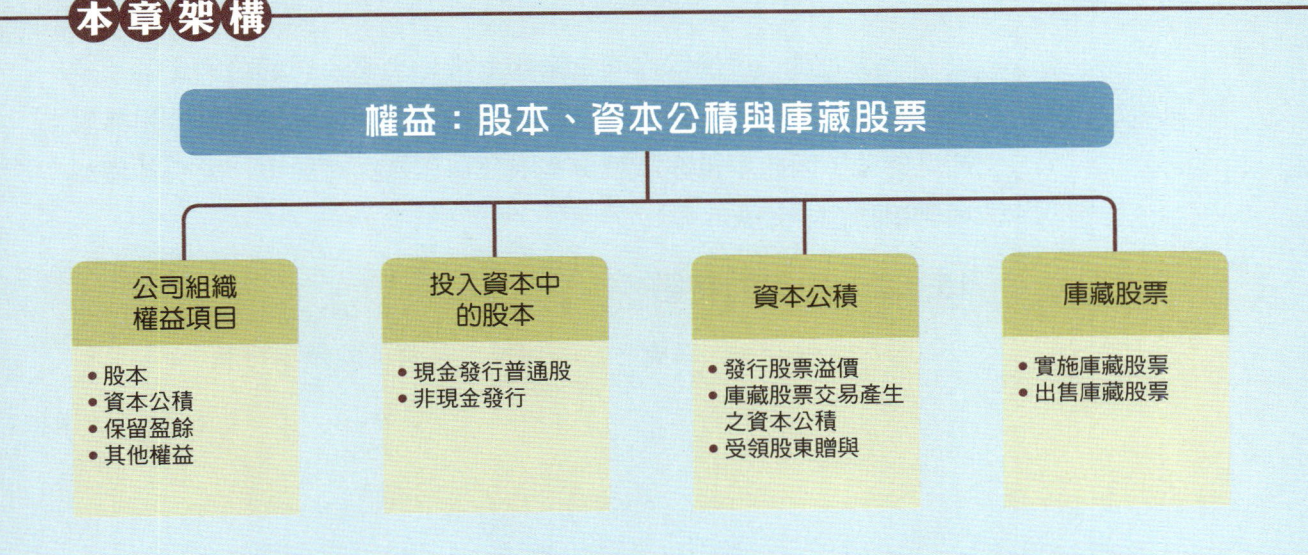

本章架構

權益：股本、資本公積與庫藏股票

公司組織權益項目
- 股本
- 資本公積
- 保留盈餘
- 其他權益

投入資本中的股本
- 現金發行普通股
- 非現金發行

資本公積
- 發行股票溢價
- 庫藏股票交易產生之資本公積
- 受領股東贈與

庫藏股票
- 實施庫藏股票
- 出售庫藏股票

15.1 公司概念與公司組織的權益

> **學習目標 1**
> 了解公司概念與權益

獨資（proprietorship）、**合夥**（partnership）與**公司**（corporation）是最常見的三種企業組織型態。規模較大企業為因應資本需求，都採用公司組織。依我國公司法第 1 條規定：「本法所稱公司，謂以營利為目的，依照本法組織、登記、成立之社團法人。」可知公司具有法人地位，能享受權利及負擔義務，其營業目的在獲取利潤，再像荷蘭東印度公司一樣，將利潤分配給公司所有者，也就是**股東**（shareholder）。

15.1.1 公司的種類

依我國公司法第 2 條規定，公司分為下列四種：

> 公司的種類有下列四種：
> 1. 無限公司。
> 2. 有限公司。
> 3. 兩合公司。
> 4. 股份有限公司。

1. **無限公司**：指二人以上股東所組織，對公司債務負連帶無限清償責任之公司。
2. **有限公司**：由一人以上股東所組織，就其出資額為限，對公司負其責任之公司。
3. **兩合公司**：由一人以上無限責任股東，與一人以上有限責任股東所組織的公司，其無限責任股東對公司債務負連帶無限清償責任；有限責任股東就其出資額為限，對公司負其責任。
4. **股份有限公司**：指二人以上股東或政府、法人股東一人所組織，全部資本分為股份；股東就其所認股份，對公司負其責任之公司。

一般而言，規模較大的企業如上市、上櫃公司或跨國企業，多採股份有限公司的型態，相關之法令規章也多以股份有限公司為規範之對象，因此本書亦以股份有限公司作為探討對象，說明其權益項目相關之會計處理。

15.1.2 公司的特徵

股份有限公司與獨資、合夥比較，具有下列幾項特徵：

1. **獨立的法律個體**：公司為法人組織，為一獨立的法律個體，可以公司名義擁有資產、簽約、訴訟以及對外舉債等。
2. **股東責任有限**：股份有限公司之股東對公司的責任以其出資額為限，不像合夥企業之合夥人或獨資企業之業主須負無限清償責任，所以投資股份有限公司風險較小。
3. **股份可自由轉讓**：股份有限公司之股東原則上可隨時自由出售或轉讓股份給其他人，且轉讓行為不用經由其他股東同意。合夥企業之入夥及退夥均須得到全體合夥人同意。
4. **資金募集容易**：股份有限公司之資本藉由劃分為許多股份對外募集，且股份原則上可以自由轉讓，投資人責任有限且金額不大，故資金募集較為容易。
5. **管理權與所有權分開**：股份有限公司的所有權人為股東，而管理權則歸屬於董事會和經理人員，藉由所有權與管理權之分開，股東即使不具經營能力，也可享受企業經營之利益。
6. **政府管理較為嚴格**：股份有限公司之股東責任有限，且大部分股東沒有參與公司業務經營，為了保障債權人及股東的權益，政府對公司訂定較嚴格的規範。

> 股份有限公司具有下列幾項特徵：
> 1. 獨立的法律個體。
> 2. 股東責任有限。
> 3. 股份可自由轉讓。
> 4. 資金募集容易。
> 5. 管理權與所有權分開。
> 6. 政府管理較為嚴格。

15.1.3　公司組織權益的內容

公司的出資人稱為股東，在公司組織下，權益之內容依來源可分為**股本**（Share Capital）、**資本公積**（Capital Surplus）、**保留盈餘**（Retained Earnings）、**其他權益**（Other Equity）及**庫藏股票**（Treasury Stock）五項目。以下分別說明之：

1. **股本**：依公司法第 156 條規定：「股份有限公司之資本，應分為股份，每股金額應歸一律，一部分得為特別股；其種類，由章程定之。」可知**股份**（share）為資本的構成單位，而股票則是表彰股東權益的書面憑證，股票的所有權人即是公司的股東。股票上面通常會記載每一股份的金額，稱為**面額**（par value）。股本記錄股東對公司投資時繳納之對價中，相當於其所取得之股份面額的

> **股本**　為股東對公司投資中相當於股份面額的部分。

部分。股本為公司的法定資本,沒有經過減資手續不得減少或消除。

資本公積 包括股東對公司投資中超過股份面額的部分與股東對公司之捐贈。

2. **資本公積**:股份雖有面額,但公司發行股份時,不一定按面額發行,若高於面額發行,即為溢價發行,亦即股東取得股份所繳納之對價高於面額,高於面額的部分為溢價。另股東對公司捐贈時並未取得股份,但仍有繳納對價給公司。前述之溢價部分與股東捐贈時之繳納對價均記錄於資本公積。簡言之,資本公積記錄股東對公司投資時繳納之對價中,超過其所取得之股份面額的部分。股本與資本公積得合稱為**投入資本**或**繳入資本**(Contributed Capital; Paid-in Capital),為來自股東投資或股東捐贈之公司資本。

保留盈餘 係指公司過去所獲得的淨利而未分配予股東的部分所累積的合計數。

3. **保留盈餘**:保留盈餘係指公司過去所獲得的淨利而未發放股利分配予股東的部分所累積的合計數;如果長期虧損則成為累積虧損。

其他權益 較常見者包括不動產、廠房及設備未實現重估增值、透過其他綜合損益按公允價值衡量之金融資產投資未實現損益等。

4. **其他權益**:公司某些資產負債帳列金額(carrying amount)增加或減少時,其當期增減數應列為當期之其他綜合損益。這些其他綜合損益結帳轉入其他權益,即其他綜合損益之累積數列報於其他權益。這種性質的權益項目包括不動產、廠房及設備重估增值、透過其他綜合損益按公允價值衡量之金融資產投資在期末評價時所認列的未實現損益等。

庫藏股票 是權益的減項。

5. **庫藏股票**:庫藏股票係指企業買回其已發行、但尚未註銷之股份。庫藏股票是權益的減項,代表股東對公司的投資減少。

　　本章將就上述項目中之股本、資本公積及庫藏股票逐一討論其相關會計處理,保留盈餘與其他權益項目則留待下一章說明。

學習目標 2
了解普通股與特別股之權利

15.2　普通股與特別股之權利

　　如前所述,股票為表彰股東權利的一種有價證券,而股票依所賦予股東權利之不同而有普通股與特別股二種。若公司只發行

一種股票,由於股東之權利均相同,即為**普通股**(common stock; ordinary share);如發行第二種股票,對股東相關權利有優先的待遇或特別的限制,則稱為**特別股**(preferred stock; preference share)。以下討論普通股與特別股之基本權利。

15.2.1 普通股的權利

普通股股東的基本權利有下列四種:

1. 表決權:股東得出席股東會,有權選舉董事及監察人(金管會要求於民國111年之前,上市櫃公司應全面完成設置審計委員會取代監察人),以及對重大事項表決的權利。普通股股東每股有一表決權,透過行使表決權間接影響公司經營。
2. 盈餘分配權:公司的盈餘以股利之方式分配給股東時,每位股東可按其持股比例取得股利。
3. 優先認股權:若公司發行新股,會使總股數增加,此時普通股股東受公司法保障,有優先認購新股的權利。普通股股東行使優先認股權,可使其持股占總股數比例維持不變,不至於在公司發行新股時,因股份比重被稀釋而減少其對公司的影響力。
4. 剩餘財產分配權:公司清算解散時,資產變現之所得必須先還給債權人,普通股股東則按持股比例分配剩餘財產。

> **普通股股東的基本權利** 包括表決權、盈餘分配權、優先認股權,以及剩餘財產分配權。

15.2.2 特別股的權利

相對於上述普通股股東之四項基本權利,其股東權利有特別優先或限制者,稱為特別股。特別股持有人通常擁有較普通股持有人優先分配股利權利,以及企業最終結束營業時,在債權人之後,但較普通股持有人優先領回面額或清算價值的權利。特別股可能是非參加、非累積的「純特別股」,也可能被賦予其他特殊權利,以下列出幾種可能賦予特別股持有人的特殊權利:

> 特別股持有人通常擁有每年度優先分配股利權利,以及企業最終結束營業時優先領回面額或清算價值的權利。

1. **累積特別股**(cumulative perferred stock):如果公司在某一年決定不發放特別股股利與普通股股利,未來公司在發放普通股股利時,必須先分配給累積特別股持有人,非累積特別股之持有人則

無此權利。

　　累積特別股之積欠股利並不是公司的負債，因如果此後股東均決定不發放任何特別股股利與普通股股利，就永遠不須支付積欠股利，也不算是違約。但如果企業有高額之累積積欠特別股股利，普通股股東對於其未來所獲分配股利的預期將大打折扣。積欠股利雖不是發行公司的負債，但應於財務報表附註揭露。

2. **參加特別股**（participating preferred stock）：無論公司獲利再豐厚、物價上漲再劇烈，非參加特別股之持有人僅能獲分配面額乘以約定比率之股利。例如：公司發行 2.5%（特別股股利率）非參加特別股，即使未來盈餘再高，每年度每股特別股股利都是面額（假設為 $10）乘以事先約定的股利百分比之乘積，亦即每股特別股股利為 $0.25（即 $10×2.5%）。

　　若為完全參加特別股，則特別股持有人所領取的現金股利占面額之百分比，至少應是普通股股利占面額之百分比。例如：公司業績卓著，使得普通股股東能夠領取每股 $1.2 的現金股利，占普通股面額 $10 的 12%；該公司另有發行 3% 之完全參加特別股，因此該特別股股東也應該被分配占特別股面額（$10）的 12% 之股利，和普通股東一樣，該年度每股股利 $1.2。此一股利占面額 $10 的 12%，遠超過事先約定特別股股利的 3%。

3. **轉換特別股**（convertible preferred stock）：轉換特別股之持有人享有將特別股轉換為普通股票的權利。普通股股價低時，轉換特別股持有人可繼續倚靠手中的特別股之優先分配股利權利；普通股股價高時，轉換特別股持有人可依照既定轉換比率，將手中特別股轉換為值錢的普通股。「不可轉換特別股」持有人則無此權利。

4. **可贖回特別股**（callable preferred stock）：可贖回特別股（亦稱可買回特別股）持有人須留意發行公司具有以一定價格贖回特別股之權利；「不可贖回特別股」之持有人則無此顧慮。例如：公司發行 2.5%（特別股股利率）的可贖回特別股，而當市場上同樣風險投資之利率低至 1% 時，公司可以大約 1% 的利率籌措資金，

權益：股本、資本公積與庫藏股票

不再願意每年度付出 2.5% 的特別股股利，此時公司會有意願將「可贖回特別股」贖回；當市場利率高達 10% 時，公司應會感覺為此特別股付出每年度 2.5% 的股利，真正便宜，自不願行使贖回權利。贖回權既在發行公司而非投資人手中，可贖回特別股的價格會低於「不可贖回特別股」。另外，可贖回特別股若於發行時未約定贖回價格，公司應以面額贖回。

動動腦

其他條件不變，下列特別股中，何種特別股的價格較高？（各問題獨立）

(1)「累積特別股」或「非累積特別股」
(2)「參加特別股」或「非參加特別股」
(3)「可轉換特別股」或「不可轉換特別股」
(4)「可贖回特別股」或「不可贖回特別股」

解析

(1) 累積特別股的價格較高，因為這種特別股股東多了一項權利。
(2) 參加特別股的價格較高，因為這種特別股股東多了一項權利。
(3) 可轉換特別股的價格較高，因為這種特別股股東多了一項權利。
(4) 不可贖回特別股價格較高，因為可贖回特別股股東有隨時被發行公司要求賣回給它的義務。

釋例 15-1

尼爾森公司發行二種股票，分別是面額 $10 的普通股，流通在外股數 200,000 股；以及面額 $10 的特別股，流通在外股數 100,000 股，股利為面額的 6%。若該公司 ×0 年度分配股利共 $50,000，×1 年度分配股利 $100,000，試依據：(1) 特別股若為非累積特別股；(2) 特別股為累積特別股，分別計算 ×0 年度與 ×1 年度普通股與特別股可分配之股利。

解析

特別股每年之基本股利 = $10 × 100,000 × 6% = $60,000

(1) 特別股若為非累積特別股：

×0 年度：所分配之 $50,000 全數歸予特別股持有人；普通股股東無法分配股利。

×1 年度：特別股持有人於 ×0 年度被積欠股利為 $10,000，因屬非累積，所以不必於 ×1 年度補償，因此 ×1 年度特別股持有人獲得分配之股利為 $60,000，其餘 $40,000 則屬於普通股股東。

(2) 特別股若為累積特別股：

×0 年度：特別股持有人獲得分配 $50,000，積欠股利為 $10,000；普通股股東無法分配股利。

×1 年度：特別股股利＝積欠股利＋當年特別股股利
　　　　　　　　＝ $10,000 ＋ $60,000 ＝ $70,000
　　　　　普通股股利＝ $100,000 － $70,000 ＝ $30,000

給我報報

特別股被台新金控（股票代號：2887）與彰化銀行（股票代號：2801）靈活使用

民國 110 年 5 月 25 日金管會表示，**台新金控**願意結束與財政部之間對於**彰化銀行**的「經營權之爭」，以發行特別股方式換取資金以併購**保德信人壽**，同時花費 11 年完全退出彰銀。創金融業首例，台新金預計發行 8 億股轉換標的為彰銀股票的己種記名式交換特別股（簡稱己特）。投資人在持有己特的第 8 年起，可依 1：1 比率，將台新金己特換成彰銀的普通股。故釋股的時間至少要 8 年。

早在民國 94 年，台新金控為了入主彰化銀行並取得經營主導權，即以 365 億元買進彰銀乙種轉換特別股，轉換後持有 22.55% 股數，成為彰銀最大股東。台新金與彰銀整併時程問題，頗受矚目。法律上，彰銀已算是台新金的子公司，台新金也已編列合併報表、在彰銀 9 席董事中指派過半的 5 席董事，至民國 100 年 5 月，彰銀董事長及相關財務人員仍然由台新金指派。這起併購案緣於台新金控轉投資彰銀私募發行的轉換特別股，所需 365 億元資金，係由台新金控辦理發行丙種特別股 150 億元及次順位公司債 215.68 億元支應。

公司在一定期間後，必須以現金贖回的特別股都應歸類為企業的負債。因此企業應將可賣回特別股與強制贖回特別股分類為負債，而非權益。企業也因而無法以發行這類特別股規避負債比率的上升。此一案例說明以實質交易條件來判斷企業籌資模式，使得企業較難以形式條件操控負債比率。

> **台新金控發行特別股之會計處理意涵**
>
> 　　台新金為了入主彰銀所發行丙種特別股係以現金增資方式進行，每股面額 10 元，發行股數為 5 億股，每股發行價格為 30 元，故發行總金額為 150 億元，其發行條件如下：
>
> 　　股利按發行價格為年利率 3.5%。每年以現金一次發放；於每年股東常會承認會計表冊後，由董事會訂定丙種特別股分配股利除權基準日，據以給付上年度應發放及以前各年度累積未分配或分配不足額之股利。
>
> (1) 倘年度決算無盈餘或盈餘不足分配丙種特別股股利時，其未分配或分配不足額之股利，應累積於以後有盈餘年度。
> (2) 特別股分配本公司剩餘財產之順序優先於普通股。
> (3) 該特別股股東於股東會無表決權及選擇權。
> (4) 該特別股不得轉換為普通股。自發行日起滿 7 年到期。期滿時由本公司按實際發行價格以盈餘或發行新股所得之股款收回之。
>
> 　　根據上述發行條件，由於這些台新金控的特別股 7 年期滿後將被贖回，這種特別股與一般公司債極為類似，因此依國際會計準則第 32 號金融工具：表達之規定應該列入負債。
>
> 　　民國 103 年財政部主導泛公股於彰銀股東會奪經營權，開啟與財政部間對彰銀的「官民經營權之爭」，獲得其過半數的董事席次。台新向法院提告財政部。

15.3　股本

> **學習目標 3**
> 了解投入資本中的股本，包括普通股股本與特別股股本

　　股份有限公司向政府主管機關登記之資本總額，稱為**額定股本**或**授權股本**（authorized shares）。額定股本可以一次發行，亦可視資金需求之時點而分次發行。額定股本已發行部分，稱為**已發行股本**（issued shares）。股票發行一般以現金發行為主，按其他方式（如發行股票以取得土地、專利權等非現金資產）則較少。

15.3.1　股票之現金發行

　　公司發行股票取得現金即為現金增資，不論是成立時發行股票或後續增資發行股票，公司即可將發行股票所取得價款，依其規劃從事各項經濟活動。所發行之股票按是否有票面金額的記載，分為

有面額股票（par value stock）及**無面額股票**（no-par value stock）。

我國公司法規定股票均應有面額，若發行股票係取得現金，則股票發行價格相當於面額的部分，應貸記「股本」，如果發行的股份包括普通股與特別股，則分別用「普通股股本」與「特別股股本」項目以示區分；超過面額部分則分別貸記「資本公積 - 普通股股票溢價」與「資本公積 - 特別股股票溢價」。以表 15-1 *穩懋半導體*（股票代號：3105）為例，該公司並無發行特別股，其股本均為普通股股本，在民國 110 年第一季季末的股本約為 $42.4 億。至於無面額股票之發行（例如美國有些州可以允許），又可分為**有設定價值**（stated value）之無面額股及無設定價值之面額股，若為無設定價值者，應將全部股款貸記股本；若為有設定價值者，則以發行股數乘以每股設定價值作為法定資本，貸記為「股本」，超過部分則貸記「資本公積 - 投入資本超過設定價值數」。

表 15-1　穩懋半導體股份有限公司及子公司民國 110 年 3 月底資產負債表之權益部分

穩懋半導體股份有限公司及子公司
資產負債表（部分）
民國 110 年 3 月 31 日　　　　　　　　（單位：千元）

	金額	占資產 %
歸屬於母公司業主之權益股本		
普通股股本	$ 4,240,414	6
資本公積		
資本公積	9,963,079	14
保留盈餘		
保留盈餘	13,912,031	19
其他權益		
其他權益	3,527,944	5
歸屬於母公司業主權益股本合計	$31,643,468	45
非控制權益	$ 1,587,023	2
權益總計	$33,230,491	47

權益：股本、資本公積與庫藏股票

既有發行溢價，是不是也有發行折價呢？的確是有的。根據公司法第 140 條規定：「股票之發行價格，不得低於票面金額。但公開發行股票之公司，證券管理機關另有規定者，不在此限。」

給我報報

企業也可能折價發行股票

股市較低迷的時候，有公司以低於面額價格發行股票，也就是折價發行。公司法第 140 條（民國 90 年 11 月 12 日公布），原則上禁止公司折價發行股票，但授權證券管理機關得允許公開發行公司折價發行。「發行人募集與發行有價證券處理準則」（民國 91 年 5 月 22 日修正）第 21 條規定，發行人於辦理現金增資時，得折價發行。如**台灣之星**於民國 110 年 6 月 18 日公告，為達到六都涵蓋 90%，以及年底達六千站 5G 基地台建設目標，將辦理現金增資 120 億元，因股票流動性低，加上現階段營運所需金額龐大，若每股發行價格訂為每股面額 10 元或高於面額發行，原股東及員工認購意願會受影響，因此以低於面額折價發行新股。將辦理發行價格為每股 4.52 元之現金增資。

公司折價發行新股，應以面額與發行價格間之差額，借記先前溢價發行普通股產生之資本公積（即「資本公積 - 普通股股票溢價」項目），如有不足，則借記「保留盈餘」項目。**台灣之星**因為現金增資前帳列股東權益項下之累積虧損達 289 億元，評估這次現金增資折價發行會增加 52 億餘元的對累積虧損，經減除折價發行之累積虧損餘額將為 341 億餘元。

釋例 15-2

梅鐸公司於 ×1 年底「資本公積 - 普通股股票溢價」餘額是 $500,000，×2 年初現金增資發行普通股 100,000 股，請依下列不同情況作股票發行日分錄：

(1) 股票面額為 $10，發行價格為 $13。
(2) 股票面額為 $10，發行價格為 $8。
(3) 股票無面額，亦無設定價值，發行價格為 $13。
(4) 股票無面額，但董事會訂有設定價值為 $5，發行價格為 $15。

解析

(1) 法定資本為面額 $10 × 100,000 = $1,000,000，超過面額部分 ($13 −

$10)×100,000＝$300,000 應列為資本公積。發行股票之分錄為：

現金	1,300,000	
普通股股本		1,000,000
資本公積－普通股股票溢價		300,000

(2) 現金增資之發行價格 $8，低於面額 $10，此為折價發行，差額部分 ($8 － $10)×100,000＝－$200,000，應作為「資本公積－普通股股票溢價」項目的減項。分錄為：

現金	800,000	
資本公積－普通股股票溢價	200,000	
普通股股本		1,000,000

(3) 股票無面額，亦無設定價值，所以應將全部股款貸記為股本。

現金	1,300,000	
普通股股本		1,300,000

(4) 股票無面額但有設定價值 $5，應貸記之股本為 $5×100,000＝$500,000，超過部分 ($15 － $5)×100,000＝$1,000,000 列為資本公積。分錄為：

現金	1,500,000	
普通股股本		500,000
資本公積－投入資本超過設定價值		1,000,000

注意：若為特別股之發行，則僅需將上面例子的分錄中之普通股改為特別股即可。

　　釋例 15-2 係以發行普通股取得現金的例子，若為發行特別股，也可比照處理。例如：佩吉公司於 8 月 15 日發行 400,000 股特別股，每股面額為 $10，每股發行價格為 $12。每股股票面額與發行股數的乘積，會計處理時記入「特別股股本」，而發行價格超過面額部分，則記入「資本公積－特別股股票溢價」，其中

「特別股股本」總額＝每股面額 $10×400,000（股）

＝$4,000,000

$$\begin{aligned}\text{「資本公積-特別}\\ \text{股股票溢價」總額}\end{aligned} = \frac{\text{發行價格超過面額的部分}}{(\$12-\$10)\times 400,000（股）}$$

$$= \$800,000$$

$$\begin{aligned}\text{發行日實際收到}\\ \text{「現金」總額}\end{aligned} = \text{發行價格}\$12\times 400,000（股）$$

$$= \$4,800,000$$

佩吉公司於發行日應作的分錄是：

8/15	現金	4,800,000	
	特別股股本		4,000,000
	資本公積-特別股股票溢價		800,000

15.3.2　股票之非現金發行

欲成為一家公司的股東，除了以現金出資外，還有其他方式。例如，以提供技術方式或以給予土地或機器設備方式，換得股票成為股東。公司法規定，股東出資除現金外，並得以對公司之貨幣債權，或公司所需技術、商譽抵充之，抵充數額需經董事會通過。不論何種方式，公司都應該以所換取技術或資產之公允價值入帳，記於借方。若公司以發行普通股換取該技術或資產，則另應貸記「普通股股本」、「資本公積-普通股股票溢價」以分別記錄普通股的面額及超過面額的部分。

釋例 15-3

金霸王體重儀公司於×0年4月2日發行300股面額$10之普通股票以交換德克斯企業的專利權。經鑑價結果，專利權之公允價值為$4,000。

此外，金霸王公司於×2年4月1日發行1,500股普通股票換取公允價值$40,000之土地。試為金霸王公司作上述交易之分錄。

(1) 金霸王公司除了借記$4,000的「專利權」（還記得嗎？專利權屬無形資產）與貸記$3,000的「普通股股本」〔即面額$10×300（股）〕外，另應貸記之差額$1,000以「資本公積-普通股發行溢價」項目記錄。

×0 年 4/2	專利權	4,000	
	普通股股本		3,000
	資本公積－普通股股票溢價		1,000

(2) 金霸王公司應借記土地 $40,000，貸記普通股股本 $15,000，並應貸記「資本公積－普通股股票溢價」，其金額即土地公允價值 $40,000 與新發行普通股面額總和間之差額 $40,000 － $10×1,500（股）= $25,000。

×2 年 4/1	土地	40,000	
	普通股股本		15,000
	資本公積－普通股股票溢價		25,000

學習目標 4
了解資本公積的來源及相關交易的會計處理

15.4　資本公積

投入資本中的資本公積，其來源包括：發行特別股票溢價、發行普通股票溢價、公司債轉換股本溢價、庫藏股票交易產生之資本公積，及受領股東贈與資本公積等。以表 15-1 *穩懋半導體*為例，其民國 110 年 3 月底的資本公積總額約為 $99.6 億。

前一節已討論資本公積項下的發行普通股溢價以及發行特別股溢價；有時候企業會將原已發行的股票買回，這種企業買回自己已發行、且買回後未作註銷之股票，稱為庫藏股票。如果公司以高價買回後，再低價賣出，當然是「虧到了」；如果公司以低價買回後再高價賣出，當然是「賺到了」。但企業絕不能在綜合損益表中認列庫藏股票交易之損益，因為公司不能藉由買賣自家股票而承認利益或損失。要想知道公司庫藏股票交易是「賺到了」還是「虧到了」，得看資產負債表中「資本公積－庫藏股票交易」消長情形。本書第 15.5 節再深入討論庫藏股票交易。

資本公積的來源
包括：發行特別股票溢價、發行普通股票溢價（均包括現金增資溢價）、公司債轉換股本溢價、買賣庫藏股票產生之資本公積及股東捐贈。

捐贈資本　表彰股東贈與公司各類資產之權益項目。

資本公積的另一來源，是受領股東**捐贈資本**（Donated Capital）。例如：大股東瓊斯於 11 月 6 日捐贈給凱奇光學公司土地一批，公允價值為 $300 萬，另贈公允價值 $200 萬之運輸設備。凱奇光學應在其權益項下貸記「資本公積－受領股東贈與」項目，金額為 $500 萬。分錄如下：

11/6	土地	3,000,000	
	運輸設備	2,000,000	
	資本公積-受領股東贈與		5,000,000

15.5　庫藏股票

> **學習目標 5**
> 了解庫藏股票之意義及相關之會計處理

庫藏股票是指公司已發行，經收回但未註銷的股票。公司若是購買他人的股票，則應列為金融資產，為第 14 章所討論之金融資產；但庫藏股票則是公司買回本身已發行的股票。公司買入庫藏股票，形同退還資本給股東，因此會造成權益的減少，所以庫藏股票並非公司之資產，同時庫藏股票並無投票權、分配股利或認購股份等股票的基本權利。在資產負債表上，庫藏股票應作為權益的減項，不得列為公司的資產。如**國巨**（股票代號：2327）民國 110 年 3 月底庫藏股票成本累計為 $24 億，該金額係權益之減項。

庫藏股票　庫藏股票是權益的抵銷項目，正常餘額在借方，表彰公司買回其已發行股票所造成實收資本之減少。實施庫藏股使公司流通在外股數減少。

為什麼企業要買回庫藏股票呢？其理由包括為因應員工分紅入股、履行員工認股計畫之需求，或管理當局認為目前股價偏低，故先在市場上買回自己的股票，以拉抬股價，也因此庫藏股票可能是企業調整財務結構及對外釋放訊息的一種工具。有時候公司也有可能收購異議股東的股票，因為對於股東會重大議案之決議不贊同之股東，得請公司按市價買回其股票。

庫藏股票交易的會計處理係採**成本法**（cost method）處理。公司買回已發行股票作為庫藏股票時，應將所支付之成本借記「庫藏股票」項目；公司處分庫藏股票時，若處分價格高於帳列金額，其差額應貸記「資本公積-庫藏股票交易」項目；若處分價格低於帳面金額，其差額應借記同種類庫藏股票之交易所產生之「資本公積-庫藏股票交易」；如有不足，則借記保留盈餘。

成本法　公司買回庫藏股票時，「庫藏股票」以實際買回成本認列，稱為成本法。

給我報報

企業減資以彌補帳上累積虧損

太陽能模組龍頭廠**聯合再生**（股票代號：3576）於民國 110 年 3 月 25 日重訊指出將減資以彌補 116 億元虧損，減資前股本約 267 億元，此次擬減少約 11.6 億股普通股，減資比例約 43.4%，減資後股本降至 151 億元，每股權益升至 9 元以上；董事會也決議不分派前一（民國 109）年度股利。

減資就是縮減實收資本額。一般而言，即公司透過法定之程序，將個別股東的權益消滅，使流通在外股數減少。企業依公司法辦理減資主要有三種動機：一、經營不善累積鉅額虧損的公司，為了讓資本額和財產總額維持一致，透過辦理減資以彌補虧損。依公司法規定，公司發生虧損時，得辦理減資以撥補虧損。另外，公司亦得先進行減資後再增資，以同時引進新的投資者改善企業營運。至於為調整營運或投資策略的減資，是因公司為避免股本太大，每股權益與權益報酬率偏低，而以減資將公司資金返還股東並瘦身。二、公司產業成熟，經營績效與獲利能力尚佳，手中有閒置資金、卻沒有良好投資機會時，將資金依股東持股比例返還給股東。三、為維護公司信用及權益目的而買回庫藏股票，並辦理資本註銷。其中，當企業經營不善時，雖可依法辦理資本減除行動以彌補帳上累積虧損，但常給予投資大眾不佳印象，致使當公司宣告彌補虧損減資時股價下跌。

聯合再生民國 109 年營收 125 億元，年減 31.03%，稅後虧損 61 億元，主要因處分電池設備、海外廠房、設備及在建工程損失提列減損，一次性資產減損 45 億元，若排除此一次性減損，虧損較 108 年收斂 71%。聯合再生表示，目前臺灣太陽能建置訂單規模超過既有產能，預計至年底模組總產能可達 1 GW，在臺的市占率可達 50%。由於認列資產減損不影響現金流量，對實際營運及資金周轉無實質影響，目前在手現金及約當現金約 50 億元，淨負債權益比較去年同期低 13%。

（摘錄改寫自鉅亨網報導）

公司若正式辦理減資手續而將買回之庫藏股票予以註銷，此時股票之原始發行價格（包含股本及發行溢價），以及庫藏股票成本應一併沖銷，兩者之差額應作為「資本公積-庫藏股票交易」項目之增減，該項目不夠沖減時，其差額再借記「保留盈餘」。

權益：股本、資本公積與庫藏股票

給我報報

限制員工權利新股制度是企業獎酬工具

　　晶圓代工龍頭**台積電**於民國 110 年 4 月 22 日召開臨時董事會，決議為吸引及留任公司高階主管，並強化高階主管對創造長期股東價值的責任，實現**環境、社會及公司治理**（Environmental, Social, Governance, ESG）成果，核准發行不超過 260 萬股的 2021 年限制員工權利新股案，此為台積電首次發行限制員工權利新股。

　　限制員工權利新股係公司發給員工之新股附有服務條件或績效條件等既得條件，員工於既得條件達成前，其股份之權利受到限制。而公司可依自身需求設計受限制的股票權利，例如限制股票不得轉讓之期間、不得參與表決權、不得參與配股、配息。未來員工提前離職或在職表現不符績效標準，公司可依發行辦法之規定收回股票並辦理註銷。

　　台積電指出，為留住重要人才，並將其獎酬連結股東利益與 ESG（環境、社會、公司治理）成果，因此將公司高階主管部分的變動薪酬，轉換為以股票型式發放的長期獎酬。本方案適用對象為對公司經營績效、股東利益，及公司治理有直接且高度影響的高階主管。

（摘錄改寫自鉅亨網報導）

給我報報

各類型減資公司家數及減資金額

　　企業經常實施各類型減資，以下是 109 年 6 月 29 日至 110 年 8 月 6 日這 403 天之間，各類型減資公司家數（共 375 家）及減資金額（共 566 億元）統計：

基準日	彌補虧損 公司家數	彌補虧損 減資金額（千元）	現金減資 公司家數	現金減資 減資金額（千元）	庫藏股減資 公司家數	庫藏股減資 減資金額（千元）	註銷限制員工權利新股 公司家數	註銷限制員工權利新股 減資金額（千元）
109/06/29 至 110/08/06	46	37,356,634	22	12,097,606	121	6,987,964	186	146,291

（資料來源：臺灣證券交易所）

釋例 15-4

民國 ×0 年 8 月 3 日盧克公司首次買回 10,000 股庫藏股票，平均每股買進市價為 $16，9 月 30 日以每股 $18 賣出半數所持有之庫藏股票，另於 10 月底再以 $11 賣出 4,000 股。12 月 30 日將剩餘之 1,000 股庫藏股票註銷，該股票面額為 $10，原始發行價格為 $14。試作必要之分錄。

解析

(1) 8 月 3 日盧克公司以購買成本 $16 借記庫藏股票，其分錄為：

8/3	庫藏股票	160,000	
	現金		160,000

(2) 9 月 30 日盧克公司賣出半數其所持有之庫藏股票，售得 $90,000，因為所得現金超過原付出金額 $160,000÷2 = $80,000，除了將成本 $80,000 的「庫藏股票」貸記，還應該將其差額 $10,000 貸記「資本公積 - 庫藏股票交易」，這筆交易為公司多帶進 $10,000 的股東投資資本，所以記錄資本公積的增加。

9/30	現金	90,000	
	庫藏股票		80,000
	資本公積 - 庫藏股票交易		10,000

(3) 10 月底盧克公司賣出另外的 4,000 股，售得 $44,000，因為所得現金少於買回時付出金額 $16×4,000 = $64,000，除了將成本 $64,000 的「庫藏股票」貸記，還應該將其差額 $20,000 借記「資本公積 - 庫藏股票交易」，惟該項目僅有 $10,000 之餘額，不足之數 $10,000 借記「保留盈餘」。

10/31	現金	44,000	
	資本公積 - 庫藏股票交易	10,000	
	保留盈餘	10,000	
	庫藏股票		64,000

(4) 12 月 30 日將庫藏股票註銷，因此原發行時貸記之股本及溢價應予沖銷，其與庫藏股票買回成本之差額部分應沖銷「資本公積 - 庫藏股票交易」，惟該項目已無餘額，故借記「保留盈餘」。

12/30	普通股股本	10,000	
	資本公積 - 普通股發行溢價	4,000	
	保留盈餘	2,000	
	庫藏股票		16,000

權益：股本、資本公積與庫藏股票 chapter 15

動動腦

麥特公司用「成本法」處理「庫藏股票」交易，請幫麥特公司想一想，以下 ×6 年三個事件應該如何作分錄？

(1) 3 月 17 日麥特公司以成本 $15,000 買進「庫藏股票」。
(2) 10 月 2 日麥特公司賣出半數其所持有之庫藏股票，售得 $10,000。
(3) 11 月 23 日麥特公司賣出剩下另一半其所持有之庫藏股票，售得 $7,000。

解析

(1)	3/17	庫藏股票	15,000	
		現金		15,000
(2)	10/2	現金	10,000	
		庫藏股票		7,500
		資本公積-庫藏股票交易		1,500
(3)	11/23	現金	7,000	
		資本公積-庫藏股票交易	500	
		庫藏股票		7,500

e 網情深

(1) 請進入臺灣證券交易所公開資訊觀測站，查詢**陽明海運**（股票代號：2609）民國 110 年 6 月底資產負債表中，有哪些權益項目？
(2) 請進入臺灣證券交易所公開資訊觀測站，查詢**中華開發金融控股**（股票代號：2883）民國 110 年 6 月底資產負債表資料，並計算其：a. 權益占總資產比率；b. 發行股數。

（本練習請同學自行嘗試上網查詢，並計算相關的資訊。）

大功告成

以下是 ×0 年底費斯克旅遊公司分類資產負債表權益項下各個項目及餘額；請就以下各項目，重組完成 ×0 年底該公司分類資產負債表權益部分：（單位：千元）

a. 保留未分配盈餘	$ 1,000
b. 庫藏股票買回成本（共 10,000 股普通股）	120
c. 待分配股票股利（面額 $10、46,000 股）	460
d. 資本公積 - 特別股股票溢價	90
e. 資本公積 - 普通股股票溢價	110
f. 資本公積 - 庫藏股票交易	100
g. 資本公積 - 受領股東贈與	200
h. 透過其他綜合損益按公允價值衡量之金融資產累積未實現損失	(40)
i. 指定廠房擴建用途之保留盈餘	700
j. 指定訴訟賠償等或有用途之保留盈餘	300
k. 1.5% 特別股股本	1,000
（面額 $10、累積、非參加、核定股數 200,000 股； 發行及流通在外股數 100,000 股）	
l. 不動產、廠房及設備之累積重估價增值	20
m. 普通股股本	2,800
（面額 $10、核定股數 420,000 股；發行股數 280,000 股； 流通在外股數 270,000 股）	

解析

費斯克旅遊公司
資產負債表（權益部分）
×0 年 12 月 31 日　　　　　　　　　　　（單位：千元）

1.5% 特別股股本	$1,000	
（面額 $10、累積、非參加、核定股數 200,000 股； 發行及流通在外股數 100,000 股）		
普通股股本	$2,800	
（面額 $10、核定股數 420,000 股；發行股數 280,000 股； 流通在外股數 270,000 股）		
待分配股票股利（面額 $10、46,000 股）	460	
股本總額		**$4,260**
資本公積		
特別股發行溢價	$　90	
普通股發行溢價	110	
庫藏股票交易	100	
受領股東贈與	200	

資本公積總額		500
保留盈餘		
保留未分配盈餘		$1,000
特別盈餘公積		
指定廠房擴建用途	$700	
指定訴訟賠償等或有用途	300	
特別盈餘公積總額		1,000
保留盈餘總額		2,000
其他權益		
不動產、廠房及設備之重估價增值		20
透過其他綜合損益按公允價值衡量之金融資產累積未實現損失		(40)
其他權益總額		(20)
庫藏股票（共 10,000 股普通股）		(120)
權益總額		$6,620

摘要

　　公司組織的權益包括股本、資本公積、保留盈餘、其他權益及庫藏股票項目。股本與資本公積合稱投入資本，包括企業之特別股股本、普通股股本、資本公積（如特別股股票溢價、普通股股票溢價、受領股東捐贈、庫藏股票交易等）。特別股持有人擁有：(1) 每年度優先分配股利權利；與 (2) 企業最終結束營業時優先領回面額或清算價值權利，所以也被稱為優先股。公司的最終所有權人是普通股持有人，即一般所稱之股東。其他權益項目包括來自不動產、廠房及設備之重估價，以及透過其他綜合損益按公允價值衡量之金融資產投資未實現損益等逐年累積之其他綜合損益。公司有時自市場買回已發行之股票，但並未註銷，稱為庫藏股票。庫藏股票為權益之減項，代表流通在外股票的減少。公司買回已發行股票時，通常採成本法，將所支付之成本，借記「庫藏股票」項目。公司處分庫藏股票時，若處分價格高於帳列金額，其差額應貸記「資本公積－庫藏股票交易」；若低於帳列金額，其差額應沖抵（借記）同種類庫藏股票之交易所產生之資本公積（即借記「資本公積-庫藏股票交易」）；如有不足，則借記「保留盈餘」。

本章習題

問答題

1. 請舉出最常見的三種企業組織型態。
2. 普通股股東有哪些權利？
3. 請簡單敘述什麼是股東的「優先認股權」和「盈餘分配權」。
4. 請舉出六個權益項下的項目。
5. 特別股與普通股有什麼不同？
6. 特別股是權益項下項目？還是負債項下項目？
7. 投入資本中的資本公積項中，包括哪些項目？
8. 潔西卡公司採取認購股票的方式發行股票，它應該如何作會計處理？
9. 丹尼公司實施庫藏股票，買回日它應該如何作適當的會計處理？
10. 蘭德公司處分其庫藏股票，售得價款高於成本，它應該如何作會計處理？
11. 佛吉公司處分其庫藏股票，售得價款低於成本，它應該如何作會計處理？
12. 股東的權益除了股本、資本公積與保留盈餘外還包括其他權益項目，試舉出三個其他權益項目。

選擇題

1. 當公司即將破產清算分配剩餘財產時，誰的順位排在最後面？
   (A) 債權人　　　　　　(B) 員工
   (C) 普通股股東　　　　(D) 總經理

2. 普通股的面額代表何種意義？
   (A) 股票票面金額　　　(B) 股票贖回價格
   (C) 股票市場價格　　　(D) 股票發行溢價

3. 發行股票時，若是溢價發行，超過面額部分應如何處理？
   (A) 當期利益　　　　　(B) 股本項下
   (C) 資本公積　　　　　(D) 庫藏股票

4. 當其他條件相同時，以下何者正確？
   (A)「累積特別股」的價格高於「非累積特別股」
   (B)「參加特別股」的價格高於「非參加特別股」

(C) 企業如果發行特別股，其股本包括特別股股本
(D) 以上都正確

5. 當其他條件相同時，以下何者正確？
   (A)「可轉換特別股」的價格高於「不可轉換特別股」
   (B)「可轉換特別股」要求轉換的權利屬於特別股發行企業
   (C)「可贖回特別股」的價格高於「不可贖回特別股」
   (D)「可贖回特別股」的贖回權利屬於特別股持有人

6. 小翠公司發行每股面額 $10 的普通股股票 120 股，每股發行價格 $16，即投資人以現金 $1,920 認購。此次發行股份對該公司的影響為何？
   (A) 新增加普通股股本 $1,200
   (B) 新增加庫藏股票 $1,200
   (C) 新增加普通股股本 $1,920
   (D) 新增加庫藏股票 $1,920

7. 以下何者不正確？
   (A) 股東是公司的所有權人
   (B) 債權人是公司的所有權人
   (C) 公司經營權和所有權分離
   (D) 股東會中股東持股多寡決定其選舉董事、監察人權利

8. 企業以現金或其他資產購回自己的股票時，對權益的影響為何？
   (A) 增加   (B) 減少
   (C) 可能增加或是減少   (D) 不可能增加或是減少

9. 公司賣出庫藏股票價格如果較原先取得價格高時，對於財務報表之影響為何？
   (A) 將產生利益   (B) 將增加損失
   (C) 將使權益增加   (D) 以上皆非

10. 坦普爾公司決定結束營業、出售各項非現金資產，以下各項程序的發生先後順序為何？
    (i) 股東依持股多寡獲配剩餘資產。   (ii) 支付各項法律成本。
    (iii) 完成對債權人的還款付息義務。
    (A) (i) → (ii) → (iii)
    (B) (iii) → (i) → (ii)
    (C) (iii) → (ii) → (i)
    (D) (ii) → (iii) → (i)

11. 艾麗崔公司 ×8 年底資產負債表中有普通股股本 $2,000、特別股股本 $400、特別股發

行溢價 $200、普通股發行溢價 $3,400、資本公積 - 庫藏股票交易 $100、捐贈資本 $200、庫藏股票 $400 及保留盈餘 $2,000，則該公司該年底資本公積總額為何？

(A) $8,700
(B) $7,900
(C) $4,300
(D) $3,900

12. 博徒公司 ×0 年底保留盈餘總額 $20、資本公積總額 $40、股本 $40、庫藏股票 $10，則該公司該年底的權益為何？

(A) $110
(B) $100
(C) $90
(D) $80

13. 松本公司 ×8 年初計有流通在外每股面額 $10 之普通股 20,000 股，其發行溢價為 $100,000。當年度松本公司以每股 $19 購買 6,000 股庫藏股票，隨即將買入之庫藏股票全數註銷。試問上述庫藏股票註銷將減少松本公司保留盈餘的金額為何？

(A) $14,000
(B) $24,000
(C) $30,000
(D) $84,000 【改編自普考】

14. 萬點公司成立於 ×9 年初，核准發行面額 $10 之普通股 30,000 股。×9 年 5 月 1 日以面額發行 15,000 股，7 月 1 日按面額發行 6,000 股以支付律師費用 $90,000，前述交易對資本公積之影響為何？

(A) 5 月 1 日：無影響；7 月 1 日：減少 $30,000
(B) 5 月 1 日：無影響；7 月 1 日：增加 $30,000
(C) 5 月 1 日：增加 $150,000；7 月 1 日：無影響
(D) 5 月 1 日：增加 $150,000；7 月 1 日：增加 $30,000 【改編自地方特考】

15. 台一公司財務狀況表中資本公積包括：特別股發行溢價餘額為 $1,500,000、普通股發行溢價餘額為 $1,000,000。台一公司按 $20 收回庫藏股票 100,000 股，後續按 $25 於購回庫藏股票年度如數再售出該批庫藏股票。台一公司資本公積餘額將為何？

(A) $1,500,000
(B) $2,000,000
(C) $2,500,000
(D) $3,000,000 【98 年初等特考】

16. 凱倫公司在 ×7 年獲利 $20,000，當年內發放現金股利 $2,000，現金增資 4,000 股，每股按 $25（面額 $10）發行，另以高於年初買回庫藏股票成本達 $10,000 之價格，出售庫藏股票，針對上述交易，下列敘述何者正確？

(A) 資本公積增加 $60,000
(B) 資本公積增加 $70,000
(C) 權益增加 $118,000
(D) 權益增加 $128,000

練習題

1. 【發行特別股之處理】棍叟掌中戲於 ×8 年發行每股面額 $10 之特別股 1,000 股，每股發行價格為 $14，試作發行時應有之分錄。

2. 【現金股利】卡索握有 20 張法蘭克股票，以我國交易基本單位一張股票有 1,000 股，當法蘭克股東會通過每股將發放 $1 的現金股利，發放完成後他將可獲分配現金多少元？

3. 【發行股數及流通在外股數】根據葛雷斯光學 ×0 年度資產負債表資料，股本是 $600，每股面額 $10，買回庫藏股票共 10 股，則其：(1) 發行股數是多少？(2) 流通在外股數是多少？

4. 【發行普通股的會計處理】×0 年 8 月 8 日威爾森公司發行普通股股票 90 股，每股面額 $10，發行價格 $17，試作其分錄。

5. 【現金發行股票】試作下列股票發行事件的分錄：
   (1) 發行每股面額 $10 之普通股 1,000 股，每股之發行價格為 $10。
   (2) 以每股 $14 發行面額為 $10 之普通股 2,000 股。
   (3) 以每股 $13 發行無面額又無設定價值之普通股 2,000 股。
   (4) 以每股 $16 發行無面額，無設定價值為 $10 之普通股 2,000 股。

6. 【發行普通股股票】從奧瑟企業的下述分錄，您可以看出奧瑟企業所作交易是什麼嗎？如果新發行股數是 120 股，則發行時每股市場價格是多少？

現金	2,400	
普通股股本		1,200
資本公積 - 普通股發行溢價		1,200

7. 【發行特別股股票】×9 年 9 月 9 日納崔斯公司發行特別股計 2,000 股，若面額為每股 $10，且收到股款 $42,000，試作：(1) 每股溢價多少？(2) 發行特別股之分錄。

8. 【股本的計算】×8 年底布萊克公司未分配盈餘 $629，面額 $10 的普通股核定股數 180 股；發行股數 160 股，庫藏股票 20 股，則其股本是多少？

9. 【股本的計算】瑪姬公司 ×7 年底的未分配盈餘 $966，面額 $10 的普通股核定股數 300 股；發行股數 300 股，流通在外股數 250 股，庫藏股票成本 $600，則其庫藏股票股數是多少？

10. 【庫藏股票交易】試作下列交易之分錄：
    (1) 自股票市場買回庫藏股票，每股成本 $38，共 1,000 股。

(2) 出售部分庫藏股票計 450 股,每股價格 $45。
(3) 出售庫藏股票 500 股,每股價格 $37。

應用問題

1. 【折價發行普通股股票的會計處理】藍頓公司以每股 $7 辦理現金增資,發行面額 $10 的新股 60 股。其先前累積之普通股發行溢價為 $600,請問藍頓公司發行日應作何會計分錄?

2. 【認購普通股】馬霍尼公司採認購方式發行 100 股之普通股,投資人承諾以每股 $14 價格認購,並繳交 $500 作為訂金,試作認購時與投資人繳付股款時馬霍尼公司的分錄。

3. 【發行股票交換土地與建築】×7 年 7 月 7 日吉岡信公司發行 200 股普通股票,每股面額 $10,以交換傑克企業的土地與建築。當日吉岡信公司股票市價是 $20;同時,經鑑價結果,土地之公允價值為 $3,000,建築之公允價值為 $1,000。請幫吉岡信公司想一想,應該如何作分錄?

4. 【資產重估增值】馬文書房公司作資產重估前,會計帳簿上的土地成本為 $60,經重估結果,其土地帳面金額調整為 $190,應該怎樣作分錄?

5. 【庫藏股票交易】從霍爾企業的下述分錄,您可以看出霍爾企業所作交易是什麼嗎?

庫藏股票	30	
現金		30

6. 【庫藏股票交易】從黛博拉企業的下述分錄,您可以看出黛博拉企業所作交易是什麼嗎?

現金	60	
庫藏股票		50
資本公積-庫藏股票交易		10

7. 【受贈資本的會計處理】大股東考克斯捐贈公允價值 $188 的「土地」與價值 $12 的「辦公設備」給查理公司,試作查理公司的會計處理。

8. 【普通股發行溢價】柏恩瑟公司於 ×6 年發行 1,000 股面額 $10 的普通股,投資人以每股 $18 價格認購本次柏恩瑟所發行新股,則:(1) 每股發行溢價是多少?(2) 本次新股發行會使得柏恩瑟資本公積中普通股發行溢價增加多少?

9. 【資產重估增值】您可以說明喬恩企業作下述分錄的可能原因嗎?

土地　　　　　　　　　　　　　　　75
　　　　不動產、廠房及設備之重估增值　　　　　75

10. 【透過其他綜合損益按公允價值衡量之金融資產損益】諾費奧企業在×0年與×1年底的其他權益金額分別為 $100 與 $140，已知其他權益的唯一來源為透過其他綜合損益按公允價值衡量債券投資之未實現損益，且×1年內並無任何金融資產之交易，請問其他權益變化的原因為何？

會計達人

1. 【預購股票】投資人預購 50 股每股面額 $10 的艾洛蒂公司普通股票，並承諾繳付股款每股 $60，預購日投資人共支付艾洛蒂公司訂金 $180，則艾洛蒂公司於投資人認購日應該作何分錄？

2. 【預購股票】投資人預購 100 股每股面額 $10 的瑞特公司普通股票，承諾繳付股款每股 $32，預購日投資人共支付瑞特公司訂金 $560，則瑞特公司於：(1) 投資人認購日；(2) 餘款繳款日；與 (3) 股票發行日各應該作何分錄？

3. 【庫藏股票交易的會計處理】寇特公司用「成本法」處理「庫藏股票」之交易事項，試作下列有關分錄：
   (1) ×7年3月30寇特公司以成本 $200,000 買進「庫藏股票」；
   (2) ×7年5月28寇特公司賣出半數其所持有之庫藏股票，售得 $112,000；
   (3) ×7年10月25寇特公司賣出所剩下另一半其所持有之庫藏股票，售得 $84,000。

4. 【庫藏股票交易】芬恩公司用「成本法」處理「庫藏股票」之交易事項，試作下列有關分錄：
   (1) ×8年2月1日芬恩公司以每股 $30 購入自己公司的股票 6,000 股。
   (2) ×8年3月1日以每股 $31 出售上列股票 4,000 股。
   (3) ×8年8月1日以每股 $23 出售剩餘的 2,000 股。

5. 【發行普通股股票】請幫丹尼鋼鐵公司想一想，以下兩個事件應該如何作分錄？
   (1) ×1年7月7日丹尼發行普通股股票 90 股，每股面額 $10，發行價格 $28。
   (2) ×1年9月9日丹尼發行 80 股普通股票，以交換全忠企業的機器設備。當日丹尼股票市價是 $30；經鑑價結果，這批機器設備的公允價值是 $2,400。

6. 【發行股票交換資產及勞務】試作有關分錄：
   (1) 以每股 $20 發行面額為 $10 之普通股 2,000 股，立即收現。
   (2) 律師協助公司設立登記，費用為 $80,000，公司給予面額 $10 之普通股 4,000 股。
   (3) 以面額 $10 之普通股 40,000 股交換一筆土地，股票市價每股 $22，土地之廣告價格

為 $960,000。

7. 【買回庫藏股票的影響】×2 年 1 月科琳快船買回已發行股票 600 張，國內股票以 1,000 股為一張，面額一般為 $10。如果平均每股買回價格為 $60，此次科琳用現金買回庫藏股票，將使其：(1) 發行股數；(2) 流通在外股數；(3) 股本；(4) 現金各減少多少？

8. 【權益相關項目餘額之增加或減少】×1 年 1 月 1 日村上童裝公司分類帳中權益相關項目之餘額如下：

特別股股本（3 股）	$ 60
特別股發行溢價	30
普通股股本（40 股）	800
普通股發行溢價	240
保留盈餘	1,000

3 月 1 日　　村上發行普通股股票 80 股，發行價格為 $30。
5 月 1 日　　村上發行 6 股普通股，以交換水月企業的土地，經鑑價結果，該土地之公允價值為 $210。
7 月 1 日　　村上發行 1 股特別股取得專利權，專利權之賣方開價 $40，每股特別股之市價為 $36。
11 月 1 日　　投資人於本日以每股 $28 認購普通股 10 股，每股 $12 之訂金已收取，其餘將於 ×2 年 2 月 1 日收足。
12 月 31 日　　當年度淨利 $500，當年度未宣告發放股利。

試作：

(1) 上述交易之分錄，以及淨利之結帳分錄。
(2) 編製 ×1 年 12 月 31 日資產負債表中權益部分。

9. 【庫藏股票交易】幻影公司權益項目在 ×1 年 1 月 1 日有普通股股本 $1,000,000、資本公積 - 普通股溢價 $200,000 及保留盈餘 $800,000，每股面額 $10。×1 年 4 月 1 日以每股 $15 買回庫藏股票 8,000 股，於同年 8 月 1 日以每股 $17 出售庫藏股票 2,500 股，同年 10 月 1 日以每股 $12 出售庫藏股票 3,000 股，同年 12 月 1 日將其餘庫藏股票註銷，則註銷後保留盈餘總額為何？　　　　　　　　　　　　　　　【改編自初等特考】

10. 【加權平均流通在外股數；每股盈餘】堅甲公司 ×9 年 1 月 1 日之權益包含 6% 累積特別股 50,000 股，每股面額 $10，普通股流通在外 300,000 股，每股面額 $10。堅甲公司 ×9 年普通股相關之交易如下：5 月 1 日購買庫藏股票 30,000 股，7 月 1 日再售出全部庫藏股票，10 月 1 日現金增資發行新股 60,000 股。堅甲公司 ×9 年淨利為 $712,000。

試作：

(1) 堅甲公司 ×9 年普通股加權平均流通在外股數。
(2) 堅甲公司 ×9 年普通股每股盈餘為何？〔提示：每股盈餘＝$\dfrac{\text{淨利}-\text{特別股股利}}{\text{加權平均流通在外股數}}$〕

【改編自地方政府特考】

Chapter 16

權益:保留盈餘、股利與其他權益

餅和魚的奇蹟〔The Miracle of the Loaves and Fishes〕約西元504年完成於義大利拉芬納〔Ravenna〕市新聖亞坡理納聖殿〔Basilica di Sant'Apollinare Nuovo〕。
圖片來源:感謝田麗虹、顏依凡提供珍藏相片

objectives

研讀本章後,預期可以了解:

- 盈餘與保留盈餘的關係為何?
- 保留盈餘何時增加?何時減少?
- 各類股利與股票分割的意義與會計處理為何?
- 資產報酬率、普通股權益報酬率、本益比及每股盈餘之意義為何?應如何計算?
- 權益變動表為讀者帶來什麼訊息?

青浮卵碗槐芽餅，紅點冰盤藿葉魚

這兩句出自蘇軾被貶謫到惠州時，歌詠很難得一客有餅有魚兩人餐的作品。耿直的他在惠州時的困頓，包括只能買已經刮到光亮的羊脊骨補充蛋白質，卻開心在家書中寫道：「骨間亦有微肉」。這幾年他雖然常沒吃飽，憑著樂天個性還是創作一牛車的文章書畫。

總部位於美國麻薩諸塞州的莫德納醫療公司〔Moderna，在那斯達克（Nasdaq）掛牌股票代號：MRNA〕成立於2010年，但是連年虧損，其2020年度淨利是–7.5億美元，2020年底的保留盈餘是–22.4億美元，但仍然繼續投資於研發，隨新冠病毒變種四起，莫德納憑藉其所開發疫苗的優越性，在2021年第一季銷售暢旺，終於讓該公司首次獲利，且該季淨利達12億美元；莫德納季初權益帳列金額是25.6億美元，也就是說，該公司單季的權益報酬率接近50%！

聖經所記載以下這則耶穌對門徒的宣講，是經濟史上「保留盈餘」再做投資概念最早的篇章之一：「從前有個富豪要出遠門，行前主人依照個人才幹，分別託付三位忠心耿耿僕人各五千、兩千、一千金幣。回國後主人一一詢問三人的理財狀況。被分到五千金幣那位僕人投資有方，為主人再多賺進五千，富豪大喜，撥交他十座城池；拿到兩千金幣的僕人幫主人另外賺兩千，富豪也非常滿意，讓他管理五座城池；最後那位僕人戰戰兢兢地從毛巾中取出主人先前遞交的一千金幣，原來他怕因為投資不利而遭懲罰，乾脆挖洞把金幣通通藏起來，自以為這樣做最保險，沒想到主人痛責：『最起碼該把那些錢存銀行吧，等我歸來時好歹除了可還本，銀行會給點利息』！他把一千金幣索回，再賞給幫他賺五千金幣的僕人，接著裁示：『那已經有的，要給他更多，直到讓他豐富有餘；而那沒有的，連他手中的一點點也該拿走。』」無論對於跨國公司、中小企業，股東都會預期得到合理的報酬，企業將盈餘保留下來，是為了繼續幫股東賺取盈餘。我們不妨推斷前兩位理財立功者，是拿金幣做投資並適度控管風險；那位被指責的僕人是徒然放著那錢（保留盈餘），沒有帶來應有的報酬。對主人（股東）而言，與其讓僕人（公司）緊抱著沒有任何建設效益的現金，他寧可從一開始就不要給僕人錢。也就是說，對於沒有前瞻性的公司，股東會選擇直接撤資走人。

公司屬於股東。身為股東（主人），會希望權益（金幣）會帶來更多報酬，而每位僕人的能力稟賦不同，所以被託付的金幣數額有異；每個公司可運用的權益大小不一，端看公司的體質、經理人是否費心思考如何善用保留盈餘。聖經描述耶穌拿出五個餅、兩條魚，接著源源生出餵飽5,000信眾的食物，

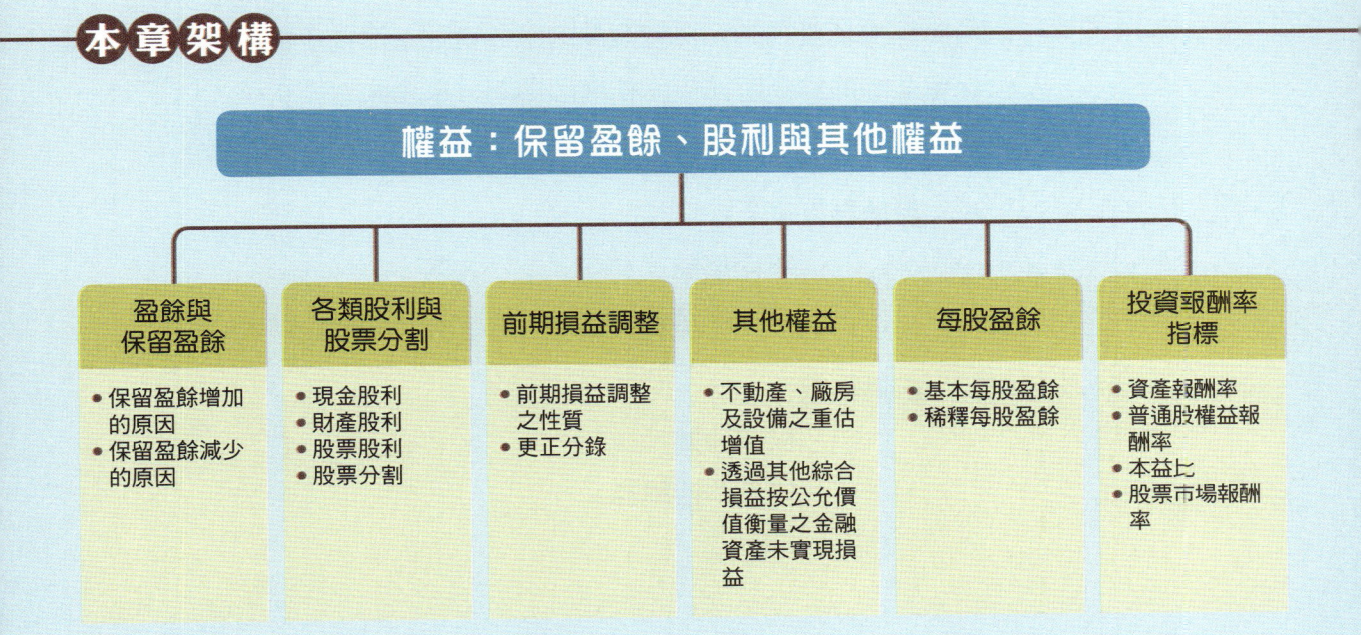

本章架構

權益：保留盈餘、股利與其他權益

盈餘與保留盈餘
- 保留盈餘增加的原因
- 保留盈餘減少的原因

各類股利與股票分割
- 現金股利
- 財產股利
- 股票股利
- 股票分割

前期損益調整
- 前期損益調整之性質
- 更正分錄

其他權益
- 不動產、廠房及設備之重估增值
- 透過其他綜合損益按公允價值衡量之金融資產未實現損益

每股盈餘
- 基本每股盈餘
- 稀釋每股盈餘

投資報酬率指標
- 資產報酬率
- 普通股權益報酬率
- 本益比
- 股票市場報酬率

成長率接近無限大,但耶穌還是要弟子「把剩下的零碎收拾起來」。企業運用保留盈餘的方式很多元,積極面向包括投資廠房、研發新技、招募優秀人才、增設營運據點,甚至施行併購。從消極面向看:就算投資管道都不通,可以用作應付潛在的資金週轉需求,在面對大環境不佳時,有充足存糧度過難關。值得注意的是,馬太福音、路加福音等聖經文本都記載耶穌明確指出錢幣可以存銀行,利率不見得多高,但至少可以讓錢的價值被通貨膨脹吃掉的幅度小些。根據摩西申命記(聖經頭五卷書),借予外人可以收利息,而借給你兄弟錢財糧食,就別去計較利息了。

個人和企業應懂得善用稟賦,那也許不是金幣,也可能是藝文天分,是隨遇而安但是擇善固執的個性,是過去累積的技術經驗,也可能是願意埋首實驗室十年的強韌能耐。疫苗再先進,趨福避劫還是要靠自己的抗體和自己的態度。

16.1 盈餘與保留盈餘

> **學習目標 1**
> 了解盈餘與保留盈餘之不同,以及保留盈餘增減原因

企業在一會計期間所認列的收入與利益,減去所認列的費用與損失後,若為正數,代表這個企業賺錢;也就是說它獲有淨利,或稱純益或盈餘;反之,則有淨損,或稱虧損或純損。閱讀綜合損益表時,投資人與債權人會從營業收入(等於銷貨收入加上勞務收入)關注到最底線,這個最底線數字即是「本期淨利」。

企業經營獲有盈餘,理應分配給股東,作為股東投資的報償,然而,股票市場資金通常不會偏好投資於將每一期的盈餘都全數分配予股東當作股利的企業,而未分配予股東部分的各期累積數額即**保留盈餘**(Retained Earnings)。當企業獲利且僅分配其中的一部分給股東作為股利時,保留盈餘的餘額增加;反之,當企業虧損,其保留盈餘的餘額將減少。在會計期間結束企業做結帳時,以下列分錄,將本期損益結轉至保留盈餘。

盈餘為正時:

本期損益	××	
保留盈餘		××

虧損時:

保留盈餘	××	
本期損益		××

權益：保留盈餘、股利與其他權益

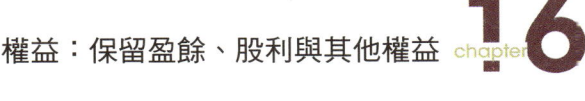

保留盈餘為分配股利的來源，但由於公司法、公司章程、債務契約、股東會決議等規定或要求，限制公司自由分配，這部分的保留盈餘即是**指定用途**或是**指撥**（appropriation）之保留盈餘。如我國公司法即規定，公司分派盈餘前應就稅後純益提出 10% 為「法定盈餘公積」（惟已達資本總額時不在此限），此「法定盈餘公積」即為受限制不得自由分配的保留盈餘。表 16-1 顯示，**華新科**（股票代號：2492）於民國 109 年度，自 108 年度的淨利指撥 $667（百萬）之法定盈餘公積，但是並未另指撥「特別盈餘公積」。*

> **指定用途／指撥之保留盈餘** 保留盈餘為分配股利之來源，但由於公司法、公司章程、債務契約、股東會決議等規定或要求，限制公司自由分配。此部分受到限制之保留盈餘 即是指定用途或指撥之保留盈餘。

釋例 16-1

(1) 多數國家公司法規定公司分派盈餘前應就稅後純益提 10% 為法定盈餘公積，惟已達資本總額時不在此限。假設森馬羊羹指撥 $14,000 的法定盈餘公積，其分錄為：

保留盈餘	14,000	
法定盈餘公積		14,000

(2) 法定盈餘公積除彌補虧損外，不得使用。假設在某一年度，森馬羊羹用以彌補虧損 $30,000，則要作的分錄是：

法定盈餘公積	30,000	
保留盈餘		30,000

(3) 基於債務契約或股東會決議，企業亦可能指撥特別盈餘公積。例如，莉亞企業為三年度擴廠，於 ×5 至 ×7 年每年 1 月 31 日指撥擴廠資金準備各 $160,000，則於每年股東會決議時，要作的分錄是：

1/31	保留盈餘	160,000	
	特別盈餘公積 - 擴廠資金準備		160,000

---

* 該公司無「非控制權益」，因此「歸屬於母公司業主權益」等於權益總計數。

> 到了 ×8 年 2 月 2 日，建廠完成，假使莉亞企業於當天解除保留盈餘指定用途限制，要作的分錄是：
>
> | 2/28 | 特別盈餘公積 - 擴廠資金準備 | 480,000 | |
> |---|---|---|---|
> | | 　　保留盈餘 | | 480,000 |

　　所有的保留盈餘扣除指定用途（指撥）的部分，即是公司可自由分配的保留盈餘。換言之，保留盈餘的總額包括指定用途與可自由分配的金額。為了辨別「指定用途」與「可自由分配」的保留盈餘，保留盈餘各指撥部分，實務上以「法定盈餘公積」與「特別盈餘公積」等會計項目名稱表達，而可自由分配的「保留盈餘」部分以「未分配盈餘」表達。

　　由上可知，造成「保留盈餘」增加的原因有本期淨利，而使其減少的原因包括本期淨損以及分配股利。另外，「前期損益調整」也會使保留盈餘的餘額變動（可能增加，也可能減少）。這部分將在第 16.3 節討論。

給我報報

股東紅利與員工紅利

　　公開發行公司員工分紅及董監事酬勞均需費用化，如現金薪酬相同，高額的員工分紅及董監事酬勞會使得綜合損益表所呈現費用較高、盈餘較低。

　　依促進產業升級條例第 6 條規定，如獲分配股票的員工屬從事研究發展活動，其員工分紅數額還可以讓公司享有 30% 或 50% 的投資抵減。員工也應該瞭解相關之綜合所得稅法：如婉君公司增資發行新股，於民國 115 年 4 月 1 日撥入工程師劉女士股票帳戶 10,000 股，4 月 1 日婉君股票收盤價 $18，劉女士只是象徵性地以 $2 認購，則差額 $16 乘以股數 10,000 股，她在申報所得稅時應納入 $16 萬「其他所得」（報稅時候不是列「薪資」），不能自以為股票還沒賣出而漏申報這筆所得，否則被國稅局視為漏報，劉女士除了得補稅，還要被罰款。

16.2 現金股利、股票股利、財產股利與股票分割

> **學習目標 2**
> 了解各式股利與股票分割,及相關之會計處理

公司的股東依其持股多寡,可獲分配不同金額之「現金股利」、「股票股利」或是「財產股利」。分配「現金股利」、「財產股利」予其股東,會使企業資產減少,企業規模縮小。「股票股利」的宣告與發放則不會造成公司資產或是負債的增減,只是讓公司股數增加。「股票分割」對公司的實質影響也很近似,只是讓公司股數增加,也不會因而改變公司的資產或是負債。但是,發放股票股利會造成保留盈餘減少,股本同額增加;而股票分割則無此影響。本節依序說明各種股利宣告與發放時之會計處理。

16.2.1 現金股利

只有尚未指定用途的保留盈餘(即未分配盈餘)可以充作發放股利。表 16-1 顯示,**華新科**民國 109 年盈餘分配事項中,發放普通股現金股利造成其「保留盈餘」總共減少 $2,672(百萬)。

關於公司發放**現金股利**(cash dividends)給股東,有三個日期相當重要:**宣告日**(declaration date)、**除息日**(ex-dividend date)與**付息日**(dividend payment date)。公司必須在宣告日公開對外宣布付息日在何日,以即將發放每股多少現金股利,並在付息日依約支付,所以付息日即是現金**股利發放日**。而股票經常因被買賣而易手,所以公司必須說明現金股利將支付給何時擁有股票的股東,所以公司也會宣布除息日,除息日當天或之後買入股票的人就不能獲配股利,因此股利是發給在除息日之前一天仍擁有股票的人。

> **現金股利宣告日**
> 企業借記保留盈餘,貸記應付股利。
>
> **現金股利除息日**
> 不必作分錄。
>
> **現金股利付息日(股利發放日)**
> 企業應借記應付股利,貸記現金。

在現金股利**宣告日**,企業應借記「保留盈餘」(或未分配盈餘)、貸記「應付股利」,應付股利是一流動負債項目。根據表 16-1 華新科宣告發放現金股利的實例,該公司應作分錄如下:

保留盈餘(或未分配盈餘)	2,672,000,000	
應付股利		2,672,000,000

除息日不必作分錄,只需要作備忘記錄,因為該日只是確認

表 16-1 華新科技股份有限公司民國 109 年及 108 年度權益變動表

華新科技股份有限公司及其子公司
合併權益變動表（部分）
民國 109 年及 108 年度

（單位：新台幣百萬元）

	股本合計	資本公積	保留盈餘 法定盈餘公積	保留盈餘 特別盈餘公積	保留盈餘 未分配盈餘	保留盈餘 合計	其他權益 國外營運機構財務報表換算之兌換差額	其他權益 透過其他綜合損益按公允價值衡量之金融資產未實現評價損益	其他權益 合計	庫藏股票	歸屬於母公司業主權益總計
民國 108 年 1 月 1 日餘額	4,858	5,388	649	1,097	22,345	24,092	(1,134)	1,701	567	(211)	34,694
提列法定盈餘公積	—	—	1,970	—	(1,970)	—	—	—	—	—	—
普通股現金股利	—	—	—	—	(7,919)	(7,919)	—	—	—	—	(7,919)
採用權益法認列之關聯企業及合資之變動數	—	85	—	—	(31)	(31)	—	—	—	—	54
本期淨利	—	—	—	—	6,649	6,649	—	—	—	—	6,649
本期其他綜合損益	—	—	—	—	16	16	(1,092)	1,105	13	—	29
本期綜合損益總額	—	—	—	—	6,665	6,665	(1,092)	1,105	13	—	6,678
對子公司所有權權益變動	—	2	—	—	—	—	—	—	—	—	2
股份基礎給付	—	144	—	—	—	—	—	—	—	175	319
處分透過其他綜合損益按公允價值衡量之權益工具	—	—	—	—	36	36	—	(36)	(36)	—	—
權益增加（減少）總額	—	231	1,970	—	(3,219)	(1,249)	(1,092)	1,069	(23)	175	(866)
民國 108 年 12 月 31 日餘額	4,858	5,619	2,620	1,097	19,126	22,843	(2,226)	2,770	544	(36)	33,828
民國 109 年 1 月 1 日餘額	4,858	5,619	2,620	1,097	19,126	22,843	(2,226)	2,770	544	(36)	33,828
提列法定盈餘公積	—	—	667	—	(667)	—	—	—	—	—	—
普通股現金股利	—	—	—	—	(2,672)	(2,672)	—	—	—	—	(2,672)
因發行可轉換公司債（特別股）認列權益組成項目-認列權利而產生者	—	253	—	—	—	—	—	—	—	—	253
採用權益法認列之關聯企業及合資之變動數	—	8	—	—	—	—	—	—	—	—	8
本期淨利	—	—	—	—	6,632	6,632	—	—	—	—	6,632
本期其他綜合損益	—	—	—	—	(30)	(30)	(338)	729	391	—	362
本期綜合損益總額	—	—	—	—	6,602	6,602	(338)	729	391	—	6,994
可轉換公司債轉換	—	1	—	—	—	—	—	—	—	—	1
處分採用權益法之投資／子公司	—	(0)	—	—	(50)	(50)	47	50	97	—	47
對子公司所有權權益變動	—	10	—	—	—	—	—	—	—	—	10
股份基礎給付	—	115	—	—	—	—	—	—	—	36	150
處分透過其他綜合損益按公允價值衡量之權益工具	—	—	—	—	(37)	(37)	—	37	37	—	—
權益增加（減少）總額	—	387	667	—	3,176	3,843	(291)	816	525	36	4,791
民國 109 年 12 月 31 日餘額	$4,858	$6,006	$3,287	$1,097	$22,302	$26,686	$(2,517)	$3,586	$1,069	—	$38,619

權益：保留盈餘、股利與其他權益

股息應該發給誰，對於公司，其應發放的義務（應付股利）總額是不變的。在**付息日（現金股利發放日）**那天，華新科分配現金 $2,672,000,000 予股東，致使現金減少，該公司應作分錄如下：

應付股利	2,672,000,000	
現金		2,672,000,000

若公司除了發行普通股，也有發行特別股，則普通股與特別股現金股利通常是在同一天宣告、同一天發放。普通股與特別股現金股利宣告日與發放日應作分錄如釋例 16-2 所示。

釋例 16-2

格里弗斯圖書本期特別股現金股利 $24,000，普通股現金股利 $6,000，則其股利宣告日與發放日應作何分錄？

解析

(1) 宣告日應作分錄為：

保留盈餘	30,000	
應付股利 - 特別股		24,000
應付股利 - 普通股		6,000

(2) 普通股與特別股現金股利發放日應作分錄為：

應付股利 - 特別股	24,000	
應付股利 - 普通股	6,000	
現金		30,000

給我報報

現金股利與員工薪酬及紅利都和企業在該年度獲利呈正比

民國 110 年首季，逾 1,700 家上市櫃公司總營收為 $9.31 兆，比 109 年同期成長 26%。其中有 1,339 企業首季營收較去年同期成長。雖有新冠肺炎衝擊，上市櫃公司 109 年獲利創歷史新高，稅後純益 $2.46 兆。於 110 年就 109 年獲利配息超過 $1.6 兆。根據公開資訊觀測站網頁
https://mops.twse.com.tw/mops/web/t100sb15

數據,109 年**台積電**(股票代號:2330)員工薪資(含員工紅利)中位數為 $181.9 萬,較 108 年成長近 14%。

16.2.2 股票股利

> 我國實務上均以股票面額計算股票股利之發放金額。美國之一般公認會計原則為小額股票股利(發放比例小於 20%~25% 間)按股票市價計算;大額股票股利(發放比例大於 20%~25% 間)按股票面額計算。

企業分配**股票股利**(stock dividend)予股東,即是將公司的盈餘轉為股本,或稱為「盈餘轉增資」。由於股東不必繳交現金即可獲得股票,因此實務上也常稱為無償配股。分配股票股利會使保留盈餘減少,股本增加,而保留盈餘減少的金額是以發放之股票的面額計算。

在股票股利宣告日,企業應借記「保留盈餘」、貸記「待分配股票股利」,二者都是權益項目。其中「待分配股票股利」係屬於股本之過渡性項目,因為宣告時尚未將股票正式交付給股東,因此暫時以此項目記錄,一旦經由主管機關核准,並正式發放給股東時,即會轉變為股本。待分配股票股利列於權益中,作為股本的加項。例如,×5 年度西斯公司的股本為 $100,000(千),因為股票面額是 $10,發行股數為 10,000(千)股。該公司決定分配股份的數目為流通在外股數的 10%(即:每股配發 $1 的股票股利),在股票股利宣告日,應貸記待分配股票股利 $10×10,000(千)股 ×10% = $10,000(千)。

西斯公司在宣告日應作分錄如下:

保留盈餘	10,000,000	
待分配股票股利		10,000,000

除權日類似除息日,在當日或之後買入股票的人就沒有權利獲配股票股利。企業在除權日不必作分錄,只需要作備忘記錄。西斯在**股票股利發放日**(stock dividend distribution date)應作之分錄如下:

待分配股票股利	10,000,000	
普通股股本		10,000,000

權益：保留盈餘、股利與其他權益

以上之分錄即是將待分配股票股利轉為股本。股票股利之宣告與發放，造成保留盈餘減少，普通股股本增加，所以也被稱為「盈餘轉增資」。

如果**股票股利發放日**是在下個會計期間，「待分配股票股利」會在期末資產負債表列於權益類，作為股本之加項。企業宣告股票股利時，其權益總額不變，但權益的組成要素項目金額卻有增減。此外，企業分配股票股利，將使得流通在外的股數增加。

16.2.3　財產股利

有時企業將現金以外之其他種類資產配給股東，亦即**財產股利**（property dividend）。例如，絕地武士企業決定將其持有多張其他企業股票（屬於其金融資產）分配給股東，則第一步是在其帳上調整這些股票價值至其公允價值。例如，絕地武士企業持有帳列為「透過損益按公允價值衡量之投資」中華開發金控股票（股票代號：2883），其帳列金額原為 $710,000，發放給股東當股利前之公允價值 $832,000，發放前絕地武士企業須將資產價值向上調整 $122,000。故其財產股利宣告日第一個分錄：將資產價值調整到公允價值。

> **財產股利**　企業將現金以外之其他種類資產配給股東。

透過損益按公允價值衡量之投資	122,000	
透過損益按公允價值衡量之投資評價利益		122,000

財產股利宣告日第二分錄，是借記「保留盈餘」、貸記「應付財產股利」。「應付財產股利」亦屬流動負債項目。

保留盈餘	832,000	
應付財產股利		832,000

絕地武士企業在除息日不必作分錄，只需要作備忘記錄。絕地武士企業到其**財產股利發放日**（property dividend distribution date），應作分錄如下：

應付財產股利	832,000	
透過損益按公允價值衡量之投資		832,000

16.2.4 股票分割

有時候企業由於其股票市價太高,恐對其股票的流動性造成影響,而決定將一股分割成數股,使其每股的面額與市價按分割比例降低,此即**股票分割**(stock split)。

「股票分割」對公司的實質影響近似「股票股利」,只是讓公司股數增加,也不會因而改變公司的資產或是負債。兩者間差異在於,「股票股利」的宣告與分配,會使股本增加,保留盈餘減少;但是「股票分割」不會使企業「股本」或其他任何會計項目金額增減,故企業作股票分割時不必作分錄,只需要作備忘記錄說明每股面額減少,而公司股數增加。

釋例 16-3

每股凱羅普通股面額 $10,凱羅之流通在外股數為 27,000 股。因每股市價高達 $900,今決定作 2:1(two-for-one)之股票分割。請問凱羅在股票分割後,其股本為多少?

解析

股票分割前之股本為 $10×27,000 = $270,000;
股票分割後,每股面額會變成 $10÷2 = $5;
流通在外股數變成 27,000 股 ×2 = 54,000 股;
股本為 $5×54,000 股 = $270,000。

由此可知,股票分割不影響股本項目之金額。

> **學習目標 3**
> 了解前期損益調整之性質及相關之會計處理

16.3 前期損益調整

公司有時在完成結帳並編製財務報表之後,才發現會計處理有錯,財務報表也有誤,此時往往已經在次一年度了。若所發現的錯誤會影響損益,該怎麼辦?一方面,發生錯誤的年度已經做完結帳分錄,無法更正該年度之收益或費損項目;但另一方面,此一錯誤影響的是該年度淨利,自不能由發現錯誤的年度來承擔。

權益：保留盈餘、股利與其他權益

會計上面對這種問題，使用**前期損益調整**（Prior Period Adjustment）項目來更正前期錯誤所造成的損益影響。例如：喬治將該公司 ×8 年度之銷貨運費（尚未支付）$900，誤認為 $90，此一錯誤使 ×8 年度之銷貨運費與應付銷貨運費均少列 $810，也使 ×8 年度之淨利在不考慮稅負效果的情況下，虛增 $810。此事一直到 ×9 年 2 月 1 日才發現，該公司應於 ×9 年 2 月 1 日作更正分錄如下：

×9/2/1	前期損益調整	810	
	應付銷貨運費		810

上項分錄的借方項目性質上類似「本期損益」，只是這筆金額是要調減 ×8 年度而非 ×9 年度之淨利，因此，用「前期損益調整」代表要減少前年度之淨利。貸方項目為「應付銷貨運費」，此乃因 ×8 年度不僅少列銷貨運費，也少列應付之負債，應予更正之。

再舉一例，盧卡斯將該公司 ×5 年度的一筆手續費收入 $500 漏記，此一錯誤使 ×5 年度之手續費收入與應收手續費均低列 $500，也使 ×5 年度之淨利低列 $500。此事一直到 ×6 年 2 月 8 日才發現，該公司應於 ×6 年 2 月 8 日作更正分錄如下：

×6/2/8	應收手續費	500	
	前期損益調整		500

上述分錄將「前期損益調整」置於貸方，用以更正上期之淨利，使其增加 $500，同時，也增列該有的應收手續費。不論此項目在更正分錄的貸方或借方，「前期損益調整」乃一過渡性質的項目，也會被結清而轉列「保留盈餘」，作為權益變動表中期初保留盈餘的加減項。以 ×6 年 2 月 8 日之分錄為例，再作結轉分錄如下：

	前期損益調整	500	
	保留盈餘		500

公司結帳後才於次年度發現以前年度會計處理有錯，而影響損益，應於發現年度作更正分錄，使用「前期損益調整」項目就錯誤年度損益做調整，並應調整發現年度之期初保留盈餘。

釋例 16-4

×8 年度史諾克公司的折舊費用少提列 $600，此事至 ×9 年 2 月 10 日才被發現，試問：

(1) 此一錯誤對 ×8 年度的哪些項目會有影響？影響的程度為何？
(2) 請在 ×9 年 2 月 10 日作一分錄更正之。
(3) 請對 (2) 之「前期損益調整」結轉期初保留盈餘。

解析

(1) ×8 年度「折舊費用」項目少提列 $600，將使該年度淨利虛增 $600，也使「累計折舊」（不動產、廠房及設備的抵銷項目）項目少列 $600。
(2) ×9 年 2 月 10 日發現時，應減少 ×8 年度之淨利，並增加「累計折舊」之金額，分錄如下：

前期損益調整	600	
累計折舊		600

(3) 結帳分錄

保留盈餘	600	
前期損益調整		600

給我報報

前期損益或其他錯誤之調整

國際會計準則第 8 號「會計政策、會計估計變動及錯誤」第 42 及第 43 段規定，企業應於發現錯誤後之首次通過發布之整份財務報表中，按下列方式追溯更正重大前期錯誤：

(a) 重編錯誤發生之該前期所表達之比較金額；或
(b) 若錯誤發生在所表達最早期間之前，則應重編所表達最早期間之資產、負債及權益之初始餘額。

除非錯誤對特定期間影響數或累積影響數之決定在實務上不可行，否則應以上述方法追溯重編。但企業於表達以前一期或多期比較資訊時，若決定錯誤對於特定期間影響數在實務上不可行，則應自實務上可追溯重編之最早期間（可能為當期），重編資產、負債及權益之初始餘額。

當公司有「前期損益調整」之更正情事時，其權益變動表中的期初保留盈餘必須先予調整，權益變動表(保留盈餘部分)之格式與內容如表 16-2 所示。

表 16-2　含前期損益調整的權益變動表（保留盈餘部分）

雲達公司
權益變動表（部分）
×9 年度
（單位：千元）

	保留盈餘
期初餘額	$×××
加（減）：前期損益調整	××× 或 (×××)
調整後期初餘額	$×××
加：本期損益	×××
減：股利分配	(×××)
期末餘額	$×××

16.4　其他權益項目

> **學習目標 4**
> 了解公司組織其他綜合損益項目及其他權益項目

除了股本、資本公積與保留盈餘外，權益項下還包括累積多年的其他綜合損益，概稱其他權益項目，其來源包括「不動產、廠房及設備之重估增值」、「避險工具之損益」、「透過其他綜合損益按公允價值衡量之金融資產投資損益」以及「國外營運機構財務報表換算之兌換差額」等。例如：「不動產、廠房及設備之重估增值」即為企業對不動產、廠房及設備重估價增值之逐年累積數。就像本期淨利（損）結帳轉入累積於保留盈餘一樣，其他權益項目是由其他綜合損益項目結帳轉入，為各期其他綜合損益之累積數。表 16-1 顯示，累積至民國 109 年底，**華新科**有「國外營運機構財務報表換算之兌換差額」$(2,517)（百萬），及「透過其他綜合損益按公允價值衡量之金融資產未實現評價（損）益」$3,586（百萬）等其他權益項目。

16.5 每股盈餘

> **學習目標 5**
> 了解每股盈餘之意義及計算方式

小股東對於綜合損益表中本期淨利（損）金額是幾萬元或是幾億元，或許沒有切身感覺，他可能比較關心**每股盈餘**（earnings per share, EPS）。「每股盈餘」係指若企業當年度賺得的盈餘全數分配給股東，則持有一股的普通股股份可分享多少盈餘，亦即：

$$每股盈餘 = \frac{本期淨利}{加權平均流通在外普通股股數}$$

例如，**聯發科技股份有限公司**（股票代號：2454）民國109年淨利為 $40,916,800（千），加權平均流通在外普通股股數為 1,573,329,335 股，因此，當年度每股盈餘為 $26.01〔即 $40,916,800（千）÷1,573,329,335 股〕。有的公司另亦發行特別股，則計算每股盈餘時，應先扣除特別股股利，再除以加權平均流通在外普通股股數，因為每股盈餘乃針對普通股股東而言。亦即：

> 每股盈餘 =（本期淨利－特別股股利）÷加權平均流通在外普通股股數

$$每股盈餘 = \frac{本期淨利 - 特別股股利}{加權平均流通在外普通股股數}$$

例如，白卜庭科技公司 ×9 年度前 3 季的淨利為 $13,172,328（千），流通在外普通股股數為 9,086,848（千股），因為白卜庭科技公司也發行特別股，計算每股盈餘時，應先扣除特別股股利 $787,500（千）。所以可分配予普通股股東之盈餘為 $12,384,828（千）〔即 $13,172,328（千）－ $787,500（千）〕，而每股盈餘約為 $1.36〔即 $12,384,828（千）÷9,086,848（千股）〕。公司有時候於年度當中增資，使其流通在外股數增加，既然公司不是從年初到年底均維持相同的股數，應該以加權平均方式，計算流通在外股數，這裡所指權數也就是天數的比重。例如：路克公司 ×8 年初流通在外普通股股數為 2,000 股，該公司在 ×8 年 10 月 1 日增資發行 400 股，則加權平均流通在外股數為：

$$(2,000 \text{ 股} \times \frac{9}{12}) + (2,400 \text{ 股} \times \frac{3}{12}) = 2,100 \text{ 股}$$

若該年度獲利 $6,300，則每股盈餘為 $3（即盈餘 $6,300÷2,100 股）。企業可能基於籌資策略另外發行可轉換公司債（第 14 章已有討論）或認股權證，此時其資本結構較僅發行普通股與特別股（不可轉換為普通股）的公司來得複雜，通常我們稱這種資本結構為**複雜資本結構**（complex capital structure），而僅發行普通股與特別股的資本結構為**簡單資本結構**（simple capital structure）。複雜資本結構的公司應列示**基本每股盈餘**（basic EPS）與**稀釋每股盈餘**（diluted EPS），而簡單資本結構的公司僅列示基本每股盈餘。例如：**開曼美食達人**（即 **85 度 C**，股票代號：2723）之資本結構為簡單資本結構，其民國 109 年度綜合損益表列示基本每股盈餘為 $5.64；**大立光**（股票代號：3008）則屬複雜資本結構，其民國 109 年度綜合損益表不僅列示基本每股盈餘為 $182.90、尚列示稀釋每股盈餘為 $180.94。

企業稀釋每股盈餘的計算方式超越本書範圍，但如同大立光例中 $180.94 小於 $182.90，*稀釋每股盈餘會低於（有稀釋作用）或等於（無稀釋作用）基本每股盈餘*，這也是為什麼稱為「稀釋每股盈餘」：「純正」普通股股東可分享的盈餘被潛在普通股股東稀釋掉了。

動動腦

長榮海運（股票代號：2603）在民國 109 年度歸屬於該公司普通股之淨利是 $24,364,926（千），該年度普通股加權平均流通在外股數為 4,813,206（千股），該公司未發行特別股，則其 109 年度之每股盈餘為多少？

解析

$$每股盈餘 = \frac{淨利 - 特別股股利}{普通股加權平均流通在外股數} = \frac{\$24,364,926 - \$0}{4,813,206} = \$5.06$$

給我報報

「認購權證」賦予持有人於權證到期日前，以履約價格（exercise price）認購普通股票的權利；「認售權證」賦予持有人於權證到期日前，以「履約價格」出售股票的權利。「履約價格」或譯作「執行價格」。

國內的認購權證，許多是由發行證券商擔任賣方，在台灣證券交易所交易。例如，**台積電**認購權證持有人方君於權證到期日前，以「履約價格」認購台積電普通股時，只是由發行券商**凱基證券**將其所擁有股票定價賣給方君，此時台積電普通股數不會增加。

證券商所發行認購權證與企業所發行的認股權證不同，例如，當持有**微軟**公司所發行認股權證的阿光以「履約價格」買入微軟普通股時（認股時），會造成微軟股數增加，將來會有更多的普通股分享微軟盈餘，造成每股盈餘稀釋。

e網情深

請上網至公開資訊觀測站（http://mops.twse.com.tw）查閱**矽創電子**（股票代號：8016）民國110年及民國109年第一季基本每股盈餘資訊。

解析

進入公開資訊觀測站後，點選「公司代號：8016」，再點選「財務報表」，進一步點選「合併報表」項下之「綜合損益表」，並點選「查閱年度：民國110年及民國109年第一季」後，即可知：

民國110年度第一季	民國109年度第一季
$6.55	$2.43

給我報報

以下為飽受低經濟成長和疫情衝擊之**松下電器公司**2017至2021年度合併綜合損益表（請注意：該公司會計年度結束日是3月31日）所列示之每股盈餘：（單位：日圓）

	2021年	2020年	2019年	2018年	2017年
基本每股盈餘	¥70.75	¥96.76	¥121.83	¥101.20	¥64.33
稀釋每股盈餘	70.72	96.70	121.75	101.15	64.31

16.6　投資報酬率指標

投資報酬率指標包括資產報酬率、普通股權益報酬率、本益比與股票市場報酬率。**資產報酬率**（return on total assets, ROA）表彰該企業每運用一塊錢資產，可以為債權人與股東兩大資金提供者帶來多少的稅後報償。

$$資產報酬率 = \frac{利息費用 \times (1 - 稅率) + 淨利}{平均總資產}$$

普通股權益報酬率（return on equity, ROE）則呈現普通股股東每提供一塊錢資金，可以自該企業獲得多少的稅後報償。

$$普通股權益報酬率 = \frac{淨利 - 特別股股利}{平均普通股權益}$$

在新冠病毒肆虐下，生產 AZ 疫苗的**阿斯特捷利康公司**（AstraZeneca；倫敦掛牌股票代號：AZN）於 2020 年度普通股權益報酬率為 23.36%。

其他報酬率指標包括股利率（又稱為現金收益率）、本益比與股票市場報酬率。其中，**股利率**（dividend yield）是投資人於期初每動用 $1 購買股票，在 1 年當中可獲取多少元的現金股利：

$$股利率 = \frac{每股股利}{期初每股股價}$$

實務上也有許多人計算目前的每股股利對股價比率，即：

$$股利率 = \frac{每股股利}{計算日之每股股價}$$

本益比（price-to-earnings ratio, PE Ratio）則顯示在 1 年當中企業每賺取 $1 盈餘，投資人於期初需要花多少元購買股票：

$$預估本益比 = \frac{期初每股股價}{每股盈餘}$$

> **學習目標 6**
> 了解各種投資報酬率指標之意義與計算方式
>
> **資產報酬率**　表彰企業每運用一塊錢資產，可以為債權人與股東兩大資金提供者帶來多少的稅後報償。
>
> **普通股權益報酬率**　表彰股東每提供一塊錢資金，可以獲得多少的稅後報償。
>
> **股利率**　投資人於期初每用 $1 購買股票，在 1 年當中可獲取多少元的現金股利。
>
> **本益比**　顯示在 1 年當中企業每賺取 $1 盈餘，投資人於期初需要動用多少元購買股票。

實務上也有許多人計算目前的每股價格對每股盈餘比率，即：

$$歷史本益比 = \frac{目前之每股股價}{每股盈餘}$$

在變種新冠病毒肆虐下，股市預期工商界將會持續有龐大的視訊會議需求，**Zoom 通訊服務**〔在那斯達克（Nasdaq）掛牌股票代號：ZM〕因獲利前景佳，其 2021 年 7 月 6 日歷史本益比高達 120 倍。

投資人購買股票常是為了獲得**股票市場報酬率**（stock returns），該比率包括：(1) 投資期間內股價上漲百分比率，即**資本利得比率**；以及 (2) 股利率：

$$資本利得比率 = \frac{期末每股股價 - 期初每股股價}{期初每股股價}$$

$$股票市場報酬率 = \frac{期末每股股價 - 期初每股股價}{期初每股股價} + 股利率$$

$$= 資本利得比率 + 股利率$$

釋例 16-5

天行者公司的所得稅稅率是 20%，該公司 ×1 年資產負債表顯示以下之期末餘額：總資產 $180,000、權益 $80,000、特別股股本 $10,000。

×1 年綜合損益表中利息費用 $10,000、淨利 $10,000；權益變動表顯示其當年度特別股現金股利 $2,000、普通股現金股利 $1,500。

×2 年資產負債表顯示以下之期末餘額：總資產 $210,000、權益 $90,000、特別股股本 $10,000。

×2 年綜合損益表中利息費用 $12,000、淨利 $15,000；權益變動表顯示其當年度特別股股利 $2,000、普通股現金股利 $3,000。

×2 年 1 月 1 日天行者公司之普通股每股價格為 $14.3，×2 年普通股之加權平均流通在外股數為 10,000 股。請為該公司計算 ×2 年度之

(1) 每股盈餘。
(2) 資產報酬率。
(3) 普通股權益報酬率。
(4) 本益比。

解析

(1) 每股盈餘 $=\dfrac{\text{淨利}-\text{特別股股利}}{\text{加權平均流通在外普通股股數}}$

$=\dfrac{\$15,000-\$2,000}{10,000}$

$=\$1.3$

(2) 資產報酬率 $=\dfrac{\text{利息費用}\times(1-\text{稅率})+\text{淨利}}{\text{平均總資產}}$

$=\dfrac{\$12,000\times(1-20\%)+\$15,000}{\dfrac{(\$180,000+\$210,000)}{2}}$

$=12.62\%$

(3) 普通股權益報酬率 $=\dfrac{\text{淨利}-\text{特別股股利}}{\text{平均普通股權益}}$

$=\dfrac{\text{淨利}-\text{特別股股利}}{\text{平均權益}-\text{平均特別股股本}}$

$=\dfrac{\$15,000-\$2,000}{\dfrac{(\$80,000+\$90,000)}{2}-\dfrac{(\$10,000+\$10,000)}{2}}$

$=17.33\%$

(4) 本益比 $=\dfrac{\text{普通股每股市價}}{\text{每股盈餘}}=\dfrac{\$14.3}{\$1.3}$

$=11\text{ 倍}$

大功告成

×8 年與 ×9 年底朵妮公司之權益組成如下：

朵妮公司
比較資產負債表（部分）
×9 年與 ×8 年 12 月 31 日　　（單位：千元）

權益	×9 年 12 月 31 日	×8 年 12 月 31 日
特別股股本	$ 10	$ 10
普通股股本	110	100
資本公積-普通股發行溢價	?	60
資本公積-庫藏股票交易	0	0
保留盈餘	?	100
庫藏股票	?	(1)
合計	?	$269

朵妮公司尚有其他發生於 ×8 及 ×9 年度之事件：

1. ×8 年度已發行普通股股數為 10（千股），其中 1% 買回作庫藏股票；×9 年度未發行新股以取得現金。
2. ×8、×9 年度流通在外特別股股數均為 1（千股）。
3. 普通股與特別股之面額均為 $10。
4. ×9 年度之純益為 $15（千）。
5. ×9 年 1 月 4 日將庫藏股票 100 股全數出售。
6. ×9 年 7 月 1 日發放特別股股利，每股 $1；普通股現金股利，每股 $0.5；普通股股票股利，每股 $1（亦即 10%），當時普通股每股市價 $12。
7. ×9 年初普通股市價每股 $16。試求：

試求：

(1) ×9 年度發放現金股利總額為何？
(2) ×9 年度發放股票股利使保留盈餘變動多少？
(3) ×9 年底保留盈餘餘額為何？
(4) ×9 年底「庫藏股票」項目餘額為何？
(5) ×9 年底「資本公積 - 普通股發行溢價」餘額為何？
(6) ×9 年初依何價格出售庫藏股票？
(7) ×9 年底權益總額為何？

(8) 普通股權益報酬率為何？

> **解析**

(1) 發放給特別股股東之現金股利 = $1 × 1,000 股 = $1（千）
    發放給普通股股東之現金股利 = $0.5 × 10,000 股 = $5（千）
    現金股利合計 = $1（千）+ $5（千）= $6（千）

(2) 股票股利因僅占 10%，屬小額股票股利，如按美國一般公認會計原則，則保留盈餘的減少，依當時市價每股 $12 計算。

$12 × 10,000（股）× 10% = $12（千）

我國實務則一律以股票面額 $10 計算，保留盈餘減少數為

$10 × 10,000（股）× 10% = $10（千）

(3) ×9 年保留盈餘之期末餘額（以美國 GAAP 計算）
    = 期初餘額 + ×9 年純益 − 現金股利 − 股票股利
    = $100（千）+ $15（千）− $6（千）− $12（千）
    = $97（千）

(4) 由於庫藏股票已全數於 ×9 年 1 月 4 日出售，因此，「庫藏股票」期末餘額為零。

(5) 「資本公積−普通股發行溢價」期末餘額
    = 原已發行部分之溢價 + 盈餘轉增資（股票股利）之溢價
    = $60（千）+ ($12 − $10) × 1,000 股
    = $62（千）

(6) 由資產負債表上「資本公積 - 庫藏股票交易」項目期初是 $0，期末還是 $0，可知每股出售價格與成本相同，因此每股售價為 $10。

(7) ×9 年底權益餘額
    = $110（千）+ $10（千）+ $62（千）+ $97（千）
    = $279（千）

(8) 期初普通股權益 = $269（千）− $10（千）= $259（千）
    期末普通股權益 = $279（千）− $10（千）= $269（千）
    平均普通股權益 =〔$259（千）+ $269（千）〕/2 = $264（千）

$$普通股權益報酬率 = \frac{本期純益 - 特別股股利}{平均普通股權益} = \frac{\$15（千）- \$1（千）}{\$264（千）} = 5.30\%$$

摘要

若本期賺錢，稱為本期淨利或本期純益；反之，本期虧損稱為本期淨損或本期純損。各期間的盈餘若未全數分配給股東，剩餘的盈餘保留於公司，累積數稱為「保留盈餘」。

綜合損益表中，在「本期損益」數字下方，還有另一項重要資訊：每股盈餘，意指若將公司年度盈餘全數分配予普通股股東，則每一股份可分得多少盈餘。如果公司除普通股外，尚發行特別股，則其每股盈餘即本期淨利減去特別股股利，再除以流通在外普通股股數。若公司於年度當中增資，則以加權平均流通在外股數作為分母。

股利的宣告與發放會造成保留盈餘減少。在現金股利、財產股利、股票股利宣告日，應借記保留盈餘；除息日或除權日不必作分錄，只需要作備忘記錄；在現金股利、財產股利發放日，現金或充作股利的財產減少；在股票股利發放日，普通股股本增加。

若在年度中發現以前年度的綜合損益項目錯誤，應以「前期損益調整」項目更正該先前年度之損益錯誤，相關的資產負債項目也應一併更正。「前期損益調整」亦應結轉至保留盈餘，作為發現錯誤年度期初保留盈餘之調整。

投資報酬指標包括資產報酬率、權益報酬率與本益比。總資產報酬率表彰企業每動用一塊錢資產，可以為債權人與股東帶來多少稅後報償；權益報酬率衡量股東每提供一塊錢資金，可以獲得多少稅後報償；股票市場報酬率包括：(1) 投資期間內股價上漲百分比率，即資本利得比率；以及 (2) 股利率；本益比則為目前的每股價格對每股盈餘比率，顯示在 1 年中每賺取 $1 盈餘，投資人於期初需要動用多少元購買股票。

本章習題

問答題

1. 公司將盈餘分配給股東時，其決定每位股東各獲分配多少元的依據是什麼？
2. 請說明淨利、現金股利、股票股利、保留盈餘等彼此間的關係。
3. 請說明淨利、流通在外股數、每股盈餘等彼此間的關係。
4. 什麼是每股盈餘？
5. 芬恩企業於去年度獲利，本年度六月初股東會決議僅分配去年度獲利的半數給股東作為股利，如這是該公司第一次發股利，則於股利宣告日其保留盈餘的餘額相較於去年初會

增加還是減少？格瑞拉企業於去年度虧損，其保留盈餘的餘額會增加還是減少？

6. 試回答下列問題：
   (1) 普通股現金股利增加時，每股盈餘會增加嗎？
   (2) 特別股現金股利增加時，每股盈餘會增加嗎？
   (3) 股票股利增加時，每股盈餘會增加嗎？
7. 請說明股票股利與股票分割會計處理的差異。
8. 為什麼股票股利在實務上常稱為「盈餘轉增資」？
9. 試解釋下列名詞：
   (1) 什麼是總資產報酬率？
   (2) 什麼是權益報酬率？
   (3) 什麼是股利率？
   (4) 什麼是本益比？
   (5) 什麼是股票市場報酬率？
10. 在現金股利宣告日，企業應作何分錄？
11. 在除息日，企業應作何分錄？
12. 企業的「稀釋每股盈餘」是否有可能高於其「基本每股盈餘」？
13. 奔雨企業分配現金股利與財產股利予其股東，會使奔雨的資產增加還是減少？
14. 臥晴企業分配現金股利與財產股利予其股東，會使臥晴的保留盈餘增加還是減少？
15. 「透過其他綜合損益按公允價值衡量之金融資產投資損益」以及「國外營運機構財務報表換算之兌換差額」等其他綜合損益項目之累積數，會出現在資產負債表的哪個部分？
16. 「認購權證」與「認售權證」各賦予其持有人什麼權利？

選擇題

1. 我們無法從合併綜合損益表中得知下列哪一項資訊？
   (A) 本期純益有多少元　　　(B) 各項收入及各項費用之金額
   (C) 當期銷貨毛利　　　　　(D) 保留盈餘之金額

2. 應付現金股利屬於下列哪一種項目？
   (A) 資產　　　　　　(B) 流動負債
   (C) 非流動負債　　　(D) 權益

3. 待分配股票股利屬於下列哪一種項目？
   (A) 資產　　　　　　(B) 流動負債
   (C) 非流動負債　　　(D) 權益

4. 以下哪一項交易，<u>不</u>影響企業的每股盈餘？
   (A) 在市場上買回流通在外股票，增加庫藏股票餘額
   (B) 以買進時成本價再度賣出庫藏股票
   (C) 認列匯兌利得
   (D) 宣告並發放普通股財產股利

5. 「股票股利」和「股票分割」都會造成什麼結果？
   (A) 總資產減少   (B) 保留盈餘減少
   (C) 股本減少   (D) 權益不變

6. 丘巴卡企業同時除權及除息，則其權益和權益報酬率所受影響分別為何？

	權益	權益報酬率
(A)	減少	加大
(B)	減少	減少
(C)	加大	加大
(D)	加大	減少

7. 對保留盈餘作指撥對財務報表的影響為何？
   (A) 增加權益   (B) 減少權益
   (C) 權益不變   (D) 權益將視指撥的目的為何而發生增減變化

8. 如果股價不變，企業的
   (A) 純益高，則本益比高
   (B) 純益高，則本益比低
   (C) 未來成長率高，前景佳，則本益比高
   (D) 風險高，則本益比高

9. 純益為正的企業在除息時，理論上對本益比之影響應為何？
   (A) 加大   (B) 減小
   (C) 不變   (D) 先減小後加大

10. 以下何者會使企業在期末的保留盈餘（即未分配盈餘）減少？
    (A) 提列特別盈餘公積
    (B) 賺錢的年度指撥法定盈餘公積
    (C) 分配員工股票紅利
    (D) 以上均會使企業在期末的保留盈餘減少

11. 尤達涼椅 ×9 年初流通在外普通股股數為 100 股，該公司在 ×9 年 10 月 1 日增資發行 20 股，則加權平均流通在外股數為何？

(A) 100 股 (B) 120 股
(C) 105 股 (D) 110 股

12. 下列關於保留盈餘的敘述，何者正確？
    (A)「保留盈餘」項目所表示的是可自由分配的累積未分配盈餘，實務上常用「未分配盈餘」表達之
    (B) 造成「保留盈餘」增加的原因常常是本期淨利
    (C) 使「保留盈餘」減少的原因包括本期淨損以及分配股利
    (D) 以上都正確

13. 阿韓和阿班合夥成立索羅企業，×6 年初阿韓資本為 $4,000，阿班資本為 $6,000，兩人同意各支年薪給阿韓 $1,200，阿班 $1,800，期初資本額以 10% 計息，其餘損益按 3：2 比例分別分配給阿韓和阿班，若 ×6 年索羅企業在扣除支付阿韓和阿班薪資及利息前虧損 $2,000，則阿韓所分配之金額為何？
    (A) ($2,000) (B) ($800)
    (C) ($200) (D) $0

14. 下列關於「累積特別股積欠股利」之敘述，何者正確？
    (A) 為一非流動負債項目
    (B) 為一流動負債項目
    (C) 只有在特別股股利已經宣告時才會存在
    (D) 應於財務報表之附註中加以揭露 【摘錄改寫自普考】

15. 天橋公司考慮發放現金股利與買回庫藏股票二方案，若其他條件均相同，則下列有關二方案之敘述何者錯誤？
    (A) 發放現金股利與買回庫藏股票將使權益總額皆減少
    (B) 發放現金股利與買回庫藏股票將使資產總額皆減少
    (C) 買回庫藏股票不影響每股權益之帳列金額
    (D) 發放現金股利不影響流通在外股數 【摘錄改寫自初等特考】

16. 特莉莎公司股本 $10 億，每股面額 $10，特莉莎公司規劃發放 30% 股票股利，則下列敘述何者正確？
    (A) 權益將增加 $3 億 (B) 流通在外股數將增加 3,000 萬
    (C) 不影響每股權益帳列金額 (D) 不影響每股盈餘 【摘錄改寫自初等特考】

17. 下列有關保留盈餘指撥的敘述何者正確？
    (A) 保留盈餘一旦指撥，即永久不得再憑以發放現金股利或股票股利
    (B) 保留盈餘指撥時，並不代表限制資產用途
    (C) 當保留盈餘指撥的原因消滅，應與綜合損益表中的損失項目對沖

(D) 保留盈餘一旦指撥，即不為保留盈餘的一部分　　　　　　　　　【摘錄改寫自普考】

18. 嘉翰公司 20×3 年中購置土地一筆，所支付佣金 $200,000 誤以佣金費用入帳。該公司於 20×4 年初發現此項錯誤，則 20×4 年須採之更正分錄為何？
    (A) 借記：佣金費用 $200,000，貸記：土地 $200,000
    (B) 借記：土地 $200,000，貸記：前期損益調整 $200,000
    (C) 借記：前期損益調整 $200,000，貸記：土地 $200,000
    (D) 借記：非常損失 $200,000，貸記：土地 $200,000　　　　　【摘錄改寫自初等特考】

練習題

1. 【結帳分錄】在結帳時，企業應該作什麼分錄，將本期損益結轉至保留盈餘？請分別標示：(1) 本期盈餘為 $60,000 時，與 (2) 發生當期虧損 $36,000 時所應該作的分錄。

2. 【法定盈餘公積】請作曼達洛企業 ×7 年度與 ×8 年度關於法定盈餘公積的分錄。
    (1) ×7 年度該企業指撥 $15,000 的法定盈餘公積。
    (2) ×8 年度該企業用法定盈餘公積彌補累積虧損 $57,000。

3. 【每股盈餘】空翻公司 ×3 年度的淨利為 $3 億，流通在外普通股股數為 2 億股，該公司並未發行特別股票，當年度普通股股利為每股 $1，請計算該公司的每股盈餘。

4. 【每股盈餘】魁剛公司 ×8 年度的淨利為 $80 億，流通在外普通股股數為 50 億股，特別股股數為 30 億股，當年度特別股股利為每股 $2，請計算該公司的每股盈餘。

5. 【加權平均流通在外股數】達斯公司 ×0 年初流通在外普通股股數為 9,000 股，該公司在 ×0 年 9 月 1 日增資發行 1,000 股，請計算該公司的加權平均流通在外股數。

6. 【企業所發行認股權證】當持有雲度企業所發行認股權證的雷女士以「履約價格」買入千慮普通股時（認股時），雲度企業每股盈餘會受到什麼影響？

7. 【財產股利】佩咪企業所持有特許晶圓股票列於透過損益按公允價值衡量之金融資產項下，其帳列金額原為 $120，發放給股東當財產股利前之公允價值 $150，在 (1) 財產股利宣告日與 (2) 除息日，該企業應分別作何分錄（假設宣告日與除息日股價相同）？

8. 【前期損益調整】龍櫻公司將 ×5 年度之租金費用（尚未支付）$660，誤認為 $60，此一錯誤使 ×5 年度之租金費用與應付租金均少列 $600，也使 ×5 年度之淨利虛增 $600。此事一直到 ×6 年 7 月 7 日才發現，該公司於當日應如何作前期損益調整分錄？

9. 【現金股利】肯諾比公司 ×7 年底帳列權益顯示：已發行普通股 1,400,000 股，每股面額 $10；庫藏股票股數 80,000 股，總成本 $1,600,000；保留盈餘 $4,000,000。×8 年 7 月 1

日宣布於 9 月 6 日發放每股現金股利 $1，8 月 6 日為除息日，自 ×7 年底至 ×8 年 6 月底權益維持不變，試為以下各項交易作分錄：

(1) ×8 年 7 月 1 日肯諾比公司宣告現金股利。
(2) 8 月 6 日除息。
(3) 9 月 6 日發放現金股利。

應用問題

1. 【現金股利】安納金股本為 $10 萬，其於 ×6 年 6 月底宣布每股將獲分配 $1 現金股利，如果安納金每股面額 $10，則：
   (1) 其股東共可獲分配現金股利多少元？
   (2) 現金股利宣告日應該如何作分錄？
   (3) 除息日應該如何作分錄？
   (4) 現金股利發放日應該如何作分錄？

2. 【股票股利】杜庫企業之股本為 $40 萬，其於 ×8 年 4 月底宣布將要分配 30% 股票股利，如果杜庫企業每股面額 $10，則：股東所得股票股利面額共多少元？

3. 【股票股利】蘭度企業股本為 $20 萬，其於 ×6 年 6 月底宣布將要分配 30% 股票股利，如果蘭度企業每股面額 $10，則：
   (1) 其股東共可獲分配多少股？
   (2) 股票股利宣告日應該如何作分錄？
   (3) 除權日應該如何作分錄？
   (4) 股票股利分配日應該如何作分錄？

4. 【股票股利】魔爾企業股本為 $20 億，其於 ×6 年 5 月底宣布將要分配 10% 股票股利，如果魔爾企業每股面額 $10，則：
   (1) 總股數增加之百分比為多少？全體股東所得股票股利共多少元？
   (2) 股票股利宣告日、除權日、分配日分別應該如何作分錄？

5. 【保留盈餘的變化】從波曼香水的下述分錄，您可以看出波曼香水所作交易是什麼嗎？

   特別盈餘公積 - 損害賠償準備　　420
   　　保留盈餘　　　　　　　　　　　　420

6. 【每股盈餘】×5 年庫里瓦公司每股盈餘之相關資料列示如下：
   (1) 當年度淨利為 $100。
   (2) 全年度流通在外普通股股數為 20 股。
   (3) 當年度特別股股利為 $14，且庫里瓦公司屬簡單資本結構。

試求該公司 ×5 年度之每股盈餘。

7. 【前期損益調整】穆恩將該公司 ×6 年度的攤銷費用少提列 $1,000，此事至 ×7 年 7 月 20 日才發現，試問：
   (1) 此一錯誤對 ×6 年度的哪些項目會有影響？影響的程度為何？
   (2) 請在 ×7 年 7 月 20 日作一分錄更正之。
   (3) 請對 (2) 之「前期損益調整」結轉期初保留盈餘。

會計達人

1. 【每股盈餘】諾格公司 ×8 年全年流通在外普通股 10,000 股，當年度之淨利為 $290,000。諾格公司另有流通在外之特別股 2,000 股，每股可優先發放現金股利 $50。夸潤公司 ×8 年之淨利為 $100,000，當年年初流通在外普通股 12,000 股，直至 11 月 1 日該日增資發行 3,000 股。

   試作：
   (1) 諾格公司 ×8 年度之每股盈餘。
   (2) 夸潤公司 ×8 年度之每股盈餘。

2. 【現金股利及股票股利】斯卡科企業股本約為 $3 億，其於 ×0 年 6 月底宣布將要分配 56% 股票股利，如果該企業每股面額 $10。

   試作：
   (1) 股東所得股票股利共多少元？
   (2) 股票股利宣告日、除權日、分配日分別應該如何作分錄？

3. 【應付現金股利】×8 年底書銘公司流通在外的股票資料如下：
   普通股：面額 $10，35,000 股
   特別股：8%，面額 $50，2,000 股

   若特別股為累積、參加至 10%，且已積欠二年股利。×8 年 12 月 31 日股東會決議發放現金股利，普通股每股可得現金股利 $1.15，試問宣告之現金股利總額為何？

   【摘錄改寫自地方特考】

4. 【每股盈餘】×3 年 1 月 1 日鎮宏公司之普通股流通在外股數為 3,500 股，8% 特別股為 $250,000，×3 年 5 月 1 日增資發行 3,000 股之普通股，當年 9 月 1 日買回 1,500 股普通股作為庫藏股票，×3 年度之淨利為 $40,000，則 ×3 年每股盈餘為若干？

   【錄改寫自年地方特考】

5. 【保留盈餘與股利】提列克公司 ×8 年度部分綜合損益表與 ×8 年及 ×7 年底部分資產

負債表如下：

提列克公司
綜合損益表（部分）
×8 年 1 月 1 日至 12 月 31 日　　（單位：千元）

銷貨收入	$30,000
銷貨成本	(18,000)
銷貨毛利	$12,000
營業費用	(8,000)
營業利益	$ 4,000
營業外費損	(1,500)
稅前純益	$ 2,500
所得稅費用	400
本期淨利（損）	?
其他綜合損益	0
綜合損益合計	?
每股盈餘	?

提列克公司
比較資產負債表（部分）
×8 年與 ×7 年 12 月 31 日　　（單位：千元）

權益	×8 年	×7 年
普通股股本（面額 $10，×8 年度與 ×7 年度流通在外 1,000,000 股）	$10,000	$10,000
特別股股本（面額 $10，10%，×8 年度與 ×7 年度流通在外 100,000 股）	1,000	1,000
資本公積	5,000	5,000
保留盈餘	?	4,300
權益合計	$21,500	$20,300

試求：

(1) ×8 年度本期損益為何？
(2) ×8 年度每股盈餘為何？
(3) 於 ×8 年度宣告並發放普通股現金股利，每股 $0.8，特別股股利每股 $1，×8 年底保留盈餘餘額為何？
(4) 試作 ×8 年現金股利宣告與發放之會計分錄。

6. 【前期損益調整、現金股利及股票股利】×7 年武技企業將該公司的折舊費用多提列 $100，銷貨運費（尚未支付）應該是 $5，卻誤認為 $50，直到 ×8 年 1 月 8 日武技企業才發現這些錯誤。此外，已知該公司 ×8 年度之淨利為 $1,200，×8 年分配現金股利 $400，股票股利 $400；×7 年 12 月 31 日保留盈餘為 $3,700，試問：

   (1) 這些錯誤對 ×7 年度的哪些項目會有影響？影響的程度為何？
   (2) 請在 ×8 年 1 月 8 日作一分錄更正之。
   (3) 請對 (2) 之「前期損益調整」結轉期初保留盈餘。
   (4) 請計算 ×8 年底的保留盈餘。

Chapter 16 權益：保留盈餘、股利與其他權益

Chapter 17

現金流量表

objectives

研讀本章後，預期可以了解：

- 企業「約當現金」的意義為何？
- 現金流量表報導哪三大類的現金流量？
- 如何從本期淨利算起，經逐步調整，得到營業活動之淨現金流量？
- 如何計算投資活動之現金流量？
- 如何計算籌資活動現金流量？
- 如何計算、解釋與現金流量有關的財務比率？

在杜拜IT產業園區工作的會計師阿里,每個月總有一天會在下班後走到昏暗的老城區,西裝筆挺的他在這裡絲毫不顯突兀,發薪日一到,諸多在杜拜打拚的專業人士,帶著滿滿對家鄉的思念進到哈瓦拉(Hawala)小舖。阿里匯出他領到的阿聯酋迪拉姆幣(1迪拉姆幣約為7.6新臺幣)薪資給哈瓦拉經紀人,收到對方給他的一串密碼時,想到妹妹法蒂瑪距離成為第一位非洲女太空人又近了幾尺,阿里不禁會心一笑。杜拜的經紀人一拿到款項立刻知會位於索馬利亞首都摩加迪休的哈瓦拉經紀人,讓阿里雙親憑著阿里告訴他們的密碼,到經紀人那邊領取扣掉些微手續費後與該筆款項幾乎等值的索馬利亞先令。哈瓦拉這個跨過印度洋的金流體系承載著多個家庭的希望,讓阿里眾多年幼弟妹靠著哈瓦拉捎來的錢,無後顧之憂地繼續升學。法蒂瑪今年剛申請上了航太工程,想跟阿里一樣留學美國。

在穆斯林世界中盛行的哈瓦拉發源自八世紀的印度,有別於現代銀行體系,哈瓦拉不開立任何形式的商業本票等票據,意味著經紀人間沒有正式債權與債務憑據,而全是靠經紀人彼此信賴。由哈瓦拉家族數個世代累積信譽所支撐出的全球金融網路,及時有效,經紀費用往往比銀行手續費便宜,而且匯款人不必擔心幣別轉換過程中的買賣外幣匯價差,在金融服務業不興盛的國家,像是長年戰亂的阿富汗或是阿里的故鄉索馬利亞,哈瓦拉甚至是想做「異地價值移轉」的唯一憑藉。

史上最慘烈恐怖活動911事件爆發後,美國政府發現主謀賓拉登利用哈瓦拉不易追蹤金流的隱密性挹注鉅款給蓋達組織,誓言重擊恐怖主義的小布希政府開始嚴加打壓哈瓦拉,哈瓦拉社群在已開發國家只能轉向地下化,遊走法律邊緣。而隨著虛擬貨幣總價值節節上升,穆斯林世界洗錢與資助恐怖分子的管道,也漸漸納入比特幣(Bitcoin)系統;大企業買賣合法的比特幣倒是可以堂而皇之,像是特斯拉(Tesla)公司因2021年第一季營業活動之淨現金流入16.4億美元,資金寬裕程度遠超過營業活動之淨現金流出4.4億美元的2021年第二季,於是賭性堅強的執行長馬斯克讓公司購買當時價值15億美元的比特幣,短期內又賣了許多比特幣,這使得特斯拉現金流量表投資活動之淨現金流入(出)的報表閱讀者瞠目結舌。

阿里知道哈瓦拉對故鄉仍是主要血脈!在當上四大會計事務所杜拜分所合夥人那天,他發出宏願,要讓企業涉及哈瓦拉的收款和付款金流也能夠堂而皇之地呈現在現金流量表上。

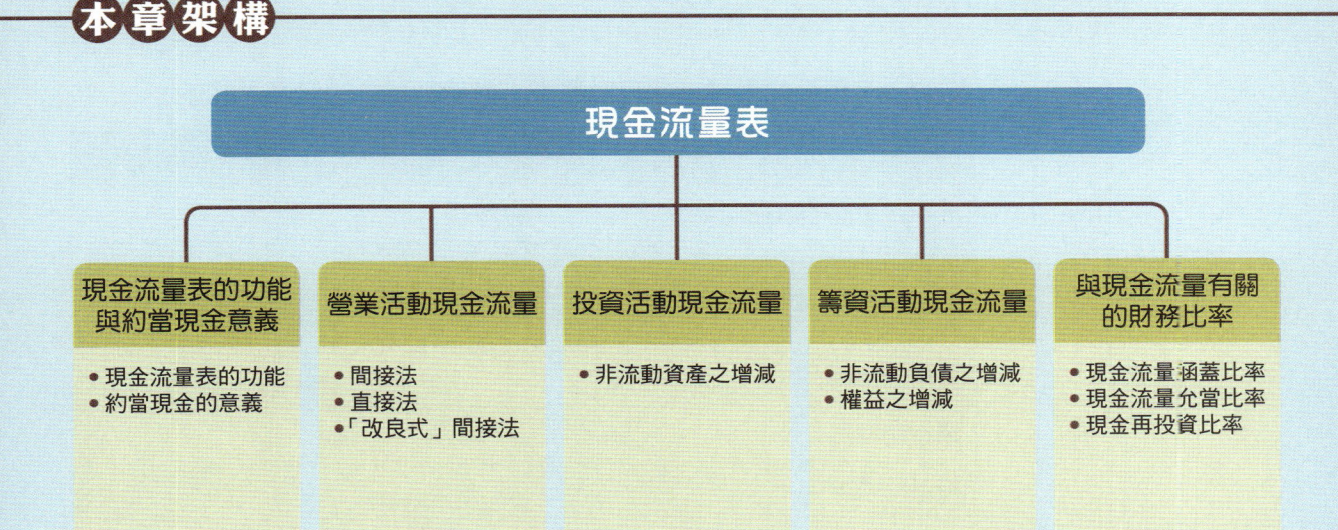

本章架構

- **現金流量表**
  - **現金流量表的功能與約當現金意義**
    - 現金流量表的功能
    - 約當現金的意義
  - **營業活動現金流量**
    - 間接法
    - 直接法
    - 「改良式」間接法
  - **投資活動現金流量**
    - 非流動資產之增減
  - **籌資活動現金流量**
    - 非流動負債之增減
    - 權益之增減
  - **與現金流量有關的財務比率**
    - 現金流量涵蓋比率
    - 現金流量允當比率
    - 現金再投資比率

17.1 現金流量表的功能與約當現金的意義

學習目標 1
了解現金流量表的功能與約當現金的意義

依照 IFRS，整份財務報表（a complete set of financial statements）包括資產負債表、綜合損益表、權益變動表、現金流量表等四大報表及附註。現金流量表使閱表者了解當期營業活動、投資活動及籌資活動各造成現金及約當現金增加或減少之金額，這些資訊有助於評估公司未來現金流量及營運績效。企業之現金及約當現金歷史變動資訊可自現金流量表中獲得，IAS 7「現金流量表」提供企業編製此一財務報表之指引。

企業在各期間的現金流量，也就是資產負債表中，自上期末至本期末現金的增減。企業添購存貨、土地、設備等資產時，通常需要支付現金；反之，企業出售存貨、土地、設備等資產時，可以收取現金。所以，非現金資產（現金以外的其他資產）增加（減少），可能會造成現金減少（增加）。企業增加銀行借款、公司債等負債，可以獲得現金；反之，當企業償還負債，需要耗用現金。所以，負債的增加（減少），會造成現金的增加（減少）。企業發行普通股及特別股，可以獲得現金；反之，當企業買回庫藏股票及發放現金股利，需要支付現金。所以，權益的增加（減少），可能會造成現金的增加（減少）。表 17-1 彙述現金的增減（即現金流量）與非現金資產、負債及權益的增減之關係。

表 17-1 現金的增減與非現金資產、負債及權益的增減之關係

	現金的流入	現金的流出
非現金資產的增加		✓
非現金資產的減少	✓	
負債的增加	✓	
負債的減少		✓
權益的增加	✓	
權益的減少		✓

現金流量表 chapter 17

投資人或債權人從綜合損益表只知道按應計基礎下的本期淨利有多少；從比較資產負債表只知道兩期期末的現金餘額變化，但不知道現金餘額的變化原因何在？不知道企業從生產、銷售商品（或提供服務）賺取盈餘的活動（即**營業活動**）中增加（或減少）多少現金？也不知道營業活動帶來的現金餘額變化為什麼與本期淨利金額不同？除了營業活動之外，企業另也從事**投資活動**（如購置不動產、廠房及設備、處分不動產、廠房及設備等）與**籌資活動**（如發行股份籌措現金、發行公司債等），這些活動又造成多少的現金餘額變化？現金流量表分別就營業活動、投資活動及籌資活動報導現金流入與現金流出之理由與金額，可協助企業利害關係人了解；為什麼本期淨利與營業活動所產生現金流量間會有差異？報導本期有哪些投資

給我報報

無米樂

有一部頗為發人深省的紀錄片「無米樂」，在台北市上映時曾經引起廣泛的討論。劇中拍攝一群60、70歲的稻農，如何面對WTO帶來的衝擊，並呈現出台灣悠久的種稻文化、鄉鎮的傳統技藝，以及稻農們如何從犁田、淹水⋯⋯等待稻田出穗與最後的收割。誠如劇中樂天的崑濱伯所說：「有時候晚上來灌溉，風清月朗，青翠的稻子映著月光，很漂亮！心情好，就哼起歌來，雖然心情有些擔憂，不知道颱風會不會來，或病蟲害是否會發生，也是無米樂，隨興唱歌，心情放輕鬆，不要想太多，這叫作無米樂啦！」不富有的崑濱伯捐資百萬元成立「無米樂稻米促進會」，推廣栽種技術，宣揚多元特色米食；2021年2月他安詳辭世。

我們可以劇中的稻農為例，說明現金流量表的概念如下：

稻農賣米（營業活動產生現金流量）

稻農貸款（籌資活動產生現金流量）

稻農買牛（投資活動產生現金流量）

及籌資活動，這些活動又帶來多少現金餘額的變化，也可幫助他們評估企業未來可產生多少現金流量、償還負債及支付現金股利的能力。現金流量表之格式如表 17-2。現金流量表中的「現金」是採取廣義的定義，包括**現金與約當現金**。**約當現金**（Cash Equivalents）指形式上不屬於現金，但隨時可轉換成定額現金的投資，或即將到期、利率變動對其價值的影響很小的短期且具高度變現性的投資。常見的約當現金包括 3 個月內到期的貨幣市場工具，例如政府所發行的國庫券、商業銀行所發行的可轉讓定期存單、企業所發行的商業本票及銀行承兌匯票等；但不包括超過 1 年之後才到期的公債、公司債券等資本市場工具。

> **約當現金** 指形式上不屬於現金，但隨時可轉換成定額現金的投資，或 3 個月內到期、利率變動對其價值的影響很小的短期且具高度變現性的投資。

表 17-2　現金流量表格式

炭炙公司
現金流量表
×6 年 1 月 1 日至 12 月 31 日

營業活動之現金流量：	
⋮	
營業活動之淨現金流入（流出）	$×××
投資活動之現金流量：	
（按現金收取總額及現金支付總額之主要類別分別報導）	
⋮	
投資活動之淨現金流入（流出）	×××
籌資活動之現金流量：	
（按現金收取總額及現金支付總額之主要類別分別報導）	
⋮	
籌資活動之淨現金流入（流出）	×××
匯率變動對現金及約當現金之影響	×××
本期現金及約當現金增加（減少）數	×××
期初現金及約當現金餘額	×××
期末現金及約當現金餘額	$×××

現金流量表 chapter 17   665

釋例 17-1

以下哪一項資產可能被視為「約當現金」？

(1) 企業於九個月後到期的定期存款
(2) 買回之本公司股票。
(3) 企業買進其他公司的股票。
(4) 企業買進之其他公司發行，還有 3 年才到期的公司債。
(5) 企業買進其他公司所發行、30 天到期且市場交易活絡的商業本票。

解析

答案是 (5)。

企業於九個月後到期的定期存款，屬於按攤銷後成本衡量之金融資產；因為企業買回本公司的股票，稱為庫藏股票，是權益的抵減項目；企業買進其他公司的股票及還有 3 年才到期的公司債券，都不符合「約當現金」之「短期內到期且價值變動風險甚低之投資」條件，而屬於企業之金融資產。

17.2 營業活動之現金流量

> **學習目標 2**
> 了解營業活動之現金流量的意義，及分別以間接法與直接法計算營業活動之現金流量

營業活動為企業生產、銷售商品（或提供服務）賺取盈餘的活動。**營業活動的現金流量**（cash flows from operating activities）包括影響本期淨利的交易且為投資與籌資活動以外的交易及其他事項所造成的現金流入與流出。所以主要影響的項目為資產負債表中的流動資產與流動負債，及綜合損益表中與本期淨利相關的收益及費損項目。

營業活動的現金流入項目通常包括：

1. 交易型態為一手交錢、一手交貨者：現金銷售商品及提供勞務。
2. 客戶為先享受後付款者：賒銷產生的應收帳款或應收票據自顧客收現之金額。
3. 客戶為先付款後享受者：預收收入相關之預收金額。
4. 收取利息及股利。（依國際會計準則，利息收入及股利收入可以列為營業活動的現金流入或是投資活動的現金流入。）

> **營業活動的現金流量** 營業活動為企業生產、銷售商品（或提供服務）賺取盈餘的活動，營業活動的現金流量包括影響本期淨利的交易、投資與籌資活動以外的交易及其他事項所造成的現金流入與流出。

5. 其他非因投資與籌資活動所產生的現金收入,如收回存出保證金、收到訴訟受償款、收取存貨保險理賠款等。

營業活動的現金流出項目通常包括:

1. 交易型態為一手交錢、一手交貨者:現金購買服務、原料或商品。
2. 本公司先享受商品或服務而後才付款給供應商者:償還對供應商之應付帳款及應付票據。
3. 本公司先付款給供應商而後才享受商品或服務者:預付貨款相關之預付金額。
4. 支付各項營業成本中人工及製造費用:如薪資、保險費用、租金、維修、水電費用等支出。
5. 支付各項營業費用:如支付銷售門市部、總管理處及研究開發等單位之費用。
6. 支付所得稅、罰款及規費。
7. 支付利息及股利。(依國際會計準則,利息支出與股利支出可以列為營業活動的現金流出或是籌資活動的現金流出。)
8. 其他非因投資與籌資活動所產生的現金支出:如訴訟賠償、捐贈等。

IAS 7規定:
1. 收取之利息及股利可選擇列入營業活動或投資活動。
2. 支付之利息及股利可選擇列入營業活動或籌資活動。

值得注意的是,由於收取之利息與股利為本期淨利決定之一部分(分別歸類於利息收入及股利收入),故我國原本之財務會計準則是將其分類為營業活動現金流量;但國際財務報導準則 IAS 7 允許公司在各期一致的情形下,選擇列入營業活動或投資活動之現金流量。同樣地,支付之利息亦為本期淨利決定之一部分(歸類為利息費用),故我國原本之財務會計準則亦將其分類為營業活動現金流量;IAS 7 亦允許公司在各期一致的情形下,選擇列入營業活動或籌資活動之現金流量。至於支付之股利因其不是淨利決定之一部分,而是因公司發行股份籌資而產生,所以我國原本之財務會計準則將其分類為籌資活動現金流量,但 IAS 7 規定亦得選擇分類為營

業活動現金流量或籌資活動現金流量。本章及後續釋例皆假設公司所作的選擇是將收取之利息與股利及支付之利息分類為營業活動，支付之股利列入籌資活動。

營業活動的現金流量，可以用直接法或間接法計算與表達，不論是直接法或間接法，現金流量表中營業活動之現金流量金額都相等。同時，投資活動與籌資活動之現金流量計算與表達也不會受到影響。以下先說明間接法，然後再介紹直接法以及「改良式」間接法。

17.2.1　間接法

間接法（indirect method）顯示並調節本期淨利金額和營業活動之現金流量間的差異，告訴閱表者「為什麼本期淨利不等於本期的營業活動之現金流量？」例如，**易威生醫**（股票代號：1799）民國 110 年第一季稅前淨利為 540（千元），資產負債表卻顯示自民國 110 年初至 3 月底現金及約當現金餘額減少 33,930（千元），究竟自營業活動產生多少現金，並無法自這兩個財務報表得知，採用間接法不僅與直接法一樣可告知閱表者這個訊息，且可分析本期淨利與營業活動現金流量之差異原因。

表 17-3 是又漢公司 ×6 年度之現金流量表。在現金流量表中數字金額打括號處，表示這一項活動會耗用現金（流出），在現金流量表中沒有打括號處，表示企業於本期因這一項活動取得現金（流入）。由於財務報表中的損益認列係採用應計（權責發生）基礎，而認列的時間和實際收款或付款時間未必在同一會計期間，因此會造成損益金額和現金流量間有差異。應用間接法表達營業活動現金流量的公司，以綜合損益表中的本期淨利，調整不影響現金的損益項目、長期資產處分及債務清償的損益項目，以及有關的營業流動資產及營業流動負債項目變動金額，以計算當期由營業活動產生之淨現金流入或淨現金流出。

不影響現金之損益項目主要有折舊、折耗或無形資產攤銷費用等，例如折舊費用的認列並未直接減少現金，但淨利係扣除折舊費

> **間接法**　顯示並調節本期損益金額和營業活動之現金流量間的差異，告訴閱表者「為什麼本期淨利不等於本期的營業活動之現金流量？」

表 17-3　又漢公司的現金流量表

又漢公司
現金流量表
×6 年 1 月 1 日至 12 月 31 日　　　　（單位：元）

	×6 年
營業活動之現金流量：	
本期淨利	$837,000
折舊費用	34,600
處分及報廢不動產、廠房及設備損失	66,000
相關營業資產及負債之淨變動：	
應收帳款（增加）減少	(109,000)
存貨（增加）減少	(216,000)
應付帳款增加（減少）	7,200
應付費用及其他應付款項增加	80,200
營業活動之淨現金流入	**700,000**
投資活動之現金流量：	
取得透過其他綜合損益按公允價值衡量之金融資產投資	(82,500)
處分透過其他綜合損益按公允價值衡量之金融資產投資價款	90,000
取得不動產、廠房及設備	(109,000)
處分不動產、廠房及設備	5,500
存出保證金（增加）減少	(4,000)
投資活動之淨現金流出	**(100,000)**
籌資活動之現金流量：	
短期借款增加（減少）	(10,000)
發放現金股利	(580,000)
籌資活動之淨現金流入	**(590,000)**
匯率變動對現金及約當現金之影響	10,000
本期現金及約當現金增加數	20,000
期初現金及約當現金餘額	100,000
期末現金及約當現金餘額	$120,000

用（但不應誤解為折舊費用將增加現金流量）後之金額，所以要加回折舊費用。我們可利用下面的式子加強理解：

$$淨利 = \frac{現金}{收入} + \frac{非現金}{收入} - \frac{現金}{費用} - \frac{非現金}{費用}$$

$$\frac{營業活動之}{現金流量} = \frac{現金}{收入} - \frac{現金}{費用}$$

所以，

$$\frac{營業活動之}{現金流量} = \frac{現金}{收入} - \frac{現金}{費用} = 淨利 - \frac{非現金}{收入} + \frac{非現金}{費用}$$

想從企業的淨利推算到營業活動之淨現金流量，第一步是要加回折舊等非現金費用。

此外，處分不動產、廠房及設備或處分投資發生的損益會影響淨利，但此項目係屬投資活動，並非營業活動，應予調整，若有利益，應予扣除；若有損失，則應加回。×6年又漢公司處分及報廢不動產、廠房及設備損失為 $66,000，處分資產所得價款小於帳面金額，固然是綜合損益表中費損項目，但是好歹也拿回來一些現金，即其處分不動產、廠房及設備所得的價款 $5,500，處分損失其實是一種不用消耗現金的費損項目，故應就淨利加回損失金額（如有處分利益，則應自淨利金額減除處分資產利益的金額）。加回（減除）處分不動產、廠房及設備的損失（利益），是企業從淨利推算到營業活動之現金流量的第二步。

表 17-3 中相關營業資產及負債之淨變動項下，應收帳款增加對應於現金減少、應收帳款減少對應於現金增加。因為我們寫成「應收帳款（增加）減少」，增加放在括號中；減少沒有放在括號中。也就是說，企業從淨利推算到營業活動之現金流量的第三步是：

1. 扣除各項「非現金相關營業流動資產餘額的增加」。
2. 加上各項「非現金相關營業流動資產餘額的減少」。
3. 加上各項「相關營業流動負債餘額的增加」。
4. 扣除各項「相關營業流動負債餘額的減少」。

此一步驟的原理如表 17-1 所述：現金的增加，會伴隨非現金資產的減少、負債的增加、權益的增加；現金的減少，會伴隨非現金資產的增加、負債的減少、權益的減少。

動動腦

弗雷科技 ×3 年的淨利是 $60,000，折舊費用 $20,000，處分不動產、廠房及設備利益 $16,000，存貨增加 $7,000，應付帳款減少 $3,000，請用間接法為弗雷科技計算 ×3 年營業活動之現金流量。

解析

營業活動之現金流量

= 淨利 + 折舊等非現金費用 − 處分不動產、廠房及設備利益 − 非現金流動資產數額的增加 − 各項流動負債餘額的減少

= 淨利 + 折舊費用 − 處分不動產、廠房及設備利益 − 存貨增加金額 − 應付帳款減少金額

= $60,000 + $20,000 − $16,000 − $7,000 − $3,000

= $54,000（流入）

釋例 17-2

以下是克利維公司 ×3 年度相關資料：

本期淨利	$11,000
折舊費用	30,800
處分長期投資利益	20,000
處分不動產、廠房及設備利益	2,200
應收票據減少	4,600
應收帳款（淨額）增加	300
存貨增加	1,000
預付費用減少	1,000
應付帳款增加	3,000
應計費用增加	600
預收收入增加	1,400
應付所得稅增加	400

試作：以間接法計算克利維公司 ×3 年度營業活動之現金流量。

解析

克利維公司
現金流量表
×3 年 12 月 31 日

本期淨利	$11,000
折舊費用	30,800
處分長期投資利益	(20,000)
處分不動產、廠房及設備利益	(3,300)
應收票據減少	4,600
應收帳款增加	(300)
存貨增加	(1,000)
預付費用減少	1,000
應付帳款增加	3,000
應計費用增加	600
預收收入增加	1,400
應付所得稅增加	400
營業活動之現金流入	$28,200

　　初學者利用另一方法，也可理解為什麼表 17-3 相關營業資產及負債之淨變動項下，應收帳款增加使現金減少：當應收帳款巨幅增加，老闆問道：「明明盈餘是正的，營業活動之現金流量怎麼會這麼低？賺錢賺到哪裡去了？」員工回答：「現金都積壓在應收帳款，沒有收回來。」

　　同理，表 17-3 相關營業資產及負債之淨變動項下，存貨增加使現金減少，存貨減少則使現金增加。老闆問道：「明明盈餘是正的，營業活動之現金流量怎麼會這麼低？賺錢賺到哪裡去了？」員工也可能回答：「現金都積壓在購買存貨，所以公司的現金沒有增加。」表 17-3 相關營業資產及負債之淨變動項下，流動負債增加使現金增加，流動負債減少則使現金減少。例如，應付帳款減少使現金減

少。老闆問道：「明明盈餘是正的，營業活動之現金流量怎麼會這麼低？賺錢賺到哪裡去了？」員工回答：「現金都被拿去加速償還積欠之款項。」同理，應付帳款增加對應現金增加、老闆問道：「明明盈餘很小，營業活動淨現金流量怎麼會這麼高？沒賺錢現金怎麼會增加？」員工也可能回答：「報告老闆，本期本公司所有應付款均儘量延遲付款，許多應付帳款年底時都沒有還，所以公司的現金會增加。」

第三種理解方式乃是利用會計恆等式的關係推導。

因為

$$資產 = 負債 + 權益$$

所以，

$$現金 + 非現金流動資產 + 非流動資產 = 流動負債 + 非流動負債 + 權益$$

移項，

$$現金 = 流動負債 + 非流動負債 + 權益 - (非現金流動資產 + 非流動資產)$$

所以，

$$現金增加數 = 流動負債增加數 + 非流動負債增加數 + 權益增加數 - (非現金流動資產增加數 + 非流動資產增加數)$$

又因為

(1) 非流動資產增加數 = 本期購置非流動資產耗用金額 − (本期出售非流動資產價款 + 出售非流動資產損失 − 出售非流動資產利益) − 本期非流動資產折舊、折耗與攤銷

(2) 非流動負債增加數 = 本期新增加借款或公司債 − 本期所償還借款或公司債

(3) $\text{權益增加數} = \text{本期淨利} + \text{本期發行各類股票取得資金} - \text{本期買回庫藏股票耗用資金} - \text{本期現金股利}$

所以，

$\text{現金增加數} = \text{本期淨利} + (\text{流動負債增加數} - \text{非現金流動資產增加數})$

$+ (\text{本期出售非流動資產價款} + \text{出售非流動資產損失} - \text{出售非流動資產利益}$

$- \text{本期非流動資產折舊、折耗與攤銷} - \text{本期購買非流動資產耗用金額})$

$+ (\text{本期新增加借款或公司債} - \text{本期所償還借款或公司債})$

$+ (\text{本期發行各類股票取得資金} - \text{本期買回庫藏股票耗用資金} - \text{本期現金股利})$

其中，

$\text{營業活動之現金流量} = \text{本期淨利} - \text{本期非流動資產折舊、折耗與攤銷}$

$+ (\text{出售非流動資產損失} - \text{出售非流動資產利益})$

$+ (\text{流動負債增加數} - \text{非現金流動資產增加數})$

$\text{投資活動之現金流量} = (\text{本期出售非流動資產價款} - \text{本期購置非流動資產耗用金額})$

$\text{籌資活動之現金流量} = (\text{本期新增加借款或公司債} - \text{本期所償還借款或公司債})$

$+ (\text{本期發行各類股票取得資金} - \text{本期買回庫藏股票耗用資金} - \text{本期現金股利})$

以上三種方式均有助於理解現金流量表之編製方式，第三種方式更是現金流量表的「理論基礎」，建議讀者熟習各種理解方式。

17.2.2 直接法

直接法 如果採用直接法，企業會逐項列出當期各項營業活動所產生之現金流入及現金流出。

直接法（direct method）是將應計基礎之綜合損益表換成現金基礎之收現金與付現金報表，直接列示當期營業活動所產生之各項現金流入的來源及現金的去處，此法最大的優點在於將構成營業活動現金流量的組成分子逐項列示，使財務報表的讀者較容易預測未來的現金流量。國際會計準則理事會（IASB）鼓勵（但非強制）企業採用直接法報導營業活動之現金流量。IASB 認為直接法提供可能有助於估計未來現金流量的資訊，而這些資訊在依間接法編製的現金流量表中無法獲得。一般而言，在直接法下所列示的營業活動現金流量包括：

1. 銷貨的收現。
2. 利息收入及普通股、特別股現金股利的收現（亦得列入投資活動）。
3. 其他營業收益的收現。
4. 進貨付現。
5. 支付薪資。
6. 支付利息及普通股、特別股現金股利（亦得列入籌資活動）。
7. 支付所得稅。
8. 支付其他營業費用。

釋例 17-3

羅古德企業於 ×0 年度除現金銷貨 $200,000 外，並自客戶木透公司收到應收款 $80,000，另收到巴提公司預付貨款 $80,000，羅古德企業共支付上游供應商第一零件公司貨款 $60,000，支付員工薪資 $100,000，請問羅古德企業於 ×0 年度營業活動之現金流量是多少？

解析

營業活動之現金流量 = $200,000（現金銷貨）
  + $80,000（應收款收現）
  + $80,000（收到顧客預付貨款）

　　　　　　－ $60,000（支付上游供應商貨款）
　　　　　　－ $100,000（支付員工薪資）
　　　　　　＝ $200,000（淨現金流入）

　　直接法現金流量表下的營業活動部分，要如何將應計基礎之綜合損益表轉換為現金基礎之列示方式呢？首先，折舊等非現金費用無須轉換，或者說它們轉換後的現金流量為 $0，所以無須列出。其次，處分不動產、廠房及設備損益及處分投資損益（此類損益也無須轉換，它們轉換後的現金流量屬於投資活動而非營業活動）。其餘需轉換項目的轉換方法如下；詳細的推理過程則請見本章附錄。

1. 將各類收入（如銷貨、利息、股利）轉換為各類收現：與該收入相關之應收與預收項目金額變動有關。

$$\text{收入之收現} = \text{收入} \begin{cases} + \text{應收科目減少數} \\ - \text{應收科目增加數} \end{cases}$$

$$\begin{cases} + \text{預收科目增加數} \\ - \text{預收科目減少數} \end{cases}$$

2. 將銷貨成本此項費用轉換為進貨付現：與存貨及應付帳款項目金額變動有關。

$$\text{進貨之付現} = \text{銷貨成本} \begin{cases} + \text{存貨增加數} \\ - \text{存貨減少數} \end{cases}$$

$$\begin{cases} + \text{應付帳款減少數} \\ - \text{應付帳款增加數} \end{cases}$$

3. 其餘現金費用轉換為費用付現：該費用相關之應計與預付項目金額變動有關。

$$\text{費用之付現} = \text{費用} \begin{cases} + \text{應計科目減少數} \\ - \text{應計科目增加數} \end{cases}$$

$$\begin{cases} + \text{預付科目增加數} \\ - \text{預付科目減少數} \end{cases}$$

釋例 17-4

沿釋例 17-2，且克利維公司 ×3 年度綜合損益表（部分）列示如下：

克利維公司
×3 年度綜合損益表（部分）

銷貨收入淨額	$100,000
銷貨成本	(41,000)
銷貨毛利	59,000
營業費用（不含折舊）	(37,797)
折舊費用	(30,800)
利息費用	(500)
處分長期投資利益	20,000
處分不動產、廠房及設備利益	3,300
稅前淨利	20,253
所得稅費用	(2,253)
本期淨利	$ 11,000

假設應收票據與應收帳款均為賒銷而發生。試作：以直接法列克利維公司 ×3 年度現金流量表之營業活動現金流量部分。

解析

折舊為非現金費用，處分不動產、廠房及設備利益及處分長期投資利益屬投資活動，此三項項目無須轉換。其餘項目轉換如下：

1. 「銷貨收入」轉換成「向顧客收現」
   向顧客收現＝銷貨收入 ＋應收票據減少－應收帳款增加＋預收收入增加
   ＝ $100,000 ＋ $4,600 － $300 ＋ $1,400
   ＝ $105,700

2. 「銷貨成本」轉換成「進貨付現」：
   進貨付現＝銷貨成本＋存貨增加－應付帳款增加
   ＝ $41,000 ＋ $1,000 － $3,000
   ＝ $39,000

3. 「營業費用」轉換成「營業費用付現」：
   費用付現＝營業費用－預付費用減少－應計費用增加
   ＝ $37,797 － $1,000 － $600
   ＝ $36,197

4. 「利息費用」轉換成「利息付現」：
   利息付現 = $500（利息費用）= $500
5. 「所得稅費用」轉換成「所得稅付現」：
   所得稅付現 = 所得稅費用 － 應付所得稅增加
   　　　　　 = $2,253　　　 － $400
   　　　　　 = $1,853

故克利維公司 ×3 年度現金流量表中直接法列示之營業活動現金流量部分如下：

克利維公司 ×3 年度現金流量表（部分）──直接法	
營業活動現金流量	
向顧客收現	$105,700
進貨付現	(39,000)
營業費用付現	(36,197)
利息付現	(500)
所得稅付現	(1,853)
營業活動現金淨流入	$ 28,200

17.2.3　「改良式」間接法

　　收取與支付利息，收取與支付股利，與支付所得稅等五項現金流量，是國際財務報導準則要求須單獨揭露的。此項要求在直接法編製的現金流量表中沒有問題，因為是按各項現金收取及各項現金支付分別列示。但在採間接法編製時，則無法於報表本體表達，需另行於附註揭露。為了使間接法編製時也能在報表本體兼顧此一揭露規定，國際財務報導準則於 IAS 7 之釋例中，提供了一種稍有變革之間接法編製的現金流量表，我國財務報告編製準則之附表亦採相同格式，本書以下以「改良式」間接法現金流量表稱之。

　　「改良式」間接法與原本間接法之主要差異，在其調整方式係先將與利息、股利與所得稅相關之收益費損項目對本期淨利之影響消除，再另就利息、股利與所得稅相關之現金流量單獨列示為營業

活動現金流入或流出。也就是「改良式」間接法是由稅前淨利（亦即將本期淨利加回所得稅費用）開始，其調整項目除包括間接法之原有項目外，尚須加回利息費用、減去利息收入與股利收入後，得到「營運產生之現金」一項，之後再加上收取股利與利息之現金流入，減去支付所得稅、股利與利息之現金流出後，即為營業活動之現金流量。

值得特別注意的是，由於所得稅費用、利息費用、利息收入與股利收入均已由本期淨利中消除，收取與支付利息，收取與支付股利，與支付所得稅之現金流量又單獨列示，所以關於這些項目的應收（付）項目及預收（付）項目變動已無須再調整。

表 17-4 所列示的**易威生醫** 110 及 109 年度第一季之現金流量表即是依據「改良式」間接法編製，其中營業活動之現金流量乃是以稅前淨利加以調整而得，並單獨表達收取之利息、支付之利息與支付之所得稅金額：**易威生醫**在 110 及 109 年度第一季並未收取任何股利，故未表達收取股利之金額。

17.3 投資活動之現金流量

學習目標 3
了解投資活動現金流量的意義及計算方法

投資活動係指取得或處分非流動資產及其他非屬約當現金活動項目之投資活動，如取得與處分非持有供交易之金融資產資金、不動產、廠房及設備、無形資產及其他非流動資產、天然資源（例如油礦）、無形資產（例如專利權）及其他投資等。所以主要影響項目為資產負債表中之非流動資產項目。

投資活動的現金流入通常包括：

1. 處分不動產、廠房及設備、無形資產及其他非流動資產所收取之款項。
2. 收回貸款及處分債券及票券投資之價款，但不包括**列為透過損益按公允價值衡量之債券**、票券投資及約當現金部分。
3. 處分權益證券之價款，但不包括**透過損益按公允價值衡量**之權益證券。

表 17-4　易威生醫的現金流量表

易威生醫科技股份有限公司及其子公司
合併現金流量表（節略）
民國 110 年第 1 季　　　　　　　　　　　　　　　　　（單位：千元）

	110.01.01-110.03.31	109.01.01-109.03.31
營業活動之現金流量：		
本期稅前淨利（淨損）	$540	$(47,835)
調整項目：		
不影響現金流量之收益費損項目：		
折舊費用	15,527	17,203
⋮		
利息費用	3,689	4,342
利息收入	(385,685)	(349,033)
與營業活動相關之資產／負債變動數：		
與營業活動相關之資產淨變動：		
應收票據增加	(14,066)	(22,259)
⋮		
與營業活動相關之負債淨變動：		
應收票據增加	7,516	20,525
⋮		
營運產生之現金流出	(37,212)	(43,976)
收取之利息	184	118
支付之利息	(3,801)	(4,029)
支付所得稅	(794)	(0)
營業活動之淨現金流出	**(41,623)**	**(47,887)**
投資活動之現金流量：		
處分按攤銷後成本衡量之金融資產	0	(51,000)
取得不動產、廠房及設備	(120)	(7,744)
⋮		
投資活動之淨現金流入	**10,353**	**43,256**
籌資活動之現金流量：		
償還公司債	(0)	(102,000)
租賃本金償還	(2,387)	(1,980)
⋮		
籌資活動之淨現金流出	**(2,387)**	**(103,980)**
匯率變動對現金及約當現金之影響	(273)	(932)
本期現金及約當現金減少數	(33,930)	(109,543)
期初現金及約當現金餘額	144,889	237,267
期末現金及約當現金餘額	$110,959	$127,724

4. 因期貨合約、遠期合約、交換合約、選擇權合約或其他性質類似之金融工具所產生之現金流入,但不包括持有供交易者。
5. 利息收入及普通股、特別股現金股利的收現(亦得列入營業活動)。

釋例 17-5

沿釋例 17-2,試作:以「改良式」間接法列示克利維公司 ×3 年度現金流量表之營業活動現金流量部分。

解析

克利維公司
×3 年度現金流量表(部分)——改良式間接法

營業活動現金流量	
稅前淨利	$13,253
折舊費用	30,800
利息費用	500
處分長期投資利益	(20,000)
處分不動產、廠房及設備利益	(3,300)
應收票據減少	4,600
應收帳款增加	(300)
存貨增加	(1,000)
預付費用減少	1,000
應付帳款增加	3,000
應計費用增加	600
預收收入增加	1,400
營運產生之現金	$30,553
支付利息	(500)
支付所得稅	(1,853)
營業活動現金淨流入	$28,200

請特別注意,與間接法相較,「改良式間接法」中與所得稅費用、利息費用、利息收入與股利收入相關的應收(付)項目及預收(付)項目,已無須再調整其變動。故相較於釋例 17-2,本例中「應付所得稅增加 $400」不必調整。

投資活動的現金流出通常包括：

1. 取得不動產、廠房及設備、無形資產及其他非流動資產所支付之款項。
2. 承作貸款及取得債券及票券投資，但不包括取得**列為透過損益按公允價值衡量之債券**、票券投資及約當現金部分。
3. 取得權益證券，但不包括持有**列為透過損益按公允價值衡量**之權益證券。
4. 因期貨合約、遠期合約、交換合約、選擇權合約或其他性質類似之金融工具所產生之現金流出，但不包括持有供交易者。

投資活動之現金流量（cash flows from investing activities）可用下式簡要表達：

> 投資活動之現金流量 = 本期出售非流動資產價款 − 本期購買非流動資產耗用金額

投資活動之現金流量＝本期出售非流動資產價款－本期購買非流動資產耗用金額

釋例 17-6

×7 年史拉轟公司於出售列為透過其他綜合損益按公允價值衡量金融資產之博知維股票獲得 $40,000，處分機器設備獲得 $200,000，購買運輸設備付出 $80,000，購買列為透過其他綜合損益按公允價值衡量金融資產之嘉拉堤半導體股票付出 $80,000，請計算 ×7 年該公司之投資活動現金流量。

解析

投資活動之現金流量 = 本期出售非流動資產價款 − 本期購買非流動資產耗用金額

= 出售博知維股票獲得 + 處分機器設備獲得 − 購買運輸設備付出 − 購買嘉拉堤半導體股票付出

= $40,000 + $200,000 − $80,000 − $80,000

= $80,000

17.4 籌資活動之現金流量

> **學習目標4**
> 了解籌資活動現金流量的意義及計算方法

籌資活動包括業主投資、分配予業主與籌資性質債務的舉借及償還等,所以主要影響項目為資產負債表中之非流動負債和權益項目。

籌資活動的現金流入通常包括:

> **籌資活動** 包括業主投資、分配予業主與籌資性質之債務舉借及償還等

1. 現金增資發行新股所得之金額。
2. 舉借債務、向銀行借款、發行公司債等所得之金額。
3. 出售庫藏股票所得之金額。

籌資活動的現金流出通常包括:

1. 支付普通股、特別股現金股利、支付利息之金額(亦得列入營業活動)。
2. 償還銀行借款、公司債等債務所支付之金額。
3. 實施庫藏股票,購買本企業原已流通在外股票及退回資本所支付之金額。

請注意,因為支付之股利為取得資金所付出成本,故得分類為籌資活動現金流量。此外,為幫助使用者決定企業以營業活動現金流量支付股利之能力,支付之股利亦得分類為來自營業活動現金流量之組成部分。本章及後續釋例皆假設支付之股利分類為籌資活動。

籌資活動之現金流量(cash flows from financing activities)可用下式簡要表達:

$$\text{籌資活動之現金流量} = (\text{本期新增加借款或公司債} - \text{本期所償還借款或公司債})$$
$$+ (\text{本期發行各類股票取得資金} - \text{本期買回(贖回)各類股票耗用資金} - \text{本期現金股利})$$

此外,投資及籌資活動如有影響企業財務狀況而不直接影響現金流量者,IFRS 特別規定不應表達於現金流量表,而應表達於其他報表或是附註。

釋例 17-7

×8 年度孚立維公司以現金增資發行新股共獲得 $2,600,000，向銀行借款 $1,600,000，支付現金股利 $1,000,000，實施庫藏股票，購買本企業原已流通在外股票共付出 $400,000，請計算孚立維公司 ×8 年度之籌資活動現金流量。

解析

$$
\begin{aligned}
\text{籌資活動之現金流量} &= \left(\text{本期新增加借款或公司債} - \text{本期所償還借款或公司債}\right) \\
&\quad + \left(\text{本期發行各類股票取得資金} - \text{本期買回庫藏股票耗用資金} - \text{本期現金股利}\right) \\
&= \text{新增銀行借款} + \text{增資發行新股獲得} - \text{購買庫藏股票付出} - \text{支付現金股利} \\
&= \$1,600,000 + \$2,600,000 - \$400,000 - \$1,000,000 \\
&= \$2,800,000
\end{aligned}
$$

👉 IFRS 一點就亮

IFRS 要求利息及股利之收取及支付金額應於現金流量表中單獨表達。但是 IFRS 對於利息、股利收付之歸類，給予較大彈性，除要求金融業收付利息應列為營業活動項目；其他行業則可自由選擇：

現金利息收入，可以列為 (1) 營業活動或是 (2) 投資活動現金流入。
現金利息支出，可以列為 (1) 營業活動或是 (2) 籌資活動現金流出。
現金股利收入，可以列為 (1) 營業活動或是 (2) 投資活動現金流入。
現金股利支出，可以列為 (1) 營業活動或是 (2) 籌資活動現金流出。

截至目前為止，我們已經知道如何編製營業活動、投資活動及籌資活動的現金流量。直接法、間接法與「改良式」間接法是營業活動現金流量的不同報導方式，但是不論採用何種方法，投資活動之現金流量與籌資活動之現金流量內容呈現方式均相同。將營業活動、投資活動及籌資活動三大部分之現金流量加總，即可得出本期現金及約當現金之淨增加（或淨減少）數額，以作為本期期初與期末現金及約當現金餘額之調節。表 17-5 為**致伸科技**（股票代號：

表 17-5　致伸科技現金流量表（部分）

致伸科技股份有限公司及子公司 合併現金流量表（部分） 民國 110 年 1 月 1 日至 3 月 31 日	（單位：千元）
營業活動之淨現金流出	$(8,572,374)
投資活動之淨現金流出	(516,769)
籌資活動之淨現金流入	8,390,443
匯率變動影響數	(69,834)
現金及約當現金淨減少數	$ (768,534)
期初現金及約當現金餘額	6,935,353
期末現金餘額	$ 6,166,819

4915）民國 110 年第一季三大現金流量部分資訊彙總，可作為調節期初與期末現金及約當現金餘額差異之說明。

17.5　與現金流量有關的財務比率

學習目標 5
了解與現金流量有關之財務比率以評估企業獲利情況及償債能力

本節說明與現金流量有關之財務比率，以評估企業獲利情況及清償債務能力，包括現金流量涵蓋比率、現金流量允當比率、現金再投資比率，這些比率可以和企業經常揭露的流動比率、負債比率、週轉率、利潤率、投資報酬率等相輔相成。

1. 現金流量涵蓋比率（current cash debt coverage ratio）

現金流量涵蓋比率（或稱現金流量比率）　現金流量涵蓋比率＝營業活動之現金流量÷平均流動負債

$$\text{現金流量涵蓋比率} = \frac{\text{營業活動之現金流量}}{\text{平均流動負債}}$$

此比率又稱現金流量比率，衡量當年度營業活動之現金流量足以抵償流動負債的倍數。營業活動之現金流量係過去 1 年所產生者，此一金額作為預測企業在未來 1 年由營業活動產生現金流量的能力以期在流動負債到期時有足夠的現金償還。

2. 現金流量允當比率（current cash adequacy ratio）

$$現金流量允當比率 = \frac{最近5年度營業活動現金流量之平均數}{最近5年度（資本支出＋存貨增加額＋現金股利）之平均數}$$

現金流量允當比率
現金流量允當比率＝最近5年度營業活動之現金流量平均數 ÷ 最近5年度（資本支出＋存貨增加額＋現金股利）平均數

此比率衡量營業活動所產生的淨現金流量，是否足以支付各項資本支出、存貨淨投資及發放現金股利？為避免某1年度異常因素的影響，本比率以最近5年度金額的平均數計算。現金流量允當比率若大於100%，即表示營業活動的淨現金流量足以支應各項資本支出、存貨淨投資及現金股利的需要，無需向外籌資；反之，若小於100%，則表示營業活動淨現金流量不足以供應目前營運水準及支付股利需要。

3. 現金再投資比率（current cash reinvestment ratio）

$$現金再投資比率 = \frac{營業活動淨現金流量 － 普通股現金股利}{平均總資產}$$

現金再投資比率
現金再投資比率＝（營業活動淨現金流量－普通股現金股利）÷ 平均總資產

現金再投資比率高，表示公司有較多來自營業活動資金，較可應付公司資產的替換及營運成長所需。

釋例 17-8

雷木思企業在×2年初的現金及約當現金是 $160,000，總資產 $4,400,000，流動負債 $1,220,000，×6年底的現金及約當現金是 $180,000，總資產 $5,200,000，流動負債 $1,180,000。當年度營業活動淨現金流量是 $2,400,000，普通股現金股利 $480,000。雷木思近5年來的營業活動淨現金流量平均數額是 $2,000,000，近5年來資本支出、存貨增加額及現金股利總和的平均數額是 $1,000,000。

試作：雷木思企業的 (1) 現金流量涵蓋比率；(2) 現金流量允當比率；(3) 現金再投資比率。

解析

(1) 現金流量涵蓋比率 $= \dfrac{\text{營業活動之現金流量}}{\text{平均流動負債}} = \dfrac{\$2,400,000}{(\$1,220,000 + \$1,180,000) \div 2}$

　　 $= 200\%$

(2) 現金流量允當比率

$= \dfrac{\text{最近 5 年度營業活動現金流量之平均數}}{\text{最近 5 年度（資本支出＋存貨增加額＋現金股利）之平均數}}$

$= \dfrac{\$2,000,000}{\$1,000,000} = 200\%$

(3) 現金再投資比率 $= \dfrac{\text{營業活動之現金流量} - \text{普通股現金股利}}{\text{平均總資產}}$

$= \dfrac{\$2,400,000 - \$480,000}{(\$5,200,000 + \$4,400,000) \div 2} = 40\%$

大功告成

卡羅公司 ×8 年及 ×9 年 12 月 31 日的資產負債表如下：

卡羅公司
資產負債表
×9 年底及 ×08 年底

	×9 年 12 月 31 日	×8 年 12 月 31 日
資產		
現金	$ 10,000	$ 16,000
應收帳款（淨額）	36,000	20,000
存貨	48,000	40,000
土地	-	12,000
機器設備	224,000	64,000
累計折舊	(40,000)	(20,000)
資產總額	$278,000	$132,000
負債		
應付帳款	$ 16,000	$ 12,000
應付票據-短期	8,000	16,000
應付票據-長期	76,000	24,000
權益		
普通股股本	136,000	60,000
保留盈餘	52,000	20,000
負債及權益總額	$278,000	$132,000

其他補充資料如下：

1. ×9 年度之本期淨利為 $74,000，折舊費用為 $10,000。
2. 按帳列金額出售土地。
3. 以現金 $60,000 及簽發長期應付票據 $100,000 購入機器設備。
4. 現金增資發行普通股 $18,000。
5. 發放現金股利 $32,000

試作：以間接法編製 ×7 年度之現金流量表。

解析

卡羅公司
現金流量表
×9 年度

營業活動之現金流量		
本期淨利		$74,000
調整項目		
折舊	$ 10,000	
應收帳款增加	(16,000)	
存貨增加	(8,000)	
應付帳款增加	4,000	
短期應付票據減少	(8,000)	(8,000)
營業活動之淨現金流入		$56,000
投資活動之現金流量		
出售土地	$ 12,000	
購買機器設備	(60,000)	
投資活動之淨現金流出		(48,000)
籌資活動之現金流量		
發放現金股利	$(32,000)	
發行普通股	28,000	
籌資活動之淨現金流出		(14,000)
本期現金及約當現金增加數		$ 6,000
期初現金及約當現金餘額		16,000
期末現金及約當現金餘額		$10,000

摘要

通常非現金資產（現金以外的其他資產）增加（減少），會造成現金減少（增加）。負債的增加（減少），會造成現金的增加（減少）。權益的增加（減少），會造成現金的增加（減少）。現金流量表說明「現金及約當現金」因何理由增加、減少。約當現金，指形式上不屬於現金，但隨時可轉換成定額現金，常常是 3 個月內到期、利率變動對其價值的影響很小的短期且具高度流動性的投資。

在間接法下，由本期淨利推算營業活動的現金流量，方法為：

$$\begin{aligned}\text{營業活動之現金流量} = &\text{淨利} + \text{不動用現金的費用} - \text{不產生現金的收益} + \text{處分投資（含不動產、廠房及設備）及清償債務的損失} \\ &- \text{處分投資（含不動產、廠房及設備）及清償債務的利益} \\ &+ \text{與營業有關的資產減少或負債增加數} - \text{與營業有關的資產增加或負債減少數}\end{aligned}$$

如果採用直接法，企業會在現金流量表中直接列示當期各項營業活動所產生現金流入及現金流出各多少，報導企業銷售商品或服務客戶所收現之金額，以及為支付供應商（進貨）、支付員工（薪資）、支付債權人（利息）、支付政府（所得稅）之金額。投資活動之現金流量即本期出售非流動資產價款與本期購置非流動資產耗用現金之差額；籌資活動現金流量包括業主投資、分配予業主與籌資性質債務的舉借及償還等造成之現金增加或減少。

現金流量涵蓋比率衡量當年度營業活動現金流量足以抵償流動負債的倍數。現金流量允當比率衡量營業活動所產生的淨現金流量，是否足以支付各項資本支出、淨存貨增加及發放現金股利。現金再投資比率高，表示公司在扣除支付普通股股利後，有較多來自營業活動資金，較可因應公司資產的替換及營運成長所需。

學習目標 6
了解如何利用直接法現金流量表資料，推算當期自客戶收現、支付供應商或員工等各項營業活動之金額

附錄：推算各項營業活動之現金收付金額

由於綜合損益表之編製採用應計（權責發生）基礎，故綜合損益表中所列收益及費損金額不代表當期實際現金收付數。以下就幾個主要項目說明如何由收入、費用金額及資產負債表項目的變動推估現金流量的數字。

與應收帳款及應收票據（合稱應收款項）相關的現金收付金額

銷貨收入、應收款項餘額變動與現金流量間的關係可以下式表示：

期初應收款項餘額 + 本期銷貨收入 − 期末應收款項餘額 = 本期從顧客收現金額　（前兩項之和代表本期可收回現金總額）

所以，

本期從顧客收現金額 = 本期銷貨收入 − (期末應收款項餘額 − 期初應收款項餘額)

= 本期銷貨收入 − 本期應收款項變動數

與預收貨款相關的現金收付數

銷貨收入、預收貨款餘額變動與現金流量間的關係可以下式表示：

本期從顧客收現金額 = 期末預收貨款餘額 + 本期銷貨收入 − 期初預收貨款餘額

所以，

本期從顧客收現金額 = 本期銷貨收入 + (期末預收貨款 − 期初預收貨款)

= 本期銷貨收入 + 本期預收貨款項變動數

若同時考慮應收帳款、應收票據、預收貨款餘額的變動，則可得下列關係：

本期從顧客收現金額 = 本期銷貨收入 − 本期應收款項變動數 + 本期預收貨款變動數

與存貨、應付帳款與應付票據相關的現金收付金額

對買賣業或製造業而言，與營業活動有關的現金流出主要是付給供應商的價款。由於

$$\text{銷貨成本} = \text{期初存貨} + \text{本期進貨} - \text{期末存貨} = \text{本期進貨} - \text{本期存貨變動數}$$

$$\text{本期支付供應商現金金額} = \text{期初應付帳款} + \text{本期進貨} - \text{期末應付帳款} = \text{本期進貨} - \text{本期應付款項變動數}$$

由上兩式可得：

$$\text{本期支付供應商現金金額} = \text{銷貨成本} + \text{本期存貨變動數} - \text{本期應付帳款變動數}$$

上述公式算出的金額代表現金流出，因此為營業活動現金流量減項。因進貨而發生的應付票據，其增減變動的調整方式與應付帳款相同。但是因借、還款發生的應付票據，則應列入籌資活動的現金流量部分。

與應付費用及預付費用相關的現金收付金額

在計算與各項費用有關的現金流出，均可用下列公式計算，但應注意算出金額代表現金流出，因此等項目為營業活動現金流量減項。

$$\text{因各項費用產生之現金流出} = \text{帳列費用金額} - \text{本期應付費用變動數} + \text{本期預付費用變動數}$$

支付給員工的薪資現金可依下列公式計算：

$$\text{薪資付現金額} = \text{帳列薪資費用} - \text{本期應付薪資變動數} + \text{本期預付薪資變動數}$$

支付租金可依下列公式計算：

$$\text{租金付現金額} = \text{帳列租金費用} + \text{本期預付租金變動數} - \text{本期應付租金變動數}$$

釋例 17-9

魯霸企業 ×2 年銷貨收入 $17,000，銷貨成本 $16,000；年初應收帳款 $15,000、存貨 $16,000、應付帳款 $5,000；年底應收帳款 $12,000、存貨 $18,000、應付帳款 $3,000；則：

(1) 當年度該企業自顧客收現金額是多少？
(2) 當年度支付供應商貨款金額是多少？

解析

(1) 本期從顧客收現金額 ＝ 本期銷貨收入 －（期末應收帳款 － 期初應收帳款）
　　　　　　　　　＝ $17,000 －（$12,000 － $15,000）
　　　　　　　　　＝ $20,000

(2) 本期支付供應商貨款
　　＝ 銷貨成本 ＋（期末存貨 － 期初存貨）－（期末應付帳款 － 期初應付帳款）
　　＝ $16,000 ＋（$18,000 － $16,000）－（$3,000 － $5,000）
　　＝ $29,000

本章習題

＊（習題中之數字或金額可能較實務所見者為小，係為方便演練，簡化計算。）

問答題

1. 企業編製現金流量表究竟是採用應計（權責發生）基礎呢？還是採用現金基礎呢？
2. 企業編製綜合損益表究竟是採用應計（權責發生）基礎呢？還是採用現金基礎呢？
3. 企業現金流量表中，含括哪三大類會使現金增減的活動？
4. 什麼是營業活動之現金流量？
5. 請列舉六項會使企業現金增加的營業活動。
6. 請列舉六項會使企業現金減少的營業活動。
7. 什麼是約當現金？三年期定期存款可以列為約當現金嗎？
8. IFRS 對以間接法編製現金流量表所作的變革為何？
9. 如何以「直接法」編製計算現金流量表中「營業活動之現金流量」部分？
10. 以「間接法」編製計算現金流量表中「營業活動之現金流量」部分，其計算結果會和以「直接法」編製計算結果不同嗎？
11. 什麼是投資活動之現金流量？
12. 什麼是籌資活動之現金流量？

13. 下列各項目應歸屬為何種活動之現金流量？
    (1) 發行新股。
    (2) 購買設備。
    (3) 購買其他企業股票，增加長期投資。
    (4) 出售所持有其他企業股票，減少長期投資。
14. 下列各項目應歸屬為何種活動之現金流量？
    (1) 出售設備。
    (2) 支付股利。
    (3) 清償應付公司債。
    (4) 實施庫藏股票，買回本企業原已流通在外股票。
15. 什麼是「改良式間接法」之現金流量表？

選擇題

1. 有關企業在本期營業活動之現金流量，下列敘述何者正確？
   (A) 是資產負債表中，相較於上期期末現金的增減
   (B) 是企業因生產、銷售商品（或提供服務）賺取盈餘所帶來的現金
   (C) 是企業因取得或處分非流動資產及其他非屬約當現金活動項目所帶來的現金
   (D) 是企業因業主投資、分配予業主與籌資性質債務的舉借及償還所帶來的現金

2. 以下何者為正確敘述？
   (A) 企業從生產、銷售商品（或提供服務）賺取盈餘的活動，即營業活動
   (B) 投資活動係指取得或處分非流動資產及其他非屬約當現金活動項目之活動
   (C) 籌資活動包括業主投資、分配予業主與籌資性質債務的舉借及償還等
   (D) 以上皆正確

3. 帕莫娜公司×6年之相關資料如下：專利權攤銷 $4,000，以 $90,000 取得庫藏股票，應付帳款減少 $20,000，不動產、廠房及設備減少 $60,000，認列採權益法之關聯企業投資投資收益 $320,000，收到權益法之關聯企業投資公司分配現金股利 $0，長期債券投資溢價攤銷 $10,000，本期稅前純益 $426,000，支付所得稅 $0。帕莫娜公司×6年由營業活動產生之現金流量金額為何？

   (A) $90,000　　　　　　(B) $100,000
   (C) $110,000　　　　　 (D) $120,000　　　　　【改寫自會計師考試試題】

4. 下列關於現金流量表的敘述，何者錯誤？
   (A) 現金流量表的「現金」包括約當現金
   (B) 我國企業得採用直接法或間接法，實務上以採用「改良式間接法」者較多

(C) 營業活動的現金流量並不包括處分「透過損益按公允價值衡量之金融資產」
(D) 籌資活動所產生之現金流出包括支付股利　　　　【改寫自會計師考試試題】

5. 哪一種營業活動現金流量呈現方法是「顯示並調節本期稅前損益金額和營業活動之現金流量間的差異」？
   (A) 間接法　　　　　　　　(B) 直接法
   (C) 先進先出法　　　　　　(D) 餘額遞減法

6. 企業從本期稅前淨利算到營業活動之淨現金流量的過程中，應該如何處理？
   (A) 扣除各項「非現金流動資產餘額的增加」
   (B) 加上各項「廠房及設備餘額的減少」
   (C) 扣除各項「流動負債餘額的增加」
   (D) 以年數合計法計算

7. 龐芮電腦公司 ×7 年現金流量的相關資訊如下：購買辦公大樓 $4,000 萬，購買庫藏股票 $1,000 萬，支付利息 $200 萬，支付現金股利 $400 萬，購買平斯公司股票作為長期投資 $1,200 萬，借款給薇朵公司 $600 萬，購買專利權 $400 萬。試問龐芮 ×7 年投資活動之淨現金流出為何？
   (A) $5,600 萬　　　　　　(B) $5,800 萬
   (C) $6,200 萬　　　　　　(D) $7,000 萬　　　　【改寫自會計師考試試題】

8. 以間接法編製現金流量表，在計算來自營業活動的現金時，對於本期稅前淨利所作之調整作業當中，下列處理何者正確？
   (A) 應減去本期折舊費用
   (B) 應減去本期應付薪資之增加
   (C) 應減去本期應收帳款之增加
   (D) 應減去本期預付費用之減少　　　　　　　　　【公務人員初等考試】

9. 以間接法編製現金流量表時，下列哪一項是稅前淨利的減項？
   (A) 折舊費用　　　　　　　(B) 無形資產攤銷
   (C) 呆帳費用　　　　　　　(D) 應付所得稅減少數

10. 瑋航船運在計算由營業活動而來之現金流量時，不需要考慮下列何項目？
    (A) 折舊費用　　　　　　　(B) 應收帳款之增減變化
    (C) 支付購買土地價款　　　(D) 支付利息費用

11. 處分不動產、廠房及設備發生的損失會影響淨利，此項目於計算營業活動現金流量時，應如何處理？
    (A) 並非營業活動，應予扣除　(B) 並非營業活動，應予加回

(C) 屬於營業活動，應予扣除　(D) 屬於營業活動，應予加回

12. 處分不動產、廠房及設備發生的利益會影響淨利，此項目於計算營業活動現金流量時，應如何處理？
    (A) 並非營業活動，應予扣除　(B) 並非營業活動，應予加回
    (C) 屬於營業活動，應予扣除　(D) 屬於營業活動，應予加回

13. 處分長期投資發生的利益會影響淨利，此項目於計算營業活動現金流量時，應如何處理？
    (A) 並非營業活動，應予扣除　(B) 並非營業活動，應予加回
    (C) 屬於營業活動，應予扣除　(D) 屬於營業活動，應予加回

14. 胡奇企業出售帳列金額 $200,000 的投資一筆，獲利 $20,000，此筆投資係供交易目的持有並分類於「透過損益按公允價值衡量之金融資產」項下。胡奇企業應如何在現金流量表中表達此項交易？
    (A) 投資活動：現金流入 $180,000　(B) 投資活動：現金流入 $200,000
    (C) 投資活動：現金流入 $220,000　(D) 營業活動：現金流入 $220,000

15. 麥朵衛浴 ×3 年度淨利為 $4,000，預期信用損失 $2,000，存貨減少數 $2,800，應收帳款淨額增加數 $3,200，則 ×3 年營業活動之淨現金流入為何？
    (A) ($400)　(B) $5,600
    (C) $3,600　(D) $4,000

16. 下列何者不會造成投資活動的現金流出項目通常不包括？
    (A) 購買天然資源　(B) 非金融機構長期貸款給其他企業
    (C) 購買不動產、廠房及設備　(D) 實施庫藏股票

17. 根據以下瑞斗企業 ×2 年度資料：折舊費用 $36,000、應收帳款增加 $18,000、應付帳款減少 $12,000、出售設備利得 $30,000，購買設備 $60,000，發行公司債收取 $180,000，當年淨利 $300,000，該企業營業活動之淨現金流入為何？
    (A) $276,000　(B) $300,000
    (C) $312,000　(D) $336,000

18. 下列何者應分類在現金流量表之籌資活動項下？
    (A) 購回普通股，將作減資
    (B) 現金購買存貨
    (C) 宣告但尚未普通股現金股利
    (D) 可轉換公司債進行轉換價格重設

19. 路平公司 ×0 年度之財務報表顯示其銷貨收入為 $200,000，應收帳款期初餘額為

$50,000，期末餘額為 $35,000，期初預收款項餘額為 $10,000，期末預收款項餘額為 $20,000，則當年度經由銷貨而收到多少現金？

(A) $175,000　　　　　　　　(B) $195,000
(C) $205,000　　　　　　　　(D) $225,000

20. 阿曼多公司出售一設備產生利益 $18,000，其原始成本為 $64,000，出售當時之累計折舊為 $48,000，則此交易產生之投資活動現金流量為何？

(A) $2,000　　　　　　　　　(B) $16,000
(C) $18,000　　　　　　　　(D) $34,000　　　　【改寫自初等特考】

練習題

1. 【現金流量的類型】以下各屬於哪一類型的現金流量？
   (1) 買回庫藏股票。
   (2) 基於長期投資目的，買進其他企業的股票。
   (3) 支付薪資。
   (4) 支付所得稅。

2. 【現金流量的類型】以下各屬於哪一類型的現金流量？
   (1) 現金增資發行新股收取現金。
   (2) 舉借債務、向銀行借款及發行公司債收取現金。
   (3) 出售庫藏股票收取現金。
   (4) 銷貨的收現。

3. 【銷貨收入與本期從客戶收現金額】埃拉公司本期銷貨收入大幅增加，這是否意味該公司本期從客戶收現金額一定會增加？為什麼？

4. 【自供應商進貨與對上游供應商付款總金額】亞瑟公司本期自供應商進貨不論是單價或是數量都遠超過去年度，這是否意味該公司本期對上游供應商付款總金額一定會增加？為什麼？

5. 【收現、付現金額】大流士公司 ×3 年銷貨收入是 $400，銷貨成本是 $300，年初應收帳款 $300、存貨 $320、應付帳款 $100，年底應收帳款 $240、存貨 $360、應付帳款 $60，則當年度該企業自顧客收現金額是多少？

6. 【收現、付現金額】戴樂古公司 ×2 年銷貨收入是 $3,200，銷貨成本是 $2,400，年初應收帳款 $2,400、存貨 $2,560、應付帳款 $800，年底應收帳款 $1,920、存貨 $2,880、應付帳款 $480，則該企業當年度支付供應商貨款金額是多少？

7. 【支付所得稅金額】米奈娃公司去年開始營運，去年度稅前淨利為 $1,200，稅後淨利為 $1,080，去年底的應付所得稅為 $40，則去年度該公司支付所得稅之現金流出為多少？

8. 【籌資活動之現金流量】未列在艾飛公司去年度營業活動項的交易如下：現金增資 $10,000，購買廠房設備 $2,000，償還一筆長期負債 $1,000，處分土地獲得 $3,000，支付現金股利 $500。請問該公司去年度的籌資活動現金流量為何？

9. 【現金再投資比率】伊凡公司的總資產大幅降低，營業活動淨現金流入大幅提升，現金股利也是顯著減少，則該公司本期之現金再投資比率應該會增加還是減少？為什麼？

10. 【現金流量涵蓋比率】東施公司的流動負債大幅增加，營業活動淨現金流入大幅減少，則該公司本期之現金流量涵蓋比率應該會增加還是減少？為什麼？

應用問題

1. 【利用基本資料計算收款金額】魔佛羅企業 ×7 年銷貨收入是 $800，銷貨成本是 $600；年初應收帳款 $600、存貨 $640、應付帳款 $200；年底應收帳款 $480、存貨 $720、應付帳款 $360；則當年度該企業自顧客處收現金額是多少？

2. 【利用基本資料計算付款金額】艾米克企業 ×8 年銷貨收入是 $8,800，銷貨成本是 $8,600；年初應收帳款 $600、存貨 $640、應付帳款 $3,800；年底應收帳款 $880、存貨 $720、應付帳款 $3,920；則本期支付供應商貨款金額是多少？

3. 【計算投資活動現金流量】×9 年雷斯壯出售屬於權益法投資之崔佛股票獲得 $600，處分不動產、廠房及設備獲得 $1,000，購買運輸設備付出 $400，購買屬於權益法投資之塞溫股票付出 $400，請計算 ×8 年雷斯壯投資活動之現金流量。

4. 【處分設備交易在現金流量表之表達】佩迪魯公司於 ×0 年中將辦公室設備大幅更換，×0 年度設備變動之資料如下：

	12 月 31 日	1 月 1 日
設備	$240	$192
累計折舊	72	120

年度中曾將帳列成本 $144、累計折舊 $96 之舊設備出售，得款 $40；另購置新設備之價款係以三年期票據支付。

試作：

(1) 計算處分設備損益。
(2) 計算新設備成本。

(3) 計算 ×0 年度設備之折舊費用。

(4) 列示有關設備交易在 ×0 年度現金流量表之表達（包括項目及金額）。

【改寫自關務人員升等考試試題】

5. 【計算籌資活動現金流量】×1 年奎若公司以現金增資發行新股共獲得 $370，發行公司債券共獲得 $98，支付現金股利 $8，收取現金股利 $8，（這 2 個支付項都未列在該公司營業活動之現金流量項下），購買庫藏股票共付出 $6，請計算 ×1 年奎若公司籌資活動之現金流量。

會計達人

1. 【利用比較資產負債表以間接法編製現金流量表及計算相關財務比率】魯休思公司有關資料如下：

魯休思公司
綜合損益表
×8 年度

銷貨收入		$700,000
銷貨成本		(460,000)
銷貨毛利		$240,000
營業費用		
銷管研部門之折舊費用	$ 17,200	
其他營業費用	120,000	(137,200)
營業淨利		$102,800
利息費用		(2,000)
股利收入		6,000
出售資產損失		(16,000)
稅前淨利		$90,800
所得稅費用		(18,000)
本期淨利		$ 72,800
其他綜合損益		0
本期綜合損益總額		$ 72,800

魯休思公司
資產負債表
×8年12月31日及×7年12月31日

	×8年	×7年
資產		
現金	$130,000	$ 90,000
透過損益按公允價值衡量之金融資產	60,000	60,000
應收帳款	80,000	104,000
存貨	112,000	92,000
預付費用	10,000	11,000
設備	240,000	280,000
累積折舊-設備	(56,000)	(65,200)
總資產	$576,000	$571,800
負債及權益		
應付帳款	$ 52,000	$29,000
應付薪資	30,000	32,000
預收貨款	5,600	4,000
長期應付票據	80,000	130,000
普通股-每股面額 $5	360,000	340,000
保留盈餘	48,400	36,800
總負債及權益	$576,000	$571,800

補充資料：

×8年中發生下列事項：

1. 生產與採購部門無任何折舊費用。
2. 以現金償還長期應付票據 $50,000。
3. 以現金 $60,000 購買設備。
4. 出售原始成本 $100,000 之設備，沖銷累積折舊 $26,400，收現 $57,600。
5. 保留盈餘的變動只受現金股利和本期淨利的影響，本期支付現金股利 $61,200。

試作：

(1) 依 IFRS 的改良式間接法編製 ×8 年度之現金流量表。
(2) 假設魯休思公司營業活動的現金淨流入為 $133,600，計算：
　(a) 現金流量涵蓋比率；
　(b) 現金再投資比率；
　(c) 假設魯休思公司近五年平均營業活動現金淨流入為 $280,000，平均資本支出 $150,000，平均存貨增加數 $20,000，平均現金股利 $76,000，計算現金流量允當比率。

2. **【利用資產負債表及補充資料編製現金流量表】** 灰背公司 ×0 及 ×1 年底資產負債如下：

	×0 年底	×1 年底
現金	$ 50	$112
存貨	80	116
機器設備	480	620
累計折舊	140	80
流動負債	60	40
股本	400	700
保留盈餘	10	28

補充資料如下：

1. 灰背公司 ×1 年稅後淨利為 $58。
2. ×1 年宣告發放現金股利 $40。
3. ×1 年度灰背公司出售一套機器設備其成本 $160，出售前該設備累計折舊 $120，售得現金 $48。
4. ×1 年度機器設備折舊費用 $60。

試作：根據以上的資料編製 ×1 年度現金流量表。

3. **【間接法】** 蓋瑞公司會計年度採曆年制，其 ×8 年度之綜合損益表內容簡列如下：

收入		$52
折舊費用以外之主要費損（含出售設備損失$20）	$30	
折舊費用	10	(40)
稅前淨利		$12
所得稅費用		(2)
本期淨利		$10
其他綜合損益		0
本期綜合損益總額		$10

又悉：蓋瑞公司 ×8 及 ×7 兩年底比較資產負債表中相關帳戶如下：

	×8 年	×7 年
現金	$2	$4
應收帳款	2	4
存貨	18	16
應付帳款	10	8
應付所得稅	2	0

試作：

(1) 求算蓋瑞公司 ×8 年之現金流量金額（不必編報表）
(2) 以間接法列示蓋瑞公司 ×8 年營業活動之現金流量。

4. 【直接法與間接法】現金流量表包含何種資訊？假設格蘭傑香水公司生產與採購部門無任何折舊費用。試依下列資料求算營業活動之現金流量，並分別依：(1) 直接法；(2) 間接法表示。

格蘭傑香水公司
綜合損益表

銷貨收入	$360
銷貨成本	(190)
銷貨毛利	$170
營業費用（除折舊外）	(70)
銷管研部門之折舊費用	(20)
淨利	$ 80
其他綜合損益	0
綜合損益總額	$ 80

流動資產及流動負債當年變動如下：

	增	減
應收帳款		$10
存貨	$6	
預付費用	4	
應付帳款	12	
應計負債	2	

【改寫自政大碩士班會計所會計學試題】

5.【直接法與間接法】 ×8年度昆爵企業之簡明綜合損益表如下：

昆爵企業 綜合損益表		
銷貨收入		$1,200
銷貨成本		(400)
銷貨毛利		$ 800
銷管研部門之折舊費用	$ 80	
其他營業費用	140	(220)
淨利		$ 580
本期其他綜合損益		0
本期綜合損益總額		$ 580

×8年度非現金流動項目之金額變化如下：

	淨增加	淨減少
應收帳款	$50	
存貨		$60
預付保險費	$40	
應付帳款		$42
應付費用	$36	

昆爵企業生產與採購部門無任何折舊費用，試依：(1) 直接法；(2) 間接法，分別列示營業活動之現金流量部分。

6.【以直接法及間接法編製現金流量表中營業活動之現金流量部分】 以下為派西公司×2年度綜合損益表及部分資產負債表項目的×2年期初及期末餘額：

派西公司
綜合損益表
×2年度

銷貨收入		$10,640
銷貨成本		(8,360)
銷貨毛利		2,280
營業費用		
薪資	$564	
銷管研部門之折舊費用	180	
其他	308	(1,052)
營業利益		$ 1,228
營業外收入與營業外支出		
利息收入	$242	
利息支出	(416)	
出售設備損失	(108)	(282)
稅前淨利		$ 946
所得稅		(236)
本期淨利		$ 710
其他綜合損益		0
本期綜合損益總額		$ 710

帳戶名稱	期初	期末
應收帳款	$1,946	$1,650
應收利息	42	36
存貨	2,360	2,692
預付費用	52	70
應付帳款	1,286	1,408
應付薪資	108	136
應付費用	52	34
應付利息	60	66
應付所得稅	142	168

如派西公司生產與採購部門無任何折舊費用，試依據上述資料，採用 (1) 直接法及 (2) 改良式間接法列示派西公司 ×2 年度現金流量表中營業活動之現金流量部分。

7. **【計算各項活動之現金流量與計算現金餘額】** ×2 年 12 月 31 日迪哥里公司的現金餘額為 $1,200，以下係該公司 ×3 年度的相關資訊：

發行公司債	$3,200	支付供應商貨款	$2,400
買衛斯理公司債作長期投資	280	支付員工薪資	1,200
利息收現金	80	收到現金股利	120
償還非流動負債	1,400	自客戶收現金	7,600
出售不動產、廠房及設備	1,800	購置不動產、廠房及設備	1,120
發放現金股利	200	支付營業費用	400

試求迪哥里公司：

(1) ×3 年度營業活動之現金流量。
(2) ×3 年度投資活動之現金流量。
(3) ×3 年度籌資活動之現金流量。
(4) ×3 年底的現金餘額。

【改寫自公務人員升等考試試題】

中英索引

中文索引

$1 複利現值　present value of $1 at compound interest　500
2/10, EOM　end of month，月底　207
T 字帳　T account　100

一畫
一般公認會計原則　Generally Accepted Accounting Principles, GAAP　29

三畫
土地　Land　368
土地改良物　Land Improvement　369
工作底稿　work sheet　178
已發行股本　issued shares　607

四畫
不附息票據　non-interest bearing note　469, 470
不動產、廠房及設備　Property, Plant and Equipment　366
內部控制　internal control　298
內部融資　internal financing　494
公允價值　fair value　14, 27
公司　corporation; company　4, 600
公司治理　corporate governance　10
公司債　corporate bonds　6
公開公司會計監督委員會　Public Company Accounting Oversight Board, PCAOB　38
分期應收帳款　Installment Accounts Receivable　326
分類式資產負債表　classified balance sheet　223
分類帳　ledger　91
天然資源　Natural Resources　390
日記簿　journal　91
毛利率法　gross profit method　273

五畫
世界會計師大會　World Congress of Accountants　38
主理人　principal　8
付息日　dividend payment date　633
代理人　agent　8
代理理論　agency theory　8
出售　sale　387
加速折舊法　accelerated depreciation method　377
加權平均法　weighted average method　260
可了解性　understandability　34
可比性　comparability　34
可回收金額　recoverable amount　392
可折舊金額　depreciable cost　374
可供銷售商品成本　cost of goods available for sale　255
可能義務　possible obligation　476
可轉換公司債　convertible bonds　528
可贖回特別股　callable preferred stock　604
可驗證性　verifiability　34
外部審計人員　external auditors　5
外部融資　external financing　494
市場利率　market rate of interest　506
平價發行　issued at par　507
未兌現支票　outstanding check　305
未來值　future value　398, 499
本金　principal　6
本益比　price-to-earnings ratio, PE Ratio　645
永久性帳戶　permanent account　164
永續盤存制　perpetual inventory system　201, 255
目的地交貨　FOB destination　204, 325

中英索引

六畫

企業個體假設　separate entity assumption　30
先進先出法　first-in, first-out method, FIFO　260
合併財務報表　consolidated financial statements　575
合夥　partnership　4, 600
名目利率　nominal rate　496
在途存款　deposit on transit　305
存貨　Inventory　203
存貨週轉平均天數　inventory turnover in days　275
存貨週轉率　inventory turnover in times　275
存款不足退票　not sufficient funds, NSF　306
存續期間預期信用損失　life-time expected credit losses　565
安隆事件　Enron scandal　11
年金　annuity　502
年金現值　present value interest factor annuity　502
年報　annual report　8
年數合計法　sum-of-the-years'-digits method　378
收入　revenue　26
收入認列　revenue recognition　133
收益支出　revenue expenditure　385
有面額股票　par value stock　608
有效利息法　effective-interest method　511
有效利率　effective rate of interest　506
有設定價值　stated value　608
行為會計研究　Behavioral Research in Accounting　38

七畫

成本公式　cost formula　260
成本法　cost method　613
成本與淨變現價值孰低　lower of cost or net realizable value　268
利息　interest　6
利息保障倍數　times interest earned，簡稱 TIE　521
利息涵蓋比率　interest coverage ratio　521
利益　gain　26
利率　interest rate　7
折耗　depletion　390
折耗費用　Depletion Expense　390
折現　discount　398
折舊　depreciation　373
折舊性資產　depreciable asset　373
折舊費用　Depreciation Expense　145, 373
攸關性　relevance　33
每股盈餘　earnings per share, EPS　642
沙賓法案　Sarbanes-Oxley Act　38
找零金　change fund　301
投入資本　Contributed Capital　602
投資人　investors　4
投資活動之現金流量　cash flows from investing activities　681
忠實表述　faithful representation　33

八畫

使用價值　value in use　392
供應商　suppliers; vendors　4
其他綜合損益　other comprehensive income　27
其他權益　Other Equity　601
固定資產　Fixed Assets　366
定期盤存制　periodic inventory system　201, 254
或有負債　contingent liability　476
承購　factoring　343
抵銷帳戶　contra account　211
抵銷項目　contra account　373
直接沖銷法　Direct Write-off Method　329
直線法　straight-line method　375
股本　Share Capital　601
股份　share　601
股利　dividends　8
股利率　dividend yield　645
股東　shareholder; stockholders　4, 600
股票分割　stock split　638

股票市場報酬率　stock returns　646
股票股利　stock dividend　636
股票股利發放日　stock dividend distribution date　636
金融工具　financial instrument　542
金融資產　financial assets　544
長期借款　Long-term Loans　495
附息票據　interest-bearing note　469, 470
附買回協定　Repurchase Agreement, Repo 或 RP　543
附賣回協定　Reverse Repurchase Agreement, Reverse Repo 或 RS　543
政府　government　4

九畫
保留盈餘　Retained Earnings　61, 158, 601, 630
前期損益調整　Prior Period Adjustment　639
契約利率　contract rate　496
宣告日　declaration date　633
建築物　Building　369
後進先出法　last-in, first-out method, LIFO　260
指撥　appropriation　631
活動量法　activity method　376
約當現金　cash equivalent　296, 664
美國會計師協會　American Institute of Certified Public Accountants, AICPA　14, 36
美國會計學會　American Accounting Association, AAA　13, 38
美國證券交易委員會　U.S. Securities and Exchange Commission, SEC　37
耐用年限　service life　374
負債　liabilities　25
負債比率　liability ratio 或是 debt ratio　521
負債準備　provision　476
重大性　materiality　367
面額　face amount; par value　496, 601

十畫
個別認定法　specific identification method　260

倍數餘額遞減法　double declining balance method　377
借方　debit　91
借貸法則　rules of debit and credit　91
借項通知單　debit memorandum　203
原則式準則　principles-based standards　42
員工　employees　4
家管　stewardship　13
庫藏股票　Treasury Stock　601
捐贈資本　Donated Capital　612
時效性　timeliness　34
特別股　preferred stock; preference share　603
特許權　Franchise　424
財務狀況表　statement of financial position　24
財務長　chief financial officer, CFO　11
財務報表　financial statements　5, 24
財務會計　financial accounting　24
財務會計基金會　Financial Accounting Foundation, FAF　36
財務會計準則公報　Statement of Financial Accounting Standards　37
財務會計準則理事會　Financial Accounting Standards Board, FASB　36
財產股利　property dividend　637
財產股利發放日　property dividend distribution date　637
起運點交貨　FOB shipping point　204, 325
追索權　recourse　343
除役成本　decommissioning cost　372
除息日　ex-dividend date　633

十一畫
假設　assumptions　30
參加特別股　participating preferred stock　604
商品存貨　Merchandise Inventory　203
商業折扣　trade discount　326
商標權　Trademark　424
商譽　Goodwill　425

中英索引

國際財務報導準則　International Financial Reporting Standards, IFRS　37
國際會計師聯盟　International Federation of Accountants, IFAC　14
國際會計準則公報　Statements of International Accounting Standards, IAS　37
國際會計準則委員會　International Accounting Standards Committee, IASC　37
國際會計準則理事會　International Accounting Standards Board, IASB　37
國際會計團體聯合會　International Federation of Accountants, IFAC　38
國際審計準則　International Standards on Auditing, ISAs　38
國際證券管理機構組織　International Organization of Securities Commission, IOSCO　38
執行長　chief executive officer, CEO　11
執照　License　424
基本每股盈餘　basic EPS　643
基本品質特性　fundamental qualitative characteristics　33
寄銷　consignment　325
專利權　Patent　422
帳戶　account　90
帳面金額　carrying amount　146, 373
帳齡分析法　aging of accounts receivable method　333
強化性品質特性　enhancing qualitative characteristics　34
授權股本　authorized shares　607
採用權益法之投資　Investments in Associates Accounted for using equity method　573
採用權益法之關聯企業損益份額　Share of Profit（Loss）of Associates Accounted for using equity method　573
淨公允價值　net fair value　392
淨利　net income　26

淨值　net worth　26
淨損　net loss　26
現金　Cash　294
現金再投資比率　current cash reinvestment ratio　685
現金股利　cash dividends　633
現金流量　cash flows　14, 28
現金流量允當比率　current cash adequacy ratio　685
現金流量表　statement of cash flows　24
現金流量涵蓋比率　current cash debt coverage ratio　684
現金基礎　cash basis　34
現值　present value　398, 499
現時義務　present obligation　464, 476
票面利率或債息率　coupon rate　496
票據到期發票人拒付　Dishonored Notes Receivable　341
移動平均法　moving average method　262
累計折耗　Accumulated Depletion　390
累計折舊　Accumulated Depreciation　145, 373
累計攤銷　Accumulated Amortization　421
累積特別股　cumulative perferred stock　603
處分利益　gain on disposal　388
處分損失　loss on disposal　388
規則式準則　rules-based standards　42
設備　Equipment　370
貨幣市場　money market　542
貨幣的時間價值　time value of money　499
貨幣單位衡量假設　unit-of-measure assumption　31

十二畫

備抵法　Allowance Method　329
單站式綜合損益表　single-step statement of comprehensive income　226
報廢　retirement　387
幾乎確定　virtually certain　479
普通股　common stock; ordinary share　603

普通股權益報酬率　return on equity, ROE　645
殘值　residual value　374
減損損失　Impairment Loss　392
無面額股票　no-par value stock　608
發票　Invoice　202
稀釋每股盈餘　diluted EPS　643
結帳分錄　closing entry　160
結構式債券　structured note　544
著作權　Copyright　424
虛帳戶　nominal account　164
評價　valuation　13
貸方　credit　91
貸項通知單　credit memorandum　210
費用　expenses　26
貼現　discount　341
進貨　Purchase　254
進貨折扣　Purchase Discount　206
進貨折讓　Purchase Allowance　202
進貨退回　Purchase Return　201
進貨退回與折讓　Purchase Return and Allowance　255
開辦費　start-up costs　425
間接法　indirect method　667

十三畫

債權人　creditors　4
意見書　Opinion　36
損失　loss　26
會計分錄　journal entry　91
會計地平線　Accounting Horizons　38
會計恆等式或會計方程式　accounting equation　25
會計研究公報　Accounting Research Bulletins, ARB　36
會計原則委員會　Accounting Principles Board, APB　36
會計循環　accounting cycle　16
會計期間　accounting period　33
會計期間假設　time-period assumption　33

會計程序委員會　Committee on Accounting Procedures, CAP　36
會計評論　The Accounting Review　38
會計項目　accounting item　90
會計資訊系統　accounting information systems　24
業主兼經理人　owner-manager　4
準備矩陣　provision matrix　331
經理人　managers　4
解釋　Interpretations　37
資本公積　Capital Surplus　601
資本支出　capital expenditure　385
資本市場　capital market　542
資訊不對稱　information asymmetry　5
資產　assets　24
資產負債表　balance sheet　24
資產報酬率　return on total assets, ROA　645
運費　Freight-In　255
過帳　posting　91
零用金　petty cash fund　301
預付費用　prepaid expenses　135
預收收入　unearned revenue　135
預收房租收入　Unearned Rent　148
預期信用減損損失　Expected Credit Impairment Loss　329

十四畫

實帳戶　real account　164
管理報表　managerial accounting reports　24
管理會計　management accounting; managerial accounting　24
管理會計人員協會　Institute of Management Accountants, IMA　14
管理會計學刊　Journal of Management Accounting Research　38
綜合損益　comprehensive income　27
綜合損益表　statement of comprehensive income　24
聚合　convergence　36

認股選擇權　stock options　7
遞耗資產　Wasting Assets　390
銀行存款調節表　bank reconciliation　305

十五畫
幣值不變假設　stable monetary unit assumption　32
價值減損　impairment　391
審計學刊　Auditing: A Journal of Practice & Theory　38
暫時性帳戶　temporary account　164
複雜資本結構　complex capital structure　643
調整分錄　adjusting entry　135
銷貨成本　cost of goods sold　26, 210
銷貨收入　Sales Revenue　210
銷貨折扣　Sales Discount　206, 327
銷貨折讓　Sales Allowance　327
銷貨退回　Sales Return　327
銷貨退回與折讓　Sales Return and Allowance　210, 327
整批購貨　lump-sum purchase　371

十六畫
餘額遞減法　declining balance method　377
曆年制　calendar year　10
獨資　proprietorship　4, 600
應付公司債　Bonds Payable　496
應付利息　Interest Payable　147
應付帳款　Accounts Payable　467
應付票據　Notes Payable　469, 496
應付票據折價　Discount on Notes Payable　470
應付薪資　Salaries Payable　147
應收利息　Interest Receivable　151
應收帳款　Accounts Receivable; Trade Receivable　150, 324
應收帳款承購　factoring accounts receivable　343
應收帳款週轉天數　accounts receivable turnover in days　347
應收帳款週轉率　accounts receivable turnover in times　346
應收帳款質押　pledging accounts receivable　343
應收帳款餘額百分比法　percentage of accounts receivable method　331
應收票據　Notes Receivable　324
應收票據貼現　discounting notes receivable　343
應計（或稱權責發生）基礎　accrual basis　34
應計收入　accrued revenue　136
應計費用　accrued expenses　135
營業活動的現金流量　cash flows from operating activities　665

十七畫
營業週期　operating cycle　200, 349
環境、社會及公司治理　Environmental, Social, Governance, ESG　615

十八畫
簡單資本結構　simple capital structure　643
轉換比率　conversion ratio　528
轉換特別股　convertible preferred stock　604
轉換價格　conversion price　528

十九畫
繳入資本　Paid-in Capital　602
證券交易法　Securities and Exchange Act　37

二十畫
籌資活動之現金流量　cash flows from financing activities　682
繼續經營假設　going-concern assumption　30

二十一畫以上
顧客　customers　4
攤銷　amortization　421
攤銷費用　Amortization Expense　421
權益　equity　24
權益法　equity method　572
權益變動表　statement of equity　24
變動對價　Variable Consideration　336

英文索引

A

accelerated depreciation method　加速折舊法　377
account　帳戶　90
accounting cycle　會計循環　16
accounting equation　會計恆等式或會計方程式　25
Accounting Horizons　會計地平線　38
accounting information systems　會計資訊系統　24
accounting item　會計項目　90
accounting period　會計期間　33
Accounting Principles Board, APB　會計原則委員會　36
Accounting Research Bulletins, ARB　會計研究公報　36
Accounts Payable　應付帳款　467
Accounts Receivable　應收帳款　150, 324
accounts receivable turnover in days　應收帳款週轉天數　347
accounts receivable turnover in times　應收帳款週轉率　346
accrual basis　應計（或稱權責發生）基礎　34
accrued expenses　應計費用　135
accrued revenue　應計收入　136
Accumulated Amortization　累計攤銷　421
Accumulated Depletion　累計折耗　390
Accumulated Depreciation　累計折舊　145, 373
activity method　活動量法　376
adjusting entry　調整分錄　135
agency theory　代理理論　8
agent　代理人　8
aging of accounts receivable method　帳齡分析法　333
Allowance Method　備抵法　329
American Accounting Association, AAA　美國會計學會　13, 38
American Institute of Certified Public Accountants, AICPA　美國會計師協會　14, 36
amortization　攤銷　421
Amortization Expense　攤銷費用　421
annual report　年報　8
annuity　年金　502
appropriation　指撥　631
assets　資產　24
assumptions　假設　30
Auditing: A Journal of Practice & Theory　審計學刊　38
authorized shares　授權股本　607

B

balance sheet　資產負債表　24
bank reconciliation　銀行存款調節表　305
basic EPS　基本每股盈餘　643
Behavioral Research in Accounting　行為會計研究　38
Bonds Payable　應付公司債　496
Building　建築物　369

C

calendar year　曆年制　10
callable preferred stock　可贖回特別股　604
capital expenditure　資本支出　385
capital market　資本市場　542
Capital Surplus　資本公積　601
carrying amount　帳面金額　146, 373
Cash　現金　294
cash basis　現金基礎　34
cash dividends　現金股利　633
cash equivalent　約當現金　296, 664
cash flows　現金流量　14, 28
cash flows from financing activities　籌資活動之現金流量　682
cash flows from investing activities　投資活動之現金流量　681

中英索引

cash flows from operating activities　營業活動的現金流量　665
change fund　找零金　301
chief executive officer, CEO　執行長　11
chief financial officer, CFO　財務長　11
classified balance sheet　分類式資產負債表　223
closing entry　結帳分錄　160
Committee on Accounting Procedures, CAP　會計程序委員會　36
common stock　普通股　603
company　公司　4
comparability　可比性　34
complex capital structure　複雜資本結構　643
comprehensive income　綜合損益　27
consignment　寄銷　325
consolidated financial statements　合併財務報表　575
contingent liability　或有負債　476
contra account　抵銷帳戶　211
contra account　抵銷項目　373
contract rate　契約利率　496
Contributed Capital　投入資本　602
convergence　聚合　36
conversion price　轉換價格　528
conversion ratio　轉換比率　528
convertible bonds　可轉換公司債　528
convertible preferred stock　轉換特別股　604
Copyright　著作權　424
corporate bonds　公司債　6
corporate governance　公司治理　10
corporation　公司　4, 600
cost formula　成本公式　260
cost method　成本法　613
cost of goods available for sale　可供銷售商品成本　255
cost of goods sold　銷貨成本　26, 210
coupon rate　票面利率或債息率　496
credit　貸方　91

credit memorandum　貸項通知單　210
creditors　債權人　4
cumulative perferred stock　累積特別股　603
current cash adequacy ratio　現金流量允當比率　685
current cash debt coverage ratio　現金流量涵蓋比率　684
current cash reinvestment ratio　現金再投資比率　685
customers　顧客　4

D

debit　借方　91
debit memorandum　借項通知單　203
debt ratio　負債比率　521
declaration date　宣告日　633
declining balance method　餘額遞減法　377
decommissioning cost　除役成本　372
depletion　折耗　390
Depletion Expense　折耗費用　390
deposit on transit　在途存款　305
depreciable asset　折舊性資產　373
depreciable cost　可折舊金額　374
depreciation　折舊　373
Depreciation Expense　折舊費用　145, 373
diluted EPS　稀釋每股盈餘　643
Direct Write-off Method　直接沖銷法　329
discount　折現　398
discount　貼現　341
Discount on Notes Payable　應付票據折價　470
discounting notes receivable　應收票據貼現　343
Dishonored Notes Receivable　票據到期發票人拒付　341
dividend payment date　付息日　633
dividend yield　股利率　645
dividends　股利　8
Donated Capital　捐贈資本　612
double declining balance method　倍數餘額遞減法　377

E

earnings per share, EPS　每股盈餘　642
effective rate of interest　有效利率　506
effective-interest method　有效利息法　511
employees　員工　4
end of month，月底　2/10, EOM　207
enhancing qualitative characteristics　強化性品質特性　34
Enron scandal　安隆事件　11
Environmental, Social, Governance, ESG　環境、社會及公司治理　615
Equipment　設備　370
equity　權益　24
equity method　權益法　572
ex-dividend date　除息日　633
Expected Credit Impairment Loss　預期信用減損損失　329
expenses　費用　26
external auditors　外部審計人員　5
external financing　外部融資　494

F

face amount　面額　496, 601
factoring　承購　343
factoring accounts receivable　應收帳款承購　343
fair value　公允價值　14, 27
faithful representation　忠實表述　33
financial accounting　財務會計　24
Financial Accounting Foundation, FAF　財務會計基金會　36
Financial Accounting Standards Board, FASB　財務會計準則理事會　36
financial assets　金融資產　544
financial instrument　金融工具　542
financial statements　財務報表　5, 24
first-in, first-out method, FIFO　先進先出法　260
Fixed Assets　固定資產　366
FOB destination　目的地交貨　204, 325
FOB shipping point　起運點交貨　204, 325
Franchise　特許權　424
Freight-In　運費　255
fundamental qualitative characteristics　基本品質特性　33
future value　未來值　398, 499

G

gain　利益　26
gain on disposal　處分利益　388
Generally Accepted Accounting Principles, GAAP　一般公認會計原則　29
going-concern assumption　繼續經營假設　30
Goodwill　商譽　425
government　政府　4
gross profit method　毛利率法　273

I

impairment　價值減損　391
Impairment Loss　減損損失　392
indirect method　間接法　667
information asymmetry　資訊不對稱　5
Installment Accounts Receivable　分期應收帳款　326
Institute of Management Accountants, IMA　管理會計人員協會　14
interest　利息　6
interest coverage ratio　利息涵蓋比率　521
Interest Payable　應付利息　147
interest rate　利率　7
Interest Receivable　應收利息　151
interest-bearing note　附息票據　469, 470
internal control　內部控制　298
internal financing　內部融資　494
International Accounting Standards Board, IASB　國際會計準則理事會　37
International Accounting Standards Committee, IASC　國際會計準則委員會　37
International Federation of Accountants, IFAC　國際會計師聯盟　14

International Federation of Accountants, IFAC 國際會計團體聯合會 38
International Financial Reporting Standards, IFRS 國際財務報導準則 37
International Organization of Securities Commission, IOSCO 國際證券管理機構組織 38
International Standards on Auditing, ISAs 國際審計準則 38
Interpretations 解釋 37
Inventory 存貨 203
inventory turnover in days 存貨週轉平均天數 275
inventory turnover in times 存貨週轉率 275
Investments in Associates Accounted for using equity method 採用權益法之投資 573
investors 投資人 4
Invoice 發票 202
issued at par 平價發行 507
issued shares 已發行股本 607

J

journal 日記簿 91
journal entry 會計分錄 91
Journal of Management Accounting Research 管理會計學刊 38

L

Land 土地 368
Land Improvement 土地改良物 369
last-in, first-out method, LIFO 後進先出法 260
ledger 分類帳 91
liabilities 負債 25
liability ratio 負債比率 521
License 執照 424
life-time expected credit losses 存續期間預期信用損失 565
Long-term Loans 長期借款 495
loss 損失 26

loss on disposal 處分損失 388
lower of cost or net realizable value 成本與淨變現價值孰低 268
lump-sum purchase 整批購貨 371

M

management accounting 管理會計 24
managerial accounting 管理會計 24
managerial accounting reports 管理報表 24
managers 經理人 4
market rate of interest 市場利率 506
materiality 重大性 367
Merchandise Inventory 商品存貨 203
money market 貨幣市場 542
moving average method 移動平均法 262

N

Natural Resources 天然資源 390
net fair value 淨公允價值 392
net income 淨利 26
net loss 淨損 26
net worth 淨值 26
nominal account 虛帳戶 164
nominal rate 名目利率 496
non-interest bearing note 不附息票據 469, 470
no-par value stock 無面額股票 608
not sufficient funds, NSF 存款不足退票 306
Notes Payable 應付票據 469, 496
Notes Receivable 應收票據 324

O

operating cycle 營業週期 200, 349
Opinion 意見書 36
ordinary share 普通股 603
other comprehensive income 其他綜合損益 27
Other Equity 其他權益 601
outstanding check 未兌現支票 305
owner-manager 業主兼經理人 4

P

Paid-in Capital 繳入資本 602

par value　面額　496, 601
par value stock　有面額股票　608
participating preferred stock　參加特別股　604
partnership　合夥　4, 600
Patent　專利權　422
percentage of accounts receivable method　應收帳款餘額百分比法　331
periodic inventory system　定期盤存制　201, 254
permanent account　永久性帳戶　164
perpetual inventory system　永續盤存制　201, 255
petty cash fund　零用金　301
pledging accounts receivable　應收帳款質押　343
possible obligation　可能義務　476
posting　過帳　91
preference share　特別股　603
preferred stock　特別股　603
prepaid expenses　預付費用　135
present obligation　現時義務　464, 476
present value　現值　398, 499
present value interest factor annuity　年金現值　502
present value of $1 at compound interest　$1 複利現值　500
price-to-earnings ratio, PE Ratio　本益比　645
principal　主理人　8
principal　本金　6
principles-based standards　原則式準則　42
Prior Period Adjustment　前期損益調整　639
property dividend　財產股利　637
property dividend distribution date　財產股利發放日　637
Property, Plant and Equipment　不動產、廠房及設備　366
proprietorship　獨資　4, 600
provision　負債準備　476
provision matrix　準備矩陣　331

Public Company Accounting Oversight Board, PCAOB　公開公司會計監督委員會　38
Purchase　進貨　254
Purchase Allowance　進貨折讓　202
Purchase Discount　進貨折扣　206
Purchase Return　進貨退回　201
Purchase Return and Allowance　進貨退回與折讓　255

R

real account　實帳戶　164
recourse　追索權　343
recoverable amount　可回收金額　392
relevance　攸關性　33
Repurchase Agreement, Repo 或 RP　附買回協定　543
residual value　殘值　374
Retained Earnings　保留盈餘　61, 158, 601, 630
retirement　報廢　387
return on equity, ROE　普通股權益報酬率　645
return on total assets, ROA　資產報酬率　645
revenue　收入　26
revenue expenditure　收益支出　385
revenue recognition　收入認列　133
Reverse Repo 或 RS　附賣回協定　543
Reverse Repurchase Agreement　附賣回協定　543
rules of debit and credit　借貸法則　91
rules-based standards　規則式準則　42

S

Salaries Payable　應付薪資　147
sale　出售　387
Sales Allowance　銷貨折讓　327
Sales Discount　銷貨折扣　206, 327
Sales Return　銷貨退回　327
Sales Return and Allowance　銷貨退回與折讓　210, 327
Sales Revenue　銷貨收入　210

Sarbanes-Oxley Act　沙賓法案　38
Securities and Exchange Act　證券交易法　37
separate entity assumption　企業個體假設　30
service life　耐用年限　374
share　股份　601
Share Capital　股本　601
Share of Profit (Loss) of Associates Accounted for using equity method　採用權益法之關聯企業損益份額　573
shareholder　股東　4, 600
simple capital structure　簡單資本結構　643
single-step statement of comprehensive income　單站式綜合損益表　226
specific identification method　個別認定法　260
stable monetary unit assumption　幣值不變假設　32
start-up costs　開辦費　425
stated value　有設定價值　608
statement of cash flows　現金流量表　24
statement of comprehensive income　綜合損益表　24
statement of equity　權益變動表　24
Statement of Financial Accounting Standards　財務會計準則公報　37
statement of financial position　財務狀況表　24
Statements of International Accounting Standards, IAS　國際會計準則公報　37
stewardship　家管　13
stock dividend　股票股利　636
stock dividend distribution date　股票股利發放日　636
stock options　認股選擇權　7
stock returns　股票市場報酬率　646
stock split　股票分割　638
stockholder　股東　4
straight-line method　直線法　375
structured note　結構式債券　544
sum-of-the-years'-digits method　年數合計法　378

suppliers　供應商　4

T

T account　T字帳　100
temporary account　暫時性帳戶　164
The Accounting Review　會計評論　38
time value of money　貨幣的時間價值　499
timeliness　時效性　34
time-period assumption　會計期間假設　33
times interest earned，簡稱 TIE　利息保障倍數　521
trade discount　商業折扣　326
Trade Receivable　應收帳款　150, 324
Trademark　商標權　424
Treasury Stock　庫藏股票　601

U

U.S. Securities and Exchange Commission, SEC　美國證券交易委員會　37
understandability　可了解性　34
Unearned Rent　預收房租收入　148
unearned revenue　預收收入　135
unit-of-measure assumption　貨幣單位衡量假設　31

V

valuation　評價　13
value in use　使用價值　392
Variable Consideration　變動對價　336
vendors　供應商　4
verifiability　可驗證性　34
virtually certain　幾乎確定　479

W

Wasting Assets　遞耗資產　390
weighted average method　加權平均法　260
work sheet　工作底稿　178
World Congress of Accountants　世界會計師大會　38